# Klimaneutralität – Hessen 5 Jahre weiter

Martin J. Worms (Hrsg.)
Franz J. Radermacher (Hrsg.)

# Klimaneutralität – Hessen 5 Jahre weiter

*Herausgeber*
Dr. Martin J. Worms
Hessisches Ministerium der Finanzen,
Wiesbaden, Deutschland

Prof. Dr. Dr. Franz J. Radermacher
FAW/n Ulm, Universität Ulm,
Ulm, Deutschland

ISBN 978-3-658-20605-5     ISBN 978-3-658-20606-2 (eBook)
DOI 10.1007/978-3-658-20606-2

Die Deutsche Nationalbibliothek verzeichnet diese Publikation in der Deutschen Nationalbibliografie; detaillierte bibliografische Daten sind im Internet über http://dnb.d-nb.de abrufbar.

Springer Vieweg
© Springer Fachmedien Wiesbaden GmbH 2018
Das Werk einschließlich aller seiner Teile ist urheberrechtlich geschützt. Jede Verwertung, die nicht ausdrücklich vom Urheberrechtsgesetz zugelassen ist, bedarf der vorherigen Zustimmung des Verlags. Das gilt insbesondere für Vervielfältigungen, Bearbeitungen, Übersetzungen, Mikroverfilmungen und die Einspeicherung und Verarbeitung in elektronischen Systemen.

Die Wiedergabe von Gebrauchsnamen, Handelsnamen, Warenbezeichnungen usw. in diesem Werk berechtigt auch ohne besondere Kennzeichnung nicht zu der Annahme, dass solche Namen im Sinne der Warenzeichen- und Markenschutz-Gesetzgebung als frei zu betrachten wären und daher von jedermann benutzt werden dürften.

Anmerkung zur Verwendung:
Diese Druckschrift wird im Rahmen der Öffentlichkeitsarbeit der Hessischen Landesregierung herausgegeben. Sie darf weder von Parteien, noch von Wahlbewerbern, noch von Wahlhelfern während eines Wahlkampfes zum Zweck der Wahlwerbung verwendet werden.
Dies gilt für Landtags-, Bundestags- und Kommunalwahlen sowie Wahlen zum Europaparlament. Missbräuchlich ist insbesondere die Verteilung auf Wahlveranstaltungen, an Informationsständen der Parteien sowie das Einlegen, Aufdrucken oder Aufkleben parteipolitischer Informationen oder Werbemittel.
Untersagt ist gleichfalls die Weitergabe an Dritte zum Zwecke der Wahlwerbung.
Auch ohne zeitlichen Bezug zu einer bevorstehenden Wahl darf die Druckschrift nicht in einer Weise verwendet werden, die als Parteinahme der Landesregierung zu Gunsten einzelner politischer Gruppen verstanden werden könnte. Die genannten Beschränkungen gelten unabhängig davon, auf welchem Wege oder in welcher Anzahl diese Druckschrift dem Empfänger zugegangen ist. Den Parteien ist es jedoch gestattet, die Druckschrift zur Unterrichtung ihrer eigenen Mitglieder zu verwenden.

Dieses Buch wurde klimaneutral produziert.

Springer Vieweg ist eine Marke von Springer DE. Springer DE ist Teil der Fachverlagsgruppe Springer Science+Business Media.
www.springer-vieweg.de

# Inhalt

**Vorwort der Herausgeber** ........................................................... 1
*Martin J. Worms, Franz J. Radermacher*

**Foreword by the publishers** ........................................................ 7
*Martin J. Worms, Franz J. Radermacher*

**Grußwort des Schirmherren** ....................................................... 13
*Klaus Töpfer*

**Vorwort des hessischen Ministerpräsidenten** ................................... 15
*Volker Bouffier*

**Vorwort des hessischen Ministers der Finanzen** ............................... 17
*Thomas Schäfer*

**Vorwort der hessischen Ministerin für Umwelt, Klimaschutz, Landwirtschaft und Verbraucherschutz** ....................................................... 21
*Priska Hinz*

## Einführung
### Klima als globale Herausforderung – Klimaneutralität als strategischer Ansatz

**Klima als globale Herausforderung** ............................................. 27
*Klaus Töpfer*

**KLIMA 2017** ............................................................................ 33
*Gerd Müller*

**„Nachhaltigkeit und Klimaneutralität – die Sicht des Rates für Nachhaltige Entwicklung der Bundesregierung"** ............. 39
*Marlehn Thieme*

**Zum Stellenwert von Umwelt- und Nachhaltigkeitsaspekten im Finanzsektor** ........ 43
*Luise Hölscher*

**Klima und Energie nach Paris: Was muss passieren?** ........................ 46
*Franz Josef Radermacher*

**Freiwillige Klimaneutralität des Privatsektors – Globale Kooperation als Schlüssel zur Erreichung des 2°C-Ziels** ................... 52
*Estelle L.A. Herlyn*

**Wiederaufforstung als „Joker" zur Erreichung des 2°C-Ziels** .............. 56
*Christoph Brüssel*

**Die Bedeutung der Wälder in der Klimaschutzpolitik** ...................... 58
*Klaus Wiegandt*

**Plant-for-the-Planet – eine weltweite Jugendaktion** ......................... 64
*Felix Finkbeiner und Freunde*

**Klimaziele im Gebäudesektor sozialverträglich erreichen** .......................... 70
*Axel Gedaschko*

**Energie- und Klimapolitik – Herausforderungen für die Immobilienwirtschaft** ....... 73
*Thies Grothe, Thomas Zinnöcker*

## Teil 1
## $CO_2$-Neutralität als Strategie des Landes Hessen

**$CO_2$-neutrale Landesverwaltung als dauerhafte Aufgabe in Hessen** ................. 81
*Elmar Damm*

**$CO_2$-Bilanz des Landes Hessen** .................................................. 87
*Peter Eichler*

**Klimapolitik konkret – der Integrierte Klimaschutzplan Hessen 2025** ............... 94
*Lena Keul, Rebecca Stecker*

**Hessen als klimapolitischer Innovationsmotor** ..................................... 97
*Christian Hey*

**Standards im Staatlichen Hochbau in Hessen – Neubauten** .......................... 105
*Thomas Platte*

**Standards im Staatlichen Hochbau in Hessen – Bestandsbauten** ..................... 108
*Georg Engel*

**Standards im Staatlichen Hochbau in Hessen – PPP-Projekte** ....................... 113
*Julia Hofmann, Friederike Lindauer*

**$CO_2$-neutrale Beschaffung Hessen** ............................................... 117
*Ralf Schwarzer*

**$CO_2$-neutrale Mobilität Hessen** ................................................. 122
*Bernd Schuster*

## Teil 2
## Klimaneutralitätsaktivitäten der Kommunen und von Unternehmen

**Grün investieren und finanzieren: Was Banken zum Klimaschutz beitragen können** .. 127
*Astrid Schülke*

**Grün mischt mit – Nachhaltigkeit in der DAW Gruppe** .............................. 136
*Bettina Klump-Bickert*

**Das Energiesystem der Zukunft** ................................................... 141
*Peter Birkner, Sebastian Breker*

**Masterplan 100 % Klimaschutz** .................................................... 145
*Wiebke Fiebig*

**Energiemanagement der Stadt Frankfurt a.M.** .................................... 148
*Mathias Linder*

**Mit Konzept und klarem Kurs** ...................................................... 154
*Roland Petrak, Christiane Döll, Bernadett Glosch, Laura Gouverneur, Wilfried Probst, Mathias Stiehl, Evelyne Wickop, Rigobert Zimpfer*

**Die lokale Klimaschutzkonferenz Offenbach am Main – von 2009 bis heute** .......... 168
*Dorothee Rolfsmeyer*

**Die Haus-zu-Haus Beratung - Kostenlose Energieberatung mit Thermografie (2010-2017)** .................................................. 173
*Christine Schneider*

**Maßnahmen der Stadt Ortenberg zur Energieeinsparung** ........................... 179
*Pia Heidenreich-Herrmann*

**Energy Efficiency in the Building Sector in Croatia** ............................. 192
*Irena Križ Šelendić*

## Teil 3
### Klimaneutralitätsaktivitäten der Netzwerkpartner/innen CO$_2$-neutrale Landesverwaltung

**Das „Lernnetzwerk" – ein Team aus starken Partnern** ............................ 201
*Hans-Ulrich Hartwig*

**Bahnfahren ist Klimaschutz** ...................................................... 209
*Jens Langer, Karina Kaestner*

**Innovation in der urbanen Logistik: Elektromobilität bei Deutsche Post DHL Group** .. 212
*Birgit Hensel*

**Herausforderungen für die kommende Phase der Energiewende** .................... 218
*Sascha Müller-Kraenner, Peter Ahmels, Judith Paeper*

**ENTEGA – Wegbereiter der Energiewende** ......................................... 223
*Daria Hassan, Marcel Wolsing*

**Voller Energie für die Zukunft** .................................................. 230
*Frank Rolle, Jürgen Vorreiter*

**Das Pariser Klimaschutzabkommen und die Zukunft der freiwilligen CO$_2$-Kompensation** .................................. 236
*Jochen Gassner*

**Denkfabrik und Clustermanager für die ganzheitliche Energiewende und den Klimaschutz in Hessen** ............................................ 244
*Peter Birkner, Ivonne Müller*

**Gutes Klima in der Jugendherberge Marburg** ..................................... 246
*Peter Schmidt*

**Klimaschutz in Sportanlagen – ein schlummerndes, kaum genutztes Potenzial** ....... 249
*Rolf Hocke*

**Nicht alles auf eine Karte setzen: Verkehrswende technologieoffen gestalten** ........ 253
*Constantin H. Alsheimer*

**Passivhaus: Von Hessen aus in die Welt** ............................................. 257
*Wolfgang Hasper*

**Fehlende Transparenz: Versteckte Risiken der Klimaneutralität** ..................... 263
*Hannah Helmke*

**Der „Masterplan Energie" – Die Justus-Liebig-Universität Gießen geht voran** ......... 267
*Sarah Tax, Kai Sander*

**Effizienzsteigernde Vernetzung an der Technischen Universität Darmstadt** .......... 273
*Matthias Oechsner, Jutta Hanson, Jens Schneider, Eberhard Abele, Martin Beck, Philipp Schraml*

**ECO$_2$ – Energiekonzept für eine CO$_2$-neutrale Hochschule** ......................... 284
*Lena Wawrzinek, Joaquín Díaz*

**TÜV Hessen: Verantwortung für das Klima leben** .................................. 287
*Jürgen Bruder*

**Energieeffizienz, Klimaschutz und Nachhaltigkeit im Wohnungsbau** ................ 292
*Thomas Hain, Felix Lüter, Sebastian Reich*

**Die Unternehmensgruppe Nassauische Heimstätte/Wohnstadt als Beispiel für eine zukunftsweisende Orientierung im Wohnungsbau** ...................... 301
*Thomas Hain, Felix Lüter, Sebastian Reich*

**Reise in eine klimaschonende Zukunft – Energiewende im Wärmemarkt** ............ 310
*Jörg Schmidt, Michael Wagner*

## Anhang

**Nachwort/Danksagung** ............................................................. 319
*Elmar Damm*

**Autorenverzeichnis** ............................................................... 320

# Vorwort der Herausgeber

Die Weltgemeinschaft hat sich im Bereich des Klimaschutzes die Einhaltung des 2°C-Ziels auf die Fahnen geschrieben. 2015 in Paris wurde das Ziel sogar in Richtung „deutlich unter 2°C" verschärft. Dieses Ziel verlangt, dass die mittleren Temperaturen weltweit im Vergleich zur vorindustriellen Zeit auch zukünftig um deutlich weniger als 2°C gegenüber der vorindustriellen Zeit ansteigen. Aufgrund wissenschaftlicher Analysen des Intergovernmental Panel on Climate Change (IPCC) bestehen genau unter dieser Bedingung dann noch gute Chancen, die Klimaveränderungen ohne katastrophale Auswirkungen für die Menschheit zu bewältigen. Gemäß der Weltklimakonvention aus dem Jahr 1992 in Rio de Janeiro wie dem Klimavertrag von Paris 2015 geht es dabei darum, in gemeinsamer, aber geteilter Verantwortung zwischen den Staaten dieser Welt den Risiken einer unkontrollierten Veränderung der Atmosphäre Herr zu werden.

Staatssekretär Dr. Martin J. Worms |
Hessisches Ministerium der Finanzen

Die Einhaltung dieses Zieles fällt allerdings nicht leicht, denn Wohlstand ist aus nachvollziehbaren Gründen ein Ziel der Menschen dieser Welt. Und gerade für die ärmeren Nationen erfordert dies massives wirtschaftliches Wachstum. Wohlstand und Wachstum sind aber bis heute eng mit der Nutzung von fossilen Energien verknüpft und dies wiederum verursacht die hohen Klimagasemissionen.

Interessant ist an dieser Stelle der große ökonomische Erfolg Chinas mit seinen wichtigen Beiträgen zur Überwindung der Armut bei vielen Menschen. Dem steht allerdings eine Erhöhung der pro Kopf $CO_2$-Emissionen in China auf nunmehr etwa 7,5 Tonnen $CO_2$ gegenüber, und das bei etwa 1,4 Milliarden Menschen. China emittiert inzwischen mehr $CO_2$ als die USA, ganz Europa und Russland. Die chinesischen Emissionen liegen mit etwa 7,5 Tonnen pro Kopf höher als die europäischen mit etwa 6,8 Tonnen pro Kopf.

Prof. Dr. Dr. Dr. h.c. Franz J. Radermacher |
Universität Ulm, FAW/n Ulm

Eine Einigung zwischen den Staaten der Welt über eine Reduktion der Gesamtemissionen fällt daher schwer; bisher ist in dieser Hinsicht viel zu wenig passiert. Wir haben ein Zusatzproblem mit den sogenannten High Emitters. Etwa 10 % der Weltbevölkerung erzeugt die Hälfte der Klimagase. In der Regel sind das sehr wohlhabende Menschen und es gibt sie in allen Erdteilen. Die High Emitters müssen deshalb mehr Beiträge leisten, das Klimaproblem zu lösen.

Ein weiteres Problem sind die Produzenten fossiler Energieträger. Statt ihre Förderung zu senken, werden immer mehr fossile Energieträger auf den Markt geworfen, und das bei sinkenden Preisen. Vor allem die massive Schiefergas- und Schieferölproduktion in den USA, die geopolitische Dimensionen aufweist, hat die Lage völlig verändert. Und zwar nicht zum Guten für Dekarbonisierung und mehr Klimaschutz. Aber die USA sind auf diesem Weg nicht alleine. Russland betreibt einen massiven Militäraufbau in der

Vorwort der Herausgeber

Arktis, um sich einen Großteil der dortigen fossilen Energieträger zu sichern. China investiert hohe Milliardenbeträge überall auf der Welt, um sich Zugriffe auf Öl und Gas zu sichern. Dekarbonisierung ist nirgendwo ein Thema. Wenn überhaupt, werden massive Entschädigungszahlungen erforderlich werden, um Staaten, Unternehmen und Eigentümer für diesen Weg zu gewinnen. Dabei ist allerdings unklar, woher das Geld dafür kommen soll.

Umso mehr Verantwortung lastet auf Akteuren auf sämtlichen nicht-staatlichen Ebenen, selber etwas zu tun, seien es Organisationen, Unternehmen oder Individuen. Aber auch Bundesländer wie Hessen stehen in der Verantwortung, obwohl sie in die internationalen Klimaverhandlungen nicht direkt eingebunden sind.

In dieser Situation hat sich das Land Hessen 2009 dazu entschlossen, das Ziel der Klimaneutralität der Landesverwaltung ab 2030 zu erreichen, und geht damit weit über die bestehenden gesetzlichen Verpflichtungen hinaus. Das Land hat zwischenzeitlich dieses Ziel in seiner Nachhaltigkeitsstrategie systematisch und in Verbindung mit weiteren Aktivitäten verfolgt und besitzt damit Vorbildcharakter und eine hohe Ausstrahlungskraft. Es handelt dabei im eigenen Bereich im Wesentlichen bei seinen Liegenschaften, aber auch bei den Dienstreisen der Beschäftigten und das Land bewirkt noch viel mehr in der Wechselwirkung mit zahlreichen Akteuren in Hessen auf allen Ebenen.

Dabei folgt der hessische Ansatz im eigenen Verantwortungsbereich einem konsequenten Dreiklang von (1) Energieeinsparungen, insbesondere auch durch Effizienzgewinne, aber auch durch Anregung zu Lebensstilveränderungen, (2) dem Übergang zu „grünem Strom" bzw. „grüner Energie", wo immer möglich, und schließlich da, wo die beiden anderen Wege zu vernünftigen Kosten nicht mehr weiterführen, (3) in Form von Schritten in Richtung globaler Kompensationsmaßnahmen.

Für die Position des Landes Hessen ist aus Sicht vieler Beobachter bemerkenswert, dass hier offen die globale Kompensation thematisiert wird, und zwar da, wo finanziell anderes nicht mehr vertretbar ist. Hessen agiert so aber nicht nur mit Blick auf finanzielle Erfordernisse. Wer sich tiefer mit der globalen Klimafrage beschäftigt weiß, dass

globale Kompensation, inklusive finanzieller Transfers, ohnehin unverzichtbar ist, wenn das 2°C-Ziel noch erreicht werden soll. Denn das Einbinden der aufholenden Nicht-Industriestaaten ist ein Muss für das Erreichen des angestrebten 2°C-Ziels. Dort kann aus nachvollziehbaren Gründen ein Vielfaches an Klimagasemissionen hinzukommen im Verhältnis zu dem, was wir heute emittieren und damit maximal einsparen könnten. Ohne Transfers in Wohlstands- und Wachstumsförderung und einer Nutzung und Mitfinanzierung erneuerbarer Formen der Energiegewinnung ist in der Wechselwirkung mit diesen Ländern eine Partnerschaft im Klimabereich nicht zu erreichen.

Hinzu kommt Folgendes: Seit 2015 verfolgt die Weltgemeinschaft auch die sogenannten 17 Nachhaltigkeitsziele der Welt (SDGs), die sogenannte Agenda 2030. Wie beim Klima reichen auch hier die internationalen Finanzhilfen bei weitem nicht aus, um in der Sache vorwärts zu kommen. Insbesondere Kompensationsprojekte im Klimabereich sind auch an dieser Stelle ein Schlüssel zu wesentlichen Fortschritten. Denn solche Kompensationsprojekte erzeugen sogenannte positive Nebeneffekte bei fast allen 17 Nachhaltigkeitszielen. Hinzu kommt, dass die Welt bei den SDGs erfolgreich sein muss, sonst ist das weitere unbegrenzte Wachstum der Weltbevölkerung, vor allem in Indien und seinen Nachbarstaaten, und noch mehr in Afrika, nicht zu stoppen. Wenn das nicht gelingt, warten massive Migrationsrisiken am Horizont, mit denen unsere Politik wahrscheinlich nicht zurechtkommen wird.

Das 2°C-Ziel – oder sogar eine verschärfte Variante – sind bei dieser Ausgangslage grenzwertig und nur mit enormen Anstrengungen erreichbar. Es gibt in diesem Bereich viel zu tun. So sieht das mit Bedauern auch der Club of Rome-Bericht aus dem Jahr 2012 von Jørgen Randers, der auf die Entwicklung bis 2052 schaut. Nur eine intelligente Verknüpfung von Beiträgen der reichen Welt und der sich entwickelnden Länder kann heute unter Umständen noch die Zielerreichung ermöglichen. Dabei ist Zeitgewinn zum wachstumsverträglichen Umbau der Industriegesellschaft wie zur Förderung der Aspirationen der ärmeren Länder eine dringende Notwendigkeit. Dieser Zeitgewinn ist vor allem möglich über massive Aufforstung im Süden des Globus auf heute marginalisierten Flächen. Es geht in der UN-Diskussion bis 2020 um die Wieder-in-Wert-

Setzung von 150 Millionen Hektar degradierter Böden in den Tropen, bis 2050 um 500 - 1.000 Millionen Hektar Fläche – das ist die Größe von Europa. Hinzu kommt die Option Grünlandmanagement und Humusbildung. Jeder Hektar Aufforstung wie jeder Hektar forcierte Humusbildung bindet etwa 10-20 Tonnen $CO_2$ pro Jahr (sogenannte Negativemissionen). Man entzieht so also der Atmosphäre $CO_2$: Wohlstandszuwachs und zugleich weniger $CO_2$-Belastungen – das ist die richtige Mischung für eine gute Zukunft der Welt.

Die Kosten für derartige ambitionierte Programme müssen vor allem Organisationen, Unternehmen und Individuen aufbringen, die über die nötige Finanzkraft verfügen, denn die Staaten der reichen Welt können dies offensichtlich nicht leisten. Leistungsfähige Akteure haben die finanziellen Mittel und können im Gegenzug Klimaneutralität zu tragbaren Kosten erreichen, wie dies auch das Land Hessen selbst in haushaltswirtschaftlich schwieriger Zeit richtigerweise als Ziel verfolgt.

Hessen ist sich bewusst, dass die Vorgaben der Schuldenbremse bis 2020 den haushaltswirtschaftlichen Spielraum für neue Aufgaben, wie einer $CO_2$-Kompensation, eng begrenzen. Das Hessische Ministerium der Finanzen nimmt diese haushaltspolitische Aufgabe sehr ernst und entwickelt Wege, um eine Kompensation der $CO_2$-Restmengen zu ermöglichen. Hier steht das Land in einem grundsätzlichen Zielkonflikt, mit moderaten Summen möglichst viel zu tun. Dennoch nimmt Hessen die Herausforderung an, zusätzliche Mittel für Kompensation der $CO_2$-Restmengen der Hessischen Landesverwaltung einzuplanen, um ab 2030 eine vollumfängliche $CO_2$-Neutralität der Verwaltung zu gewährleisten.

Dies ist eine Win-Win-Partnerschaft, denn im Süden fördert dieser Ansatz Wohlstand, Wachstum, Verbesserung der Biodiversität, Erhöhung der Nahrungsproduktion, Schaffung von Arbeitsplätzen, Förderung erneuerbarer Energien, stabile Wasserverhältnisse, mehr genetische Vielfalt und Schutz vor Wüstenbildung.

Ziel muss es insbesondere sein, dass sich die wohlhabendere Gruppe der Menschen auf dieser Welt, die als kleine Klasse von Premiumkonsumenten in allen Ländern, arm wie reich, zu finden ist und besonders hohe Klimagasemissionen bewirkt (sogenannte High-Emitters), mit ihren Geschäftspartnern, Unternehmen und Dienstleistern in die Finanzierungserfordernisse einbringt, z. B. als Teil von Corporate Social Responsibility Programmen. Verwiesen sei an dieser Stelle auf viele Unternehmen, die sich mittlerweile klimaneutral stellen, z. B. als Partner der UN Global Compact Initiative. Dazu gehören auch viele Partner aus unserer Klimainitiative in Hessen. Mehr dazu findet sich unter https://www.globalcompact.de. Gleichzeitig wird auf dem oben thematisierten Wege neben der Gerechtigkeitslücke zwischen reichen und ärmeren Ländern auch diejenige zwischen leistungsstarken und weniger leistungsstarken Konsumenten hinsichtlich Klimagasemissionen zum Wohle aller geschlossen. Wir wollen in diesem Kontext mit unseren Aktivitäten und dieser Publikation dazu beitragen, dass diese Zusammenhänge breiter bekannt werden. Zu Unrecht werden zuweilen globale Kompensationsprojekte zur Erreichung von Klimaneutralität mit Begriffen wie Freikauf, Ablasshandel und Greenwashing bezeichnet. Dabei sind sie eine unserer besten Hoffnungen für die Erreichung des 2°C-Zieles und für Fortschritte bei der Agenda 2030.

Das vorliegende Buch beschreibt eine spannende Entwicklung in einer schwierigen Zeit auf Basis interessanter Beiträge mit lokalem wie weltweitem Fokus. Klimaneutralität ist eine Idee, die zündet. Sie hat wohl auch aus diesem Grunde so viel Unterstützung gefunden. Gerade hat Minister Dr. Gerd Müller für sein Haus, das Bundesministerium für wirtschaftliche Zusammenarbeit und Entwicklung (BMZ), Klimaneutralität bis 2020 angekündigt. Zusätzlich hat er bei der Eröffnung der Weltklimakonferenz COP23 in Bonn gefordert, dass der Bund, alle Bundesländer und letztlich der gesamte öffentliche Sektor in diese Richtung vorangehen sollte. Hessen ist hier Vorbild. Der Beitrag von Minister Müller in diesem Band beschreibt seine Überlegungen zum Thema.

Der vorliegende Band zeigt das in Hessen erreichte Spektrum von Aktivitäten zum Thema auf, das uns als Herausgeber besonders freut, dokumentiert das Geleistete und bettet dies in den globalen Kontext ein. Wer hätte vor acht Jahren gedacht, dass so viel in dieser kurzen Zeit möglich sein würde oder auch vor fünf Jahren, als die erste Auflage des jetzt überarbeiteten und neu publizierten Buches „Klimaneutralität – Hessen geht voran" auf den Markt kam.

Vorwort der Herausgeber

In dem Buch kommen nach dem Grußwort von Professor Klaus Töpfer, der zu unserer Freude wieder die Schirmherrschaft für das Buchprojekt „Klimaneutralität – Hessen 5 Jahre weiter" übernommen hat, zunächst Ministerpräsident Volker Bouffier, Hessens Finanzminister Dr. Thomas Schäfer und Umweltministerin Priska Hinz mit ihrer Sicht auf das Projekt zu Wort.

**Einführung: Klima als globale Herausforderung – Klimaneutralität als strategischer Ansatz**
Im Einführungsteil wird das Thema vorab international positioniert und zwar durch Professor Klaus Töpfer. Er ist in Bezug auf globale Positionierung der Klimathematik der wohl profilierteste Politiker Deutschlands, früherer Untergeneralsekretär der Vereinten Nationen, wesentlich eingebunden in die globale Umwelt- und Nachhaltigkeitspolitik, insbesondere auch in den Entstehungs- und Umsetzungsprozess der Rio-Konferenz 1992. Zwischenzeitlich war er Direktor des Institute for Advanced Sustainability Studies e.V. (IASS) in Potsdam und als Mit-Vorsitzender der von der Deutschen Bundesregierung eingesetzten Ethikkommission für eine sichere Energieversorgung nach Fukushima auch tief in die deutsche Energiewende eingebunden.

Bundesentwicklungsminister Dr. Gerd Müller, der ganz überwiegend die internationale Seite der Klimafinanzierung Deutschlands verantwortet, beschreibt, wie schon angedeutet, die Verantwortung seines Hauses für die internationale Seite der Umsetzung der deutschen Umwelt- und Klimapolitik und seine Aktivitäten in diesem Zusammenhang. Auf Minister Müller folgt die Vorsitzende des deutschen Rats für Nachhaltige Entwicklung, Frau Marlehn Thieme, mit der Sicht des Rates auf die Thematik. Frau Professor Luise Hölscher, vormalige Staatssekretärin unseres Hauses und Mitherausgeberin der ersten Ausgabe dieses Buches, beschreibt anschließend das Thema Klimaneutralität vor dem Hintergrund ihrer Erfahrungen bei der Europäischen Bank für Wiederaufbau und Entwicklung. Beiträge von Professor Franz Josef Radermacher und von Professor Estelle Herlyn geben Hinweise zu aktuellen Herausforderungen zum Thema auf internationaler Ebene. Großflächige weltweite Aufforstung spielt in dieser Konzeption eine große Rolle.

Das leitet über zu dem nachfolgenden Beitrag von Dr. Christoph Brüssel. Er beschreibt die Aktivitäten der „Welt Wald Klima Initiative" des Senats der Wirtschaft in diesem Kontext. Herr Klaus Wiegandt vom Forum für Verantwortung flankiert dies mit seinen Ausführungen zur zentralen Bedeutung der Waldoption. Die sehr erfolgreichen Aktionen im Aufforstbereich von Kindern und Jugendlichen um Felix Finkbeiner in der „Plant for the Planet"-Initiative mit ihrer weltweiten Ausrichtung folgen und zeigen eine weitere Dimension auf, in der sich die vielfältigen Aktivitäten im Klimabereich in Hessen einordnen. Schließlich beschreiben Herr Axel Gedaschko, Präsident des Bundesverband deutscher Wohnungs- und Immobilienunternehmen (GdW) und Herr Thies Grothe, Abteilungsleiter Grundsatzfragen der Immobilienpolitik mit Thomas Zinnöcker, Vizepräsident, für den Zentralen Immobilen Ausschuss (ZIA) ihre Sicht auf das Thema. Da der Gebäudesektor ein „Schwergewicht" in Bezug auf Energie- und Ressourcenverbrauch, aber auch in Bezug auf die finanzielle Seite menschlichen Handelns ist, betreffen diese Beiträge einen wichtigen Umsetzungsbereich unseres Themas.

**Teil 1: $CO_2$-Neutralität als Strategie des Landes Hessen**
Elmar Damm vom Hessischen Ministerium der Finanzen ist Leiter des Projekts „$CO_2$-neutrale Landesverwaltung Hessen". In seinem Beitrag wird einerseits der Rahmen für diesen zentralen Teil des Projekts in der Verantwortung des Landes beschrieben, ferner wird der Dreiklang aus Reduktion, Substitution und Kompensation herausgearbeitet, der charakteristisch für das Projekt ist.

Peter Eichler, Leiter des Geschäftsbereichs V „Grundsatzangelegenheiten im Landesbetrieb Bau und Immobilien Hessen", beschreibt die Methodologie und die bisherigen beeindruckenden Resultate im Umfeld der $CO_2$-Bilanz der Landesverwaltung. Es folgen zwei Beiträge aus dem Hessischen Ministerium für Umwelt, Klimaschutz, Landwirtschaft und Verbraucherschutz. Der erste kommt aus dem Referat IV 2: Klimaschutz, Klimawandel der Abteilung IV: „Klimaschutz, nachhaltige Stadtentwicklung, biologische Vielfalt" von Lena Keul und Rebecca Stecker zum „Integrierten Klimaschutzplan Hessen 2025", gefolgt von dem Beitrag „Hessen als klimapolitischer Innovationsmotor" von Dr. Christian Hey, dem Leiter der Abteilung IV. Diesen Autoren schließen sich drei

Beiträge zu „Standards im Staatlichen Hochbau in Hessen" (Neubauten - Bestandsbauten, PPP-Projekte) von Thomas Platte, Georg Engel und Julia Hofmann sowie von Friederike Lindauer an, die das Thema detailliert angehen. Schließlich folgen Beiträge zur $CO_2$-neutralen Beschaffung in Hessen von Ralf Schwarzer, ebenfalls vom Hessischen Ministerium der Finanzen, und zur $CO_2$-neutralen Mobilität in Hessen von Dr. Bernd Schuster vom Hessischen Ministerium für Wirtschaft, Verkehr und Landesentwicklung.

**Teil 2: Klimaneutralitätsaktivitäten der Kommunen und von Unternehmen**
In Teil 2 des Buches werden die Klimaneutralitätsaktivitäten von Kommunen und von Unternehmen in Hessen vorgestellt. Beschrieben werden Aktivitäten der BNP Paribas von Astrid Schülke und der Deutschen Amphibolin-Werke von Bettina Klump-Bickert. Mit dem Energiesystem der Zukunft beschäftigt sich der Beitrag von Peter Birkner vom House of Energy und Sebastian Breker von der EnergieNetz Mitte GmbH. Im Weiteren werden Unternehmungen der Städte Frankfurt a. M., Wiesbaden, Offenbach a. M. und Ortenberg vorgestellt. Die Stadt Frankfurt stellt den „Masterplan 100% Klimaschutz" (Autor Wiebke Fiebig) und das „Energiemanagement der Stadt Frankfurt a. M." (Autor Mathias Linder) vor. Die Stadt Wiesbaden beschäftigt sich in einem Beitrag von Roland Petrak und weiteren Autoren mit „Mit Konzept und klarem Kurs: Klimaschutz in der Landeshauptstadt Wiesbaden – Grundsätze, beispielhafte Maßnahmen und Erfolge". Für die Stadt Offenbach stellt Dorothee Rolfsmeyer das Thema „Die lokale Klimaschutzkonferenz Offenbach am Main – von 2009 bis heute" vor. Des Weiteren beschreibt Christine Schneider in ihrem Beitrag „Die Haus-zu-Haus Beratung - Kostenlose Energieberatung mit Thermografie (2010-2017)" weitere Aspekte des Themas. Im Anschluss daran erörtert Pia Heidenreich-Herrmann die Klimaschutzaktivitäten der Stadt Ortenberg mit ihrem Beitrag „Maßnahmen der Stadt Ortenberg zur Energieeinsparung". Diesen Ausführungen schließt sich dann noch ein Beitrag über das Twinning Projekt des Partners „Ministry of Construction and Physical Planning" aus Kroatien zum Thema „Energy Efficiency in the Building Sector in Croatia" an.

**Teil 3: Klimaneutralitätsaktivitäten der Netzwerkpartner des Projekts**
In Teil 3 des Buches kommen Netzwerkpartner des Projektes zu Wort. Der Teil beginnt mit einem Beitrag von Hans-Ulrich Hartwig, im Finanzministerium zuständiger Leiter des Referat IV.8 „Staatliches Bauverfahren, Bauangelegenheiten des Bundes und der Gaststreitkräfte, Energieeffizientes Bauen" der Abteilung IV „Staatsvermögens- u. -schuldenverwaltung, Kommunaler Finanzausgleich, Bau- und Immobilienmanagement" zum „Lernnetzwerk" des Projekts, ein Team starker Partner. Es folgen dann Beiträge der Deutschen Bahn von Jens Langer und Karina Kaestner zum Thema „Bahnfahren ist Klimaschutz" und der Deutschen Post DHL Group von Birgit Hensel mit dem Titel „Innovation in der urbanen Logistik: Elektromobilität bei Deutsche Post DHL Group". Diesen schließt sich die Deutsche Umwelthilfe mit dem Artikel „Herausforderungen für die kommende Phase der Energiewende" der Autoren Sascha Müller-Kraenner, Peter Ahmels und Judith Paeper an. Es folgt ein Beitrag der ENTEGA AG mit dem Titel „ENTEGA – Wegbereiter der Energiewende" mit den Autoren Daria Hassan und Marcel Wolsing. Diesem schließt sich die ESWE Versorgungs AG mit dem Thema „Voller Energie für die Zukunft" von Frank Rolle und Jürgen Vorreiter an. Es folgen die Firstclimate AG mit „Das Pariser Klimaschutzabkommen und die Zukunft der freiwilligen $CO_2$-Kompensation" (Autor Jochen Gassner), das House of Energy (HoE) e.V. mit dem Artikel „Denkfabrik und Clustermanager für die ganzheitliche Energiewende und den Klimaschutz in Hessen" (Autoren Peter Birkner und Ivonne Müller). Die Netzwerkpartner leisten ihren Beitrag mit zum Teil überraschenden und phantasievollen Ideen, etwa die Jugendherberge Marburg, vgl. hierzu den Artikel „Gutes Klima in der Jugendherberge Marburg" (Autor Peter Schmidt), der sich auf das Thema Essen konzentriert. Der Landessportbund Hessen folgt mit seinen vielen bereits erfolgten oder anstehenden Sanierungen der vielen Sportstätten im Land unter der Überschrift „Klimaschutz in Sportanlagen – ein schlummerndes, kaum genutztes Potenzial" (Autor Rolf Hocke). Weiter folgt die Mainova AG mit einem Beitrag „Nicht alles auf eine Karte setzen: Verkehrswende technologieoffen gestalten" (Autor Dr. Constantin H. Alsheimer). Das Passivhaus Institut Darmstadt mit dem Beitrag „Passivhaus: Von Hessen aus in die Welt" von Wolfgang Hasper ist ebenso vertreten wie right. based on

Vorwort der Herausgeber

science UG mit dem Artikel „Fehlende Transparenz: Versteckte Risiken der Klimaneutralität" von Hannah Helmke. Einen gemeinsamen Beitrag mit dem Thema „Der „Masterplan Energie" - Die Justus-Liebig-Universität Gießen geht voran" stellen Sarah Tax und Kai Sander für die „Team für Technik GmbH" und die Justus-Liebig-Universität vor. Die Technische Universität Darmstadt, Autoren: Professor Matthias Oechsner, Professor Jutta Hanson, Professor Jens Schneider, Professor Eberhard Abele, Martin Beck, Mira Conci und Philipp Schraml liefern einen Beitrag zum Thema „Effizienzsteigernde Vernetzung an der Technischen Universität Darmstadt", ähnlich für die Technische Hochschule Mittelhessen Lena Wawrzinek in einem Beitrag mit dem Titel „ECO$_2$ - Energiekonzept für eine CO$_2$-neutrale Hochschule". Es folgt der TÜV Hessen mit dem Beitrag „TÜV Hessen: Verantwortung für das Klima leben" (Autor Jürgen Bruder). Die Unternehmensgruppe Nassauische Heimstätte/Wohnstadt in Zusammenarbeit mit der Sebastian Reich Consult GmbH, RKDS & Partners ist mit den Beiträgen „Energieeffizienz, Klimaschutz und Nachhaltigkeit im Wohnungsbau" und „Die Unternehmensgruppe Nassauische Heimstätte/Wohnstadt als Beispiel für eine zukunftsweisende Orientierung im Wohnungsbau" (Autoren Dr. Thomas Hain, Felix Lüter, Dr. Sebastian Reich) vertreten. Besonders hervorheben wollen wir, dass das Unternehmen in Frankfurt, Wiesbaden, Hanau, Dreieich und Langen klimaneutralisiertes Erdgas für fast 13.000 zentral beheizte Wohneinheiten einsetzt. Ein Beitrag der Viessmann Werke GmbH & Co. KG „Reise in eine klimaschonende Zukunft - Energiewende im Wärmemarkt" (Autoren Jörg Schmidt und Michael Wagner) bildet den Abschluss des 3. Teils. Zu diesem Beitrag wollen wir besonders hervorheben, dass über eine internationale Innovation berichtet wird, nämlich ein biologisches Verfahren zur industriereifen Erzeugung von synthetischem Methan. Mit überschüssigem Strom aus erneuerbaren Quellen wird mittels Elektrolyse Wasserstoff erzeugt und dieser mit CO$_2$ aus einer eigenen Biogasanlage zu Methan zusammengeführt.

Projektleiter Elmar Damm schließt diesen Band mit einem herzlichen Dank an alle Mitwirkenden ab.

Wir freuen uns als Herausgeber dieses Bandes und als Beteiligte in der Strategieentwicklung zu sehen, was ein Land wie Hessen an Wirkung entfalten kann. Es ist schön, dass so viele Organisationen, Unternehmen und Menschen zum Mitmachen gewonnen werden konnten. Ferner ermutigen Aktionen, wie das Denken geöffnet wird in der richtigen Balance zwischen globalen Maßnahmen und Maßnahmen vor Ort. Es muss dabei mit Blick auf die ökonomischen Implikationen gelingen, mit der Hälfte des - nicht bezahlbaren - Aufwands für ausschließlich regionales Handeln im Klimaschutz das Doppelte an Wirkung für den Klimaschutz weltweit zu entfalten, und das in regional-globaler Partnerschaft, dies auch noch mit positiver Wirkung in allen anderen Nachhaltigkeitsdimensionen. Dabei geht es auch darum, aufholende Länder zu Partnern im Umweltschutz zu machen, um gemeinsam das verschärfte 2°C-Ziel zu erreichen. Das, was an Vorleistungen dazu in Hessen geschieht, stärkt die Glaubwürdigkeit, ohne die eine solche Partnerschaft von vornherein aussichtslos wäre.

Insgesamt entwickelt sich so über den ganzen Band die Leitidee, unter der Klimaneutralität operiert. In Hessen wird sie Wirklichkeit. Wir freuen uns als Herausgeber, Teil dieses Prozesses zu sein. Wir haben uns bemüht, das vielfältige Material geeignet aufzubereiten. In diesem Buch finden sich dazu viele Teile eines Puzzles, das die Welt zum Positiven verändern kann. Wir hoffen auf viele interessierte Leser und auf viele weitere Akteure, die sich zum Mitmachen und Nachahmen motivieren lassen, damit das Projekt weiterhin erfolgreich ist und weit ausstrahlt, nach Deutschland, Europa und darüber hinaus!

Die Herausgeber:
Wiesbaden, im Juni 2018

Dr. Martin J. Worms

Ulm, im Juni 2018

Prof. Dr. Dr. Dr. h.c. Franz J. Radermacher

# Foreword
## by the publishers

In the field of climate protection, the world community has set itself the task of maintaining the 2°C target. In 2015, in Paris, the goal was even tightened in the direction of "well below 2ºC ". This goal requires that average global temperatures, in comparison to pre-industrial times, rise by significantly less than 2°C compared to pre-industrial times. On the basis of scientific analyses by the Intergovernmental Panel on Climate Change (IPCC), there is a reasonable chance, if this condition is met, of coping with climate change without catastrophic repercussions for humankind. According to the 1992 World Climate Convention in Rio de Janeiro, and the Paris 2015 Climate Treaty, it is all about managing the risks of an uncontrolled change in the atmosphere in shared but individual responsibility between the countries of the world.

However, adhering to this goal is not easy, because for understandable reasons prosperity is a goal of the people of this world. And for the poorer nations in particular, this requires massive economic growth. Prosperity and growth, however, are still closely linked to the use of fossil fuels, which in turn causes high levels of greenhouse gas emissions.

The great economic success of China with its important contributions to overcoming the poverty of many people is interesting here. However, this must be seen in the context of an increase in per capita $CO_2$ emissions in China to about 7.5 tonnes of $CO_2$ for a country with around 1.4 billion people. China now emits more $CO_2$ than the US, the whole of Europe and Russia, together. And Chinese emissions per capita, at about 7.5 tonnes, are higher than the European emissions of about 6.8 tonnes per capita.

An agreement between the states of the world on a reduction of the total emissions is therefore difficult; far too little has happened in this regard in recent years. We have an additional problem with the so-called High Emitters. About 10% of the world's population produces about half of the climate gases. As a rule, these are very wealthy people. And they live in all continents. The High Emitters must make more of a contribution to solving the climate change problem.

Another problem is the producers of fossil fuels. Instead of cutting their delivery rates, more and

State Secretary Dr. Martin J. Worms |
Hessian Ministry of Finance

Prof. Franz J. Radermacher |
University of Ulm, FAW/n Ulm

more fossil fuels are thrown onto the market, and prices are falling. Above all, the massive US shale gas and shale oil production, which has geopolitical dimensions, has completely changed the situation. And not for the better for decarbonisation and greater climate protection. But the US is not alone on this path. Russia is pursuing a massive military build-up in the Arctic to secure much of the fossil fuel there. China is investing billions of dollars around the world to secure access to oil and gas. Decarbonisation is not a topic of discussion anywhere. If it is even possible at all, massive compensation payments will be required to win over states, companies and owners for this course of action. However, it is unclear where the money should come from.

All the more responsibility is placed on actors at all non-state levels to do something themselves, be it organisations, companies or individuals. But states like Hesse are also responsible, even though they are not directly involved in international climate negotiations.

In this situation, the state of Hesse decided in 2009 to reach the goal for the state administration of climate neutrality by 2030, thus going far beyond the existing legal obligations. In the meantime, the state of Hesse has systematically pursued this goal in its sustainability strategy and in conjunction with other activities, and thus has a model character and a high degree of appeal. The main concern here, in its own area, is essentially its properties. But the topic also concerns the official travel of civil servants and public employees. And even more, it concerns the whole state with all its actors. This aspect is most powerful in terms of effecting change for numerous players in Hesse at all levels.

The Hessian approach in its own area of responsibility follows a consistent triad of (1) energy savings, especially through efficiency gains, but also by stimulating lifestyle changes, (2) the transition to "green electricity" or "green energy" wherever possible, and finally, where the other two ways can not be continued at reasonable cost, (3) in the form of steps towards global compensatory measures.

From the point of view of many observers, what is remarkable about Hesse's position is that global compensation is openly discussed here, where nothing else is financially justifiable. Hesse does not only act with regard to financial requirements. Anyone who is deeply involved with the global climate issue knows that global compensation, including financial transfers, is indispensable if the 2°C target is to be achieved. The integration of the non-industrialised countries, who are just catching up, is a must for achieving the desired 2°C target. There, for understandable reasons, many more times the amount of greenhouse gas emissions could be produced in comparison to what is emitted today, and we have to avoid this as far as possible. Without transfers in promoting prosperity and growth, and without using and co-financing renewable forms of energy generation, a climate partnership cannot be achieved in interactions with these countries.

In addition, since 2015, the world community has been following the so-called 17 Sustainable Development Goals of the World (SDGs), the so-called Agenda 2030. As with the climate, international financial aid is far from sufficient to make progress here. In particular, compensation projects in the climate sector are one key to significant progress. This is because such compensation projects generate so-called co-benefits for almost all 17 sustainability goals. Additionally, the world needs to be successful at the SDGs, otherwise, the up to now unstoppable growth of the world's population, especially in India and its neighbouring countries, and even more so in Africa, is inevitable. And if that does happen, massive migration risks appears on the horizon, that our policies are unlikely to be able to cope with.

The 2°C target - or even a tighter version - is borderline at this point and only achievable with enormous effort. There is a lot to do in this area. Jørgen Randers also regrets this situation in his 2012 Club of Rome report, which looks at development up until 2052. Only an intelligent combination of contributions from the rich world and the developing countries may still make it possible to achieve our goals today. Gaining time for the growth-compatible transformation of industrial society and for promoting the aspirations of the poorer countries is an urgent necessity. Above all, this time saving is possible through massive reforestation in the south of the globe in areas that are marginalised today. The United Nations discuss the restoration of 150 million hectares of degraded soils in the tropics by 2020. It will be possible to increase this area up to 500-1,000 million hectares by 2050. That's an area the size of Europe. Added to this is the grassland management and humus formation option. Each hectare of reforestation, like every hectare of forced humus formation, binds about 10-20 tonnes of $CO_2$ per year (so-called negative emissions). That means $CO_2$ is withdrawn from the atmosphere: Wealth growth and at the same time less harmful $CO_2$ - that's the right mix for a good future in the world.

Above all, the costs of such ambitious programs must be borne by organisations, companies and individuals who have the necessary financial strength, because the rich world states seem not to be able to afford this. Effective actors have the financial means, and in return can achieve climate neutrality at a manageable cost, just as the state of Hesse correctly pursues it even in times of budgetary difficulties.

Hesse is aware that the debt brake requirements in force from onward 2020 will severely narrow the budgetary scope for new tasks, such as $CO_2$ compensation. The Hessian Ministry of Finance takes this budgetary task very seriously and is still developing ways to compensate for remaining $CO_2$ quantities. Here, the state of Hesse finds itself in a fundamental conflict of objectives, doing as much as possible for as little money as possible. Nevertheless, Hesse is taking on the challenge of planning in additional funds for compensation of remaining $CO_2$ amounts from the Hessian state administration in order to guarantee $CO_2$-neutrality of its activities by 2030.

This is a win-win partnership, because in the Global South, this approach promotes prosperity, growth, biodiversity enhancement, increased food production, job creation, renewable energy, more stable water supplies, more genetic diversity and protection against desertification.

In particular, the goal must be for the wealthier groups of people in this world to change the "game". This is a small class of premium consumers in all countries, both poor and rich, which produces particularly high greenhouse gas emissions (so-called Top Emitters). They, along with their business partners, companies and service providers, should contribute to the existing financing requirements, e.g. as part of corporate social responsibility programs. Mention should be made at this point of many companies that are now carbon neutral, e.g. as a partner of the UN Global Compact Initiative. This includes many partners from our climate initiative in Hesse. More on this can be found under https://www.globalcompact.de. At the same time, just as with the equity gap between rich and poorer countries, closing the gap between rich and lower-powered consumers with regard to climate gas emissions would be to everyone's benefit. In this context, we want to contribute, with our activities and with this publication, to making these relationships more widely known. Above all, we also want to see an end to the rejection of global compensation projects to achieve climate neutrality by environmental activists, which often describe such activities negatively, using terms such as franchising, indulgence and "greenwashing". Global Compensation projects, most often in the form of „lost" financial contributions, are one of our best hopes for achieving the 2°C target and for making progress on the 2030 Agenda.

This book describes an exciting development in a difficult time based on interesting contributions with local as well as worldwide focus. Climate neutrality is an idea that ignites. This is probably why it has enjoyed so much support. German Minister Dr. Gerd Müller has just announced that his ministry, the Federal Ministry for Economic Cooperation and Development (BMZ), is aiming for climate neutrality by 2020. In addition, at the opening of the world climate conference COP23 in Bonn, he demanded that the federal government, all federal states and, ultimately, the entire public sector should take this direction. Hesse is a role model here. The contribution of Minister Müller in this volume describes his reflections on the subject.

The present volume shows the range of activities on the topic reached in Hesse - which particularly pleases us as publisher. It also documents the achievements and embeds them into the global context. Who would have thought eight years ago that so much would be possible in this short time, or even five years ago, when the first edition of the now revised and newly published book "Climate neutrality - Hesse goes ahead" came on the market?

In the book, after the welcome address of Prof. Klaus Töpfer, who again took over the patronage for the book project "Climate neutrality - Hesse 5 years on", First Minister Volker Bouffier, Hesse's Minister of Finance Thomas Schäfer and Environment Minister Priska Hinz outline their view of the project.

**Introduction: Climate as Global Challenge – Climate Neutrality as a Strategic Approach**
In the introductory section the topic is foregrounded internationally by Prof. Klaus Töpfer. With regard to the global positioning of climate

Foreword by the publishers

topics, he is one of the most prominent politicians in Germany, former Under Secretary General of the United Nations, substantially involved in global environmental and sustainability policy, especially in the development and implementation process of the Rio Conference in 1992. In the meantime, he was Director of the Institute for Advanced Sustainability Studies eV (IASS) in Potsdam and, as co-chair of the Ethics Committee for a secure energy supply in the context of Fukushima, set up by the German Federal Government, also heavily involved in the German energy transition.

German Minister for Development Cooperation Gerd Müller, who is predominantly responsible for the international side of climate finance in Germany, describes, as already indicated, the responsibility of his ministry for the international side of the implementation of German environmental and climate policy and its activities in this context. Minister Müller is followed by the chairman of the German Council for Sustainable Development, Ms Marlehn Thieme, with the Council's view of the issue. Prof. Luise Hölscher, former State Secretary of Hesse and co-editor of the first issue of this book, then describes the challenges ahead against the background of her experiences with the European Bank for Reconstruction and Development. Contributions by Prof. Franz Josef Radermacher and Prof. Estelle Herlyn give observations on current international challenges in the field. Large-scale worldwide re-reforestation plays a major role in this context.

This leads to the following contribution by Dr. Christoph Brüssel. He describes the activities of the "World Forest Climate Initiative" of the Senate of the Economy in this context. Mr Klaus Wiegandt from the Responsibility Forum appears next to this with his remarks on the central importance of the forest option. The highly successful actions of children and adolescents in the re-reforestation area under the auspices of Felix Finkbeiner in the "Plant for the Planet" initiative with their global orientation follow and show another dimension in which the manifold activities in the field of animal welfare and the environment are being addressed. Finally, Mr. Axel Gedaschko, president of the Federal Association of German Housing and Real Estate Companies (GdW) and Mr Thies Grothe, Department head policy issues of real estate policy with Thomas Zinnöcker, vice president of the Central Real Estate Committee (ZIA) give their view on the subject. As the building sector is a "heavyweight" in terms of energy and resource consumption, but also in terms of the financial side of human action, these contributions are an important area of implementation of our topic.

### Part 1: $CO_2$-neutrality as a Strategy of the State of Hesse

Elmar Damm from the Hessian Ministry of Finance is head of the project "$CO_2$-neutral state administration Hesse". His contribution describes, on the one hand, the framework for this central part of the project under the responsibility of the Hesse state, and also identifies the triad of reduction, substitution and compensation characteristic of the project.

Peter Eichler, Head of Business Unit V "Fundamental Issues in the State Construction and Real Estate Hesse", describes the methodology and the impressive results so far in the context of the state administration's $CO_2$ balance. Two contributions from the Hessian Ministry for the Environment, Climate Protection, Agriculture and Consumer Protection follow. The first comes from Section IV 2: Climate Protection, Climate Change of Division IV: "Climate Protection, Sustainable Urban Development, Biodiversity" by Lena Keul and Rebecca Stecker on the "Integrated Climate Protection Plan Hesse 2025", followed by the article "Hesse as climate change engine of innovation" by Dr. Christian Hey, the head of department IV. These are followed by three contributions on "Standards in State Building Construction in Hesse" (new buildings - implementation, existing buildings, PPP projects) by Thomas Platte, Georg Engel and Julia Hofmann and by Friederike Lindauer, who tackle the topic in detail. Finally, contributions follow to the $CO_2$-neutral procurement in Hesse by Ralf Schwarzer, also from the Hessian Ministry of Finance, and to the $CO_2$-neutral mobility in Hesse by Dr. med. Bernd Schuster from the Hessian Ministry of Economic Affairs, Transport and Regional Development.

### Part 2: Climate Neutrality Activities of Municipalities and Enterprises

Part 2 of the book presents the climate-neutral activities of municipalities and companies in Hesse. The activities of BNP Paribas are described by Astrid Schülke and a description by the

German Amphibolin Works by Bettina Klump-Bickert. The contribution of Peter Birkner of the House of Energy and Sebastian Breker of the EnergieNetz Mitte GmbH deals with the energy system of the future. In addition, projects of the cities of Frankfurt, Wiesbaden, Offenbach and Ortenberg are presented. The City of Frankfurt presents the "Master Plan 100% Climate Protection" (author: Wiebke Fiebig) and the "Energy Management of the City of Frankfurt." (Author: Mathias Linder). In a contribution by Roland Petrak and other authors, the topic "With concept and clear course: Climate protection in the state capital of Wiesbaden - principles, exemplary measures and successes" is adressed. Dorothee Rolfsmeyer presents the topic "The local climate protection conference Offenbach am Main - from 2009 to today" for the city of Offenbach. Furthermore, Christine Schneider describes further aspects of the topic in her contribution "Home-to-home counseling - Free energy consultation with thermography (2010-2017)". Next, Pia Heidenreich-Herrmann discusses the climate protection activities of the town of Ortenberg with its contribution "Measures of the City of Ortenberg for Energy Saving". These remarks are followed by a contribution from an international partner in a European twinning project, viz. the "Ministry of Construction and Physical Planning" from Croatia on the topic "Energy Efficiency in the Building Sector in Croatia".

**Part 3: Carbon neutral activities of the network partners of the project**
In Part 3 of the book, the project's network partners have their say. The part begins with a contribution by Hans-Ulrich Hartwig, Head of Unit IV.8 "State Building, Construction matters of the federal government and the Host Armed Forces, Energy Efficient Construction" of Department IV "Public Assets and Debt Management, Local Financial Equalization, Construction and Real Estate Management" to the "learning network" of the project, a team of strong partners. This is followed by contributions from the Deutsche Bahn (German railways) by Jens Langer and Karina Kaestner on the subject "Train travel is climate protection" and Deutsche Post (German postal service) by Birgit Hensel entitled "Innovation in Urban Logistics: Electromobility at Deutsche Post DHL Group". This is followed by the Deutsche Umwelthilfe (German Environmental protection) with the article "Challenges for the coming phase of the energy transition" by the authors Sascha Müller-Kraenner, Peter Ahmels and Judith Paeper. This is followed by an article by ENTEGA AG titled "ENTEGA - Paving the way for the transformation in energy sources" with the authors Daria Hassan and Marcel Wolsing. This is followed by ESWE Versorgungs AG with the topic "Full of energy for the future" by Frank Rolle and Jürgen Vorreiter. Next follows Firstclimate AG with the article "The Paris Climate Change Agreement and the Future of Voluntary $CO_2$-Compensation" (authored by Jochen Gassner) and the House of Energy (HoE) eV with the article "Think tank and cluster manager for the holistic energy transition and climate protection in Hesse" (authors Peter Birkner and Ivonne Müller). Many network partners contribute with sometimes surprising and imaginative ideas, such as the youth hostel Marburg, cf. the article "Good climate in the youth hostel Marburg" (author Peter Schmidt), which focuses on the topic of food. The Landessportbund Hessen (Hesse's sports association) follows with its many already existing or upcoming renovations of the many sports facilities in the state under the heading "Climate protection in sports facilities - a dormant, hardly used potential" (written by Rolf Hocke). Mainova AG also follows with a contribution entitled "Not putting everything on a single map: making the traffic turn technology open" (author: Dr. Constantin H. Alsheimer). The Passivhaus Institute Darmstadt with the contribution "Passive house: From Hesse into the world" by Wolfgang Hasper is just as much represented as right. based on science UG with the article "Lack of transparency: Hidden risks of climate neutrality" by Hannah Helmke. In a joint contribution on the topic "The "Energy Master Plan"- The Justus Liebig University of Giessen is moving forward", Sarah Tax and Kai Sander introduces the "Team for Technology GmbH" and the Justus Liebig University. The Technical University Darmstadt, authors: Prof. Matthias Oechsner, Prof.Jutta Hanson, Prof.Jutta Schneider, Prof.Jutta Abele, Martin Beck, Mira Conci and Philipp Schraml provide a contribution on the subject of "Efficiency-enhancing networking at the Technical University of Darmstadt". Similarly for the Technical University of Central Hesse, Lena Wawrzinek in a post entitled "$ECO_2$ - Energy Concept for a $CO_2$-neutral college". This is followed by TÜV Hesse with the article "TÜV Hesse: Responsibility for Living the Climate" (author Jürgen Bruder). The group of companies Nas-

Foreword by the publishers

sauische Heimstätte / Wohnstadt in collaboration with the Sebastian Reich Consult GmbH, RKDS & Partners is represented with the two contributions "Energy efficiency, climate protection and sustainability in housing construction" and "The Nassauische Heimstätte / Wohnstadt group of companies as an example of a forward-looking orientation in residential construction" (authors Dr. Thomas Hain, Felix Lute, Dr. Sebastian Reich). We would like to emphasize that the company uses climate-neutralized natural gas for nearly 13,000 centrally heated residential units in Frankfurt, Wiesbaden, Hanau, Dreieich and Langen. A contribution by the Viessmann Werke GmbH & Co. KG "Journey into one climate-friendly future - energy transition in the heating market" (authors Jörg Schmidt and Michael Wagner) closes the 3rd part of the book. Concerning this article, we would like to emphasize that an international innovation is being reported, namely a biological process for the industrial production of synthetic methane. Using surplus electricity from renewable sources, hydrogen is produced by electrolysis and combined with $CO_2$ from a biogas plant to form methane.

Elmar Damm, responsible for the project "$CO_2$-neutral state administration Hesse" rounds off this volume with a heartfelt thank you to all contributors.

We are pleased, as publisher of this volume and as participants in the strategy development of the project, to see what a state like Hesse can achieve. It is excellent that so many organisations, companies and people agreed to take part in this effort. It is also great to see how new ways of thinking are opened up given the right balance between global action and action at place. With an eye on the economic implications, half of the - hardly affordable - expenditure for exclusively regional action in climate protection must succeed in doubling the impact on climate protection worldwide, and that has to happen in a regional-global partnership, and with even more positive effects in all other sustainability dimensions. It is also about making those countries, who are still catching up, partners in environmental protection in order to jointly achieve the tightened 2°C target. What happens presently in Hesse strengthens the credibility of such a goal, without which such a partnership would be hopeless from the outset.

Overall, the guiding idea under which climate neutrality operates develops over the entire volume. In Hesse, it becomes reality. We are pleased to be part of this process as publishers. We have made every effort to prepare the diverse material appropriately. In this book, you will find many pieces of a puzzle that can change the world for the better. We hope for many interested readers and many other actors who can be motivated to participate and imitate, so that the project continues to be successful and far-reaching, for Germany, for Europe and beyond!

The publishers:

Wiesbaden, June 2018

Dr. Martin J. Worms

Ulm, June 2018

Prof. Franz J. Radermacher

# Grußwort des Schirmherren

Das Projekt „$CO_2$-Landesverwaltung Hessen" und die dazu erfolgende Buchveröffentlichung „Klimaneutralität – Hessen 5 Jahre weiter" sind spannende Aktivitäten für jeden, der an nachhaltiger Entwicklung und Klimaschutz in internationaler Perspektive interessiert ist. Deshalb habe ich als ehemaliger deutscher Umweltminister und als früherer UN-Untergeneralsekretär (Under Secretary General) des United Nations Environmental Programs sowie als Gründer des Institutes for Advanced Sustainability Studies (IASS) in Potsdam gerne die Schirmherrschaft für die vorliegende, anspruchsvolle Buchproduktion übernommen. Sie stellt eine direkte Verbindung zur Arbeit der Ethikkommission für eine sichere Energieversorgung dar, die nach der Reaktorkatastrophe von Fukushima von der Bundesregierung begründet wurde und eine Beendigung der Kernenergie empfohlen hatte. Motiviert hat mich dazu auch die Tatsache, dass das Land Hessen eigene Wege dafür beschritten hat, über die gesetzlichen Anforderungen hinaus klimapolitisch aktiv zu werden. Das kann viele andere Akteure motivieren, ebenfalls kreativ Aktivitäten zu entfalten, die über das Reden hinaus konkretes Handeln gegen den Klimawandel ermöglichen.

Bei dem vorliegenden Konzept geht es in erster Linie um einen signifikanten Beitrag der Landesverwaltung zum Klimaschutz. Es geht aber in gleicher Weise darum, in breitem Umfang weitere Potentiale für diese Zielsetzung in Hessen zu erschließen – von der Wissenschaft über gesellschaftliche Organisationen und Unternehmen bis hin zu Vereinen und engagierten Individuen.

Besonders hervorhebenswert erscheint mir in dem Projekt auch die doppelstrategische Orientierung auf dem Weg zur Klimaneutralität. Einerseits werden erhebliche Anstrengungen vor Ort unternommen, z. B. in Richtung erhöhter Effizienz, Nutzung von „grünem Strom" und Veränderung von Verhalten. Mit diesen Schritten konnten die $CO_2$-Emissionen der Landesverwaltung in den letzten Jahren signifikant abgesenkt werden. Diese Arbeit muss kontinuierlich mit gleichem Nachdruck fortgesetzt werden.

Mit der für die Zukunft geplanten Nutzung globaler Kompensationsmöglichkeiten, über die eine Reduktion der Klimabelastungen erreicht werden soll, die durch eigenes Handeln nicht mehr kostenadäquat erreicht werden kann, wird zugleich der globalen Dimension Rechnung getragen. Beispiele dafür sind die Nutzung von CDM-Projekten oder von Projekten im Rahmen eines weltweiten Aufforstungs- und Landschaftsrestaurierungsprogramm, wie es die Vereinten Nationen unter ihrem REDD+ Programm verfolgen. Hierdurch wird der Mitteleinsatz optimiert. Es werden weltweite Partnerschaften ermöglicht und finanziert, die eine Verbindung zwischen global wirksamem Klimaschutz und einer nachhaltigen Entwicklung in den betroffenen Regionen ermöglich.

Das Projekt „$CO_2$-neutrale Landesverwaltung" ist hoch ambitioniert, von der politischen Steuerung wie von der administrativen Seite her. Das Finanzministerium des Landes hat wichtige Inputs geleistet – und muss dies auch weiterhin gewährleisten. Die Einbeziehung wissenschaftlicher Beratungskapazität, u. a. durch das Forschungsinstitut für anwendungsorientierte Wissensverarbeitung (FAW/n, Ulm) mit Prof. Dr. Dr. F. J. Radermacher, Mitglied des Club of Rome und Co-Editor dieses Buches, hat das Thema weiter befördert.

Ich wünsche allen Lesern dieses Buches, vor allem auch den adressierten Mitarbeitern der Dienststellen des Landes Hessen sowie den vielen Partnern im Handeln für den Klimaschutz und eine nachhaltige Entwicklung, wie den Sponsoren und Autoren dieses Buches, eine intensive und motivierende Lektüre dieses Konzeptes. Es ist den Sponsoren und Autoren des Buches zu danken, dass dieses Buch den aktuellen Stand der Entwicklung des Projekts reflektierend neu aufgelegt werden konnte. Damit kann das Denken vieler Menschen verändert und mehr wirksamer Klimaschutz bewirkt werden - in Hessen, in Deutschland und weltweit.

Prof. Dr. Klaus Töpfer

# Vorwort des hessischen Ministerpräsidenten

**zum Buch „Klimaneutralität – Hessen 5 Jahre weiter"**

Sehr geehrte Damen und Herren,
liebe Leserinnen und Leser,

Klimawandel, Globalisierung, Ressourcenknappheit und die Abkehr von fossilen Energieträgern sind globale Herausforderungen, mit denen wir tagtäglich konfrontiert werden. Allein kann niemand diesen Herausforderungen begegnen – sie fordern ein gemeinsames, aufeinander abgestimmtes Handeln auf allen Ebenen. Entscheidungen auf globaler Ebene, wie sie beispielsweise 1992 beim Weltgipfel in Rio de Janeiro oder im Jahr 2015 in Paris getroffen wurden, geben für dieses Handeln den Rahmen vor. Die Umsetzung dieser Leitlinien kann jedoch nicht nur auf globaler Ebene erfolgen, sondern muss vielmehr auch regional und lokal vorangetrieben werden.

Hessen hat mit seiner Nachhaltigkeitsstrategie, die vor zehn Jahren fixiert wurde, gezeigt, wie dieser politische und gesellschaftliche Prozess angestoßen und umgesetzt werden kann: Im Zentrum stehen dabei gemeinsam erarbeitete Ziele, die sich an den Vorgaben auf europäischer und nationaler Ebene orientieren, teilweise aber auch darüber hinaus gehen. Schwerpunkte werden außerdem bei Themen gesetzt, die eine hohe Relevanz für Hessen aufweisen. Beispielhaft dafür war der hessische Energiegipfel 2011, auf dem Ziele und Umsetzung bei einer zentralen Zukunftsfrage unseres Landes, nämlich sichere, saubere und bezahlbare Energie, im Dialog mit allen Beteiligten festgelegt wurden. Dieses Vorgehen stellt sicher, dass uns insbesondere solche Maßnahmen der gemeinsamen Vision näher bringen, die auf Landesebene relevant und umsetzbar sind sowie langfristig Wirkung entfalten.

Die Nachhaltigkeitsstrategie des Landes Hessen hat eine Plattform für die breite Beteiligung aller Akteure und der Bürgerinnen und Bürger geschaffen: Sie zeigt, wie moderne Politik funktioniert und setzt auf ressort- und fachübergreifende Zusammenarbeit. Alle Entscheider sitzen an einem Tisch, tragen ihre Erfahrungen und Perspektiven in die Debatten hinein, treffen gemeinsame Vereinbarungen und setzen die Maßnahmen in einem koordinierten Vorgehen um. Dass damit viel erreicht werden kann, zeigen die vielfältigen Erfolge der Nachhaltigkeitsstrategie Hessen. Hier seien nur einige wenige Beispiele genannt: Die Inanspruchnahme von Flächen in unserem Land ist rückläufig, und die Emission von Treibhausgasen nimmt ab. Die Beschaffung in der öffentlichen Verwaltung wird an nachhaltigen und fairen Kriterien ausgerichtet. Mehr als 100 Kommunen und mehr als 100 Unternehmen engagieren sich genauso wie über 10.000 Bürgerinnen und Bürger aktiv für den Klimaschutz.

Eine vielbeachtete und herausragende Rolle im Rahmen der Nachhaltigkeitsstrategie Hessen nimmt die Aufgabe „Hessen aktiv: $CO_2$-neutrale Landesverwaltung" ein. Mit dieser Maßnahme, die 2009 gestartet wurde und jetzt seit neun Jahren bearbeitet wird, nimmt die Landesverwaltung ihre Vorbildfunktion wahr und zeigt auf eindrucksvolle Art und Weise, wie das Engagement für nachhaltige Entwicklung in Hessen in die tägliche Politik und Verwaltungsarbeit einfließt. Das Ziel ist ambitioniert: Bis 2030 will die Landesverwaltung klimaneutral arbeiten. Damit geht sie weit über die gesetzlichen Vorgaben hinaus. Ich bin sehr zuversichtlich, dass dieses Ziel erreicht werden kann. Etwa die Hälfte unseres Zieles ist bereits erreicht. Viele Liegenschaften engagieren sich und zeigen bereits jetzt, durch geändertes Nutzerverhalten, zahlreiche messbare Erfolge auf. Darüber hinaus werden der Austausch und das voneinander Lernen im Rahmen der Maßnahme groß geschrieben – und das nicht nur innerhalb der Verwaltung. Über das Lernnetzwerk fließen auch Erfahrungen aus Wirtschaft und Wissenschaft in den Prozess ein – und wieder zurück – und unterstützen damit die hessische Strategie.

Diese und andere vielfältige Aktivitäten der Hessischen Landesregierung werden in dem 2017

Vorwort des hessischen Ministerpräsidenten

vom Kabinett beschlossenen „Integrierten Klimaschutzplan Hessen" gebündelt und durch weitere Handlungsfelder ergänzt: Mit insgesamt 140 konkreten Maßnahmen soll das langfristige Ziel der Klimaneutralität des gesamten Landes Hessen bis zum Jahr 2050 erreicht werden.

Das vorliegende Buch unter dem Titel „Klimaneutralität - Hessen 5 Jahre weiter" zeigt unsere Erfolge. Es ist die Neuauflage des Vorgängertextes „Klimaneutralität - Hessen geht voran" aus 2012. Deutlich wird, wie viel in der Zwischenzeit an vielen Stellen erreicht wurde, wobei wir immer unserer Erfolgslinie treu geblieben sind. Strategie, Erfahrungen und gute Beispiele werden vorgestellt und regen zur Nachahmung an. So gelingt es uns, das Engagement für Klimaschutz und Nachhaltigkeit auf eine noch breitere Basis zu stellen und gemeinsam mit allen, die sich bei der Erreichung dieser Ziele einbringen wollen, an der Gestaltung einer lebenswerten Zukunft in unserem Land zu arbeiten.

Ich danke den Initiatoren und Autoren des Buches für ihr Engagement und freue mich auf eine weitere gute und erfolgreiche Zusammenarbeit für ein nachhaltiges Hessen. Den Leserinnen und Lesern wünsche ich viel Freude bei der Lektüre. Lassen Sie sich anregen, werden Sie selbst aktiv und gestalten Sie gemeinsam mit uns ein nachhaltiges, zukunftsfähiges Hessen als Teil von Deutschland, Europa und der Welt. Damit wir alle heute und morgen hier gut leben und arbeiten können und damit die ganze Welt eine gute Perspektive hat.

Wiesbaden, im Juni 2018

Volker Bouffier
Hessischer Ministerpräsident

# Vorwort des hessischen Ministers der Finanzen

Die internationalen Gegebenheiten bezüglich Klimaschutz, nachhaltiger Entwicklung und Nachhaltigkeit haben sich in den vergangenen 10 Jahren deutlich verändert. Die Herausforderungen sind heute einerseits größer als zuvor. Mit der Verabschiedung der Sustainable Development Goals (Agenda 2030) und dem Klimavertrag von Paris hat sich andererseits der politische Konsens zu diesem Thema, zumindest auf der Ebene der Vereinbarungen, weniger auf der Ebene der zugesagten Handlungen der Staaten, verbessert. Deutschland ist in diesem Kontext als wichtiger Teil der EU gefordert - und Hessen als leistungsstarker Teil von Deutschland ebenso.

Auch vor diesem Hintergrund ist es bemerkenswert, dass die Hessische Landesregierung schon im Jahr 2008 ihre Nachhaltigkeitsstrategie Hessen begonnen hat. Ihr Leitmotiv ist der sparsame und effiziente Umgang mit nicht erneuerbaren oder nur begrenzt verfügbaren Ressourcen, denn nur ein nachhaltiges und zukunftsfähiges Handeln sichert den Wohlstand unseres Landes auch für die zukünftigen Generationen. Im Rahmen dieser Strategie ist die vom Hessischen Ministerium der Finanzen verantwortete $CO_2$-neutrale Landesverwaltung ein wichtiger Faktor. Da die Liegenschaften und Gebäude des Landes wesentlichen Einfluss auf die $CO_2$-Emissionen der Landesverwaltung haben und der Landesbetrieb Bau und Immobilien Hessen, der einen großen Teil der Immobilien verantwortlich plant, errichtet und betreibt, zu unserem Ressort gehört, ist die $CO_2$-neutrale Landesverwaltung bei uns gut und richtig aufgehoben.

Durch sie wurde ein Prozess angestoßen, der in enger Kooperation mit allen Ressorts die Energieeinsparpotenziale bei den Liegenschaften der hessischen Landesverwaltung im Blick hat und die Möglichkeiten eines Landes im Hinblick auf Klimaschutz und Klimaneutralität ausschöpft. Wir wollen damit einen signifikanten Beitrag zum Klimaschutz leisten und die gesamte Landesverwaltung mit ihren rund 1.400 Dienststellen und rund 140.000 Mitarbeiterinnen und Mitarbeitern durch Minimierungs-, Substitutions- und Kompensationsmaßnahmen bis zum Jahr 2030 klimaneutral stellen.

Mit diesem ambitionierten Ziel im Blick haben wir 2009 begonnen. 2012 haben wir hierzu in Zusammenarbeit mit Professor Radermacher (Ulm) den Springer-Band „Klimaneutralität - Hessen geht voran" publiziert. Seitdem haben wir sehr viel erreicht. Diese Ergebnisse stellen wir hiermit in der Neuauflage des Buches unter dem Titel „Klimaneutralität - Hessen 5 Jahre weiter" vor. Was tun wir in dem Projekt? Auf der strategischen Ebene wurden und werden in den Bereichen Hochbau, Mobilität, Beschaffung und Nutzerverhalten in einzelnen Arbeitsgruppen die Grundlagen analysiert und bewertet. In einem Dialogprozess mit Experten werden auf dieser Basis Konzepte und Strategien zur Reduzierung der Energieverbräuche entwickelt. Die Ergebnisse dieses strategischen Prozesses werden auf der zweiten, operativen Handlungsebene in konkretes Verwaltungshandeln umgesetzt.

Eine Politik der nachhaltigen Entwicklung mit Forderungen an die Gesellschaft ist erst dann glaubwürdig, wenn Staat und Verwaltung im eigenen Aufgabenbereich beispielgebend vorangehen. Die Hessische Landesregierung nimmt mit dem Ziel der $CO_2$-neutralen Landesverwaltung eine Vorbildfunktion für andere Bundesländer, für die Kommunen und letztlich für die Bürgerinnen und Bürger ein. Dabei wird im Sinne einer umfassenden Nachhaltigkeit bei der Konzeption einer $CO_2$-neutralen Landesverwaltung sowohl auf die Generationengerechtigkeit als auch auf eine internationale Verteilungsgerechtigkeit geachtet. Alle Maßnahmen auf dem Weg zu einer $CO_2$-neutralen Landesverwaltung werden in ihren Wirkungen auf die lokale und die globale Nachhaltigkeit geprüft. Diese Verantwortung für globale Zusammenhänge ist ebenso entscheidend wie die möglichen Auswirkungen solcher Investitionen in Zeiten verengter finanzpolitischer Handlungsspielräume. Im Sinne von Nach-

Vorwort des hessischen Ministers der Finanzen

haltigkeit und Generationengerechtigkeit müssen die finanziellen und bilanziellen Auswirkungen von politischen Entscheidungen noch stärker in den Fokus gerückt werden. In diesem Themenfeld besitzt das Hessische Ministerium für Finanzen besondere Kompetenzen, aber auch eine besondere Verantwortung.

Auf dem Weg zur Klimaneutralität sind nicht nur breites Faktenwissen im nationalen und internationalen Bereich, strategisches Denken und die Umsetzung in administrative Prozesse gefragt, sondern vor allem auch Kreativität und Phantasie. In dieser Hinsicht haben wir in den vergangenen Jahren viel geleistet und dadurch Erfreuliches erreicht. Dies wird in dem neuen Band sehr klar herausgearbeitet.

Das Aufbrechen traditioneller Denk- und Verhaltensmuster und eine nachhaltige Bewusstseinsveränderung konnten dadurch erreicht werden, dass der Prozess durch motivierende Impulse begleitet wird. Hierzu finden sich viele Beispiele im vorliegenden Text.

Das Bewusstsein für Klimaneutralität in der Landesverwaltung kann nur dauerhaft erreicht, gestärkt und verstetigt werden, wenn es von unseren Beschäftigten täglich gelebt wird – dies ist mindestens genauso wichtig wie die politische Steuerung und administrative Umsetzung. Ein wesentlicher Aspekt ist in diesem Zusammenhang eine möglichst breite Vernetzung der Akteure innerhalb der Verwaltung, aber auch die enge und fruchtbare Kooperation mit unseren Netzwerkpartnern. Die Liste unserer Netzwerkpartner aus Wirtschaft, Zivilgesellschaft, Wissenschaft und weiteren gesellschaftlichen Bereichen ist beeindruckend gewachsen. Viele Aktivitäten der Partner werden in diesem vorliegenden Band ebenfalls dargestellt. In der Wechselwirkung mit den Partnern werden beständig neue Impulse in die Verwaltung getragen, um einen permanenten Innovationsprozess in Gang zu setzen.

Mit dem Verweis auf die bislang überaus erfolgreiche Arbeit ist auch die Entstehungsgeschichte und Konzeption dieser erneuten Publikation beschrieben, die die Chancen und Perspektiven eines Landes im Hinblick auf Klimaneutralität beleuchten soll, und zwar vor dem Hintergrund der Erfolge, die in den vergangenen Jahren erzielt wurden. Dabei geht es inhaltlich und konzeptionell auch um die globalen Dimensionen und internationalen Ansätze, vor allem in der Folge des Paris-Abkommens und der internationalen Verabschiedung der Nachhaltigkeitsziele der Staatengemeinschaft (Agenda 2030) genauso wie um landesweite oder regionale Strategien. Das breite Spektrum der unterschiedlichen Akteure – Verwaltung, Wirtschaft und Privatpersonen – zeigt eindrucksvoll, was in Hessen möglich ist. Die erzielten Wirkungen strahlen dabei weit über die Landesgrenzen hinaus.

Das vorliegende Buch richtet sich deshalb an Führungskräfte in Unternehmen, Verwaltungen und Organisationen gleichermaßen wie an Privatpersonen, denn Klimaschutz geht uns alle an und jeder kann hierzu einen Beitrag leisten.

Damit verbunden ist das Anliegen, das Thema vielfältig zu präsentieren, um die Diskussion aus den Fachkreisen hinaus in die Öffentlichkeit zu tragen. Ich bin überzeugt, dass die hier versammelten Beiträge einen wertvollen Beitrag leisten werden, um immer mehr Menschen davon zu überzeugen, dass Klimaneutralität ein Schlüssel zur Zukunftsfähigkeit unseres Landes wie der ganzen Welt ist. Der britische Politiker und Schriftsteller Benjamin Disraeli (1804 – 1881) hat dies eindrucksvoll mit der Wendung „Der Mensch ist nicht das Produkt seiner Umwelt – die Umwelt ist das Produkt des Menschen" umschrieben.

Mein besonderer Dank gilt den vielen engagierten Mitarbeiterinnen und Mitarbeitern der beteiligten Ministerien, die diese große Aufgabe konzipiert und strukturiert haben und voranbringen, namentlich Herrn Elmar Damm, Projektleiter der $CO_2$-neutralen Landesverwaltung, und Herrn Hans-Ulrich Hartwig, Leiter und Stabsstellenleiter der $CO_2$-neutralen Landesverwaltung, und der Leiterin der Geschäftsstelle Nachhaltigkeitsstrategie Hessen im Hessischen Ministerium für Umwelt, Energie, Landwirtschaft und Verbraucherschutz, Frau Renate Labonté. Ein herzliches Dankeschön geht an unsere Partner des Lernnetzwerkes, die in kooperativer Zusammenarbeit die Aufgabe unterstützt und wesentliche Impulse gegeben haben.

Nachhaltigkeit und Klimaschutz stellen für uns alle eine besondere Aufgabe dar, bieten aber zugleich große wirtschaftliche Chancen und sichern Wettbewerbsvorteile. Deshalb brauchen wir – mehr denn je – klare Konzepte und mehr Transparenz. Dazu wollen wir in Hessen weiterhin einen wirkungsvollen Beitrag leisten und ein Beispiel für andere Bundesländer und Akteure setzen. Ich wünsche allen Beteiligten auch weiterhin erfolgreiches und nachhaltiges Handeln für den Klimaschutz „Made in Hessen".

Wiesbaden, im Juni 2018

Dr. Thomas Schäfer
Hessischer Minister der Finanzen

# Vorwort der hessischen Ministerin für Umwelt, Klimaschutz, Landwirtschaft und Verbraucherschutz

**„Klimaneutralität – Hessen 5 Jahre weiter"**

Sehr geehrte Damen und Herren,
liebe Leserinnen und Leser,

ich freue mich über die zweite Herausgabe des Buches „Klimaneutralität – Hessen 5 Jahre weiter". Die vorliegende Publikation gibt einen interessanten Überblick über den Klimawandel als globale Herausforderung und die Klimaneutralität als strategischen Ansatz. Der Klimawandel betrifft jede und jeden von uns und hat Einfluss auf alle Lebensbereiche: sei es unsere Umwelt, unsere Wirtschaft, unsere Gesundheit und damit ganz allgemein auf unsere Art zu leben. Das Land Hessen leistet mit seiner Nachhaltigkeitsstrategie und dem Integrierten Klimaschutzplan Hessen 2025 seinen Beitrag zur Bewältigung der bestehenden Herausforderungen bei Klimaschutz und der Anpassung an den Klimawandel.

### Erfolge und Herausforderungen Nachhaltigkeitsstrategie Hessen

In der Nachhaltigkeitsstrategie Hessen entwickeln Akteure aus Wirtschaft, Wissenschaft, Verwaltung und Gesellschaft im Dialog gemeinsame, innovative Lösungen. So wird Nachhaltigkeit zur partnerschaftlichen Initiative des ganzen Landes. Sämtliche Perspektiven, Anliegen und Fragestellungen sind willkommen, denn die Nachhaltigkeitsstrategie bietet Raum für und ist angewiesen auf einen gemeinsamen gesellschaftlichen Such- und Lernprozess.

Seit der Neuausrichtung der Strategie in 2014 bearbeiten wir unterschiedliche Schwerpunktthemen. Im Jahre 2014 wurden die Schwerpunktthemen „Nachhaltiger Konsum", „Biologische Vielfalt" und „Bildung für nachhaltige Entwicklung" beschlossen; im Jahre 2015 das Thema „Klimaschutz und Klimawandelanpassung", aus dem der Integrierte Klimaschutzplan Hessen 2025 entstanden ist.

Seit 2016 steht die Überarbeitung des Ziele- und Indikatorensets im Fokus unserer Arbeit. Die in der Nachhaltigkeitskonferenz 2017 verabschiedeten Indikatoren orientieren sich an den 17 Nachhaltigkeitszielen der Vereinten Nationen - so können wir an die Entwicklung auf internationaler Ebene anknüpfen. Im Frühjahr 2018 werden wir dann auch die Zielwerte zu den Indikatoren vorstellen können.

Neben dieser inhaltlichen Ausrichtung legen wir unseren Fokus aber auch auf die Bewusstseinsbildung: Der komplexe Begriff Nachhaltigkeit soll verständlich vermittelt, greifbar gemacht und eng mit dem Alltag der Menschen in Hessen verknüpft werden, um Bürgerinnen und Bürger für einen nachhaltigen Lebensstil zu begeistern. Daher binden wir diese aktiv in die Arbeit der Nachhaltigkeitsstrategie ein. Dies gelingt uns mit dem „Tag der Nachhaltigkeit", der alle zwei Jahre dem Nachhaltigkeits-Engagement in Hessen eine Bühne gibt, mit unterschiedlichen Wettbewerben zu den Schwerpunktthemen oder mit unserer Kampagne „Wildes Hessen?!" für mehr Biologische Vielfalt.

### Integrierter Klimaschutzplan Hessen 2025

Im Dezember 2015 wurde in Paris auf der UN-Weltklimakonferenz das internationale Klimaabkommen beschlossen. Ziel ist es, die globale Erderwärmung auf deutlich unter 2 Grad, möglichst 1,5 Grad, gegenüber dem vorindustriellen Zeitalter zu begrenzen.

Mit dem Integrierten Klimaschutzplan Hessen 2025, der im März 2017 beschlossen wurde, haben wir als Land den Rahmen für die hessische Klimapolitik der nächsten Jahre gesetzt. Entsprechend der Ziele des Pariser Abkommens wird Hessen seine Treibhausgasemissionen bis 2025 um 40 % gegenüber 1990 reduzieren - und die Weichen für ein klimaneutrales Hessen 2050 sind gestellt. So wird Hessen zukunftsfähig - nicht nur durch Sicherung unserer natürlichen Lebensgrundlagen, sondern gleichzeitig sollen so auch die Wirtschaft und damit die Arbeitsplätze in Hessen dauerhaft erhalten werden.

Vorwort der hessischen Ministerin für Umwelt, Klimaschutz, Landwirtschaft und Verbraucherschutz

Der Klimawandel ist bereits spürbar. Das Jahr 2016 war weltweit das wärmste seit Beginn der Wetteraufzeichnungen, übrigens das dritte Jahr in Folge. Erste Symptome einer weltweiten Veränderung des Klimas sind aber auch bei uns zu spüren, in Form von höheren durchschnittlichen Temperaturen und der Zunahme der Häufigkeit extremer Wetterereignisse wie Hitzeperioden, Sturm, Starkregen, und Hagel. Dies führt auch zu massiven wirtschaftlichen Schäden.

Um den Klimawandel und seine negativen Folgen zu begrenzen hat die Hessische Landesregierung gehandelt und den Integrierten Klimaschutzplan Hessen 2025 aufgestellt. Dieser enthält 140 Maßnahmen, entwickelt in einem breiten Beteiligungsprozess und verteilt über alle Ressorts der Landesregierung: Von der klimafreundlichen Mobilität über Energieeffizienz, von der Klimabildung über die Förderung landwirtschaftlicher Technik oder den Hochwasserschutz.

Die 140 Maßnahmen verteilen sich jeweils etwa zur Hälfte auf Klimaschutz und Anpassung, wobei es unterschiedliche Schwerpunkte gibt. Im Bereich Klimaschutz gibt es die meisten Maßnahmen im Verkehrsbereich. Hier haben wir den höchsten Bedarf an Einsparung von $CO_2$. Auf den gesamten Bereich entfallen allein 35% der Treibhausgase, deswegen müssen wir insbesondere hier Veränderungen planen. Wir fördern daher verstärkt den Rad- und Fußverkehr, bauen den öffentlichen Nahverkehr aus. Auch der klimafreundliche Verkehr auf dem Land und Elektromobilität werden gefördert.

Aber auch die Landesregierung selbst hat sich viel vorgenommen. Eine der prioritären Maßnahmen ist die „$CO_2$-neutrale Landesverwaltung". Durch Energieeffizienzpläne, Gebäudesanierungsprogramme und Energiemanagement werden wir bis zum Jahr 2030 klimaneutral sein.

Im Bereich der Anpassung sind die Schwerpunkte anders gelagert. Fast ein Drittel der Maßnahmen sind den Bereichen Land- und Forstwirtschaft sowie Biodiversität zuzuordnen. Hier sehen wir ganz deutlich, wie verletzlich das natürliche Gleichgewicht gegenüber dem Klimawandel ist.

Gut 20 % der Maßnahmen im Anpassungsbereich adressieren die Wirtschaft. Das Land Hessen initiiert beispielsweise die Bereitstellung von zuverlässigen, kleinräumig aufgelösten und problem- bzw. anwenderorientierten Wetterprognosen für sensible Wirtschaftsbranchen.

140 Mio. Euro will die Landesregierung in den Jahren 2018 und 2019 für die 42 wichtigsten prioritären Maßnahmen zusätzlich ausgeben.

**„Hessen aktiv: Die Klima-Kommunen"**

Unsere wichtigsten Partner bei der Umsetzung aller geplanten Maßnahmen sind die hessischen Kommunen. Ohne die Kommunen erreichen wir weder im Land noch im Bund und nicht in der EU oder global unsere ambitionierten Klimaziele. Die Kommunen sind die maßgeblichen Akteure bei der Umsetzung von Klimaschutz- und Anpassungsmaßnahmen.

Im Jahr 2009 startete das Projekt „Hessen aktiv: 100 Kommunen für den Klimaschutz" der Nachhaltigkeitsstrategie Hessen mit dem Ziel, mindestens 100 Städte und Gemeinden für die Unterzeichnung einer Klimaschutz-Charta zu gewinnen, um das Bewusstsein für Nachhaltigkeit und Klimaschutz in hessischen Kommunen zu schaffen und zu fördern, sowie langfristiges Handeln in diesem Sinne zu etablieren. Inzwischen haben mehr als 170 Städte, Gemeinden und auch Landkreise diese Charta unterzeichnet. Damit verpflichten sie sich freiwillig, auf der Grundlage einer $CO_2$-Bilanz, Aktionspläne mit Klimaschutzmaßnahmen zu erstellen, diese umzusetzen und regelmäßig darüber zu berichten.

Im November 2016 ist das Projekt in ein Bündnis übergegangen und trägt nun den Titel „Hessen aktiv: Die Klima-Kommunen". Seine Mitglieder sollen zukünftig neben dem Klimaschutz auch Maßnahmen zur Anpassung an die Folgen des Klimawandels ergreifen.

Mit einer Förderrichtlinie für kommunale Projekte unterstützt das Land die Kommunen und kommunalen Unternehmen bei der Durchführung von kommunalen Klimaschutz- und Klimaanpassungsprojekten.

In den zurückliegenden Jahren wurden in der hessischen Klimaschutz- und Nachhaltigkeitspolitik Erfolge verbucht und richtungsweisende Entscheidungen getroffen. Wir haben nun mit dem Integrierten Klimaschutzplan Hessen 2025 einen Fahrplan, um das ambitionierte Klimaschutzziel „klimaneutrales Hessen" bis 2050 zu erreichen. Die Erreichung dieses Ziels wird nur gelingen, wenn alle Akteure mitwirken und die vereinbarten Maßnahmen engagiert umgesetzt werden. Aber auch jede und jeder Einzelne von uns kann zum Gelingen beitragen.

Wiesbaden, im Juni 2018

Priska Hinz
Hessische Ministerin für Umwelt, Klimaschutz,
Landwirtschaft und Verbraucherschutz

Einführung

# Klima als globale Herausforderung – Klimaneutralität als strategischer Ansatz

# Klima als globale Herausforderung

Prof. Dr. Dr. h.c. mult. Klaus Töpfer | Gründungsmitglied von TMG Think Tank for Sustainability

**CO$_2$-neutrale Landesverwaltung Hessen: Ein spannendes und wichtiges Projekt"**

1 Vor nunmehr 25 Jahren trat die „Nachhaltigkeit" ihren Siegeszug durch die Welt an. Der legendäre „Weltgipfel" in Rio de Janeiro 1992, genauer „The United Nations Conference on Environment and Development" (UNCED), hatte sich das Ziel gesetzt, die Überwindung der Armut in dieser Welt durch wirtschaftliche Entwicklung so zu verwirklichen, dass dadurch die natürlichen Lebensgrundlagen der Menschen nicht übernutzt, nicht rücksichtslos ausgebeutet werden. Diese Entwicklung sollte auf einem Weg erfolgen, der die sozialen Konsequenzen des Handelns verantwortungsvoll einbindet.

20 Jahre vor diesem Erdgipfel, 1972 in Stockholm, war dieser Zusammenhang zwischen Entwicklung und Umwelt noch nicht zum Gegenstand der Konferenz gemacht worden. In Stockholm bei der „United Nations Conference on the Human Environment" ging es „nur" um die negativen Konsequenzen menschlichen Handelns auf die Stabilität der Natur, auf die natürlichen Lebensgrundlagen der Menschen.

**Indira Gandi** hat auf der Stockholmer Konferenz in einer brillanten Rede den Finger in diese Wunde gelegt. Sie hat darauf verwiesen, dass die hoch entwickelten Länder die Entwicklungsländer vor den Fehlern wortreich warnten, die sie selbst im wirtschaftlichen Entwicklungsprozess gemacht hätten. Diese Fehler, so Indira Gandi, seien allerdings eine entscheidende Antriebskraft für den jetzigen Wohlstand der hoch entwickelten Länder gewesen.

**Die indische Ministerpräsidentin hatte durchaus Recht:** In Europa ist die Industrielle Revolution, von England und Deutschland ausgehend, massiv subventioniert worden durch die Abwälzung von Kosten auf die Umwelt, aber auch auf die Menschen, auf ihren sozialen Zusammenhalt, auf ihre Gesundheit, auf ihre Lebenserwartung und auf die Zukunftschancen ihrer Kinder. Die Industrielle Revolution – sie wurde angetrieben von neuen Energietechniken, durch fossile Energieträger, vornehmlich Kohle. Sie ließ sich nicht aufhalten durch staatliche Maßnahmen zur Luft- und Gewässerreinhaltung, durch Klär- oder Filteranlagen. Diese Investitionen wurden als unnötige Kosten, als Hemmnis für wirtschaftliche Entwicklung aus den unternehmerischen Kalkulationen abgewälzt. Flüsse wurden dadurch zu Vorflutern, Abwässerkanälen also. Der „Blaue Himmel über der Ruhr", von Willi Brandt in den 60er Jahren des letzten Jahrhunderts zum Wahlkampfthema gemacht, war nicht einmal Vision, geschweige denn angestrebte politische Strategie.

Ebenso wenig wurden die Menschen vor der Ausbeutung ihrer Gesundheit und die dramatische Verschlechterung ihrer sozialen Sicherheit geschützt. Gewerkschaften waren unbekannt, menschenwürdige Arbeitszeiten bestenfalls ein Traum, Kinderarbeit eher die Regel als die Ausnahme. Fortschritte in der Maschinentechnik brachten viele Menschen um ihren Arbeitsplatz, stürzten Familien in Not. Gerhard Hauptmann hat das in seinem Theaterstück „Die Weber" exemplarisch belegt.

**Bild 1**
Die Entwicklung der Nachhaltigkeit
[Foto: © DOC RABE Media – fotolia.com]

2 Stockholm 1972 wurde durch Indira Gandis Rede und durch die dortigen Verhandlungen zu einem **Augenöffner**. Es wurde jedem, der mitdenken und mitsehen wollte, deutlich, dass man in dieser Welt der großen wirtschaftlichen Entwicklungsunterschiede die Umweltdimension nicht allein sehen darf, vor allen Dingen nicht allein von den hoch entwickelten Industriestaaten aus. Denn diese Fürsorge für die Umwelt in den hoch entwickelten Staaten erschien vielen in den Entwicklungsländern als ein mehr oder weniger verdeckter Versuch, den in den Entwicklungsländern dringend benötigen wirtschaftlichen Aufschwungprozess zu erschweren, indem ihnen eine Abwälzung von Kosten auf die Umwelt deswegen nicht mehr möglich sein sollte, weil die

Leistungsfähigkeit der großen Ökosysteme durch das vorangegangene, in Bezug auf die Umweltauswirkungen **rücksichtslose Wirtschaftswachstum der Industrieländer** bereits weitgehend aufgezehrt war. Die Forderungen nach engagierter Umweltpolitik, die aus dem Norden kamen, wurden im Süden sehr oft als besonders wirksame nicht-tarifäre Handels- und Entwicklungshindernisse verstanden.

3 Vor diesem Hintergrund fand der Weltgipfel in Rio 1992 statt – nur drei Jahre nach dem Fall der Mauer und dem Niederreißen des Stacheldrahts in Deutschland – dem weltweit sichtbarsten und wirksamsten Beweis für den Zusammenbruch einer bipolaren Welt durch die Implosion der Sowjetunion und damit des Warschauer Paktes. Dieser Zusammenbruch zeigt auch erneut auf, wie wirtschaftliches Wachstum manchmal massiv auf Kosten von Umwelt und sozialer Verantwortung im Wettbewerb der Systeme hochgepuscht wurde, in diesem Fall auf Seiten der Staaten des Warschauer Pakts vor dem Mauerfall. Die dramatischen Umweltbelastungen, die nach der Wiedervereinigung in der ehemaligen DDR vorgefunden wurden, belegen diese Zusammenhänge.

**Bild 2**
Symbol zum Schutz der Natur [Foto:
© Sergej Khackimullin – fotolia.com]

Auf der Suche nach einem neuen Konzept, das den realen Bedrohungen der natürlichen Lebensgrundlagen wirksam gegensteuern sollte, ohne dadurch Armut und Unterentwicklung zu zementieren und wirtschaftliche Perspektive in Frage zu stellen, hat die Generalversammlung der Vereinten Nationen zur Vorbereitung der Rio-Konferenz die Weltkommission für Umwelt und Entwicklung beschlossen und eingesetzt. Unter Vorsitz der langjährigen norwegischen Ministerpräsidentin **Gro Harlem Brundlandt** hat diese Kommission den Bericht „**Our Common Future**", den so genannten Brundlandt-Bericht vorgestellt. Das tragende Konzept dieses Berichts für die Entwicklung der Zukunft dieser Welt lautet: „**Sustainable Development**" – **Nachhaltige Entwicklung**.

Nachhaltige Entwicklung ist im Grunde eine unmittelbar einsichtige, simple Maßgabe für menschliches Handeln! Nicht zufällig wurde es schon Jahrhunderte zuvor von einem für den Bergbau in Sachsen zuständigen Oberberghauptmann, von Hannß Carl von Carlowitz, als Vorgabe für die Waldbewirtschaftung entwickelt. Erstmals wurde damit die Dimension „Zeit" in die aktuelle Entscheidungsfindung eingebunden – die Verantwortung für Zukunft! Die Schlussfolgerung: Es soll jeweils nur so viel Holz eingeschlagen werden, wie in dieser Zeit auch nachwächst. Damit wurde Zukunftsverantwortung, wurde die Vermeidung der Abwälzung von Kosten des aktuellen Wohlstands auf kommende Generationen handlungsleitend. Ein Denken in Kreisläufen über die Generation hinaus. „Bebauen und bewahren" ist Handlungsmaxime. In Genesis 2 heißt es: „Und der Herr setzte den Menschen in den „Garten Eden, auf dass er ihn bebaue und bewahre."

4 Dieser sehr kurze Rückblick in die Ideengeschichte des Konzepts der nachhaltigen Entwicklung und in die Entwicklungsabläufe macht klar, dass „Nachhaltige Entwicklung" nicht eine ausschließlich ökologische, eine auf die Erhaltung von Natur und Umwelt ausgerichtete Handlungsmaxime ist. Die Herausforderung ist wesentlich größer! Es gilt, wirtschaftliche Entwicklung für eine Welt mit bald **9 bis 10 Milliarden Menschen** zu ermöglichen und gleichzeitig die Lebensgrundlagen der Natur für den Menschen zu erhalten und für natürliche Entwicklungsabläufe Raum zu entwickeln. Der frühere UN-Gene-

ralsekretär Kofi Annan stellt folgerichtig fest: „Wohlstand, aufgebaut auf der Zerstörung der Umwelt, ist kein wirklicher Wohlstand, bestenfalls eine kurzfristige Milderung der Tragödie. Es wird kaum Frieden, wohl aber noch mehr Armut geben, falls dieser Angriff auf die Natur anhält."

Nicht nur die wechselseitige Unterstützung von wirtschaftlicher Entwicklung und ökologischer Stabilität ist gefordert. Von gleicher Bedeutung ist es, diese Verbindung in einer Gesellschaft zu verwirklichen, die nicht durch soziale Brüche und Konflikte, sondern durch gerechten Zugang zu Chancen Stabilität und Lebensqualität erhält. Eine solche Gesellschaft zeichnet sich dadurch aus, dass sie Probleme auf der Basis einer Orientierung in Angriff nimmt, die durch Verantwortung, Respekt, Toleranz und ein breites Angebot von Bildungschancen und sozialem Miteinander gekennzeichnet ist.

5 Das ist der Hintergrund, vor dem die Entscheidung für die „Nachhaltigkeitsstrategie Hessen" gesehen werden muss. Ein Bundesland stellt sich der Herausforderung, wirtschaftlichen Wohlstand, soziale Verantwortung und Erhaltung der Umwelt beispielgebend und zukunftsfähig weit über die gesetzlichen Anforderungen hinaus zu realisieren. Ein föderaler Staatsaufbau ist bereits als solcher ein Beitrag zur Nachhaltigkeit, ist Teil nachhaltigen Handelns. In Hessen wird deutlich, dass es keineswegs ausschließlich oder primär die großen, zentralen, „ganzheitlichen" Lösungen von oben sind, die nachhaltiges Leben für die Bürgerinnen und Bürgern attraktiv werden lassen. Mindestens so sehr sind die dezentralen, die von den verschiedenen kleinen und großen Netzwerken in der Gesellschaft ausgehenden Überzeugungen wichtig, dass Zukunft nur möglich ist, wenn man materielle und immaterielle Kosten und Belastungen des eigenen Wohlstands nicht auf andere abwälzt – nicht auf Menschen, die gleichzeitig mit uns, aber fern von uns leben, auch nicht bereits heute als Hypothek auf die Rechnung kommender Generationen einträgt oder sie der Natur aufbürdet.

Hessen entwickelt eine Nachhaltigkeitsstrategie für ein Bundesland – nicht als Kopfgeburt von Politik und wenigen in der Zivilgesellschaft ausgedacht. Vielmehr: ein Miteinander vieler kleiner Initiativen und Veränderungen im alltäglichen Leben der Menschen. In diesen Veränderungen wachsen Einsichten in neue Möglichkeiten heran. Sie reflektieren überschaubare, transparente Kenntnisse der Auswirkungen eigenen Handelns. Die Bereitschaft, **ehrenamtlich tätig zu sein** und immer wieder neue Ideen zu entwickeln und auszuprobieren, ist dabei ein wichtiges Element. Neue Ideen können durchaus auch einmal scheitern, werden aber selbst durch dieses Scheitern zur Grundlage für veränderte, wohl auch verbesserte Mitwirkungsfähigkeiten.

Die kleinen, dezentralen, keineswegs immer von Vornherein aufeinander bezogenen, geschweige denn stringent koordinierten Lösungen sind wichtig. Sie sollen Raum für eigenes Denken und Handeln schaffen – das ist der Humus für eine dauerhaft nachhaltige Gesellschaft. So ist es ganz selbstverständlich, dass den Städten und Gemeinden eine besondere Verantwortung für eine nachhaltige Entwicklung zukommt. Dies wurde übrigens bereits in der Rio Konferenz mit der dortigen **Agenda 21** so gesehen.

In den Gemeinden, auf lokaler Ebene, können Bürgerinnen und Bürger aus ihrer Alltagskenntnis heraus die Spielräume für Änderungen hin zu einem nachhaltigen Leben entdecken. Sie werden die Hürden und Hindernisse abschaffen, die der

**Bild 3**
Nachhaltige Entwicklung – Bioenergie
[Foto: © Jürgen Fälchle – fotolia.com]

Umsetzung eigener Ideen und gemeinschaftlicher Visionen im Wege stehen. In den Gemeinden werden politisch Tätige tagtäglich von Bürgerinnen und Bürgern angesprochen, werden herausgefordert, die Erwartungen und Hoffnungen durch politische Rahmenbedingungen und eigenes Tun zu ergänzen. Es wird ein nachhaltiges Hessen nicht geben können, wenn es zu viele Städte und Gemeinden in Hessen gibt, die alles andere als nachhaltig planen und handeln. Dies gilt, um es an dieser Stelle zu ergänzen, auch im weltweiten Streben nach Nachhaltigkeit. Bald werden weltweit nahezu 80% der Menschen in Städten und städtischen Agglomerationen leben. Ohne nachhaltige Städte, ohne nachhaltige urbane Agglomerationen kann man die Ziele einer nachhaltigen Entwicklung im Weltmaßstab nicht erreichen.

6 Ein etwas intensiverer Blick auf die Vielzahl der Initiativen, die seit 2008 den Prozess zur Nachhaltigkeit der Strategie Hessens kennzeichnen, belegt diese Vielfalt der Ideen, diese Breite der Mitwirkung der Bevölkerung, der Vereine und Verbände, der Gemeinden und der Unternehmen des Landes, Nachhaltigkeit wird hier nicht von oben diktiert, sondern entwickelt sich von unten her. Nicht „die Politik" und „die Politiker" müssen handeln, so wichtig und unerlässlich dies auch ist und eingefordert werden muss - , sondern: Wir Bürger, Du und ich, legen los, fordern uns heraus, setzen eine Veränderung in Gang, die von der Politik in einer offenen Demokratie aufgenommen, die durch Politik erleichtert und gefördert wird. Nur so kann Nachhaltigkeit gelingen.

Vorangehen: Dies gilt in besonderer Weise auch für das Handeln der Landesregierung in ihrem ureigenen Zuständigkeitsbereich. Mit dem Ziel der **Klimaneutralität, bei den landeseigenen Liegenschaften**, ebenso im Beschaffungswesen des Landes, in der beständigen Weiterbildung der eigenen Mitarbeiterinnen und Mitarbeiter, in der sichtbaren Bereitschaft, ältere Menschen einzubinden, und in der Zielsetzung, dass eine immer buntere Bevölkerung sich auch in der Mitarbeiterschaft widerspiegelt.

Schwerpunkte für das Handeln in konkreten Projekten werden sich immer wieder neu aus dem Dialog mit den Bürgerinnen und Bürgern aller sozialen Schichten und allen Alters sowie mit der Wirtschaft herauskristallisieren. So hat die Nachhaltigkeitskonferenz Hessen Mitte 2011 das Thema **Energie zum Schwerpunkt im Jahre 2012** erklärt. Diese Entscheidung leitet sich nahezu zwingend aus der Tatsache ab, dass der Deutsche Bundestag kurze Zeit davor nahezu einstimmig beschlossen hat, die Nutzung der Kernenergie binnen 10 Jahren zu beenden. Diese Entscheidung ist umzusetzen, ohne dass die verpflichtenden Ziele der deutschen und europäischen Klimapolitik verletzt oder gar aufgegeben werden. Diese Energiewende ist umzusetzen, ohne dass der soziale Frieden gefährdet wird, ohne dass die Wettbewerbsfähigkeit der deutschen Wirtschaft verlorengeht. Dies lässt sich nur miteinander verbinden, wenn umfassend und von jedem in seinem Einfluss- und Entscheidungsbereich geprüft wird, wie erneuerbare Energien wirksam gefördert und zur Grundlage der Energieversorgung gemacht werden. Es wird erforderlich, effizienter, also sparsamer mit Energie umzugehen, Lebensstile zu verändern und dies zur gemeinsamen Überzeugung im Bereich des politischen Handelns zu machen. Die Zukunft gehört den erneuerbaren, den heimischen Energien, neben Solar- und Windstrom. Dies muss für die drei Bereiche der Energienutzung gelten, für Strom, Wärme und Mobilität.

7 Dies sind zweifellos sehr große Herausforderungen. Sie sind nur zu bewältigen, wenn nicht ein jeder wieder auf das Handeln, das Vorangehen des anderen wartet. Nach der Entscheidung zur „Energiewende" in Deutschland war es folgerichtig, dass sich die hessische Landesregierung das Projekt „$CO_2$-neutrale Landesverwaltung" vorgenommen hat, ein wichtiges Leuchtturmprojekt über die gesetzlichen Anforderungen hinaus.

Ein kluger Blick in die Zukunft kann dabei die Kosten nicht unberücksichtigt lassen – der kostengünstigste Weg ist herauszuarbeiten. Dabei werden in Kenntnis globaler Auswirkungen des Klimawandels auch weltweit Partnerschaften im Klimabereich zwingend erforderlich. Die Welt ist nach wie vor massiv gespalten in die „reichen, entwickelten" Länder des Nordens und die armen, jungen Nationen im Süden. Wirtschaftliche Entwicklung ist zur Stabilisierung des friedlichen Zusammenlebens auf unserem Planeten Erde in diesen Regionen dringender denn je. Wirtschaftliche Entwicklung wiederum bedarf

**Bild 4**
Streben nach einem „Grünen Planeten" und einer sauberen Umwelt [Foto: © Sergej Khackimullin – fotolia.com]

einer gesicherten Energieversorgung. Globale Klimapolitik wird daher nur gelingen, wenn diese Länder klimaentlastende Energieträger wirtschaftlich vertretbar einsetzen. Daran als Teil des hoch entwickelten Nordens mitzuarbeiten, ist somit eine friedenssichernde Perspektive. Sie ist ein ursächliches Engagement gegen Fluchtursachen. **Maßnahmen vor Ort in den Entwicklungsländern – Investitionen in grünen Strom, in höhere Energieeffizienz** – sind daher win-win-Maßnahmen für Klimaschutz und wirtschaftliche Entwicklung.

Aus dieser Erkenntnis heraus sind in der Klimadiplomatie Maßnahmen des „Clean Development Mechanism (CDM)" eingebracht worden. Investitionen in globale Aufforstung- und Landschaftsrestaurierungsprogramme, von der Weltgemeinschaft unter REDD+ herausgearbeitet, gehören in diesen Maßnahmenkatalog. Diese **doppelstrategische** Seite des Klimaschutzes wird in der Konzeption des Landes Hessen in besonderer Weise aufgegriffen und muss konsequent in wirksame Partnerschaften umgesetzt werden.

Nochmals: Darüber kann und darf nicht nur klug geredet oder geschrieben werden, dazu bedarf es mehr als schöner Hochglanzveröffentlichungen und mehr als einer besonders kreativen Werbeagentur. Dieses Projekt einer $CO_2$-neutralen Landesverwaltung erfordert vielmehr sehr viel Kärrnerarbeit in der Durchleuchtung des direkten und indirekten Energieverbrauchs in der Landesverwaltung wie der nun erforderlichen Maßnahmen. Erforderlich wird es, auch kleine und kleinste energetische Verbesserungen und Einsparungen zu identifizieren, auf ihre Wirtschaftlichkeit hin zu bewerten und konkret zu ernten sowie international die richtigen Projekte zu adressieren. Der Verweis auf internationale Partnerschaften darf nicht als Alibi für das überzeugende Handeln zu Hause missbraucht werden.

Hilfreich war und ist es, **dieses Projekt wissenschaftlich begleiten zu lassen**, zu allen genannten Fragen. Immer wieder zeigt sich, dass ein sachkundiger, wissenschaftlich fundierter Blick von außen auf den Untersuchungsgegenstand Vieles neu und klarer sichtbar werden lassen kann, als es denen möglich ist, die in den Institutionen seit langer Zeit arbeiten und fest davon überzeugt sind, bereits alles höchst optimal gestaltet zu haben. Das gilt ebenso für die Einbeziehung der in der internationalen Klimapolitik weniger entwickelten Länder und Regionen. Ihr Nutzen für das eigene Projekt sollte überprüft und öffentlich diskutiert werden, wie das in Hessen geschieht. Dazu gehört sicherlich der **„Clean Development Mechanism"** wie die oben erwähnten Aufforstungs- und Landschaftsrestaurierungsprogramme. Ebenso ist es hilfreich, vertrauensvoll mit Partnerstädten oder Partnerregionen in der Welt darüber in einen Dialog zu kommen, inwieweit bei gemeinsamem, abgestimmtem Vorgehen mit demselben Einsatz von Ressourcen mehr erreicht werden kann, als wenn jeder isoliert auf seine eigenen Möglichkeiten hin optimiert. Dies muss dokumentiert und in der Öffentlichkeit transparent diskutiert werden.

Die „$CO_2$-neutrale Landesverwaltung" Hessen ist ein spannendes Pilotprojekt. Dieses Projekt könnte eine Bereicherung auch für die anderen Bundesländer werden, nicht zuletzt als Bürgerbeteiligung an transparenten Projekten wirtschaftlicher und ökologischer Zusammenarbeit mit den Menschen, mit Städten und Gemeinden in den Entwicklungsländern. Ein **wettbewerblicher Austausch** mit anderen Bundesländern kann dabei noch mehr bewirken. Hier können Ideen und Maßnahmen, die anderswo bereits erfolgreich eingesetzt wurden, auf die Verwendung in der eigenen Strategie hin vorurteilslos geprüft werden.

Der Fortschritt in der Umsetzung dieses Projekts muss laufend überprüft, relevante Indikatoren für ein „Monitoring" müssen öffentlich diskutiert und dann festgelegt werden. Transparenz und Nachprüfbarkeit können Vertrauen bei den Bürgerinnen und Bürgern begründen. Dabei sind Fehler als Ansatz für Verbesserungen hilfreich zu nutzen, eine Notwendigkeit, die insbesondere am Anfang einer Lernphase dieser Strategie besonders zu beachten ist. Dadurch wird die Motivation zum Mitmachen in allen Bereichen unserer Gesellschaft gestärkt. Intransparenz oder wechselnde Indikatoren für die Beurteilung des Projektfortschritts und des Projekterfolges demotivieren und setzen schnell einen Teufelskreis nach unten in Bewegung. Dieser Gefahr konnte offenbar in Hessen bisher erfolgreich begegnet werden.

Es ist zu wünschen, dass dieser systematische Doppelansatz des Landes Hessen in einem offenen demokratischen Prozess erfolgreich ist. Nachhaltigkeit der Landesverwaltung ist ein besonders kritischer, da von der Öffentlichkeit unmittelbar erfahrener Glaubwürdigkeitstest – für die $CO_2$-Neutralität wie für die Landnutzung, die Agrarpolitik, den Umgang mit chemischen Stoffen, mit Luftreinhaltung und einer Kreislaufwirtschaft zur Bewältigung der Abfallströme. Neue Offenheit für die Einbindung der Bürgerinnen und Bürger in Entscheidungsprozesse kann und muss geschaffen werden. Der Erfolg auch dieser Strategie ist in besonderem Maße daran abzulesen, wie viele Menschen, aber auch Organisationen, Unternehmen und Unternehmer in Hessen aktiv an der Verwirklichung mitwirken und nicht nur als mehr oder weniger interessierte Zaungäste am Rande stehen und zusehen, wie „die da oben" oder „die Idealisten" oder „die Politiker" voranzukommen versuchen. Diese Projekte müssen Bürgerinnen und Bürger begeistern und mitnehmen. Dann sind sie wesentlich mehr als „nur" wirtschaftlich ertragreiche, Umwelt-bezogen verantwortliche und sozial stabilisierende Beiträge für eine gute Zukunft dieses Bundeslandes und seiner Bürgerinnen und Bürger. Dann sind sie ein wirksamer Beitrag zu einer **lebendigen, stabilen Demokratie**.

# KLIMA 2017

Dr. Gerd Müller | Bundesminister für wirtschaftliche Zusammenarbeit und Entwicklung (BMZ)

## 1. Eine Überlebensfrage der Menschheit

Die Natur schickt uns eine Warnung nach der anderen: Überflutungen in Bangladesch, Hurrikans in den USA und in der Karibik, immer schneller wiederkehrende Dürrekatastrophen in Afrika und dadurch ausgelöste Hungerkrisen für Millionen von Menschen. Diese klaren Vorboten des Klimawandels sind nicht länger zu ignorieren. Die Weltbank hat ermittelt, dass bis zum Jahre 2030 mit mindestens zusätzlichen 100 Millionen Menschen in extremer Armut zu rechnen ist, wenn wir nicht entschlossen gegensteuern. Klimaschutz ist eine der entscheidenden Überlebensfragen der Menschheit.

Der fortschreitende Klimawandel ist auch ein nicht zu unterschätzender Auslöser für unkontrollierte Migration. Bereits jetzt müssen nach den Angaben von UNHCR 25 Millionen Menschen vor den Folgen des Klimawandels fliehen. Damit gibt es rund dreimal mehr Klimaflüchtlinge als Vertriebene durch Krieg und politische Verfolgung. Besonders betroffen sind die Sahel-Zone in Afrika, die Atolle im Pazifik oder niedrig gelegene Meeresanrainer wie Bangladesch.

Die vom Klimawandel bisher verursachten Schäden sind immens und haben sich nach einer Untersuchung des Versicherungskonzerns Munich Re seit 1992 vervierfacht. Allein die durch Naturkatastrophen entstandenen wirtschaftlichen Schäden lagen im Jahre 2016 bei von der Munich Re geschätzten 175 Milliarden US-Dollar und damit mehr als derzeit für staatliche Entwicklungszusammenarbeit weltweit geleistet wird (rund 143 Milliarden US-Dollar). Der Klimawandel droht, die Entwicklungserfolge der Vergangenheit zunichte zu machen und Erfolge der Zukunft zu verhindern.

## 2. Die Zeit drängt

Bis Mitte des Jahrhunderts müssen wir unseren Konsum und unsere Produktion weitestgehend dekarbonisieren, d.h. überwiegend auf den Einsatz fossiler Energieträger verzichten. Den Höchststand der $CO_2$-Emissionen - global betrachtet - sollten wir schon in den nächsten Jahren erreicht haben.

Allerdings haben die großen Fördernationen noch nicht damit begonnen, die Förderungen fossiler Energieträger einzuschränken. Die USA zum Beispiel betreiben erfolgreich eine massive Ausdehnung ihrer Schiefergas- und Schieferölproduktion. Nach Angaben der US Energy Information Administration (EIA) ist seit dem Ende des vergangenen Jahres das Fördervolumen der US-Schiefergasproduktion um etwa eine halbe Million Barrel pro Tag gestiegen. Fossile Energieträger werden weltweit verkauft und dies zu einem möglichst niedrigen Preis. Dies ist eine Politik, die schlecht für das Klima ist und für viele andere Förderstaaten eine extreme wirtschaftliche Herausforderung bedeutet. Die Folge ist ein Preisverfall von Öl und Gas. Wenn es nicht gelingt, hier umzusteuern, können die Ziele des Klimaabkommens von Paris, wenn überhaupt, nur noch unter enormen Zusatzkosten erreicht werden.

## 3. Die Agenda 2030 umsetzen

Gleichzeitig hat sich die Weltgemeinschaft im September 2015 in einem neuen „Weltzukunftsvertrag", der Agenda 2030, auf neue Ziele für nachhaltige Entwicklung verständigt.

Bis zum Jahr 2030 soll die Energiearmut vieler, vor allem afrikanischer Länder überwunden, der Hunger beendet, und jedes Mädchen und jeder Junge eine Chance auf Bildung haben. Diese Ziele müssen klimafreundlich erreicht werden.

Deshalb kommt es darauf an, Entwicklungs- und Klimaziele zusammen zu denken und gemeinsam voranzubringen. Das ist zwar fast die Quadratur des Kreises, aber nicht unmöglich.

Klar ist, dass der massiv auf der Nutzung fossiler Energieträger gegründete Weg zu Wohlstand, den China eingeschlagen hat, in anderen Teilen der Welt, beispielsweise in Indien und auf dem afrikanischen Kontinent, nicht repliziert werden kann. Das 2°C-Ziel wäre sonst nicht zu halten. Wir brauchen innovative Technologien, eine Entkopplung des Wachstums vom Ressourcenverbrauch und privates Investitionskapital in großem Umfang. Dies ist für die deutsche und europäische Industrie eine Herausforderung, aber auch eine Chance für Technologie- und Innovationstransfers.

## 4. Erfolgreicher Klimaschutz ist machbar

Zu oft ist von Skeptikern zu hören, dass die Komplexität der erforderlichen großen Transformation im Klimabereich Politik, Bürger und die Gesellschaft als Ganzes überfordert und finanziell nicht zu stemmen ist. Aber ist das wirklich so?

Ein Beispiel ist der nötige Neu- und Umbau öffentlicher wie privater Infrastruktur. Auch ohne Klimaschutz sind dafür nach Angaben der OECD bis 2030 rund 6,3 Billionen US-Dollar im Jahr erforderlich. Es ist allerdings nicht klar, woher das Geld kommen soll. Den zusätzlich benötigten Aufwand für klimagerechte Infrastruktur schätzt die OECD dabei auf weniger als 10 % des Investitionsvolumens. Er könnte zudem durch Einsparungen bei den Energiekosten, durch emissionsarme Technologie und Infrastruktur ausgeglichen werden. Wenn somit weltweit die Mittel für den Infrastrukturaufbau aufgebracht werden, kann dies zugleich auch klimafreundlich geschehen.

### 5. Klimaschutz ist ein kräftiger Wachstumsmotor

Nach Schätzungen der OECD ließe sich das Bruttoinlandsprodukt der G20-Staaten mit den richtigen Maßnahmen und Anreizen für klimafeste und -freundliche Entwicklung um bis zu 5 %-Punkte bis zum Jahr 2050 erhöhen.

Unsere gemeinsame Herausforderung ist es deshalb, schneller und ambitionierter zu handeln und wesentlich mehr in internationale Kooperationen zu investieren. Denn über Erfolg oder Misserfolg im Klimasektor wird immer mehr in den Entwicklungs- und Schwellenländern entschieden.

Der erforderliche Weg der wirtschaftlich zurückliegenden Länder zu mehr Wohlstand erfordert viel mehr Energie, muss aber zugleich die Belastung der Atmosphäre mit $CO_2$ reduzieren. Von solch einer gelungenen Kombination sind wir allerdings noch weit entfernt. China hat die USA als größter $CO_2$-Emittent schon lange überholt (10.354 Millionen Tonnen zu 5.414 Millionen Tonnen). Auch die Emissionen der Länder Südasiens und Afrikas können die Emissionen von Industrieländern bald in den Schatten stellen. Betrachtet man die Gesamtemissionen seit vorindustrieller Zeit bis heute, nähert sich der Beitrag der Entwicklungsländer, vor allem wegen der hohen Emissionen in China, denjenigen der Industrieländer.

### 6. Klimaschutz global denken

Wir müssen international handeln und unsere Unterstützung für den Klimaschutz ausbauen. Im letzten Jahr hat die Bundesregierung Entwicklungsländer bei der klimafreundlichen Transformation ihrer Energiesysteme, bei nachhaltiger Urbanisierung und emissionsarmem Verkehr sowie für Maßnahmen zu Anpassung an den Klimawandel mit 3,4 Milliarden Euro unterstützt.

Ein Euro für Klimaschutzmaßnahmen in Entwicklungsländern führt zu einer deutlich höheren Einsparung von Emissionen als in Industrieländern. Schließlich werden oftmals völlig veraltete Technologien ersetzt. Die $CO_2$-Minderung beträgt in der Folge ein Vielfaches.

Klimaschutz muss im internationalen Kontext bewertet werden. Investitionen in Entwicklungs- und Schwellenländer können ein Mehrfaches von Investitionen in Deutschland bewirken. Allein durch die bilateralen Klimaschutzprojekte des BMZ, die im Jahr 2016 vereinbart wurden, werden in den kommenden Jahren schätzungsweise 240 Millionen Tonnen $CO_2$-Äquivalent eingespart. Das entspricht fast dreiviertel der jährlichen $CO_2$-Emissionen der deutschen Energiewirtschaft und etwas mehr als einem Viertel der jährlichen deutschen Emissionen (ca. 900 Millionen Tonnen $CO_2$).

Fazit: In den Klimaschutz in Entwicklungsländern zu investieren, macht wirtschaftlich Sinn. Wir müssen daher entsprechend handeln und unsere Mittel in diesem Bereich wesentlich erhöhen.

### 7. Für die „Welt-Energiewende" sorgen

Nur mit einer „Welt-Energiewende" lässt sich das 2-Grad-Ziel erreichen. Konkret muss es gelingen, den Energiebedarf Afrikas, Indiens und weiterer aufstrebender Länder wie Indonesien und Vietnam weitgehend durch die Nutzung nichtfossiler Energiequellen zu decken.

Auf der Ressourcenseite müssen daher Beton und Stahl weit überwiegend durch erneuerbare Ressourcen, insbesondere durch Holz, ersetzt werden. Dieser Weg bietet weitere Vorteile, denn Holz ist Baustoff und Dämmstoff zugleich und kann mit deutlich weniger Energieaufwand zugeschnitten werden.

Die sehr hohen chinesischen $CO_2$-Emissionen gingen 2015 erstmals etwas zurück, sind aber in 2017 aufgrund eines gestiegenen Öl- und Gasverbrauchs wieder leicht angestiegen. Ursache für die Phase der Konsolidierung war unter anderem eine stark gestiegene Nutzung erneuerbarer Energien.

Nach Angaben des China Electricity Councils bestand die Hälfte der neuen Stromerzeugungskapazität 2016 bereits aus erneuerbaren Energien. Diese begonnene Transformation müssen wir beschleunigen. Partnerschaften sind notwendig, um Entwicklungsländer mit Technik, Know-how und Investitionen zu unterstützen.

Beispielhaft dafür steht unsere Zusammenarbeit mit Indien, Marokko und Ägypten beim Ausbau ihrer klimafreundlichen Energieversorgung. In der Wüste Marokkos bei Ouarzazate steht heute das größte Solarkraftwerk (Noor) der ganzen Welt.

Was wir zusätzlich brauchen, liegt auf der Hand: ein umfassendes globales Investitionsprogramm, das in den nächsten fünf Jahren den Ausstieg der Schwellen- und Entwicklungsländer aus fossilen Energieträgern forciert, während gleichzeitig die Versorgung der Bevölkerung mit Energie wächst. Auch brauchen wir einen Ausbau der Forschung, um einen Durchbruch bei der Speicherung von Energie zu erzielen.

Für diese Herkulesaufgaben müssen die Kräfte der multilateralen Entwicklungsbanken, der EU-Kommission und der größten bilateralen Geber gebündelt werden.

### 8. Politik braucht starke Partner

Um die Klimaschutzziele weltweit zu erreichen, sind bis zum Jahr 2050 jährliche Milliardeninvestitionen in diesem Bereich notwendig. Die Politik braucht deshalb starke Partner, vor allem private Investitionen. Sie braucht auch eine Beteiligung der Gruppe der TOP-Emittenten, also der 1-2 Prozent der Weltbevölkerung mit den höchsten $CO_2$-Emissionen, die zugleich die Wohlhabendsten sind. Angehörige dieser Gruppe gibt es in allen Ländern, in reichen wie in armen. Diese Gruppe ist aus Gerechtigkeitsgründen und wegen der eigenen Interessenlage besonders gefordert. Sie kann im Klimabereich Jahr für Jahr bis 2050 hunderte Milliarden Euro „stemmen".

Es geht hier um den Ansatz der freiwilligen Klimaneutralität, vor allem mittels globaler Kompensationsprojekte in Form „verlorener" Finanzierungszuschüsse, in denen die $CO_2$-Emissionen, die derzeit nicht vermieden oder weiter vermindert werden können, kompensiert werden. Solche Projekte erzeugen weitere Vorteile für die Entwicklungszusammenarbeit. Das BMZ unterstützt derartige Aktivitäten ausdrücklich.

### 9. Weltweites klima-intensives Wachstumsmodell überwinden

Wachstum ist notwendig für Entwicklung. Aber Wachstum muss vom zunehmenden Ressourcenverbrauch und vom $CO_2$-Ausstoß entkoppelt werden. Erste positive Entwicklungen in diese Richtung finden statt, dürfen aber nicht darüber hinwegtäuschen, dass schnellere und weitere Fortschritte notwendig sind.

Auch in diesem Bereich hat Deutschland Knowhow. Unsere Entwicklungszusammenarbeit muss gezielt in die entsprechenden Branchen investieren – vor allem in die nachhaltige Stadtentwicklung. Nach Berechnungen des Weltklimarats der Vereinten Nationen sind Städte für rund drei Viertel des Energie- und Ressourcenverbrauchs und des Ausstoßes von Treibhausgas-Emissionen verantwortlich – und bis 2050 werden nach einer Studie der Vereinten Nationen zwei von drei Menschen in Städten leben.

Alleine die Produktion von Zement und Stahl für den erwarteten Urbanisierungsschub würde das verbleibende Kohlendioxid-Budget für das 2-Grad-Ziel weitgehend aufzehren. Deshalb müssen wir Beton und Stahl durch andere Ressourcen ersetzen, insbesondere durch Holz.

Auch hier setzt unsere Entwicklungszusammenarbeit an, beispielsweise in Mexiko. Dort führt die mexikanische Entwicklungsbank für Wohnungsbau mit deutscher Unterstützung das Programm „EcoCasa" durch. Bisher wurden bereits 36.000 energieeffiziente Häuser und 600 Passivhäuser für über 100.000 Mexikanerinnen und Mexikaner finanziert.

Schließlich müssen wir wegkommen von der ausschließlichen Konzentration auf „Megaprojekte", z.B. bei der Energieversorgung. Dezentrale Lösungen sind oftmals günstiger, schneller umsetzbar und die beste Lösung, um Klimaschutz und Entwicklung zusammen zu realisieren. Auch ermöglichen sie eine viel intensivere Mitgestaltung durch die betroffene Bevölkerung als traditionelle „top-down" Ansätze. Hier setzt unsere Initiative „Grüne Bürgerenergie für Afrika" an. Gerade Deutschland kann mit seinen Stadtwerken und Energiegenossenschaften in dieser Hinsicht viel beitragen.

### 10. Die natürliche Aufnahmekapazität des Planeten stärken

Wir müssen die Brandrodung der Regenwälder stoppen und dafür sorgen, dass sie ihre wichtige Funktion für das Weltklima nicht verlieren. Jedes Jahr gehen nach Angaben des World Wild Fund For Nature – vor allem in den Tropen – etwa sieben Millionen Hektar Wald verloren: Das ist eine Fläche von der Größe Bayerns. Um das zu ändern, stellt das BMZ derzeit rund zwei Milliarden Euro für mehr als 200 Waldinitiativen bereit.

Ein Großteil der Waldzerstörung wird durch den Anbau von Agrargütern verursacht – auch für den Konsum in Deutschland. Deutschland muss in der EU daher darauf drängen, dass nur noch zertifizierte Palmöl- und Sojaprodukte eingeführt werden dürfen. Bei ihnen ist sichergestellt, dass sie ohne Brandrodung produziert worden sind.

Die Ozeane haben eine wichtige Rolle für das Weltklima: sie geben große Mengen Sauerstoff in die Atmosphäre ab und binden Kohlendioxidemissionen. Darüber hinaus nehmen Mangrovenwälder drei- bis fünfmal mehr Kohlendioxid auf als herkömmliche Wälder.

Mit dem 2016 aufgelegten Zehn-Punkte-Aktionsplan „Meeresschutz und nachhaltige Fischerei" verstärkt das BMZ sein Engagement zur nachhaltigen Nutzung von Meeren und Küstengebieten. Aktuell tragen Vorhaben mit einem Mittelvolumen von über 400 Millionen Euro zur Umsetzung des 10-Punkte-Aktionsplans bei.

### 11. Biologische Sequestrierung als Schlüsselthema: Aufforstung

Wenn wir die weitere Brandrodung der Regenwälder verlangsamen, ist das ein wichtiger Schritt für den Klimaschutz. Wir brauchen aber mehr, nämlich Aufforstung auf degradierten Böden. Die Forstwirtschaft ist der Lieferant der entscheidenden erneuerbaren Ressource für die Zukunft, nämlich Holz. Sie schafft hunderte Millionen neue Arbeitsplätze und entzieht der Atmosphäre massiv $CO_2$ (sog. Negativemissionen). Pro Hektar Aufforstung und Jahr können der Atmosphäre 10 Tonnen $CO_2$ und mehr entzogen werden.

### 12. Biologische Sequestrierung als Schlüsselthema: Humusbildung

Die Ernährungssituation der Menschheit erfordert die massive Ausweitung einer leistungsfähigen Landwirtschaft, insbesondere in semi-ariden Gebieten, etwa am Rand von Wüsten, auch zur Rückgängigmachung von Desertifikationen. Mit neuen Technologien und Solarenergie in Gebieten mit hoher Sonneneinstrahlung, z. B. zur Entsalzung von Grund- und Meereswasser, ist erfolgreiche Landwirtschaft möglich, und zwar auf potentiell bis zu einer halben Milliarde Hektar degradierter Böden in der Welt, 200 Millionen Hektar davon alleine in Afrika. Dies hilft, die Ernährungssituation deutlich zu verbessern und schafft potentiell ebenfalls viele hundert Millionen neue Arbeitsplätze. Über forcierte Humusbildung wird der Atmosphäre $CO_2$ in Form von Negativemissionen entzogen, ähnlich wie beim Aufforsten.

### 13. Vom Klimawandel betroffene Krisen-Länder stärker unterstützen

Häufigkeit und Intensität von Naturkatastrophen und extremen Wetterereignissen in Folge des Klimawandels nehmen zu. Auch langsam einsetzende Veränderungen, wie zunehmende Wasserknappheit oder überflutete Küstengebiete, verursachen jedes Jahr hohe Schäden.

Wir unterstützen deshalb unsere Partner bei der Anpassung an den Klimawandel über die Finanzierung von widerstandsfähiger Infrastruktur, verbesserten Anbaumethoden und Bewässerungssystemen in der Landwirtschaft, durch Aufforstung und Küstenschutz.

Jeder Dollar, der in den nächsten 20 Jahren durch die öffentliche Hand in Anpassungsmaßnahmen investiert wird, reduziert laut Internationalem Währungsfonds Schäden durch Wetterextreme um zwei Dollar. Gleiches gilt auch für private Investitionen. Sie sind dringend notwendig und können im Kontext freiwilliger Klimaneutralität und internationaler Kompensationsprojekte helfen, die benötigten Mittel aufzubringen.

Aber selbst durch gute Prävention lassen sich klimabedingte Schäden oder schleichende Veränderungen nicht vollständig verhindern. Daher müssen wir noch wesentlich konsequenter in Entwicklungsländern eine umfassende Klimarisikovorsorge betreiben.

Klimarisikoversicherungen helfen und leisten schnell, wenn der Ernstfall eintritt. Zuletzt wurden nach den verheerenden Auswirkungen der Wirbelstürme „Irma" und „Maria" an die betroffenen karibischen Inseln in nur wenigen Tagen mehr als 50 Millionen US-Dollar an Versicherungsleistungen ausgezahlt – eine prompte Hilfe, die den sofortigen Wiederaufbau und die Notversorgung der Bevölkerung unterstützte.

Und es ist belegt: jeder Euro, mit dem schnell nach der Katastrophe geholfen wird, spart fünf Euro an Folgekosten.

Mit der von Deutschland initiierten InsuResilience-Initiative für Klimarisikoversicherungen wollen wir bis 2020 400 Millionen Menschen in Entwicklungsländern absichern. Auch hier sind weitere Anstrengungen nötig, weshalb sich die G20-Staaten in Hamburg entschlossen haben, die Zusammenarbeit in diesem Bereich auszubauen.

### 14. Gemeinsam den Klimaschutz fördern

Das Klimaabkommen von Paris hat uns ohne Zweifel vorangebracht und stellt einen Erfolg für den internationalen Klimaschutz dar. Alle Länder beginnen, ihre Klimaschutzbeiträge umzusetzen. Damit ist aber nur ein Teil des Weges beschritten. Es reicht noch nicht aus. Wir müssen schneller und ambitionierter werden und wir brauchen dafür Partner.

Die gute Nachricht ist: Wir sind schon heute nicht allein. Bundesländer (z.B. Hessen), Städte und immer mehr nichtstaatliche Akteure des Privatsektors, Unternehmen, Organisationen, Privatpersonen, Nichtregierungsorganisationen oder Einzelpersonen organisieren sich und stellen sich klimaneutral, d.h. sie reduzieren ihre Emissionen soweit möglich und nutzen freiwillige internationale Kompensationszahlungen, um verbleibende Emissionen auszugleichen. Auch jeder Einzelne kann dazu beitragen, beispielsweise über die Kompensation von Flugreisen oder Kreuzfahrten.

Internationale Kompensationen leisten einen Beitrag zu einer modernen Entwicklungspolitik. Mit diesen Zahlungen werden zusätzliche Mittel für den Klimaschutz mobilisiert. Zugleich wird eine nachhaltige Entwicklung in den Entwicklungsländern gefördert.

### 15. Das BMZ wird klimaneutral

Das BMZ wird mit gutem Beispiel vorangehen. Neben Entwicklungsvorhaben, die das BMZ durchführt, stellt sich auch das BMZ selbst bis 2020 klimaneutral. Und die gesamte öffentliche Verwaltung Deutschlands sollte diesem Beispiel folgen.

Bei den Durchführungsorganisationen der deutschen Entwicklungszusammenarbeit, wie der Kreditanstalt für Wiederaufbau (KfW) und der Gesellschaft für internationale Zusammenarbeit (GIZ) ist Klimaneutralität schon Realität. Und wir haben uns vorgenommen, dass wir die vielen guten Ansätze aus dem Bereich der Wirtschaft, der Zivilgesellschaft und der Kirchen, noch stärker unterstützen und bekanntmachen. Der Ansatz der privaten Klimaneutralität besitzt eine Schlüsselrolle, bringt zahlreiche weitere Vorteile mit sich und befördert in vielfältiger Weise die Umsetzung der Agenda 2030.

Eine zentrale Herausforderung für das Überleben der Menschheit ist und bleibt der Klimaschutz – neben der Bewältigung der Bevölkerungsfrage. Wir brauchen ambitionierte Transformationsprojekte. Aber gleichzeitig kann auch das klimabewusste und couragierte Handeln jedes Einzelnen einen großen Unterschied machen. Die Weltklimakonferenz zeigt eindrucksvoll:

Die Weltgemeinschaft hat sich für eine klimasichere Zukunft auf den Weg gemacht! Das geht weit über den politischen Handlungsrahmen hinaus, schließt den Privatsektor mit ein und betrachtet beide Seiten der weltweiten Klimabilanz: weniger Emissionen und zugleich mehr Negativemissionen.

Die große Herausforderung, diese Überlebensfrage der Menschheit zu lösen, ist zu bewältigen. Wir sind die Generation, die dazu das Wissen, die Technologie und die Instrumente besitzt. Notwendig dazu ist ein gemeinsamer Wille von Staat, Wirtschaft und Gesellschaft.

# „Nachhaltigkeit und Klimaneutralität – die Sicht des Rates für Nachhaltige Entwicklung der Bundesregierung"

Marlehn Thieme – Rat für nachhaltige Entwicklung der Bundesregierung

Vor fünf Jahren habe ich an dieser Stelle geschrieben, dass prominente Wissenschaftler angesichts der Herausforderungen des 21. Jahrhunderts auf die Notwendigkeit einer umfassenden gesellschaftlichen Transformation hinweisen. Auch habe ich gemahnt, Klimaneutralität nicht mit nachhaltiger Entwicklung gleichzusetzen, weil dies die Debatte auf nur eine der damaligen, aktuellen und zukünftigen Herausforderungen verengen würde. Was hat der Ruf nach einem Transformationsprozess bewirkt? Wurde die Transformation angestoßen, und bewegen wir uns in Richtung Klimaneutralität und nachhaltige Entwicklung? Und was steht heute auf der (politischen) Tagesordnung in der Klima- und Nachhaltigkeitspolitik, von dem wir vor fünf Jahren noch nichts wussten und wissen konnten?

## Den Standort bestimmen

Fünf Jahre später möchte ich zunächst den Blick zurückwerfen. Bei einer Vorlesung der Carl-von-Carlowitz-Reihe, in deren Rahmen Wissenschaftler ihre jeweils eigene Perspektive auf die nachhaltige Entwicklung diskutieren, hat der Umwelthistoriker Christof Mauch einen Blick zurück für den Blick nach vorne gewagt und aus der Vergangenheit Lehren für heutige Entwicklungen gezogen. Damit hat er aufgezeigt, wie wichtig die Rückbesinnung auf bereits Geschehenes ist, um den eigenen Standort zu bestimmen, um Entwicklung und Zielerreichung zu erkennen und festzustellen, was aus dem geworden ist, was gefordert, geplant und gewünscht wurde. Dieser Blick zurück wird zeigen: der gesellschaftliche Wandel geht voran, die Nachhaltigkeitspolitik nimmt Formen an, und Bewegung findet im Kleinen wie im Großen statt.

## Von New York nach Paris und hinaus in die Welt

Nach dem Rio+20-Gipfel vor etwa fünf Jahren begann ein Prozess, der 2015 in der Formulierung der „Agenda 2030" mit universellen Nachhaltigkeitszielen enden sollte. Auf Basis eines Dokuments mit dem Titel „The Future We Want" hat die Staatengemeinschaft unter Ägide der UN-Organisationen die Agenda 2030 erarbeitet, die den Transformationsanspruch explizit formuliert. Dazu gehören 17 globale Ziele für eine nachhaltige Entwicklung (Sustainable Development Goals, SDGs). Diese lösen die Millennium-Entwicklungsziele ab, und damit auch die starre Teilung der Welt in Industrie- und Entwicklungsländer bzw. den „Globalen Süden" und „hier".

Ebenfalls im Jahr 2015 verabschiedeten die Vertragsstaaten der Klimarahmenkonvention (UNFCCC) das Paris-Abkommen und verständigten sich darauf, die globale Erderwärmung auf deutlich unter 2°C zu begrenzen und die 1,5°C-Marke anzupeilen. Ein Wandel fand schon in der Vorbereitung des Abkommens statt: durch das Einsammeln nationaler freiwilliger Beiträge zum internationalen Klimaschutz war es möglich, die Länder zu eigenen Klimaschutzzielen zu bewegen und sie auf ein Abkommen zu verpflichten, welches nicht anhand eines einheitlichen Schlüssels Ziele über alle Staaten hinweg festlegt. Das Abkommen von Paris macht allen klar: die Ziele sind nur zu schaffen, wenn die Art zu wirtschaften, zu konsumieren und zu leben deutlich weniger $CO_2$ erzeugt, als dies bislang der Fall ist.

Das Pariser Abkommen hat die Vision einer klimaneutralen Gesellschaft für die nachhaltige Entwicklung deutlich relevanter gemacht. Mittlerweile ist die Rede von der durchgreifenden „Dekarbonisierung" in der globalen Politik und Wirtschaft angekommen: beim G7-Gipfel in Elmau (2015) ist dieser Begriff Bestandteil der Zielesetzung für das 21. Jahrhundert geworden – wenn auch leider bislang mit mangelnder Konkretisierung.

## Herausforderungen für die Nachhaltigkeitspolitik

Konkreter sind die globalen Nachhaltigkeitsziele (SDGs) der UN Agenda 2030, die 2015 im Rahmen der Vereinten Nationen verabschiedet wurden. Denn die 17 globalen Ziele wurden durch rund 170 Unterziele ausdifferenziert und mit ihrer globalen Verbindlichkeit zur Richtschnur für Politik, Wirtschaft und Gesellschaft. Die SDGs sind ein Konzept für eine lebenswerte, gerechte und umweltschonende Zukunft, greifen Herausforderungen in allen Handlungsfeldern auf und gelten für alle Staaten gleichermaßen. Im Lichte der Universalität dieses zukunftsweisenden Zielkatalogs ist auch Deutschland ein Entwicklungsland. Um die globalen Nachhaltigkeitsziele zu erreichen, bedarf es zahlreicher Maßnahmen, die unsere Gesellschaft und Wirtschaft in nur rund 15 Jahren grundlegend transformieren werden.

Um solche Ziele zu konkretisieren, braucht es Strategien und Pläne auf nationaler Ebene. Was bürokratisch klingen mag, erweist sich aber längst als der richtige Weg, um vorausschauende Politik mit der Orientierung für 2030 zu ermöglichen. Für den Wandel in Wirtschaft und Gesellschaft sind eine gestaltende Politik ebenso wichtig wie verlässliche Rahmenbedingungen für wirtschaftlichen Erfolg, der das hohe Ambitionsniveau absichern muss.

Für Deutschland ist die Deutsche Nachhaltigkeitsstrategie Konzept, Umsetzungsplan und Rahmen für die Erreichung der globalen Nachhaltigkeitsziele. Sie ist damit Kernstück der deutschen Nachhaltigkeitspolitik, die dem Anspruch der 17 globalen Nachhaltigkeitsziele gerecht werden muss. Das ist zweifelsohne eine große Herausforderung, denn mit der Agenda 2030 hat die Komplexität von Nachhaltigkeitspolitik weiter zugenommen:

- Die Interdependenzen und Wechselwirkungen zwischen verschiedenen Nachhaltigkeitszielen und Politikfeldern sind durch die SDGs noch offensichtlicher geworden.

- Die zeitliche Dimension wird durch den Zielhorizont 2030 verstärkt, so dass Konsequenzen heute zu treffender Entscheidungen berücksichtigt werden müssen.

- Regionales und nationales Handeln ist erstmalig unmittelbar mit der globalen Ebene verknüpft und erfordert es, positive und negative Effekte der deutschen Politik in anderen Ländern zu berücksichtigen.

Die im Januar 2017 von der Bundesregierung verabschiedete Neuauflage der Deutschen Nachhaltigkeitsstrategie ist ein neuartiges Konzept zur Integration der globalen SDGs in die deutsche Politik und greift den Beitrag Deutschlands zu einer globalen nachhaltigen Entwicklung in dreifacher Hinsicht auf: das Erreichen der globalen Nachhaltigkeitsziele *in*, *durch* und *mit* Deutschland. Das bedeutet, dass Deutschland nicht nur *innerhalb* seiner Staatsgrenzen die Ziele selbst erreichen will, sondern darüber hinaus Maßnahmen verfolgt, die weltweit Wirkungen erzielen und so Ziele *durch* Deutschland erreicht werden können. Die dritte Komponente dieses ganzheitlichen Ansatzes sind Maßnahmen im Bereich der bilateralen Zusammenarbeit. So sollen andere Länder dabei unterstützt werden, ihre Ziele gemeinsam *mit* Deutschland zu erreichen. Dieser breite Ansatz geht auf Empfehlungen des RNE im Jahr 2015 zurück und war als Weiterentwicklung dringend notwendig, um die Strategie an die gesteigerten Anforderungen der Nachhaltigkeitspolitik in einer globalisierten Welt anzupassen.

Der Rat für Nachhaltige Entwicklung wird in diesem Themenfeld auch weiterhin einen Beitrag leisten, indem er die Bundesregierung bei der Umsetzung und weiteren Ausgestaltung der deutschen Nachhaltigkeitsstrategie berät. Er hinterfragt in Bestandsaufnahmen kritisch, ob die selbstgesteckten Ziele der Nachhaltigkeitsstrategie erreicht wurden, ob die weiterentwickelten Ziele der Strategie ambitioniert genug sind und ob die angedachten Mittel ausreichen, diese Ziele zu erreichen. Unlängst hat der RNE die sogenannten Managementregeln der Nachhaltigkeitsstrategie überprüft. Diese dienen dazu, eine kohärente Politik zu gestalten und auftretende Konkurrenzen und Konflikte zwischen einzelnen Zielen wirksam zu behandeln. 2018 steht erneut eine Begutachtung der deutschen Nachhaltigkeitspolitik in einem Peer Review Prozess des Nachhaltigkeitsrates mit internationalen Experten an. Die Frage an die Experten lautet: Führt die Nachhaltigkeitsstrategie zuverlässig in eine möglichst klimaneutrale, umwelt- und ressourcenschonende Zukunft? Und: wird die Strategie im tagespolitischen Geschäft sichtbar?

**Nachhaltige Entwicklung ist Gemeinschaftswerk**

Das Erreichen der SDGs und die Umsetzung der Nachhaltigkeitsstrategie mit all ihren Handlungsfeldern ist nicht mehr nur Sache der Politik; alle gesellschaftlichen Gruppen sind gefordert. Innerhalb der vergangenen fünf Jahre hat sich die Akteurslandschaft bereits stark verändert und Initiativen aus der Privatwirtschaft sowie aus der Zivilgesellschaft haben an Fahrt aufgenommen.

Auf regionaler Ebene wird die Vernetzung von Akteuren, Initiativen und Projekten mittlerweile von den „Regionalen Netzstellen Nachhaltigkeitsstrategien" (RENN) vorangetrieben, die sich mit viel Engagement dafür einsetzen, die vielen lokalen und regionalen Aktivitäten an die Nachhaltigkeitspolitik auf Bundesebene anzubinden. Wir sprechen hier von vertikaler Integration, die im föderalen System Deutschlands unabdingbar und für eine Transformation im Sinne der Nachhaltigkeitsstrategie ein wesentlicher Erfolgsfaktor ist. Gemeinsam bilden die RENN eine organisierte Informations- und Aktionsplattform für nachhaltige Entwicklung und geben auch selbst Impulse für eine gesellschaftliche Transformation. Hessen ist als Teil der Netzstelle RENN.west gemeinsam mit Nordrhein-Westfalen, Rheinland-Pfalz und dem Saarland aktiv. Als Zusammenschluss von zivilgesellschaftlichen und wissenschaftlichen Organisationen wollen die vier Länder den fortwährenden Strukturwandel in der Region als Chance für eine nachhaltige Entwicklung nutzen und zukünftige Herausforderungen anpacken.

### Mit Marktakteuren den Wandel gestalten

Auch immer mehr Unternehmerinnen und Unternehmer sind aufgrund ihrer persönlichen Erkenntnisse entschieden und machen es zu ihrer Sache, die SDGs und das Klimaabkommen von Paris in ihrem Einflussbereich umzusetzen. Es gibt best-practice-Unternehmen, die auf das Ziel Klimaneutralität hinsteuern und entsprechende Zielsetzungen im operativen Geschäft fest verankern.

Der Rat für Nachhaltige Entwicklung unterstützt den Wandel in Unternehmen und hin zu nachhaltigem, klimaneutralem Wirtschaften nach Kräften. Dabei experimentiert er mehr und mehr mit smarten Ko-Regulierungsprozessen und setzt auf die gemeinsamen Interessen von Staat, Wirtschaft und Gesellschaft. Im Dialog mit Marktakteuren und Politik ist 2011 der Deutsche Nachhaltigkeitskodex (DNK) entstanden. Dieser anerkannte Standard zur Berichterstattung nicht-finanzieller Unternehmensleistungen hat in den vergangenen fünf Jahren eine beachtliche Entwicklung und Dynamik aufgezeigt: der stetig steigende Anwenderkreis aus der Wirtschaft umfasst große und kleine, öffentliche und private Unternehmen, Organisationen mit und ohne existierende Nachhaltigkeitsberichterstattung, kapitalmarktorientierte Unternehmen und solche, die Anspruchsgruppen über ihre unternehmerischen Nachhaltigkeitsleistungen informieren wollen. Nicht zuletzt mit der seit 2017 geltenden EU-weiten Pflicht für größere Unternehmen, auch über nicht-finanzielle Leistungen zu berichten, hat der DNK an Relevanz gewonnen. Unternehmen berichten damit bspw. über ihren Beitrag zur Reduzierung von $CO_2$-Emissionen und über die Ausgestaltung des Lieferkettenmanagements, so wie dies im Aktionsplan Wirtschaft und Menschenrechte des Auswärtigen Amts oder in Vorschriften zur Korruptionsvermeidung gefordert wird.

### Klimaneutralität braucht Wettbewerb um Ideen und Investitionen

Die Dekarbonisierung von Wirtschaft und Gesellschaft braucht neben Innovationen von Pionieren in Unternehmen und zivilgesellschaftlichen Organisationen auch einen Rahmen, der Kapital in nachhaltigkeitsdienliche Geschäftsmodelle lenkt. Dies geschieht in Finanzmärkten, die transformativen Wandel unterstützen und Klimaneutralität ökonomisch sinnvoll machen – die ökologischen Risiken und die Notwendigkeit eines am Ziel der Dekarbonisierung ausgerichteten Wettbewerbs ist nicht mehr zu diskutieren. Andere Länder haben das längst entdeckt, Deutschland hinkt im internationalen Vergleich beim Thema „Sustainable Finance" hinterher. In Frankfurt am Main hat der Nachhaltigkeitsrat in Kooperation mit der Deutschen Börse einen „Hub for Sustainable Finance" (H4SF) ins Leben gerufen. Dieser Hub ordnet sich als ein innovativer, offener Diskursraum in den breiten Kontext der globalen Nachhaltigkeitsziele ein. Ziel des H4SF ist es, den breiten gesellschaftlichen Dialog über Ziele einer nachhaltigen Markt- und Finanzwirtschaft zum Tragen zu bringen und gemeinsam mit Praktikern Lösungen zu erarbeiten. Die im Hub versammelten Akteure teilen die Ansicht, dass Lösungen für den Finanzmarkt aus dem Finanzmarkt kommen müssen und so die Reichweite und positive Wirkung nachhaltiger Investments gestärkt werden kann – etwa um signifikante Schritte in Richtung Klimaneutralität zu ermöglichen.

### Klimaneutralität verlangt nach einer konsequenten Energiewende

Zur Ermöglichung einer klimaneutralen Wirtschaft gehören auch die Debatten um die zukünftige Energiepolitik, sowohl auf nationaler als auch auf europäischer und internationaler Ebene. Mit dem Pariser Klimaabkommen haben sich die Vertragsstaaten das Ziel gesetzt, die globale Erderwärmung auf 1,5°C zu begrenzen. Natürlich ist dies nur zu schaffen, wenn Wirtschaft *und* Gesellschaft klimaneutral werden. Wissenschaftler rund um Johann Rockström und Hans Joachim Schellnhuber haben jüngst vorgerechnet, dass wir die $CO_2$-Emissionen ab sofort in jeder Dekade halbieren müssen, um im Laufe des Jahrhunderts noch eine Chance zu haben, die notwendigen globalen Klimaziele zu erreichen.[1]

Die Energiewende in Deutschland muss dafür deutlich konsequenter werden. Zum einen gilt es, besonders emissionsintensive Kraftwerke Stück für Stück vom Netz zu nehmen. Der Anteil an regenerativem Strom im System bildet zusammen mit flexiblen und effizienten Gaskraftwerken (wie zum Beispiel in Darmstadt) eine ideale Basis, um den Ausstieg aus der Kohleverstromung einzuleiten. Innerhalb der kommenden fünf Jahre muss die Transformation des gesamten Energiesystems in Schwung kommen. Dazu gehört der Strukturwandel in der Kohle und die zukünftige Finanzierung der Energiewende. Klimaschutz wird dann zum Wirtschaftsfaktor, wenn sich Investitionen in Energieeffizienz, Flexibilisierung der Nachfrage, Ausbau der erneuerbaren Energien und nicht zuletzt in die Sektorkopplung langfristig lohnen. Die Einführung eines $CO_2$-Preises würde effektive und innovative Lösungen zur Treibhausgasminderung in allen Sektoren stärker als bisher marktwirtschaftlich und wettbewerblich anreizen. Auch die Verkehrspolitik muss sich stärker als bisher an der Klimapolitik orientieren und mit Klimaneutralität als Richtschnur Vorstellungen entwickeln, wie der Automobilstandort Deutschland – und Hessen - Mobilität neu erfindet.

Die Politik, die Wirtschaft und wir alle als Gesellschaft haben herausfordernde Jahre vor uns: die großen Aufgaben bei Klimaschutz und Energiewende zeigen, wie wichtig jetzt eine konsistente und konsequent auf nachhaltige Entwicklung ausgerichtete Politik ist.

### Links:

nachhaltigkeitsrat.de
renn-netzwerk.de
deutscher-nachhaltigkeitskodex.de
h4sf.de

### Anmerkungen

[1] http://science.sciencemag.org/content/355/6331/1269.full

# Zum Stellenwert von Umwelt- und Nachhaltigkeitsaspekten im Finanzsektor

Luise Hölscher | ehem. Hessisches Ministerium der Finanzen,
EBWE (Europäische Bank für Wiederaufbau und Entwicklung)

Die Beachtung der ökologischen Nachhaltigkeit im Wirtschaftsprozess ist kein neuer Gedanke und hat auch den Finanzsektor schon vor Jahrzehnten erreicht. Geändert hat sich der Betrachtungswinkel: Hatten beispielsweise die ersten Öko-Fonds noch die Beteiligung an Unternehmen zum Ziel, die TROTZ ihrer Orientierung an ökologischen Leitlinien wirtschaftlich erfolgreich waren, suchen vor allem private Anleger heute Investitionschancen, die ökologisch UND ökonomisch interessant sind. Der nächste Schritt wird der Fokus des Finanzsektors auf Unternehmen sein, die wirtschaftlich erfolgreich sind, WEIL sie Nachhaltigkeitsaspekte im Auge haben.

Lassen Sie mich ein aktuelles Beispiel für die wachsende Bedeutung des Umweltschutzes anführen: Wieviel an Schadstoffen ein mit Diesel angetriebenes Auto pro gefahrenem Kilometer ausstößt, hatte auf den Börsenwert von Automobilproduzenten wenig Einfluss. Das hat sich geändert. Der Dieselskandal zeigt, wie heftig sich heute die Nichteinhaltung von Nachhaltigkeitseigenschaften auf den Börsenwert eines Automobilproduzenten – ja sogar auf den der ganzen Branche – auswirken kann.

## Was erscheint heute als möglich?

Früher erschien Umweltschutz als ein Luxusproblem – das Vorurteil war lange, eine ökologische Denkweise müsse man sich erst einmal leisten können und Umweltschutz sei daher ein Thema nur für die reichen Industrienationen: So lange Menschen auf der Welt hungern und keinen ausreichenden Zugang zu medizinischer Versorgung und Bildung haben, so hieß es, erscheine es falsch, Geld für Windkraftanlagen oder Wiederaufforstungen auszugeben. Heute weiß man, dass Armut und Umweltschäden einen kausalen Zusammenhang haben und dass sowohl Entwicklungshilfe als auch Umweltschutz globale Themen sind und nur global gelöst werden können.

Dies wird beispielsweise anhand der Entwicklung des internationalen Nachhaltigkeitsdiskurses im Rahmen der Vereinten Nationen deutlich: Während auf der Konferenz der Vereinten Nationen über Umwelt und Entwicklung in Rio de Janeiro 1992 die Kriterien Ökonomie, Ökologie und Nachhaltigkeit noch regionsspezifisch, also getrennt für Industrieländer auf der einen und Schwellen- bzw. Entwicklungsländer auf der anderen Seite, betrachtet wurden, stellte die Konferenz im Jahr 2012 die Green Economy generell und explizit in den Kontext nachhaltiger Entwicklung und Armutsbekämpfung, mit dem weltweiten Ziel einer an ökologischer Nachhaltigkeit, wirtschaftlicher Profitabilität und sozialer Inklusion ausgerichteten Wirtschaftsweise.

Was heißt das für die Zukunft? Geld verdienen und die Umwelt schonen schließt sich nicht gegenseitig aus. Vielmehr wird man in zunehmendem Maße und langer Sicht Geld nur verdienen können, INDEM die Umwelt geschont wird. Insofern werden wir irgendwann weltweit JEDE Investition, ob über den privaten Markt oder den öffentlichen Sektor finanziert, unter Nachhaltigkeitsgesichtspunkten betrachten MÜSSEN, weil sie sonst ökonomisch nicht erfolgreich sein KANN. Das Ziel ist also hundert Prozent – zugegeben, noch ein weiter Weg...

## Relevante Nachhaltigkeitskriterien für die Europäische Bank für Wiederaufbau und Entwicklung (EBWE) bei Investitionsentscheidungen

Die gesamte Arbeit der EBWE wird von klar definierten Standards geleitet. Eines davon ist Nachhaltigkeit: Alle Projekte dienen dazu, eine ökologisch vertretbare und nachhaltige Entwicklung in den Tätigkeitsländern zu fördern.

Vor 27 Jahren begann die Bank mit der Erfüllung ihrer Aufgabe, die Staaten Mittel- und Osteuropas und später auch die Nachfolgestaaten der Sowjetunion beim Übergang zu Demokratie und Marktwirtschaft durch Bankdienstleistungen zu unterstützen. Damals befanden sich viele dieser Länder in einer ökologischen Krise, hervorgerufen durch die für den Kommunismus typische Vernachlässigung des Umweltschutzes und exzessive Verschwendung von Energie. Seit Beginn ihrer Tätigkeit wurden zahlreiche Verbesserungen erzielt, insbesondere bei der Luftreinhaltung, der Wasserwirtschaft und der Verwendung erneuerbarer Energien. Aber auch heute noch liegt der $CO_2$-Ausstoß der EBWE-Tätigkeitsländer beim Fünffachen des Durchschnittes der EU-28 – weit mehr, als man sich bei der Gründung der Bank erhofft hatte.

Bedingt durch diese Erfahrungen definiert die EBWE nachhaltiges Wachstum inzwischen in ökonomischer und ökologischer Hinsicht gleichermaßen, und sie hat ihren Fokus weg von der Umweltverschmutzung hin zu einer eher holistischen Betrachtungsweise bewegt: Aspekte wie Umwelt, Klima, Beschäftigung, Sicherheit und Soziales werden integrativ und nicht mehr nebeneinander bewertet; es wird explizit anerkannt, dass Klimawandel und Umweltzerstörung die Entwicklung einer Region behindern und die Steigerung ökonomischer und ökologischer Wohlfahrt beeinträchtigen.

### Fördermaßnahmen im Bereich Klima

Die Wirkungsweise der EBWE ist mannigfaltig: Allein mit ihren im Jahr 2016 getätigten Investitionen werden 13 Millionen Menschen eine Verbesserung der Abwasserentsorgung erfahren. Knapp 6 Millionen werden einen sichereren, saubereren, effizienteren Nahverkehr nutzen. Und 2,6 Millionen werden ihren Abfall umweltfreundlicher entsorgen.

Eine besondere Rolle spielt die Energieeffizienz: Seit ihrer Gründung hat die EBWE knapp 10 Milliarden Euro in die effiziente Nutzung von Energie in Unternehmen investiert, davon 3,8 Milliarden Euro im mittelständischen Sektor. 5,5 Milliarden Euro flossen in Projekte zur Verbesserung der Energieversorgung, von der Energieerzeugung bis zu Lieferung an den Endkunden. Erneuerbare Energien wurden mit Investitionen im Umfang von 3,7 Milliarden Euro direkt finanziert. Kommunale Infrastrukturprojekte umfassten ein Volumen von 2,9 Milliarden Euro. Und die Investitionen zur Anpassung an die Folgen der globalen Erwärmung machten insgesamt 976 Millionen Euro aus.

### Beispiele für einschlägige EBWE-Aktivitäten

$CO_2$-Effizienz ist für viele immer noch ein sehr abstrakter Begriff. Ein gutes Beispiel ist die Mongolei – fast so groß wie Westeuropa, aber kaum drei Millionen Einwohner stark. Sie ist seit langem durch ihren Reichtum an Bodenschätzen und die stark wachsende Wirtschaft ein attraktiver Standort für Bergbaukonzerne. Unter den weitläufigen Hochebenen lagern riesige Mengen an Gold, Silber und Kupfer. Doch das vom Bergbau befeuerte Wachstum gefährdet die Umwelt und die Existenz des immer noch dominierenden Wirtschaftszweiges: Die mongolische Kultur ist geprägt von Hirten, die ihre Herden von Pferden, Ziegen, Schafen, Yaks oder Kamelen über die Hochebenen oder durch die Wüsten treiben, stets im Einklang mit der Natur und ihrem Artenreichtum. Energie wird dort erzeugt, wo sie benötigt wird – häufig in Form von Tiermist, der getrocknet und zur Befeuerung der Öfen in den Jurten verwendet wird. Der Energiebedarf der Bergbauindustrie lässt sich mit Kuhfladen jedoch nicht decken. Stattdessen gilt es, die häufig scheinende Sonne und den fast immer wehenden Wind zu nutzen. Das gesamte Potenzial der Mongolei zur Produktion Erneuerbarer Energien wurde auf 2,6 Terrawatt geschätzt – mehr als genug für die nationale Stromerzeugung, und prädestiniert für den Export in die energiehungrigen Nachbarregionen. Fraglich war, wie Sonne und Wind einzufangen seien in einem Land, dessen Wirtschaftsstruktur immer noch bäuerlich-nomadisch geprägt ist. Eine internationale Kooperation zur Finanzierung und Implementierung einer strukturierten Nutzung von Sonnen- und Windenergie wurde benötigt, und im Jahre 2012 wurde die erste Finanzierungsvereinbarung der EBWE unterzeichnet, die die Entwicklung eines 50 Megawatt Windparks in geringer Distanz zur Hauptstadt Ulan Bator zum Inhalt hatte – eine enge Kooperation zwischen dem privatem, dem öffentlichen und dem internationalen Fördersektor. Weitere Projekte der EBWE schlossen sich an – 2016 wurde ein zweites 50 Megawatt Windenergie-Projekt unterzeichnet, und das dritte Projekt aus dem vergangenen Jahr 2017 produziert 55 Megawatt Energie aus Wind – mitten in der Wüste Gobi, dort wo diese Energie benötigt wird.

Andere Beispiele sind Solaranlagen in Marokko und Kasachstan, hybride Gasturbinen in Ägypten, energieeffiziente Metallproduktion in Bulgarien, $CO_2$-reduzierte Logistik in der Ukraine und energetische Renovierung öffentlicher Gebäude in Chisinau, der Hauptstadt Moldawiens – und viele mehr.

### Kosten zur Umsetzung der Agenda 2030

Im September 2015 verabschiedeten die Vereinten Nationen globale Ziele für eine nachhaltige Entwicklung. Die Kosten für die Umsetzung dieser Agenda werden auf mehrere Billionen US Dollar pro Jahr geschätzt. Die Finanzierung ist bis heute völlig ungeklärt.

Das Problem nachhaltiger Entwicklung ist, dass sich die Auswirkungen unserer heutigen Umweltsünden erst in vielen Jahren, in weit entfernten Regionen und damit bei anderen Nationen und in noch unbekannten politischen Konstellationen zeigen werden. Die Umsetzungskosten HEUTE in ein Renditedenken für MORGEN ummünzen zu wollen ist daher in mehrfacher Hinsicht zu kurz gesprungen. Politik und Wirtschaft heute mögen es nicht goutieren – aber die Agenda 21 der Vereinten Nationen verlangt nach einem langen Atem. Länger, als es ein internationales Finanzierungsprogramm, eine nationale Koalitionsvereinbarung oder eine regionale Regierungserklärung abdecken können.

Das macht die Situation schwierig: In langer Sicht werden sich Rendite und Nachhaltigkeit nicht gegenseitig ausschließen - ganz im Gegenteil: In der Zukunft wird sich Geld nur verdienen lassen, INDEM die Umwelt geschont wird. Wie dies erreicht wird, ob durch staatliche Regulierung, juristische Sanktionen oder die Gesetze des freien Kapitalmarktes, wird sich zeigen; aber sicher ist eines: Langfristig gibt es keine Alternative zu ökologischer Nachhaltigkeit, wenn ökonomische Nachhaltigkeit erreicht werden soll.

# Klima und Energie nach Paris: Was muss passieren?

Franz Josef Radermacher | Universität Ulm, FAW/n Ulm

1) Auf dem Weg zu einem neuen Energiesystem
2) Warum das regenerative Zeitalter kommen muss
3) Warum das nicht von alleine passiert
4) Und wie es gelingen kann

### Was ist nach Paris zu tun?

Die Klimafrage ist eine der zentralen Herausforderungen für die Menschheit. Mit dem Weltklimavertrag von Paris wurde ein wichtiger Schritt in Richtung „Bewältigung" getan, insofern als die Staaten der Welt gemeinsam das Problem benannt und eine Zielsetzung formuliert haben, nämlich den Anstieg der Temperatur unter 2°C, möglichst unter 1,5°C im Verhältnis zur vorindustriellen Zeit zu halten (verschärftes 2°C-Ziel). Die Staatengemeinschaft arbeitet jetzt auf Basis unverbindlicher, freiwilliger Versprechen der Staaten gegen die globale Erwärmung. Man beachte, dass selbst die freiwilligen Zusagen nicht verbindlich sind und zusätzlich ein Ausstieg aus dem Vertrag möglich bleibt.

Seit der Weltklimakonferenz von Kopenhagen war klar, dass viel mehr wohl kaum zu erreichen ist. Die vorliegenden Zusagen reichen, selbst wenn sie umgesetzt werden sollten, bei weitem nicht aus für die Erfüllung der Zielsetzung. Auch von weiteren Runden der „Verschärfung" ist das nicht zu erwarten. Die Umsetzung des Versprochenen, das noch längst nicht sicher ist, kann den Temperaturanstieg vielleicht bei 3-4°C im Verhältnis zur vorindustriellen Zeit begrenzen, aber nicht bei 2°C und weniger. In Bezug auf die Frage, wie man zu 1,5-2°C kommt, besteht also eine erhebliche Ambitionslücke – die sogenannte **Lücke von Paris**. Dies gilt sowohl für das, was die Staaten individuell oder in ausgewählten Partnerschaften zu tun bereit sind, als auch in Bezug auf die Frage, wofür internationale Finanzierung etwa im Sinne eines **Klimafinanzausgleichs** bereitgestellt werden wird.

Mit diesem Beitrag soll gezeigt werden, dass viel mehr als das, was mit Paris erreicht wurde, von der Politik nicht erwartet werden kann. Das liegt letztlich an den unterschiedlichen Ausgangssituationen der verschiedenen Staaten, vor allem dem Nord-Süd-Gefälle, an unterschiedlichen Betroffenheiten und Einflussmöglichkeiten und sehr stark auch am Unwissen darüber, wie sich die Ökonomien und Technologien in Zukunft entwickeln werden. Hinzu kommt: Die Staaten können aus guten Gründen nur eine von zwei relevanten Gerechtigkeitsdimensionen der Klimafrage adressieren, nämlich diejenige zwischen ärmeren und reichen Staaten. Es kommt aber eine zweite hinzu, welche die sehr unterschiedliche Situation von Konsumenten im Premiumsegment im Verhältnis zum Rest der Bevölkerung betrifft. Solche reichen Konsumenten gibt es überall auf der Welt, auch in

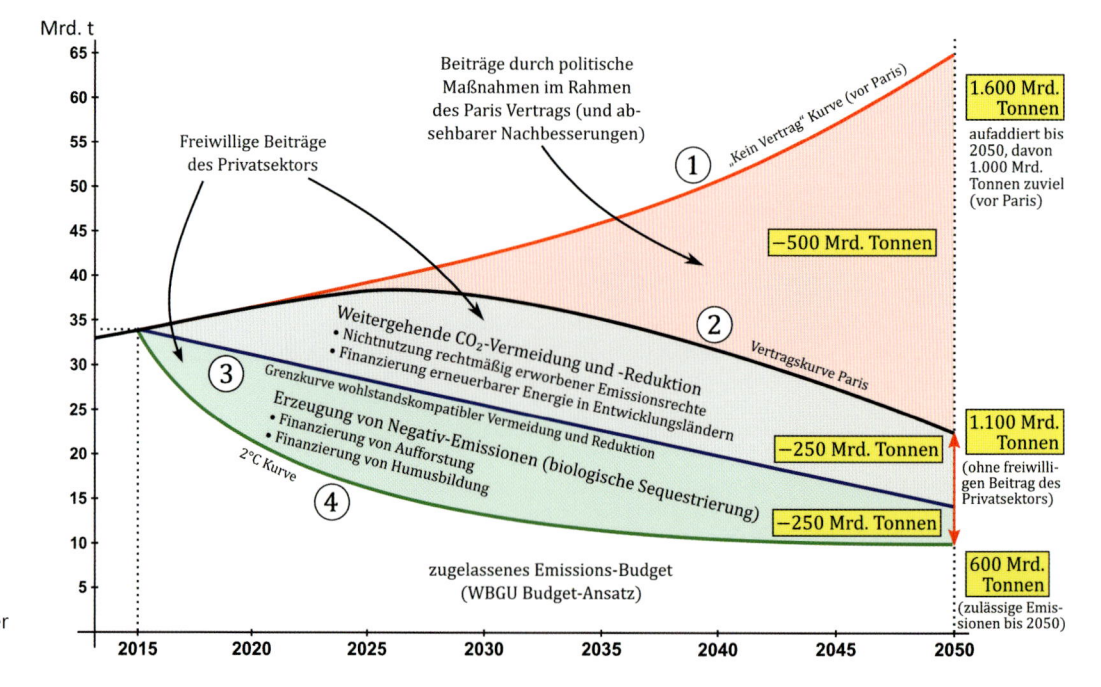

**Bild 1**
Reduktionspfade in der Logik des Paris-Abkommens – Zugesagte Beiträge der Staaten und zusätzlich erforderliche Beiträge nicht-staatlicher Akteure [© FAW/n]

armen Ländern. Sie sind für einen erheblichen Teil der weltweiten Klimagasemissionen verantwortlich. Dieser Aspekt des Themas wird in der öffentlichen Debatte bis zum heutigen Tag fast völlig ausgeklammert. **Das Framing ist falsch.** Es liegt am falschen Framing, dass ausschließlich auf die Politik und die Staaten der Welt Druck ausgeübt wird. Das wird nicht zum Ziel führen. Deshalb ist hier ein anderer Ansatz als Vereinbarungen zwischen Staaten erforderlich.

Im vorliegenden Beitrag wird argumentiert, dass der Privatsektor die Lücke von Paris, die bilanziell etwa 500 Milliarden Tonnen $CO_2$-Emissionen bis 2050 umfasst (graues und grünes Feld in **Bild 1**) schließen kann und dass die Politik in Paris die Voraussetzungen dafür geschaffen hat, dass der Privatsektor jetzt diese Herausforderung entschlossen angehen kann. Er kann dabei, jenseits aller gesetzlichen Vorgaben, den Gedanken einer **freiwilligen Klimaneutralität** seiner Aktivitäten verfolgen und damit die Lücke individualisieren. Es gibt viele gute Gründe für die TOP-Emitters, dieses zu tun, denn das Klimaproblem ist, wenn man es so interpretieren will, im Kern von individuellen „Großemittenten" verursacht.

Bei der freiwilligen Klimaneutralität geht es um etwas **Freiwilliges**, **Additives**. Hier bieten sich für den wichtigen Ansatz der **internationalen Kompensation** verschiedene Mechanismen an. Einerseits kann der Privatsektor Absenkungen in Bezug auf $CO_2$-Emissionen auf den Territorien von Staaten bewirken, etwa im Rahmen des europäischen Cap and Trade Systems durch die Stilllegung legaler Klimazertifikate der EU. In anderen Staaten könnten geeignete Projekte z. B. zur Förderung erneuerbarer Energien vor Ort gefördert oder zukünftig Verschärfungen der freiwilligen Zusagen dieser Staaten durch Zahlungen an die Staaten über Fondslösungen „gekauft" werden. Andererseits besteht die Alternative biologischer Sequestrierung. Es geht um den massiven Aufbau von Wäldern, vor allem auf degradierten Flächen in den Tropen, bzw. die großvolumige Generierung von Humus im landwirtschaftlichen Bereich in Böden. Mit solchen Maßnahmen wird der Atmosphäre $CO_2$ in großem Umfang entzogen, gleichzeitig werden sehr viele **Co-Benefits** erzielt, also weitere positive Effekte, etwa bei der Umsetzung der SDGs, der 17 Nachhaltigkeitsziele der Weltgemeinschaft bis 2030. Es sind dies Nonregret-Aktivitäten, die sogar dann sinnvoll wären, wenn es keinen Klimawandel gäbe bzw. wenn der Mensch für den Klimawandel in keiner Weise verantwortlich wäre.

Über die hohen induzierten Geldflüsse, oft in Form „verlorener" Finanzierungszuschüsse in internationalen Kompensationsprojekten, kann freiwillige Klimaneutralität auch den Weg eröffnen, den zu „weichen" Paris-Vertrag „nachzuschärfen". Dies ist ein besonders wichtiger Aspekt. In diesem Kontext sind, wie in einem Puzzle, viele Fragen gleichzeitig zu adressieren.

■ Sicherung eines erheblichen Wohlstandszuwachses für Milliarden Menschen, um so auch das nach wie vor **viel zu hohe Bevölkerungswachstum**, vor allem in Afrika und Indien, möglichst bei 10 Milliarden Menschen zu stoppen. Dies auch mit Blick auf die **Migrationsfrage**, die die Politik in den reichen Ländern völlig überfordern kann.

■ Verwirklichung eines erheblichen Wohlstandsaufbaus in Afrika, u. a. durch Nutzung der großen Potenziale für erneuerbare Energien in der Sahara und an vielen anderen Stellen.

■ Umsetzen der SDGs, also der Agenda 2030 der Vereinten Nationen, also überall die Kombination von mehr Wohlstand bei gleichzeitigem Umweltschutz und Schutz des Klimasystems. Dies in einer Weise, dass der chinesische Weg zu Wohlstand in den letzten Jahrzehnten nicht repliziert wird. Die Welt würde im Klimabereich einen zweiten Ressourcenverbrauchszuwachs und ein weiteres Wachstum der $CO_2$-Emissionen wie in China nicht verkraften, wenn das 2°C-Ziel noch erreicht werden soll.

■ Massive Nutzung von biologischer Sequestrierung durch Aufforstung auf degradierten Böden in den Tropen und großflächige Humusgenerierung, insbesondere auch auf semi-ariden Flächen, zur Bindung von $CO_2$. Dies auch zur Bereitstellung großer Volumina von Holz als erneuerbare Ressource für den breiten Wohlstandsaufbau und zur Ausdehnung der Nahrungsmittelproduktion vor Ort.

■ Produktion synthetischer Kraftstoffe und anderer Energieträger für Fahrzeuge, Häuser, Schwerindustrie, Chemie auf Basis von geeigneten, potenziell klimaneutralen Basismaterialien wie Methanol, bevorzugt hergestellt am Rande von oder in heißen Wüstengebieten. Die in solchen Wüsten betreibbaren Anlagen zur preiswerten, zuverlässigen und klimaneutralen Produktion elektrischer Energie sind die Joker für einen „Marshall Plan mit Afrika". Erinnert sei daran, dass es in Marokko das größte Solarkraftwerk der Welt (Noor) gibt (vgl. **Bild 2**).

> **Noor** (Licht) heißt das größte Solarkraftwerk der Welt, dessen erste Stufe Anfang 2016 in Marokko in Betrieb gegangen ist. Die Anlage liefert nicht nur preisgünstigen Strom, sondern wird das Land auch zum Spezialisten für erneuerbare Energien machen.

In der freiwilligen Klimaneutralität liegen enorme Chancen, die deshalb aus guten Gründen von der Bundesregierung an vereinzelten Stellen bereits genutzt und von Seiten des **UN-Klimasekretariats** stark propagiert wird. Zahlreiche Beispiele aus der Praxis zeigen, dass viele Akteure bereits aktiv geworden sind, sich u.a. durch „verlorene" Finanzierungszuschüsse in globalen Kompensationsprojekten klimaneutral zu stellen und damit als Vorbilder agieren. Dies könnte der Schlüssel zur Erreichung des 2°C-Ziels sein.

Leider wird von anderer Seite sehr kurzsichtig mit negativen Begriffen wie „**Freikauf, Ablasshandel** oder **Greenwashing**" alles getan, um diesen Weg zu blockieren und die freiwillige Klimaneutralität zu diffamieren. Hierdurch wird vielleicht die einzige Chance vergeben, das Klimaproblem überhaupt noch lösen zu können.

**Bild 2**
Solarkraftwerk Noor in Marokko, das größte Solarkraftwerk der Welt
[Fotos: © KfW-Bildarchiv/ Jens Steingässer]

### 12 Thesen zum Thema

1 Der Klimawandel ist (neben dem anhaltenden rasanten Anstieg der Weltbevölkerung) das für die Zukunft wahrscheinlich größte weltweite Problem für die Menschheit. Dieser Wandel kann die Lebenssituation von Milliarden Menschen deutlich verschlechtern, gewaltige Wertevernichtungen zur Folge haben, massive Migrationswellen auslösen und zahlreiche andere Probleme hervorrufen.

2 Der Klimawandel ist nicht nur als Umweltproblem zu verstehen. Dies wird den vielen Dimensionen des Themas nicht gerecht. Es geht mindestens so sehr um Macht und Geopolitik, um Wirtschaft und Finanzen, um Arbeitsplätze und soziale Fragen, für die Armen auf der Welt um Ernährung und Zugang zu Wasser und potentiell für die Staaten der Welt um Krieg und Frieden.

3 Klimaschutz ist insbesondere ein Energiethema, insbesondere ein Thema der fossilen Energieträger. Diese sollten im Rahmen der sogenannten Dekarbonisierung zukünftig in der Erde bleiben. Es ist aber heute kein Weg in Sicht, ohne fossile Energieträger unseren Wohlstand über die nächsten Jahrzehnte zu sichern. Außerdem ist nicht zu sehen, wie man mächtige Staaten wie die USA, China, Indien, Russland, Mexiko, den Iran, Saudi-Arabien etc. daran hindern könnte, ihre fossilen Ressourcen zu fördern, wie dies z. B. in den letzten 15 Jahren die USA mit Schieferöl und Schiefergas als zusätzliche fossile Energieträger in großem Stil getan haben und weiter zu tun beabsichtigen. Und das zu immer niedrigeren Energiepreisen. Die nachfolgenden Projektionen (**Bild 3**) der Internationalen Energieagentur für den Umfang der Nutzung fossiler Energieträger bis 2040 spricht eine deutliche Sprache. Ändern kann sich das nur, wenn sich ein Weg findet, bei dem alle Beteiligten wirtschaftlich gut mit einer Abkehr von der derzeit verfolgten Strategie leben

können und sich auf diesen Weg verständigen. Das würde aber u. a. viel mehr internationale Kooperation und internationale Finanztransfers im Rahmen von Entschädigungszahlungen für die Nichtnutzung erschlossener fossiler Lagerstätten erfordern, als heute denkbar erscheint. Die Welt bewegt sich zurzeit eher in eine andere Richtung – mehr Konflikte und eine Re-Nationalisierung der Politik.

4 Der Paris-Vertrag kombiniert einen sachlich angemessenen weltweiten Konsens über die Ziele im Klimabereich mit erheblichen Defiziten im Bereich der zugesagten (freiwilligen) Maßnahmen zur Zielerreichung. Selbst diese Zusagen sind rechtlich unverbindlich. Auch ist ein Ausstieg aus dem Vertrag mit 3-jähriger Vorlauffrist möglich. Damit können sich Staaten dem Konsens bezüglich des (verschärften) 2°C-Ziels entziehen, wie dies die USA aktuell angekündigt haben. Erhoffte Verbesserungen des Vertrages in den nächsten Jahren und Jahrzehnten werden nach Einschätzung des Autors das Bild vielleicht in einigen Details, aber nicht grundsätzlich verändern. Es sei denn, es werden internationale Kooperationsmöglichkeiten mit dem Privatsektor erschlossen. Andernfalls werden Zusagen vielleicht sogar wieder zurückgenommen werden. Insgesamt werden die $CO_2$-Emissionen bis 2050 wohl um 500 Milliarden Tonnen zu hoch für das 2°C-Ziel liegen, von deutlich weniger als 2°C erst gar nicht zu reden. Diese 500 Milliarden Tonnen Lücke wird in diesem Text als Paris-Lücke bezeichnet. Aus Sicht des Autors kann die Politik diese Lücke nicht schließen, wohl aber der Privatsektor. Dabei wäre eine enge Zusammenarbeit zwischen Politik und Privatsektor hilfreich.

5 Der erklärte Ausstieg der USA aus dem Paris-Vertrag bedroht die Konsensbasis zwischen den Staaten auch bzgl. des 2°C-Ziels. Es ist dies ein herber Rückschlag, auch für den G20-Prozess. Materiell wird der Ausstieg das beschriebene Bild nicht grundsätzlich ändern. Die US-Politik hat nämlich mit der forcierten Erschließung von Shell-Öl und Shell-Gas bereits substantielle Reduktionen der $CO_2$-Emissionen im eigenen Land bewirkt, vor allem dadurch, dass Kohle häufig durch Gas ersetzt wurde und wird. Bezüglich der Emissionen spart das je nach eingesetztem Kohletyp einen Faktor von 1,5-2 ein. Die Art, wie Deutschland seine Energiewende gestaltet hat, hatte teilweise den gegenteiligen Effekt. Die $CO_2$-Emissionen steigen. Die deutsche Energiewende ist vertretbar, wenn das Ziel die Förderung neuer Technologien ist. Hinsichtlich einer positiven Klimawirkung gilt das bisher nicht.

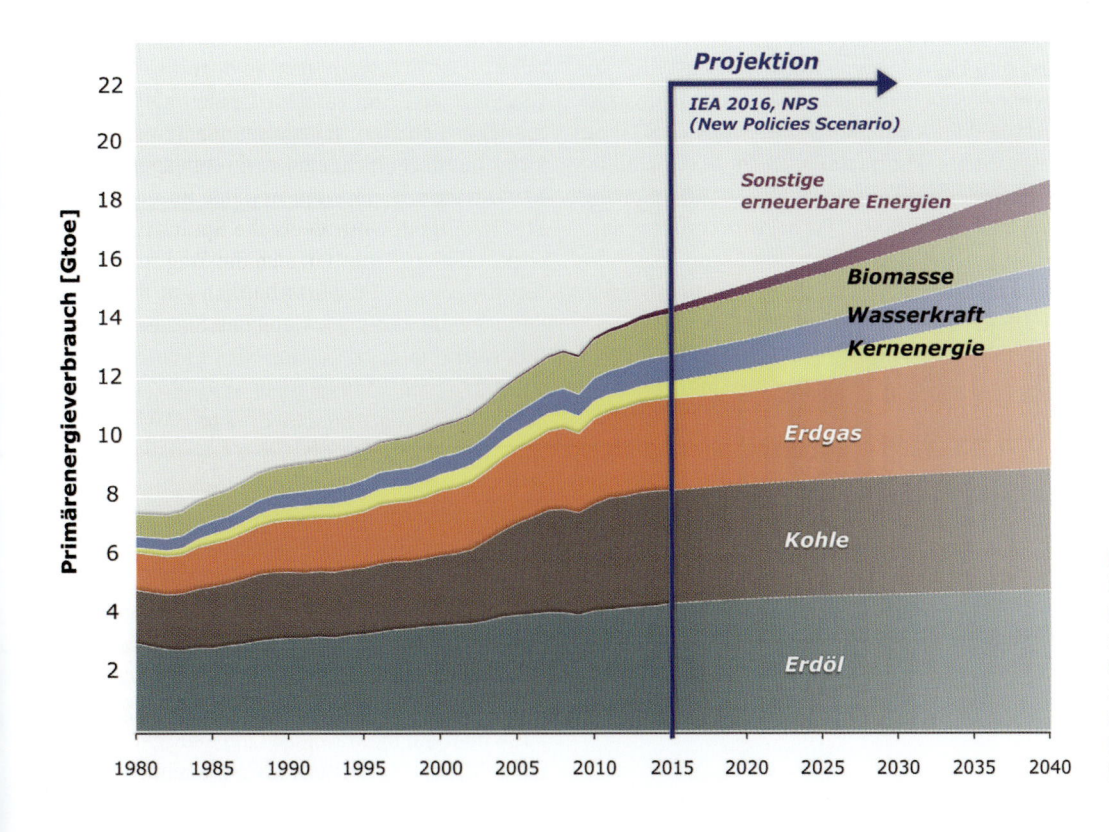

**Bild 3**
Projektion der Internationalen Energie Agentur zum Verbrauch verschiedener Energieträger bis 2040 [© New Policies Scenario, IEA 2016 World Energy Outlook - 684 S.; Paris, Frankreich]

6 Die Politik hat in Paris die Gerechtigkeitsfragen zwischen den Staaten im Klimabereich weitgehend adressiert. Besonders wichtig ist dabei der vereinbarte Klimafinanzausgleich. Dessen Umsetzung ist wichtig, aber längst nicht gesichert. Dieser Teil der Gerechtigkeitsfragen macht aber nur etwa das halbe Problem aus. Das ist fast allen Beobachtern nicht bewusst. Das Framing ist falsch. Ergänzend muss jetzt die Gerechtigkeitslücke zwischen reichen Konsumenten in allen Staaten der Welt und der übrigen Bevölkerung geschlossen werden. Die Emissionen reicher Konsumenten liegen teilweise um einen Faktor 10-50 und mehr über denjenigen von „Normalbürgern". Sie sind wesentlich für den Klimawandel verantwortlich. Die Politik kann dieses Arm-Reich-Problem, das einen nationalen Charakter besitzt, aber durch supranationale Effekte überlagert wird, allein nicht lösen.

7 Aus diesem Grund ist jetzt der Privatsektor gefordert. Leistungsstarke Individuen, Organisationen, Unternehmen, aber auch wohlhabende Städte und Gebietskörperschaften müssen handeln. Sie alle können sich freiwillig und auf eigene Kosten klimaneutral stellen und dadurch das noch offene Gerechtigkeitsproblem lösen und die Paris-Lücke schließen. In diesem Kontext können sie zusätzlich dazu beitragen, den Paris-Vertrag in Details deutlich zu verbessern. Das wird viel Geld kosten. Diese Akteure sind zu motivieren, sich an dieser Stelle voll zu engagieren. Die Politik sollte das fördern. Nichts ist an dieser Stelle kontraproduktiver als die nicht reflektierte und kontraproduktive Diffamierung der Klimaneutralität in Form „verlorener" Finanzierungszuschüsse in globalen Kompensationsprojekten durch viele Akteure im Klimabereich als „Freikauf, Ablasshandel oder Greenwashing".

8 Die wichtigsten Ansätze für internationale Kompensationsmaßnahmen als Instrumente zur freiwilligen Klimaneutralität sind die folgenden:

(a) Stilllegung von Emissionsrechten, Abkauf weiterer Verbesserungen der freiwilligen Zusagen der Staaten gegen privates Geld, Förderung einschlägiger Projekte zur Förderung erneuerbarer Energien in sich entwickelnden Ländern.

(b) Biologische Sequestrierung in Form von Aufforstung auf bis zu 1 Milliarde Hektar degradierter Böden in den Tropen und massive Humusbildung, u.a. durch Einsatz von Bio-Kohle, in Verbindung mit der Stimulierung von Landwirtschaft in semi-ariden Gebieten und im Kontext der Bekämpfung der Wüstenausbreitung, ebenfalls auf bis zu 1 Milliarde Hektar Böden.

Pro Hektar biologischer Sequestrierung sind potentiell 10-20 Tonnen jährlich an $CO_2$-Bindung möglich. Zur Schließung der Paris-Lücke sind in Summe etwa 500 Milliarden Tonnen bilanzielle $CO_2$-Emissionsminderungen durch den Privatsektor bis 2050 zu leisten. Das ist erreichbar, wobei sehr hohe Effekte frühestens ab 2030 erschlossen werden können, da entsprechende Programme nur schrittweise aufgebaut und hochskaliert werden können.

9 Biologische Sequestrierung durch den Privatsektor bringt viele Co-Benefits mit sich. Man kann hier nichts falsch machen. Die Entwicklung ärmerer Länder im Sinne der Agenda 2030 wird bei einer solchen Vorgehensweise massiv gefördert. Das gilt für alle 17 Nachhaltigkeitsziele, die auf Ebene der Staatengemeinschaft bis 2030 verfolgt werden sollen.

Die Umsetzung der verschiedenen, in Frage kommenden privaten Kompensationsmaßnahmen kann hunderte Millionen neue Arbeitsplätze, z. B. in Afrika schaffen, den Wohlstand steigern, bei gleichzeitigem Umwelt- und Klimaschutz. Holz wird dabei zu einer entscheidenden erneuerbaren Ressource für den Wohlstandsaufbau werden. Private Kompensationsmaßnahmen, vor allem solche in Form „verlorener" Finanzierungszuschüsse, im Klimabereich sind ein wichtiger Beitrag zu einem Marshall-Plan mit Afrika.

10 Die Kosten, die für die freiwilligen Kompensationsmaßnahmen auf den Privatsektor und leistungsfähige Akteure zukommen, liegen geschätzt bei etwa 150-300 Millionen US-Dollar pro Jahr, in 10 Jahren vielleicht auch bei 500 Milliarden US-Dollar pro Jahr. Dies hängt damit zusammen, dass der Aufbau entsprechender Programme nur schrittweise erfolgen kann. So kann deutlich mehr Geld als die heutigen staatlichen Mittel für Entwicklungszusammenarbeit

und die angekündigten Mittel für den Klimafinanzausgleich zusammengenommen aktiviert werden. Das ist gut so, denn es wird viel mehr Geld benötigt als heute verfügbar gemacht wird – für Klima-bezogene Aktivitäten und für die Umsetzung der Agenda 2030. Für die Menschen an der Spitze der Einkommens- und Vermögenspyramide dieser Welt handelt es sich insgesamt um einen überschaubaren Beitrag. Zudem ist das Geld gut angelegt, um das Eigentum dieser Gruppe und den Lebensstil dieser Gruppe angesichts der am Horizont drohenden Gefahren im gesellschaftlichen Bereich als Folge einer sich aufbauenden Klimakatastrophe abzusichern.

**11** Freiwillige Klimaneutralität liefert auch einen entscheidenden und realistischen Hebel, den zu „weichen" Paris-Vertrag an entscheidenden Stellen „nachzuschärfen". Das Paris-Regime und freiwillige Klimaneutralität könnten dabei in einen klugen Gesamtansatz integriert werden, der auch das Thema einer transparenten Buchführung und eines Carbon Accounting im Kontext der zukünftig erforderlichen Dekarbonisierung angeht.

**12** Freiwillige Klimaneutralität erschließt der Welt einen unmittelbaren Zeitgewinn für den Umgang mit dem Klimawandel. Diese Zeit muss die internationale Gemeinschaft nutzen. Benötigt werden neue Technologien und Organisationsstrukturen für umwelt- und sozialverträglichen Energiewohlstand. In deren Entwicklung muss massiv investiert werden, später auch in die weltweite Umsetzung. Das wird sehr viel Geld kosten. Freiwillige Klimaneutralität leistungsstarker Akteure wird deshalb auch nach dem Jahr 2050 ein wichtiges Thema bleiben.

Hinweis: Der Text gibt wesentliche Inhalte eines aktuellen Buches „Der Milliarden-Joker: Freiwillige Klimaneutralität und das 2°C-Ziel" des Autors wieder.

# Freiwillige Klimaneutralität des Privatsektors – Globale Kooperation als Schlüssel zur Erreichung des 2°C-Ziels

Estelle L.A. Herlyn | FOM Hochschule für Oekonomie & Management

Auch zwei Jahre nach der erfolgreichen Verabschiedung des Pariser Klimaabkommens im Dezember 2015, das eine Begrenzung der Erderwärmung auf deutlich unter 2°C gegenüber dem vorindustriellen Zeitalter zum völkerrechtlich verbindlichen Ziel der Staatengemeinschaft erklärte, gibt es viele ungeklärte Fragen, wie dieses Ziel zu erreichen ist. Die bisherigen freiwilligen $CO_2$-Reduktionszusagen der Staaten (Nationally Determined Contributions, NDCs) reichen bei Weitem nicht aus, um die angestrebte Begrenzung der Erderwärmung tatsächlich zu realisieren. Sie führen im Gegenteil zu einer Erwärmung um 3 bis 4°C. Es klafft eine weite Lücke zwischen dem angestrebten Ziel und den zur Erreichung des Ziels zugesagten Beiträgen.

Die nachfolgende Abbildung visualisiert diese missliche Lage, die auch die beiden Folgekonferenzen von Paris in Marrakesch in 2016 (COP22) und Bonn in 2017 (COP23) nicht entscheidend verbessern konnten:

Die aktuellen Reduktionszusagen der Staaten führen zu einer Minderung des weltweiten $CO_2$-Ausstoßes von etwa 500 Milliarden Tonnen (rote Fläche). Bei Einhaltung würde die Politik für etwa die Hälfte der zur Erreichung des 2°C-Ziels notwendigen Minderungen aufkommen. In diesem Sinne ist der Pariser Klimavertrag positiv zu bewerten. Mehr war realistischerweise von der Politik nicht zu erwarten.[1]

Mehr und mehr stellt sich heraus, dass sich die Staaten schwer tun ihre Zusagen einzuhalten. Deutschland hat sein Reduktionsziel für das Jahr 2020 aufgegeben.[2] Es war der Plan der Politik, die nationalen Emissionen bis zum Jahr 2020 um 40% und bis 2050 um 80 - 95% gegenüber dem Wert des Jahres 1990 zu senken. Realistisch erscheint zum jetzigen Zeitpunkt lediglich eine Reduktion um gut 30% bis 2020.[3]

An vielen Stellen stellt sich heraus, dass weitergehende $CO_2$-Einsparungen in Deutschland sehr aufwendig und vor allem teuer werden. Dies gilt z.B. für den Bereich der energetischen Sanierung von Gebäuden und genauso im Bereich Verkehr.[4]

Die aktuelle Herausforderung besteht darin, Ansätze zu entwickeln, die es erlauben, die Lücke zu schließen, die zwischen dem angestrebten 2°C-Ziel und den bisherigen staatlichen Zusagen (die potenziell nicht einmal eingehalten werden) klafft (graue und grüne Fläche in **Bild 1**.). In dieser Situation sollte außerdem in Betracht gezogen werden, dass Deutschland für nur 2% der weltweiten $CO_2$-Emissionen verantwortlich ist. Große Hebel lassen sich also im nationalstaatlichen Rahmen kaum bewegen.

Ein hoffnungsvoller Ansatz, die Verantwortung für die Bekämpfung des Klimawandels auf viele Schultern zu verteilen und der globalen Dimension der Herausforderung gerecht zu werden, liegt in der sog. freiwilligen Klimaneutralität von Organisationen aller Art, z.B. Unternehmen, und Privatpersonen.[5,6] Ihre Bemühungen sollten parallel und additiv zu den politischen Anstrengungen erfolgen, den $CO_2$-Ausstoß zu senken.

Eine wichtige Bedeutung bekommen in diesem Zusammenhang Kompensationsmaßnahmen: Zunehmend mehr Organisationen, aber auch Privatpersonen, **kompensieren bzw. neutralisieren nach dem Verursacherprinzip die $CO_2$-Emissionen, die nach allen ökonomisch sinnvollen und sozial verträglichen Reduktions- und Vermeidungsmaßnahmen noch in ihrer $CO_2$-Bilanz stehen**. Man spricht auch von Offsetting.

Hierzu können **unterschiedliche Maßnahmen** ergriffen werden. Eine besteht in der Erzeugung sog. **Negativemissionen**, die einen unerlässlichen Beitrag zur Erreichung des 2°-Ziels darstellen.[7] $CO_2$, das bereits emittiert wurde, wird wieder aus der Atmosphäre herausgeholt. Denkbar ist ein Volumen von etwa 250 Milliarden Tonnen (grüne Fläche in **Bild 1**).[8] Besonders wirkungsvoll ist in diesem Kontext die massive Bildung von Humus in der Landwirtschaft. Humus bindet sehr viel $CO_2$, erhöht die Bodenfruchtbarkeit, verbessert den Wasserhaushalt und das Ernteergebnis etc. Ein anderer, unter vielen Aspekten positiv zu beurteilender Ansatz ist die **Wiederaufforstung degradierter Flächen**.[9] Neben der Bindung von $CO_2$ durch die gepflanzten Bäume können vielfältige positive Effekte vor Ort erzielt und Entwicklung gefördert werden. Im ökologischen Bereich wird durch die Renaturierung von Flächen die Biodiversität positiv befördert, der Wasserhaushalt verbessert sich. Im sozialen Bereich kommt es zu einer Verbesserung der Lebensbedingungen und der Ernährungssituation. Nicht zuletzt ergeben sich positive ökonomische Effekte: die Forst-

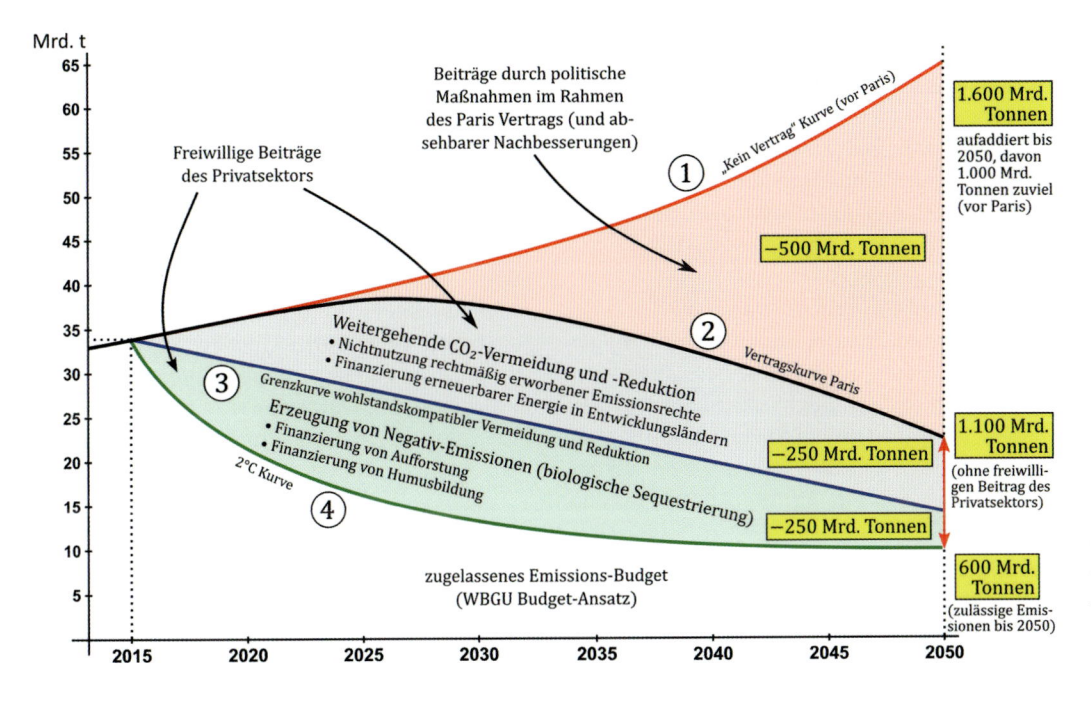

**Bild 1**
Status Quo nach Abschluss des Pariser Klimaabkommens
[© FAW/n]

wirtschaft generiert Arbeitsplätze und Einkommen, es entsteht Infrastruktur und schließlich ist Holz ein wichtiger erneuerbarer Rohstoff, erneuerbare Energiequelle und Biomasse zugleich. **Auf diese vielfältige Weise wirken Aufforstungsmaßnahmen positiv in Richtung von 12 der 17 SDGs.**[10] Man spricht auch von Co-Benefits.

Neben der Erzeugung von Negativemissionen liegt ein weiterer Ansatz in der **Verhinderung von $CO_2$-Emissionen**. Das mögliche Einsparvolumen beläuft sich auch hier auf etwa 250 Milliarden Tonnen $CO_2$ (graue Fläche in Bild 1).[11] $CO_2$-Emissionen lassen sich z.B. durch die **Finanzierung erneuerbarer Energiesysteme in sich entwickelnden Staaten** verhindern, wodurch dort der Umfang der Nutzung fossiler Energieträger reduziert wird.[12] Dieser Ansatz befördert den dringend benötigten Technologietransfer.

Alle zuvor beschriebenen Maßnahmen eröffnen die höchst interessante Möglichkeit, Klimaschutz und wirtschaftliche Entwicklung miteinander zu verbinden. Der so häufig thematisierte prinzipielle Zielkonflikt zwischen Umweltschutz und wirtschaftlicher Entwicklung besteht an dieser Stelle geradezu nicht. Im Gegenteil, es ergeben sich Synergieeffekte zwischen Klimaschutz einerseits und der Entwicklungszusammenarbeit andererseits. In diesem Kontext ist es nicht überraschend und begrüßenswert, dass sich das Bundesministerium für wirtschaftliche Zusammenarbeit und Entwicklung (BMZ) als erstes Bundesministerium klimaneutral stellen wird.[13]

Durch eine Auswahl von zertifizierten Maßnahmen lässt sich eine hohe Qualität und eine hohe Wirksamkeit der finanzierten Aktivitäten vor Ort absichern. Hier ist exemplarisch der Gold Standard zu nennen, der unter der Federführung des WWF von Wissenschaftlern und NGO-Vertretern entwickelt wurde.[14]

Schließlich besteht eine weitere Möglichkeit der Verhinderung von $CO_2$-Emissionen in der **Stilllegung von $CO_2$-Zertifikaten** aus dem europäischen Emissionshandelssystem. Man erwirbt $CO_2$-Zertifikate und damit die Erlaubnis $CO_2$ zu emittieren, nutzt diese aber nicht. Auf diese Weise wird die zulässige Menge an $CO_2$-Emissionen innerhalb des Handelssystems reduziert.

In der Praxis findet sich bereits eine Vielzahl von Unternehmen, die durch Kompensationsmaßnahmen klimaneutral sind oder es innerhalb eines überschaubaren Zeitraums werden wollen. Exemplarisch genannt seien SAP, Aldi Süd, die Allianz, die Deutsche Bank oder auch das mittelständische Unternehmen Zwick Roell.[15] In jüngster Zeit hat die AVIA Mineralöl AG die von ihr pro Jahr angebotenen 360 Mio. Liter Heizöl klimaneutral gestellt.[16] Diese verursachen 1 Mio. Tonnen $CO_2$. Weitere Unternehmen bieten einzelne Produkte oder Dienstleistungen klimaneutral an, so

z. B. das Unternehmen DPD den klimaneutralen Versand aller Pakete.[17]

Mit einer jeweils individuellen Kombination aller beschriebenen Maßnahmen leisten diese und andere Unternehmen einen sehr wichtigen Beitrag zum Klimaschutz.

Es ist zu erwarten, dass die Klimaneutralität des Privatsektors in Zukunft eine noch viel größere Bedeutung erhalten wird, weil sich mehr und mehr die Erkenntnis durchsetzen wird, dass die Politik alleine nicht in der Lage sein wird, die Maßnahmen zu ergreifen, die notwendig sind, um den Klimawandel auf ein für die Menschheit beherrschbares Ausmaß zu begrenzen. Das liegt u. a. daran, dass die Verteilung der Anpassungslasten nicht nur die bekannten Gerechtigkeitsfragen zwischen Staaten aufwirft, sondern auch solche zwischen wohlhabenden und armen Individuen.

Die Bekämpfung des Klimawandels ist also nicht nur eine Frage der schon lange thematisierten Nord-Süd-Gerechtigkeit und damit eine Frage der Gerechtigkeit zwischen reichen Industrie- und armen Entwicklungsländern. Vollends erfasst ist die heutige Problemlage erst dann, wenn man eine zweite Gerechtigkeitsebene bedenkt, die die individuelle Ebene betrifft. Diese Überlegung führt zu den sog. ‚High Emitters', die pro Kopf und Jahr mehrere hundert Tonnen $CO_2$ emittieren. Man findet sie in allen Staaten der Welt, insbesondere in den USA (40%), aber auch in der EU, Russland, China etc. Damit entzündet sich auch innerhalb der Staaten eine Debatte über die Verantwortung für die Bekämpfung des Klimawandels, zwischen wohlhabenden Bevölkerungsgruppen und ‚Normalbevölkerung', zwischen Stadt und Land.[18] Man stößt auf eine enge Korrelation zwischen der Einkommens- und Vermögenssituation und der Höhe der $CO_2$-Emissionen gibt: Je höher Einkommen und Vermögen, desto höher die $CO_2$-Emissionen.[19] Vor diesem Hintergrund sollte dieser Personengruppe gemäß dem Verursacherprinzip eine besondere Rolle in den Bemühungen das 2°C-Ziel zu erreichen zukommen. An fehlenden finanziellen Mitteln kann dieser Ansatz nicht scheitern.

Die beschriebene aktuelle Situation im Bereich des Klimaschutzes, in der nur noch eine Bündelung aller Kräfte in Politik und Privatsektor das 2°C-Ziel erreichbar macht, sollte Argument genug sein, Kompensationsmaßnahmen nicht länger als Ablasshandel, Freikauf oder Greenwashing zu bezeichnen. Das Pariser Klimaabkommen wird zukünftig nur dann mehr sein als eine Absichtserklärung, wenn die globale Herausforderung Klimawandel durch kluge globale Kooperation und globale Maßnahmen bekämpft wird. Hierzu muss es gelingen, den Privatsektor viel mehr als bisher in den Klimaschutz einzubinden. Der Ansatz der privaten Klimaneutralität erlaubt es, die bestehenden Lücken im Bereich der erforderlichen $CO_2$-Reduktionen und im Bereich der Finanzierung des Klimaschutzes zu schließen.

### Anmerkungen

[1] Vgl. Radermacher (2017).

[2] Vgl. http://www.handelsblatt.com/politik/deutschland/koalitionsvertrag-zum-download-koalitionsvertrag-zum-download/20936422.html

[3] Vgl. Agora Energiewende (2017).

[4] Vgl. Gerth et al. (2012).

[5] Vgl. Hölscher/Radermacher (2013).

[6] Vgl. Herlyn (2017).

[7] Vgl. Hansen et al. (2016).

[8] Vgl. Herlyn/Radermacher (2012).

[9] Vgl. Radermacher (2011).

[10] Vgl. z.B. https://www.co2ol.de/soddo-community-managed-reforestation/

[11] Vgl. Herlyn/Radermacher (2012).

[12] Vgl. z.B. https://shop.southpolecarbon.com/uploads/product/190_DE.pdf

[13] Vgl. https://www.bmz.de/de/presse/reden/minister_mueller/2017/november/171103_rede_eroeffnung_climate_planet.html

[14] Vgl. http://www.goldstandard.org

[15] Vgl. http://news.sap.com/germany/klimaneutral-bis-2025/, https://unternehmen.aldi-sued.de/de/verantwortung/umwelt/klimaschutz/, https://www.allianz.com/de/nachhaltigkeit-2014/allianz_und_nachhaltigkeit/unternehmen/umweltmanagement.html/, https://www.db.com/cr/de/umwelt/klimaneutralitaet.htm und https://www.zwick.de/umwelt-soziales

[16] Vgl. https://www.avia.de/nc/geschaeftskunden/avia-heizoel/avia-heizoel-klimaneutral.html

[17] Vgl. https://www.dpd.com/de/home/verantwortung/klimaneutraler_pakettransport

[18] Vgl. Chakravarty et al. (2009).

[19] Vgl. Chancel/Piketty (2015).

## Literatur

Agora Energiewende (2017): Das Klimaschutzziel von -40% bis 2020: Wo landen wir ohne weitere Maßnahmen? – Eine realistische Bestandsaufnahme auf Basis aktueller Rahmendaten, im Internet unter: https://www.agora-energiewende.de/fileadmin/Projekte/2015/Kohlekonsens/Agora_Analyse_Klimaschutzziel_2020_07092016.pdf

Bundesministerium für Umwelt, Naturschutz, Bau und Reaktorsicherheit (BMUB) (2016): Klimaschutzplan 2050 – Klimaschutzpolitische Grundsätze und Ziele der Bundesregierung, im Internet unter: http://www.bmub.bund.de/fileadmin/Daten_BMU/Download_PDF/Klimaschutz/klimaschutzplan_2050_bf.pdf.

Chakravarty, S.; Chikkatur, A.; de Coninck, H.; Pacala, S.; Socolow, R. and Tavoni, M. (2009): Sharing global $CO_2$ emission reductions among one billion high emitters, in: PNAS July 21, 2009 vol. 106 no. 29, doi: 10.1073/pnas.0905232106.

Chancel, L.; Piketty, T. (2015): Carbon and inequality: from Kyoto to Paris, Paris School of Economics, Paris.

Germanwatch; CAN International; New Climate Institute (2017): Klimaschutz-Index: Die wichtigsten Ergebnisse 2018.

Gerth, M.; Herlyn, E.; Kämpke, T.; Radermacher, F. J. (2012): Klimaschutz und Wohnungswirtschaft – Für eine zukunftsfähige Politik, Studie für den GdW Bundesverband der deutschen Wohnungs- und Immobilienunternehmen.

Hansen, J. et al. (2016): Young People's Burden: Requirement of Negative $CO_2$ Emissions, in: Earth System Dynamics Journal, doi:10.5194/esd-2016-42.

Herlyn, E.; Radermacher, F. J. (2012): Klimaneutralität und 2-Grad-Ziel – Warum globale und regionale Bemühungen miteinander verbunden werden müssen, in: Hölscher, L.; F. J. Radermacher (Hrsg.): Klimaneutralität – Hessen geht voran, Wiesbaden.

Herlyn, E. (2017): Freiwillige Klimaneutralität – Ohne private Anstrengung kein Erfolg, in: SENATE, Jg. 2017, Nr. 1, S. 18-19.

Radermacher, F. J. (2011): Wege zum 2-Grad-Ziel – Wälder als Joker, in: Politische Ökologie 127 (2011), S. 136-139.

Radermacher, F. J. (2017): Freiwillige Klimaneutralität des Privatsektors – Schlüssel zur Erreichung des 2°C-Ziels, Kurzvariante, Sonderausgabe SENATE.

# Wiederaufforstung als „Joker" zur Erreichung des 2°C-Ziels

Christoph Brüssel | Stiftung Senat der Wirtschaft Institut für gemeinwohlorientierte Politik

**Deutsche Wirtschaft investiert freiwillig in Klimaschutz**
**Die Wald – Klimainitiative des Senates der Wirtschaft Deutschland**

Es ist die Atmosphäre. Die Atmosphäre ist es, die so viel mit dem Erfolg der Klimainitiative der Wirtschaft verbindet.

Die Atmosphäre wird durch zu viel $CO_2$ belastet und beschleunigt so die Erderwärmung, was zu den bekannten katastrophalen Folgen für den Planeten und die Lebewesen führt. Es gehört zum elementaren Wissen, dass Pflanzen und Bäume, also Wälder auf natürlichem Wege der Atmosphäre $CO_2$ entziehen und sehr lange speichern, sie generieren zudem Sauerstoff. Nicht ohne Grund werden Wälder als „grüne Lunge" bezeichnet. Neben der erforderlichen Reduktion des $CO_2$ Ausstoßes, können (zusätzliche) Wälder durch ihre biologische Funktion den Treibhauseffekt der Erde mindern helfen.

Atmosphäre nennt man aber auch Stimmungen und Bedingungen eines Umfeldes, die Denkströmung von Gruppen, Gesellschaften. Eine solche Atmosphäre ist auch wichtig zur Erreichung von Vorhaben und Zielen. Die Atmosphäre für Gedanken des Klimaschutzes in unserer Gesellschaft ist gegenwärtig günstig. Spürbar ist eine Affinität zu Umweltgerechtigkeit und Nachhaltigkeit. Die Menschen, Konsumenten, Klienten beachten klimagerechte Produktangebote, unterscheiden nicht alleine in Preis und Volumen.

Die Gesellschaft und die Wirtschaft entdecken die Verantwortung für eine umweltgerechte und klimagerechte Zukunft. Die Mitwirkung an einer Welt in Balance ist nicht alleine der Politik überlassen, die Atmosphäre in der Gesellschaft würdigt die Unterstützungsbemühungen bei der Bereinigung der Atmosphäre des Planeten. So bietet sich die Chance, auf die Kraft der globalen Wirtschaft und der Individuen als Helfer beim Klimaschutzes zu setzen.

Die vom Senat der Wirtschaft Deutschland initiierte Wald Klimainitiative hat zum Ziel, Wiederaufforstung von Wäldern aus privaten Finanzmitteln der Wirtschaft bzw. von Individuen zu motivieren. Unternehmen, Organisationen / Produkte oder auch Personen sollen die Möglichkeit erhalten, auf freiwilliger Basis Klimaneutralität zu erreichen. Dabei bleibt es das vornehmliche Ziel, zunächst einmal die Erzeugung von Treibhausgasen zu reduzieren. Die über die ehrlichen Bemühungen hinausgehenden Volumina sollen z. B. durch natürliche Formen von $CO_2$-Bindung kompensiert werden.

Ausgangspunkt der Initiative des Senats der Wirtschaft ist eine Analyse des Forschungsinstituts für anwendungsorientierte Wissensverarbeitung (FAW/n) in Ulm zur Möglichkeit eines Weltklimavertrags und zur Erreichung des von der Weltpolitik verfolgten $2°C$-Ziels in der Folge der Weltklimakonferenzen in Kopenhagen und Cancún 2010. Die Studie sieht die Zielerreichung noch als möglich an, aber nur bei extremen Anstrengungen. Dabei spielen vor allem Negativemissionen und Zeitgewinn eine zentrale Rolle, da bisher in der Sache viel zu wenig passiert ist.

Ein Weltaufforstungs- und Landschaftsrestaurierungsprogramm auf 5 Mio. km² bis 2050 erlaubt bis 2050 die Bindung von 150 Milliarden, mögli-

**Bild 1**
Steigende Belastung der Athomsphäre durch $CO_2$
[Foto: © Lasse Kristensen – fotolia.com]

**Bild 2**
Globale Erwärmung
[Foto: © Spectral-Design – fotolia.com]

cherweise auch von bis zu 200 Milliarden Tonnen $CO_2$ aus der Atmosphäre. Dies erschließt das Potential für einen dringend erforderlichen Zeitgewinn, um über eine mit weiterem wirtschaftlichem Wachstum kompatible und zugleich praktisch machbare Reduktion der jährlichen weltweiten $CO_2$-Emissionen aus fossilen Quellen das 2°C-Ziel noch zu erreichen. Dies insbesondere dann, wenn weitere Aktivitäten im Bereich biologischer Sequestrierung (Humusbildung, Erhalt und Renaturierung von Feuchtbiotopen) hinzukommen.

### Die soziale Perspektive als weiterer Pluspunkt

Der Erhalt der Wachstumspotentiale ist dabei für die politische Umsetzung entscheidend. Andernfalls werden gerade die Regionen der Erde mit enormen Wachstum der Bevölkerung noch stärker benachteiligt, da ihnen die Möglichkeit eines wirtschaftlichen Wachstums verschlossen bliebe und die Lebensgrundlage für diese wachsende Bevölkerungszahl noch dramatischer entzogen wäre.

Mit neu entstehenden Wäldern hingegen ist ein, in mehrfacher Sicht lösungsbefähigter Ansatz gegeben. Klimaschutz durch $CO_2$ Speicherung und die Chance auf wirtschaftliche Zukunft für die regionalen Bevölkerungen durch eine umweltgerechte und nachhaltige Bewirtschaftung des Waldes und der umliegenden Felder, letzteres auch ausgerichtet auf konsequente Humusbildung und damit weitere erhebliche $CO_2$ Reduktion – stellen eine Win-Win Partnerschaft für alle Beteiligten dar. Das beschriebene Ziel ist nur durch eine globale und auch geregelte Anstrengung erreichbar. Bekannt ist, dass hinreichend Flächen zur Wiederaufforstung verfügbar sind. Die Mittel und die organisatorische Kraft für diese gigantische Aufgabe sind jedoch durch staatliche Instanzen alleine nicht aktivierbar. . Eine partnerschaftliche Synergie mit der privaten Wirtschaft ist zwingende Voraussetzung. Sie ist auch aus anderen Gründen sinnvoll, denn der Nutzen für die Wirtschaft wird erkennbar, wenn die Bereitschaft der Konsumenten zur Bevorzugung umweltbewusster Anbieter und die Offenheit der Konsumenten zu persönlichen Anstrengungen in diesem Bereich mitbedacht werden.

Die Atmosphäre ist also gut für eine Klimainitiative der Wirtschaft. Der Senat der Wirtschaft in Deutschland nimmt hierbei die Vorreiterrolle ein, mit dem Ziel, eine praktische Umsetzung des vorhandenen Willens bei vielen Beteiligten zu organisieren. Das kann als Beispiel und Motivation für weitere Initiativen dienen und ist als global ausgerichtete Anstrengung zu sehen.

Im September 2011 wurde der Senat auf die UN Ministerkonferenz „Bonn Challenge" eingeladen, um die Initiative vorzustellen. Der Ansatz fand auch international Beachtung und ausdrücklich Zuspruch bei verschiedenen Regierungen, der Weltbank und engagierten Umweltorganisationen. Das eröffnete Möglichkeiten für Partnerschaften und dafür, erforderliches Gehör zu finden.

Die Erfahrungen bei der Ansprache von interessierten Unternehmen führte rasch zu der Erkenntnis, dass die richtigen Rahmenbedingungen entscheidend dafür sind, dass Unternehmen gewissenhaft und professionell eine Entschei-

**Bild 3**
Streben nach einer sauberen Erde mit sauberer Atmosphäre
[Foto: © luigi Giordano – fotolia.com]

**Bild 4**
Aufforstung riesiger Waldflächen
[Foto: © chris74 – fotolia.com]

dung zur freiwilligen Investition in Wiederaufforstung zur Erreichung von Schritten in Richtung Klimaneutralität treffen können.

### Die richtigen Rahmenbedingungen schaffen

Die Wald Klimainitiative sieht es als vornehmliche Aufgabe an, diese Rahmenbedingungen mit den Regierungen der Zielländer, der Bundesregierung und in Wechselwirkung mit operativen Organisationen zu gestalten. Sie versteht sich als Plattform für wohlmeinende Partner auf dem Weg zu gemeinsamen Lösungen. Als gemeinwohlorientierte und ohne eigenes wirtschaftliches Interesse operierende Instanz kann die Initiative unbelastet zwischen den Beteiligten moderieren.

Ganz wesentlich wird mit der Weltbank daran gearbeitet, dass Möglichkeiten zu einem im Höchstmaß sicheren Engagement bei der Wideraufforstung eröffnet werden. Die Sicherheit bezieht sich dabei auf die richtige Verwendung der Mittel, die optimale ökologische und soziale Gestaltung der Wiederaufforstung und die angestrebt positive Bewertung durch Umweltschutzorganisationen. Kein Unternehmen, das freiwillig in den Klimaschutz einzahlt, soll dem Risiko eines Imageschadens ausgesetzt sein. Dies muss sichergestellt werden. Weltbank und die Initiative des Senates der Wirtschaft arbeiten an einer Systematik, die eine solche Zuverlässigkeit gewährleisten soll. Zu entsprechenden Kooperationsgesprächen haben führende Mitglieder des Präsidiums der Weltbank eingeladen, nachdem die Wald Klimainitiative auf der Klimakonferenz in Durban gemeinsam mit der Bundesregierung einen Sideevent zur Partnerschaft zwischen Politik und Wirtschaft in diesem Themenbereich veranstaltet hatte.

Bei den Gesprächen über geeignete Rahmenbedingungen mit der Regierungsseite und ebenso als Basis für die Gespräche mit der Weltbank hat die Initiative klar definierte Eckpunkte festgelegt, deren Einhaltung Mindestanforderungen sind: Dies betrifft sowohl alle für den Kauf in Betracht gezogenen Zertifikate (Nachfrageseite) als auch aktive Beiträge zur Marktentwicklung im Bereich benötigter Verifikate (Angebotsseite).

1. Korrekte $CO_2$ Berechnung
   - Abzug von Emissionen aus Verlagerung bei der $CO_2$-Bilanzierung
   - Abzug von Emissionen aus der Projektumsetzung
   - Die erzielten „Carbon-Credits" (Verifikate) stellen ausschließlich Beiträge zum freiwilligen Kohlenstoff-Markt dar

2. Langfristige Sicherung der Investition
   - Erarbeitung und Umsetzung einer Risikovermeidungsstrategie
   - Höhe des Risiko-Puffers ( 50%)
   - Nachweis der Zusätzlichkeit durch erweitere Überprüfungen
   - Auffüllung des Risiko-Puffers mit Zertifikaten anderer Projekte
   - Einbezug von Risiken außerhalb des Projektgebiets
   - Die Investition, die Entwicklung und das Management der Forstarbeit wird durch die deutsche Wirtschaft übernommen, jedoch immer mit Organisationen mit Partnern und Arbeitskräften der Regionen im Zielland. Echte Partnerschaften mit der lokalen Bevölkerung sind uns ein großes Anliegen.
   - Die Investoren tragen Sorge dafür, dass die Waldflächen durch eine geeignete Versicherung geschützt werden
   - Seitens der lokalen Regierungen werden die erforderlichen, rechtlichen Rahmenbedingungen geschaffen, um den Investoren die rechtliche Sicherheit für den vereinbarten Zeitraum zum Aufbau und zur Bewirtschaftung der Waldflächen zu geben.

3. Vermeidung lokaler Konflikte
   - Alle Projekte erfolgen mit hohen sozialen Standards

**Bild 5**
Wiederaufforstung neuer Waldflächen
[Foto: © eddygaleotti – fotolia.com]

- Projekte werden immer gemeinsam mit der lokalen Bevölkerung langfristig aufgebaut
- Erfassung von lokalen Land- und Nutzungsrechten (auch traditionellen)
- Beschreibung der Entwicklung von Nutzungsrechten
- Die erforderlichen Waldgebiete oder Landschaften werden durch den Staat und die lokale Verwaltung für einen Zeitraum von 25 - 35 Jahren zur Verfügung gestellt
- Nach dieser Zeit sollen die Wälder durch die lokale Bevölkerung und in Abstimmung mit den jeweiligen Regierungen oder Regionen für einen Zeitraum von weiteren 15 - 35 Jahren erhalten bleiben
- Die Verantwortung liegt langfristig bei der lokalen Bevölkerung und dem jeweiligen Staat

4. Förderung lokaler Partner
   - Positive sozio-ökonomische Gesamteffekte explizit gefordert
   - Erstellung eines Referenzszenarios, einer Social Impact Analysis und eines Monitoring
   - Referenzszenario über das unmittelbare Projektgebiet hinausgehend entwickeln
   - Stärkung der Anpassungskapazität lokaler Gemeinden an den Klimawandel
   - Gerechte Aufteilung von entstehenden Vorteilen sicherstellen
   - Die Projekte unterstützten ausgewählte Regionen beim Wiederaufbau ihrer Waldressourcen/Ökosysteme und deren Leistungsfähigkeit
   - Verbesserung der Lebensgrundlagen der lokalen Bevölkerung, Bekämpfung der Armut, Verbesserung der Ernährungssicherheit sowie Arbeitsplatzsicherung/-beschaffung

5. Schaffung ökologisch wertvoller Wälder
   - Höchste Standards für eine biodiverse und ökologische nachhaltige Forstwirtschaft; hierbei sollen die Ziele des *„Übereinkommen über die biologische Vielfalt" (CBD)* reflektiert werden
   - „Close-to-nature-forest"
   - Durchführung einer Umweltverträglichkeitsprüfung (UVP)
   - Erhebung von Ausgangsdaten und Monitoring zur Artenvielfalt

**Bild 6**
Symbolhafter Ressourcenverbrauch
[Foto: © PinkShot – fotolia.com]

- Regelung zu invasiven und gentechnisch veränderten Arten (GMO)
- Vorgaben zu Bodenbearbeitung und Rückwirkungen auf den Wasserhaushalt
- Priorisierung besonders schützenswerter Flächen
- Berücksichtigung des landschaftlichen Kontexts /Verbindung von Habitaten

Zur Erreichung dieser Ziele müssen vor allem notwendige Rahmenbedingungen geschaffen werden, die in den Zielländern sicherstellen, dass die Wälder auch langfristig erhalten bleiben, die lokale Bevölkerung in Partnerschaft eine wirtschaftliche Zukunft erhält und die zur Aufforstung und Landschaftsrestaurierung investierten Gelder in den Wald auch gesichert und geordnet eingesetzt werden.

Seit Beginn konnte diese Klimainitiative gemeinsam mit verschiedenen Forstpartnern, das sind Unternehmen, die im Umfeld des Senats der Wirtschaft aktiv klimagerechte Wald- und Agroforstprojekte durchführen, mehr als 400.000 ha Wald aufforsten oder konservieren, und zwar

**Bild 7**
Weltweite Wiederaufforstung im großen Stil
[Foto: © Franck Thomasse - fotolia.com]

ausschließlich finanziert durch private Gelder aus Deutschland oder Österreich.

### Republik Costa Rica und Senat vereinbaren Kooperation

Die oben skizzierten Eckpunkte konnten 2012 erstmals auch in einer Partnerschaft zwischen einem Land, in diesem Fall der Republik Costa Rica und der privaten Wirtschaft, vertreten durch den Senat der Wirtschaft Deutschland, vertraglich festgeschrieben werden.

Beim Staatsbesuch der Präsidentin Laura Chinchilla im Mai 2012 in Berlin wurde dazu ein Letter of Intent mit den oben beschriebenen Inhalten durch den Außenminister Enrique Castillo unterzeichnet.

In der zwischen der Wald Klimainitiative des Senates und der Republik Costa Rica getroffenen Vereinbarung sichert der Staat die erforderlichen Rahmenbedingungen für die von der Initiative unterstützten Projekte auf der Angebotsseite zu. Gleichzeitig erklärt die Initiative, nur solche Projekte auf der Angebotsseite zu unterstützen, die den formulierten, sehr hohen ökologischen und sozialen Standards genügen. Die lokale Bevölkerung und lokale Organisationen sollen jeweils fair in die Waldprojekte, die durch private Mittel finanziert werden, einbezogen werden.

Es wird erwartet, dass bei dieser Vorgehensweise die privaten Investoren der Waldprojekte (auf der Angebotsseite) eine langfristige Sicherheit für ihre Projekte inklusive der damit verbundenen Rechte erhalten. Die Sorge vor Zerstörung wird dadurch erheblich gemindert, dass die lokale Bevölkerung an den entstehenden Waldprojekten beteiligt wird.

Mit dieser Vereinbarung ist unseres Wissen nach erstmalig eine derartige Kooperation zwischen staatlichen und privaten Partnern geschlossen worden, die international als Vorbild für eine ökologisch und sozial optimierte Restauration von Waldflächen gelten kann. Unternehmen, die sich freiwillig klimaneutral stellen wollen, finden damit günstige Rahmenbedingungen vor. Die Projekte besitzen eine hohe Verlässlichkeit und Sicherheit durch die staatliche Begleitung, und zwar sowohl bei Beteiligung auf der Angebotsseite bei der Schaffung entsprechender Verifikate, als auch auf der Nachfrageseite.

### Klimaschutz wird zur „guten Story" für Unternehmen

Eng und praktisch gilt es für uns auch, Unternehmen zur Klimaneutralität zu begleiten. Nicht alleine der Erwerb freiwilliger $CO_2$ Zertifikate im Rahmen globaler Kompensationsmaßnahmen sind wichtig, auch die Aktivierung der Phantasie der Chefs und Mitarbeiter können eine wichtige Triebfeder für mehr Klimaschutz sein.

Andreas Viehbrock, CEO der Viehbrockhaus AG, gehört zu den tatkräftigen Pionieren der Idee. Sein Unternehmen baut im Jahr etwa 800 Massivhäuser, von Niedrigenergiehäusern bis hin zu Häusern, die sich vollständig durch regenerative Energie versorgen.

Er hatte die Idee, die $CO_2$ Aufwendungen des Bauvorganges und zusätzlich die $CO_2$-Verluste aufgrund des durch das Haus versiegelten Naturbodens, durch Waldschutz zu kompensieren.

Das entsprechende Projekt mit dem Senat der Wirtschaft bestand darin, die Klimabelastungen aus dem Entstehen der ersten 100 Häuser des Jahres 2012 durch 50 Jahre Schutz und Erhalt von 500 m² Wald pro Haus auszugleichen. Die Käufer der Häuser werden dabei sogar zu Besitzern des Waldes.

Die Resonanz auf dieses Projekt war erstaunlich. Die Kunden danken dem Unternehmen für dieses

**Bild 8**
Langfristiger Erhalt von Wald und Natur
[Foto: © Wolfgang Berroth – fotolia.com]

Angebot offenbar so aktiv, dass die Viebrockhaus AG in der Folge beschloss, ab sofort für alle Energiehäuser den Waldschutz in Form von jeweils zusätzlichen 500 m² pro Haus dauerhaft fortzuführen. Seitdem werden die $CO_2$-Belastungen im Entstehen aller Häuser des Unternehmens auf diese Weise über Waldschutz kompensiert. Da das Unternehmen parallel ständig an der Reduktion der Emissionen arbeitet, konnten die äquivalenten Kompensationserfordernisse auf ca. 150 qm pro Haus reduziert werden. Viebrock bleibt dabei dem Entschluss treu, die Kompensation fortzuführen.

Die Wald Klimainitiative hat das Potential, den guten Willen vieler Akteure zur Wiederaufforstung durch intensive Partnerschaft mit der privaten Wirtschaft zu einer Realität werden zu lassen. Als neutrale Plattform akzeptiert, von der Politik gehört und als Teil des Senates der Wirtschaft von Unternehmen verstanden, ist es das Ziel der Initiative, in Zukunft noch verstärkt eine Brücke zur Public Private Partnership für die Wiederaufforstung in großem Stil zu bilden, und zwar als ein wesentlicher Beitrag zur hoffentlich noch erreichbaren Umsetzung des 2°C-Ziels.

Die Atmosphäre ist gut.

**Bild 9**
Grünland in den Bergen von Costa Rica
[Foto: © bryndin – fotolia.com]

# Die Bedeutung der Wälder in der Klimaschutzpolitik

Klaus Wiegandt | Forum für Verantwortung

Es gibt nur eine plausible Erklärung für unseren grob fahrlässigen Umgang mit dem Klimawandel: Die überwältigende Mehrheit der Entscheidungsträger in Politik und Wirtschaft ist sich der dramatischen Folgen eines ungebremsten Klimawandels nicht bewusst oder meint, sie ignorieren zu können.

Eine Zunahme der Erderwärmung um ein Grad Celsius führt zu einer zusätzlichen Verdampfung von 100 Billionen Liter Wasser pro Tag über den Ozeanen.[1] Dieser vermehrte Wasserdampf verbunden mit wachsenden Energien in der Atmosphäre radikalisiert das Wettergeschehen: Sintflutartige Regenfälle, massive Überflutungen sowie extreme Dürren werden die Folgen sein.

Diese sich regelmäßig wiederholenden Ereignisse werden zu globalen Ernteausfällen führen, so dass mit hoher Wahrscheinlichkeit spätestens ab Mitte der zweiten Hälfte dieses Jahrhunderts für große Teile der Weltbevölkerung der Kampf um Nahrung und Trinkwasser zum Alltag werden wird. Darüber hinaus werden die steigenden materiellen Schäden zu einer ernsthaften Belastung der Weltwirtschaft. Und massive Migrationsbewegungen werden vor allem Europa vor kaum lösbare Herausforderungen stellen.

Der Klimavertrag von Paris soll diese Entwicklung verhindern. Er setzt ein hehres, aber ganz und gar unrealistisches Ziel. So hat die Weltgemeinschaft für das Zwei-Grad-Ziel nur noch ein $CO_2$-Restbudget von 800 Milliarden Tonnen – das beim gegenwärtigen Emissionsniveau bereits in gut zwanzig Jahren aufgebraucht ist.

Hält man sich vor Augen, dass die Weltbevölkerung bis 2050 voraussichtlich um weitere 2,5 Milliarden Menschen wachsen und sich das Weltsozialprodukt in den nächsten zwanzig Jahren verdoppeln wird, ohne dass eine globale Entkopplung von Wirtschaftswachstum auf der einen und Ressourcen- und Energieverbrauch auf der anderen Seite absehbar ist – mit den entsprechenden Folgen für die $CO_2$-Emissionen –, wird deutlich, wie groß die Herausforderung ist.

Es kommt hinzu, dass das Klimaabkommen von Paris auf reinen Selbstverpflichtungen basiert und keinerlei Sanktionsmöglichkeiten vereinbart wurden. Des Weiteren beeinträchtigen zwei gravierende Schwächen des Vertrages seine Wirksamkeit: Ab 2020 soll ein Weltklimafonds jährlich mit nur 100 Milliarden US$ ausgestattet werden – nach Stern/McKinsey werden pro Jahr aber etwa ein Prozent des Weltsozialprodukts, also etwa 750 Milliarden US$, für eine wirksame Klimaschutzpolitik benötigt. Außerdem konnte man sich nicht darauf verständigen, die $CO_2$-Emissionen weltweit mit einem Mindestpreis zu belegen.

Alles zusammengenommen ist bereits heute zu erkennen, dass die im Klimavertrag von Paris vorgesehenen Maßnahmen bei weitem nicht ausreichen, um die Erderwärmung auf 2° Celsius, geschweige denn auf 1,5° Celsius, zu begrenzen. Der Klimavertrag bedarf der sofortigen Ergänzung.

Die Lösung besteht in einem konzertierten Programm für den Wald, und zwar weltweit: erstens in einem sofortigen Stopp der Abholzung der Regenwälder, zweitens in einer Sanierung schon geschädigter Wälder und drittens in einem großen Aufforstungsprogramm in den Tropen und Subtropen. Diese Maßnahmen zusammengenommen ermöglichen es mit hoher Wahrscheinlichkeit, die Begrenzung der Erderwärmung auf zumindest 2°C zu sichern, ohne das Wachstum der Weltwirtschaft zu gefährden und eine Massenarbeitslosigkeit zu riskieren. Wir kaufen damit die Zeit, die nötig ist, um die Umsetzung des Klimavertrages sozialverträglicher zu gestalten.

Ein solches Aufforstungsprogramm kostet zwanzig Jahre lang jährlich etwa 150 Milliarden US$. Für den mit dem Bestandsschutz der Regenwälder verbundenen Ertragsausfall erhalten die Ent-

**Bild 1**
Regenwald Brasilien
[Foto: © pixabay.com (billcosmos)]

wicklungsländer jährlich etwa 50 Milliarden US$.

Insgesamt lässt sich laut Kurzstudie der TU München sowie der Studie „Progress toward a Consensus on Carbon Emissions from Tropical Deforestation" (2013, abrufbar unter: www.whrc.org) die natürliche Speicherungswirkung der Wälder pro Jahr um folgende Werte steigern:

- Stopp der Abholzung der Regenwälder: 2,6 Mrd. Tonnen $CO_2$ [2]

- Aufforstungsprogramm in den Tropen und Subtropen: 4 bis 5 Mrd. Tonnen $CO_2$ [3]

- Weltweite Wiederherstellung degradierter Wälder: 1 bis 2 Mrd. Tonnen $CO_2$ [4]

Hinzu kommen derzeit noch nicht abschätzbare Potenziale durch ein modernes nachhaltiges Wald- und Holzmanagement überall auf der Welt.

Die Waldlösungen erfordern zügige und koordinierte Vorgehensweisen unter Federführung der UNO, nicht zuletzt wegen der politischen Durchsetzbarkeit sowie der erforderlichen finanziellen Mittel für diese Programme. Es wäre daher verfehlt, den biotischen Ansatz im Klimaschutz allein dem Engagement einzelner Staaten und zivilgesellschaftlicher Akteure allein zu überlassen.

Trotz dieser Erkenntnisse sieht die Politik keine Veranlassung, über die bisher im Klimavertrag von Paris verabredeten Maßnahmen hinaus tätig zu werden. Mit anderen Worten: Die Politik lässt sich auf die größte Spekulation in der Geschichte der Menschheit ein – und zwar mit dem Schicksal unserer Kinder und Enkelkinder. Denn wenn sich in zehn bis fünfzehn Jahren herausstellt, dass die jetzt unternommenen Maßnahmen ihr Ziel weit verfehlen, ist es für eine Kurskorrektur möglicherweise zu spät.

Ohne eine weltweite Mobilisierung der Zivilgesellschaften in der Klimaschutzpolitik für die Waldlösungen werden die Entscheidungsträger in der Politik keine Veranlassung sehen, sie zusätzlich auf den Klimavertrag von Paris noch rechtzeitig aufzusatteln.

### Anmerkungen

[1] H. J. Schellnhuber (2015): „Selbstverbrennung – Die fatale Dreiecksbeziehung zwischen Klima, Mensch und Kohlenstoff", C. Bertelsmann, München, S. 135

[2] Winrock International & Woods Hole Research Center (2013): „Progress Toward a Consensus on Carbon Emissions from Tropical Deforestation", http://whrc.org/wp-content/uploads/2015/05/WI_WHRC_Policy_Brief_Forest_CarbonEmissions_finalreportReduced.pdf (URL vom 30.10.2017), S. 8

[3] B. Felbermeier, M. Weber, R. Mosandl (2016): „Zur Machbarkeit eines weltweiten Aufforstungsprogramms. Eine Kurzstudie", TU München, S.4

[4] Ebda. S. 3

**Stiftung Forum für Verantwortung**
Pestelstraße 2
66119 Saarbrücken
Tel. +49 (0)681 5880188-80
Fax +49 (0)681 5880188-88
info@forum-fuer-verantwortung.de
https://www.forum-fuer-verantwortung.de

Sitz der Stiftung
Am alten Berg 25
64342 Seeheim-Jugenheim

# Plant-for-the-Planet – eine weltweite Jugendaktion

Felix Finkbeiner und Freunde | Plant-for-the-Planet

### Klimagerechtigkeit und Klimaneutralität: - zentrale Forderungen einer weltweiten Kinder- und Jugendbewegung

**Vorbemerkung:**
Wie werden Veränderungen bewirkt? Kann der Einzelne den Lauf der Welt beeinflussen oder sind wir unserem Schicksal ausgeliefert? Der vorliegende Text zeigt einmal mehr, dass der Einzelne der Schlüssel ist – manchmal auch ein Kind. Wenn er eine zündende Idee hat und wenn er andere als Mitstreiter gewinnt. So war und ist das auch bei Felix Finkbeiner.

Felix Finkbeiner (20) teilte im Januar 2007 in der 4. Klasse mit seinen Schulfreunden seine Vision, die ihn im Februar 2011 als Redner vor die UNO-Vollversammlung nach New York bringt. Inspiriert von der Friedensnobelpreisträgerin Wangari Maathai ruft er alle Kinder der Welt auf Bäume zu pflanzen. Bis zum Jahr 2020 sollen die Menschen 1.000 Milliarden neue Bäume versprechen und in den Jahren danach pflanzen. Kinder aus über 100 Ländern folgen dem Aufruf und gründen zusammen die Schülerinitiative Plant-for-the-Planet. Heute gehören zu Plant-for-the-Planet 63.000 Botschafter für Klimagerechtigkeit aus 58 Ländern. Sie wollen eine Million andere Kinder begeistern, auch Botschafter zu werden. In Akademien – das sind Ein-Tages-Workshops – ermutigen die Kinder andere Kinder, die Zukunft selbst in die Hand zu nehmen. Sie lernen, Reden über die Klimakrise zu halten und Bäume für eine bessere Zukunft zu pflanzen. Aber nicht nur das: Auch an die Staats- und Regierungschefs sind die Kinder schon herangetreten und haben ihnen ihren 3-Punkte-Plan zur Rettung ihrer Zukunft vorgestellt. Stars wie Harrison Ford und Gisele Bündchen unterstützen die Kinder schon mit ihrer Kampagne „Stop talking. Start planting". Das hat auch die Vereinten Nationen beeindruckt: Im Dezember 2011 übertrug die UNEP, das Umweltprogramm der UN, den Kindern die Verantwortung für ihre Billion Tree Campaign. Die Kinder führen damit den offiziellen Welt-Baumzähler, der mittlerweile über 15 Milliarden gepflanzte Bäume zählt. Ein starkes Signal: Die Erwachsenen nehmen die Kinder ernst. Regierungen, Unternehmen und Bürger berichten seither an Plant-for-the-Planet, wie viele Bäume sie gepflanzt haben – und wie viele sie versprechen! Schirmherren von Plant-for-the-Planet sind Klaus Töpfer und Fürst Albert von Monaco. Übrigens geht es nicht nur ums Bäumepflanzen. Die Kinder fordern, konsequent den menschengemachten $CO_2$-Ausstoß zu senken. Dementsprechend ist Stiftungssitz der Plant-for-the-Planet Foundation der erste Plus-Energie-Bahnhof Deutschlands in Uffing am Staffelsee. In der Plant-for-the-Planet Initiative haben die Kinder und Jugendlichen selbst das Sagen: Sie bilden den Vorstand und sind Gründer der Initiative. www.plant-for-the-planet.org

### Klimaneutralität und Klimagerechtigkeit - zwei zentrale Forderungen einer weltweiten Kinder- und Jugendbewegung und ein Angebot an Hessen

Wir Kinder werden die Probleme ausbaden müssen, die die Erwachsenen nicht gelöst haben. Und dafür können wir sie noch nicht einmal in Haftung nehmen: Sie werden dann schon tot sein. Wäre das anders, würden sich manche Erwachsene anders verhalten. Stellt Euch vor, wir Kinder könnten die Erwachsenen auf nachhaltiges Verhalten verklagen und die Unternehmen müssten in ihren Jahresabschlüssen Rückstellungen bilden für diese Prozessrisiken!

Studien von Bertelsmann[1] und Shell[2] belegen, dass 3/4 aller Kinder und Jugendlichen in Deutschland die Klimakrise und die weltweite Armut als die beiden größten Herausforderungen der Menschheit ansehen.

In Washington DC, USA wird derzeit eine Klage Jugendlicher verhandelt[3]. Sie verlangen sowohl

**Bild 1**
Felix spricht 2011 vor den Vereinten Nationen und macht klar: Wir brauchen 1.000 Milliarden Bäume für unsere Zukunft! [Foto: © Plant-for-the-Planet]

von der Bundesregierung der Vereinigten Staaten, als auch von den Landesregierungen eine Garantie, dass die Regierungen ausreichende Maßnahmen ergreifen, um die Klimazerstörung rückgängig zu machen, denn die Atmosphäre sei ein Gemeinschaftsgut, das allen Bürgern gehöre. Der damalige Präsident Barack Obama erklärte am 1. März 2012 vor Studenten des Nashua Community College in New Hampshire: "Let's put every single member of Congress on record: You can stand with oil companies, or you can stand with the American people. You can keep subsidizing a fossil fuel that's been getting taxpayer dollars for a century, or you can place your bets on a clean energy future."[4]

„Klima-Gerechtigkeit" lautet zusammengefasst die Forderung vieler Kinder und Jugendlichen weltweit. Bevor wir auf die konkreten Vorschläge für das Bundesland Hessen eingehen, wollen wir Sie einladen, die Zukunft aus unserer Perspektive zu betrachten.

### 12/11 der schwärzeste Tag

Für einige Erwachsene ist 9/11 der schwärzeste Tag. Bei diesem Terrorakt kamen 3.000 Menschen ums Leben. Wir führen deswegen noch heute Kriege. Jeden Tag verhungern 30.000 Menschen. Wer kämpft für diese Menschen?

12/11 ist der schwärzeste Tag für uns Kinder. Seit 22 Jahren, länger als wir alt sind, verhandeln die Erwachsenen über das Klima. Ende 2012 lief das Kyoto-Protokoll aus. Wir Kinder erwarteten sehnsüchtig einen Anschlussvertrag. Schließlich geht es um unsere Zukunft! Am 11. Dezember 2011 verkündeten die Verhandler das Ergebnis: 2020 soll es einen neuen Vertrag geben. 2015, auf der Klimakonferenz in Paris, gab es zumindest das Versprechen, die Erderwärmung auf 2°C zu begrenzen. Doch ohne verbindliches Regelwerk. Alle Bemühungen, die die einzelnen Staaten versprochen haben, zu leisten, ergeben zusammengenommen eine Erwärmung um 3, vielleicht sogar 4°C.

Die 2°C-Grenze ist überlebenswichtig, denn die Wissenschaftler erklären uns, dass bei 2,3° oder 2,4°C Anstieg der Durchschnittstemperatur ein Schwellwert überschritten wird. Bei diesem Schwellwert beginnt das Grönlandeis vollständig zu schmelzen. Wenn es mit seinen zwei bis drei Kilometern Dicke schmilzt, wird der Meerwasserspiegel um bis zu sieben Meter ansteigen. 40% der Weltbevölkerung lebt in Küstennähe.

Manche von uns Kindern engagieren sich bereits auf UN-Klimakonferenzen, denn wir haben verstanden, dass wir zur Lösung globaler Probleme verbindliche weltweite Verträge brauchen. Auf der Klimakonferenz in Cancún in 2010 haben uns die Inselstaaten beeindruckt, die sich weigerten, das 2°C Ziel zu unterstützen, denn dann wären ihre Inseln schon verschwunden. Sie fordern 1,5°C als Maximalziel. Anote Tong, der Premierminister von Kiribati, hat uns Kindern erklärt, dass er Verträge mit Australien und Neuseeland geschlossen hat, dass jedes Jahr 600 Familien umziehen dürfen, weil er weiß, dass die Kiribati Inseln bald unter Wasser sein werden. Nach Cancún hat man dann vom 2°/1,5°C-Ziel gesprochen.

Auf unseren Plant-for-the-Planet-Akademien lernen wir Kindern eine Eselsbrücke zwischen den $CO_2$-Tonnen (t) pro Kopf Ausstoß und dem Temperaturanstieg. Damit die Temperatur nicht über 2°C ansteigt darf jeder Mensch auf der Welt im Mittel nur maximal 2 t $CO_2$ im Jahr ausstoßen und damit die Temperatur nicht über 1,5°C ansteigt nicht mehr als 1,5 t $CO_2$. Wir liegen heute bei 5 t $CO_2$/Kopf und Jahr. Keiner weiß, was +5°C Anstieg der Durchschnittstemperatur bedeuten wird. Aber wir wissen, dass 2 km Eis über uns lagen, als die Durchschnittstemperatur nur 5°C niedriger war als heute.

Am 7. Dezember 2012, als der kanadische Umweltminister im Plenum der Klimakonferenz in Durban sprach, standen sechs kanadische Jugendliche auf, und drehten sich um. Hinten auf ihren T-Shirts stand: „We turn the back to Canada". Alle sechs wurden des Saales und der Konferenz verwiesen. Keine Woche später, am 13. Dezember 2012, kündigt der kanadische Umweltminister den bestehenden Kyoto-Vertrag mit folgender Begründung auf: Statt den $CO_2$-Ausstoß um 6% gegenüber 1990 zu senken, hat Kanada ihn um 35% erhöht und müsste umgerechnet €11 Milliarden Strafe zahlen. Um sich dieses Geld zu sparen, kündigte Kanada.

### Die Lehren aus 12/11

So einfach geht das. Die Zukunft von uns Kindern ist keine € 11 Milliarden wert. Um die Zukunft einzelner Automobilkonzerne oder Banken zu

**Bild 2**
In ihren Reden machen die Kinder Erwachsenen klar, dass es beim Klimaschutz um die Zukunft der Kinder geht.
[Foto: © Plant-for-the-Planet]

retten, wurden viel größere Summen bezahlt. Wenn man darüber nachdenkt, dass sowieso wir Kinder diese ganzen Schulden einmal zurückzahlen müssen, verstehen wir die Erwachsenen noch viel weniger. Spätestens seit 45 Jahren, seit der Club of Rome vor den Grenzen des Wachstums warnte, kann kein Mensch mehr auf die Frage: „Was habt Ihr getan?" heute noch antworten: „Wir haben es nicht gewusst". Warum aber wird dann so wenig getan? Liegt es an der unterschiedlichen Wahrnehmung von Zukunft? Oder erklärt ein einfaches Experiment mit Affen die ganze komplizierte Situation? Wenn Du einen Affen wählen lässt zwischen einer Banane jetzt und sechs Bananen später, wählt der Affe immer die eine Banane jetzt. Sollten viele Erwachsene so denken wie die Affen, dann haben wir Kinder ein großes Problem.

### Nachhaltigkeit

Nachhaltigkeit ist für uns keine Floskel für Geschäftsberichte oder Sonntagsreden. Nachhaltigkeit ist das einzige Überlebenskonzept für uns Kinder. Unternehmen brauchen keine Abteilungen für Nachhaltigkeit, sondern Nachhaltigkeit muss das Ziel eines jeden Unternehmens sein. Und zwar schnell, dann sonst haben wir Kinder keine Zukunft. Die Erwachsenen sollen von den Förstern lernen, die vor 300 Jahren diesen Begriff „erfunden" haben. Alles, was sie ernten, verdanken die Förster der Arbeit ihrer Vorfahren. Alles, was Förster ihr Leben lang arbeiten, tun sie für die nachfolgenden Generationen. Manche Unternehmen sind stolz auf ihre Gewinne. Oft ist es aber nur eine Leistung auf Kosten von uns Kindern, diese Gewinne einzufahren. Chief Shaw, Häuptling eines amerikanischen Ureinwohnerstamms, hat uns Kindern von ihrem Ältestenrat erzählt. Dieser prüft jede größere Entscheidung dahingehend, ob sie auch der siebten Generation nach ihnen noch einen Vorteil bringt.

Wenn wir auch so einen Nachhaltigkeitsrat hätten, dann gäbe es weder Atomkraft, noch Verbrennen fossiler Energieträger, wir hätten die wenigsten dieser Finanzinstrumente, die sowieso keiner versteht und wir hätten auch keine Menschen, die mit Nahrungsmitteln spekulieren, während andere Menschen verhungern. Niemand konnte uns Kindern bisher erklären, wofür wir Spekulanten brauchen.

Wir haben zwei Jahre lang mehrere weltweite Konsultationen[5] unter mehreren Tausend Kindern und Jugendlichen aus über 100 Ländern durchgeführt. Das Ergebnis haben wir in vier Worten zusammengefasst mit „Stop Talking. Start Planting" und etwas ausführlicher in einem 3-Punkte Plan[6] zur Rettung unserer Zukunft:

### 1. Lasst endlich die fossilen Energieträger in der Erde - Klimaneutralität bis 2050

Heute holen wir an einem Tag so viel Kohlenstoff in Form von Erdöl, Erdgas und Kohle aus der Erde, wie die Sonne in einer Million Tagen dort gespeichert hat. Das dadurch freigesetzte $CO_2$ als Ergebnis unserer Energieproduktion ist eine Hauptursache für die Klimaerwärmung.

Schon im Juli 2010 hat das Bundesumweltamt eine Studie[7] veröffentlicht, nach der alle Technologien, die wir für 100% Klimaneutralität brauchen, bereits existieren, teilweise jahrzehntelang. So präsentierte Gustave Trouvé ein Fahrzeug mit Elektroantrieb in Paris[8] fünf Jahre, bevor Carl Benz seinen Motorwagen zum Patent anmeldete. Das Elektroauto wurde aber in den letzten hundert Jahren mehrfach „getötet" und wird wohl weiter zurückgehalten. Vor dem Hintergrund, dass die Erwachsenen genau wissen, dass $CO_2$ die Zukunft von uns Kindern zerstört, ist das ein Verbrechen an uns Kindern.

Wir Kinder fordern alle Mächtigen der Welt auf, die Politiker, allen voran die nationalen Regierungen, die Landesregierungen, die Bürgermeister, die Unternehmensführer und alle Menschen, die sonst in der Gesellschaft großen Einfluss haben, dass sie alles unternehmen, dass unverzüglich 100% Klimaneutralität hergestellt wird. Spätestens 2050 auf globaler Ebene.

Um ein kleines Zeichen zu setzen, haben wir im Januar 2012 ein eigenes Produkt auf den Markt gebracht, so wie wir Kinder uns jedes Produkt der Welt vorstellen, nämlich gleichzeitig Fairtrade-zertifiziert und klimaneutral. Wir haben mit unserem Lieblingsprodukt angefangen und nennen es die „Change Chocolate", bzw. „Die Gute Schokolade". Die Kakaobauern bekommen so viel Geld, dass sie zwischen den Kakaobäumen Edelhölzer[9] anpflanzen und ihr Einkommen deutlich erhöhen können. Die Kinder der Kakaobauern können so die Schule besuchen, statt arbeiten zu müssen.

## 2. Armut ins Museum durch Klimagerechtigkeit

Um die weitere Erwärmung auf die versprochenen 1,5 bis 2 °C zu beschränken, dürfen bis 2050 nur noch 500 Milliarden t $CO_2$ ausgestoßen werden[10]. Pusten wir mehr $CO_2$ raus, steigt die Temperatur über die 2 °C an. Teilen wir 500 Milliarden t $CO_2$ durch 32 Jahre, ergibt das 15,6 Milliarden t $CO_2$ pro Jahr für alle. Stellt sich nur die Frage, wie wir diese knapp 16 Milliarden t $CO_2$ unter der Weltbevölkerung aufteilen? So wie heute primär für die Menschen in China, USA und Europa? Für uns Kinder gibt es nur eine Lösung: Jeder bekommt das gleiche, nämlich 1,5 t $CO_2$ pro Mensch und Jahr bei 9 bis 10 Milliarden Menschen in 2050.

Und was passiert mit denen, die mehr verbrauchen oder verbrauchen wollen? Ganz einfach: Wer mehr will, muss zahlen. Wenn ein Europäer weiter 10 t $CO_2$ rauspusten möchte, kann er das tun, muss aber das Recht dazu anderen Menschen, z.B. in Afrika abkaufen, die nur etwa 0,5 t $CO_2$ rauspusten. So sorgt das Prinzip der Klimagerechtigkeit dafür, dass auch die Armut ins Museum kommt. Denn mit dem Geld können die Afrikaner in Ernährung, Ausbildung, medizinische Versorgung und Technologie investieren. Sie müssen auch nicht den gleichen Unsinn machen wie wir mit Kohle, Erdöl und all den anderen fossilen Energieträgern, sondern können ihre Energie direkt mit Hilfe der Sonne und anderen erneuerbaren Quellen produzieren.

## 3. Lasst uns 1.000 Milliarden Bäume pflanzen bis 2020

Die beste Nachricht für die Menschheit: Es gibt eine Maschine, die $CO_2$ spaltet, in Sauerstoff umwandelt und das C speichert. Eine einzelne dieser Maschinen heißt „Baum" und eine ganze Fabrik davon nennen wir „Wald".

Wir Kinder bitten, ja wir verlangen in einem ersten Schritt, dass jeder Mensch in seinem Leben mindestens 150 Bäume pflanzt. Wenn alle Menschen mitmachen, sind das zusammen 1.000 Milliarden neue Bäume. Bäume zu pflanzen und zu pflegen ist kinderleicht. In den letzten 6 Jahren haben Erwachsene und Kinder zusammen bereits über 15 Milliarden Bäume gepflanzt. In den kommenden Jahren müssen noch viel mehr Erwachsene und Unternehmen mit uns die verbleibenden 985 Milliarden Bäume pflanzen. Platz gibt es weltweit genug. Diese neuen Bäume werden jedes Jahr 25 bis 50% des menschgemachten $CO_2$-Ausstoßes binden. Damit haben wir etwas Zeit gewonnen, um auf einen nachhaltigen, also völlig $CO_2$-freien Lebensstil umzusteigen. Mit der „trillion tree campaign" haben wir mit Partnern im März 2018 in Monaco ein entsprechendes Bündnis gestartet (vergleiche https://www.plant-for-the-planet.org/de/informieren/plantahead).

## Der 3 Punkt Plan zur Rettung unserer Zukunft, zusammengefasst für Hessen

Hessen will Vorreiter in Klimaneutralität werden. Hessens Wirtschaftssektoren wie Industrie, Verkehr, Nachrichten, Finanz und Handel agieren weltweit und haben eine globale Verantwor-

**Bild 3:**
Bäume pflanzen – überall auf der Welt. In Akademien wie hier in Nepal machen die Kinder es vor. [Foto: © Plant-for-the-Planet]

tung. Politik, Wirtschaft und die Bürger Hessens könnten gemeinsam den folgenden 3-Punkte-Plan umsetzen. Einige Ideen haben wir hier gesammelt:

1. Hessen könnte eine „Eine Milliarde Bäume"-Kampagne starten. Hessen mit seinen sechs Millionen Bürgern, multipliziert mit 150 Bäumen pro Kopf, sollte mindestens 900 Millionen Bäume pflanzen.
2. Wir könnten einen „Hessen-Baum-Zähler" mit 75 Millionen Bäumen starten, wenn die 100 größten Unternehmen in Hessen als Vorbild anfangen und die knapp 500.000 Mitarbeiter dieser Unternehmen ihr Soll erfüllen. Alle Bäume, die hessische Unternehmen oder Bürger pflanzen, egal wo auf der Welt, werden zum hessischen Baumzähler und gleichzeitig zum Welt-Baumzähler hinzuaddiert.
3. Hessen bietet vermutlich nicht genug Platz für diese zusätzliche Milliarde Bäume, aber in Afrika, Südamerika, Asien ist genug Platz und dem Klima ist es egal, wo die Bäume stehen. Im Gegenteil, Bäume in den Tropen binden viel mehr $CO_2$ als Bäume in Hessen und schaffen zudem Arbeitsplätze in Regionen, in denen Perspektiven für die Menschen gerade in Zeiten von Flüchtlingskrisen dringend nötig sind.
4. Das Verhältnis der reichen zu armen Menschen auf der Erde entspricht in etwa 1:5. Hessen kann bestehende Partnerschaften mit Ländern des Südens nutzen oder/und neue Partnerschaften mit Regionen mit mindestens 30 Millionen Bürgern begründen. Wegen der besonderen Verantwortung Europas für Afrika wäre ein Aufforstungsbeitrag Hessens innerhalb der Great Green Wall vorstellbar, eines 7.775 km langen und 15 km breiten geplanten Grüngürtels, der durch elf afrikanische Staaten von Senegal bis Djibouti gehen soll.
5. Aus unserem Plant-for-the-Planet Netzwerk können wir Hessen zwei Länder in Afrika als Partner vermitteln, nämlich Kenia und das Königreich Lesotho.
   a) Kenia verkündete am 19. April 2012 ein eigenes nationales Milliarden-Baum-Ziel. Dank Wangari Maathai ist Kenia auch der Ausgangspunkt der modernen globalen Baumpflanzbewegung. In Kenia lernt jedes Kind, dass es, wenn es nicht mindestens acht Bäume gepflanzt hat, die Luft eines anderen Menschen atmet. Durch Bäume pflanzen hat Wangari Maathai auch die Frauen in Afrika gestärkt. Sie hatte die Idee zu der Billion Tree Campaign und hat uns Kinder inspiriert. Das gemeinsame Bäumepflanzen macht uns zu einer Weltfamilie. Nur wenn wir weltweit zusammenarbeiten und uns als Weltbürger verstehen, können wir die globalen Probleme lösen.
   b) Lesotho ist mit gut zwei Millionen Einwohnern eines der finanziell ärmsten Länder der Welt. Prinzessin Senate von Lesotho ist eine von 500 Plant-for-the-Planet Botschaftern für Klimagerechtigkeit in Lesotho.
6. Die Bürger aller Partnerländer erfüllen diese Partnerschaft mit Leben, weil die reichen und die armen, die alten und die jungen Bürger gemeinsam Bäume pflanzen an gemeinsamen nationalen und internationalen Baumpflanztagen.
7. In die Partnerschaft bringt Hessen den Technologietransfer ein, damit die Partner nicht die gleichen Fehler machen wie wir im Westen mit unserem hohen $CO_2$-Ausstoß. Bildlich gesprochen sollten die Menschen in den sich entwickelnden Ländern vom Fahrrad direkt auf das Elektroauto umsteigen und ihre Hütten mit Solarenergie ausstatten. Opel bringt in die Partnerschaft eine wesentlich abgespeckte Version des Ampera zu Tata-Preisen ein. Zusammen mit seinen Partnern Kenia und Lesotho kann Hessen so die 1,5-t-$CO_2$ Grenze für seine Menschen dauerhaft halten.
8. Möglichst viele Bürger, Unternehmer und Politiker in Hessen werden Botschafter für diese Idee und bereichern bestehende internationale Beziehungen mit gemeinsamen Baumpflanzaktion und Plant-for-the-Planet Akademien,
   a) Unternehmen unterhalten Standorte und Geschäftsbeziehungen in vielen Teilen der Erde,
   b) viele Schulen in Hessen haben Partnerschulen und
   c) Städte in Hessen halten Kontakt zu Partnerstädten.

Die Zukunft ist nicht teilbar. Deswegen bitten wir jeden Erwachsenen nicht nur in Hessen, sich mit aller Kraft in seinem Bereich für Nachhaltigkeit einzusetzen, und zwar in Partnerschaft mit uns Kindern und in Solidarität zu den finanziell ärmeren Regionen der Welt.

## Epilog

Zwei Tage, bevor wir vor der Vollversammlung der UNO unseren 3-Punkte Plan vorstellten, haben wir am 31. Januar 2011 in New York vor 400 Schülern der United Nation International School einen Vortrag gehalten. Am Ende steht Theo, ein 10-jähriger Junge auf und sagte. „Felix wir schaffen das, die Ägypter schaffen das auch!" Das war der siebte Tag der Revolution.

Ein Jahr später haben sich 16 Kinder von Plant-for-the-Planet mit Waleed Rached getroffen, einem der Revolutionsführer in Ägypten.

Bäume zu pflanzen ist unser Ausdruck für unseren Kampf für unsere Zukunft. Wir Kinder wissen, dass ein Moskito nichts gegen ein Rhinozeros ausrichten kann, wir wissen aber auch, dass tausend Moskitos ein Rhinozeros dazu bringen können, die Richtung zu ändern.

## Anmerkungen

[1] „Umfrage: Felix und die Sorge um die Zukunft - Aktuelle Nachrichten - Printarchiv - Familie - Berliner Morgenpost - Berlin." *Aktuelle Nachrichten- Berliner Morgenpost - Berlin*. N.p., n.d. Web. 9 Apr. 2012. <http://www.morgenpost.de/printarchiv/familie/article1150362/Felix-und-die-Sorge-um-die-Zukunft.html>.

[2] „Klimawandel | Deutschland." *Shell in Deutschland | Deutschland*. N.p., n.d. Web. 9 April 2012. http://www.shell.de/home/content/deu/aboutshell/our_commitment/shell_youth_study/2010/climate_change/>.

[3] "The iMatter March: Kids vs Global Warming." *The iMatter March: Kids vs Global Warming*. N.p., n.d. Web. 9 Apr. 2012. <http://www.imattermarch.org/#!lawsuit>.

[4] "Obama calls for Congress to vote on oil subsidies - CNN.com." *CNN.com - Breaking News, U.S., World, Weather, Entertainment & Video News*. N.p., n.d. Web. 9 Apr. 2012. <http://www.cnn.com/2012/03/01/politics/obama-energy/index.html>.

[5] *Vier Kinder- und Jugendkonsultationen fanden statt 2008 in Stavanger in Norwegen, 2009 in Daejeon, Südkorea und 2010 in Bad Blumau, Österreich und Nagoya in Japan, meistens im Auftrag der UNEP. Aufbauend auf diese Konsultationen mit mehreren Tausend Kindern und Jugendlichen aus über 105 Ländern wurden die erarbeiteten Erkenntnisse im Auftrag des UN Waldforums (UNFF) zwischen November 2010 und Januar 2011 in einer Online-Konsultation zu einem 3 Punkte Plan zusammengefasst und auf deren 9. Sitzung in New York am 2. Februar 2011 vorgestellt.*

[6] "Rio+20 - United Nations Conference on Sustainable Development." *Rio+20 - United Nations Conference on Sustainable Development*. N.p., n.d. Web. 7 Apr. 2012. <http://www.uncsd2012.org/rio20/content/documents/63Plant-for_the_planet_submission_rio20_20111028.pdf>.

[7] „Presse-Information 2010: Energieziel 2050: 100 Prozent Strom aus erneuerbaren Quellen ." Steigen Sie ein: Das Umweltbundesamt - für Mensch und Umwelt. N.p., n.d. Web. 9 Apr. 2012. <http://www.umweltbundesamt.de/uba-info-presse/2010/pd10-039_energieziel_2050_100_prozent_strom_aus_erneuerbaren_quellen.htm>.

[8] Vgl. Mobilität heute (2010), S. 5.

[9] „Die Gute Schokolade | Plant-for-the-Planet | Stop talking. Start planting." N.p.,n.d. Web. 7 Apr. 2012 <http://www.plant-for-the-planet.org/de/node/414>

[10] „WBGU: SG 2009 Budgetansatz." *WBGU: Home*. N.p., n.d. Web. 9 Apr. 2012. <http://www.wbgu.de/sondergutachten/sg-2009-budgetansatz/>.

# Klimaziele im Gebäudesektor sozialverträglich erreichen

Axel Gedaschko | GdW Bundesverband deutscher- Wohnungs- und Immobilienunternehmen

## Einleitung

Die Wohnungswirtschaft bekennt sich zu Klimaschutzmaßnahmen und wird alle wirtschaftlich und für die Mieter sozial tragbaren Maßnahmen zur Reduktion der $CO_2$-Emissionen aus Beheizung und Warmwasserbereitung der bewirtschafteten eigenen Immobilien durchführen. Es zeichnet sich aber ab, dass die ambitionierten politischen Klimaschutzziele für Deutschland über die Grenzen wirtschaftlichen Handelns hinausgehen können. Klimaschutz als globales Problem kann Emissionen, die vor Ort noch nicht vermieden werden, an anderer Stelle kompensieren, z. B. durch Aufforstung. Der GdW regt eine Diskussion über die Kompensation von Emissionen im Immobilienbereich an, um die Potenziale dieser Strategie zu erkennen und notwendige Anpassungen der Rahmenbedingungen zu benennen.

## Bisherige Erfahrungen

Entsprechend Klimaschutzplan 2050 hat der Gebäudesektor die absoluten Treibhausgasemissionen von 1990 bis 2014 um 43 % gemindert und das, obwohl die Wohnfläche im gleichen Zeitraum um 36 % zugenommen hat. Er hat damit bislang von allen Sektoren die höchste Treibhausgasminderung erbracht.

Die Wohnungswirtschaft hat von 1990 bis 2015 in ihren heute bewirtschafteten Beständen die spezifischen $CO_2$-Emissionen für Beheizung und Warmwasserbereitung um ca. 60 % gemindert. Große Anteile daran haben die energetische Modernisierung der Wohnungen in den neuen Bundesländern, die im Zuge der Instandsetzung und Verbesserung der Wohnqualität mit erfolgte, und die Umstellung großer kohlebeheizter Bestände auf Beheizung durch Fernwärme oder Erdgas. Insgesamt verfügt die Wohnungswirtschaft über eine umfassende Erfahrung mit energetischer Modernisierung, sowohl hinsichtlich der Planung verschiedener energetischer Standards und der praktischen Ergebnisse, als auch hinsichtlich der Baukosten, der Finanzierung und der sozialverträglichen Umsetzung.

Die reine Effizienz kommt dabei bei den heutigen energetischen Standards an Grenzen, bei denen das Kosten-Nutzen-Verhältnis einer weiteren Verbesserung denkbar schlecht ist. Eine Studie der TU Darmstadt[1] hat z. B. für den Neubau von Mehrfamilienhäusern gezeigt, dass der Aufwand für Treibhausgasminderung durch einen höheren Neubaustandard bei 800 bis 1.000 EUR für jede einzelne Tonne $CO_2$ liegt, die über 40 Jahre eingespart wird. Das ist nicht nur aus Klimaschutzgesichtspunkten ineffizient, sondern für Haushalte mit mittleren und niedrigen Einkommen auch sozial nicht vertretbar. Die Wohnkosten (Kaltmiete plus Betriebskosten) liegen durch die erhöhten Effizienzmaßnahmen ca. einen EUR höher, und sind trotz steigender Energiekosten auch nach 20 Jahren noch höher, als bei Umsetzung heutiger Neubaustandards. Das heißt nicht, dass nicht dort, wo es möglich ist, auch höhere Effizienzstandards umgesetzt werden, insbesondere mit Unterstützung durch Fördermittel. Aber generell und in der Breite ist dies nicht der richtige Weg.

Dies gilt auch für den Gebäudebestand. Verschiedene Untersuchungen[2] – nicht nur die Energieprognose der Wohnungswirtschaft – zeigen, dass mehr energetische Modernisierung in solidem durchschnittlichem Effizienz-Standard insgesamt mehr Energieeinsparung bringt, als wenig Modernisierung in großer Tiefe. Der Ausweitung der Sanierungsrate sind aber hinsichtlich leistbarer Investitionen Grenzen gesetzt.

Auch im Bestand ist die Ergänzung durch $CO_2$-arme oder -freie Energieträger strategisch wichtig. Nicht vergessen werden darf dabei der Nutzer. Der Unterschied zwischen Viel- und Gering-verbrauchern innerhalb eines Gebäudes kann den Faktor vier und mehr erreichen.

Die bisherigen Erfolge liefern also umfangreiche Erfahrungen, wie die Effizienz des Energieeinsatzes weiter verbessert werden kann. Die Wohnungswirtschaft hat ein hohes eigenes Interesse, die Wohnkosten unter Einbezug reduzierter Energiekosten bezahlbar zu halten und die Risiken von Wohnkostensteigerungen zu begrenzen. Allerdings sind in größeren Bereichen die „niedrighängenden Früchte" bereits geerntet. In den neuen Ländern sind die Energieeinsparpotenziale derzeit vorerst weitgehend ausgeschöpft. Tendenziell stehen schwierigere Bestände vor der Modernisierung. Der Gedanke, mehr Klimaschutz und eine höhere Energieeffizienz durch immer höhere Anforderungen an die Modernisierung von Gebäuden zu erreichen, stößt an seine wirtschaftlichen und sozialen Grenzen. Das ist vor allem deshalb der Fall, weil nicht nur Belange der Energieeinsparung und des Klimaschutzes von der Wohnungswirtschaft berücksichtigt werden müssen, sondern eine ganzheitliche Entwicklung lebenswerter und ressourcenschonender Quartiere erforderlich ist.

Es besteht das Dilemma, dass die wirtschaftlich und sozial verträglich erreichbaren Minderungen der $CO_2$-Emissionen im Gebäudebestand aus Sicht des Klimaschutzes als unzureichend gelten. Wir müssen neue Wege gehen.

### Neue Herangehensweisen

Eine weitere nachhaltige Verminderung der Treibhausgasemissionen im Gebäudebestand kann nach derzeitiger Erfahrung der Wohnungswirtschaft am ehesten durch

- den Bezug oder die lokale Nutzung $CO_2$-armer oder -freier Energie,
- in Kombination mit einer „normalen" energetischen Modernisierung der Gebäude bzw. im Neubau mit dem Effizienzstandard der Gebäudehülle entsprechend EnEV 2016

erreicht werden.

Eine herausragende Rolle wird die gemeinsame Versorgung im Quartierszusammenhang spielen. Das Zusammenwachsen von Strom- und Wärmemarkt durch eine dezentrale Stromerzeugung in den Quartieren und über eine Sektorkopplung wird dabei neue Justierungen im Energiewirtschaftsrecht erforderlich machen. Es wäre an der Zeit, lokal erzeugten und genutzten Strom pur – d. h. ganz ohne Abgaben und Umlagen – in die Quartiersnutzung zu geben. Nur eine sehr unbürokratische Form der Stromnutzung wird hier die Energiewende voranbringen. Im Gegenzug könnten Förderungen für die Stromerzeugung im Quartier wegfallen. Voraussetzung wäre eine Umgestaltung der Netzentgelte, die sowohl den dezentralen Weg fair begleitet, als auch die Netzfinanzierung sichert.

Ganz ohne finanzielle Verschiebungen wäre kurzfristig eine Beseitigung der steuerlichen Hemmnisse für die dezentrale Stromerzeugung durch Wohnungsunternehmen möglich: dann gäbe es keine Verluste der erweiterten Gewerbesteuerkürzung mehr und keine 10 %-Grenze für Vermietungsgenossenschaften wegen lokaler Stromerzeugung mittels KWK und auf Basis erneuerbarer Energien. Dadurch entstünden keine Steuerausfälle, aber ein großer Schub für die Energiewende.

Nutzerunterstützende intelligente Techniken im Rahmen der Digitalisierung können hilfreich sein, wenn die Datensicherheit und der Datenschutz geklärt sind und das Verhältnis von Aufwand zu Nutzen positiv ausfällt.

All dies wird aber ggf. nicht ausreichend sein, um den Treibhausgasausstoß schnell und wirksam zu vermindern.

### Kompensation als Turbo für den Klimaschutz

Die Einsicht, dass für den weltweiten Klimaschutz die globale Ebene ungleich bedeutsamer ist als das national Erreichbare, ist nicht neu. In einer Doppelstrategie können beide Notwendigkeiten miteinander verbunden werden. Neben der Umsetzung aller national in einem bestimmten Zeitraum finanziell umsetzbaren Klimaschutzmaßnahmen kann zusätzlich „zum Zeitgewinn" global zum Klimaschutz beigetragen werden, wenn die noch nicht reduzierten Emissionen Jahr für Jahr kompensiert werden, z. B. durch Aufforstung. Mit dem Fortschreiten der energetischen Modernisierung kann die Kompensation reduziert werden. Persönlichkeiten wie Prof. Dr. Klaus Töpfer und Prof. Dr. Dr. Franz Josef Radermacher, unterstützen diesen Ansatz. Der „Berliner Appell: Klimaneutral handeln", u. a. unterzeichnet von Prof. Dr. Ernst Ulrich von Weizsäcker, ruft aus ethischen Gründen dazu auf, den doppelstrategischen Ansatz weiter zu verfolgen (www.klimaneutralhandeln.de). Eine doppelstrategische Umsetzung findet auch mit dem Projekt „$CO_2$-neutrale Landesverwaltung" durch das Land Hessen statt.

Eine Umsetzung dieser Strategie sollte auch für die Wohnungswirtschaft geprüft werden.

Nationale $CO_2$-Minderungen im Gebäudebestand, die immer Vorrang haben, könnten zum Zeitgewinn durch zusätzliche jährliche Kompensationsmaßnahmen, z. B. im Rahmen eines internationalen Aufforstungsprogrammes, ergänzt werden. Damit würden in der Übergangszeit zusätzlich erhebliche $CO_2$-Mengen der Atmosphäre auf Dauer entzogen werden und dies mit einem Bruchteil der vor Ort nötigen Investitionen, wenn energetische Modernisierungen gegen den Rhythmus vorgezogen werden müssten. In der Summe würde mit weniger Investitionen mehr für den Klimaschutz erreicht als bei ausschließlich nationaler Betrachtung. Während die Vermeidung einer Tonne $CO_2$ bei Modernisierungsmaßnahmen für Gebäude in Deutschland außerhalb des Investitionszyklus mit 300 bis 400 EUR pro Jahr zu veranschlagen ist, bei besonders hohem Effizienzstandard mit bis zu 1.000 EUR pro Jahr, kann der übergangsweise Kompensationseffekt durch globale Maßnahmen mit jährlichen Kosten von ca. 15 EUR pro Tonne $CO_2$ erreicht werden. Dies erzeugt zugleich erhebliche positive Effekte in den Partnerländern und fördert damit die Chance für Koalitionen im Klimabereich. Die energetische Modernisierung wird dadurch nicht blockiert, sondern ein sehr viel besseres Timing wird möglich, orientiert am Rhythmus der Veränderung des Gebäudebestandes.

### Fazit

Die ambitionierten Vorstellungen der Politik für Klimaschutzmaßnahmen vor Ort führen auf eine Reduktionskurve vom sog. Stresstyp mit extrem hohen Kosten pro eingesparter Tonne $CO_2$. Dies ist ein bedrohliches Szenario für die Wohnungsunternehmen und auch für die Mieter. Die Stresssituation entsteht, wenn für hohe Klimaziele massiv gegen den natürlichen Sanierungsrhythmus saniert werden müsste. Die Gebäude müssten vorzeitig „angefasst" werden. Dieses Szenario lässt sich vermeiden durch

- zunehmenden Einsatz erneuerbarer Energien, insbesondere im Quartierszusammenhang,
- konsequente Vereinfachung der lokalen Nutzung von dezentral erzeugtem Strom aus erneuerbaren Energien,
- Bereitstellung nutzerunterstützender Techniken und
- Kompensation von Treibhausgasemissionen im globalen Zusammenhang.

Von der Verfolgung eines Stressszenarios beim Klimaschutz rät die Wohnungswirtschaft dringend ab, weil es den Zusammenhalt und die Akzeptanz in der Gesellschaft gefährdet und konsequenterweise ökodiktatorische Züge tragen müsste.

### Anmerkungen

[1] Wirtschaftlichkeitsberechnungen bei verschärften energetischen Standards für Wohnungsneubauten aus den Perspektiven von Eigentümern und Mietern, Müller, Nikolas; Pfnür, Andreas: TU Darmstadt, November 2016.

[2] Erst breit, dann tief sanieren, Henger, Ralph; Hude, Marcel; Runst, Petrick; Institut der deutschen Wirtschaft Köln, Juni 2016.

# Energie- und Klimapolitik – Herausforderungen für die Immobilienwirtschaft

RA Thies Grothe | ZIA Zentralen Immobilien Ausschuss e.V. (ZIA)
Thomas Zinnöcker | ZIA-Nachhaltigkeitsrat

## I. Einleitung

Die energie- und klimapolitischen Ziele der Vereinten Nationen, der Europäischen Union und Deutschlands sind für die Zukunft unseres Planeten, unseres Landes und für zukünftige Generationen wichtige und notwendige, aber im Detail und der Praxis nicht ganz einfach umsetzbare politische Zielvorstellungen. Es führt aufgrund des Klimawandels definitiv kein Weg daran vorbei, diese Ziele zu realisieren. Wenn man aber den Blick von der Weltebene in die „schnöde" Ebene der praktischen Umsetzung vor Ort wirft, trifft man auf zahlreiche Herausforderungen, denen man nur mit den richtigen innovativen politischen und praktischen Ansätzen begegnen kann.

Die Energiewende stellt eine der größten Herausforderungen für Politik, Gesellschaft und Wirtschaft in Deutschland dar. Ihre Umsetzung wird mehrere Legislaturperioden in Anspruch nehmen, vermutlich sogar mehrere Generationen beschäftigen. Sie wird nur dann gelingen, wenn diese Aufgabe von allen Beteiligten gemeinsam und gleichermaßen verantwortlich angenommen wird. Neben anderen Akteuren hat die deutsche Immobilienwirtschaft, unterstützt durch den Zentralen Immobilien Ausschuss e.V. (ZIA) als Spitzenverband der Immobilienwirtschaft, die energie- und klimaschutzpolitischen Ziele der Bundesregierung begrüßt, ebenso deren Bekenntnis, Energieeffizienz zur „zweiten Säule" der Energiewende zu machen, nicht zuletzt auch mit Blick auf die Ergebnisse der Weltklimakonferenz der Vereinten Nationen von Paris 2016.

Schon seit Gründung des ZIA und der Initiative Corporate Governance der deutschen Immobilienwirtschaft e.V. (ICG) spielt Nachhaltigkeit eine entscheidende Rolle im verbandlichen Selbstverständnis der beiden Organisationen. Bereits 2011 hat der ZIA erstmals seinen Nachhaltigkeitsleitfaden mit einem eigenen Kodex vorgelegt[1]. Die gesamtgesellschaftliche Verantwortung der Immobilienwirtschaft nimmt die Branche sehr ernst und hat dies sowohl unter dem übergeordneten Begriff einer nachhaltigen Unternehmensführung' wie auch unter Vorlage konkreter Beispiele detailliert dargelegt[2]. Heute steht die Branche auch zu den Ergebnissen der UN-Klimakonferenz von Paris und will dabei mitwirken, die Klimaziele effizient und mit intelligenten Methoden zu erreichen. Dafür brauchen wir neue Ideen für wirtschaftlich sinnvolle und technologieoffene Maßnahmen. Ferner benötigen wir eine verlässliches politisches Umfeld, das diese Maßnahmen und Ansätze zulässt. Klimaschutz ist eine elementare Aufgabe und bedarf dringendst realistischer und umsetzbarer Strategien.

## II. Grundsätze notwendigen Handelns

Zentraler Grundsatz unseres Handelns ist der Wirtschaftlichkeitsgrundsatz. Die Wirtschaftlichkeit energetischer Anforderungen und Sanierungen ist aus Sicht der Immobilienwirtschaft dann gegeben, wenn sich diese i.S.v. § 5 Abs. 1 EnEG in angemessenen Zeiträumen amortisieren, denn zur entsprechenden Realisierung sind regelmäßig erhebliche Investitionen erforderlich. Was ein angemessener Zeitraum in diesem Zusammenhang ist, lässt sich nicht allgemein festlegen, sondern ist aufgrund der Vielfalt der Immobilien je nach Maßnahme bzw. Objekt differenziert zu betrachten. Das Wirtschaftlichkeitsverständnis der deutschen Immobilienwirtschaft ist naturgemäß betriebswirtschaftlich ausgerichtet, d.h. durch vorgenommene Investitionen müssen nicht nur die entstandenen Kosten erwirtschaftet werden, sondern auch dauerhaft ein höherer Ertrag. Eine rein volkswirtschaftliche Betrachtung energetischer Anforderungen und Sanierungen ist für die beteiligten Unternehmen nicht ausreichend.

Ein weiterer wichtiger Grundsatz ist die Technologieoffenheit. Die bislang bestehende Technologieoffenheit bei der Wahl der jeweiligen Maßnahmen an der Gebäudehülle, zur Verbesserung der Anlagentechnik oder beim Einsatz erneuerbarer Energien sollte erhalten bleiben. Ergänzend verlangt eine an Sinn und Zweck ausgerichtete Energiepolitik im Gebäudesektor aufgrund der hohen energetischen Anforderungen an Gebäude einen ganzheitlichen Ansatz. Unterschiedliche Nutzertypen und divergierende Nutzerverhalten machen einen ausgewogenen Blick auf die Gebäudehülle und die -technik notwendig.

Es zählt zu den Aufgaben der Branche, bei Entscheidern in Politik und Verwaltung in einem intensiven, sach-, ziel- und zukunftsorientierten Dialog Verständnis für die Funktionsweise unterschiedlicher Immobilientypen und für die Auswirkungen rechtlicher Auflagen zu erzeugen. Es sollte mittlerweile allen Akteuren klar sein, dass nicht das schärfste Ordnungsrecht das beste oder zielführendste Instrument zugunsten des Klimaschutzes darstellt. Vielmehr ist ein ausgewogener Instrumentenmix aus ordnungsrechtlichen Maßnahmen, Förderinstrumenten und Marktmechanismen gefragt. Aus wirtschaftlicher Sicht gilt dabei wenig überraschend der Grundsatz: So viel Ordnungsrecht wie nötig, soviel Markt wie möglich.

Es ist absolut notwendig, dass die Bundesregierung die Bedeutung von Klimaschutz, Sicherung der Wettbewerbsfähigkeit des Standortes Deutschland und wirtschaftliche Perspektiven gleich gewichtet. Da Deutschland energetisch importabhängig ist, ist es nicht nur entscheidend, erneuerbare Energien auszubauen und die Netze auf allen Ebenen angemessen zu ertüchtigen, um diese Abhängigkeit zu reduzieren und die Wirtschaftskraft der Bundesrepublik zu stärken. Auch eine gesteigerte Energieeffizienz wurde, wie bereits in der Einleitung erwähnt, inzwischen als wesentlicher Baustein der Energiesicherheit erkannt. Immobilien spielen in diesem Bereich neben z.B. industrieller Prozesseffizienz eine wichtige Rolle, da erhebliche Teile des deutschen Energieverbrauchs in diesem Bereich anfallen.

Die vornehmliche Aufgabe der Politik besteht darin, Ziele und Zeiträume für eine praktizierbare und zielgerichtete Umsetzung klimapolitischer Vorgaben im Gebäudebereich zu definieren, wobei jedoch möglichst viele Wege offengelassen werden sollten. Dies betrifft insbesondere auch den Einsatz von Strom aus erneuerbaren Quellen für die Raumwärme- und Warmwassererzeugung. Der Markt bestimmt, welche Techniken und Energieträger sich technisch und wirtschaftlich durchsetzen.

Auch eine vorzeitige Privilegierung von einzelnen Energieträgern behindert Innovationen und wirkt den gewünschten Kostensenkungen beim Energieeinsatz entgegen. Ein Hauptaugenmerk sollte bei Maßnahmen der Energieeffizienzverbesserung, der Treibhausgasvermeidung und hinsichtlich des „bezahlbaren Wohnens" daher auf der Kosteneffizienz liegen. Beispiel Fernwärme: Deren Verwendung ist unter Marktaspekten in Verbindung mit unverzerrtem Wettbewerb grundsätzlich zu begrüßen. Ein Bestehen im Wettbewerb ist - ohne politische Absicherung durch einen wettbewerbsfeindlichen Anschluss- und Benutzungszwang - jedoch oftmals weder möglich noch kosteneffizient.

Sowohl der Neubau als auch der Gebäudebestand sind in Deutschland in hohem Maße heterogen. Demzufolge bedürfen energetische Maßnahmen grundsätzlich einer differenzierten Betrachtung der Objekte bzw. der Quartiere. Es ist beispielsweise zu unterscheiden zwischen Wirtschafts- und Wohngebäuden, verschiedenen Kategorien von Wirtschaftsgebäuden, der Zusammensetzung des Quartiers etc. Nur so kann die gleichermaßen energetisch und wirtschaftlich bestmögliche Lösung für die Objekte bzw. Quartiere sichergestellt werden. Streng schematische Lösungen verbieten sich, da sie erfahrungsgemäß kostenintensiv und teilweise schlicht kontraproduktiv sind.

Zu berücksichtigen ist zudem die Eigentumsstruktur. Mit Eigentümern, die zugleich Eigennutzer sind, und Eigentümern, die ihre Immobilien vermieten, zeigt sich diese ebenfalls heterogen. Hinzu kommt die Nutzerperspektive sowie die besondere Betrachtung von Mischobjekten, die z.B. Wohnen und Gewerbe vereinen. Darüber hinaus ist die Quartiersebene zentraler Ansatzpunkt für die Energiepolitik im Gebäudesektor. Alle genannten Punkte wirken sich differenziert auf die Energieeffizienz von Gebäuden aus.

Der Gebäudebestand birgt erhebliche Potentiale zur Verbesserung der Energieeffizienz. Allerdings bestehen vor allem in Deutschland durch das Investor-Nutzer-Dilemma nach wie vor Hemmnisse, die Mieterschaft angemessen an energetischen Sanierungen zu beteiligen. Um dieses Problem zu beheben, sind die Refinanzierungsmöglichkeiten für energetische Investitionen zu verbessern, z.B. durch Anreize im Mietrecht.

Bei Bestandsgebäuden ist eine stärkere Fokussierung auf kostengünstige Teilsanierungen sowie weitere kleinteilige Maßnahmen wünschenswert, aus denen zwar im Verhältnis zu Vollsanierungen eine - relativ betrachtet - geringere Energieeinsparung resultiert, die aber aufgrund der hohen absoluten Einsparungen kurz- und langfristig einen erheblichen Beitrag zum Klimaschutz leisten können. Bei der energetischen Sanierung sollte insgesamt weniger auf „Leuchttürme" und dafür mehr auf Breitenwirkung geachtet werden.

Ebenso gilt: Alle diese vorgenannten Grundsätze müssen zwingend vollständig berücksichtigt und aufeinander abgestimmt werden, wenn Maßnahmen für einen nahezu klimaneutralen Gebäudebestand im Jahr 2050 entwickelt werden.

### III. Das Energieeinsparrecht: Der ordnungsrechtliche Rahmen

Die energetischen Anforderungen an Gebäude sind im sog. „Energieeinsparrecht" geregelt. Hierunter werden überwiegend das Gesetz zur Einsparung von Energie in Gebäuden (Energieeinsparungsgesetz, EnEG), die Verordnung über energiesparenden Wärmeschutz und energiesparende Anlagentechnik bei Gebäuden (Energieeinsparverordnung, EnEV) und das Gesetz zur Förderung Erneuerbarer Energien im Wärmebereich (Erneuerbare-Energien-Wärmegesetz, EEWärmeG) verstanden.

Verschiedene EnEV-Novellierungen sollten in der Vergangenheit die Energieeinsparung in Gebäuden forcieren. Der Erfolg blieb aus, da der EnEV-Berechnung nur eine fiktive Immobilie (Referenzgebäude) zugrunde gelegt wurde. Das EnEV-Berechnungsverfahren wurde als Nachweisverfahren für die baurechtliche Genehmigung von Gebäuden entwickelt und wird faktisch mittlerweile immer mehr als Planungsleitlinie für neue Gebäude genutzt. Im Ergebnis werden die Gebäude zwar EnEV-konform, aber nicht energieeffizient geplant. Man muss leider konstatieren, dass sich das Verfahren im Laufe der Zeit immer weiter von der Realität entfernt hat.

Der im Frühjahr 2017 gescheiterte Entwurf eines Gebäudeenergiegesetzes (GEG) war zwar ein erster Schritt in die richtige Richtung, enthielt aber leider nicht die dringend benötigte Vereinfachung der Vorschriften. Ja, die bestehenden rechtlichen Normen sollten unbedingt kodifiziert werden, aber darüber hinaus müssen die Anforderungen im Energieeinsparrecht grundlegend überarbeitet und vereinfacht werden. Es versteht sich von selbst, dass energetische Anforderungen im Neubau bzw. Sanierungsmaßnahmen bei Bestandsgebäuden grundsätzlich wirtschaftlich sein müssen.

Auch muss daher bei der Definition des von der EU-Gebäudeenergieeffizienz-Richtlinie geforderten nationalen sog. „Niedrigstenergiegebäudestandards" und dessen Aufnahme in das nationale Energieeinsparrecht überlegt vorgegangen werden. Nach heutigem Stand sollte man nach verständiger Würdigung der Gesamtumstände die aktuell gültigen Anforderungen aus der Energieeinsparverordnung (EnEV) 2016 als den nationalen Niedrigstenergiegebäudestandard für Gebäude der privaten Hand definieren, der Standard für Gebäude der öffentlichen Hand könnte im Sinne einer Vorbildfunktion derselben durchaus höher verortet werden.

Vorgenannte Auffassung begründet sich in den Gutachten des ZIA von Prof. Dr. M. Norbert Fisch zu Wirtschaftsimmobilien und der Bundesarbeitsgemeinschaft Immobilienwirtschaft Deutschland (BID) von Prof. Dr. Andreas Pfnür zu Wohngebäuden[3]. Sie arbeiten heraus, dass die aktuellen energetischen Anforderungen im Neubau faktisch die Grenzen des derzeit wirtschaftlich-technisch Machbaren darstellen. Nicht mehr alle Wirtschaftsgebäudetypen können derzeit nach den bereits bestehenden rechtlichen Vorgaben realisiert werden, abhängig von der jeweiligen Nutzung und vom jeweiligen Energieträger. Zudem lässt sich im Neubau durch eine weitere Verschärfung des Ordnungsrechts bei Wirtschaftsimmobilien keine nennenswerte zusätzliche $CO_2$-Reduktion erreichen – und bei Wohnimmobilien gelingt dies nur durch unverhältnismäßig hohe Kosten. Nach erfolgtem, relevantem technischen Fortschritt kann zu einem späteren Zeitpunkt selbstverständlich auch der Niedrigstenergiegebäudestandard weiterentwickelt werden. Aufgrund der notwendigen Planungssicherheit für Investoren wären innerhalb des politisch-zeitlichen Zielkorridors der Klimaziele bis 2050 hier Entwicklungszeiträume von mindestens zehn Jahren wünschenswert.

Auch ist zu überlegen, dass Energieeinsparrecht mittel- bis langfristig am $CO_2$-Ausstoß der Gebäude zu orientieren. Wohlwissend das aktuell europäisches Recht eine Angabe des Energieverbrauchs fordert, erscheint eine Anpassung sinnvoll. Erstens ist die Zielgröße der Energie- und Klimapolitik eine Reduktion von Treibhausgas (THG) -Emissionen in $CO_2$-Äquvalenten mittels einer Gewichtsangabe. Und zum zweiten ist es für eine erfolgreiche Umsetzung der energie- und klimapolitischen Ziele unabdingbar, die Bürgerinnen und Bürger in unserem Land mitzunehmen, d.h. sie ausreichend zu beteiligen[4]. Hierbei ist es für das Verständnis sicherlich einfacher, über eine für jeden vorstellbare und eher schlichte Gewichtsangabe zu sprechen, als über die Menge von Primär- oder Endenergie. – Grundsätzlich ist dabei zu beachten, dass die Verantwortlichkeit bzw. der Verantwortliche für die Verursachung der THG-Emissionen im Mittelpunkt der Betrachtung liegen (Verursacherprinzip).

Bei einer grundlegenden inhaltlichen Überarbeitung des Energieeinsparrechts gilt es, neben den schon angesprochenen eher grundsätzlichen Ergänzungen auch im Detail richtige inhaltliche Ansätze zu ergänzen.

Hierzu gehören beim Neubau z.B. die Ausrichtung von Maßnahmen und Instrumenten auf die Reduktion von $CO_2$-Emissionen und ein Monitoring von $CO_2$-Emissionen.

Beim Neubau und beim Bestand sollten die Bilanzierungsgrenzen der EnEV und des EEWärmeG erweitert werden. Die Rahmenbedingungen zur Nutzung aller erneuerbaren Energien im Gebäude müssen insgesamt verbessert werden. Dies umfasst auch die Einbeziehung nicht am Gebäude erzeugter erneuerbarer Energien in die Bilanzierung.

Beim Bestand gehören dazu z.B. eine Ergänzung der bestehenden Ersatzmaßnahmen des EEWärmeG (bspw. um Betriebsoptimierung inklusive eines überprüfbaren Nachweises über die erzielten Energieeinsparungen), eine Integration der energetische Optimierung von Quartieren (auch beim Neubau), integrales Planen mit geeigneten Tools, der Aufbau einer bundesweiten Datenbank zur Erfassung der $CO_2$-Emissionen im Sinne der vom ZIA entwickelten Key Performance Indikatoren[5], eine energetische Optimierung durch Portfoliomanagement, die Entwicklung einer neuen Fördersystematik für die Energieeffizienzsteigerung von Bestandsgebäuden, die Verbesserung der Umlagefähigkeit von Betriebsoptimierungen durch Anpassung der Betriebskostenverordnung, die Einführung einer steuerlichen Abschreibung von energetischen Sanierungen bei Gebäuden und der Abbau bestehender steuerlicher Hemmnisse zur Steigerung der Energieeffizienz (insb. Abschaffung der sog. „Gewerbesteuerschädlichkeit").

## IV. Ein neues Thema!?

Neben den vorgenannten Punkten gibt ein weiteres Thema, das alle Akteure im Energiesektor beschäftigt, ob bei Gebäuden oder in anderen Sektoren. Es ist eine sicherlich grundsätzliche Thematik und wird aktuell viel – und durchaus kontrovers – diskutiert: Eine $CO_2$-Bepreisung.

Langfristig könnte möglicherweise auch die Bepreisung von $CO_2$-Emissionen ein denkbares Instrument sein, um die durch die Gesamtwirtschaft emittierten THG-Emissionen zu reduzieren. Das Ob einer Einführung und ggf. die konkrete Ausgestaltung einer solchen $CO_2$-Bepreisung – etwa in Form einer Steuer, einer Abgabe bzw. eines Emissionszertifikatehandels auf globaler, europäischer oder nationaler Ebene – muss aber tiefergehend untersucht und gemeinsam mit der Immobilienwirtschaft wie auch den Branchen der anderen Sektoren diskutiert werden.

Wenn überhaupt, könnte eine $CO_2$-Bepreisung gesamtgesellschaftlich vermutlich nur unter den folgenden drei Gesichtspunkten erfolgreich, d.h. von der Gesellschaft akzeptiert und in der konkreten Anwendung funktionsfähig, sein:

1. Eine $CO_2$-Bepreisung müsste mittel- bis langfristig angekündigt und ausgelegt sowie langfristig umgesetzt werden, da der Planungshorizont der Immobilienwirtschaft ebenfalls langfristig ausgelegt ist.

2. Auch bei der Vermeidung von $CO_2$-Emissionen gilt es, Emissionen wirtschaftlich und effizient zu reduzieren. Hier wäre folglich ein gesamtwirtschaftliches Level Playing Field unter Einbeziehung aller im Klimaschutzplan 2050 aufgeführten Sektoren notwendig.

3. Bei der Einführung eines $CO_2$-Bepreisungssystems bedürfte es einer Rückerstattung für bestimmte Energiekonsumenten und -verbraucher. Soziale und wirtschaftliche Härten wären durch eine Ausgleichsregelung zu verhindern. Die Einnahmen einer $CO_2$-Bepreisung sollten zwecks Akzeptanzschaffung und kosteneffizienter Realisierung der politischen Ziele zweckgebunden für eine Rückerstattung („Sozialausgleich") bzw. für weitere Investitionen zur $CO_2$-Reduktion, ggf. auch in internationalen Kooperationsprojekten, eingesetzt werden.

Insgesamt wird es im Gebäudeenergiebereich weiterhin nicht langweilig werden. Ob die Anstrengungen aller Beteiligten auch erfolgreich sein werden, hängt davon ab, ob zu den richtigen Zeitpunkten die richtigen politischen Entscheidungen getroffen werden. Mit dem Instrument globaler Kompensationsprojekte besteht auch hier die Chance, große Klimaeffekte zu vergleichsweise geringen Kosten zu realisieren und damit insbesondere Zeit für Übergangsprozesse zu gewinnen.

## V. Ausblick / Wie geht es weiter?

Es ist zu bemerken, dass sich die Gebäudeenergiethemen immer mehr in den Vordergrund der energiepolitischen, aber auch der brancheninternen Diskussionen schieben. Die Bedeutung der Thematik hat folglich in den vergangenen Jahren signifikant zugenommen und wird aller Voraussicht nach für die nächsten Jahre und Jahrzehnte mindestens auf gleichbleibend hohem Niveau verbleiben.

Sicher ist, dass es erneut einen Versuch geben wird, ein Gebäudeenergiegesetz zu verabschieden, inkl. der Definition des Niedrigstenergiegebäudestandards für öffentliche Gebäude, vermutlich auch für private Gebäude. Es wird voraussichtlich die nächste Möglichkeit sein, alle Akteure in einem Meinungsbildungsprozess zusammenzuführen. Hierbei wird man sehen, ob immer noch ideologische Schlachten vergangener Tage geschlagen werden, oder ob sich die am Prozess Beteiligten in einem Kraftakt mit ausreichend Realismus, genügend Innovation und dem Willen der Zielerreichung dazu durchringen, bestehende Hürden zu überwinden. Die Einbindung internationaler Maßnahmen in diesem Kontext wird dringend angeraten.

Vorrang muss die Umsetzung der energie- und klimapolitischen Ziele im Jahr 2050 haben, der Weg dahin muss politisch und wirtschaftlich richtig und mit großer Technik-Offenheit gestaltet werden. Dann gibt es eine, wenn vielleicht realistischerweise auch nur eine kleine Chance, gemeinsam die gesetzten Ziele zu erreichen.

## Anmerkungen

[1] ZIA Zentraler Immobilien Ausschuss e.V. (Hrsg.), Nachhaltigkeit in der Immobilienwirtschaft – Kodex, Berichte und Compliance, 4. Auflage 2015.

[2] ZIA Zentraler Immobilienausschuss e. V. (Hrsg.), Nachhaltige Unternehmensführung in der Immobilienwirtschaft, 2015; Initiative Corporate Governance der deutschen Immobilienwirtschaft e.V. & ZIA Zentraler Immobilien Ausschuss e.V. (Hrsg.), Verantwortung Übernehmen – Der Praxisleitfaden für wirksamen soziales-gesellschaftliches Handeln in der deutschen Immobilienwirtschaft, 2016.

[3] Fisch, Verschärfung der EnEV und Kodifikation EnEV/EEWärmeG für Wirtschaftsimmobilien, Stuttgart, 2016; Pfnür/Müller, Immobilienwirtschaftliche Grundlagen zur Weiterentwicklung der EnEV und zum Niedrigstenergiegebäudestandard – Wirtschaftlichkeitsbetrachtungen, Darmstadt 2016.

[4] ZIA Zentraler Immobilien Ausschuss e.V. (Hrsg.), Bürgerbeteiligung in der Projektentwicklung, 2013.

[5] ZIA Zentraler Immobilien Ausschuss e.V. (Hrsg.), Nachhaltigkeitsbenchmarking – Was und wie sollte verglichen werden?, 2017.

Teil 1

**$CO_2$-Neutralität als Strategie des Landes Hessen**

# $CO_2$-neutrale Landesverwaltung als dauerhafte Aufgabe in Hessen

Elmar Damm | Hessisches Ministerium der Finanzen (HMdF)

Die $CO_2$-neutrale Landesverwaltung war eines der ersten Projekte der Nachhaltigkeitsstrategie Hessen und steht beispielhaft für die Umsetzung ehrgeiziger Ziele im eigenen Handlungsbereich staatlicher Verwaltung. Sie ist durch die Hessische Landesregierung als dauerhafte Aufgabe im Geschäftsbereich des Hessischen Ministeriums der Finanzen festgeschrieben worden.

Schon seit Beginn der Aktivitäten in 2009 wurden in mehreren Bereichen, z.B. im Gebäude-, Mobilitäts - und Beschaffungsbereich Anstrengungen unternommen, um dem Ziel einer $CO_2$-neutral arbeitenden Landesverwaltung ab 2030 Stück für Stück näher zu kommen. Nach wie vor wird dabei der integrale Ansatz in drei wesentlichen Handlungsfeldern verfolgt: Minimieren, Substituieren und Kompensieren.

Das Kabinett hat im Mai 2010 beschlossen,
- regelmäßig eine $CO_2$-Bilanz zu erstellen und ein $CO_2$-Monitoring für die hessische Landesverwaltung aufzubauen
- Energieeffizienz-Standards bei Neubaumaßnahmen im staatlichen Hochbau und bei Baumaßnahmen im Bestand der Landesbauten einzuhalten
- sowie $CO_2$-Standards in der Beschaffung festzulegen.

Als weiterer Baustein wurde die Neutralstellung der nach Minimierung des Energiebedarfs und möglicher Substitution fossiler Energieträger unvermeidlich verbleibenden Restmenge an $CO_2$-Emissionen vorgegeben.

Mit Beschluss des Kabinetts vom März 2017 wurde das Ziel, eine $CO_2$-neutrale Landesverwaltung bis zum Jahre 2030 zu erreichen, zu einer der prioritären Maßnahmen des Integrierten Klimaschutzplans 2025.

## Beobachten, Auswerten, Dokumentieren

Die nach dem Kabinettsbeschluss 2010 festgelegten ambitionierten Energieeffizienz-Standards bei Neubau- und energetischen Sanierungsmaßnahmen haben dazu beigetragen, umfassende Erfahrungen im Bereich des energieeffizienten Bauens zu gewinnen. Sie werden kontinuierlich weiter umgesetzt, die Standards in der Beschaffung fortentwickelt.

Bedeutende Erfolge sind bereits erzielt worden. Die $CO_2$-Emissionen konnten - im Wesentlichen durch die Beschaffung von Ökostrom, aber auch durch die kontinuierliche Umsetzung der Standards - gegenüber dem Basisjahr 2008 um fast die Hälfte reduziert werden. Durch die jüngste Bilanz für das Jahr 2016 wurde eine Reduzierung der $CO_2$-Emissionen auf 240.629 Tonnen bestätigt. Die nachfolgende Grafik zeigt die Ergebnisse der Bilanzen der Jahre 2008 bis 2016.

Seit 2012 werden gemeinsame Energieberichte für den staatlichen Hochbau und Gebäudebetrieb des Landes Hessen erstellt, in denen die vielfältigen Aktivitäten, die mit dem energieeffizienten Bau und Betrieb der Gebäude der Landesverwaltung verbunden sind, dargestellt werden. Der Energieeffizienzplan Hessen 2030 wird in Form eines Masterplans fortgeführt und weiter entwickelt.

## Energieeffizienzplan Hessen 2030

Da rund 80 Prozent der $CO_2$-Emissionen durch die Energieversorgung der Gebäude verursacht werden, sind das energieeffiziente Bauen, Sanieren und Betreiben von Gebäuden der hessischen Landesliegenschaften zu Kernaufgaben geworden. Im Rahmen der $CO_2$-neutralen Landesverwaltung wurde deshalb der Energieeffizienzplan Hessen 2030 entwickelt, der schwerpunktmäßig im Neubaubereich, bei den Bestandsgebäuden und im Bereich der Nutzung und des Betriebs

**Bild 1**
Entwicklung der $CO_{2e}$-Emissionen von 2008 bis 2016.

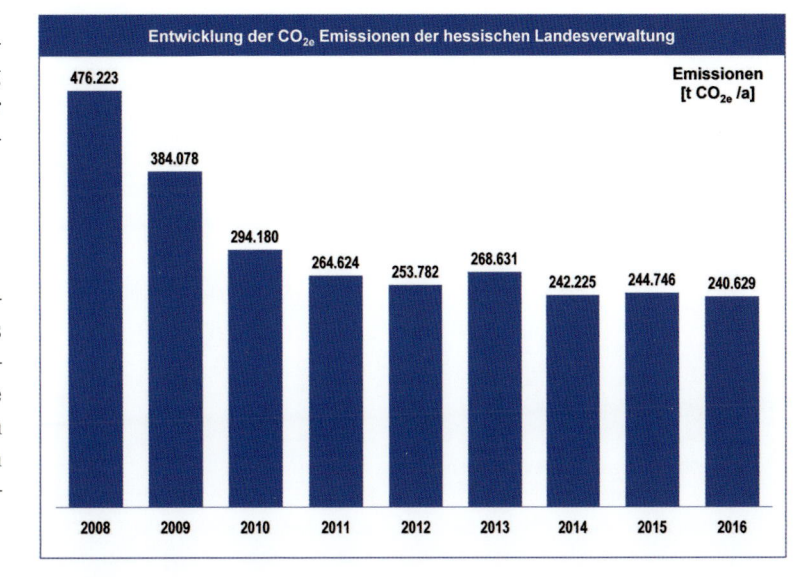

ansetzt sowie die Themen Mobilität und Beschaffung integriert.

### Hessische Standards

Insbesondere im Bereich der Neubauten werden Möglichkeiten genutzt, die $CO_2$-Emissionen im Lebenszyklus zu minimieren. Die EU-Richtlinie über die Gesamtenergieeffizienz von Gebäuden vom 19. Mai 2010 fordert, dass ab 01.01.2019 alle neuen Gebäude, die von Behörden als Eigentümer genutzt werden, Niedrigstenergiegebäude sind. Diese Gebäude zeichnen sich durch eine sehr hohe Gesamtenergieeffizienz aus. Der sehr geringe Energiebedarf sollte zu einem ganz wesentlichen Teil durch Energie aus erneuerbaren Quellen gedeckt werden. Es ist absehbar, dass die hohen energetischen Anforderungen, die durch den Kabinettsbeschluss zur $CO_2$-neutralen Landesverwaltung vom Mai 2010 für alle neuen hessischen Landesgebäude gelten, diesen Anspruch erfüllen werden.

Im Rahmen des Energieeffizienzplans (Neubau und Bestandsbau) wurde 2014 die Richtlinie „Energieeffizientes Bauen und Sanieren des Landes Hessen nach § 9 Abs. 3 des Hessischen Energiegesetzes (StAnz. 2014, S. 124) in Kraft gesetzt. Mit dieser Richtlinie werden die hohen energetischen Anforderungen für den Neubau und die energetische Sanierung von Landesgebäuden aus dem Kabinettsbeschluss zur $CO_2$-neutralen Landesverwaltung in dauerhaftes Recht umgesetzt.

### Das $CO_2$-Minderungs- und Energieeffizienzprogramm

Zur energetischen Sanierung von Bestandsgebäuden wurde Anfang 2012 das „$CO_2$-Minderungs- und Energieeffizienzprogramm" (COME-Programm) gestartet. Mit diesem Programm wird ein wesentlicher Beitrag zur Verbesserung der Energieeffizienz und Verminderung von $CO_2$-Emissionen der vom Landesbetrieb Bau und Immobilien Hessen (LBIH) betreuten Gebäude geleistet. Es werden Liegenschaften energetisch saniert, Contracting-Maßnahmen durchgeführt und eine Pilotmaßnahme zum Energiemonitoring zum kurzfristigen Verbrauchscontrolling durchgeführt. Zurzeit befinden sich über 90 Baumaßnahmen in der Planung oder in der Ausführung.

Mehr als 50 Gebäude wurden bereits erfolgreich energetisch saniert. Für die Sanierungsmaßnahmen wurden insgesamt 160 Mio. € bereitgestellt. Damit wird eine Einsparung von mindestens 200.000 Tonnen $CO_2$, bezogen auf einen Betrachtungszeitraum von 30 Jahren, erwartet.

Als Teil des COME-Programms wurden außerdem veraltete, mit fossilen Brennstoffen betriebene Heizkessel erneuert. Die Feuerungsanlagen werden, soweit technisch und wirtschaftlich möglich, auf regenerative Energieträger wie z.B. Holzpellets oder Holzhackschnitzel umgestellt. Die prognostizierte $CO_2$-Reduzierung beträgt rund 659 Tonnen pro Jahr.

Nach Beendigung des Programms im Jahr 2018 werden insgesamt Energiekosteneinsparungen im Strom- und Wärmebereich von bis zu 1,5 Mio. Euro jährlich prognostiziert. Die eingesparten Energiemengen liegen bei bis zu 3.200 Megawattstunden (Strom) und etwa 10.000 Megawattstunden (Wärme) jährlich.

Für die energetische Ertüchtigung von Hochschulgebäuden wird derzeit ein zweites Bauprogramm vorbereitet, welches ein Gesamtvolumen von 200 Mio. Euro hat. Mit den energetischen Sanierungen soll eine möglichst hohe $CO_2$-Minderung und eine möglichst große Steigerung der Energieeffizienz erreicht werden. Die Planung der ersten Baumaßnahmen soll in den Jahren 2018 und 2019 abgeschlossen sein. Mit einem Baubeginn der ersten Maßnahmen wird 2020 gerechnet.

**Bild 2**
Energiestandards nach dem Hessischen Modell im Vergleich zu den Standards des Bundes

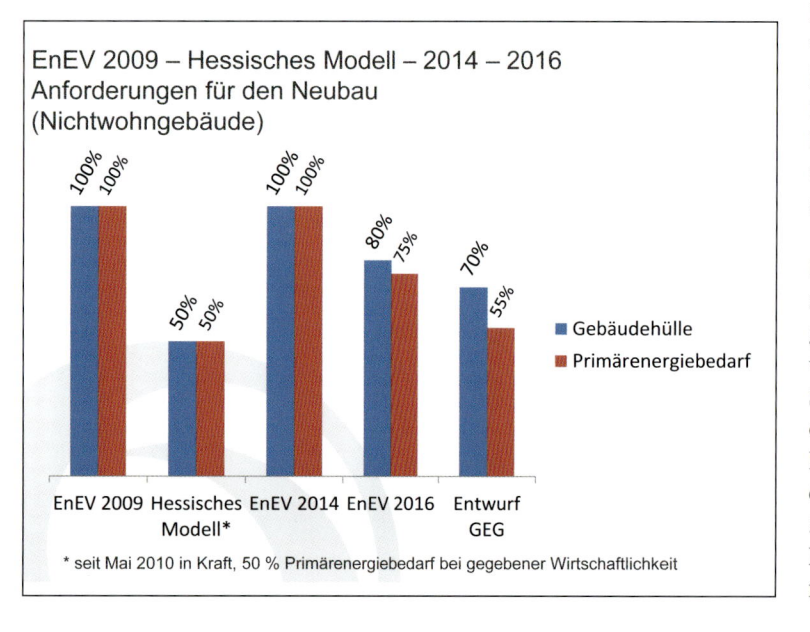

EnEV 2009 – Hessisches Modell – 2014 – 2016
Anforderungen für den Neubau (Nichtwohngebäude)

| | Gebäudehülle | Primärenergiebedarf |
|---|---|---|
| EnEV 2009 | 100% | 100% |
| Hessisches Modell* | 50% | 50% |
| EnEV 2014 | 100% | 100% |
| EnEV 2016 | 80% | 75% |
| Entwurf GEG | 70% | 55% |

* seit Mai 2010 in Kraft, 50 % Primärenergiebedarf bei gegebener Wirtschaftlichkeit

Im Rahmen der $CO_2$-neutralen Landesverwaltung wurden außerdem an den hessischen Staatstheatern die Erneuerung der Saalbeleuchtung sowie ein Austausch von Bühnenscheinwerfern und Arbeitslichtern gefördert.

### Energiebezug

Seit dem 01.01.2010 wird nach Vorgaben der Landesregierung die flächendeckende Belieferung der Landesliegenschaften mit Ökostrom umgesetzt. Im Rahmen von europaweiten Ausschreibungen werden definierte Qualitätskriterien an den zu liefernden Strom gestellt. Der angebotene Ökostrom muss zu 100 % aus erneuerbaren Energien erzeugt werden und auf eindeutig beschriebene und identifizierbare Quellen zurückgeführt werden können.

Neben der Wärmeversorgung durch eigene öl-, gas- oder biomassebetriebene Wärmeerzeugeranlagen werden zahlreiche Landesliegenschaften mit Fernwärme versorgt. Da Fernwärme ein Produkt ist, das überwiegend in Kraft-Wärme-Kopplung - der kombinierten Erzeugung von Strom und Wärme – entsteht, wird die eingesetzte Energie weit effektiver ausgenutzt und führt zu entsprechend geringerer Umweltbelastung.

### Mobilität

Im Bereich Mobilität bieten sich weitere Wirkungsfelder an, die zur $CO_2$-Einsparung beitragen. Bei Dienstreisen und für die Fahrzeugflotte der hessischen Landesverwaltung beispielsweise gibt es einige Ansätze zur Reduzierung und Vermeidung von $CO_2$-Emissionen. So werden in Zukunft verstärkt der Einsatz von Elektrofahrzeugen in den Fuhrparks der Dienststellen sowie gleichzeitig auch die Installation der entsprechenden Ladestationen gefördert. Dienstreisen, die im Fernverkehr der Deutschen Bahn getätigt werden und über ein Großkundenabonnement erfasst sind, werden bereits seit 2013 durch die Deutsche Bahn (DB AG) klimaneutral gestellt.

Für Landesbehörden und die hessischen Hochschulen wurden durch die $CO_2$-neutrale Landesverwaltung Förderprojekte zur Anschaffung von Pedelecs und elektrischen Lastenfahrrädern aufgelegt.

Auch Videokonferenzen bieten geeignete Möglichkeiten im Bereich der Dienstreisen Emissionen zu mindern. Sofern die notwendigen technischen Voraussetzungen vorhanden und geeignete organisatorische Rahmenbedingungen erfüllt sind, werden deshalb Gesprächstermine verstärkt „online" durchgeführt. Für hessische Landesbehörden ist dies ein probates Mittel, um Arbeitszeit und Kosten zu sparen sowie gleichzeitig den $CO_2$-Ausstoß zu reduzieren.

### Mitarbeitereinbindung

Eine Herausforderung ist, die verschiedenen Geschäftsbereiche mit all ihren Mitarbeiterinnen und Mitarbeitern aktiv in die $CO_2$-neutrale Landesverwaltung einzubeziehen. In der hessischen Landesverwaltung sind ca. 140.000 Menschen beschäftigt. Sie für den Klimaschutz und für Energieeffizienz zu sensibilisieren und sie aktiv zu beteiligen ist für den Erfolg der $CO_2$-neutralen Landesverwaltung unerlässlich. Deshalb wird mit der Methode einer Doppelstrategie agiert.

In der Top-Down Umsetzung werden $CO_2$-Standards vorgegeben und in Abstimmung mit den jeweiligen Ressorts Vorschriften und Regelwerke verfasst. Gleichzeitig werden mit der Entwicklung von Leitfäden und Fortbildungsmaßnahmen oder mit der Durchführung von Energiesparwettbewerben die Mitarbeitenden in die Belange der $CO_2$-neutralen Landesverwaltung einbezogen und über Möglichkeiten konkreter Unterstützung informiert oder aufgefordert, sich aktiv und mit guten Ideen zu beteiligen.

Mit einer anonymen Umfrage unter den Beschäftigten soll der Bekanntheitsgrad und die Akzeptanz der einzelnen Teilmaßnahmen ermittelt und wertvolle Erkenntnisse für die weitere strategische Ausrichtung der Aufgabe $CO_2$-neutrale Landesverwaltung gewonnen werden.

### Wettbewerbe

Eine attraktive Initiative, um viele Kräfte zu aktivieren war der in 2010/2011 bundesweit in diesem Umfang erstmals durchgeführte Energiesparwettbewerb **„Energie Cup Hessen"**. Mit ihm wurde die Bereitschaft der Landesbediensteten geweckt, sich aktiv und mit Freude am Thema Energieeinsparung zu beteiligen. Nach dem Er-

**Bild 3**
CO$_2$-neutrale Mittagspause am 2. Hessischen Tag der Nachhaltigkeit 2012 [Quelle: H.Heibel]

**Bild 4**
Haushandwerkerschulung „Energieerzeugung vor Ort" am 28.07.2016 in Wolfhagen [Quelle: A.Raatz, KEEA]

folg dieses Wettbewerbs startete der Energie Cup Hessen 2013 in die nächste Runde.

Auch in diesem zweiten Messwettbewerb ist bewiesen worden, dass durch Nutzerverhalten 10 bis 15 Prozent des Strom-, Wärme- und Wasserverbrauchs und damit auch erhebliche Betriebskosten eingespart werden können.

### Fortbildung

Um den nutzerbedingten Energieverbrauch auch künftig so weit wie möglich zu senken, werden die Mitarbeiterinnen und Mitarbeiter mit weiteren Angeboten aktiv in das Projekt eingebunden:

2015 wurde ein Fortbildungsprogramm für die Energiebeauftragten und Haushandwerker der Landesverwaltung gestartet, an dem über 500 Personen teilgenommen haben, um Kenntnisse im Bereich Energieverbrauch und Energienutzung zu vertiefen und praxisnahe Möglichkeiten eines energieeffizienten Gebäude- und Anlagenbetriebs kennenzulernen und umzusetzen.

Es ist vorgesehen, das bestehende Fortbildungsprogramm weiterzuentwickeln und auch für andere Zielgruppen anzubieten. Als weitere Adressaten sind insbesondere die Leitungskräfte der hessischen Landesverwaltung, aber auch die ab 2018 in den Dienststellen benannten Koordinatoren für Energiefragen denkbar. Darüber hinaus wird ein Konzept entwickelt, welches dem neu eingestellten Personal der Landesverwaltung die Kernbotschaften der CO$_2$-neutralen Landesverwaltung vermittelt.

### Energiemanagement

Damit die Verantwortung der hessischen Dienststellen für eine sparsame Energieverwendung deutlich zum Ausdruck kommt, wurde der Gemeinsame Runderlass zum Energiemanagement in den Dienststellen des Landes (EMA-Hessen) novelliert und am 15.01.2018 im Staatsanzeiger für das Land Hessen veröffentlicht. Nach dem neuen Erlass werden von den Dienststellenleitungen sogenannte „Koordinatoren für Energiefragen" ernannt. Mit der Novellierung soll ein energiesparendes Verhalten in der Landesverwaltung initiiert werden. Die Koordinatoren für Energiefragen sorgen für die Förderung des Bewusstseins für energieeffizientes Verhalten am Arbeitsplatz und die Veröffentlichung der Energieverbräuche in der Dienststelle.

In 20 ausgewählten Dienststellen der Landesverwaltung wurden mit Hilfe der Einführung des Energiemanagementsystems EcoStep Energie Ziele zur Einsparung von Energie formuliert. Mit der pilotweisen Einführung dieses Managementsystems wurden Maßnahmen erarbeitet, mit denen frühzeitig auf Verbrauchsschwankungen reagiert werden kann, zeitnahe Auswertemöglichkeiten für CO$_2$-Bilanzen und Energieberichte ermöglicht werden sowie ein kontinuierlicher Verbesserungsprozess zum energiesparenden Verhalten initiiert werden kann. Die Ergebnisse

**Bild 5**
Gebäuderundgang HMdF, (l.: Michael Stubig, HMdF; r.: Dr. Jürgen Hirsch, SIC Consulting GmbH) [Quelle HMdF]

dieser Pilotmaßnahme gaben wertvolle Impulse zur Novellierung der EMA-Hessen.

Die Einführung eines Energiemanagementsystems erlaubt die Identifizierung von „Stellschrauben". Energieverbräuche können damit beobachtet, ungenutzte Einsparpotenziale identifiziert und zielgerichtete Effizienzmaßnahmen definiert werden. Langfristiges Ziel ist, dass jedes Ressort in die Lage versetzt wird, nach seinen jeweiligen Gegebenheiten zur Erreichung einer klimaneutralen Landesverwaltung und zur Steigerung der Energieeffizienz in den Liegenschaften beizutragen.

### Kompensation

Da nach derzeitigem Stand eine vollständig emissionsfrei arbeitende Landesverwaltung nicht ohne Kompensation zu erreichen ist, wird in dritter Priorität eine geeignete Strategie für die Neutralstellung erarbeitet. Dabei ist grundsätzlich ein stufenweiser Einstieg mit mehreren Teilschritten geplant, der eine Klimaneutralstellung der Flugreisen, die Kompensation der Emissionen aus dem Fuhrpark und die Kompensation von Restemissionen aus den Bereichen Strom und Wärme vorsieht. Weiterhin soll über den Erwerb von Emissionsrechten und unmittelbare Beteiligung an Klimaschutzprojekten die Klimaneutralität erzielt werden. Aktuell werden Finanzierungsmöglichkeiten sowie verfahrenstechnische, haushaltsrechtliche und bilanzielle Fragen geklärt.

### Öffentlichkeitsarbeit

Um das vielfältige Engagement sichtbar zu machen und die Hessinnen und Hessen über die Klimaschutzaktivitäten der Landesverwaltung zu informieren, präsentiert sich das Projekt regelmäßig auf dem **Hessentag** und am **Tag der Nachhaltigkeit**.

Einen wesentlichen Beitrag zur Unterstützung der Projektziele und für die öffentliche Wahrnehmung leistet das **Lernnetzwerk** $CO_2$-neutrale Landesverwaltung – eine Kommunikationsplattform zwischen Landesbehörden und mittlerweile fast 70 namhaften Unternehmen, Kommunen, Vereinen und Verbänden, die sich als Partnerinnen und Partner erklären und sich aktiv für den Klimaschutz einsetzen sowie an der Weiterentwicklung des Netzwerks mitarbeiten.

In regelmäßigen Lernnetzwerktreffen tauschen sie sich über aktuelle Entwicklungen aus. Die Impulse zur Gestaltung dieser Netzwerktreffen gehen dabei von den Partnern aus. Das Finanzministerium dient dabei als Katalysator.

Auch das **KLIMA**ZIN – ein digitales Magazin, das über Maßnahmen und Entwicklungen des Projektes sowie aktuelle Ereignisse aus Hessen, Deutschland und der Welt berichtet, ist im Rahmen des Lernnetzwerks entstanden. In zwei Ausgaben pro Jahr – im Frühjahr und im Herbst - sollen die Leserinnen und Leser damit für die Themen Energieeinsparung und $CO_2$-Reduzierung sensibilisiert und animiert werden, mehr über die $CO_2$-neutrale Landesverwaltung zu erfahren. Das Magazin liefert Zahlen und Fakten, präsentiert Neues aus dem Lernnetzwerk und zeigt Vorbilder, die zum Mitmachen anregen. Die Publikation gewährt einen Blick über den Tellerrand, liefert aktuelle Nachrichten und bereitet Themen aus dem Bereich Klimaschutz und Klimaneutralität anschaulich auf.

### Nationaler und internationaler Austausch

Das voneinander Lernen wird nicht nur innerhalb des eigenen Projekts groß geschrieben. Auch mit anderen Landesverwaltungen und internationalen Partnern werden Kompetenzen und Erfahrungen auf dem Gebiet der Energieeffizienz ausgetauscht.

Mit anderen Bundesländern, die ebenso bestrebt sind, den Energieverbrauch und die klimaschädlichen Emissionen ihrer Verwaltungen möglichst gering zu halten, werden Erfahrungen ausgetauscht.

Der Dialog mit Partnern sowie **internationale Kontakte** bereichern die Arbeit der $CO_2$-neutralen Landesverwaltung und setzen neue Initiativen in Gang. Die Ausdehnung des Netzwerkes auf eine internationale Basis soll insbesondere der Initiierung von Energie- und Klimaschutzprojekten dienen.

Eine Partnerschaft zwischen dem hessischen Projekt und dem „Regionalforum für Energieeffizienz und Energiesicherheit" im ukrainischen Dnipropetrowsk wurde 2014 mit ausdrücklicher Befürwortung des Auswärtigen Amts der Bundesrepublik Deutschland besiegelt.

Auch das Königreich Marokko bietet gute Voraussetzungen für eine konstruktive Zusammenarbeit von innovativen Klimaschutzprojekten mit dem Land Hessen. Ein beiderseits fruchtbarer Austausch ist durch den Kontakt mit der marokkanischen Behörde für erneuerbare Energien und Energieeffizienz ADEREE zustande gekommen.

Unter der Mitarbeit des Hessischen Ministeriums der Finanzen führt das Bundeswirtschaftsministerium (BMWI) im Auftrag der EU ein Twinning-Light Projekt durch, um in **Kroatien** die Voraussetzungen für eine Verbesserung von Energieeffizienz im staatlichen Gebäudebereich in Hinblick auf den „Fast-Null-Energiestandard" zu schaffen.

# CO$_2$-Bilanz des Landes Hessen

Peter Eichler | Landesbetrieb Bau und Immobilien Hessen (LBIH)

## CO$_2$-Fußabdruck

Die CO$_2$-Neutral-Stellung der hessischen Landesverwaltung setzt voraus, dass die CO$_2$-Emissionen regelmäßig ermittelt werden. Grundlage zur Quantifizierung ist der so genannte CO$_2$-Fußabdruck, der auf der Berechnung der Emissionen von Unternehmen oder Organisationen basiert, die durch unterschiedliche Geschäftsaktivitäten entstehen. Beispiele sind im Verwaltungsbereich die Energieverbräuche durch die Nutzung von Gebäuden und Dienstfahrzeugen bzw. Dienstreisen.

Der CO$_2$-Fußabdruck ist ein Maß für den Einfluss der Landesverwaltung auf die weltweite CO$_2$-Bilanz und auf das Klima. Er kann die Grundlage für weitere Klimaschutzaktivitäten, insbesondere die Entwicklung von Minderungsmaßnahmen für den CO$_2$-Ausstoß oder für die spätere Kompensation der verursachten Emissionen bilden. Die Kompensation erfolgt durch Klimaneutralstellung der nach Ausschöpfung aller Minderungsaktivitäten verbleibenden Emissionen. Die Klimaneutralstellung selbst erfolgt durch den Kauf und die Stilllegung von Zertifikaten aus Klimaschutzprojekten.

Im Rahmen des Projekts „CO$_2$-neutrale Landesverwaltung" setzt das Land Hessen seine Strategie für einen angemessenen Klimaschutz und eine Verminderung von Treibhausgasen schrittweise um. Hierzu wurde im ersten Schritt die CO$_2$-Bilanz der Hessischen Landesverwaltung für das Jahr 2008 erstellt.

Der CO$_2$-Fußabdruck wird mit der für 2008 entwickelten Methodik regelmäßig fortgeschrieben. Damit wird die Entwicklung der CO$_2$-Emissionen der Landesverwaltung nachvollziehbar dargestellt. Zwischenzeitlich wurden die CO$_2$-Emissionen für die Jahre 2008 bis 2015 bilanziert und der CO$_2$-Fußabdruck der Hessischen Landesverwaltung fortgeschrieben.

## Vorgehensweise

Die Erfassung und Berechnung der relevanten Daten erfolgt in Anlehnung an das „Greenhouse Gas Protocol" (GHG-Protokoll). Das GHG-Protokoll ist ein international verbreiteter Standard für die Erhebung und Berechnung von Treibhausgasemissionen. Die Berechnung der für den Fußabdruck relevanten Emissionen erfolgt in folgenden Schritten:

- Emissionsquellen für die Bilanz festlegen (Systemgrenze)
- Primärdaten erheben
- Tätigkeits- und quellenspezifische Emissionsfaktoren festlegen
- Tätigkeits- und quellenspezifische Emissionen berechnen
- Gesamtemissionen berechnen (Fußabdruck)

Das GHG-Protokoll definiert drei unterschiedliche Bereiche (sog. Scopes):

In Scope 1 sind die direkten Emissionen umfasst, die unmittelbar in einem Unternehmen oder einer Organisation durch die Nutzung eigener Heizkessel oder des eigenen Fuhrparks oder durch sonstige Emissionen aus Produktionsprozessen entstehen.

In Scope 2 werden die indirekten Emissionen berücksichtigt, die mittelbar durch Energiebereitstellung (Strom, Wärme) durch Dritte entstehen.

In Scope 3 werden übrige Emissionen erfasst, die mit der Unternehmenstätigkeit im direkten Zusammenhang stehen. Dazu gehören Dienstreisen, Emissionen aus der Verbrennung oder Deponierung von Abfall beziehungsweise aus den Abwässern, aus der Nutzung von Papier etc.

Die Scope 3-Emissionen entziehen sich zum Großteil dem Einflussbereich der Landesverwaltung, so dass die Erhebung von Daten dazu erschwert oder gar unmöglich ist. Nach dem GHG-Protokoll sind Scope 3-Emissionen im Gegensatz zu den Scope 1- und Scope 2-Emissionen kein verpflichtender Bestandteil einer CO$_2$-Fußabdruck-Bestimmung. In Übereinstimmung mit dem GHG-Protokoll wurde die Systemgrenze für die Bilanzierung der Landesverwaltung so gewählt, dass aus dem Bereich der Scope 3- lediglich die Emissionen aus Dienstreisen in die Bilanz aufgenommen wurden.

## Systemgrenze

Die Erstellung des CO$_2$-Fußabdrucks umfasst die Berücksichtigung von rund 2.000 Gebäuden und etwa 100.000 Mitarbeiter/-innen der Hessischen Landesverwaltung. Kommunale Bereiche, wie beispielsweise der Schulbereich, sind in dieser

Bilanz nicht enthalten. Die Systemgrenze umfasst alle Stufen der unmittelbaren Landesverwaltung sowie Landesbetriebe und Hochschulen.

Die energiebezogenen Emissionen sind an Gebäude und Liegenschaften gebunden und in Bezug auf die Datenerfassung und Zuordnung unabhängig von den Dienststellen, die die Gebäude nutzen. Die Fuhrpark- und Dienstreisedaten haben einen stärkeren Bezug zu den Beschäftigten und werden daher den entsprechenden Behörden bzw. Dienststellen zugeordnet bzw. dort erfasst.

Bei der Datenerfassung und der Datenberechnung wird zwischen „Liegenschaft" und „Dienststelle" unterschieden. Der Begriff Liegenschaften bezeichnet dabei alle Gebäude der Hessischen Landesverwaltung.

Dienststellen sind organisatorisch abgrenzbare und selbständige Verwaltungseinheiten mit örtlich und sachlich bestimmten Aufgabenbereichen.

Unter „Hochschulen" werden vereinfachend alle Fachhochschulen, Kunsthochschulen, Universitäten und Technische Universitäten zusammengefasst.

Folgende Emissionsquellen der Landesverwaltung werden durch den $CO_2$-Fußabdruck erfasst:

- Emissionen, die durch Energienutzung (Strom, Wärme, etc.) in Gebäuden entstehen (Energie).

- Emissionen, die durch Nutzung der landeseigenen Fahrzeuge entstehen. (Fuhrpark).

- Emissionen, die durch die Reisetätigkeit der Landesbediensteten entstehen (Dienstreisen).

Die Systemgrenze wird nach dem „Werkstorprinzip" definiert, d.h. insbesondere, dass über das Pendlerverhalten der Mitarbeitenden hinaus auch die sogenannten „Vorketten-Emissionen" der verbrauchten Energieträger nicht berücksichtigt werden.

Abfall- und Abwasseranfall, das Pendelverhalten der Mitarbeiter/-innen, Taxifahrten, Fahrten mit dem ÖPNV, Flugreisen aus nachgeordneten Behörden (außer Hochschulen) und dienstliche Fahrten mit den privaten Fahrzeugen der Landesbediensteten sowie der Papierverbrauch werden für den $CO_2$-Fußabdruck der Landesverwaltung zunächst nicht bilanziert.

Die Berechnung des $CO_2$-Fußabdrucks hat ergeben, dass die energiebedingten Emissionen aus Gebäuden mit weitem Abstand die Hauptemissionsquelle der Landesverwaltung sind.

**Primärdatenerhebung**

Basis der Bilanzierung sind die Emissionen, die durch die Energienutzung in Form von Strom und Wärme, durch den Einsatz des Fuhrparks und durch Dienstfahrten der Mitarbeiter entstehen.

Die Berechnung der Emissionen für die Bereiche „Energie" und „Fuhrpark" basieren auf jährlich erhobenen Daten aller Liegenschaften und Dienststellen.

Die Primärdaten für den Bereich „Energie" wurden aus dem Energie- und Medien-Informationssystem „EMIS" bezogen. EMIS ist eine Datenbank, mit der der Landesbetrieb Bau und Immobilien Hessen (LBIH) Verbrauchsaufzeichnungen und Auswertungen für die Landesliegenschaften durchführt. Diese Aufzeichnungen werden mit dem Ziel der Verminderung des Energieverbrauchs analysiert. Dieses über Jahre eingeführte System leistet einen wesentlichen Beitrag dazu, dass die Liegenschaftsdaten für die $CO_2$-Bilanz vergleichsweise problemlos zusammengestellt werden können. Für die Hochschulen, die sich nicht an EMIS beteiligen, wurden die Daten separat in einem durch die Hochschul-Informations-System GmbH (HIS) moderierten Verfahren erhoben.

Die Fuhrparkdaten wurden für die unmittelbaren Landesdienststellen anhand der jährlichen Ausgaben für Treibstoffe aus Buchhaltungssystemen erfasst. Für die Hochschulen wurden die Kraftstoffmengen im Rahmen der Daten-Erhebung durch die HIS ermittelt und in die Bilanz einbezogen.

Die Emissionen aus Dienstreisen (Flug- und Bahnreisen) wurden in 2008 über eine Stichproben-Befragung erfasst. Um die Emissionen aller Dienststellen zu erhalten, wurden auf Basis der Stichproben $CO_2$-spezifische Kennzahlen pro Mitarbeiter/-in ermittelt. Die Gesamt-Emissionen aus Dienstreisetätigkeit wurden aus diesen Kennzahlen auf die Gesamtheit der Landesbediensteten extrapoliert Bei den Flugreisen wurden ausschließlich Reisen aus dem Bereich der obersten Landesbehörden (Ministerien) und aus dem Bereich der Hochschulen berücksichtigt.

Die Erhebung der Dienstreisedaten zur Eröffnungsbilanz 2008 war hinsichtlich der Erfassung und Auswertung sehr aufwändig. Es wurden Emissionen von rund 20.000 t $CO_{2e}$ ermittelt. Dies entspricht einem Anteil von ca. 4,5 % der Emissionen der Landesverwaltung. Die geringe Relevanz dieses Anteils von Scope 3 Emissionen ließ den Erhebungsaufwand für die Folgebilanzen nicht gerechtfertigt erscheinen, so dass hier vereinfachte Verfahren angewandt wurden.

Seit 2009 werden für die Emissionen aus Bahnreisen streckenbezogene Auswertungen der DB-AG für die Mitarbeitenden des Landes Hessen herangezogen.

Seit 2012 werden die Flugreisedaten für alle Landesbehörden anhand einer Stichprobe von Buchungsdaten extrapoliert.

### Emissionsfaktoren

Für die Berechnung des Fußabdrucks wurden geeignete Emissionsfaktoren aus offiziellen und anerkannten Datenquellen, wie z.B. der Emissionsfaktorliste des Bundesumweltministeriums, den EU-Monitoring-Leitlinien (2007/589/EG), der GEMIS-Datenbank, des IPCC (Intergovernmental Panel on Climate Change) sowie Methodologien von Clean Development Mechanism (CDM)-Projekten herangezogen, um die Transparenz und Nachvollziehbarkeit der Gesamtbilanzierung zu erhalten. Die eingesetzten Faktoren und ihre Quellen wurden in einer Verfahrensbeschreibung dokumentiert. Bei einigen Fernwärmeversorgern wurden deren spezifische Emissionsfaktoren eingesetzt.

Aus den Primärdaten und den Emissionsfaktoren wurden die tätigkeits- und quellenspezifischen Emissionen ermittelt.

### Gesamtemissionen

Die tätigkeits- und quellenspezifischen Emissionen wurden zur Berechnung der Gesamtemissionen addiert. Im letzten Schritt wird das Ergebnis zusätzlich mit einem Unsicherheitsfaktor beaufschlagt. Der Unsicherheitsfaktor wird eingesetzt, um Unsicherheiten bei der Erhebung und Berechnung der $CO_2$-Emissionen konservativ zu berücksichtigen. Dieser Unsicherheitsfaktor für den Fußabdruck der Hessischen Landesverwaltung beträgt 5%.

### Ergebnisse

Der $CO_2$-Fußabdruck der hessischen Landesverwaltung für 2016 schließt mit 240.629 t $CO_{2e}$ ($CO_2$-Äquivalent).

Im Vergleich der Ergebnisse mit der Eröffnungsbilanz des Jahres 2008, bei der insgesamt 476.223 Tonnen $CO_2$-Äquivalent ermittelt worden sind, ist nahezu eine Halbierung der Emissionen festzustellen.

### $CO_{2e}$-Fußabdruck der Hessischen Landesverwaltung für 2015

Emissionen aus der Abfall-und Abwasserentsorgung, dem Pendlerverhalten, dem Materialverbrauch (z.B. Papier) sowie aus Dienstreisen mit dem ÖPNV bzw. mit dem Taxi, Mietwagen oder privaten Pkw der Mitarbeiter wurden in der Berechnung nicht erfasst.

| | Emissionsquelle / Bereich | $tCO_{2e}$ | | Anteil [%] | | scope | Stichprobe [%] |
|---|---|---|---|---|---|---|---|
| Gebäude | Elektrizität Hochschulen | 41.883 | | 18,0 | | 2 | |
| | Wärme/Kälte/Medien Hochschulen | 70.911 | | 30,5 | | 1 | |
| | Elektrizität alle weiteren Liegenschaften | 0 | 177.532 | 0,0 | 76,4 | 2 | 100 |
| | Wärme/Kälte/Medien alle weiteren Liegenschaften | 57.269 | | 24,6 | | 1 | |
| | Elektrizität angemietete Gebäude | 0 | | 0,0 | | 2 | |
| | Wärme/Kälte/Medien angemietete Gebäude | 7.469 | | 3,2 | | 1 | |
| Mobilität | Fuhrpark / Fluggerät Land (ohne Hochschulen) | 35.057 | | 15,1 | | 1 | 100 |
| | Fuhrpark Hochschulen | 1.169 | | 0,5 | | 1 | 100 |
| | Flugreisen Hochschulbedienstete | 16.361 | | 7,0 | | 3 | 76 |
| | Flugreisen übrige Landesverwaltung | 1.976 | | 0,8 | | 3 | 31 |
| | Bahnreisen DB AG | 413 | | 0,2 | | 3 | 100 |
| | Stilllegung von Zertifikaten (Kompensation) | 0 | | 0,0 | | | |
| Gesamtemissionen ohne Unsicherheit von 5% | | 232.508 | | 100 | | | |
| Gesamtemissionen inkl. Unsicherheit | | 244.746 | | 105 | | | |
| **Gesamtemissionen ohne Nutzung von Marktinstrumenten** | | | | | | | |
| Marktinstrumente | klimaneutraler Strom aus Wasserkraft (incl. Unsicherheit 5%) | 188.113 | | | | | |
| | Stilllegung von Zertifikaten (Kompensation) | 0 | | | | | |
| Gesamtemissionen inkl. Unsicherheit o. Marktinstrumente | | 432.859 | | | | | |

Stand 12.12.2016

**Tabelle 1**
$CO_{2e}$-Fußabdruck der Hessischen Landesverwaltung für 2015
[© LBIH]

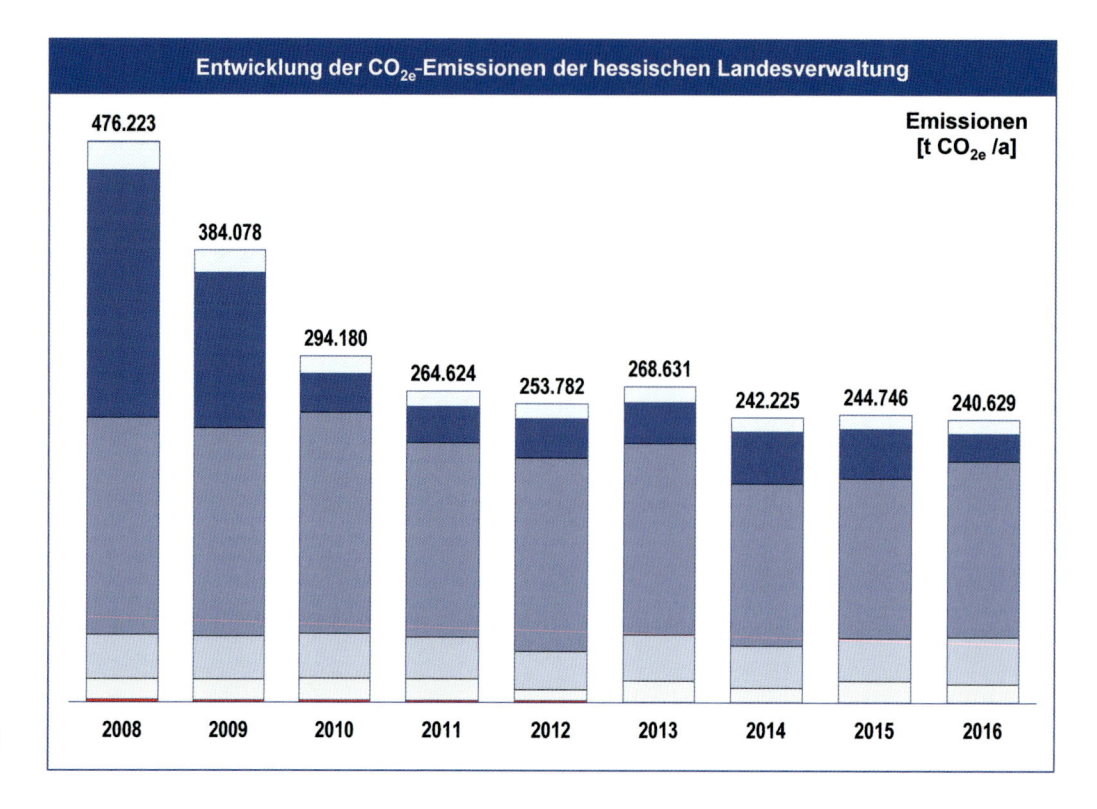

**Bild 1**
Entwicklung der CO₂-Emissionen der hessischen Landesverwaltung
[© LBIH]

**Entwicklung der CO$_{2e}$-Emissionen der hessischen Landesverwaltung**

Emissionen [t CO$_{2e}$/a]

- 2008: 476.223
- 2009: 384.078
- 2010: 294.180
- 2011: 264.624
- 2012: 253.782
- 2013: 268.631
- 2014: 242.225
- 2015: 244.746
- 2016: 240.629

Die gebäudebezogenen Emissionen nach Abzug der Marktinstrumente Ökostrom und Kompensation sind in 2015 niedriger als in den Vorjahren. Der Rückgang gegenüber 2014 beträgt im Wärmesektor, trotz eines etwas kälteren Winters, rund 2.000 Tonnen und im Stromsektor ebenfalls rund 2.000 Tonnen.

Der Rückgang der Emissionen aus dem Stromverbrauch gegenüber 2008 wurde maßgeblich durch die sukzessive Umstellung der Stromlieferverträge auf Ökostrom und durch direkte Kompensation in Form des Kaufs und der Stilllegung von Emissionszertifikaten erreicht. Dieses Einsparpotenzial ist seit der Umstellung nahezu aller Stromabnehmer auf Ökostrom weitgehend ausgeschöpft. Die verbleibenden Stromabnehmer, die den Strommix des Netzes nutzen, konnten bisher aus technischen oder wirtschaftlichen Gründen nicht auf Ökostrom umgestellt werden.

Die berechneten Emissionen der Flugreisen weisen eine hohe Schwankungsbreite auf. Die Ursache liegt darin, dass aus einer kleinen Stichprobe auf die Gesamtemissionen geschlossen wird. In 2015 trat gegenüber 2014 eine Erhöhung um rund 6.000 Tonnen auf, so dass die Emissionen mit rund 18.000 Tonnen wieder auf dem Niveau von 2013, 2012 und den Vorjahren liegen. Der überraschend hohe Anstieg in 2015 ist durch die Verdopplung des gemeldeten Reiseaufkommens einer reiseintensiven Universität begründet. Die Entwicklung muss hier weiter beobachtet werden.

Bereinigt man die Bilanz um die Wirkung der Marktinstrumente Ökostrom und Kompensation ergeben sich Gesamtemissionen von 432.859 Tonnen CO$_2$-Äquivalent. Diese Menge liegt deutlich unter dem bisherigen Minimum von rund 470.000 Tonnen der Jahre 2011 und 2012 und um rund 10.000 Tonnen niedriger als in 2014. Bei der Bereinigung wird der bezogene Ökostrom mit dem Emissionsfaktor für den Strommix multipliziert. Die so ermittelten Emissionen werden dann zum Ergebnis der Bilanz addiert.

Die Minderung der Emissionen durch Kompensation mittels Stilllegung von Emissionszertifikaten wird bei dieser Betrachtung nicht berücksichtigt.

Die Emissionen im Wärmebereich werden bei der Bilanzierung nicht witterungsbereinigt. Die Witterung, hat daher direkt Veränderungen der Emissionsbilanz zur Folge, so dass die Wirkungen von ergriffenen Maßnahmen zur Emissionsvermeidung nur schwer ablesbar sind. Zur besseren Einschätzung der Auswirkungen von

**Entwicklung der $CO_{2e}$-Emissionen nach Quellen, Darstellung mit Marktinstrumenten**

Emissionen [t $CO_{2e}$ /a]

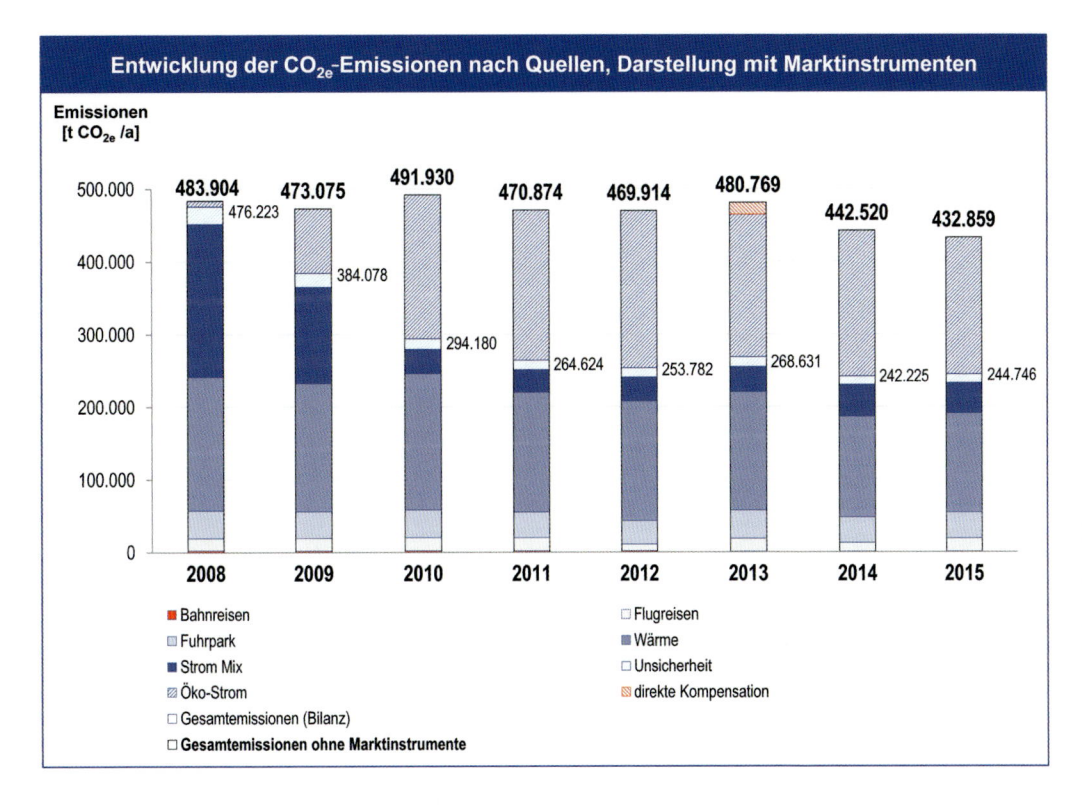

| Jahr | 2008 | 2009 | 2010 | 2011 | 2012 | 2013 | 2014 | 2015 |
|---|---|---|---|---|---|---|---|---|
| Gesamt | 483.904 | 473.075 | 491.930 | 470.874 | 469.914 | 480.769 | 442.520 | 432.859 |
| ohne Marktinstr. | 476.223 | 384.078 | 294.180 | 264.624 | 253.782 | 268.631 | 242.225 | 244.746 |

Legende:
- Bahnreisen
- Fuhrpark
- Strom Mix
- Öko-Strom
- Gesamtemissionen (Bilanz)
- **Gesamtemissionen ohne Marktinstrumente**
- Flugreisen
- Wärme
- Unsicherheit
- direkte Kompensation

**Bild 2**
Entwicklung der $CO_2$-Emissionen nach Quellen, Darstellung mit Marktinstrumenten [© LBIH]

Einsparbemühungen kann eine Witterungsbereinigung hilfreich sein. Der Flächenzuwachs, der insbesondere im Hochschulbereich zu verzeichnen ist, ist bei der Emissionsbilanz ebenfalls nicht gesondert berücksichtigt. Mit dem Flächenzuwachs sind typischerweise auch Steigerungen des Strom- und Wärmeverbrauchs verbunden, die auch zu höheren Emissionen führen. Emissionsmindernde Verbesserungen der Gebäudequalität, des Nutzerverhaltens oder der Versorgung mit regenerativen Energien, können in der Emissionsbilanz durch Flächenzuwächse aufgezehrt werden.

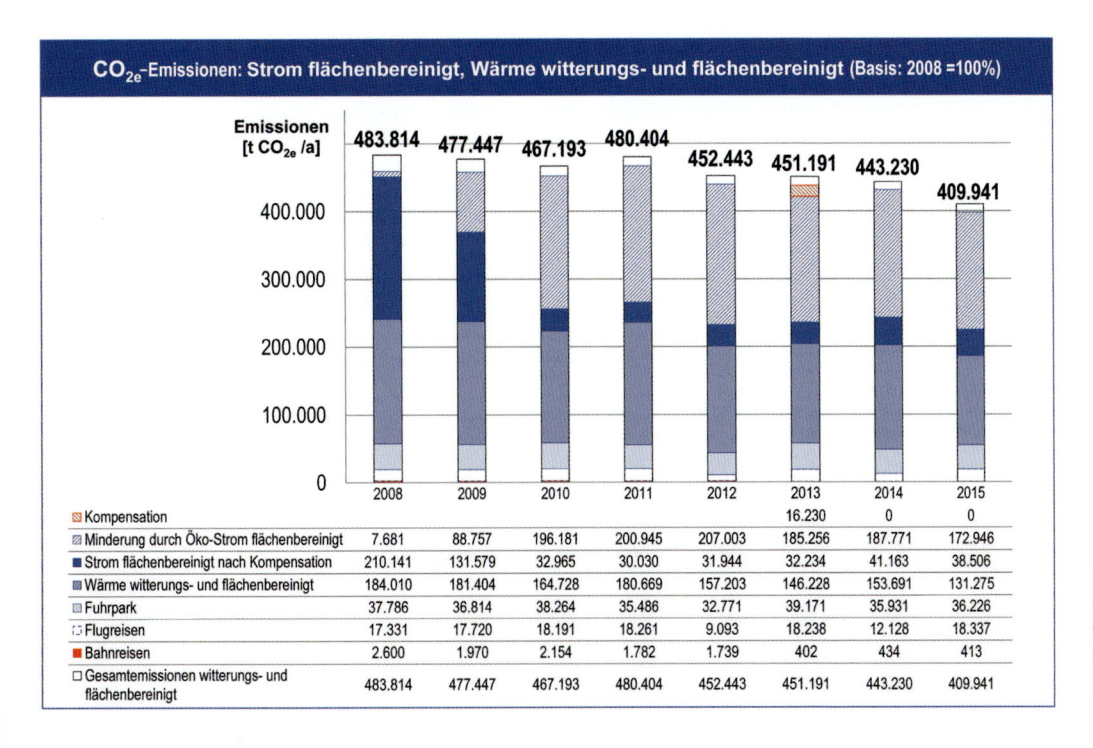

**$CO_{2e}$-Emissionen: Strom flächenbereinigt, Wärme witterungs- und flächenbereinigt (Basis: 2008 =100%)**

Emissionen [t $CO_{2e}$ /a]

Gesamtwerte: 483.814 | 477.447 | 467.193 | 480.404 | 452.443 | 451.191 | 443.230 | 409.941

| | 2008 | 2009 | 2010 | 2011 | 2012 | 2013 | 2014 | 2015 |
|---|---|---|---|---|---|---|---|---|
| Kompensation | | | | | | 16.230 | 0 | 0 |
| Minderung durch Öko-Strom flächenbereinigt | 7.681 | 88.757 | 196.181 | 200.945 | 207.003 | 185.256 | 187.771 | 172.946 |
| Strom flächenbereinigt nach Kompensation | 210.141 | 131.579 | 32.965 | 30.030 | 31.944 | 32.234 | 41.163 | 38.506 |
| Wärme witterungs- und flächenbereinigt | 184.010 | 181.404 | 164.728 | 180.669 | 157.203 | 146.228 | 153.691 | 131.275 |
| Fuhrpark | 37.786 | 36.814 | 38.264 | 35.486 | 32.771 | 39.171 | 35.931 | 36.226 |
| Flugreisen | 17.331 | 17.720 | 18.191 | 18.261 | 9.093 | 18.238 | 12.128 | 18.337 |
| Bahnreisen | 2.600 | 1.970 | 2.154 | 1.782 | 1.739 | 402 | 434 | 413 |
| Gesamtemissionen witterungs- und flächenbereinigt | 483.814 | 477.447 | 467.193 | 480.404 | 452.443 | 451.191 | 443.230 | 409.941 |

**Bild 3**
$CO_{2e}$-Emissionen: Strom flächenbereinigt, Wärme witterungs- und flächenbereinigt [© LBIH]

In der folgenden Abbildung ist sowohl eine Witterungs- als auch eine Flächenbereinigung erfolgt. Die Witterungsbereinigung erfolgt näherungsweise, indem die Emissionen mit der Gradtagszahl der Station Frankfurt Flughafen normiert werden. Betrachtet man diesen Emissionsverlauf, ist eine leicht fallende Tendenz erkennbar. Aus dem Vergleich der Abbildungen wird ersichtlich, dass der erhebliche Rückgang der Emissionen von 2013 zu 2014 maßgeblich durch die milde Witterung im Bilanzzeitraum 2014 bedingt war. Der witterungs- und flächenbereinigte Emissionswert für die Wärme ist in 2015 gegenüber den Vorjahren deutlich gesunken.

### Weiterentwicklung und Anpassungsmöglichkeiten für die Zukunft

Die Berechnung der Gesamtemissionen konnte durch die Erhebung vieler exakter Daten durchgeführt werden. In Bezug auf die Flugreisen und die Reisen mit der DB-AG wurden gegenüber der Bilanz 2008 neue Ansätze gefunden, um der Bilanz „gemessene" Daten zu Grunde zu legen. Die Validität der Datenquellen ist dabei weiterhin zu beobachten.

Für die Flugreisen wurde im Bereich der Hochschulen die Datenbasis weiter erhöht. Im Bereich der Landesverwaltung wurde auf Buchungen bei externen Anbietern zurückgegriffen.

Dabei wurde das 2012 entwickelte Konzept zu einer verbesserten Erhebung der Flugreisedaten angewandt. Im Bereich der Landesverwaltung wird aufgrund einer stabilen Stichprobe von etwa 30% der Bediensteten auf die Emissionen der Landesverwaltung extrapoliert. Bei der Berechnung für 2014 wurden Doppelzählungen erkannt und bereinigt, die in 2013 noch in die Bilanz eingeflossen waren. Im Bereich der Hochschulen hat sich die Größe der Stichprobe stabilisiert. Die starken Schwankungen der berechneten Emissionen aus Flugreisen der Hochschulen in den vergangenen Jahren sind in unterschiedlichem Flugreiseaufkommen der Hochschulen begründet. Auch für 2015 liegt eine Stichprobe zur Extrapolation der Daten aller hessischen Hochschulen und Universitäten - mit Ausnahme der Universität Frankfurt - zu Grunde. Dies entspricht einem Anteil von etwa 80 % der Hochschulbediensteten. Trotz des überraschenden Anstiegs der Flugreiseemissionen gegenüber 2014 wird eine Stabilisierung des Emissionswertes für die kommenden Jahre erwartet. Beim weiteren Ausbau der zentralen Reisekostenabrechnung könnte zusätzlich geprüft werden, ob in nennenswertem Umfang Flugreisen auf anderen Beschaffungswegen gebucht werden, z. B. durch Bedienstete direkt, die dann in der Reisekostenabrechnung geltend gemacht werden. Aus heutiger Sicht wird dieser Anteil als vernachlässigbar gering eingeschätzt. Dennoch sind die alternativen Beschaffungswege für die Flüge der Landesverwaltung mit einem Unsicherheitszuschlag von 10 % in die Berechnung eingeflossen.

Es bleibt weiterhin die Aufgabe, die Genauigkeit der Daten im Rahmen eines ausgewogenen Kosten-Nutzen-Verhältnisses zu verbessern. Die Fuhrparkemissionen weisen trotz der als sehr valide zu betrachtenden Erhebungsmethode eine hohe Varianz auf. Bei den Flugemissionen wird künftig aufgrund der größeren und stabileren Stichprobe bei den Hochschulen eine Verstetigung erwartet.

### Ausblick

Die $CO_2$-Bilanzen erfüllen neben der Ermittlung der Summe der $CO_2$-Emissionen (innerhalb der definierten Systemgrenzen) noch weitere Zwecke:

- Sammeln von Erfahrungen bei der Erfassung der Daten und ggf. Ableiten von Verbesserungsvorschlägen bei der Datenerfassung,

- Sammeln von Erfahrungen in Bezug auf die verschiedenen Möglichkeiten von Berechnungsansätzen und Methoden für Pauschalansätze, die es bei Emissionsbilanzierungen gibt und Ableiten einer für die Hessische Landesverwaltung sinnvollen Strategie,

- Diskussion von Details hinsichtlich einer zukünftig konsistenten Emissionsbilanz im Vergleich zu Vorbilanzen, wie:

  – welche Emissionsfaktoren sollen in Zukunft verwendet werden?

  – aus welchen Quellen sollen die Emissionsfaktoren stammen?

Weiterhin sollte auch noch über relative Kennzahlen für die interne und externe Kommunikation nachgedacht werden.

Die Emissionsbilanz soll auch in Zukunft fortgeführt werden. Die aus der Eröffnungsbilanz gewonnenen Erfahrungen wurden hier bereits teilweise berücksichtigt und weiter ausgebaut. Eine Erweiterung der Emissionsbilanz um weitere Emissionsquellen ist nicht erfolgt. Der Schwerpunkt der Arbeit liegt weiterhin auf der Verbesserung der Bilanzierung im Rahmen der derzeit gewählten Systemgrenzen. Dennoch wird eine Erweiterung weiterhin diskutiert.

Dabei wird zunächst geprüft, ob Kühlmittelverluste aus den vorhandenen Kälteanlagen eine relevante Emissionsquelle darstellen.

Damit verbunden ist die weitere Verbesserung der Datenlage zur Ermittlung der Eingangsgrößen. Die regelmäßig jährlich aufzustellende $CO_2$-Bilanz der Hessischen Landesverwaltung ist notwendig, um weiterhin konsequent und informiert auf das Ziel „$CO_2$-neutrale Landesverwaltung 2030" hinzuwirken.

Das Projekt befindet sich dabei auf einem sehr guten Weg. Der mit der Erstellung der $CO_2$-Bilanz der Hessischen Landesverwaltung angestoßene Prozess bedarf einer ständigen Aufmerksamkeit aller Mitarbeiterinnen und Mitarbeiter im Sinne eines kontinuierlichen Verbesserungsprozesses, um in allen Handlungsfeldern – von der Erstellung, über die Sanierung bis hin zur Nutzung von Gebäuden und Infrastruktur des Landes – weiterhin neue Energieeinsparpotentiale zu erschließen.

# Klimapolitik konkret – der Integrierte Klimaschutzplan Hessen 2025

Lena Keul | Hessisches Ministerium für Umwelt, Klimaschutz, Landwirtschaft und Verbraucherschutz (HMUKLV)

Rebecca Stecker | Hessisches Ministerium für Umwelt, Klimaschutz, Landwirtschaft und Verbraucherschutz (HMUKLV)

Im Mai 2015 hat die Hessische Landesregierung die Erstellung eines Klimaschutzkonzeptes beschlossen, das auch einen Anpassungsaktionsplan enthält. Damit vertieft und erweitert sie ihre bisherige Klimapolitik.

Als ersten Schritt hat sie kurz- und mittelfristige Klimaschutzziele für Hessen formuliert. Bis 2020 sollen die Treibhausgasemissionen um 30 Prozent, bis 2025 um 40 Prozent und bis 2050 um mindestens 90 Prozent (Basisjahr 1990) vermindert werden. Damit würde Hessen bis zur Jahrhundertmitte klimaneutral werden und seinen Teil zu den nationalen und internationalen Klimaschutzbemühungen beitragen.

Das hessische 2050-Ziel passt auch zum Klimaabkommen von Paris, bei dem sich 195 Staaten verbindlich auf die Begrenzung der Erderwärmung auf unter zwei Grad, möglichst auf 1,5 Grad im Vergleich zum vorindustriellen Zeitalter geeinigt haben.

Für die Umsetzung dieses Ziels sind ambitionierte Klimaschutzmaßnahmen aller Staaten notwendig, um bis 2050 eine $CO_2$-neutrale Welt zu erreichen, in der nicht mehr Kohlendioxid ausgestoßen wird als gleichzeitig gebunden.

Der Klimaschutzplan unterlegt diese Ziele mit 140 konkreten Maßnahmen. Etwa die Hälfte der Maßnahmen adressieren den Klimaschutz, die andere Hälfte die Anpassung an den nicht mehr vermeidbaren Klimawandel.

Mit der Verabschiedung des Klimaschutzplans durch das Kabinett ist die Umsetzung bereits gestartet: 42 Maßnahmen aus dem umfangreichen Katalog sind so genannte „prioritäre Maßnahmen", die in der ersten Umsetzungsphase bis 2019 begonnen werden. Hierfür stehen neben den bereits vorhandenen auch zusätzliche finanzielle Mittel in Höhe von 140 Millionen Euro in den Jahren 2018 und 2019 zur Verfügung. Flankiert wird dieses Paket durch die vielfältigen bereits laufenden Aktivitäten der Hessischen Landesregierung.

Im Folgenden werden die Entstehung des Klimaschutzplans, der dazugehörige Beteiligungsprozess und die Inhalte vorgestellt.

## 1. Entstehung des hessischen Klimaschutzplans

Der Integrierte Klimaschutzplan Hessen 2025 ist die Fortsetzung bereits bestehender Strategien und baut auch auf den bereits laufenden Aktivitäten in Hessen auf. Wichtige Vorgängerstrategien der hessischen Klimapolitik waren die Anpassungsstrategie 2012 sowie das Klimaschutzkonzept Hessen 2012 und der Aktionsplan Klimaschutz von 2007.

Bevor die ersten Maßnahmenvorschläge für den Klimaschutzplan erarbeitet wurden, ist eine Online-Bestandsaufnahme bereits laufender Aktivitäten in den Bereichen Klimaschutz und Klimawandelanpassung erfolgt. Ziel war dabei, von bestehenden Initiativen und Maßnahmen zu lernen, Dopplungen zu vermeiden und zielgenau Maßnahmen zu formulieren, die dazu beitragen, die hessischen Klimaziele zu erreichen. Die im Klimaschutzplan enthaltenen Maßnahmen konnten so direkt an laufende Aktivitäten anknüpfen, bereits laufende Aktivitäten bündeln oder noch bestehende Lücken schließen.

Auf Basis der Bestandsaufnahme hat ein Fachkonsortium unter Leitung des Öko-Instituts[1] im ersten Entwurf 174 Maßnahmen für die Bereiche Klimaschutz und Klimaanpassung erarbeitet.

Von Beginn an hat eine interministerielle Arbeitsgruppe aus allen hessischen Ressorts die Erarbeitung des Klimaschutzplans begleitet und die Überarbeitung der Maßnahmenvorschläge in den Ministerien koordiniert. Die Gesamtkoordination der Erarbeitung und der Umsetzung liegt beim Umweltministerium im zuständigen Referat für Klimaschutz, Klimawandel. Die gesellschaftliche Beteiligung erfolgte unter dem Dach der seit 2008 etablierten hessischen Nachhaltigkeitsstrategie.

Sowohl durch den gesellschaftlichen Beteiligungsprozess als auch durch die parallel verlaufende Ressortabstimmung in der interministeriellen Arbeitsgruppe wurden die ursprünglich 174 Maßnahmen in mehreren Phasen in die finalen 140 Maßnahmen überführt. Dabei wurden Maßnahmen hinzugefügt, gestrichen, gebündelt und grundlegend verändert.

## 2. Beteiligung im hessischen Klimaschutzplan

Um die Erderwärmung auf unter zwei Grad zu begrenzen und die internationalen, nationalen und hessischen Klimaziele zu erreichen, ist ein Transformationsprozess notwendig, der alle Wirtschaftssektoren und Lebensbereiche umfassen wird.

Die gesellschaftlichen Akteure wurden daher von Beginn an eng in den Prozess der Erarbeitung des Klimaschutzplans einbezogen. Auf Basis der gemeinsamen Erstellung wird auch die Umsetzung der Maßnahmen zusammen mit den Akteuren erfolgen und auf ein breites Fundament gestellt.

Der Beteiligungsprozess[2] zum Klimaschutzplan war in die Nachhaltigkeitsstrategie des Landes eingebunden. Im Mai 2015 hat die Nachhaltigkeitskonferenz, das höchste Gremium der Nachhaltigkeitsstrategie, hierzu den Steuerungskreis Klimaschutz und Klimawandelanpassung eingerichtet.

Die im Steuerungskreis vertretenen Expertinnen und Experten aus Wissenschaft, Wirtschaft, Gesellschaft, Kommunen, Politik und Verwaltung hatten die Aufgabe, die Erarbeitung des integrierten Klimaschutzplans Hessen 2025 zu begleiten. Sie haben sowohl Empfehlungen zum Inhalt als auch zum Erstellungsprozess des Klimaschutzplans abgegeben.

Die vertiefte inhaltliche Diskussion der Maßnahmenvorschläge des Fachkonsortiums erfolgte in den vier vom Steuerungskreis einberufenen Arbeitsgruppen:

- Arbeitsgruppe 1 Mobilität
- Arbeitsgruppe 2 Energie und Wirtschaft
- Arbeitsgruppe 3 Landnutzung
- Arbeitsgruppe 4 Leben und Wohnen

Insgesamt waren im Beteiligungsprozess über 200 Verbände und Institutionen vertreten. In 27 Veranstaltungen haben diese 3.100 Kommentare und Änderungsvorschläge zum Klimaschutzplan eingebracht.

Dabei erfolgte zunächst eine Expertenbeteiligung zur Prüfung des ersten Maßnahmenkatalogs des Fachkonsortiums. Steuerungskreis, Arbeitsgruppen und die interministerielle Arbeitsgruppe brachten ihre Vorschläge ein. Anschließend konnte der überarbeitete Maßnahmenkatalog über ein Online-Portal von der breiten Öffentlichkeit diskutiert werden. Begleitend fanden Foren mit den Regierungspräsidien und Unternehmen statt und es gab auf dem Hessentag die Möglichkeit, die Maßnahmen des Klimaschutzplans zu kommentieren. Parallel wurde der Maßnahmenkatalog nochmals in Steuerungskreis, Arbeitsgruppen und interministerieller Arbeitsgruppe diskutiert. Daraus entstand der dritte Entwurf des Maßnahmenkatalogs, der dann in die finale Ressortabstimmung einging.

## 3. Umsetzung des hessischen Klimaschutzplan

Der Klimaschutzplan enthält 140 Maßnahmen, die alle Sektoren des Klimaschutzes und Handlungsfelder in der Anpassung an den Klimawandel adressieren.

Im Klimaschutzbereich umfasst dies die Sektoren Energie, Verkehr, Industrie, Gewerbe, Handel und Dienstleistungen, Abfall und Abwasser, Privathaushalte und Wohngebäude sowie Landnutzung.

Einen besonderen Schwerpunkt bildet der Verkehr bei den Klimaschutzmaßnahmen, da dieser Sektor für 35 % der hessischen Treibhausgasemissionen verantwortlich ist. Als Transitland für den Durchgangsverkehr stehen die Förderung emissionsarmer Verkehrsmittel, die Vernetzung des Luft- und Schienenverkehrs sowie der Ausbau des öffentlichen Nahverkehrs im Vordergrund. In Städten soll besonders der Rad- und Fußverkehr gefördert werden.

Der Energiebereich und hier die Energieeffizienz werden u.a. über die neu gegründete Landesenergieagentur mit ihrem Beratungsangebot adressiert. Zudem fördert das Land Unternehmen, die zur Verbesserung ihrer Energiebilanz in hocheffiziente, am Markt verfügbare Technologien investieren.

Für die Klimawandelanpassung werden die Handlungsfelder Land- und Forstwirtschaft, Biodiversität, Energie und Wirtschaft, Gesundheit und Bevölkerungsschutz, Wasser, Gebäude, Verkehr, sowie Kultur, Sport und Freizeit mit konkreten Maßnahmen adressiert. Ein besonderer Fokus liegt hier z.B. bei Maßnahmen für die Land- und Forstwirtschaft sowie Biodiversität. Zunehmende Hitze, veränderte Niederschläge und frühere Vegetationsperioden führen z.B. zu vielfältigen Änderungen, an die sich die verschiedenen Lebensräume und Lebensformen anpassen müssen. Hier wird ein Hitzeaktionsplan erarbeitet, Auenrenaturierung als natürlicher Hochwasserschutz und Biotopvernetzung vorangetrieben und ein Unternehmenskataster für Anpassungstechnologien erstellt.[3]

Die Umsetzung des Klimaschutzplans wird durch ein Monitoring überprüft. Alle hessischen Ressorts sind weiterhin über die interministerielle Arbeitsgruppe beteiligt. Steuerungskreis und Arbeitsgruppen der Nachhaltigkeitsstrategie werden über den Fortschritt des Klimaschutzplans regelmäßig informiert und sind in die Umsetzung eingebunden: Für nahezu alle Maßnahmen des Klimaschutzplans haben gesellschaftliche Akteure den Wunsch geäußert, die Umsetzung zu unterstützen. Diese werden von den verantwortlichen Ministerien einbezogen.

### Anmerkungen

[1] Zur wissenschaftlichen Begleitung des hessischen Klimaschutzplans wurde ein Fachkonsortium aus sechs Partnern zusammengestellt: Öko-Institut (Leitung), Fraunhofer Institut für Systeminnovation (ISI), dem Institut Wohnen und Umwelt (IWU), dem Potsdam-Institut für Klimafolgenforschung (PIK), dem Planungsbüro UmbauStadt und dem Think-Tank Climate-Babel.

[2] Der Beteiligungsprozess wurde von der IFOK GmbH konzipiert und umgesetzt.

[3] Weitere Informationen und alle Maßnahmen des Klimaschutzplans sind abrufbar unter https://www.hessen-nachhaltig.de/de/klimaschutzplan-hessen.html und https://umwelt.hessen.de/klima-stadt/hessische-klimaschutzpolitik/integrierter-klimaschutzplan-hessen-2025

# Hessen als klimapolitischer Innovationsmotor

Christian Hey | Hessisches Ministerium für Umwelt, Klimaschutz, Landwirtschaft und Verbraucherschutz (HMUKLV)

## 1. Einleitung

Klimawandel und Klimaschutz sind globale Themen. Folglich, so eine weit verbreitete These, könne auch die Problemlösung nur global sein. Das Weltklima sei nicht alleine dadurch zu retten, dass sich ein Bundesland wie Hessen besonders engagiere. Dafür sei der Anteil Hessens an den globalen Treibhausgasemissionen zu gering.

Demgegenüber gibt es aber gewichtige Argumente dafür, dass auch eine vorbildliche innovationsorientierte Klimapolitik auf Landesebene einen unverzichtbaren Mehrwert für den globalen Klimaschutz leisten kann. Naheliegend ist, dass die Anpassung von Wirtschaft und Gesellschaft an Preissignale oder auch an ordnungsrechtliche Vorgaben durch eine aktivierende Informations-, Förder- und Investitionspolitik, sowie planerische Vorgaben eines Landes erleichtert werden kann. Zum anderen ist ein Land wie Hessen auch Laboratorium für innovative Lösungen mit potentiell großer Ausstrahlung auch für die nationale, europäische und ggf. auch die internationale Klimapolitik. Eines solchen experimentellen Ansatzes bedarf es insbesondere im Hinblick auf das international vereinbarte Ziel der Klimaneutralität, das Hessen bereits bis 2050 erreichen will.

Der folgende Beitrag ordnet dieses Argument in die wissenschaftliche Debatte um Klimapolitik in Mehrebenensystemen ein und zeigt an einzelnen Beispielen auf, wie Hessen durch seinen Integrierten Klimaschutzplan 2025 diesen Grundgedanken umsetzt.

## 2. Die wissenschaftliche Diskussion

Die neoklassische ökonomische Theorie vertritt einen globalen und zentralistischen Ansatz. Klimaschutz sei nur dann effizient, wenn es einen globalen Preis für $CO_2$-Emissionen gebe (SINN 2008; WEIMANN 2009). Bei unterschiedlichen Preisen für unterschiedliche sektorale oder regionale Teilmärkte erfolgen Klimaschutzmaßnahmen zu höheren Grenzvermeidungskosten, als bei einem einheitlichen Gesamtmarkt. Die Vermeidungskosten sind entsprechend höher als bei einem global einheitlichen Preis. Die Neoklassik ist dem Effizienzziel als oberstes Ziel verpflichtet durchaus mit dem nachvollziehbaren Argument, dass, wer ein Ziel kostengünstig erreicht, sich dann auch mehr Klimaschutz leisten kann (kritisch dazu: DALY 2007). Messlatte muss dann aber immer das mittelfristig vereinbarte Ziel der Klimaneutralität sein und nicht ein statischer Effizienzgedanke. Effizienz macht also nur im Hinblick auf die Gesamtkosten einer Rückführung der Treibhausgasemissionen auf nahe Null, bzw. auf die Einhaltung eines noch verfügbaren Budgets an Treibhausgasemissionen Sinn (vgl. SRU 2016). Es gibt hier durchaus einen Zielkonflikt: kurzfristig effiziente Maßnahmen erreichen zwar eine gewisse Verminderung innerhalb vorhandener Strukturen, dann gerät man aber in den sog. Lock-In Effekt: der Blockade weitergehender Reduktionen. Ein modernes Kohlekraftwerk emittiert weniger $CO_2$ als ein altes zu relativ geringen Kosten, es bleibt aber eine insgesamt $CO_2$-intensive Technologie. Wer Klimaneutralität anstrebt, muss also auch den Technologiesprung in Richtung einer $CO_2$-neutralen Technologie vorbereiten – auch zum Preis kurzfristiger Effizienznachteile (Unruh 2000).

Viel gewichtiger ist aber der Einwand, dass die mit dem ökonomischen Optimum vereinbare internationale Klimapolitik politisch bis auf Weiteres nicht realistisch ist. Sie setzt eine durchsetzungsfähige Weltregierung – bzw. eine andere funktionierende Form der globalen Governance – voraus, die mit dem aktuellen Staatensystem aus souveränen Nationalstaaten nicht vereinbar ist. Entsprechend sind Vorschläge für eine globale $CO_2$-Steuer oder einen weltweiten Emissionshandel (vgl. Wicke 2010) illusionär.

Demgegenüber hat sich in den letzten beiden Jahrzehnten in den Politikwissenschaften das realistischere Konzept der Klimapolitik als Mehrebenenpolitik durchgesetzt (vgl. Jänicke 2017). Dieses geht davon aus, dass Klimapolitik auf mehreren staatlichen Handlungsebenen von der globalen bis zur lokalen Ebene stattfindet. Von jeder dieser Ebenen können Impulse für die höheren oder niederen Ebenen gesetzt werden. So werden Innovationen auf den unteren Ebenen durch Lernprozesse in anderen Regionen nachgeahmt und in angepasster Weise übernommen (Politikdiffusion) oder sie können Vorbild für Maßnahmen auf den höheren Ebenen bilden. Im besten Fall entstehen durch das Zusammenwirken der politischen Handlungsebenen sich selbstverstärkende Beschleunigungseffekte (Jänicke 2017, Jänicke et al. 2015). Möglich ist auch, dass das Versagen einer politischen Handlungsebene kompensiert werden kann durch Aktivitäten auf einer anderen (Reinhardt 2016). Aktuelle Beispiele hierfür lassen sich in der Reaktion der Bundesstaaten in den USA auf Trumps Absage an die Klimapolitik finden oder der Bedeutung Großbritanniens und Deutschlands für die europäische Klima- und Energiepolitik (vgl. CALLIESS/HEY 2011; JÄNICKE/QUISTOW 2017). Insgesamt wird damit das Gesamtsystem resilienter gegen Rückschritte auf einzelnen Handlungsebenen.

In der institutionellen Ökonomie und den Politikwissenschaften wird dies oft als „polyzentrischer Ansatz" (OSTROM 2009; KEOHANE und VICTOR 2010) bzw. als Multi-Impulsansatz (NEUHOFF et al. 2015) bezeichnet. Einem solchen Multi-Impulsansatz ist auch der Hessische Klimaschutzplan verpflichtet. Die Dynamik dezentraler Aktivitäten, auch lokaler Klimaschutzaktivitäten, speist sich aus den potentiellen Synergieeffekten der Klimapolitik mit anderen Zielen, wie Versorgungssicherheit, Energiekosteneinsparung oder lokale Luftreinhaltung (vgl. dazu JÄNICKE 2017; Hilgenberg/Jänicke 2017).

Insgesamt ist in Mehrebenensystemen mit mehr Dynamik zu rechnen als in einem nur globalen oder nur europäischen, allerdings zum Preis einer erhöhten Fragmentierung der Instrumentierung. So stehen auf der einen Seite Policy Feed-Back, sich gegenseitig verstärkende Rückkoppelungseffekte zwischen dem technischen Innovationssystem, den Märkten und der Politik und die damit verbundene Politikbeschleunigung (Akzeleration) (JÄNICKE 2013). Auf der anderen Seite besteht aber auch immer ein erhöhter Koordinations- und Kooperationsbedarf zwischen den Politikebenen. Wenn dieser nicht erreichbar ist, können Inkohärenz und Ineffizienzen die Folge sein (so: Ohlhorst 2015; Reinhardt 2016; Monstadt et al. 2016). Von einer generellen Überlegenheit einer Klimapolitik als Mehrebenenpolitik kann also nicht die Rede sein, gleichwohl aber von erheblichen Chancen für Politikbeschleunigung im Mehrebenensystem.

Diese internationale Dynamik speist sich wesentlich aus der Bedeutung von Vorreiterländern, einerseits als Vorbild für andere Länder, andererseits als Motoren für anspruchsvolle internationale Klimaabkommen (Jänicke 2013). Gleiches ließe sich für das Verhältnis der Bundesländer zur Bundespolitik nachzeichnen. Viele Bundesländer haben den für einen effektiven Klimaschutz notwendigen Ausbau der erneuerbaren Energien schneller vorangetrieben als es der bundespolitische Zielkorridor vorsah (Ohlhorst 2015). Die politikwissenschaftliche Diffusionsforschung hat nachgewiesen, dass Vorreiterländer eine erhebliche internationale Ausstrahlung haben und dass ihre erfolgreichen Maßnahmen von anderen Ländern imitiert werden.

In der internationalen Klimapolitik hat sich mittlerweile der polyzentrische Ansatz, der auf bottom-up Prozesse setzt, gegenüber einem zentralistischen Top-Down Ansatz durchgesetzt. Das Klimaabkommen in Paris setzt auf „Intended Nationally Determined Commitments" – also Selbstverpflichtungen der Vertragsparteien, die regelmäßig auf ihre Vereinbarkeit mit dem 2 Grad Ziel überprüft werden (OBERTHÜR et al. 2015; WBGU 2014).

## 3. Der IKSP : der Mehrwert der Landesebene

In den letzten Jahren haben die meisten Bundesländer Klimakonzepte und Strategien entwickelt (Fischedick et. al. 2015). So hat auch die Hessische Landesregierung im März 2017 einen integrierten Klimaschutzplan 2025 beschlossen. Dieser Plan umfasst Maßnahmen für den Klimaschutz und die Klimaanpassung. Er bildet eine erste Etappe auf dem Weg zu einem klimaneutralen Hessen bis 2050. Gleichwohl ist dieser Plan nicht unabhängig von den Aktivitäten auf der nationalen oder europäischen Ebene zu betrachten. Er nutzt die spezifischen Handlungsmöglichkeiten eines Bundeslandes in Ergänzung zur nationalen und europäischen Klimapolitik.

Auch wenn an dieser Stelle nur kursorische Anmerkungen zur Kompetenzordnung zwischen EU, Bundesregierung und den Ländern in der Klimapolitik möglich sind (vgl. im Verhältnis EU/Deutschland: CALLIESS/HEY 2012; im Verhältnis Bundesländer/Bundesregierung: RODI et al. 2011; auch: Reinhardt 2016; Ohlhorst 2015), so lässt sich folgendes festhalten: Die Funktionsfähigkeit des Europäischen Binnenmarktes setzt zwingend einen europäischen Politikansatz im Bereich der Produktstandards und harmonisierter Rahmenbedingungen für die Wirtschaft voraus. Entsprechend sind die $CO_2$-Standards für Kraftfahrzeuge, Energieeffizienzstandards für Produkte, sowie der über den europäischen Emissionshandel bestimmte Preis für $CO_2$-Emissionen aus der Energieerzeugung und aus industriellen Anlagen europäisiert. Das klimapolitisch relevante Energiewirtschaftsrecht, Förderinstrumente für $CO_2$-neutrale Technologien und die Steuer- und Abgabenpolitik liegen weitgehend in nationaler Kompetenz. Insofern wird der Ordnungsrahmen für die Wirtschaftsakteure weitgehend abschließend auf den nationalen und europäischen Ebenen definiert. Hessen kann sich hieran über die Meinungsbildung und das Rechtsetzungsverfahren im Bundesrat beteiligen oder im Rahmen von internationalen Koalitionen und über die Umweltminister- oder anderer Ministerkonferenzen einen gewissen Einfluss ausüben. Im Wesentlichen bleiben aber für die Landespolitik nicht zu unterschätzende sogenannte weiche Instrumente der Klimapolitik. Hierzu gehören insbesondere die informatorischen, beratenden und mobilisierenden Instrumente, die auf die Freiwilligkeit und die informierte Akteursmotivation setzen. Darüber hinaus aber sind die klimaschutzorientierten Investitionen des Landes und der Aufbau neuer Organisationsstrukturen durchaus auch als harte Instrumente der Klimapolitik zu werten. Einige dieser Instrumente werden im Folgenden vorgestellt.

### 3.1 Akteursmobilisierung und Vernetzung

Bereits die Erstellung des IKSP basierte auf einem sehr partizipativen Prozess (vgl. allgemein: Fischedick et. al. 2015). Mit wissenschaftlicher Unterstützung eines Forschungskonsortiums wurden erste Maßnahmenvorschläge für den IKSP erarbeitet, die zunächst in den Facharbeitsgruppen beraten und modifiziert wurden. Der Beteiligungsprozess zum Hessischen Klimaplan hat sich hierbei der seit fast 10 Jahren bestehenden gut etablierten und funktionierenden Beteiligungsstrukturen der hessischen Nachhaltigkeitsstrategie bedient. In einer zweiten Phase wurden die Beteiligungsangebote erweitert und es wurde eine öffentliche Internetkonsultation durchgeführt. Insgesamt wurden in 27 Sitzungen und der Internetkonsultation 3100 Kommentare eingebracht und im Klimaplan verarbeitet. Diese mündeten in eine Dritte Version des Planes, der dann in die regierungsinternen Abstimmungsprozesse eingespeist worden ist. Der Hessische IKSP ist Ergebnis dieser breiten Abstimmungsprozesse. Im Ergebnis entsteht eine breite Identifikation verschiedenster Akteure mit den Maßnahmen des Hessischen Klimaplanes. Dies kann auch als eine wichtige Erfolgsbedingung für einen erfolgreichen Umsetzungsprozess gewertet werden (Fischedick et. al.2015). Das Akteursspektrum reicht von Klimaschutzinitiativen, über die Kommunen bis hin zu verschiedenen wirtschaftlichen Akteuren.

Die Aktivierung von Akteuren geht über die Partizipation bei der Erstellung weit hinaus. Teil des Klimaplanes ist unter anderem eine Öffentlichkeitskampagne, durch die auf die Klimafolgen und individuelle Handlungsmöglichkeiten hingewiesen werden soll.

Ein weiterer Schwerpunkt ist die Zusammenarbeit mit den Hessischen Kommunen. Aus dem ursprünglichen Ziel, 100 hessische Kommunen für den Klimaschutz zu gewinnen, sind mittlerweile 181 Kommunen geworden, 40% aller hessischen Kommunen. Diese erfahren Unterstützung bei der Bilanzierung ihrer Treibhausgasemissionen, vernetzen sich mit aktiver Unterstützung des Landes und organisieren Erfahrungsaustausche. Seit 2017 werden vorbildliche Projekte im Rahmen eines Wettbewerbs ausgezeichnet und gefördert. Die Klimakommunen erhalten im Rahmen einer Klimaförderrichtlinie des Landes einen besonders hohen Zuschuss für klimarelevante Projekte und sollen von der neu geschaffenen Landesenergieagentur in ihren jeweiligen Aktivitäten intensiv beraten werden.

Insgesamt hat das Land, alleine schon wegen der räumlichen und kulturellen Nähe und den einfacheren Möglichkeiten einer unmittelbaren Vernetzung mit den verschiedenen Akteuren, zusätzliche und teilweise auch intensivere Gestaltungschancen für eine wesentlich breitenwirksamere Akteursaktivierung als der Bund. Man kann hier von einer komplementären Kapazität für die schnelle Diffusion von Projektideen und Unterstützungsbereitschaft für die Klimapolitik sprechen.

### 3.2 Ziele als Instrumente der Akteursorientierung

Die Bedeutung einer zielorientierten Klimapolitik ist seit langem erkannt. Ziele leisten einen unverzichtbaren Beitrag zur Akteurskoordination und Orientierung. Gerade dort, wo der Staat nicht mehr die Ressourcen und Steuerungskraft hat, um durch zentrale Vorgaben gesellschaftliche Ziele zu erreichen, ist es gleichwohl wichtig, konsensfähige Zielsetzungen zu formulieren, an denen sich die unterschiedlichsten privaten und öffentlichen Akteure orientieren und messen lassen (vgl. SRU 2004, Tz.1199). Aus diesen Gründen ist die internationale Klimapolitik ohne Zielorientierung nicht zu denken. Gerade auch Zielverfehlungen lösen öffentliche Diskussionen aus, die zu einer Nachsteuerung und Nachbesserung beitragen können.

Hessen hat sich in diesem Zusammenhang Ziele gesetzt, die zum Teil über die bundespolitischen Ziele hinausgehen. Zu nennen ist hier das Klimaschutzziel für 2050, das eine 90%ige Reduktion der Treibhausgase bis 2050 vorsieht. Ehrgeiziger ist auch das Ausbauziel für die erneuerbaren Energien, das für die Stromerzeugung und den Gebäudebereich eine 100%ige Versorgung mit erneuerbaren Energien vorsieht. Vorbildlich ist sicher auch das Ziel einer $CO_2$-neutralen Landesverwaltung bis 2030. Mit diesen Zielsetzungen hat die Hessische Landesregierung einen anspruchsvollen und mutigen Rahmen gesetzt. Sie ist bereit, sich und ihr Handeln daran messen zu lassen.

### 3.3 Investieren und Fördern

Es ist offensichtlich, dass die Transformation der Wirtschaft von einer primär fossilen Energiebasis auf die klimaneutralen erneuerbaren Energien gewaltige private und öffentliche Investitionen erfordert. Ein Bundesland kann hierzu insbesondere durch seine eigenen Infrastrukturinvestitionen und die vorbildliche Erneuerung des landeseigenen Kapitalstocks beitragen.

Für die prioritären Maßnahmen des integrierten Klimaschutzplan selber sind zusätzliche Haushaltsmittel über 140 Mio. Euro in den nächsten beiden Haushaltsjahren 2018/2019 bereitgestellt worden. Hierbei sind alleine 100 Mio. € für das kostenlose Jobticket für alle ca. 145 000 Landesbedienstete vorgesehen. Hierdurch werden Verlagerungeffekte bei der Verkehrsmittelwahl erwartet. Ein erheblicher Anteil der Finanzmittel fließt in Klimaanpassungsmaßnahmen.

Darüber hinaus existieren aber weitere Förderinstrumente und Infrastrukturinvestitionen, die als klimaschutzrelevant eingestuft werden müssen, auch wenn sie nicht ausschließlich klimapolitisch motiviert sind. Hierzu zählen insbesondere einschlägige Maßnahmen im Bereich der Verkehrsinfrastruktur und der Mobilität.

Im Rahmen des IKSP werden 21 Mio. € in die klimafreundliche Mobilität investiert. Im Zentrum steht hier der Umweltverbund im Nahverkehrsbereich, insbesondere Investitionen in Radweg- und Radfernwege. Des Weiteren wird die Elektrifizierung der kommunalen Verkehre unterstützt, insbesondere im Bereich emissionsfreie Citylogistik, Elektrotaxis und E-Busse. Diese Maßnahmen ergänzen und erweitern die Förderinstrumente, die für die Verkehrswende ohnehin bereits vorgesehen sind.

Dank einer Kombination bundes-und solcher landespolitischen Fördermaßnahmen planen die Stadt Wiesbaden und die städtischen Verkehrsbetriebe die nahezu vollständige Elektrifizierung der gesamten Busflotte von über 220 Bussen bis 2022. Ambitionierte Pläne in dieser Richtung haben auch weitere hessische Städte, wie Darmstadt, Offenbach oder Frankfurt. Von dieser Nachfrage gehen Innovationsimpulse für die Entwicklung von Elektrobussen aus und zugleich entstehen hier Vorreiterkommunen für die oftmals noch skeptisch bewertete Einführung dieser potentiell klimaneutralen Technologie.

Darüber hinaus wird die Förderung der kommunalen Verkehrsinfrastruktur auf über 100 Mio. € im Jahr aufgestockt. Die Förderung für die hessischen Verkehrsverbünde ist um ca. 20 % auf 800 Mio. € jährlich in den vier Jahren bis 2021 aufgestockt worden (HMWEVL 2017). Dabei stammen ca. 80% aus den Regionalisierungsmitteln des Bundes, 20% aus Landesmitteln (Hessischer Landtag 2017). Zudem werden bis 2030 insgesamt 12 Mrd. € im Rahmen des Schienenausbaugesetzes und des Gemeindeverkehrsgesetzes investiert. Dabei beträgt der Landesanteil 600 Mio. € (ibd.).

Einen weiteren Schwerpunkt bilden die Investitionen im Bereich der Wärmedämmung und Energieeffizienz von Gebäuden. Das Land hat ein Zusatzprogramm zur KFW-Förderung aufgelegt, das für die Erfüllung anspruchsvoller Wärmestandards bei Bestandsgebäuden eine zusätzliche Förderung anbietet. Nach einer Auswertung für das Hessische Wirtschaftsministerium hat die Zusatzförderung auch insgesamt die energetischen Standards verbessert. Der IKSP sieht für dieses Programm eine weitere Aufstockung und Intensivierung vor.

Zudem werden Kommunen im Rahmen einer Förderrichtlinie bei der energetischen Sanierung von Nichtwohngebäuden mit ca. 12,5 Mio. € jährlich unterstützt (HMWEVL 2017c). Hiervon profitieren vor allem Schulgebäude. In beiden Programmen sind die Fördersätze umso höher, desto anspruchsvoller die energetischen Standards sind (vgl. Wi-Bank 2017). Es gibt des Weiteren ein Förderprogramm zur Modernisierung von Bestandsgebäuden auf Passivhausstandard, für das jährlich 2,7 Mio. € zur Verfügung stehen (HMWEVL 2017b, 89). Insgesamt weist der Energiewendemonitoringbericht des Landes 10 verschiedene Programme für die energetische Gebäudesanierung auf (ibid.).

Schließlich werden auch Maßnahmen zur Reduktion von Treibhausgasen in der Landwirtschaft gefördert. Zu nennen sind hier insbesondere Maßnahmen zur Verminderung der Lachgasemissionen aus Gülle- und Gärrestelagern und aus der Ausbringung von Düngemitteln.

Im Zentrum des Klimaplanes steht die Unterstützung kommunaler Investitionen. Seit 2016 gibt es eine separate Richtlinie, durch die Projekte kommunalen Klimaschutzes und Klimaanpassungsinvestitionen gefördert werden können. Diese zielt eher auf kleine und mittlere Investitionsmaßnahmen. Jährlich stehen hier ca. 4,4 Mio. € zur Verfügung. Darüber hinaus wurde die bestehende Förderrichtlinie für den Städtebau im Hinblick auf Klimaschutz und Klimaanpassung fokussiert. Diese fördert ausgewählte Kommunen, die solche Investitionen im Rahmen Integrierter Stadtentwicklungskonzepte planen. Alleine für den Stadtumbau stehen jährlich ca. 25 Mio. € zur Verfügung.

Im Rahmen der beim Finanzministerium federführend angesiedelten Aufgabe „$CO_2$-neutrale Landesverwaltung" wurden von 2010 bis Ende 2016 ca. 450 Mio. € alleine für in den Neubau besonders energieeffizienter Landesgebäude investiert. Für die energetische Sanierung des Gebäudebestandes wurde mit dem $CO_2$-Minderungs- und Energieeffizenzprogramm („COME-Programm") ein eigenständiges Bauprogramm im Gesamtvolumen von 160 Mio. € über 7 Jahre bis Ende 2018 aufgelegt. Somit standen für die energetische Sanierung und den Neubau von Landesgebäuden fast 90 Mio. € jährlich zur Verfügung. Zur energetischen Sanierung von Hochschulgebäuden ist ein weiteres Bauprogramm mit einem Gesamtvolumen über 200 Mio. €, „COME-Hochschulen" vorgesehen.

Eine belastbare Gesamtbetrachtung der jährlichen klimabezogenen Investitionen des Landes besteht noch nicht, aber im Lichte der obigen Ausführungen kann man von einem Eigenbeitrag des Landes in der Größenordnung von über 300 Mio. € und von jährlichen Gesamtinvestitionen von Bund und Land in der Größenordnung von 1,6 Mrd. € ausgehen. Der Schwerpunkt dieser Investitionen liegt im Verkehrsbereich.

### 3.4 Institutionalisierung

Neue politische Prioritäten spiegeln sich oftmals im Aufbau neuer Organisationsstrukturen und Institutionen wieder. Diese stehen zum einen als sichtbares Symbol für die Dauerhaftigkeit und Ernsthaftigkeit dieser neuen Prioritären, zum anderen wird von den neuen Organisationen auch eine erhöhte Effektivität und Schlagkraft in der Umsetzung erwartet.

So sind mit dem integrierten Klimaplan insbesondere zwei neue Organisationseinheiten entstanden: die Landesenergieagentur und die Transferstelle Klimaanpassung im Hessischen Landesamt für Naturschutz, Umwelt und Geologie.

Die neue Landesenergieagentur wurde im August 2017 der Öffentlichkeit vorgestellt. Diese bildet zunächst eine Organisationseinheit der Hessen Agentur, einem der zentralen Dienstleister des Landes in der Wirtschaftsförderung oder im Wohnungs- und Städtebau. Die Landesenergieagentur soll insbesondere die Energie- und Klimaschutzberatung des Landes bündeln und sich als der zentrale Ansprechpartner von Wirtschaft, Kommunen und Privathaushalten in den Bereichen Energieeffizienz, erneuerbare Energien oder nachhaltige Mobilität entwickeln. Die bisherigen Aktivitäten in diesen Bereichen werden in der Agentur gebündelt und ihr Budget auf 9 Mio. € im Jahre 2018 gegenüber dem Vorjahr verdoppelt. Die LEA wird unter anderem die Beratung und Vernetzung der 181 hessischen Klimakommunen, die sich einer ambitionierten kommunalen Klimapolitik verschrieben haben, übernehmen. Darüber hinaus ist sie zuständig für die Durchführung der hessischen Energiesparaktion, die Bürger bei energetischen Sanierungen im Wohnbereich berät.

Die Beratungsaufgaben, die sich im Kontext der Klimaanpassung ergeben, sollen in einer Transferstelle Klimaanpassung gebündelt werden, die an das Fachzentrum Klimawandel im HLNUG angebunden werden soll. Auch hier wird also eine bereits existierende kleine Organisationseinheit durch die Zuweisung neuer Aufgaben erheblich gestärkt.

Mit dem House of Mobility und dem House of Energy besitzt das Land zudem weitere Einrichtungen, die sich mit den nachhaltigen Zukunftsfragen in diesen beiden besonders klimarelevanten Sektoren befassen (http://www.frankfurt-holm.de/de; https://www.house-of-energy.org/Ueberuns). Sie sind die Denkfabriken des Landes zu den entsprechenden Zukunftsfragen. Das House of Energy befasst sich in einem großangelegten Projekt mit den Praxisfragen der Umsetzung der Energiewende in Hessen. Das House of Mobility hat z.B. in den Jahren 2016 und 2017 zusammen mit dem Fraunhofer Institut eine Studie mit umfassender Akteursbeteiligung zur Zukunft der Mobilität in Hessen erarbeitet (HOLM, Fraunhofer IMI 2017). In diesem Zusammenhang ist auch das Institut für Wohnen und Umwelt zu nennen, das vom Land eine starke institutionelle Förderung erhält und insbesondere im Bereich der Energieeinsparung bei Gebäuden eine national und international anerkannte Expertise aufgebaut hat.

### 3.5 Rolles des Landes als Anteilseigner eines Wohnungsbauunternehmens

Von besonderer Bedeutung für eine effektive regionale Klimapolitik sind auch Unternehmen in öffentlichem Eigentum bzw. die Landesverwaltung selbst. Hier kann die Landesregierung unmittelbarer Veränderungen anstoßen und umsetzen, als es bei privaten Akteuren der Fall wäre. Insofern bilden Unternehmen im öffentlichen Eigentum die Chance, vorbildliche Projekte umzusetzen und damit auch Vorreiter klimapolitisch motivierter Innovationen zu werden.

Das Land Hessen ist bedeutender Anteilseigner der Nassauischen Heimstätte, mit ca. 60 000 Wohnungen die größte, landesweite Wohnungsbaugesellschaft. Die Hessische Umwelt- und Wohnungsbauministerin ist Aufsichtsratsvorsitzende. Die NH hat in den letzten Jahren ihre Unternehmenspolitik neben dem Neubau von Wohnungen vor allem auch auf die energetische Sanierung des Gebäudebestandes ausgerichtet. Sie entwickelt für ihren Gebäudebestand integrierte Energiekonzepte, die auf möglichst effiziente und klimaschonende Wärmebereitstellung abzielen. So wurden seit 2015 Pilotprojekte für die energetische Quartierssanierung begonnen, die zunächst insgesamt ca. 2400 Wohnungen umfassen (NH 2017, 18). Beim Neubau wird vielfach auf Niedrigstenergiestandard oder auf Passivhausstandard gesetzt. So liegen die neuesten Projekte bei Ihrem Energiebedarf deutlich unter der Hälfte des seit 2007 geltenden ENEV-Wertes von 60 kwh/m2 (NH 2017, 33). Erste Energieplushäuser wurden 2015 realisiert.

Eine ähnliche Politik lässt sich auch bei den kommunalen Wohnungsbaugesellschaften beobachten. So hat die Frankfurter AGB bereits 3000 Wohnungen nach Passivhausstandard errichtet (ca. 5% des Bestandes) (AGB2017). Dies ist auch Folge der strengen Bauvorschriften der Stadt Frankfurt.

Die Wohnungsbaugesellschaften in öffentlichem Eigentum erweisen sich damit als wichtige Akteure der Diffusion hoher Energiestandards, bevor diese durch bundes- oder EU Recht verbindlich geworden sind. Aus diesem Grunde sieht der IKSP vor, dass das Land mit den öffentlichen Wohnungsbaugesellschaften Klimaschutzzielvereinbarungen trifft.

Der Passivhausstandard ist vor über 20 Jahren am Darmstädter Forschungsinstitut IWU (Institut für Wohnen und Umwelt) entwickelt worden, das dauerhaft eine institutionelle Förderung durch das Land erfahren hat (IWU 2017). Experten aus diesem Institut waren regelmäßig auch an den Vorarbeiten zur Europäischen Gebäuderichtlinie fachlich beteiligt. Man kann also hier den Europäisierungsprozess einer Diffusion einer maßgeblich in Hessen entwickelten Innovation beobachten. Dieser Diffusionsprozess verläuft vertikal aus Hessen auf die europäische Ebene und horizontal in Hessen entlang einer Innovationskette von der Forschung zur praktischen Umsetzung.

## 4. Ausblick

Klimapolitik ist eine ressortübergreifende Mehrebenenpolitik. Im Idealfall entstehen über diese Ebenen hinweg sich gegenseitig verstärkende Impulse, die zu einer Beschleunigung der Klimapolitik insgesamt beitragen können. Innovationen entstehen in Nischen oftmals lokal, sie werden aber erst klimawirksam, wenn sie sich international als Lösungen durchsetzen. Die politischen Ebenen zwischen der kommunalen und der internationalen Ebene können jeweils eigene Beiträge zur Diffusion solcher Innovationen leisten. Gleichzeitig erfordert das aus wissenschaftlicher Sicht notwendige Ziel der Klimaneutralität grundlegende Transformationsprozesse in zahlreichen Sektoren, insbesondere bei der Energieerzeugung und dem Energieverbrauch, aber auch in den Bedürfnisbereichen Wohnen, Mobilität und Ernährung.

Ein Bundesland wie Hessen kann in dieser ressortübergreifenden Mehrebenenpolitik eine treibende Rolle spielen und selbst Impulsgeber für wichtige Innovationen werden.

Durch weiche Instrumente, wie Beratung, Information und Öffentlichkeitsarbeit, durch die Nutzung und den Aufbau landeseigener Institutionen und insbesondere durch die Neuausrichtung der staatlichen Investitionen im Bereich Verkehr und der landeseigenen Infrastruktur leistet Hessen einen wichtigen Beitrag dazu, die europäische und nationale Klimapolitik in ihrer Wirksamkeit zu verstärken. Das Land unterstützt und berät zudem die Kommunen bei ihrer Klimapolitik. Hessische Kommunen sind national und international vorbildlich bei der Einführung von besonders energieeffizienten Gebäuden, neuen energetischen Quartierskonzepten oder der Umrüstung der eigenen Omnibusflotte auf E-Busse.

### Literatur

AGB (2017): https://www.abg-fh.com/bauen/passivhaus/

Calliess, C., Hey, C. (2012): Erneuerbare Energien in der Europäischen Union und EEG: Eine Europäisierung von unten? In: Müller, T., Schütt, M.: 20 Jahre Recht der erneuerbaren Energien. Würzburg, S. 219 - 253

Daly, H. E. (2007): Ecological economics and sustainable development. Selected essays of Herman Daly. Cheltenham: Elgar.

Fischedick, M; Richwien, M.; Lechtenböhmer, S.; Zeiss,C.; Espert, V. (2015): Klimaschutzpläne- und Strategien – partizipationsorientierte Instrumente vorausschauender Klima- und Standortepolitik, in: Energiewirtschaftliche Tagesfragen, 5/2015; S. 18-21

Helgenberger, S.; Jänicke, M.(2017): Mobilizing Co-Benefits of Climate Change Mitigation; IASS Working Paper, Potsdam, IASS

Hessischer Landtag (2017): Landtagsdrucksache 19/4937

HMUKLV (2017): Integrierter Klimaschutzplan Hessen 2025; https://umwelt.hessen.de/sites/default/files/media/hmuelv/integrierter_klimaschutzplan_web_barrierefrei.pdf

HMWEVL (2017a): Schnell und klimafreundlich ans Ziel. Hessen wird Vorreiter zukunftsfähiger Mobilität; Regierungserklärung des Hessischen Ministers für Wirtschaft, Energie, Verkehr und Landesentwicklung; 29. August 2017; https://wirtschaft.hessen.de/sites/default/files/media/hmwvl/170829_regierungserklarung.pdf

HMWEVL( 2017b): Energiewende in Hessen. Monitoringbericht 2017. https://www.energieland.hessen.de/mm/Monitoringbericht_2017_web.pdf

HMWEVL(2017c): Richtlinien des Landes Hessen nach § 3 des Hessischen Energiegesetzes (HEG)1 zur Förderung der Energieeffizienz und Nutzung erneuerbarer Energien in den Kommunen (Kommunalrichtlinie); https://www.energieland.hessen.de/mm/Kommunalrichtlinie.pdf

HOLM/Fraunhofer IMI (2017): Zukunftsbild Logistik und Mobilität in Hessen 2035 http://www.frankfurt-holm.de/sites/default/files/managed/zukunftsbild_logistik_und_mobilitaet_in_hessen_2035.pdf

IWU (2017): http://www.iwu.de/institut/geschichte/

Jänicke, M. (2017):The Multilevel System of Global Climate Governance – The Model and its Current State: Environmental Policy and Governance 27; 108-128

Jänicke, M. (2013): Accelerators of Global Energy Transition: Horzontal and Vertical Reinforement in Multi-Level Governance. Potsdam: Institute for Advanced Sustainability Studies. IASS Working Paper.

Jänicke, M., Quizow, R. (2017): Multi-level reinforcement in European Climate and Energy Governance.

A mobilizing economic interests at subnational levels: Environmental Policy and Governance 27; 122-136

Monstadt, J; Scheiner, S. (2016):Die Bundesländer in der nationalen Energie- und Klimapolitik: räumliche Verteilungswirkungen und föderale Politikgestaltung der Energiewende. In: Raumforschung und Raumordnung, Springer Verlag

Nassauische Heimstädte (2017): Vernetzt Planen – Nachhaltig Wirken; Nachhaltigkeitsbericht 2016; https://www.naheimst.de/fileadmin/user_upload/Naheimst/Downloads/Nachhaltigkeitsbericht_2016.pdf

Keohane, R. O., Victor, D. G. (2010): The Regime Complex for Climate Change. Cambridge, Mass.: Harvard Project on International Climate Agreements. Discussion paper 2010-33.

Oberthür, S., La Viña, A. G. M., Morgan, J. (2015): Getting Specific on the 2015 Climate Change Agreement: Suggestions for the Legal Text with an Explanatory Memorandum. Washington, DC: ACT 2015. Working Paper. http://www.wri.org/sites/default/files/ACT2015_LegalSuggestions.pdf (13.07.2015).

Ohlhorst, D. (2015): Germany´s Energy Transition Policy between National Targets and Decentralized Responsibilities; Journal of Integrative Environmental Sciences 12:4, 303-322

Ostrom, E. (2009): A polycentric approach for coping with climate change. Background paper to the 2010 World Development Report. Washington, DC: The World Bank. Policy Research Working Paper 5095.

Sinn, H.-W. (2008): Das Grüne Paradoxon. Plädoyer für eine illusionsfreie Klimapolitik. Berlin: Econ.

Unruh, G-C. (2000): Understanding Carbon Lock-in; in: Energy, Vol. 28, Issue 12, 817-830;

Rodi, M; Sina,S. (2011): Das Klimaschutzrecht des Bundes – Analyse und Vorschläge zu seiner Weiterentwicklung, Dessau-Roßlau, UBA-Texte17/2011

SRU (Sachverständigenrat für Umweltfragen)(2016): Zum Entwurf des Klimaschutzplanes 2050; Kommentar zur Umweltpolitik Nr. 18, November 2016 https://www.umweltrat.de/SharedDocs/Downloads/DE/05_Kommentare/2016_2020/2016_11_KzU_18_Kommentar_Klimaschiutzplan.pdf;jsessionid=E6846898AC1C978987A782E66949011A.1_cid284?__blob=publicationFile&v=4

SRU (Sachverständigenrat für Umweltfragen) (2015): 10 Thesen zur Zukunft der Kohle bis 2040. Berlin: SRU. Kommentar zur Umweltpolitik Nr. 14.

SRU (Sachverständigenrat für Umweltfragen) (2013): Den Strommarkt der Zukunft gestalten. Sondergutachten. Berlin: Erich Schmidt.

SRU (Sachverständigenrat für Umweltfragen) (2011): Wege zur 100 % erneuerbaren Stromversorgung. Sondergutachten. Berlin: Erich Schmidt.

SRU (Sachverständigenrat für Umweltfragen) (2004): Umweltpolitische Handlungskapazität sichern.

WBGU (Wissenschaftlicher Beirat der Bundesregierung Globale Umweltveränderungen) (2014): Klimaschutz als Weltbürgerbewegung. Berlin: WBGU. Sondergutachten.

Weimann, J. (2009): Die Klimapolitikkatastrophe. Deutschland im Dunkel der Energiesparlampe. Marburg: Metropolis.

Wi-Bank (2017): Hessisches Programm zur Energieeffizienz im Mietwohnungsbau https://www.wibank.de/wibank/hessisches-programm-zur-energieeffizienz-im-mietwohnungsbau

Wicke,L. (2010) Beyond Kyoto – A New Global Certificate System, Springer Verlag, Berlin

# Standards im Staatlichen Hochbau in Hessen – Neubauten

Thomas Platte | Landesbetrieb Bau und Immobilien Hessen

Einen wesentlichen Baustein auf dem Weg zur $CO_2$-neutralen Landesverwaltung Hessen bildet die Minimierung des Energieverbrauchs und der daraus resultierenden $CO_2$-Emissionen im Baubereich. Neubauten sind daher so zu planen, dass diese Emissionen während des Betriebs möglichst gering ausfallen. Das wird erreicht, indem das Gebäude so geplant wird, dass es zum einen zur Deckung des Energiebedarfs für Wärme und Strom möglichst wenig Primärenergie verbraucht und zum anderen, indem die eingesetzte Energie so effizient wie möglich genutzt wird.

In der EU-Richtlinie 2010/31/EU über die Gesamtenergieeffizienz von Gebäuden ist vorgegeben, dass Neubauten der öffentlichen Hand vorbildhaft als Niedrigstenergiegebäude errichtet werden sollen. Niedrigstenergiegebäude sind Gebäude, die eine sehr hohe Gesamtenergieeffizienz aufweisen und bei denen der sehr geringe Energiebedarf zu einem ganz wesentlichen Teil durch Energie aus erneuerbaren Quellen - aus standortnaher Erzeugung - gedeckt wird.

Parallel hierzu wurden Standards für Neubauten des Landes Hessen entwickelt und mit dem Kabinettsbeschluss „$CO_2$-neutrale Landesverwaltung" vom 17.5.2010 eingeführt.

Ziel des „Hessischen Modells für Neubauten" ist es, den Endenergiebedarf von zu errichtenden Gebäuden zu minimieren und möglichst weit durch regenerative Energien zu decken, so dass der Primärenergiebedarf aus fossilen Quellen minimiert werden kann.

Das Ziel wird durch Soll-Vorgaben für die Qualität der Gebäudehülle sowie für den Primärenergiebedarf als Unterschreitung der Anforderungen der EnEV 2009 definiert. Diese Vorgaben behalten auch bei Fortschreibung der EnEV ihre Gültigkeit, d.h. Bezug für die Mindestanforderungen des Hessischen Modells bleiben die Werte der EnEV 2009. Die Anforderungen sind einzuhalten, sofern die Mehrkosten für die energetisch verbesserte Variante nicht mehr als 10 % gegenüber der Ausführung nach den Vorgaben der jeweils gültigen EnEV betragen. Dieser Fall ist bislang noch nicht eingetreten. Es darf auch für die Zukunft angenommen werden, dass die Anforderungen des Hessischen Modells wirtschaftlich umgesetzt werden können.

Bild 1: Schematische Darstellung „Hessisches Modell"

|  | Gebäudehülle | Primärenergiebedarf | |
|---|---|---|---|
|  |  | Regelfall (mind.) | Prüfung |
| Büro & Verwaltung | im Mittel<br>EnEV 2009 -50% | EnEV 2009 -50% | EnEV 2009 -70% |
| Sonstige Nutzung |  | EnEV 2009 -30% | EnEV 2009 -50% |

Das Hessische Modell formuliert im Einzelnen folgende Anforderungen:

### Gebäudehülle

Die Gebäudehülle ist so auszuführen, dass die Anforderungen der EnEV 2009 um 50% unterschritten werden. Gemäß § 4 (2) EnEV 2009 sind zu errichtende Nichtwohngebäude so auszuführen, dass die Höchstwerte der Wärmedurchgangskoeffizienten der wärmeübertragenden Umfassungsfläche (Hülle) nach Anlage 2, Tabelle 2 nicht überschritten werden.

Das Hessische Modell fordert eine Unterschreitung der Anforderungen der EnEV 2009 an die Hülle um mindestens 50%. Diese Forderung ist dann erfüllt, wenn der flächenbezogene Mittelwert der Wärmedurchgangskoeffizienten aller geplanten Bauteile der Hülle des zu errichtenden Gebäudes um 50% unter dem Wert liegt, der sich bei Anwendung der Bauteilqualitäten aus Anlage 2, Tabelle 2 ergäbe. Damit eröffnet sich Flexibilität in der wirtschaftlichen Optimierung der Gebäudehülle, die bei einer Halbierung der einzelnen Anforderungswerte so nicht gegeben wäre.

Der Wärmebrückenzuschlag bleibt beim Vergleich nach dem Hessischen Modell beim Anforderungswert und beim Planungswert unberücksichtigt. Der Einfluss von Wärmebrücken ist zu minimieren. Bei Bodenplatten dürfen die Flächen unberücksichtigt bleiben, die mehr als 5 m vom äußeren Rand des Gebäudes entfernt sind. Weitere Randbedingungen für die Berechnung des Mittelwerts der Wärmedurchgangskoeffizienten zur Ermittlung des Primärenergiebedarfs nach Anlage 2, Ziff. 2.3 bleiben bei der Ermittlung der Qualität der Gebäudehülle außer Betracht.

Die Verschärfung der EnEV von 2009 bis 2017 hat sich nur in geringem Maße auf die geforder-

Bild 2: Hüllenqualität, Vergleich Hessisches Modell zu gesetzlichen Mindestanforderungen

| | | Maximal zulässige Wärmedurchgangskoeffizienten bezogen auf den Mittelwert der jeweiligen Bauteile | | |
|---|---|---|---|---|
| | | Anforderungen „Hessisches Modell" | Anforderungen geplantes „GEG" | Anforderungen „EnEV 2016" |
| 1 | Opake Außenbauteile, soweit nicht in Bauteilen nach 3 und 4 enthalten | Ū = 0,18 W/m²K | Ū = 0,20 W/m²K | Ū = 0,28 W/m²K |
| 2 | transparente Außenbauteile, soweit nicht in Zeilen 3 und 4 enthalten | Ū = 0,85 W/m²K | Ū = 0,90 W/m²K | Ū = 1,30 W/m²K |
| 3 | Vorhangfassade | Ū = 0,85 W/m²K | Keine Angaben | Ū = 1,40 W/m²K |
| 4 | Glasdächer, Lichtbänder, Lichtkuppeln | Ū = 1,55 W/m²K | Keine Angaben | Ū = 2,70 W/m²K |
| 5 | Dachflächen, oberste Geschossdecke, Dachgauben | Ū = 0,14 W/m²K | Ū = 0,14 W/m²K | Ū = 0,20 W/m²K |
| 6 | Kellerdecken, Wände zu unbeheizten Räumen, Wände gegen Erdreich | Ū = 0,18 W/m²K | Ū = 0,25 W/m²K | Ū = 0,35 W/m²K |
| 7 | Außentüren | Ū = 0,90 W/m²K | Ū = 1,20 W/m²K | Ū = 1,80 W/m²K |

ten U-Werte ausgewirkt. Damit bilden die halbierten U-Werte der EnEV 2009 aus der „Richtlinie energieeffizientes Bauen und Sanieren des Landes Hessen" nach wie vor das höchste Wärmedämmniveau im Vergleich ab.

### Primärenergiebedarf

Der Primärenergiebedarf hessischer Neubauten soll die Anforderungen der EnEV 2009 grundsätzlich um mindestens 50% unterschreiten. Bei Büro- und Verwaltungsgebäuden ist zu prüfen, ob eine Unterschreitung um mindestens 70% im Rahmen der Kostenobergrenze möglich ist. Sofern bei ungünstigen Nutzungen eine Unterschreitung um 50% nicht möglich sein sollte, ist eine Unterschreitung um mindestens 30% innerhalb der Kostenobergrenze umzusetzen.

Weitergehende Anforderungen, z.B. Passivhaus oder Nullenergie-/Plusenergiehaus sind im Rahmen der Bedarfsanmeldung zu formulieren und im Planungsauftrag zu benennen.

Die Erfahrungen der bisher in Planung befindlichen Projekte zeigen, dass die Anforderungen des Hessischen Modells in der Regel innerhalb des Kostenrahmens erfüllt werden können.

Mit diesen Anforderungen nimmt das Land Hessen eine Vorbildfunktion in Bezug auf die Energieeffizienz seiner Neubauten ein. Das Hessische Modell legt die Grundlagen, um die Anforderungen der EU-Richtlinie bis 2019 sicher umsetzen zu können.

Mit Inkrafttreten der EnEV 2016 (ca. -25% gegenüber EnEV 2009) nähert sich die gesetzliche Mindestanforderung den Anforderungen an „sonstige Gebäude" gemäß Richtlinie (-30% gegenüber EnEV 2009) an. Zu einer nennenswerten Übererfüllung der gesetzlichen Mindestanforderung kommt es dennoch, wenn das Prüfziel von -50% gegenüber der EnEV 2009 als wirtschaftlich dargestellt und baulich umgesetzt werden kann.

Bei „Büro- und Verwaltungsgebäuden" beträgt die Mindestanforderung -50% gegenüber der EnEV 2009 und stellt damit aktuell noch eine darstellbare Übererfüllung des Anforderungswertes der EnEV dar. Das Prüfziel von -70% verweist deutlich, vor allem wegen des notwendigen Einsatzes Erneuerbarer Energien, auf die Anforderungen des geplanten Gebäudeenergiegesetz (GEG).

Bild 3: Primärenergiebedarf, Vergleich hessisches Modell zu gesetzlichen Mindestanforderungen

| | Primärenergiebedarf | |
|---|---|---|
| | Regelfall (hessische Minimalanforderung) | Prüfung |
| Büro & Verwaltung | EnEV 2009 -50% (Anforderungsniveau GEG) | EnEV 2009 -70% (übererfüllt Anforderungsniveau GEG) |
| Sonstige Nutzung | EnEV 2009 -30% (Anforderungsniveau EnEV 2014/16) | EnEV 2009 -50% (Anforderungsniveau GEG) |

**Projektbeispiele**

Justus-Liebig-Universität Gießen;
Neubau eines Instituts- und Hörsaalgebäudes
Energieeffizienz-Niveau EnEV 2009 -30%
Links: Gesamtansicht
Rechts: Labor- und Dokumentationsbereich

**Bild 1**
Bildnachweis:© Justus-Liebig-Universität Gießen

Hochschule Fulda;
Neubau eines Instituts- & Laborgebäudes
Energieeffizienz-Niveau EnEV 2009 -30%
Links: Gesamtansicht
Rechts: Laborbereich

**Bild 2**
Bildnachweis: © fotodesign wolfgang fallier, St.-Laurentius-Str. 1, 36163 Poppenhausen.

# Standards im Staatlichen Hochbau in Hessen – Bestandsbauten

Georg Engel | Landesbetrieb Bau und Immobilien Hessen

## $CO_2$-Minderungsprogramm 2008 – 2011

Bereits im Frühling 2008 startete das Hessische Immobilienmanagement für die von ihm bewirtschafteten Liegenschaften ein „$CO_2$-Minderungsprogramm". Das Programm wurde zunächst mit einem Budget von 47 Mio. Euro ausgestattet und orientierte sich am Sanierungszyklus von Gebäuden bzw. deren Bauteilen. Mit den Beschlüssen der Nachhaltigkeitskonferenz des Landes Hessen vom Oktober 2008 und Juli 2009 änderten sich die Rahmenbedingungen. Das „$CO_2$-Minderungsprogramm" wurde als Teilprojekt in das Projekt $CO_2$-neutrale Landesverwaltung integriert und übernahm dessen Ziele.

## Kurzenergiekonzepte

Zu den wichtigsten Projektergebnissen zählen die für 135 Gebäude erstellten Kurzenergiekonzepte. Sie wurden von Juni 2010 bis zum November 2011 erarbeitet und ermöglichen eine Bewertung der gebäudespezifischen $CO_2$- und Energieeinsparpotentiale, verbunden mit den entsprechenden baulichen und technischen Sanierungsmaßnahmen sowie deren Kosten. Sie bildeten eine solide Grundlage für weitere strategische Entscheidungen.

Das „$CO_2$-Minderungsprogramm" wurde mit der Bereitstellung von Projektmitteln in Höhe von mehr als 3 Mio. Euro für zwölf bauliche und technische $CO_2$-Minderungsmaßnahmen abgeschlossen.

## $CO_2$-Minderungs- und Energieeffizienzprogramm 2012 – 2018

Anfang 2012 wurde das bisherige „$CO_2$-Minderungsprogramm" zu einem „$CO_2$-Minderungs- und Energieeffizienzprogramm" erweitert und umfasst nun ein Programmvolumen von 160 Mio. Euro, aus dem Maßnahmen bis zum Jahre 2018 finanziert werden können. Diese Mittel ergänzen die Bauunterhaltung. Das Projektziel ist die $CO_2$-Reduktion und Verbrauchsminimierung durch energetische Sanierungen und Einzelmaßnahmen in Bestandsgebäuden, die im Eigentum des Landesbetriebs Bau- und Immobilien Hessen stehen oder langfristig angemietet sind. Dabei wird ein erheblich höherer energetischer Standard realisiert, als er durch die aktuelle Energieeinsparverordnung (EnEV) vorgeschrieben ist. Innerhalb

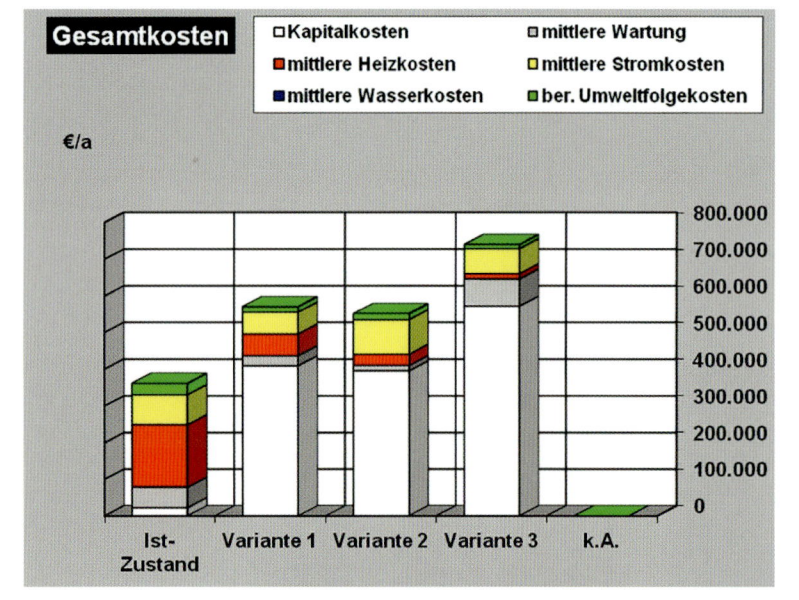

**Bild 1**
Ergebnisdarstellung aus einem Kurzenergiekonzept
Variante 1: Sanierung nach Energieeinsparverordnung (EnEV) 2009
Variante 2: Sanierung nach Hochbauamt Frankfurt
Variante 3: Sanierung nach Passivhausstandard
[© Schmidt Reuter Integrale Planung und Beratung GmbH]

**Bild 2**
Sanierung der denkmalgeschützten Fenster (links) der Staatlichen Technikakademie Weilburg (rechts) auf das Niveau der EnEV 2009
[© Landesbetrieb Bau und Immobilien Hessen]

von 30 Jahren wird so eine Einsparung von 200.000 Tonnen $CO_2$ erwartet.

### Projektgruppe

Zur Umsetzung des „$CO_2$-Minderungs- und Energieeffizienzprogramm" (COME-Programm) wurde eine aus der Linienorganisation herausgelöste Projektgruppe gegründet, die auf Basis eines detaillierten Projektplans das Gesamtprojekt steuert. Diese Projektgruppe erarbeitete vereinfachte Verfahrensabläufe und vereinbarte sie mit den Beteiligten. Für die wiederkehrenden Aufgaben wie immobilienwirtschaftliche Untersuchung, Bedarfsbeschreibung sowie Energiedatenermittlung erstellte sie Musterdokumente und passte vorhandene Dokumente auf die spezifischen Anforderungen des COME-Programms an. Durch breit angelegte Informationsveranstaltungen für die Nutzer und regelmäßige Besprechungen werden die nutzenden Ressorts eingebunden.

### Portfoliomanagement

Für das COME-Programm werden Objekte ausgewählt, die einen möglichst hohen Beitrag zur Erreichung des Ziels „$CO_2$-neutrale Landesverwaltung" bis zum Jahre 2030 leisten können. Berücksichtigt werden dabei Gebäude mit $CO_2$-Einsparpotential, deren Nutzung, bauliche Struktur und Marktumfeld erwarten lassen, dass sie auch im Jahre 2030 für Landesdienststellen genutzt und wirtschaftlich betrieben werden können. Geeignete Objekte wurden mit Hilfe eines anlassbezogen Portfoliomanagements identifiziert.

Die Mietverträge von langfristig angemieteten Gebäuden ermöglichen Energieeffizienzmaßnahmen des Landes an technischen Anlagen. Hierfür wurden 19 Liegenschaften nach dem $CO_2$- und Energieeinsparpotenzial ausgewählt.

### Nutzwertanalyse

Für die landeseigenen Gebäude wurden im ersten Schritt auf Liegenschaftsebene die $CO_2$-Emissionen in Relation zu den Vergleichswerten nach EnEV 2009 gesetzt. Liegenschaften, deren Energieverbrauchsausweise im grünen Bereich lagen, wurden nicht weiter untersucht.

Die verbliebenen 326 landeseigenen Gebäude wurden im Rahmen einer Nutzwertanalyse beurteilt. Auswahlkriterien waren neben dem $CO_2$- und Energieeinsparpotenzial sowie der Standortsicherheit auch der bauliche Zustand. Dieser wurde mit dem Ziel bewertet, Gebäude mit großem Bauunterhaltungsstau zu identifizieren, bei denen ein Überwiegen nichtenergetischer Kosten wahrscheinlich erschien. Solche Gebäude wurden nicht grundsätzlich von der weiteren Untersuchung ausgeschlossen. Sofern eine wesentliche $CO_2$-Einsparung durch alternative Realisierungsvarianten außerhalb des COME-Programms zu erwarten war, wurden diese auf ihre Wirtschaftlichkeit hin geprüft.

72 landeseigene Gebäude wurden für eine energetische Sanierung bzw. die Untersuchung alternativer Realisierungsvarianten ausgewählt. Dabei wurden die Liegenschaften der Bereitschaftspolizei in Kassel und in Mühlheim ganzheitlich betrachtet und mit sämtlichen wärmeversorgten Gebäuden in das COME-Programm aufgenommen.

Für die nicht ausgewählten Gebäude wurde geprüft, ob mit der Erneuerung der Wärmeerzeugungsanlagen ein sinnvoller Beitrag zur $CO_2$-Minderung geleistet werden kann. In diesem Rahmen wurden 30 Wärmeerzeuger ausgetauscht.

### Realisierungs- und Beschaffungsvarianten

Die Wirtschaftlichkeit von Gebäudesanierungen wurde im Vergleich zu den alternativen Realisie-

**Bild 3**
Projektbesprechung mit Nutzerressort, Nutzervertretern und Gesamtprojektleitung COME-Programm
[© Landesbetrieb Bau und Immobilien Hessen]

**Bild 4**
Barwertvergleich der Realisierungsvarianten Sanierung (hellblau), Abbruch und Neubau (dunkelblau) sowie Vermarktung und Anmietung (rot) für ein Bürogebäude [© PSPC Public Sector Project Consultants GmbH]

rungsvarianten Abbruch und Neubau sowie Vermarktung und Anmietung geprüft. Weiterhin erfolgte auf Grundlage der Kostenermittlungen nochmals eine Überprüfung des langfristigen Nutzerbedarfs durch die Ressorts. Mit Hilfe von Flächenoptimierungen konnte die Nutzung einzelner Liegenschaften vollständig aufgegeben werden. Aus den vorgenannten Gründen kommen 11 Projekte nicht bzw. nicht innerhalb des COME-Programms zur Ausführung. Zur energetischen Sanierung verbleiben 61 Gebäude.

Auch alternative Beschaffungsvarianten wurden geprüft. Für die Liegenschaften der Bereitschaftspolizei in Kassel und in Mühlheim ergab die Prognose, dass die Beschaffung im Wege einer Öffentlich-Privaten-Partnerschaft gegenüber dem Eigenbau bzw. -betrieb vorteilhaft ist. Dementsprechend wurde eine langfristige Zusammenarbeit mit einem privaten Partner ausgeschrieben, der Planung, Finanzierung, Bau und Betrieb für 30 Jahre übernehmen soll.

In Übereinstimmung mit der immobilienwirtschaftlichen Strategie des Landes Hessen werden Energieeffizienzmaßnahmen in langfristig angemieteten Liegenschaften grundsätzlich mit privatem Kapital finanziert. Dies erfolgt vorzugsweise mittels Energiespar-Contracting. Dabei garantiert ein Energiedienstleister (Contractor) Energieeinsparziele, die er durch Einsatz moderner Technik und optimiertem Betrieb erschließt. Der Contractor lässt sich seine Aufwendungen durch den Erfolg der Einsparmaßnahmen - also über die reduzierten Energiekosten des Gebäudes - vergüten.

### Energetische Maßnahmen des COME-Programms

Bildlich gesprochen zieht das COME-Programm den Gebäuden einen „warmen Mantel" an und

**Bild 5**
Anlieferung Holz-Pelletskessel für die Landesfinanzschule in Rotenburg an der Fulda [© Landesbetrieb Bau und Immobilien Hessen]

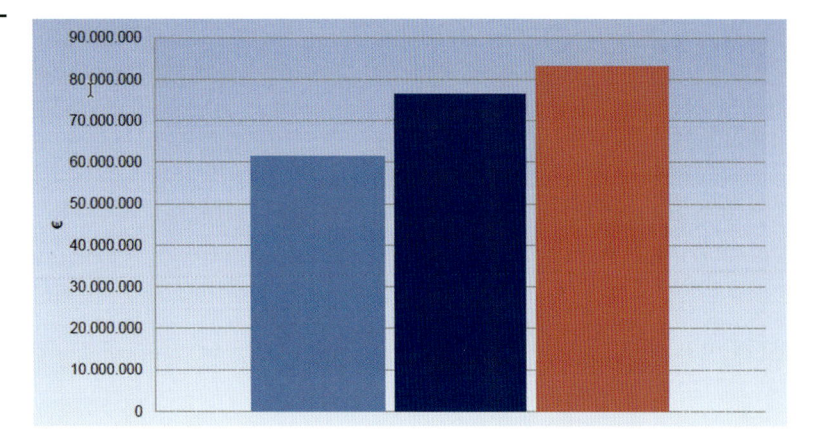

setzt ihnen ein „neues Herz" ein, das möglichst $CO_2$-neutral wärmt.

Der „warme Mantel" steht für die Dämmung von Dach oder oberster Geschossdecke und Kellerdecke, die Dämmung der Außenwände sowie den Austausch der Fenster, wobei ein hochwirksamer Sonnenschutz eingebaut wird, um im Sommer die Wärme draußen zu halten.

Das „neue Herz" besteht aus neuen effizienten Wärmeerzeugern, die - soweit sinnvoll - regenerative Energieträger (Holzpellets, Holzhackschnitzel, Biogas) oder Umweltwärme nutzen. Auch moderne Kraft-Wärme-Koppelung durch Blockheizkraftwerke wird umgesetzt.

Darüber hinaus werden hocheffiziente Heizungsumwälzpumpen, LED-Beleuchtungen in Fluren und Büros sowie Photovoltaik-Anlagen auf den Dächern installiert.

### Maßnahmenabgrenzung bei energetischen Sanierungen

Zur Vermeidung von Doppelfinanzierungen und Doppelaufwand, die aus Schnittstellen bzw. Überschneidungen mit den übrigen Bauunterhaltungsmaßnahmen resultieren, werden im Zusammenhang mit den energetischen Sanierungsmaßnahmen zusätzliche Maßnahmen ohne energetischen Effekt mit ausgeführt, wenn diese sinnvollerweise im Bauablauf zu realisieren sind, hierdurch in der Gesamtbetrachtung Mehrkosten (z.B. für eine erneute Gerüststellung) vermieden werden und die Kosten dieser Begleitmaßnahmen von untergeordneter Bedeutung sind. Dabei handelt es sich um nichtenergetische Maßnahmen, die die Bausubstanz betreffen, wie Brandschutzmaßnahmen, Betonsanierung, Tragwerksertüchtigung, sowie um nichtenergetische Maßnahmen, die die Funktionalität betreffen, insbesondere das Herstellen von Barrierefreiheit für Zugänge.

### Prioritäten nach Strategie der $CO_2$-neutralen Landesverwaltung

Welche energetischen Maßnahmen im Einzelnen zur Ausführung kommen, richtet sich nach der Strategie der $CO_2$-neutralen Landesverwaltung. Vorrang hat die Minimierung der $CO_2$-Emissionen durch bauliche und technische Maßnahmen.

In zweiter Priorität erfolgt - soweit sinnvoll - die Substitution fossiler Energieträger durch Biomasseheizungen, durch die Nutzung von Umweltwärme und durch Photovoltaik.

### Energetischer Standard

Die Standards für energetische Sanierungen und energetische Einzelmaßnahmen, wie sie im COME-Programm ausgeführt werden, entsprechen der „Richtlinie energieeffizientes Bauen und Sanieren des Landes Hessen". Energetische Sanierungen werden demnach so ausgeführt, dass mindestens die Anforderungen der EnEV 2009 an den Primärenergiebedarf von Neubauten erfüllt werden. Bei sämtlichen Maßnahmen liegen die Mindestanforderungen an zu ändernden Außenbauteilen grundsätzlich bei 50 Prozent der in Anlage 2, Tabelle 2 der EnEV 2009 für Nichtwohngebäude (Neubauten) aufgeführten Höchstwerte.

### Fazit

Das COME-Programm setzt die Maßgabe der $CO_2$-neutralen Landesverwaltung konsequent und vorbildlich um, indem prioritär die Reduktion von $CO_2$-Emissionen intensiv betrieben wird. Substitution und Kompensation sind ergänzende Schritte auf dem Weg zu einer vollständigen CO2-Neutralität bis 2030. Die Klimaschutzstrategien haben nur dann eine Aussicht auf Erfolg, wenn der derzeitige Verbrauch an überwiegend fossilen Energieträgern deutlich gesenkt wird. Durch die Umsetzung von baulichen und technischen

**Bild 6**
Energetische Sanierung des Amtsgerichts Dillenburg: Der Primärenergiebedarf von Neubauten nach EnEV 2009 wird um 50 Prozent unterschritten [© Landesbetrieb Bau und Immobilien Hessen]

**Bild 7**
Die hessische Finanzstaatssekretärin Dr. Bernadette Weyland (links) verleiht dem Finanzamt Alsfeld das Siegel „$CO_2$-saniert" [© Landesbetrieb Bau und Immobilien Hessen]

Sanierungsmaßnahmen in Liegenschaften, die auch unter Gesichtspunkten einer langfristigen Strategie identifiziert werden, sowie durch die konsequente Anwendung eines nachhaltigen und zukunftsfähigen Standards ist der Landesbetrieb Bau- und Immobilien Hessen auf einem guten Weg, die ambitionierten Zielvorgaben zu erreichen.

### Die Projekte des COME-Programms im Überblick

Unter https://lbih.hessen.de/leistungen/nachhaltigkeit-energieeffizienz/come-programm/die-projekte-des-come-programms-im findet sich ein Überblick über die Projekte des COME-Programms. Die dortige Übersichtstabelle zeigt alle derzeit zur Umsetzung freigegebenen Projekte des COME-Programms. Aufgeführt sind zum einen als „Weiterführungsmaßnahmen" die bereits im ehemaligen „$CO_2$-Minderungsprogramm" begonnenen oder geplanten Sanierungsmaßnahmen. Weiterhin werden „energetische Sanierungen" zur Erreichung des EnEV 2009 Neubaustandards sowie „Einzelmaßnahmen" zur teilweisen energetischen Ertüchtigung von landeseigenen Liegenschaften und Gebäuden mit hohem $CO_2$-Einsparpotenzial aufgeführt. Ein weiterer Teil umfasst den Austausch veralteter sowie mit fossilen Brennstoffen betriebener Heizkessel in Landesliegenschaften. Die Maßnahmen zur „Erneuerung Wärmeerzeuger" ermöglichen, wenn die Wirtschaftlichkeit gegeben ist, eine Umstellung auf regenerative Energieträger und eine Warmwasserbereitung durch thermische Solaranlagen. Energetische Maßnahmen in langfristig durch das Land angemieteten Gebäuden werden mittels „Energiespar-Contracting" aus den Einsparungen privat finanziert.

# Standards im Staatlichen Hochbau in Hessen – PPP-Projekte

Julia Hofmann | Landesbetrieb Bau und Immobilien Hessen (LBIH)

Friederike Lindauer | Landesbetrieb Bau und Immobilien Hessen (LBIH)

Auch im Rahmen der PPP-Neubaumaßnahmen des Landes Hessen wird der Nachhaltigkeitsgedanke durch energieeffizientes Bauen konsequent umgesetzt. Vorgaben und Mindestanforderungen an den einzuhaltenden Energiestandard, die bereits zu Beginn der Ausschreibungsphase mit Bekanntgabe der Zuschlagskriterien und späteren Beschreibung der Anforderungen in der funktionalen Leistungsbeschreibung erfolgen, werden bereits während des Vergabeverfahrens regelmäßig gefordert und geprüft. Durch vertragliche Regelungen werden beim privaten Partner auch nach Zuschlagserteilung Anreize geschaffen, energetische und betriebliche Optimierungspotenziale aufzuzeigen und anzubieten. Durch den Einsatz von Malus-Systemen werden bereits vor Vertragsschluss die seitens des Nutzers und des LBIH wesentlichen Anforderungen an einen professionellen, funktionalen und effizienten Betrieb des späteren Neubaus transparent dargelegt. Der private Partner hat so die Möglichkeit, seine Instandhaltungs- und Bewirtschaftungsleistungen optimal auf die Bedürfnisse des Nutzers auszurichten und kann seinem Angebot eine vorausschauende und nachhaltige Planung hinsichtlich der späteren Betriebsabläufe zugrunde legen. Ein über die gesamte Vertragslaufzeit (in der Regel 30 Jahre) ausgerichtetes Instandhaltungskonzept komplementiert die Bewirtschaftungskonzepte des privaten Partners im Hinblick auf eine nachhaltige und effiziente Gebäudeplanung.

Eine maßgebliche Vorreiterrolle für PPP-Maßnahmen des Landes Hessen stellt der Neubau des **Behördenzentrums in Heppenheim** dar, welcher als bundesweit erstes zertifiziertes Passivhaus-Behördenzentrum als PPP-Projekt realisiert wurde. In dem kompakten viergeschossigen Atriumsbau im Westen der Kreisstadt Heppenheim sind das Amt für Bodenmanagement sowie ein Regionalstandort von Hessen Mobil untergebracht. Das unmittelbar angrenzende Parkhaus war ebenfalls Teil der Planung und ergänzt das Ensemble.

Neben dem PPP-spezifischen Vertragsumfang von Planung, Bau, Finanzierung und anschließendem Betrieb des Gebäudes über die 30jährige Vertragslaufzeit wurde bereits während des Vergabeverfahrens der Passivhausstandard implementiert. Dabei wurden in den Phasen der Aufstellung der Vergabeunterlage sowie der Angebotserstellung umfassende Analysen der Passivhauszertifizierungsfähigkeit und der Einhaltung verschiedener Nachhaltigkeitskriterien gefordert. Das umgesetzte Konzept wurde auf Grundlage der Anforderungen aus den Vergabeunterlagen sowie den projektspezifischen Vorgaben des Passivhausprojektierungspaketes PHPP entwickelt. Neben dem Vorbilanzierungstool wurde das PHPP projektbegleitend als Kontrollinstrument zur Überprüfung der Passivhaustauglichkeit genutzt.

Beraten wurde das Land Hessen vom Passivhaus Institut Dr. Wolfgang Feist aus Darmstadt, welches im September 2012 auch die Zertifizierung des Gebäudes durchführte, bevor das Gebäude zum 1. Oktober 2012 an den Nutzer übergeben wurde. Durch ein entsprechendes Monitoring während der 30jährigen Betriebszeit werden die geforderten Verbrauchswerte seit der Übergabe kontinuierlich überwacht.

Der Neubau wurde in nur 16 Monaten Bauzeit realisiert, was unter anderem durch den hohen Vorfertigungsgrad von Systembauteilen möglich war. Dafür wurden hinsichtlich des zu erfüllenden Energiestandards spezifische passivhaustaugliche Komponenten entwickelt. Zur Überdachung des Atriums kam ein speziell für das Projekt entwickeltes Folienkissendach zum Einsatz, welches gegenüber einer Glaskonstruktion konstruktive und wirtschaftliche Vorteile aufweist und gleichsam dem gestalterischen Anspruch des Auftraggebers gerecht werden konnte.

Der private Partner hat für das Gebäude ein umfassendes Energie- und Gebäudeleittechnikkonzept erarbeitet und umgesetzt. Die effiziente Gebäudesteuerung bezieht sich gesamtheitlich auf Heizung, Lüftung, Beleuchtung sowie Mess-, Steuer- und Regeltechnik. Unter anderem werden die Wärmegrundlasten über eine Wärmerückgewinnung der Abluft von Servern und der Kompressionskältemaschine sichergestellt, die Vorerwärmung der zugeführten Außenluft erfolgt über das Atrium durch Luftzuführung über Erdwärmetauscher. Die Raumtemperaturregelung meldet an zentraler Stelle den Wärme- bzw. Kühlbedarf, damit entsprechende Prozesse eingeleitet werden können. Integriert in die Raumtemperaturregelung ist der außenliegende Sonnenschutz, so dass bei höheren Raumtemperaturen – im Kühlbetrieb – automatisiert eine komplette Verschattung zur Verringerung der inneren Raumlasten erfolgen kann. Im Rahmen des Lüftungskonzepts wird der Sollwert der Zulufttemperatur über die Raumtemperaturen ermittelt. Besteht Wärmebedarf, wird der Sollwert dahingehend erhöht, dass eine maximale Ausnutzung der Wärmerückgewinnung sowie der Solarenergie möglich ist. Im Sommerfall erfolgt nachts in Abhängigkeit der Außen- und Raumtemperaturen eine Nachtkühlschaltung. Der außenliegende Sonnenschutz wird über mehrere Sonnen-, Wind- und Regenwächter gesteuert, die Beleuchtungssteuerung erfolgt teilweise über Präsenzmelder sowie einer tageslichtabhängigen Regelung. Die Gebäudeleittechnik überwacht, steuert, regelt, protokolliert und misst alle aufgeschalteten Prozesse und erfasst zudem die Verbrauchsdaten aller Medien, wodurch eine Auswertung mit Trendberechnung möglich ist. Fensterkontakte (Glasbruchkontakte und Öffnungsüberwachungen) unterstützen die effiziente Gebäudesteuerung. Das Parkhaus wurde zudem mit einer begrünten Fassade versehen.

Mit Baukosten in Höhe von rund 24 Mio. Euro wies die PPP-Variante eine Einsparung gegenüber der Eigenrealisierung von 17,2 % auf.

Das Projekt wurde finanziell durch den Europäischen Fonds für regionale Entwicklung (EFRE) gefördert. Neben der Passivhauszertifizierung hat das Behördenzentrum Heppenheim auch ein GreenBuilding Zertifikat erhalten.

Vor dem Hintergrund, dass der private Partner vertraglich angehalten ist, betriebliche und energetische Optimierungsbedarfe aufzuzeigen, wurde bereits eine bauliche Anpassung vorgenommen: Der private Partner hat in Abstimmung mit dem LBIH zusätzliche Kältespeicher eingebaut, um die veranschlagten Stromverbrauchsmengen einhalten zu können.

Im April 2013 hat der LBIH das **Mehr-Regionen-Haus mit Hessischer Landesvertretung in Brüssel** an den Nutzer, die Vertretung des Landes Hessen bei der EU, übergeben. Das Gebäude vereint die Landesvertretungen aus Hessen sowie die Partnerregionen Aquitaine aus Frankreich, Emilia-Romagna aus Italien und Wielkopolska aus Polen an einem repräsentativen Ort im Herzen Brüssels. Darüber hinaus stellen weitere hessische Institutionen und Unternehmen, wie beispielsweise die Metropolregion Frankfurt Rhein-Main, die Handwerkskammer Frankfurt-Rhein-Main sowie der Flughafenbetreiber Fraport AG einige der Untermieter im Mehr-Regionen-Haus.

**Bild 1**
Haupteingang des Behördenzentrums Heppenheim [Foto: © Landesbetrieb Bau und Immobilien Hessen]

Das achtgeschossige Gebäude mit Tiefgarage wurde in zentraler Lage des Europaviertels in Brüssel unweit des Europäischen Parlaments auf einem 712 m² großen Grundstück errichtet. Auf einer Nettogrundfläche von 6.137 m² wurden neben 105 Arbeitsplätzen auch Veranstaltungssäle, Konferenzräume sowie eine „Stube der Regionen" mit Lounge und Speisebereich geplant. Das Mehr-Regionen-Haus ist sowohl repräsentativ als auch funktional durchdacht und durchkonzipiert: neben einladend gestalteten Bereichen mit qualitativ gehobener Ausstattung in den öffentlichen Gebäudeteilen sind Veranstaltungs-, Konferenz- und Besprechungsbereiche funktional optimiert angeordnet und höchst flexibel nutzbar angelegt. Eine bis dato im Europaviertel einmalige Dachterrasse mit Blickbezug zum nahe gelegenen Park „Square de Meeûs" unterstützt den repräsentativen Charakter und fasst im Bedarfsfall, ergänzend zu den angrenzenden Veranstaltungsflächen, ca. 200 Personen.

Die Baukosten für das Mehr-Regionen-Haus beliefen sich auf rund 20,3 Mio. Euro.

Im Rahmen des europaweit ausgeschriebenen Vergabeverfahrens wurde die Energieeffizienz des Gebäudes bereits als eines der qualitativen Bewertungskriterien bestimmt. Der Nachhaltigkeitsgedanke wurde während der Ausschreibung weiter forciert und in Form einer Zertifizierung des Gebäudes nach dem LEED Standard (Leadership in Energy and Environmental Design) in der Qualitätsstufe Gold gefordert. Das amerikanische Gütesiegel LEED ist ein international etabliertes System zur Klassifizierung nachhaltiger Gebäude und bezieht sich in seiner Beurteilung auf alle Phasen des Lebenszyklus' eines Bauwerkes.

Kurz nach Fertigstellung und Übergabe des Mehr-Regionen-Hauses ist die LEED-Zertifizierung in Gold durch das zuständige U.S. Green Building Council (USGBC) im Juni 2013 erfolgt. Mit dem Gebäude übernimmt das Land Hessen somit auch in Brüssel eine Vorreiterrolle hinsichtlich Nachhaltigkeit und Energieeffizienz von PPP-Maßnahmen.

Auch im Rahmen aller weiteren PPP-Neubaumaßnahmen setzt der LBIH die Nachhaltigkeitsstrategie des Landes Hessen mit dem Energiestandard EnEV 2009 -50 % konsequent um. Die Zielvorgabe entspricht nahezu dem Passivhausstandard und hat nach wie vor Vorbildcharakter.

Am 1. Juni 2017 wurde als jüngstes fertiggestelltes PPP-Projekt der Neubau der **Polizei in Butzbach** termingerecht an den Nutzer übergeben. Das Gebäude wurde als hochmodernes Dienstgebäude für die Polizei in Mittelhessen mit dem vorgegebenen Energiestandard umgesetzt. Besondere Herausforderung der Maßnahme war die Unterbringung von drei bis dahin autarken Dienststellen der Polizei - der Polizeiautobahnstation Mittelhessen, der Polizeistation Butzbach

**Bild 2**
Ansicht des Mehr-Regionen-Hauses in Brüssel
[Foto: © Landesbetrieb Bau und Immobilien Hessen]

**Bild 3**
Ansicht Polizeigebäude Butzbach [Foto: © Landesbetrieb Bau und Immobilien Hessen]

sowie dem Regionalen Verkehrsdienst Wetterau. Neben dem Ziel, durch Zusammenlegung diverse Synergieeffekte zu erzeugen, galt es, die organisatorisch erforderlichen Eigenständigkeiten der Diensteinheiten beizubehalten und funktional sowie räumlich optimal umzusetzen.

Auf einem Grundstück mit einer Größe von 6.670 m² mit unmittelbarer Anbindung an die Bundesautobahn A5 entstand so eine Dienststelle mit einer Nutzfläche von 3.265 m², 102 Arbeitsplätzen sowie insgesamt 103 Stellplätzen (inklusive Garagen und Carports).

Um den Energiestandard EnEV 2009 -50% zu erfüllen, wurde vom privaten Partner ein gesamtheitliches Energiekonzept entwickelt, welches optimal auf die Anforderungen des Gebäudes und einen minimalen Energieverbrauch abgestimmt wurde. Das Konzept basiert auf einer Kombination von Wärme- und Stromversorgung durch ein gasbetriebenes Blockheizkraftwerk sowie einem Gasbrennwertkessel. Zum Einsatz kommen zudem eine Photovoltaikanlage sowie moderne und energiesparende LED-Leuchten in Verbindung mit einem zeitgemäßen BUS-System.

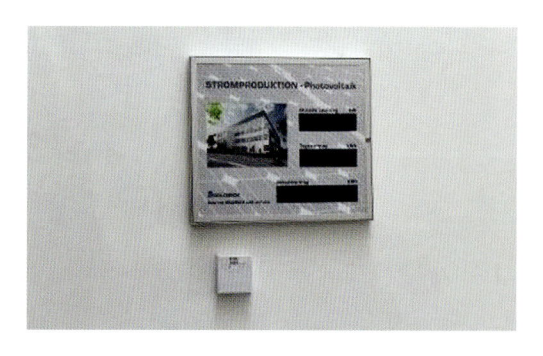

Bei Baukosten in Höhe von 12,5 Mio. Euro betrug die Vorteilhaftigkeit der PPP-Variante gegenüber der Realisierung im Eigenbau rund 9%.

**Fazit** Das Land Hessen setzt den vorgegebenen Energiestandard auch im Rahmen von PPP-Neubaumaßnahmen konsequent um. Durch innovative ganzheitliche Gebäudekonzepte, die dem Lebenszyklusgedanken dieser Beschaffungsvariante zugrunde liegen, kann das Land vom Innovationspotenzial sowie dem jeweils aktuellen Stand der Technik aus Händen des privaten Partners profitieren. Durch entsprechende vertragliche Strukturen werden Anreize für den Auftragnehmer geschaffen, schon während der Planungsphase eine nachhaltige Gebäudekonzeption anzustreben, die sowohl hinsichtlich der Qualitäten als auch der Effizienz von Bauteilen und technischen Anlagen ausgereift und vorausschauend angelegt ist und dem Lebenszyklusgedanken der PPP-Projekte des Landes Hessen gerecht wird.

**Bild 4**
Modul Stromproduktion Photovoltaikanlage im Foyer [Foto: © Landesbetrieb Bau und Immobilien Hessen]

# $CO_2$-neutrale Beschaffung Hessen

Ralf Schwarzer | Hessisches Ministerium der Finanzen

Die Energieeffizienz der von der Landesverwaltung beschafften Produkte und Dienstleistungen stellt einen wichtigen Faktor für die Erreichung des Zieles einer $CO_2$-neutralen Landesverwaltung dar. Die eingesetzten Produkte werden in der Regel in hohen Stückzahlen beschafft und verfügen - im Gegensatz zur Gebäude-Infrastruktur - über eine relativ kurze Nutzungsdauer. Dies ermöglicht es, den Einsatz energieeffizienter Produkte im Rahmen der an der gewöhnlichen Nutzungsdauer orientierten Beschaffungszyklen in der Landesverwaltung als Standard zu setzen und dabei den auf der Angebotsseite jeweils erzielten Fortschritt an Energieeffizienz ohne erhebliche zeitliche Verzögerungen zu realisieren. Dieser Ansatz der Energieeffizienz kann in Hessen relativ problemlos flächendeckend umgesetzt werden, weil die Beschaffung von Produkten und Dienstleistungen für die gesamte Landesverwaltung, mit Ausnahme des Hochschulbereichs, organisatorisch bei der Oberfinanzdirektion Frankfurt am Main - HCC - Zentrale Beschaffung - (allgemeiner Bedarf ohne Bauleistungen), der Hessischen Zentrale für Datenverarbeitung (IT-Bedarf) und dem Präsidium für Technik, Logistik und Verwaltung (polizeispezifischer Bedarf) zentralisiert ist.

Der Baustein „$CO_2$-neutrale Beschaffung" im Projekt „$CO_2$ neutrale Landesverwaltung", nämlich $CO_2$-Emissionen bei der Beschaffung von Produkten und Dienstleistungen für die hessische Landesverwaltung zu berücksichtigen und zu reduzieren, wurde im Projekt „Hessen: Vorreiter für eine nachhaltige und faire Beschaffung" aufgegriffen und im Folgeprojekt „Nachhaltige Beschaffung in Hessen" fortgeführt.

## Rechtliche Rahmenbedingungen verbessert

Geänderte rechtliche Grundlagen, an deren Entwicklung das Projekt im Zusammenspiel mit den zuständigen Ressorts teilweise beteiligt war, bieten den öffentlichen Auftraggebern mittlerweile einen weiten Rahmen, um auch dem Ziel der Vermeidung von $CO_2$-Emissionen bei der Beschaffung von Waren und Dienstleistungen Rechnung zu tragen.

In Hessen ermöglicht das bereits zum 1. März 2015 in Kraft getretene Hessische Vergabe- und Tariftreuegesetz (HVTG), öffentliche Auftragsvergaben im Hinblick auf u.a. ökologische Anforderungen nunmehr weiter auszugestalten:

Neben der grundsätzlichen Schwerpunktsetzung im HVTG auf Aspekte der sozialen Nachhaltigkeit (Mindestlohn, Tarifvertragstreue usw.) wird der Gedanke des nachhaltigen öffentlichen Einkaufs im Ganzen mit dem HVTG besonders befördert. So lautet z.B. der neu eingeführte § 2 Abs. 2 HVTG nunmehr wörtlich:

*„Bei den Beschaffungen des Landes sind grundsätzlich die Aspekte einer nachhaltigen Entwicklung in Bezug auf den Beschaffungsgegenstand und dessen Auswirkungen auf das ökologische, soziale und wirtschaftliche Gefüge zu berücksichtigen."*

In § 3 Abs. 1 HVTG („Soziale, ökologische und innovative Anforderungen, Nachhaltigkeit") werden diese Vorgaben konkretisiert:

*„Den öffentlichen Auftraggebern steht es bei der Auftragsvergabe frei, soziale, ökologische, umweltbezogene und innovative Anforderungen zu berücksichtigen, wenn diese mit dem Auftragsgegenstand in Verbindung stehen oder Aspekte des Produktionsprozesses betreffen und sich aus der Leistungsbeschreibung ergeben. Diese Anforderungen sowie alle anderen Zuschlagskriterien und deren Gewichtung müssen in der Bekanntmachung und in den Vergabeunterlagen genannt werden."*

Auch die Möglichkeit der Nutzung von Zertifikaten wird erleichtert (§ 3 Abs. 3 HVTG).

Neben diesen vom Land Hessen erarbeiteten Regelungen sind durch die Europäische Union (EU) mit der EU-Vergaberechtsmodernisierung 2014 starke Impulse hin zu einer Beförderung der $CO_2$-neutralen Beschaffung gesetzt worden: Die Richtlinie 24/2014/EU zielte unter anderem darauf ab, das Regelwerk für die Vergaben entsprechend den aktuellen Bedürfnissen weiterzuentwickeln. Der neue Rechtsrahmen ermöglicht es, die öffentliche Auftragsvergabe stärker zur Unterstützung strategischer Ziele zu nutzen; dazu gehören unter anderem umweltbezogene Aspekte wie etwa der Klimaschutz.

Der Bundesgesetzgeber hat die Richtlinie fristgemäß am 18. April 2016 mit den neu gefassten Regelungen des Gesetzes gegen Wettbewerbsbeschränkungen (GWB) und der Verordnung über die Vergabe öffentlicher Aufträge (VgV) in deutsches Recht umgesetzt. Mit Blick auf die Beschaffung energieverbrauchsrelevanter Waren, sind vom öffentlichen Auftraggeber nach §§ 67 und 68 VgV sogar zwingende Vorgaben zu machen. Hier wirkt sich der neue Rechtsrahmen unmittelbar positiv auf die Vermeidung von $CO_2$-Emissionen aus.

Das Land Hessen hat schließlich auch auf Erlassebene mit der Anpassung des gemeinsamen Runderlasses zum Öffentlichen Auftragswesen vom 27. Juni 2016 unter Ziffer 3.4 das Thema nachhaltige und innovative Anforderungen an Beschaffungen aufgenommen. Dies hat zur Folge, dass bei Beschaffungen des Landes die §§ 67 und 68 der VgV (Beschaffungen energieverbrauchsrelevanter Liefer- und Dienstleistungen) nunmehr unabhängig vom Auftragswert immer anzuwenden sind.

Ferner wird dort auf die „Kompetenzstelle für nachhaltige Beschaffung" im Bundesministerium des Innern hingewiesen. Sie kann von allen öffentlichen Auftraggebern (Bund, Länder und Kommunen) bei der Berücksichtigung von Kriterien der Nachhaltigkeit bei Beschaffungsvorhaben kontaktiert werden. Sie unterstützt die Vergabestellen und stellt Informationen und konkrete Handlungshilfen in Form von Checklisten, Formulierungsvorschlägen und Leitfäden zur Verfügung.

### Leitfäden als konkrete Handlungshilfen

Auf der Internetseite der „Kompetenzstelle für nachhaltige Beschaffung" sind u.a. auch die im Rahmen des Projektes „Hessen: Vorreiter für eine nachhaltige und faire Beschaffung" in 2012 erstmalig zur Verfügung gestellten Einkaufshilfen für Bürobedarf, Bürogeräte mit Druckfunktion, Büromöbel, Computer und Monitore, Reinigungs(dienst-)leistungen sowie Textilprodukte veröffentlicht. Sie haben in Ansehung der mittlerweile eingetretenen ökologischen, technischen aber eben auch rechtlichen Fortentwicklung 2015/16 im Folgeprojekt „Nachhaltige Beschaffung in Hessen" eine umfängliche Überarbeitung erfahren.

Konkret werden etwa im Leitfaden für Computer und Monitore detaillierte Anforderungen für den Energieverbrauch und der Stromsparfunktion beschrieben, die mittelbar über die Energierelevanz Auswirkung auf die $CO_2$-Emissionen dieser Produkte haben. Das den Leitfäden innewohnende „Ampelsystem" (rot/gelb/grün), über das die Rechtssicherheit der jeweiligen nachhaltigen Anforderung verdeutlicht wird, zeigt nunmehr keine „rote Ampel" (=Kriterium/Anforderung kann nicht rechtssicher angewendet werden) mehr.

Die Leitfäden wurden landesweit im Rahmen der jährlich stattfindenden Veranstaltungen der Oberfinanzdirektion Frankfurt am Main – HCC – Zentrale Beschaffung – für Professionelle Beschaffer der hessischen Landesdienststellen und bei der Schulungsveranstaltung für Mitarbeiter der Zentralen Beschaffungsstellen des Landes Hessen vorgestellt.

**Bild 1**
Leitfaden Titelseite Computer und Monitore
[© Hessisches Ministerium der Finanzen]

Die überarbeiteten Leitfäden sind veröffentlicht unter http://www.nachhaltige-beschaffung.info/DE/Hessen/he_node.html.

## $CO_2$-Vermeidung im Einklang mit wirtschaftlicher Beschaffung

In Zusammenarbeit mit der Universität der Bundeswehr in München wurde im Projekt „Nachhaltige Beschaffung in Hessen" ein Wirtschaftlichkeitsbegriff ausgeprägt, der die Säulen der Nachhaltigkeit in den Begriff der Wirtschaftlichkeit integriert. Dies, da grundsätzlich der Zuschlag auf das unter Berücksichtigung aller Umstände wirtschaftlichste Angebot zu erteilen ist, wobei der niedrigste Angebotspreis allein nicht entscheidend ist. , vgl. für Hessen § 17 Abs. 1 HVTG. Hiernach darf der Zuschlag nur auf das unter Berücksichtigung aller Umstände (u.a. Aspekte der Nachhaltigkeit) wirtschaftlichste Angebot erteilt werden. Der niedrigste Preis alleine ist nicht entscheidend.

Wie in § 17 Abs. 3 HVTG normiert ist, können bei der Frage der Wirtschaftlichkeit einer Leistung, Kriterien der Nachhaltigkeit oder / und Umwelteigenschaften, Lebenszykluskosten usw. mit berücksichtigt werden. Gerade bei der Einbeziehung von Lebenszykluskosten zeigt sich (bei entsprechend geeigneten Produktgruppen) der wirtschaftliche Vorteil beim Ineinandergreifen von nachhaltigen und wirtschaftlichen Aspekten bei der Vergabe. Hiernach gilt:

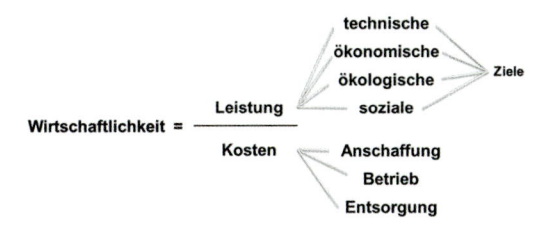

$$\text{Wirtschaftlichkeit} = \frac{\text{Leistung} \begin{Bmatrix} \text{technische} \\ \text{ökonomische} \\ \text{ökologische} \\ \text{soziale} \end{Bmatrix} \text{Ziele}}{\text{Kosten} \begin{Bmatrix} \text{Anschaffung} \\ \text{Betrieb} \\ \text{Entsorgung} \end{Bmatrix}}$$

Damit ist die „nachhaltige Wirtschaftlichkeit in Hessen" das Verhältnis aus bewerteter Leistung zu anfallenden Gesamtkosten. Im Rahmen der Leistung sind neben technischen Zielen die drei Säulen der Nachhaltigkeit (ökonomische, ökologische und soziale Anforderungen) und bei den anfallenden Gesamtkosten Anschaffung, Betrieb und Entsorgung als wesentliche Bestandteile des Lebenszykluskostenansatzes erfasst. Folglich wird ein Begriffsverständnis gewählt, bei dem Wirtschaftlichkeit die Nachhaltigkeit inkludiert. In diesem Rahmen kann als Nachhaltigkeitskriterium explizit die Vermeidung von $CO_2$-Emissionen als eine besondere Anforderung für das zu beschaffende Produkt bestimmt werden. Als Konsequenz können letztlich in Einklang mit den geltenden Bestimmungen des Vergaberechts Produkte und Dienstleistungen beschafft werden, die zwar im Vergleich zu Alternativen höhere Kosten für Anschaffung, Betrieb und Entsorgung verursachen, dafür aber im Hinblick auf Nachhaltigkeitskriterien (z.B. die $CO_2$-Neutralität eines Produktes oder einer Dienstleistung) eine höhere Leistungsbilanz aufweisen. Diesen Produkten und Dienstleistungen ist daher dann als das wirtschaftlichste Angebot der Zuschlag im Vergabeverfahren zu erteilen.

**Bild 2**
DHL-Zertifikat 2016
[© Hessisches Ministerium der Finanzen]

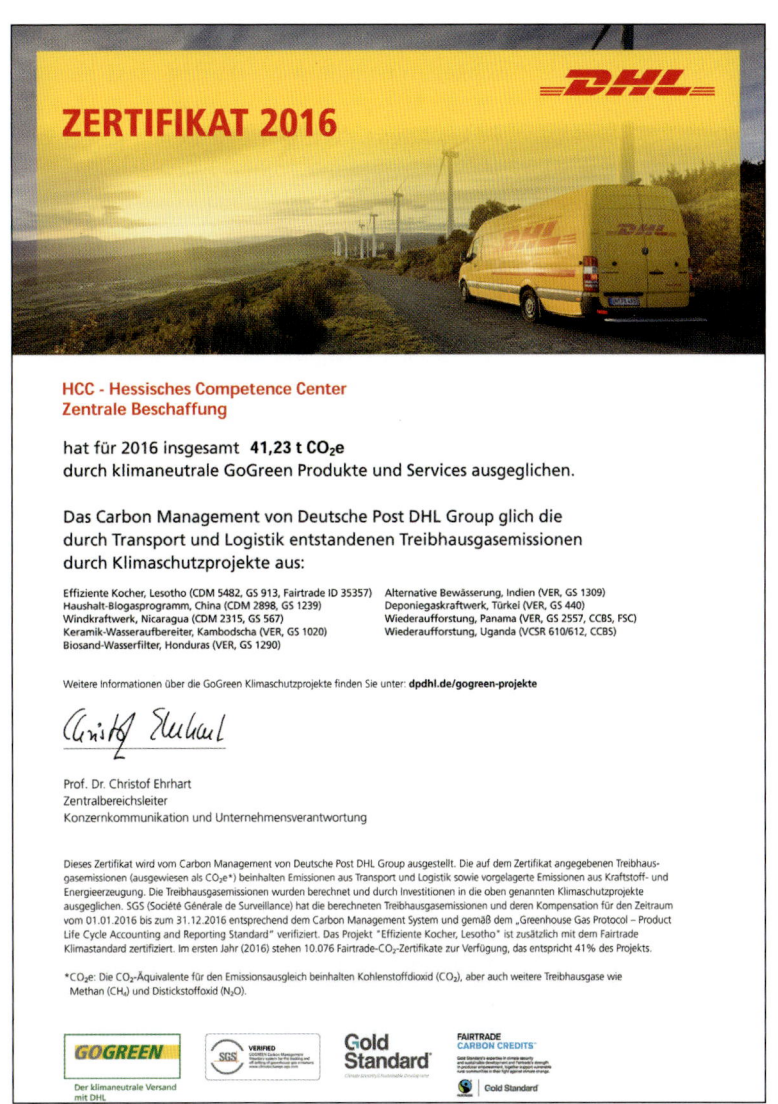

**Bild 3**
Titelseite Energiesparen mit Uli, der Eule [© Hessisches Ministerium der Finanzen]

Die Realisierung dieses nachhaltigen Wirtschaftlichkeitsverständnisses erfordert, dass entsprechende Wirtschaftlichkeitskriterien wie die Berücksichtigung von $CO_2$-Emissionen idealerweise bereits in einer frühen Phase des Beschaffungsprozesses definiert werden. Zur Operationalisierung dieses Verständnisses war es erforderlich, eine Arbeitshilfe zu entwickeln und zu verbreiten, mit der die Anwendung der Lebenszykluskostenrechnung in der Praxis erleichtert und befördert wird. Das Projekt „Nachhaltige Beschaffung in Hessen" hat daher mit dem „Lebenszykluskosten-Tool-Picker" ein Instrument zur Verfügung gestellt, das an unterschiedlichsten Stellen vorhandene Berechnungshilfen in einem Instrument zusammenführt und dort die Auswahl einer produktspezifisch geeigneten Berechnungshilfe zur Kalkulation von Lebenszykluskosten ermöglicht. Der „Lebenszykluskosten-Tool-Picker" wurde gemeinsam mit dem Kompetenzzentrum innovative Beschaffung und der Forschungsstelle für Recht und Management öffentlicher Beschaffung der Universität der Bundeswehr München entwickelt. Er enthält neben den eigentlichen Berechnungstools auch Leitfäden und Handlungshilfen zu einzelnen Produktgruppen. Interessant für die Beschaffer der öffentlichen Hand ist die Möglichkeit, Tools und Leitfäden auswahlbasiert nach Produktgruppen zu suchen.

Link: http://de.koinno-bmwi.de/innovation/arbeitshilfen/lebenszyklus-tool-picker

### Ein Beispiel für $CO_2$-neutrale Beschaffung durch Kompensation

Die Beförderung von Frachtpostsendungen (Pakete) für die Dienststellen der hessischen Landesverwaltung wurde in 2016 erneut im Rahmen eines europaweiten Vergabeverfahrens dem Wettbewerb ausgesetzt. Als Zuschlagskriterium wurde u.a. der „$CO_2$-neutrale Transport" definiert. Erläutert wurde dieses Zuschlagskriterium in den Vergabeunterlagen wie folgt:

*„Im Rahmen der Nachhaltigkeitsstrategie des Landes Hessen [...] ist im Projekt „$CO_2$-neutrale Landesverwaltung" vorgesehen, $CO_2$-Emissionen im Bereich der Hessischen Landesregierung und Landesverwaltung zu senken und zwar durch: $CO_2$-neutrale Baumaßnahmen, $CO_2$-neutrale Beschaffungen und $CO_2$-neutrale Mobilität. Dieses Ziel kann durch Minimierung, Substitution und Kompensation (Zertifikate) der $CO_2$-Werte erreicht werden. Im Rahmen der Beschaffung der Leistung „Paketversand" soll dieser Zielerreichung durch entsprechende Berücksichtigung bei den Zuschlagskriterien Rechnung getragen werden. Der Bieter wird daher aufgefordert, in seinem Angebot darzulegen, welche Maßnahmen er trifft, die dem $CO_2$-neutralen Transport gerecht werden. Sofern hier die Reduzierung der $CO_2$-Emissionen durch Kompensation (Zertifikat) realisiert werden soll, hat er dieses nachzuweisen. Hierbei ist zu belegen, dass von einem unabhängigen Dritten nach anerkannten Standards eine Zertifizierung erfolgt; das entsprechende Zertifikat ist dem Angebot beizufügen."*

### Exkurs: Bildung für nachhaltige Entwicklung

Im Rahmen des Projektes hat das HMdF die Broschüren „Energiesparen mit Uli, der Eule", „Papiersparen mit Uli, der Eule" und „Kochen mit Uli, der Eule" erstellt. Angesprochen werden Kinder im Grundschulalter, die spielerisch, emotional und ohne erhobenen Zeigefinger an die Themen herangeführt werden sollen. Finanzminister Dr. Thomas Schäfer besuchte in diesem Zusammenhang Grundschulen in Hessen, stellte die Broschüren vor und sprach mit den Kindern über ihre Möglichkeiten, Ressourcen und $CO_2$-Emissionen einzusparen sowie Nachhaltigkeit im eigenen privaten Konsumverhalten zu befördern.

Die Broschüren wurden den Schulen und Bildungseinrichtungen zur Verfügung gestellt. Sie können über die Internetseite des HMdF von interessierten Bürgern, Schulen und sonstigen Institutionen kostenfrei bestellt werden. Link: https://finanzen.hessen.de/ueber-uns/nachhaltigkeitsprojekte/uli-die-eule-zeigt-dass-eine-nachhaltige-lebensweise-nicht

### Ausblick

Die nachhaltige Beschaffung in Hessen, zu der ausdrücklich die $CO_2$-Vermeidung gehört, wird auch nach dem Abschluss des Folgeprojektes „Nachhaltige Beschaffung in Hessen" weiter ausgebaut und fortentwickelt werden.

Der Grundsatz der Berücksichtigung des Nachhaltigkeitsgedankens in der Beschaffung ist zunächst ganz konkret und verbindlich für die Praxis auch mit Wirkung für die Zukunft u.a. in § 2 Abs. 2 HVTG gesetzlich verankert worden. Das Land Hessen nimmt damit seine Verantwortung gegenüber den jetzigen und den zukünftigen Generationen wahr und verankert auch im Vergaberecht den Grundsatz der Nachhaltigkeit.

Weiter legt das durch das hessische Kabinett gebilligte Leitbild der nachhaltigen und fairen Beschaffung in Hessen bereits unter Punkt 1 fest, dass für die hessische Landesregierung das Thema Nachhaltigkeit verpflichtendes Handlungsprinzip auf allen Führungs- und Arbeitsebenen ist.

**Bild 4**
Leitbild der fairen und nachhaltigen Beschaffung in Hessen [© Hessisches Ministerium der Finanzen]

# $CO_2$-neutrale Mobilität Hessen

Bernd Schuster | Hessisches Ministerium für Wirtschaft, Energie, Verkehr und Landesentwicklung (HMWEVL)

„Etablierung eines verkehrsträgerübergreifenden betrieblichen Mobilitätsmanagements, so heißt ein Schwerpunktthema im Koalitionsvertrag zwischen CDU und Bündnis 90/Grünen in Hessen aus dem Jahr 2013. Auch der dienstlich bedingte Verkehr bietet finanzielle und ökologische Einsparpotentiale, die in allen Bereichen erforscht und anschließend umgesetzt werden sollten (Polizei, Straßenverkehrsverwaltung, allgemeine Sonderfahrzeuge). Im Kontext der „$CO_2$-neutralen Landesverwaltung" arbeiten vor allem das Hessische Ministerium für Umwelt, Klimaschutz, Landwirtschaft und Verbraucherschutz (HMUKLV), das Hessische Ministerium für Wirtschaft, Energie, Verkehr und Landesentwicklung (HMWEVL) und das Hessische Ministerium der Finanzen (HMdF) zusammen.

Das Steuerungsgremium der „$CO_2$-neutralen Landesverwaltung" unterstützt den Leiter der „AG Mobilität bei der Umsetzung der Aufgabe „Etablierung eines verkehrsträgerübergreifenden betrieblichen Mobilitätsmanagements", so wie es im Koalitionsvertrag festgehalten ist. Dieser leitet auch eine Interministerielle Arbeitsgruppe (IMAG) „Betriebliches Mobilitätsmanagement (BMM)", in der alle Ressorts mitarbeiten. Dabei geht es um die Minderung der $CO_2$-Emissionen auf dem Weg zur $CO_2$-Neutralität der Verwaltung im Rahmen eines betrieblichen Mobilitätsmanagements unter Berücksichtigung des Werkstorprinzips, also der Fahrten die im Zusammenhang mit dienstlichen Aktivitäten stehen. In der laufenden Legislaturperiode werden immer wieder Arbeitspakete umgesetzt.

Die IMAG ist eine Informationsplattform zum gegenseitigen Austausch bestehender Initiativen und laufende Projekte, die die Themenstellung betreffen. Dabei geht es darum, Parallelarbeit zu vermeiden und Synergien zu erzielen. Die Verantwortlichkeiten in laufenden Vorhaben bleiben bestehen. Dies soll dazu beitragen, dass in allen ergänzenden Vorhaben neben den vorhandenen Zielsetzungen (Zentralisierung, Effizienzsteigerung, Kostenminimierung usw.) auch $CO_2$-Minderungsansätze berücksichtigt werden. Dies kann durch neue Regelungen, z.B. zur Dienstreiseplanung und zur Beschaffung von Dienstwagen, finanzielle Förderung (z.B. Elektromobilität), organisatorische Maßnahmen (z.B. Zentralisierung von Aufgaben) oder durch sonstige unterstützende Maßnahmen wie Leitfäden, Handbücher, Informationsveranstaltungen, Kooperationen usw. erfolgen.

Die wichtigsten Maßnahmenbereiche werden im Folgenden kurz dargestellt:

### Elektromobilität

Ebenfalls im Koalitionsvertrag verankert ist die Elektromobilität in Hessen. Bis Ende 2017 wurden drei große Studien und 15 Projekte gefördert. Im Haushalt des HMWEVL stehen im Jahr 2018 6,9 Mio. € zur Verfügung, die um weitere Fördermittel, z.B. aus den Entflechtungsmitteln für eine Förderung der Anschaffung von Elektrobussen, in Höhe von jährlich fünf Mio. Euro aufgestockt werden.

Aus diesen Mitteln finanziert das HMWEVL u.a. eine „Geschäftsstelle Elektromobilität" bei der Hessen Agentur GmbH, die das HMWEVL bei der Bearbeitung des Themas fachlich und organisatorisch unterstützt. Zu den Schwerpunkten der Geschäftsstelle gehören die Beratungsangebote eLotse, das sich an hessische kommunale Mitarbeiter richtet, sowie eCoach, ein Angebot für Busbetreiber in Hessen

Darüber hinaus wurden in Hessen viele Projekte mit Bundesförderung umgesetzt. Dabei sind die Projekte der Modellregion Elektromobilität sowie die Projekte am Frankfurter Flughafen (unter dem Schlagwort E-PORT AN) besonders zu erwähnen.

Seit Ende 2016 wird auch an der Umsetzung des vom Bundesumweltministerium geförderten Projektes zur Errichtung und zum Testbetrieb von Oberleitungs-LKW in Hessen (Projektname: ELISA) gearbeitet. Dabei soll ein ca. fünf km langer Abschnitt der A 5 zwischen den Anschlussstellen Weiterstadt und Zeppelinheim in beiden Fahrtrichtungen mit einer Oberleitung ausgestattet werden.

Die Hessische Landesregierung will durch den Einsatz von E-Fahrzeugen im Landesfuhrpark durch das Vorhaben eBeschaffung vorbildlich vorangehen. Um interessierten Landesdienststellen die Nutzung von E-Fahrzeugen zu ermöglichen, fördert das HMWEVL bei der Anschaffung (Leasing oder Kauf) von E-Fahrzeugen die Mehrkosten gegenüber einem vergleichbaren herkömmli-

**Bild 1**
E-Fuhrpark im hessischen Wirtschaftsministerium
[Foto: © HMWEVL]

chen Fahrzeug bis zu einer finanziellen Obergrenze. Auf diese Weise wurden schon über 160 E-Fahrzeuge gefördert; aktuell sind 65 über dieses Programm geförderte E-Fahrzeuge im Bestand der hessischen Landesverwaltung für Dienstfahrten verfügbar.

Neben den oben genannten Themen fördert die Hessische Landesregierung auch die Ladeinfrastruktur. 2017 sind bereits so viele Anträge eingegangen, dass damit ca. 500 Normalladepunkte aufgebaut werden können, was wiederum fast eine Verdoppelung des derzeitigen Bestandes in Hessen bedeutet.

### LandesTicket für Landesbedienstete

Ab dem 1. Januar 2018 gilt für die Beschäftigten des Landes Hessen freie Fahrt im öffentlichen Personennahverkehr (ÖPNV) – nicht nur auf dem Arbeitsweg, sondern überall in Hessen und verbunden mit einer großzügigen Mitnahmeregelung. Rund 90.000 Beamtinnen und Beamte, mehr als 45.000 Tarifbeschäftigte und etwa 10.000 Azubis und Auszubildende werden von dem neuen LandesTicket Hessen profitieren. Das Ticket ist bundesweit einmalig und ein sichtbarer Beleg dafür, dass das Land die richtigen Weichen für den Wettbewerb um die besten Köpfe gestellt hat. Hessen ist ein moderner, zuverlässiger und familienfreundlicher Arbeitgeber. Das LandesTicket macht den Job beim Land jetzt noch attraktiver und das im Einklang mit der Umwelt. Es ist ein attraktives Gesamtpaket für die Beschäftigten.

Für den Landeshaushalt entstehen rund 51 Mio. € Zusatzkosten, was eine Investition zugunsten der Umwelt ist, denn mit dem LandesTicket werden vor allem $CO_2$-Emissionen reduziert. Das ist ein weiterer Beleg dafür, dass Ökologie und Ökonomie sinnvoll in Einklang gebracht werden können, ohne dabei die Schuldenbremse und die Verpflichtung zum verantwortungsbewussten Haushalten aus den Augen zu verlieren.

### E-Learning

E-Learning ermöglicht klimaneutrales Lernen, da Dienstfahrten zu den Seminarorten entfallen.

Unter E-Learning versteht man alle Formen des Lernens, die auf den Einsatz elektronischer oder digitaler Medien setzen. E-Learning entspricht den heutigen multimedialen Informations- und Kommunikationsgewohnheiten und kann daher entweder am Arbeitsplatz oder zuhause stattfinden. Es hat außerdem den großen Vorteil des zeit- und ortsunabhängigen Lernens und ermöglicht so u.a. auch Bediensteten im Schichtdienst und in Teilzeit, Telearbeit, Elternzeit oder Beurlaubung die Teilnahme an Fortbildungsmaßnahmen.

In Hessen erfolgt E-Learning über die Fortbildungsplattform der Hessischen Landesverwaltung. Das E-Learning-Angebot ergänzt und erweitert das ressortübergreifende Fortbildungsangebot der Zentralen Fortbildung. Die Lernprogramme sind aktuell und stehen in der Regel unbegrenzt zur Verfügung. Die erworbenen Kenntnisse können daher immer wieder aufgefrischt und die zur Verfügung gestellten Materialien als Nachschlagewerk genutzt werden.

Auf die Fortbildungsplattform der Hessischen Landesverwaltung kann von jedem internetfähigen Endgerät über die Adresse www.fortbildung.e-learning.hessen.de zugegriffen werden. Der Zugang zu den einzelnen Kursen ist passwortgeschützt.

Auf der Fortbildungsplattform werden vier verschiedene Arten des E-Learning angeboten:
- Selbstlernprogramme (Web Based Training)
- Integriertes Lernen (Blended Learning)
- Virtuelle Klassenzimmer (Virtuell Classrooms)
- Wissens- und Linksammlungen
- Selbstlernprogramme (Web Based Trainings)

Darüber hinaus wird die Fortbildungsplattform im Rahmen von vielen Präsenzseminaren aus dem Jahresprogramm der Zentralen Fortbildung genutzt. Über die Plattform können den Teilnehmenden die Seminarunterlagen (Skripte, Bücher etc.) und Fotoprotokolle zur Verfügung gestellt werden. Insbesondere bei großen Datenmengen, die nicht per Email versendet werden können, ist dies von Vorteil.

Zum Zeitpunkt des Neubeginns des Projektes am 01.04.2011 bestand das Angebot auf der Fortbildungsplattform aus drei Kursen. Bis zum heutigen Zeitpunkt wurde das Angebot an Lernprogrammen und Inhalten auf der Fortbildungsplattform konsequent erweitert. Insgesamt besteht das Angebot aktuell aus 10 Kursbereichen mit derzeit insgesamt 74 Kursen.

### Car Sharing als Ergänzung des Fuhrparks

Ein Carsharing-Auto kann bis zu 20 Privat-Pkw ersetzen und erhält dabei die Mobilität der Menschen. Damit spielt Carsharing bei dem Versuch, $CO_2$ und Luftschadstoffe zu reduzieren, eine gewichtige Rolle. Wichtig sind ein Netz an Fahrzeugen in der Umgebung sowie die Umweltverträglichkeit der genutzten Fahrzeuge. Carsharing ist erfolgreich. Die Zahl der Nutzer ist bundesweit allein im letzten Jahr um fast eine halbe Million gestiegen.

Auch bei der Hessischen Landesverwaltung werden wegen Engpässen bei der Reisemittelbeschaffung, z.B. Dienstfahrzeuge und Netzkarten des öffentlichen Verkehrs, im Einzelfall den Beschäftigten Car Sharing Fahrzeuge zusätzlich angeboten werden. Damit der Zugang erleichtert wird, sollen die Fahrzeuge vor der Behörde ihren Standort haben. Das erste Fahrzeug von „Stadtmobil" hat seinen Standort vor dem Landeshaus in Wiesbaden. Aufgrund seiner zentralen Lage bietet sich gerade dieser Standort besonders an. Rund um das Landeshaus gibt es Wohngegenden mit großem Parkdruck, da kann jedes Carsharing-Angebot zum Umdenken anregen. Geplant sind weitere Standorte, die Umsetzung erfolgt durch den Landesbetrieb Bau und Immobilien Hessen (LBIH).

### Fahrgemeinschaftsdienst TwoGo by SAP

Die Hessische Landesregierung bietet den Angehörigen der Dienststellen in Wiesbaden sowie den Mitarbeiterinnen und Mitarbeitern des Ministeriums für Umwelt, Klimaschutz, Landwirtschaft und Verbraucherschutz eine freiwillige und für die Beschäftigten kostenlose Teilnahme an dem Cloud Service „TwoGo by SAP" als Plattform zur Bildung von Fahrgemeinschaften und zum Finden von Mitfahrgelegenheiten an.

SAP hat diesen Service 2011 zunächst im eigenen Unternehmen eingeführt, danach auch Interessierten angeboten. Die vom Ministerium erworbene Unternehmensversion des Services dient dazu, die Mitarbeiterinnen und Mitarbeiter der einbezogenen Dienststellen bei der Bildung von Fahrgemeinschaften und beim Arrangieren von Mitfahrgelegenheiten zu unterstützen. Die Beschäftigten werden gegenüber anderen TwoGo-Nutzerinnen und -Nutzern als Angehörige der einbezogenen Behörden ausgewiesen, was die Bereitschaft, an einer Fahrgemeinschaft teilzunehmen oder eine Mitfahrgelegenheit zu nutzen, erhöhen dürfte.

Teil 2

# Klimaneutralitätsaktivitäten der Kommunen und von Unternehmen

# Grün investieren und finanzieren: Was Banken zum Klimaschutz beitragen können

Astrid Schülke | BNP Paribas, CSR Deutschland

COP21, die UN-Klimakonferenz in Paris 2015, war auch für Unternehmen weltweit ein wichtiger Meilenstein. Vielen skeptischen Stimmen im Vorfeld zum Trotz beschloss die Versammlung nach zähem Ringen am 12. Dezember 2015, dem Tag nach dem ursprünglich geplanten Ende der Konferenz, ein Klimaabkommen mit einem ambitionierten Ziel. Die Erderwärmung soll bis zum Jahr 2100 deutlich unter 2 °C bleiben.

Daraus entstand auch der „Paris Pledge for Action", dem sich seither Hunderte von Unternehmen und nichtstaatlichen Organisationen angeschlossen haben – darunter die BNP Paribas Gruppe, deren Deutschlandzentrale sich in Frankfurt befindet. Darin verpflichten sich diese zu einem konkreten Beitrag, um die Emission von Treibhausgasen zu reduzieren. In dem Appell heißt es: „Wir werden auf diesen Moment als einen Wendepunkt zurückblicken, an dem der Übergang zu einer emissionsarmen, das Klima schützenden Wirtschaft unvermeidlich, unumkehrbar und unaufhaltsam wurde."

Der von Präsident Donald Trump kürzlich angekündigte Rückzug der USA aus dem Klimaabkommen könnte im Falle seiner tatsächlichen Umsetzung zwar neue Risiken schaffen, nach Einschätzung vieler Ökonomen werden sich die negativen Auswirkungen auf die Dekarbonisierung der Weltwirtschaft jedoch in Grenzen halten. Schon zwei Tage nach der Ankündigung des Ausstiegs durch den US-Präsidenten haben über 1.400 Städte, Bundesstaaten, Investoren und Unternehmen aus den USA erklärt, dass sie die Pariser Klimavereinbarung einhalten wollen, darunter auch Bürgermeister einiger der größten Städte des Landes. Insbesondere Wirtschaftsunternehmen, die bereits viel Energie und Geld investiert haben, um zur Einhaltung des 2-Grad-Ziels beizutragen, werden sich weiterhin tatkräftig und unaufhaltsam für den Klimaschutz einsetzen.

## Selbstverpflichtungen der Banken

Der „Paris Pledge for Action" steht in einer Reihe von Selbstverpflichtungen der Wirtschaft, insbesondere auch von Banken, in Bezug auf den Klimawandel. So haben seit 2006 bereits 90 Finanzdienstleister aus 37 Ländern die so genannten „Equator Principles" unterzeichnet. Diese enthalten globale Umwelt- und Sozialstandards und schaffen für die beteiligten Unternehmen einen Rahmen, um mit entsprechenden Risiken bei Finanzierungsprojekten umzugehen. Damit verbunden ist ein jährliches Reporting der beteiligten Banken in Bezug auf die Einhaltung dieser Standards.

**Bild 1**
Windenergie als eine mögliche Antwort auf den Klimawandel
[Foto: © BNP Paribas Gruppe]

Am 1. Januar 2016 traten die Ziele für nachhaltige Entwicklung in Kraft, die „Sustainable Development Goals (SDGs)". Darin haben die Vereinten Nationen Ziele für Nachhaltigkeit formuliert, um die Entwicklung hin zu einer prosperierenden und gleichzeitig gerechteren Welt bis 2030 zu fördern, bei der die Ressourcen unseres Planeten geschützt bleiben. Zu den 17 Zielen gehören auch der Zugang zu bezahlbarer, verlässlicher und nachhaltiger Energie für alle sowie die Bekämpfung des Klimawandels und seiner Auswirkungen.

Am 30. Januar 2017 haben 19 führende Banken und Investoren die „Principles for Positive Impact Finance" der UN Environment Finance Initiative (UNEPFI) verabschiedet. Darin verpflichten sie sich dazu, die Finanzierung einer nachhaltigen Entwicklung im Sinn der SDGs zu begleiten. Die vier Prinzipien schaffen Orientierung für Finanzierungen und Investments und unterstützen die Unternehmen bei der Analyse, Überwachung und Kommunikation bzgl. der sozialen, ökologischen und wirtschaftlichen Auswirkungen von Finanzprodukten und -dienstleistungen.

Solche Prinzipien und Ziele müssen auch lokal Anwendung finden. Dies ist das Anliegen der im Mai 2017 veröffentlichten „Frankfurter Erklärung" zur Umsetzung einer gemeinsamen Nachhaltigkeitsinitiative am Finanzplatz Frankfurt. Auch BNP Paribas gehört zu den Unterzeichnern. Gemeinsam wollen Banken, Versicherungen und NGOs der hessischen Finanzmetropole die nachhaltigen Entwicklungsziele der UN vor Ort unterstützen.

Eine weitere wertvolle lokale Initiative, bei der auch BNP Paribas als Partner agiert, ist das Lernnetzwerk „$CO_2$-neutrale Landesverwaltung". Hessen verfolgt das Ziel, bis zum Jahr 2030 eine klimaneutral arbeitende Verwaltung zu erreichen. Verschiedene Akteure tauschen sich in diesem Netzwerk über „Best Practices" aus, initiieren gemeinsame Projekte und stärken sich auf diese Weise gegenseitig bei der Realisierung des gemeinsam verfolgten Ziels.

### Was Banken beitragen können

Banken und Finanzinstitute können in der Gesellschaft und den Regionen, in denen sie tätig sind, in besonderer Weise helfen, ein stärkeres Bewusstsein für die Fragilität der Umwelt und die Gefahren des Klimawandels zu erzeugen. In ihrem Kerngeschäft – Finanzierungen oder Investments – können sie durch ihre täglichen Geschäftsentscheidungen dazu beitragen, dass auf lange Sicht nur noch Vorhaben finanziert werden, die den Umbau zu einer klimafreundlichen Wirtschaft unterstützen und die Erderwärmung nicht weiter beschleunigen. Des Weiteren können sie durch ihr Engagement auch die Expertise anderer Akteure fördern. Am Beispiel der BNP Paribas Gruppe werden die verschiedenen Ebenen deutlich, auf denen Banken, ihre Geschäftsbereiche und ihre einzelnen Mitarbeiterinnen und Mitarbeiter heute gegen den Klimawandel aktiv werden können.

BNP Paribas unterstützt die in internationalen Vereinbarungen formulierten Ziele durch eigene CSR-Policies, die ökonomisches Wachstum, soziale Inklusion von Benachteiligten und den Umweltschutz miteinander in Einklang bringen. Zu diesem Zweck wurde die Ratingagentur Vigeo Eiris damit beauftragt, den Anteil von Unternehmensfinanzierungen zu ermitteln, die einen direkten Beitrag zur Erreichung der SDGs leisten. Im Jahr 2016 waren dies bereits knapp 17 %. Ziel ist es, diesen Anteil mit Fokus auf die Sektoren Erneuerbare Energien, Wasser, Abfall und Recycling sowie emissionsarme Mobilität kontinuierlich zu steigern.

BNP Paribas entwickelt darüber hinaus Produkte, die es privaten und institutionellen Anlegern ermöglichen, in Unternehmungen zu investieren, die besonders wirkungsvoll die SDGs fördern. Dazu zählen Themenfonds zu Wasser, nachhaltigen Städten und der Nahrungskette sowie ein neuer Index: der Solactive Sustainable Development Goal World Index. Ferner gibt es immer mehr Partnerschaften mit Firmenkunden und öffentlichen Institutionen, um das Bewusstsein dafür zu stärken, dass jeder einzelne einen Beitrag dazu leisten kann, die SDGs umzusetzen. Oder wie es in einer Kampagne der Bank heißt: „What's my impact" – was kann ich beitragen?

### Klimainitiative unterstützt Forschungsprojekte

Schon seit vielen Jahren setzt sich die BNP Paribas Gruppe mit ihrer internationalen Stiftung – der Fondation BNP Paribas – aktiv mit Umwelt-

**Bild 2**
Die Klimaausstellung von BNP Paribas
[Foto: © BNP Paribas Gruppe]

themen und dem Klimawandel auseinander. 2010 rief sie eine eigene Klimainitiative ins Leben, bei der sich Forschungseinrichtungen um Förderung bewerben können. 2016 ist die Initiative bereits in die dritte Förderrunde gegangen. Neu ist, dass sich nicht nur Wissenschaftler aus Frankreich, sondern aus ganz Europa für eine Unterstützung ihres Forschungsprojekts zum Thema Klimawandel bewerben können. 2016 wurden unter 228 eingegangenen Bewerbungen acht Projekte ausgewählt. Themenschwerpunkte sind Meeresbiologie sowie Eis-, Gletscher- und Bodenkunde. Über drei Jahre hinweg erhalten diese Projekte von der Bankengruppe über 6 Millionen Euro.

Seit 2010 wurden auf diese Weise bereits 18 internationale Forschungsteams gefördert.

Einige Beispiele: Mit der Erforschung des Südpolarmeers beschäftigt sich das SOCLIM-Projekt. Mithilfe von Unterwasserrobotern werden dabei Daten zu Themen wie Kohlenstoffbindung, den Wechselwirkungen zwischen Luft und Meer oder biooptischen Anomalitäten der Wasseroberfläche erhoben. Das Continental PAst TEMPeratures (CPATEMP) Projekt erforscht die Auswirkungen menschlicher Aktivitäten auf Seen in Kamerun. Neben vielen weiteren Initiativen wird auch der Global Carbon Atlas unterstützt. Dieser wurde 2013 initiiert und hat sich mittlerweile zu einem wichtigen Werkzeug bei internationalen Klimaverhandlungen entwickelt. Er beinhaltet aktuelle Daten über den weltweiten Kohlenstoffzyklus. Laut Atlas haben sich die $CO_2$-Emissionen von 2014 bis 2016 global nur um 1 % erhöht. Auf der anderen Seite konnte aber – verursacht durch Dürre- und Hitzeperioden – weniger $CO_2$ durch Wälder kompensiert werden. Außerdem stieg der von Menschen verursachte Methanausstoß schneller an. Durch die Förderung der BNP Paribas Gruppe können die Forscher auch in den kommenden Jahren wertvolle Daten für den Atlas erheben.

Seit 2016 unterstützt die Schweizer Stiftung von BNP Paribas außerdem das Schweizer Polarinstitut. Diese in Lausanne beheimatete Forschungseinrichtung beschäftigt sich mit den Polen und extremen Umweltbedingungen. Das erste, größere Projekt dieses Instituts war eine internationale wissenschaftliche Expedition, bei der von Dezember 2016 bis März 2017 die Antarktis umrundet wurde. Bei dieser Antarctic Circumnavigation Expedition (ACE) arbeiteten 55 Wissenschaftler aus 30 Ländern an 22 Forschungsprojekten. Zwei davon werden besonders von der BNP Paribas Stiftung Schweiz unterstützt. Diese beschäftigen sich einerseits mit der Wechselwirkung zwischen der Luft und dem Ozean, andererseits mit den Gründen für die kontinuierliche Entsalzung des Südpolarmeers.

Die Klimainitiative der BNP Paribas Gruppe wendet sich nicht nur an die Wissenschaftscommunity, sondern auch an die allgemeine Öffentlichkeit. Allein im Jahr 2016 wurden 116.000 Personen durch die Initiative erreicht – mit Konferenzen in verschiedenen Ländern und einer eigenen Klimaausstellung, die bei der Weltklimakonferenz in Paris erstmals gezeigt wurde und seitdem in ihrer mobilen Version um die Welt gezogen ist. In Deutschland wurde sie in Frankfurt und München präsentiert. Ziel der Ausstellung ist es, das Bewusstsein der Besucher für den Klimawandel zu schärfen und Ansätze zu zeigen, wie ihm entgegengetreten werden kann. Ist die Erderwärmung ein neues Phänomen in der Geschichte unseres Planeten? Welche Faktoren beeinflussen überhaupt das Klima? Welche Vorhersagen treffen Forscher aktuell für die Zukunft? Und was kann gegen den Klimawandel unternommen werden – durch Eindämmung seiner Auswirkungen oder durch Anpassung? Die Ausstellung dokumentiert, welche Lösungsansätze Klimaforscher für diese Fragen anbieten.

**Sukzessiver Ausstieg aus der Finanzierung von Kohlekraftwerken**

Die Bekämpfung des Klimawandels ist eine Jahrhundertaufgabe. Der sukzessive Ausstieg Deutschlands aus der Atomkraft bis 2022 zeigt, dass sich der Schalter nicht von einem Moment auf den anderen auf erneuerbare Energien umlegen lässt. Damit die Ziele der Pariser UN-Klimakonferenz von 2015 und die Ziele die Umsetzung der daraus erwachsenen internationalen Vereinbarungen erreicht werden können, bedarf es eines ebenso konsequenten wie schrittweisen Übergangs. So vergrößern derzeit viele Banken Jahr für Jahr ihr Finanzierungsvolumen für den Bereich der erneuerbaren Energien, um dem Klimawandel Einhalt zu gebieten. Gleichzeitig werden Finanzierungen von Kohlebergbau und Kohlekraftwerken sukzessive zurückgefahren.

Nach Studien der International Energy Agency (IEA) wurden 2014 immer noch 41 % des weltweiten Energiebedarfs durch Kohle abgedeckt. Kohlekraftwerke stehen für 73 % der durch Energieerzeugung verursachten $CO_2$-Emissionen. Deshalb spielt gerade der Abschied vom Energieträger Kohle bei der Bekämpfung des Klimawandels eine entscheidende Rolle.

Das Beispiel BNP Paribas zeigt es deutlich. Die Unternehmensgruppe orientiert sich seit vielen Jahren an eigens definierten „Sector Policies" für Finanzierungs- und Investitionsvorhaben in besonders sensiblen bzw. risikobehafteten Branchen. Neben Palmöl, Landwirtschaftsprodukten oder Atomenergie gibt es auch eine Richtlinie für den Bergbau. So finanziert die Bank keinen Kohleabbau mehr und stellt Bergbauunternehmen nur noch Finanzierungen zur Verfügung, wenn diese eine klare Strategie zur Diversifizierung der Energiequellen vorlegen können.

Eine weitere Richtlinie beschäftigt sich mit der Energieerzeugung durch Kohle. Diese hat BNP Paribas im Mai 2017 noch einmal deutlich verschärft. Hatte die Gruppe bis dahin Finanzierungen von Kohlekraftwerken in weniger entwickelten Ländern unter strengen Kriterien und Auflagen noch erlaubt, finanziert die Gruppe nun den Bau solcher Anlagen gar nicht mehr. Im Oktober 2017 erfolgte ein weiterer Schritt zur Erreichung der Klimaziele und zur Beschleunigung der global notwendigen Energiewende. Die Gruppe verzichtet in Zukunft auch auf die Finanzierung von Unternehmen und Projekten in Verbindung mit Schieferöl, Schiefergas und Ölsand und wird außerdem keine Forschungs- und Förderprojekte für Öl und Gas in der Antarktis finanzieren.

Auch bei Finanzdienstleistungen für Energieunternehmen gibt es klare Vorgaben. BNP Paribas arbeitet nur noch mit solchen Erzeugern zusammen, die eine klare Diversifizierungsstrategie verfolgen und den Anteil der Kohle im Energiemix kontinuierlich verringern – mindestens im gleichen Tempo, wie es die gesetzlichen Regelungen zur Verringerung der Treibhausgasemissionen in ihrem Heimatland vorsehen. Außerdem werden keine neuen Kundenbeziehungen mehr mit Unternehmen aufgenommen, die mehr als 50 % ihres Umsatzes mit Kohle generieren.

Gemäß dem Pariser Klimaabkommen hat sich BNP Paribas auch dazu verpflichtet, den $CO_2$-Ausstoß pro erzeugter kWh, die die Bank finanziert, so schnell zu reduzieren, wie es die Internationale Energieagentur mit ihrem Scenario 450 als weltweiten Durchschnitt vorgibt: von 2015 bis 2040 um 85 %. Betrug dieser Wert 2015 noch 399 Gramm $CO_2$, so soll er bis 2020 schon auf 350 Gramm abgesenkt werden, um dann 2040 die angestrebten 60 Gramm zu erreichen.

**Fokus auf erneuerbare Energien und Energiereduktion**

Während der Kohleanteil im weltweiten Energiemix sukzessive verringert werden soll, stehen die erneuerbaren Energien immer mehr im Fokus. So will BNP Paribas das Finanzierungsvolumen für den Bereich der erneuerbaren Energien von 6,9 Milliarden Euro im Jahr 2014 auf 15 Milliarden Euro im Jahr 2020 mehr als verdoppeln. Der Trend geht in die richtige Richtung: 2016 wurden bereits 9,3 Milliarden Euro vergeben. Zudem finanzieren Banken Startup-Unternehmen, die innovative Technologien zur besseren Nutzung erneuerbarer Energien entwickeln. Die BNP Paribas Gruppe hat sich in diesem Bereich dazu verpflichtet, bis 2020 100 Millionen Euro in innovative Startups zu investieren, die Lösungen für die Energiewende entwickeln. 2016 flossen in diesem Rahmen unter anderem 5 Millionen Euro an die Heliatek GmbH aus Dresden, die organische Solarfolien herstellt.

Mit günstigen Verbraucherkrediten unterstützt BNP Paribas auch Privathaushalte dabei, ihren Energieverbrauch zu reduzieren. In den vergangenen Jahren vergab BNP Paribas Personal Finance in Frankreich zu diesem Zweck über 530.000 Kredite. Allein im Jahr 2016 wurde dabei so viel Energie eingespart, wie 47.400 Haushalte durchschnittlich verbrauchen. Dieses Modell wurde aufgrund des großen Erfolgs durch Partnerschaften mit Energieunternehmen mittlerweile auch in weiteren Ländern wie Italien, Tschechien und der Ukraine implementiert.

### Finanzierungen nachhaltig gestalten – das Beispiel PUMA

Im Corporate Banking wächst der Bereich „Sustainable Finance", der Firmenkunden bei nachhaltigen Investitions- und Finanzierungsprojekten zur Verbesserung von Umwelt-, Gesundheits-, Sicherheits- und Sozialstandards begleitet. Laut einem Report der „Business and Sustainable Development Commission (BSDC)" aus dem Januar 2017 entsteht durch die Umsetzung der Sustainable Development Goals weltweit ein Finanzierungsbedarf von 12 Billionen US-Dollar, insbesondere in den Bereichen Ernährung und Landwirtschaft, Stadtentwicklung, Energie und Gesundheit. Im Bereich „Sustainable Finance" unterstützt BNP Paribas Kunden auf ihrem Weg zu mehr Nachhaltigkeit.

Ein gutes Beispiel dafür ist das Finanzierungsprogramm des Sportartikelherstellers PUMA, das zusammen mit BNP Paribas eingeführt wurde. PUMA vertreibt seine Produkte in mehr als 120 Ländern und arbeitet derzeit mit mehr als 300 externen Produzenten, vornehmlich aus dem asiatischen Raum, zusammen. PUMA war es wichtig, eine Lieferantenfinanzierung aufzulegen, die seinen Partnern weltweit Anreize gibt, die Sozial- und Umweltstandards von PUMA einzuhalten. Diese neuartige Finanzierungsstruktur bietet Lieferanten von PUMA finanzielle Anreize, die eigenen Umwelt-, Gesundheits-, Sicherheits- und Sozialstandards nach den Vorgaben von PUMA zu verbessern.

Daneben kann PUMA seinen Zulieferern mit dem Finanzierungsprogramm individuelle Lösungen

**Bild 3**
BNP Paribas investiert in erneuerbare Energien
[Foto: © BNP Paribas Gruppe]

anbieten. Die Lieferanten erhalten die Möglichkeit, Forderungen gegenüber PUMA bereits vor Fälligkeit an BNP Paribas zu verkaufen und sich auf diese Weise vorab Liquidität zu verschaffen. Bei der Diskontierung der Forderung profitieren sie vom Kreditrating des Abnehmers. Eine weitere Besonderheit des Programms liegt darin, dass der Zinssatz, mit dem eine Forderung diskontiert wird, nicht nur von PUMAs Kreditwürdigkeit abhängt, sondern auch vom Nachhaltigkeitsrating des Lieferanten selbst. Dafür überwacht PUMA im Rahmen einer Auditierung, inwiefern ein Lieferant die vorgegebenen Standards in Bezug auf Umweltschutz, Gesellschaft und Unternehmensführung einhält.

PUMA prüft seine Produzenten weltweit auf regelmäßiger Basis, um Standards zu gewährleisten. Lieferanten mit dem besten Ergebnis werden hoch gestuft und erhalten damit Zugang zu verbesserten Finanzierungsbedingungen. BNP Paribas finanziert dabei nur diejenigen Lieferanten, die erfolgreich die Know-Your-Supplier-Prüfung der Bank durchlaufen haben, um sicherzustellen, dass diese angemessene Compliance-Standards erfüllen.

### Mit Green Buildings gegen den Klimawandel

Ein weiteres Beispiel, wie Finanzdienstleister einen Beitrag zur Eindämmung des Klimawandels leisten können, sind so genannte Green Buildings, Gebäude aus ökologischen Baustoffen und mit geringstmöglichem Energieverbrauch. Das Transaktionsvolumen mit zertifizierten Green Buildings belief sich 2016 in Deutschland auf ca. 7,4 Milliarden Euro. Damit wurde nicht nur das Vorjahresergebnis um rund 8 % übertroffen, sondern auch erneut ein Rekordergebnis erzielt, wie die Analyse von BNP Paribas Real Estate ergab. Büroobjekte tragen weiterhin den Löwenanteil zum „grünen" Investmentumsatz bei. Mit gut 5,9 Milliarden Euro entfallen 80 % des Resultats auf diese Asset-Klasse. Damit floss jeder dritte Euro, der in Büroimmobilien investiert wurde, in zertifizierte Gebäude.

Trotz eines klar erkennbaren Aufwärtstrends liegt dieser Anteil in den übrigen Nutzungsarten noch spürbar niedriger. Auf Rang zwei folgen Hotel-Investments, bei denen nachhaltige Objekte immerhin etwa 17 % zum Umsatz beitragen. Hier spiegelt sich auch ein höherer Anteil an Neubauobjekten wider. Bei Einzelhandelsimmobilien (knapp 6 %) und Logistikanlagen (knapp 5 %) sind die Umsatzanteile, die auf Green Buildings entfallen, demgegenüber noch überschaubar.

Rund um Green Buildings hat BNP Paribas Real Estate eine Reihe von Services und Beratungsleistungen entwickelt. Sustainable Asset Management Solutions ermöglichen beispielsweise eine zeit- und kostenoptimierte Gebäude- bzw. Portfolioanalyse und die Ableitung zweckdienlicher Maßnahmen. Durch die Verbindung von technischer Beurteilung und Marktanalyse werden die Aspekte der Nachhaltigkeit mit denen der Wirtschaftlichkeit verknüpft. 2007 entwickelte BNP Paribas Real Estate mit „Eco Property Management" die europaweit erste Charta speziell für das nachhaltige Management und die nachhaltige Instandhaltung von Immobilien, der sich bereits etwa 60 europäische Immobiliendienstleister angeschlossen haben. Die Charta unterstützt bei der Umsetzung neuer Methoden in der Wartung und Instandhaltung von Gebäuden nach Kriterien der Nachhaltigkeit.

### Grün investieren

Auch bei klassischen Investmentfonds spielen Umwelt und Nachhaltigkeit eine immer größere Rolle. Anleger erwarten von ihren Investitionen, dass ihr Kapital nachhaltig eingesetzt wird, z.B. für besseren Umweltschutz oder zur Förderung von gesellschaftlichen Projekten. Fondsgesellschaften bauen deshalb ihr Angebot an Investmentfonds im Bereich „Socially Responsible Investments (SRI)" deutlich aus. Unter anderem investieren sie gezielt in Unternehmen mit guter $CO_2$-Bilanz und veröffentlichen den $CO_2$-Fußabdruck ihrer Fonds. Auch BNP Paribas Asset Management hat das Angebot an Investmentfonds in diesem Bereich deutlich erweitert und bietet ein breites Spektrum an Fonds, die in Unternehmen mit guter $CO_2$-Bilanz investieren. Mittlerweile hat die Gesellschaft den $CO_2$-Fußabdruck von über 100 Fonds veröffentlicht.

BNP Paribas Asset Management berücksichtigt seit 2012 in allen Investmentprozessen ESG-Kriterien (das heißt Kriterien in Bezug auf Umweltschutz (Environment), Gesellschaft (Society) und Governance (Governance)), die auf den Grundsätzen des Global Compact der Vereinten Nationen basieren. In einem fünfstufigen Prozess, dem

**Bild 4**
Auch die Faktoren Wasserqualität- und -infrastruktur werden in den ESG Kriterien berücksichtigt [Foto: © BNP Paribas Gruppe]

„ESG-Filter", werden Unternehmen nach Negativ-Kriterien wie Branchen (Waffen, Tabak, Glücksspiel) oder „Nicht-Einhalten von Standards" (zum Beispiel im Bereich Menschenrechte, Arbeit, Umwelt, Integrität) aussortiert. Berücksichtigt werden hingegen Unternehmen, deren Geschäftsmodell positiven Kriterien standhält, und die zum Beispiel in Bereichen wie Umweltschutz, erneuerbare Energien, Wasserinfrastruktur und -qualität, Ausbildung und medizinische Versorgung in Schwellenländern aktiv sind. Bereits seit 2002 hat BNP Paribas Asset Management ein eigenes SRI-Research Team.

Auch BNP Paribas Securities Services als Wertpapier-Verwahrstelle ermutigt Kunden, verantwortlich zu investieren, indem sie die Auswirkungen der Investmententscheidungen auf Umwelt, Gesellschaft und Unternehmensführung (ESG) berücksichtigen. Mit einem interaktiven Tool zur ESG-Risikoanalyse können sie die Unternehmen, in die sie investieren wollen, besser aufgrund ihrer ESG-Profile bewerten. Die Anwendung berücksichtigt über 750 Indikatoren und mehr als 6.000 Unternehmen. Sie unterstützt bei der Analyse von einzelnen Unternehmen, Portfolios, Branchen und Ländern.

Ein weiteres Wachstumsfeld sind Green Bonds, über die verstärkt auch Projekte rund um erneuerbare Energien refinanziert werden. Das globale Emissionsvolumen grüner Anleihen wird sich laut Moody's von 93 Milliarden Dollar im Jahr 2016 auf erwartet 206 Milliarden Dollar im Jahr 2017 mehr als verdoppeln. Seit 2012 war BNP Paribas an der Begebung von Green Bonds mit einem Volumen von 5,8 Milliarden Euro beteiligt, allein 2016 waren es 2,4 Milliarden Euro. Im November 2016 gab es dann die erste eigene „grüne Anleihe" mit einem Volumen von 500 Millionen Euro zur Refinanzierung mehrerer Projekte rund um erneuerbare Energien in Europa.

### Blick auf die eigene Geschäftstätigkeit

Wenn es um den Klimawandel geht, muss jedes Unternehmen auch die Auswirkungen seiner eigenen Geschäftstätigkeit auf die Umwelt berücksichtigen. Um diese stets im Blick zu haben, entwickelten viele Gesellschaften – auch BNP Paribas – in den vergangenen Jahren eigene Reporting-Systeme. Dahinter liegen jeweils konkrete Ziele, beispielsweise zur Reduktion des Verbrauchs von Papier und Wasser oder der Vermeidung von Müll. Insgesamt werden bei BNP Paribas rund 40 Indikatoren geprüft, um möglichst alle Umweltfaktoren berücksichtigen zu können. Ein besonderer Fokus liegt dabei auf einer Verringerung der $CO_2$-Emissionen. Diese sollen in der Gruppe von 2012 bis 2020 um 25 % – von 3,21 auf 2,41 Tonnen je Vollzeitmitarbeiter – reduziert werden. Im Jahr 2015 wurde bereits eine Einsparung von 10 % erreicht und im Jahr 2016 lag der Wert bei 2,72 Tonnen und damit noch einmal um 5,55 % niedriger als im Vorjahr.

Insbesondere drei Hebel tragen zum Einsparen von Energie bei: Eine höhere Energieeffizienz der Gebäude, eine „grüne IT", beispielsweise durch die Virtualisierung von Servern und die Optimierung von Kühlsystemen in Rechenzentren sowie die Reduktion und Optimierung von Dienstreisen durch verstärkte Nutzung von Web- und Videokonferenzen und die Bevorzugung klimafreundlicher Verkehrsmittel. Energiesparen fängt beim Einzelnen an. Ein Leitfaden für umweltbewusstes

Verhalten im Arbeitsalltag gibt den Mitarbeitern zahlreiche Tipps, wie sie durch kleine Verhaltensänderungen einen Beitrag zu Erreichung der Ziele leisten können.

So werden die auf Dienstreisen von BNP Paribas Mitarbeitern zurückgelegten Kilometer kontinuierlich reduziert. Fielen 2015 gruppenweit noch 956 Millionen zurückgelegte Kilometer an (und damit 5.055 km je Vollzeitkraft), sank dieser Wert 2016 bereits auf 910 Millionen Kilometer (4.730 km je Vollzeitmitarbeiter). Auch der Papierverbrauch pro Mitarbeiter sank zwischen 2012 und 2016 um 26 %. Bis 2020 soll ein Rückgang von insgesamt 30 % erreicht werden. Beim Müllaufkommen ist die Recyclingquote weiter angestiegen, von 45 % im Jahr 2015 auf 54 % im Jahr 2016.

### Ende 2017 $CO_2$-neutral

Anfang Mai 2017 hat BNP Paribas einen weiteren wichtigen Schritt auf dem Weg zur Bekämpfung des Klimawandels angekündigt. Die Gruppe ist ab Ende 2017 selbst $CO_2$-neutral. Neben den schon erwähnten Sparinitiativen in Bezug auf Stromverbrauch und Dienstreisen trägt dazu auch die Selbstverpflichtung bei, künftig nur noch grünen Strom zu verwenden. Zum Ausgleich von unvermeidbaren $CO_2$-Emissionen hat die Gruppe zudem Partnerschaften mit Umweltorganisationen und -stiftungen geschlossen, um insbesondere in weniger entwickelten Ländern den $CO_2$-Ausstoß zu kompensieren. So werden beispielsweise Aufforstungprogramme in Kenia oder der Bau von Biogasanlagen für Privathaushalte in ländlichen Gebieten Indiens unterstützt.

Viele dieser Initiativen haben dazu beigetragen, dass BNP Paribas vom Magazin „The Banker" als „Most Innovative Investment Bank for Climate Change and Sustainability" ausgezeichnet wurde. Besonders erwähnt wurden dabei das Engagement für einen Übergang zu einer $CO_2$-armen Wirtschaft sowie die innovativen Finanzierungslösungen für Kunden, die diesen Beitrag einer nachhaltigen Entwicklung ermöglichen.

Mit einer Gesamtwertung von 86/100 Punkten liegt BNP Paribas im aktuellen RobecoSAM Ranking, das die Nachhaltigkeit von Unternehmen bewertet, stabil im vorderen Bereich und deutlich über dem Branchenschnitt von 58 Punkten. Mit 100/100 Punkten schnitt die Gruppe insbesondere in den Bereichen Risikomanagement und Klimastrategie für die Energiewende hervorragend ab. Verbesserungen gegenüber dem Vorjahr gab es darüber hinaus in den Themengebieten Men-

**Bild 5**
Unvermeidbare $CO_2$ Emissionen werden mit Projekten kompensiert, die bspw. Aufforstungsprogramme unterstützen
[Foto: © BNP Paribas Gruppe]

## EINE ENGAGIERTE UND VERANTWORTUNGSVOLLE BANK

**WIRTSCHAFT**
VERANTWORTUNGSBEWUSSTE FINANZIERUNG DER WIRTSCHAFT

- Nachhaltige Anlage- und Finanzierungsprodukte
- Hohe ethische Selbstverpflichtung
- Berücksichtigung von ESG-Aspekten (Environment, Social, Governance)

**MITARBEITER**
FÖRDERUNG UNSERER MITARBEITER

- Förderung von Diversität und Inklusion im Unternehmen
- Attraktive Arbeitsplätze und eine verantwortungsbewusste Beschäftigungspolitik
- Förderung dynamischer Karriereentwicklungsmöglichkeiten

**GESELLSCHAFT**
DEN WANDEL AKTIV GESTALTEN

- Leichte Zugänglichkeit von Produkten und Services
- Bekämpfung sozialer Ausgrenzung und Einhaltung der Menschenrechte
- Soziales Engagement mit Fokus auf Solidarität, Umwelt und Kultur

**UMWELT**
BEKÄMPFUNG DES KLIMAWANDELS

- Unterstützung von Kunden und Partnern bei der Etablierung einer klimafreundlichen Wirtschaft
- Verringerung der Auswirkungen unserer Geschäftsaktivitäten auf die Umwelt
- Schärfung des Umweltbewusstseins und Vernetzung zum Themenbereich Umweltschutz

---

schenrechte, Gesundheit und Sicherheit von Mitarbeitern sowie Code of Conduct. So ist es auch kein Zufall, dass BNP Paribas in den Dow Jones Sustainability Indizes für die Welt und für Europa gelistet ist – als eine von nur neun europäischen Banken.

**Bild 6**
Umwelt ist eine der vier Säulen der CSR Strategie von BNP Paribas
[Foto: © BNP Paribas Gruppe]

## BNP PARIBAS

BNP Paribas S.A. Niederlassung Deutschland
Europa-Allee 12
D-60327 Frankfurt am Main
Tel.: 069 7193-1125
E-Mail: astrid.schuelke@bnpparibas.com
URL: www.bnpparibas.de/verantwortung

### BNP Paribas in Deutschland

BNP Paribas ist eine führende europäische Bank mit internationaler Reichweite. Sie ist mit mehr als 192.000 Mitarbeitern in 74 Ländern vertreten, davon über 146.000 in Europa. In Deutschland ist die BNP Paribas Gruppe seit 1947 aktiv und hat sich mit 13 Gesellschaften erfolgreich am Markt positioniert. Privatkunden, Unternehmen und institutionelle Kunden werden von rund 5.000 Mitarbeitern bundesweit in allen relevanten Wirtschaftsregionen betreut. Das breit aufgestellte Produkt- und Dienstleistungsangebot von BNP Paribas entspricht nahezu dem einer Universalbank.

Deutschland ist ein Kernmarkt für die BNP Paribas Gruppe – das hier angestrebte Wachstum ist auf Kontinuität ausgerichtet und eine der tragenden Säulen der Europa-Strategie von BNP Paribas. Die beiden Kerngeschäftsfelder Retail Banking & Services sowie Corporate & Institutional Banking sorgen für ein ausgewogenes Gesamtergebnis. BNP Paribas ist in vielen Bereichen Marktführer oder besetzt Schlüsselpositionen am Markt und gehört weltweit zu den kapitalstärksten Banken.

### Eine engagierte und verantwortungsvolle Bank

BNP Paribas hat sich der nachhaltigen und zukunftsgerichteten Gestaltung der Gesellschaft verpflichtet. Dabei sind ethische Grundsätze, Risikobewusstsein und Verantwortung die Grundlagen des tagtäglichen Handelns. Die BNP Paribas Gruppe hat es sich zum Ziel gesetzt, ihre Stakeholder – Kunden, Mitarbeiter, Partner und auch Anteilseigner – sowie die Gesellschaft für nachhaltige Themen zu sensibilisieren, zu motivieren und zu aktivieren. Daher basiert die CSR-Strategie auf vier Säulen: Wirtschaft, Mitarbeiter, Gesellschaft und Umwelt.

# Grün mischt mit – Nachhaltigkeit in der DAW Gruppe

Bettina Klump-Bickert | Leitung Nachhaltigkeitsmanagement DAW

**Bild 1**
Höchste Auszeichnung für Nachhaltigkeit – nominiert für Deutschen Nachhaltigkeitspreis 2018 [© Stiftung Deutscher Nachhaltigkeitspreis]

Die DAW SE mit Hauptsitz im südhessischen Ober-Ramstadt entwickelt, produziert und vertreibt seit rund 120 Jahren innovative Beschichtungssysteme für Gebäude und den Bautenschutz. Gegründet 1895 und seit fünf Generationen inhabergeführt, ist die DAW SE heute das größte private Unternehmen der Branche in Europa. Zur Firmengruppe gehören u.a. so renommierte Marken wie Caparol und Alpina – mit dem bekanntesten Produkt Alpinaweiß – Europas meistgekaufte Innenfarbe.

Die Orientierung am Leitbild der Nachhaltigkeit ist für die DAW SE und ihre Marken ein integraler Bestandteil der Unternehmens- und Produktphilosophie und „mischt im gesamten Unternehmen mit". Als Vorreiter für Nachhaltigkeit in der Branche wurde das Unternehmen in vielfältigster Weise ausgezeichnet – aktuell mit der Nominierung zum Deutschen Nachhaltigkeitspreis 2018.

## Globale Entwicklungsziele

Aufgrund der generationenübergreifenden Ausrichtung legt die DAW großen Wert darauf, den wirtschaftlichen Erfolg im Einklang mit ökologischen und gesellschaftlichen Ansprüchen zu erzielen. Gemeinsam mit Stakeholdern hat die DAW als erstes Unternehmen der Branche die nachfolgenden Sustainable Development Goals als wesentlich für sich identifiziert:

## Nachhaltige Städte und Gemeinden (SDG 11)

In den kommenden Jahren wird Nachhaltigkeit immer stärker die Architektur, die Immobilienwirtschaft, den Haus- und Städtebau bestimmen. Bislang noch als Nischenthema angesehen, möchte die DAW ihre Chance beim „sozialen Nutzen" von Farbe und Lacken nutzen. Mit speziellen Gestaltungskonzepten für Quartiere, ältere Stadt-

M. J. Worms, F. J. Radermacher (Hrsg.), *Klimaneutralität – Hessen 5 Jahre weiter*,
DOI 10.1007/978-3-658-20606-2_22, © Springer Fachmedien Wiesbaden 2018

**Bild 2**
SDG 11 Nachhaltige Städte [© UN]

**Bild 3**
SDG 12 Verantwortungsvolle Konsum- und Produktionsmuster [© UN]

**Bild 4**
Massnahmen zum Klimaschutz [© UN]

viertel, Straßenzüge u.v.m. soll das Lebensumfeld von Menschen ästhetisch ansprechend gestaltet und somit ein Plus an Lebensqualität und Wertschätzung geben werden.

### Verantwortungsvoller Konsum (SDG 12)

Das zunehmende Bedürfnis nach einem gesunden Wohn- und Arbeitsumfeld führt zu einer steigenden Nachfrage nach nachhaltigen Produkten. Auch Veränderungen des Marktes (z.B. „Green Buildings") und vielfältige Lebensstile tragen zu einem Wandel der gesellschaftlichen Ansprüche bei. Die DAW nutzt ihre starke Innovationskraft beim Thema „ökologischer Produktnutzen" – mit Schwerpunkten bei den Themen Wohngesundheit (Innenraumluft) und Einsatz von nachwachsenden Rohstoffen. Mit Blick auf die „Nationale Politikstrategie Bioökonomie" unterstützt das Unternehmen die Dekarbonisierung und den Strukturwandel hin zu einer rohstoffeffizienten Wirtschaft, die auf erneuerbaren Ressourcen beruht.

### Maßnahmen zum Klimaschutz (SDG 13)

Eine der größten globalen Herausforderungen ist der Klimaschutz mit Verwirklichung des $2^0$-Zieles. Obwohl die Bau- und Immobilienbranche für über ein Drittel der weltweiten Treibhausemissionen verantwortlich ist und Gebäude dringend energieeffizienter gestaltet werden müssten, ist der Markt für Wärmedämmung in den letzten Jahren rückläufig. Als Anbieter von Wärmedämm-Verbundsystemen (WDVS) sieht die DAW eine große Chance in der energetischen Ertüchtigung von Gebäuden, die mit dem Einsatz von nachwachsenden Rohstoffen bei Dämmplatten, Photovoltaik und funktionalen Fassaden weiter ausgebaut werden soll.

### Nachhaltigkeitsstrategie und wesentliche Themen

Um die Nachhaltigkeitsaktivitäten des Unternehmens zu steuern und gezielt weiterzuentwickeln, wurde 2010 eine Nachhaltigkeitsstrategie erarbeitet, die die Kernwerte der DAW – faires Geschäftsgebaren, Innovation und eine nachhaltige Geschäfts- und Produktphilosophie – in drei Handlungsfelder „Nachhaltiges Unternehmen – Nachhaltige Produkte – Nachhaltige Gebäude" umsetzt. Darüber hinaus wird die DAW seit 2010 durch einen externen Nachhaltigkeitsrat (Sustainability Advisory Board) begleitet, der das Unternehmen zur Zielsetzung „Vorreiter in der Branche", zum Thema Innovation und zur Weiterentwicklung der Nachhaltigkeitsstrategie berät.

So war die DAW das erste Unternehmen der Branche, das einen Wesentlichkeitsprozess zur inhaltlichen Schärfung seiner Strategie durchgeführt hat. In der entstandenen Wesentlichkeitsmatrix wurden acht Themen als wesentlich identifiziert, die nun den inhaltlichen Schwerpunkt für die Ausgestaltung der Nachhaltigkeitsstrategie in den nächsten Jahren bilden.

### Klimaneutrale Produktion

Im Sinne einer zukunftsverträglichen Ausrichtung des Unternehmens betreibt die DAW seit vielen Jahren ein integriertes Managementsystem mit den Bausteinen Qualität(ISO 9001), Umweltschutz (ISO 14001), Arbeitssicherheit (OHSAS) und Energie (ISO 50001). Besonders der Schutz des Klimas wird auch im eigenen Unternehmen mit ambitionierten Zielen vorangetrieben. So wurde der Corporate Carbon Footprint (CCF) nach den Vorgaben des international anerkannten Greenhouse Gas Protocol für die DAW Produktionsstandorte in Deutschland berechnet

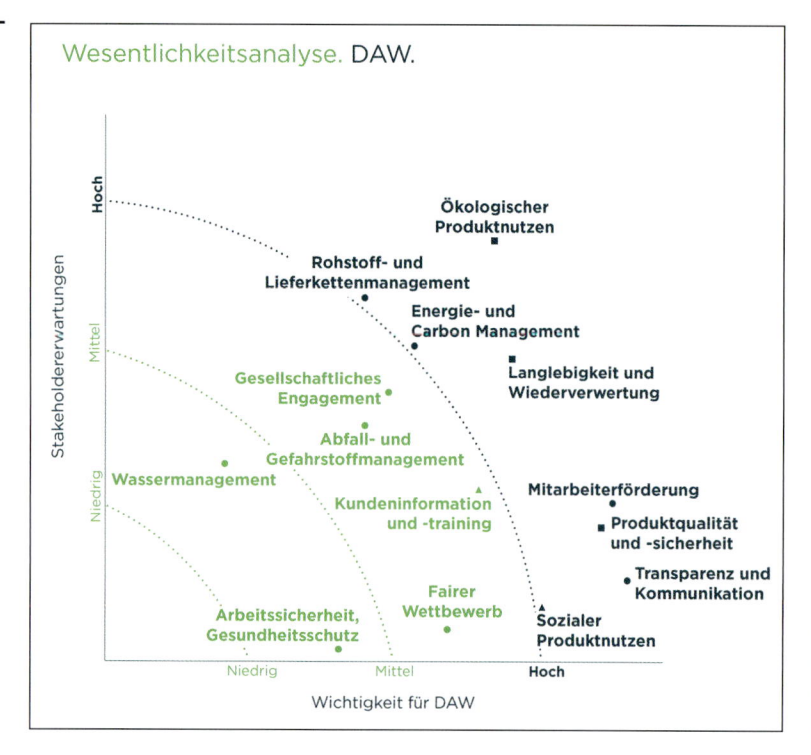

**Bild 5**
DAW Wesentlichkeitsmatrix [© DAW SE]

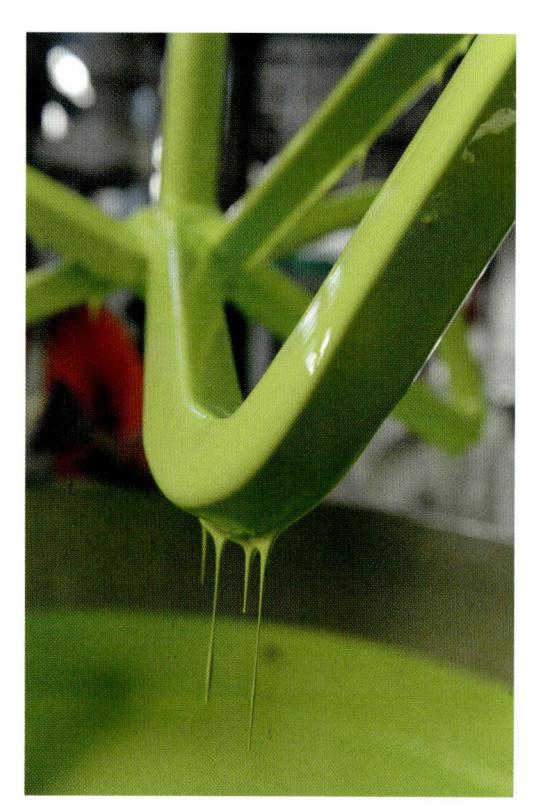

**Bild 6**
Farbmischer [© DAW SE]

mit dem Ziel, bis Ende 2017 klimaneutral zu produzieren. Dafür wurden die Stromversorgung zu 100 Prozent auf Öko-Strom aus Wasserkraft umund nicht vermeidbare Emissionen klimaneutral gestellt.

### Nachhaltige Produkte

Nachhaltige Produkte haben eine lange Tradition bei der DAW und ihren Marken. Seit mehr als 30 Jahren produzieren wir emissions- und lösemittelfreie Innenwandfarben (E.L.F.). E.L.F.-Produkte sind in der DAW ein bedeutendes Marktsegment mit einer breiten Palette an Einsatzmöglichkeiten, wie Grundierungen, Fassadenfarben, Innenraumfarben und Spachtelmassen. In den Innenräumen sorgen diese Produkte für ein gesundes Raumklima. Viele sind mit dem „Blauen Engel" auszeichnet, haben Umweltpreise gewonnen oder wurden vom TÜV auf ihre Eignung für Allergiker getestet und tragen das Prüfsiegel für schadstoffgeprüfte Innenfarben.

### Farben und Lacke aus nachwachsenden Rohstoffen

Farben bestehen größtenteils aus Wasser, mineralischen Rohstoffen und Pigmenten, die erst durch erdölbasierte Binde- und Dispersionsmittel streichfähig und haltbar werden. Sollen Farben nachhaltiger werden, so liegt ein wichtiger Hebel im Ersatz der petrochemischen Grundstoffe.

Zusammen mit einem namhaften deutschen Chemieunternehmen ist es der DAW gelungen, die erdölbasierten Bindemittel durch erneuerbare Stoffe – vor allem Pflanzenöle, Abfallfette und Biogas – zu ersetzen. Entstanden ist u.a. das neue CapaGeo-Sortiment, bestehend aus Innenfarben, Lacken und Holzölen. So werden beispielsweise bei einem 12,5-Liter-Gebinde Indeko-Geo drei Liter Erdöl eingespart. Gleichzeitig bleiben Qualität und Verarbeitungseigenschaften auf unverändert hohem Niveau.

Weiterhin wurde mit Alpina Klima-Weiß eine klimaschonende Innenwandfarbe in den Markt eingeführt. Sie wird $CO_2$-neutral hergestellt, ist emissionsminiert, frei von Lösemitteln und Konservierungsstoffen und schützt damit sowohl das Erdklima, als auch das Raumklima. Auch bei der Verpackung wird nachhaltig gehandelt: Der

Rumpf des Eimers wird aus recycelten Rohstoffen hergestellt.

**Innovative Wärmedämm-Verbundsysteme**

Angesichts des fortschreitenden Klimawandels und steigender Nachhaltigkeitsanforderungen bei Gebäuden führt an einer Dämmung von Neu- und Bestandsbauten kein Weg vorbei. Die DAW-Gruppe bietet neben klassischen Wärmedämm-Verbundsystemen auch zahlreiche weitere Alternativen an. Gerade Dämmplatten aus schnellwachsenden Hanffasern bieten einen sehr guten Schallschutz, hervorragende Dämmeigenschaften und zugleich eine bemerkenswerte Öko-Bilanz: Hanf speichert mehr Kohlendioxid als für Anbau, Ernte, Verarbeitung und Transport in die Atmosphäre gelangt. Kurze Transportwege und die Verwendung von Öko-Strom bei der Herstellung verbessern die Ökobilanz zusätzlich.

Und was den Kunden empfohlen wird, beachtet die DAW auch selbst: Beim Neubau der DAW Fir-

**Bild 7**
CapaGeo Produktsortiment
[© DAW SE]

**Bild 8**
Alpina Klima-Weiß (mit Label „klimaneutral produziert")
[© DAW SE]

**Bild 9**
Hanf für den Klimaschutz
[© DAW SE]

**Bild 10**
DGNB-Vorzertifikat
[© DGNB GmbH]

menzentrale gehen nachhaltige Materialien, Energieeffizienz und moderne Farbgestaltung Hand in Hand – ausgezeichnet von der Gesellschaft für nachhaltiges Bauen mit dem DGNB-Vorzertifikat in Gold.

Bettina Klump-Bickert
[© DAW SE]

**DEUTSCHE AMPHIBOLIN-WERKE VON ROBERT MURJAHN**

DAW SE
Roßdörfer Straße 50
D- 64372 Ober-Ramstadt

Tel: 06154 - 71 70 400
Fax: 06154 - 71 70 222
URL: www.daw.de

Die DAW-Firmengruppe ist in Deutschland, Österreich und der Türkei Marktführer auf dem Gebiet der Bautenanstrichmittel. In Europa befindet sich das Unternehmen bei Baufarben nach großen internationalen Konzernen auf Platz drei. Mit rund 5.100 Mitarbeitern im In- und Ausland und einem Umsatz von jährlich rund 1,3 Mrd. Euro ist die DAW Europas größter Baufarben-Hersteller in privater Hand. Zur Firmengruppe gehören u. a. Caparol (Farben, Lacke, Lasuren, Wärmedämm-Verbundsysteme) und Alpina (Marke für den Heimwerker). Das bekannteste Produkt ist Alpinaweiß – Europas meistgekaufte Innenfarbe.

# Das Energiesystem der Zukunft

Peter Birkner | House of Energy - (HoE) e.V.
Sebastian Breker | EnergieNetz Mitte GmbH

## Zelluläre Strukturen zur Beherrschung volatiler Energieströme – Die entscheidende Rolle der dezentralen Infrastruktur

Im Zuge der Dekarbonisierungsstrategie der Bundesregierung ist in einem ersten Schritt das Stromsystem von seiner fossilen Basis auf eine regenerative Basis umzustellen. Dazu sind primär die bisherigen Braun- und Steinkohlekraftwerke durch erneuerbare Energiequellen zu ersetzen. Da erneuerbare Energien in Deutschland nur sehr volatil und zudem zeitlich begrenzt verfügbar sind, geht mit dieser Umstellung die Erhöhung der bisher gesteuerten Kraftwerksleistung von rund 100 GW auf rund 400 GW an volatiler Leistung einher. Diese ist notwendig, um die jährlich erforderliche elektrische Energie in Höhe von 600 TWh bereit zu stellen. Die genannten 400 GW treten nicht zeitgleich auf, sondern je nach Verfügbarkeit von Sonne und Wind örtlich und zeitlich verteilt. Gemäß den vorliegenden Daten ist mit maximal 50 % der installierten Leistung, also mit 200 GW zu rechnen. Dies ist der Diversität des Erzeugungspools zu verdanken. Die meisten Erzeugungsanlagen sind an die Verteilungsnetze angeschlossen und speisen über 95 % der erzeugten Energie in diese Nieder-, Mittel- und Hochspannungsnetze ein. Werden die Verteilungsnetze soweit verstärkt, dass die vor Ort erzeugte aber temporär nicht benötigte Energie an das Übertragungsnetz weitergeleitet werden kann, so kann dieses Szenario weitgehend durch das Übertragungsnetz beherrscht werden. Dabei wird vorausgesetzt, dass dieses wie geplant durch die großen Nord-Süd-Trassen verstärkt wird. Die Differenzen zwischen Erzeugung und Nachfrage sind durch flexible thermische Kraftwerke, Pumpspeicher, flexible Lasten – Demand Side Management – Import und Export sowie gegebenenfalls durch Abregelung von regenerativen Anlagen auszugleichen.

Diese Maßnahmen sind aber nicht ausreichend. Zum einen werden damit die Reduktionsziele hinsichtlich der Kohlendioxidemissionen nicht erreicht und zum anderen ist die volkswirtschaftliche Kosten-Nutzen-Analyse negativ. Die gesamte aufzubauende Erzeugungs- und Netzinfrastruktur kann nur durch die vermiedenen Brennstoffkosten gegenfinanziert werden. Deutschland importiert pro Jahr etwa für 95 Milliarden Euro fossile Brennstoffe: Gas, Öl und Kohle. Davon werden rund 10 % zur Stromerzeugung eingesetzt. Die resultierende Einsparung in Höhe von 9,5 Milliarden Euro reicht bei weitem nicht aus, um Zinsen und Abschreibungen der erforderlichen Investitionen zu decken.

Die Stromwende muss also um eine Wärme- und Verkehrswende erweitert werden. Dann könnte ein Großteil der 95 Milliarden Euro zur Gegenfinanzierung der Investitionen herangezogen werden. Der Business Case wird im Zeitverlauf von etwa 25 bis 30 Jahren positiv. Der Break Even Point stellt sich nach rund 15 bis 20 Jahren ein. Die ganzheitliche Energiewende erlaubt zudem das Erreichen der Klimaziele. Klimaschutz und Wirtschaftlichkeit müssen sich also nicht widersprechen. Und: Energiewende findet in den Kommunen statt.

Nun ist aber die Stromerzeugung zu erhöhen. Mindestens 900 TWh an regenerativ erzeugter elektrischer Energie sind erforderlich, um wesentliche Teile des Wärme- und Verkehrssektors zu dekarbonisieren. Die installierte regenerative Kraftwerksleistung steigt entsprechend auf mindestens 600 GW, wovon 50 % auch tatsächlich zur gleichen Zeit auftreten. Diese Leistung ist nicht mehr durch die beschriebene Fokussierung auf das Übertragungsnetz zu beherrschen. Neben einer weiteren Verstärkung der Verteilungsnetze müssen diese vor allem eine neue Rolle einnehmen. Sie müssen zellulär strukturiert und flexibel betrieben werden. Die hohen Erzeugungsleistungen müssen erzeugungsnah beherrscht werden. Power-to-X-Technologien, die Strom in Wärme oder Wasserstoff umwandeln, spielen eine große Rolle. Die Kopplung der Sektoren ergänzt die zellulären Strukturen. Wiederum ist darauf hinzuweisen, dass viele dieser Zellen im kommunalen Umfeld zu etablieren sind.

Hier ist an vielen Stellen Neuland zu betreten. Welche technischen Komponenten sind an welcher Stelle einzusetzen? Wie ist eine Energiezelle aufgebaut? Wie interagieren die einzelnen Zellen? Welche Hierarchien sind erforderlich und wie erfolgt die Kommunikation? Wie sehen die Schutzsysteme aus? Welche Steuerungssysteme werden benötigt? Welche Autonomie- und Autarkiegrade für Zellen sind sinnvoll? Welche monetären Signale an die Marktteilnehmer unterstützen dieses System? Wie müssen bestehende ordnungspolitische Strukturen angepasst werden?

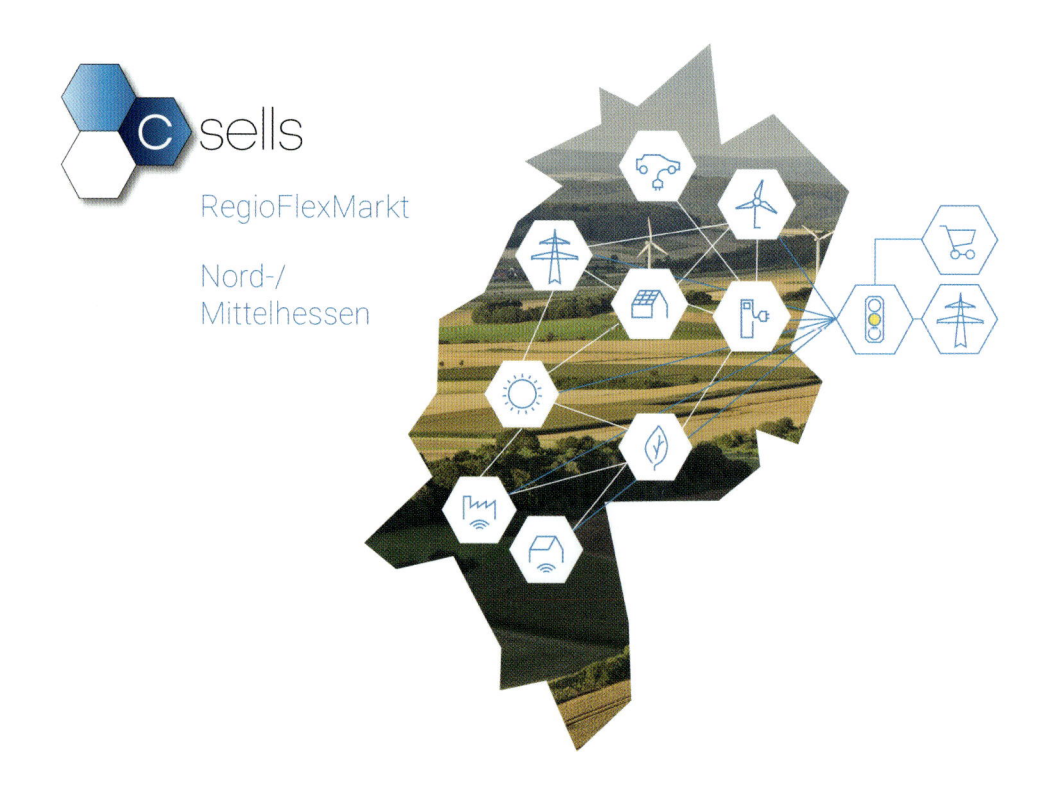

**Bild 1**
Schaubild Hessenkarte C/sells [© House of Energy]

## C/sells – Heute zeigen, wie die Energiewende der Zukunft aussieht

Mit dem Förderprogramm »Schaufenster Intelligente Energie – Digitale Agenda für die Energiewende (SINTEG)« greift das Bundeswirtschaftsministerium viele dieser Fragestellungen auf. Das Projekt umfasst für C/sells ein Fördervolumen in Höhe von 50 Millionen Euro. Die über 50 involvierten Partner aus Verwaltung, Wissenschaft, Netzwirtschaft und Wirtschaft erhöhen diese Summe auf rund 100 Millionen Euro. Die Laufzeit beträgt vier Jahre von 2017 bis 2020.

»C/sells – **das Energiesystem der Zukunft**«, ist das räumlich größte der fünf Schaufenster und befindet sich unter dem »**Solarbogen Süddeutschlands**«. Die Modellregion erstreckt sich von Bayern über Hessen bis Baden-Württemberg und umfasst rund 30 Millionen Einwohner. Es kann mit Recht als Europas herausragendes Forschungsprojekt für eine dezentrale Energiewende mit einem intelligenten und zellulär aufgebauten Energiesystem bezeichnet werden. Im C/sells-Konsortium haben sich mehr als 50 Partner aus den Bereichen Energiedienste, Netzbetreiber, Komponentenhersteller, Wissenschaft und Wissenstransfer zusammengeschlossen, um das 100-Millionen-Euro-Projekt bis Ende 2020 auf eine erfolgreiche Ausbreitung im Massenmarkt vorzubereiten. In Hessen arbeiten Projektpartner vor allem an der Konzeption und modellhaften Implementierung eines regionalen Flexibilitätsmarkts. Dieser soll als Prototyp ausgebildet werden und die Systemintegration des leistungsstarken und fluktuierenden Angebots regenerativer Energien auf dezentraler Ebene sicherstellen. Die hessische Regionalkoordination des C/sells-Projekts übernimmt das House of Energy, während für die übergeordnete Verbundkoordination in Hessen der Energieversorger EAM verantwortlich ist. Weitere hessische Partner sind Städtische Werke Kassel, die Unternehmen Cube und Limón sowie Vertreter der Universität Kassel und des Fraunhofer-Institutes Energiewirtschaft und Energiesystemtechnik IEE.

Konkret soll mit C/sells demonstriert werden, wie die Energiewende und der Ausbau von Erneuerbaren Energien in Zukunft großflächig realisiert werden können. Dabei steht das »**C**« für Cells – die Zellen, die hierarchisch strukturiert sind und in Summe die gesamte Modellregion ausmachen. »**Sells**« hingegen verweist auf neue Geschäftsmodelle, die mit der digitalen Energiewende neue Wirtschaftsstrukturen und -chancen entstehen lassen. Die Energiewirtschaft muss sich zum einen sukzessive auf neue Marktteilnehmer und Dienstleister einstellen, zum anderen muss sie bei der Energieversorgung trotz aller Veränderungen, Schwankungen und Ungewissheiten für Stabilität sorgen. Zu diesem Zweck entwickeln und demonstrieren die Projektpartner das Zusammenwirken jener Zellen im zukünftigen Energiesystem. Die Erzeugung, Verteilung und Speicherung von Energie innerhalb dieser Zellen soll jedoch möglichst autonom organisiert werden. Energieautarkie wird nicht angestrebt. Das Gesetz von Pareto findet Anwendung. Die Definition einer »**Zelle**« ist subsidiär. Sie kann sowohl Erzeuger und Netze als auch Verbraucher und Speicher umfassen, die sich in einer räumlichen Nähe zueinander befinden. Beispielsweise können also Städte, Kommunen und Quartiere, aber auch Straßenzüge und Areale wie Flughäfen oder Industriegebiete als Zellen fungieren.

Im Zuge des C/sells-Projekts werden mehr als 30 Demonstrationszellen etabliert, die eine Million Haushalte umfassen und rund 2.000 steuerbare Verbrauchseinrichtungen beinhalten. Damit ergibt sich eine Vielfalt zellulär strukturierter Energiesysteme. Neben Technik und Systemintegration werden auch die Wechselwirkungen mit dem rechtlichen Rahmen analysiert. Wirken bestehende Gesetze und Regelungen fördernd oder hemmend auf die Etablierung der angestrebten zellulären Struktur und was muss gegebenenfalls geändert werden? Es ist für die Umsetzung der Energiewende besonders wichtig, auch experimentelle juristische Lernräume zu schaffen.

Von großer Bedeutung ist nicht zuletzt die aktive Partizipation der Beteiligten und die Möglichkeit zur Mitgestaltung. So sind auch ganze Städte und Kommunen eingeladen, sich bei C/sells zu engagieren. Das Interesse dazu ist groß. Dies ist erfreulich, aber auch notwendig für den Erfolg der Energiewende. Es bedarf eines Umdenkens in der Gesellschaft, etwa im Zusammenhang mit unseren Gewohnheiten hinsichtlich der Nutzung von Energie für Mobilität oder Heizung. Energiewende findet vor allem auch im Kopf statt. Damit die Entwicklungswünsche und Diskussionsbedürfnisse von Bevölkerung, Administration und Wirtschaft aufgegriffen werden können, ist eine frühzeitige und aktive Einbindung erforderlich.

Die engagierte Teilnahme einer Vielzahl von Akteuren schafft hier eine gesamtgesellschaftliche Bewegung, welche die Energiewende aktiv vorantreibt und eine »**Denkwende**« ermöglicht. So können C/sells-Akteure nicht nur den Netzbetreiber bei Engpässen im Netz unterstützen und auch den Autarkiegrad einer Zelle erhöhen, sondern auch den Strom untereinander handeln oder zentral verkaufen. Überschüssiger Strom kann etwa an einen Abnehmer im Nachbardorf oder an der Strombörse verkauft werden. Diese Handelsmöglichkeit schafft nicht nur vielfältige Partizipation, sondern gibt auch allen Beteiligten im zukünftigen Energiesystem einen ökonomischen Rahmen. Das C/sells-Marktdesign berücksichtigt einerseits, wie unterschiedliche, parallel existierende Märkte aufeinander wirken, aber auch, wie sich Energieflüsse unter Beachtung physikalischer Netzrestriktionen umsetzen lassen. Die Realisierung dieser Konzepte erfordert zudem die Etablierung einer geeigneten informationstechnischen Infrastruktur, die die Aspekte Bedienerfreundlichkeit, Autonomie, Leistungsfähigkeit und Sicherheit aufgreift.

**House of Energy**

**House of Energy - (HoE) e.V.**
Universitätsplatz 12
34127 Kassel

Tel.: +49 561 953 79 - 790
E-Mail: info@house-of-energy.org
Internet: http://house-of-energy.org

**C/sells Leitidee**
Drei Eigenschaften zukünftiger Energienetze bilden die Leitidee von C/sells: Zellularität, Partizipation und Vielfältigkeit. Als zentrale Prinzipien sind sie die Leitplanken für die verschiedenen Maßnahmen und Einzelteile, mit denen das Projekt C/sells die Energiewende ermöglicht.

**Zellulär – Partielle Autonomie:** Die „Zelle" ist die grundlegende Einheit von C/sells. Sie kann geografischer Natur, wie z.B. eine Stadt oder ein Stadtteil sein oder auch ein einzelnes Objekt, wie etwa ein Flughafen oder auch eine einzelne Liegenschaft. Die Zellen können vielfältige Funktionen und Aufgaben übernehmen. Der Ausgleich von Erzeugung und Verbrauch von Energie innerhalb einer Zelle wird ebenso geregelt wie die netzdienliche Bereitstellung von Flexibilität. Somit wird auch regionalisierter Handel ermöglicht.

**Partizipativ – Dezentralität:** Das Projekt C/sells möchte ein breites „Movement" in der Bevölkerung erzeugen. Bisher war die Energieversorgung zentral orientiert und von wenigen Akteuren gesteuert. C/sells möchte die Energiewende unter aktiver Beteiligung aller Bürgerinnen und Bürger realisieren. Dazu werden zum einen Demonstrationsprojekte gestartet; zum anderen gibt es Partizipationszellen, in denen die Bürgerinnen und Bürger zur aktiven Teilnahme motiviert werden.

**Vielfältig – Interaktion:** Das C/sells-Movement besteht aus vielen einzelnen Zellen, die sich sowohl inhaltlich als auch organisatorisch unterscheiden. Diese Vielfalt der Lösungen mit technischer, wirtschaftlicher oder organisatorischer Struktur ermöglicht es, allen Bedürfnissen gerecht zu werden. Es wird nicht die eine umfassende Lösung für alle geben. Vielmehr ist es die Masse der Einzellösungen, die ein großes, funktionierendes Ganzes bildet.

# Masterplan 100 % Klimaschutz

Wiebke Fiebig | Stadt Frankfurt am Main – Energiereferat

**Bild 1**
Skyline Januar 2016
[© Stadt Frankfurt / Fotograf: Stefan Maurer]

## Danke, dass Du was für das Klima machst.

**Bild 2**
Motive der Klimaschutzkampagne der Stadt Frankfurt am Main
[© Energiereferat der Stadt Frankfurt a.M.]

### Ehrgeizige Klimaschutzziele der Mainmetropole

Frankfurt am Main ist ein bedeutendes Finanz- und Dienstleistungszentrum und Mittelpunkt der dynamischen Wirtschaftsregion Frankfurt-RheinMain. Die Stadt profitiert von ihrer zentralen Lage, ihrer sehr guten Infrastruktur, der Konzentration zukunftsorientierter Unternehmen und seiner Internationalität. Gut 729.000 Einwohnerinnen und Einwohner leben in der Stadt (Stand 2016), die zwischen dem größten Stadtwald des Landes und dem Mittelgebirge Taunus gelegen ist. Mehr als zwei Drittel (85 Prozent) der Frankfurter Bürgerinnen und Bürger stufen den globalen Klimaschutz für sich persönlich als sehr wichtig ein. Die Mehrheit (79 Prozent) findet es darüber hinaus wichtig, dass die Stadt beim Klimaschutz bundesweit eine Vorreiterrolle einnimmt (Datenquelle: Bürgerbefragung 2015) – und das tut sie auch.

### Von Anfang an als Masterplan-Kommune dabei

Frankfurt am Main ist die größte Stadt unter den ersten 19 Kommunen und Landkreisen, die seit 2012 vom Bundesministerium für Umwelt, Naturschutz und nukleare Sicherheit (BMU) mit dem Projekt „Masterplan 100 % Klimaschutz" gefördert werden. Sie gehört zu den am dichtesten bebauten Städten Deutschlands und stellt als wichtiger Wirtschafts- und Industriestandort hohe Anforderungen an die Energieversorgung. In Frankfurt am Main ist das Energiereferat unter Leitung des Dezernats für Umwelt und Frauen für den Masterplanprozess verantwortlich. Ein zentraler Bestandteil des „Masterplan 100 % Klimaschutz" ist eine Machbarkeitsstudie, die vom Fraunhofer Institut für Bauphysik (IBP) 2015 fertiggestellt wurde. Sie dient als politische Entscheidungsgrundlage und wurde in ihrer Ausarbeitung im September 2015 von der Stadtverordnetenversammlung bestätigt. Das Institut analysierte die drei Sektoren Strom, Wärme und Mobilität. Auf Basis der energetischen Ausgangslage zeigt die Studie Potenziale zu Energieeinsparung und -effizienz sowie bei Erneuerbaren Energieanlagen auf. Außerdem werden Finanzierungsmodelle und entwickelte Szenarien dargestellt. Die Studie veranschaulicht, dass das Ziel, Frankfurt am Main bis 2050 vollständig mit Erneuerbaren Energien zu versorgen, grundsätzlich erreichbar ist.

**Bild 3**
Die neue Klimaschutzmarke für Frankfurt am Main [© Energiereferat der Stadt Frankfurt a.M.]

### Bis 2050 will sich Frankfurt ausschließlich mit erneuerbaren Energie versorgen

Verschiedene Faktoren beeinflussen den Energiebedarf und die $CO_2$-Werte der Stadt Frankfurt am Main maßgeblich. So verursachen unter anderem die vielen Pendlerinnen und Pendler sowie Besucherinnen und Besucher der Frankfurter Messe ein hohes Verkehrsaufkommen und der Flughafen macht Frankfurt zu einem Mobilitätsknotenpunkt. Zudem liegt mit dem Industriepark Höchst einer der größten Industrieparks Deutschlands im Stadtgebiet. Die Stadt Frankfurt am Main hat im März 2012 mit großer Mehrheit beschlossen, sich ehrgeizige Klimaschutzziele zu setzen.

### Die Klimaschutzziele von Frankfurt am Main bis 2050

- Eine vollständig (100 Prozent) regenerative Energieversorgung der Stadt,
- bei gleichzeitiger Reduzierung der $CO_2$-Emissionen um 95 Prozent im Vergleich zum Jahr 1990.

Um dieses Ziel zu erreichen, muss Frankfurt am Main 50 Prozent der aktuell benötigten Energie einsparen. Die verbleibenden 50 Prozent Energiebedarf werden zur Hälfte von der Stadt selbst und zur Hälfte aus der Region gedeckt.

### Enge Zusammenarbeit mit der Region FrankfurtRheinMain ist wichtig

Da die Region FrankfurtRheinMain bei der Erreichung der Frankfurter Klimaschutzziele eine wichtige Rolle spielt, haben die Stadt Frankfurt am Main und der Regionalverband FrankfurtRheinMain bereits im Frühjahr 2013 ihre Zusammenarbeit zur Energiewende vereinbart. Im Zentrum steht der noch andauernde Prozess zur Erarbeitung eines gemeinsamen Regionalen Energiekonzepts. Hierfür wurden im Rahmen eines Beteiligungsprozesses mit mehr als 100 Institutionen und rund 150 Expertinnen und Experten Themen-Visionen, Strategien und Maßnahmen entwickelt.

### Neue Dachmarke und Klimaschutzkampagne für Frankfurt am Main

„Danke, dass Du was für das Klima machst" lautet der Slogan, mit dem die Stadt Frankfurt am Main im Rahmen einer Kommunikationskampagne seit Oktober 2017 auf das Thema Klimaschutz aufmerksam macht und die Menschen zum Handeln bewegen möchte. Insgesamt werden in 2017 und 2018 zwölf Motive geschaltet, die von zahlreichen Werbe-Maßnahmen, Dialog-Angeboten und einem Kino-Spot flankiert werden. Ein „Danke" ist offen, freundlich und wertschätzend. Es macht neugierig und lockt die Menschen auf die neue Website www.klimaschutz-frankfurt.de.

Im Zuge der zweijährigen Kampagne wird auch die neue Klimaschutzmarke „Team Frankfurt – Klimaschutz 2050" eingeführt. Diese steht als Dach über den bereits vorhandenen Projekten, Aktionen und Kampagnen, die das Energiereferat bereits seit vielen Jahren erfolgreich durchführt. Ziel der neuen Wort-Bild-Marke ist es, die zahlreichen Angebote inhaltlich unter ein gemeinsames Dach zu stellen, damit nach innen und außen klar ist, dass die zahlreichen Einzelprojekte in ein gemeinsames Ziel einzahlen: den Klimaschutz in Frankfurt am Main. Gleichzeitig sollen die bereits vorhandenen und gut etablierten Projekte ihre Eigenständigkeit behalten. Für die Zukunft ist außerdem angedacht, auch externe Angebote mit unter das Dach schlüpfen zu lassen. Die neue Klimaschutzmarke „Team Frankfurt – Klimaschutz 2050" verdeutlicht, dass alle Frankfurter Klimaschutz-Projekte und -Initiativen an einem Strang ziehen und das gleiche Ziel verfolgen: den Klimaschutz zu forcieren und den Planeten zu schützen.

### Ausgewählte Beispiele für Klimaschutzprojekte in Frankfurt am Main

Das Frankfurter Maßnahmenpaket, um die ehrgeizigen Klimaschutzziele zu erreichen, ist sehr umfangreich. Angefangen bei großen Projekten für Unternehmen über kleine Aktionen für Bürgerinnen und Bürger bis hin zu tatkräftiger Unterstützung von Initiativen für Vereine und Religionsgemeinschaften – für alle Zielgruppen hat die Stadt Angebote entwickelt. Hier eine kleine Auswahl:

### ■ Ideenwettbewerb für Unternehmen

Mit einem Ideenwettbewerb fördert das Energiereferat der Stadt Frankfurt am Main seit 2015 kreative Geschäftsideen von Unternehmen, die den „Masterplan 100 % Klimaschutz" voranbringen. So entwickelten innovative Köpfe ein Verfahren, um mit Hilfe von Organischer Photovoltaik (OPV) über Gebäudefassaden Solarstrom zu gewinnen. Dank der Fördergelder wird das Produkt jetzt an Mehrfamilienhäusern installiert. Ein weiteres Pilotprojekt entstand aus der Idee, Mieter mit Solarstrom vom „eigenen" Dach zu beliefern. „Beide Vorhaben bieten gerade im Ballungsraum ein enormes Potenzial", betont Masterplan-Projektleiterin Hanna Jaritz.

### ■ Nachhaltiges Gewerbegebiet

Ein Industriestandort der Zukunft entsteht in Frankfurts Osten: Die Stadt entwickelt ein „Nachhaltiges Gewerbegebiet" in Fechenheim-Nord/Seckbach und unterstützt das auf fünf Jahre angelegte Projekt mit 1,3 Millionen Euro. Unter Federführung der Wirtschaftsförderung verknüpfen die Akteure vor Ort ihr Wissen, um das Areal mit rund 550 Betrieben nachhaltig voranzubringen und dabei Energie und Geld zu sparen. Ein Mitarbeiter des Energiereferats ist seit 2017 als Klimaschutzmanager im Gebiet tätig.

### ■ Abwärmekataster

Das Energiereferat der Stadt Frankfurt am Main hat Anfang 2018 ein Abwärmekataster vorgestellt und damit eine Maßnahme aus dem „Masterplan 100 % Klimaschutz" umgesetzt. Ziel ist es, mit dem neuen Kataster eine Übersicht zu erhalten, wo Abwärme anfällt und dann Konzepte zu entwickeln, wie diese Wärme räumlich nah genutzt werden kann. Die Erstellung einer Übersichtskarte mit Abwärmequellen seitens der Stadt liefert darüber hinaus kleinen und mittelständischen Unternehmen sowie Gebäudeeigentümern eine Übersicht zu möglichen Abwärmepotenzialen in der Nähe.

### ■ Bürgerideen für alle

Oft kommen die besten Ideen von den Bürgerinnen und Bürgern selbst. So unterstützt die Stadt Frankfurt am Main im Rahmen des „Masterplan 100 % Klimaschutz" beispielsweise Repair-Cafés oder den Einsatz von Lastenrädern für den innerstädtischen Lieferverkehr.

### ■ eClub

Der eClub ist eine kostenlose, neutrale und vom Energiereferat moderierte Plattform für Haushalte, die ihren Energieverbrauch aktiv und dauerhaft senken wollen. Sie können für 12 Monate am eClub teilnehmen und werden in der Zeit professionell begleitet und finanziell gefördert.

### ■ Angebot für Wohnungseigentümer bei der energetischen Sanierung

Das Energiereferat bietet Wohnungseigentümergemeinschaften (WEGs), im Rahmen des EU-Projektes ACE-Retrofitting, eine Prozessbegleitung an und unterstützt ihre Sanierungsvorhaben von der ersten Begehung, über den Sanierungsbeginn bis zur Umsetzung.

---

**STADT FRANKFURT AM MAIN**
Energiereferat > Die kommunale Klimaschutzagentur

**Energiereferat**
Adam-Riese-Straße 25
60327 Frankfurt am Main

Telefon: +49 (0)69 212 39193
Telefax: +49 (0)69 212 39472
E-Mail: energiereferat@stadt-frankfurt.de
Internet: http://www.energiereferat.stadt-frankfurt.de/

Das Energiereferat ist die kommunale Energie- und Klimaschutzagentur der Stadt Frankfurt am Main. Das Energiereferat bietet Frankfurter Haushalten, Unternehmen, Bauherren und Investoren unterschiedliche Beteiligungs- und Beratungsmöglichkeiten an.

# Energiemanagement der Stadt Frankfurt a.M.

Mathias Linder | Amt für Bau und Immobilien der Stadt Frankfurt a.M.

## 1. Aufgabe und Organisation

Die Abteilung Energiemanagement der Stadt Frankfurt a.M. hat die Aufgabe, die Energie- und Wasserkosten für die ca. 1.000 städtisch genutzten Liegenschaften zu minimieren. Gleichzeitig sollen hier vorbildhaft die Klimaschutzziele des Magistrats umgesetzt werden.

Die Abteilung wurde in dieser Form im Jahr 1991 gegründet und im Jahr 2010 von 6 auf 10 Mitarbeiter(innen) erweitert.

## 2. Erfolgsbilanz 1990-2016

Von den ca. 36,1 Mio. € Energie- und Wasserkosten, die im Jahr 2016 im Bereich der Kernverwaltung entstanden, entfallen ca. 16,6 Mio. € auf Strom, ca. 13,8 Mio. € auf Heizenergie und ca. 5,6 Mio. € auf Wasser und Kanaleinleitung. Ein Großteil der Kosten fällt bei den Schulen und Kindertagesstätten, den Bädern und Sportstätten, den Museen, den Amts- und Dienstgebäuden, sowie bei Zoo und Palmengarten an.

Seit dem Jahr 1990 konnte der spezifische Stromverbrauch trotz der vor allem im Bereich der IT rasant zunehmenden technischen Ausstattung im Schnitt um 3 % gesenkt werden.

Der spezifische Heizenergieverbrauch sank in dieser Zeit um 40 %, der spezifische Wasserverbrauch sogar um 51 % und die spezifischen Kohlendioxid-Emissionen sanken um 41 % (siehe Bild 1).

Um die Ziele des Energie- und Klimaschutzkonzeptes der Stadt zu erreichen (Verringerung alle 5 Jahre um 10 %), sind künftig jedoch noch verstärkte Anstrengungen nötig.

Seit dem Jahr 1990 wurde durch das Energiemanagement ein Gewinn von 198 Mio. € erwirtschaftet. Eine Zusammenstellung der Zahlen kann der Bild 2 entnommen werden.

## 3. Wege zum erfolgreichen Energiemanagement

Diese Erfolge wurden mit den drei wesentlichen Instrumenten des kommunalen Energiemanagements erreicht:

| Instrumente | Einsparpotential | Kosten : Nutzen |
|---|---|---|
| Energiecontrolling | > 5 % | 1:5 – 1:10 |
| Betriebsoptimierung | > 15 % | 1:3 – 1:5 |
| Investive Maßnahmen | > 30 % | 1:1 – 1:3 |

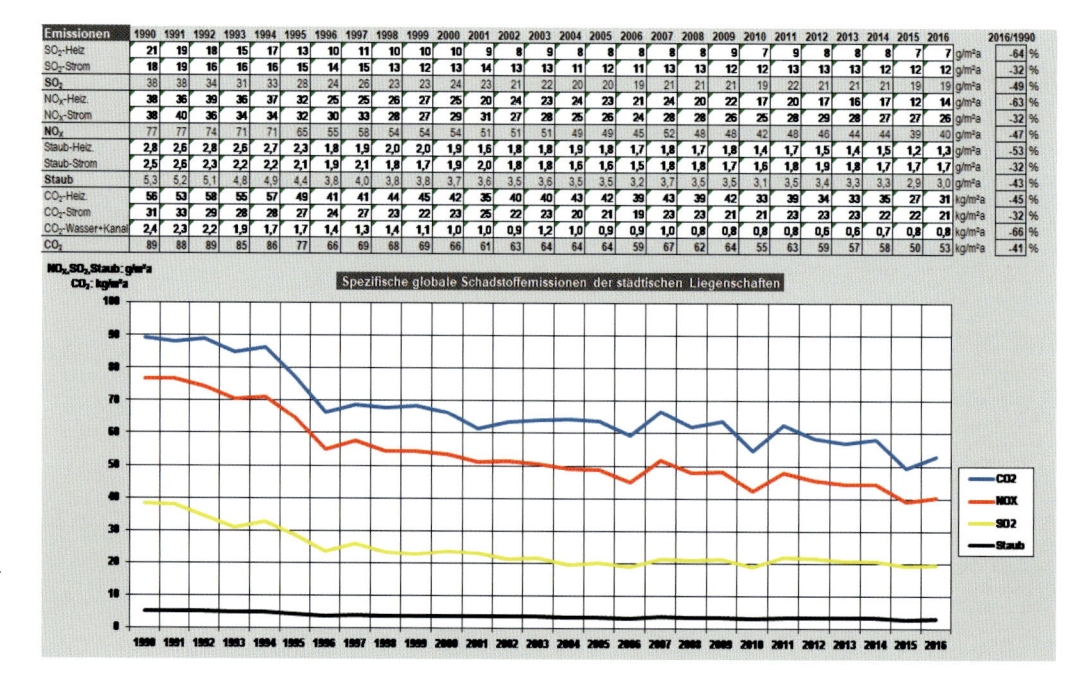

**Bild 1**
Emissionsentwicklung der städtischen Liegenschaften in Frankfurt a.M. von 1990 - 2016.
[© Stadt Frankfurt a.M. – Amt für Bau und Immobilien – Abteilung Energiemanagement]

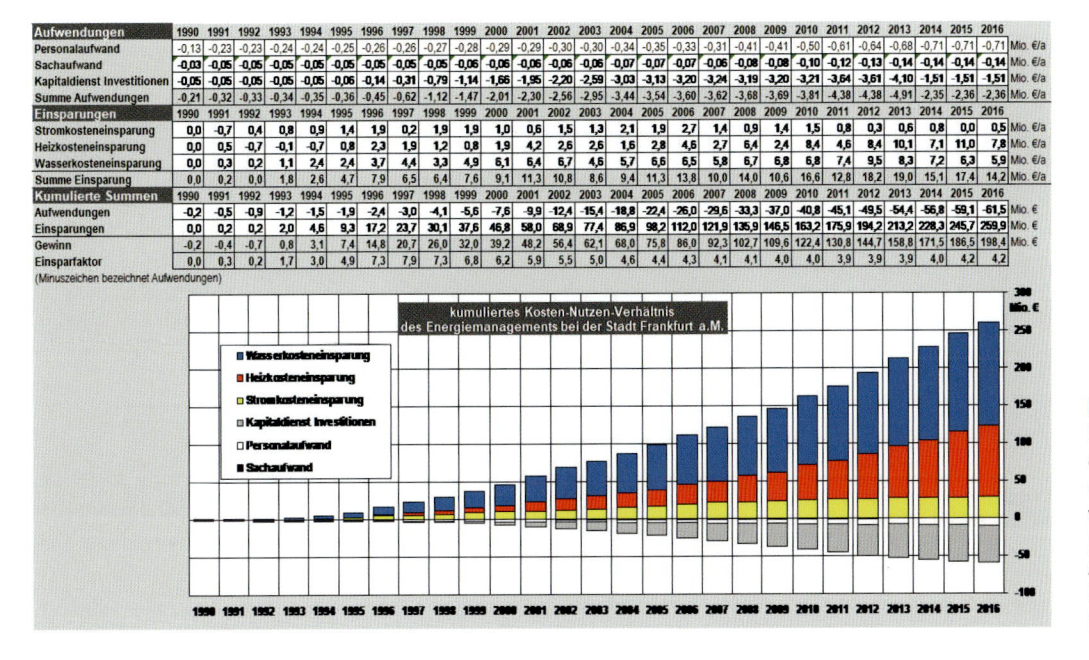

**Bild 2**
Kosten-Nutzen-Analyse des Energiemanagements in Frankfurt a.M. von 1990 – 2016.
[© Stadt Frankfurt a.M. – Amt für Bau und Immobilien – Abteilung Energiemanagement]

## 3.1 Energiecontrolling

Grundlage jedes Energiecontrollings ist die Auswertung der Rechnungen der Energieversorgungsunternehmen (EVU). In der Datenbank der Abteilung Energiemanagement sind ca. 420.000 Abrechnungen seit dem Jahr 1993 gespeichert. Mit der Datenbankanwendung kann die zeitliche Entwicklung der spezifischen Verbrauchswerte und der Kosten für sämtliche städtischen Liegenschaften dargestellt werden. Zur genaueren Analyse sind jedoch mindestens monatliche Verbrauchswerte notwendig. Hierfür steht eine weitere Datenbank zur Verfügung, in der die monatlichen Ablesungen der Hausverwalter vor Ort ausgewertet werden. Gegenwärtig werden 180 Liegenschaften auf diese Weise überwacht. Hier sind Ausreißer schneller erkennbar und können entsprechend verfolgt werden.

Eine noch genauere Analyse des Energieverbrauches erlaubt die automatische Verbrauchserfassung. Hier werden Viertelstunden-Lastprofile in Datenloggern vor Ort gespeichert und einmal täglich in eine zentrale Datenbank eingelesen. Auf diese Weise kann die Übereinstimmung zwischen Nutzungsprofil und Verbrauch sehr zeitnah überwacht werden (siehe **Bild 3**). Gegenwärtig sind ca. 700 Zähler in 270 Liegenschaften auf das System aufgeschaltet. Sämtliche Lastgänge stehen unter www.energiemanagement.stadt-frankfurt.de (Menüpunkt: Automatische Verbrauchserfassung) online zur Verfügung.

**Bild 3**
Tagesprofile aus der automatischen Verbrauchserfassung
[© Stadt Frankfurt a.M. – Amt für Bau und Immobilien – Abteilung Energiemanagement]

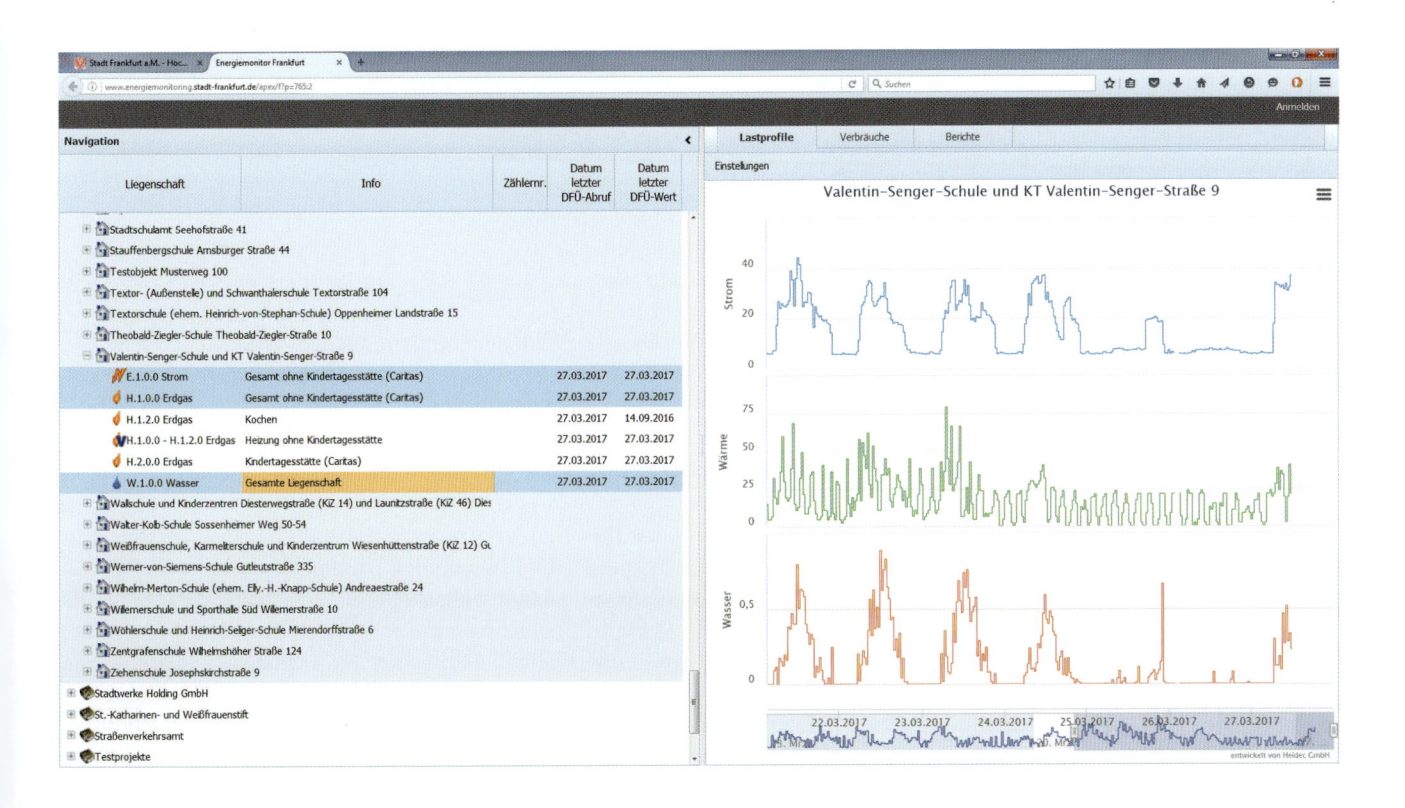

**Bild 4**
Beispiel eines Energieverbrauchsausweises
[© Stadt Frankfurt a.M. – Amt für Bau und Immobilien – Abteilung Energiemanagement]

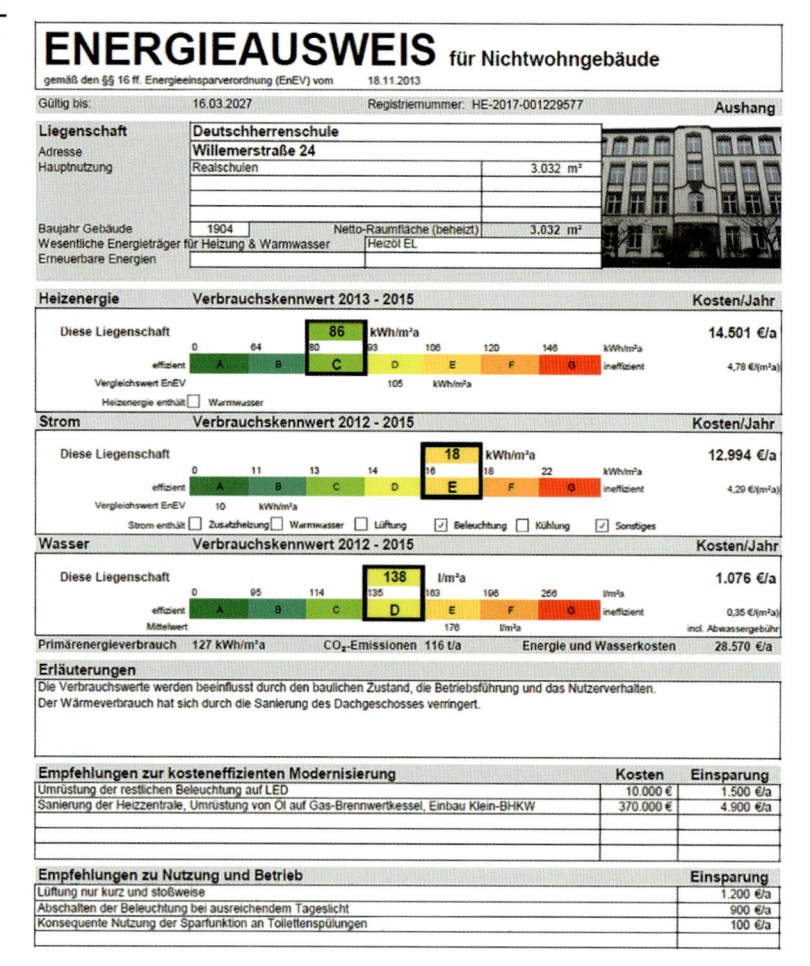

Nach der aktuellen Energieeinsparverordnung müssen seit dem 08.07.2015 in allen Gebäuden, in denen sich „mehr als 250 qm Nutzfläche mit starkem Publikumsverkehr befinden, der auf behördlicher Nutzung beruht" Energieausweise ausgehängt werden. Die Abteilung Energiemanagement hat bislang 240 Energieausweise ausgestellt und den Liegenschaften zum Aushang zur Verfügung gestellt. Alle Energieausweise stehen auch im Internet zur Verfügung (www.energiemanagement.stadt-frankfurt.de > Energieausweise).

Auf dem von der Abteilung Energiemanagement weiterentwickelten Energieausweis werden zusätzlich zu den gesetzlich vorgeschriebenen Daten weitere Angaben gemacht (**Bild 4**). Dazu gehören die Einstufung in eine Energieeffizienzklasse, die absoluten und spezifischen Energiekosten, Wasserverbrauch und Kosten, sowie das Kosten-Nutzen-Verhältnis der vorgeschlagenen Maßnahmen zur kostengünstigen Modernisierung. Ergänzend hinzugefügt wurden Empfehlungen zu Nutzung und Betrieb, incl. des zugehörigen Einsparpotentials.

### 3.2 Betriebsoptimierung

Mit der geringen Personalausstattung kann die Abteilung Energiemanagement den Betrieb nur in einem kleinen Teil der städtisch genutzten Liegenschaften optimieren. Daher wird jährlich ein 4-tägiges Seminarprogramm für Energiebeauftragte angeboten, in dessen Rahmen die Mitarbeiter/-innen für den energie- und wassersparenden Betrieb der technischen Anlagen geschult werden. Neben umfangreichen Seminarunterlagen stehen Plakate, Faltblätter, Aufkleber, sowie praktische Demonstrationsmodelle und Messgeräte zum Ausleihen zur Verfügung. Dieses Seminarprogramm steht auch externen Interessierten offen.

Wesentlich für die Motivation des Betriebspersonals ist das Programm Erfolgsbeteiligung für Nutzer. Danach kann jede städtische Liegenschaft 50 % der nutzerbedingten Energie- und Wasserkosteneinsparungen behalten. Davon kann wiederum die Hälfte als persönliche Prämie an den oder die Energiebeauftragte(n) ausgezahlt werden. Die verbleibenden 50 % stehen für investive Energie- und Wassersparmaßnahmen zur Verfügung. Im Jahr 2016 wurden in diesem Projekt Energie- und Wasserkosten in Höhe von insgesamt 1,1 Mio. € eingespart (siehe **Bild 5**). Die Anzahl der an dem Projekt beteiligten Liegenschaften wächst ständig. Das Einsparpotential wird durch den besseren energetischen Standard jedoch allmählich geringer.

### 3.3 Investive Maßnahmen

Bei dem umfangreichen Liegenschaftsbestand der Stadt Frankfurt werden jedes Jahr zahlreiche Neubau- und Sanierungsmaßnahmen durchgeführt. Wichtig ist, dass bei diesen Maßnahmen auch die künftigen Betriebskosten berücksichtigt werden und jeweils das wirtschaftliche Optimum angestrebt wird. Deshalb hat das Amt für Bau und Immobilien Leitlinien zum wirtschaftlichen Bauen aufgestellt, die die wichtigsten Standards zusammenfassen (**Bild 6**). Diese Leitlinien liegen allen städtischen Bauvorhaben zugrunde. Sie wurden vom Magistrat der Stadt Frankfurt beschlossen und werden jährlich fortgeschrieben. Dort ist unter anderem festgelegt, dass neue

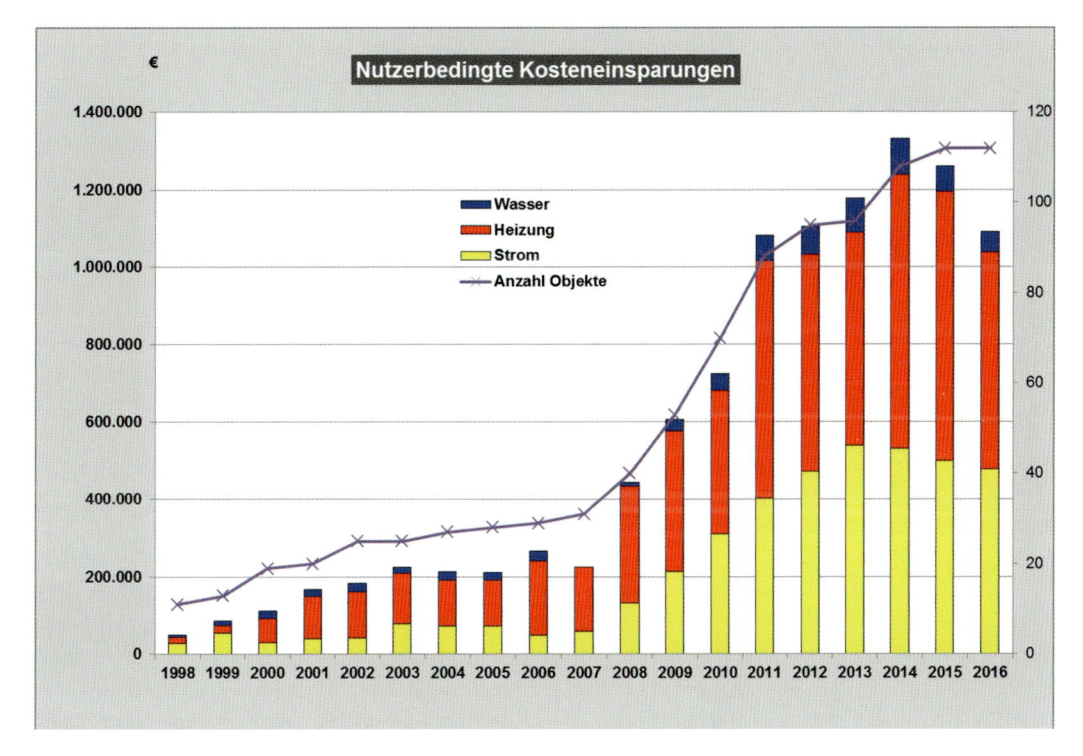

**Bild 5**
Einsparungen durch das Programm „Erfolgsbeteiligung für Nutzer"
[© Stadt Frankfurt a.M. – Amt für Bau und Immobilien – Abteilung Energiemanagement]

städtische Gebäude möglichst nur noch mit Passivhauskomponenten errichtet werden. Dies umfasst im Wesentlichen eine hervorragende Wärmedämmung und eine auf den hygienischen Frischluftbedarf ausgelegte Lüftungsanlage mit hocheffizienter Wärmerückgewinnung. Zur Qualitätssicherung wird die Einhaltung der Leitlinien an vier Meilensteinen (zum Abschluss der Vorplanung, zur Bau- und Finanzierungsvorlage, bei der Abnahme und nach 2 Jahren Betrieb) mit einer Checkliste überprüft.

Abweichungen von den Leitlinien zum wirtschaftlichen Bauen sind möglich. Allerdings muss mit dem von der Abteilung Energiemanagement entwickelten Verfahren zur Gesamtkostenberechnung nachgewiesen werden, dass durch die Abweichung ein wirtschaftlicheres Ergebnis erzielt wird. Das Excel-Tool zur Gesamtkostenberechnung steht ebenso wie die Leitlinien unter www.energiemanagement.stadt-frankfurt.de zur Verfügung. Als Mindeststandard ist die aktuelle Energieeinsparverordnung (EnEV 2016) um 30 % zu unterschreiten.

Bislang wurden für die Stadt Frankfurt 84 Neubauprojekte mit insgesamt 197.000 m² Nettoraumfläche (NRF) und 8 Sanierungsprojekte mit insgesamt 18.000 m² NRF mit Passivhaus-Komponenten fertiggestellt. Darunter befinden sich Feuerwachen, Jugendhäuser, Kindertagesstätten, Schulen bzw. Schulerweiterungen, Schulmensen, Sportfunktionsgebäude, Turnhallen, ein Muse-

**Bild 6**
Leitlinien zum wirtschaftlichen Bauen 2014
[© Stadt Frankfurt a.M. – Amt für Bau und Immobilien – Abteilung Energiemanagement]

| Blockheizkraftwerke der Stadt Frankfurt a.M. | | | | | | | | | | | | |
|---|---|---|---|---|---|---|---|---|---|---|---|---|
| Stand der Betriebsdaten: 31.12.2016 | | | | | | | | | | | | |
| Alle Kosten brutto (incl. MWSt.) sofern nicht anders vermerkt | | | | | | 2016 nicht aktiv | | | | | | |
| Name der Liegenschaft | Anzahl Module | Gesamtleistung elektrisch (kW) | Gesamtleistung thermisch (kWth) | Gesamt-Investition (T€) | Förderung (T€) | Eigeninvestition (T€) | Inbetriebnahme | Benutzungs-stunden kumuliert (h) | Stromerzeugung BHKW kumuliert (MWh) | Wärmeerzeugung BHKW kumuliert (MWh) | CO2-Einsparung kumuliert (to) | Überschuß kumuliert (T€) |
| Berthold-Otto-Schule | 2 | 60 | 100 | 169 | 29 | 140 | Okt 00 | 12.280 | 631 | 1.234 | 247 | -100 |
| Carl-Schurz-Schule | 2 | 107 | 205 | 245 | 55 | 190 | Okt 92 | 101.901 | 9.107 | 17.186 | 4.985 | 433 |
| Dahlmann-Schule | 1 | 56 | 106 | 148 | 33 | 115 | Okt 92 | 93.606 | 2.988 | 10.221 | 2.025 | 180 |
| Friedrich-Ebert-Schule | 1 | 30 | 50 | 87 | 17 | 70 | Okt 00 | 54.707 | 1.348 | 2.728 | 632 | -21 |
| Gartenhallenbad Fechenheim | 1 | 14 | 32 | 33 | 20 | 13 | Nov 00 | 86.805 | 594 | 2778 | 554 | 101 |
| Rebstockbad | 2 | 460 | 900 | 890 | 0 | 890 | Nov 00 | 106.829 | 26.968 | 99.544 | 17.823 | 574 |
| Helmholtz-Schule | 1 | 5 | 13 | 15 | 15 | 0 | Nov 98 | 97.187 | 342 | 1.208 | 195 | 0 |
| Hermann-Luppe-Haus | 1 | 24 | 55 | 72 | 21 | 51 | Jul 09 | 18.886 | 453 | 1.039 | 170 | 0 |
| KiZ 143 Kunterbunt | 1 | 6 | 13 | 15 | 6 | 10 | Feb 94 | 115.868 | 610 | 1.304 | 225 | 56 |
| KiZ 143 Kunterbunt 2 | 1 | 6 | 13 | 20 | 7 | 13 | Jan 00 | 19.751 | 109 | 254 | 49 | 20 |
| Liebig-Schule | 1 | 50 | 81 | 109 | 0 | 109 | Mrz 05 | 57.344 | 1.467 | 4.645 | 1.081 | 5 |
| Linné-Schule | 1 | 6 | 13 | 15 | 3 | 13 | Aug 00 | 69.036 | 257 | 827 | 151 | 36 |
| Ludwig-Richter-Schule | 1 | 6 | 13 | 15 | 6 | 10 | Feb 94 | 97.664 | 449 | 1.207 | 228 | 41 |
| Palmengarten | 2 | 844 | 1244 | 115 | 0 | 0 | Dez 96 | 108.000 | 91.152 | 134.352 | | 0 |
| Panoramaschule | 1 | 5,5 | 12,5 | 31 | 7 | 24 | Jan 12 | 17.651 | 97 | 221 | 42 | 6 |
| Schiller-Schule | 1 | 14,5 | 26 | 69,4 | 6 | 64 | Jan 12 | 25.956 | 376 | 675 | 160 | 32 |
| Schule am Hang | 1 | 6 | 15 | 31 | 7 | 23 | Feb 10 | 29.118 | 29 | 431 | 89 | 15 |
| Sportzentrum Kalbach | 1 | 50 | 97 | 221 | 0 | 221 | Feb 09 | 55.512 | 630 | 5.385 | 1.315 | 34 |
| Umweltamt | 1 | 5 | 12 | 15 | 3 | 13 | Aug 00 | 90.083 | 297 | 1089 | 216 | 34 |
| Wöhler-Schule | 2 | 107 | 205 | 243 | 55 | 188 | Okt 92 | 111.471 | 9.951 | 17.893 | 4.671 | 520 |
| Summe | 25 | 1.860 | 3.204 | 2.559 | 289 | 2.156 | | 1.369.655 | 147.856 | 304.220 | 34.856 | 1.966 |

**Bild 7**
Betriebsergebnisse der städtischen Blockheizkraftwerke [© Stadt Frankfurt a.M. – Amt für Bau und Immobilien – Abteilung Energiemanagement]

um und ein Verwaltungsgebäude. Weitere 12 Projekte befinden sich in Planung oder im Bau. Sämtliche Projekte sind auf der Internetseite www.energiemanagement.stadt-frankfurt.de (Menüpunkt Bauprojekte) dargestellt.

Vor der Sanierung von komplexen Liegenschaften sollten grundsätzlich Energiekonzepte erstellt werden. In den letzten Jahren wurden in der Stadt Frankfurt bereits 29 Energiekonzepte erarbeitet. Darüber hinaus hat sich die Abteilung Energiemanagement an dem Forschungsprojekt Teilenergiekennwerte unter der Federführung des Instituts Wohnen und Umwelt in Darmstadt beteiligt. Im Rahmen dieses Projektes wurden 5 Schulen und 5 Museen der Stadt exemplarisch mit diesem neuen Rechentool untersucht und entsprechende Energieberatungsberichte erstellt. Hinzu kommen 49 Energie-Checks für Sportanlagen und vier Wärmeversorgungskonzepte, unter anderem für das Museumsufer und den Zoo. Alle Energiekonzepte stehen unter www.stadt-frankfurt.de/energiemanagement (Menüpunkt Energiekonzepte) zum Download zur Verfügung.

Eine besonders erfolgreiche Methode zur Energieeinsparung und zum Klimaschutz ist der Einsatz von Blockheizkraftwerken. In den städtischen Liegenschaften wurden bisher 25 BHKW-Module mit einer elektrischen Gesamtleistung von 1,9 MW und einer thermischen Gesamtleistung von 3,2 MW installiert. Damit konnte ein finanzieller Gewinn von ca. 2 Mio. € und eine Kohlendioxid-Einsparung von ca. 35.000 to erzielt werden (siehe **Bild 7**).

Darüber hinaus setzt die Stadt Frankfurt a.M. auch auf regenerative Energiequellen. Seit dem Jahr 2008 stammen im Mainova-Versorgungsgebiet 50 % des Stroms für die städtischen Liegenschaften aus regenerativen Energiequellen (zertifiziert nach Grüner-Strom-Label) und 50 % aus Kraft-Wärme-Kopplung. Darüber hinaus sind auf den Liegenschaften der Stadt Frankfurt gegenwärtig 34 stadteigene Photovoltaik-Anlagen mit einer elektrischen Gesamtleistung von 678 $kW_{peak}$ im Betrieb bzw. in Planung. Hinzu kommen 41 fremdfinanzierte Anlagen mit insgesamt 4,4 $MW_{peak}$.

Auf den Liegenschaften der Stadt Frankfurt sind gegenwärtig 8 Solarkollektor-Anlagen mit einer Gesamtfläche von 119 m² im Betrieb. Hinzu kommen 2 Solarabsorber-Anlagen zur Beckenwassererwärmung in Freibädern mit insgesamt 2.012 m².

Außerdem sind gegenwärtig 2 Holzhackschnitzel- und 10 Holzpellet-Heizkessel mit einer thermischen Gesamtleistung von 2 MW im Betrieb.

Hinzu kommen fünf Geothermie-Anlagen mit einer Wärmeleistung von insgesamt 850 kW und einer Kälteleistung von 600 kW.

## 4. Ausblick

Um die Ziele der Energiewende der Bundesregierung und des Energie- und Klimaschutzkonzeptes der Stadt zu erreichen (Verringerung der $CO_2$-Emissionen alle 5 Jahre um 10 %, bis 2050 Halbierung des Energiebedarfs und Deckung ausschließlich aus regenerativen Quellen) sind künftig noch deutlich verstärkte Anstrengungen nötig.

Die technische Lebensdauer aller energetisch relevanten Bauteile (thermische Gebäudehülle und komplette technische Gebäudeausrüstung) beträgt maximal 50 Jahre. Wenn man sämtliche städtischen Gebäude (ca. 2.500 Stück mit 2,1 Mio. m² Nettogrundfläche) einmal innerhalb von 50 Jahren nach dem gesetzlichen Standard der Energieeinsparverordnung sanieren will, müssen ca. 45 Mio. € pro Jahr aufwendet werden. Der Mehraufwand für die Sanierung nach den Leitlinien

**Bild 8**
Startseite www.energie-management.stadt-frankfurt.de [© Stadt Frankfurt a.M. – Amt für Bau und Immobilien – Abteilung Energiemanagement]

zum wirtschaftlichen Bauen (Passivhauskomponenten) beträgt ca. 4 Mio. € pro Jahr. Dem stehen zusätzliche Energiekosteneinsparungen von ca. 6 Mio. € pro Jahr gegenüber.

Zur Erreichung der Klimaschutzziele müssen weiterhin ca. 2 Mio. € pro Jahr für Photovoltaikanlagen und 1 Mio. € pro Jahr für Kraft-Wärme-Kopplungs-Anlagen aufgewendet werden. Dem stehen Einsparungen von ca. 5 Mio. € pro Jahr an Energiekosten gegenüber.

Die Ziele der Energiewende sind also mit wirtschaftlichen Mitteln erreichbar.

Der Energiewenderechner ist genauso wie alle anderen genannten Informationen auf der Internetseite der Abteilung Energiemanagement verfügbar (**Bild 8**).

**Amt für Bau und Immobilien (ABI)**
Gutleutstraße 7-11
60329 Frankfurt am Main

Telefon: +49 (0)69 212 42500 Telefon Service-Desk
E-Mail: info.amt25@stadt-frankfurt.de
Internet: www.abi.frankfurt.de

# Mit Konzept und klarem Kurs

Roland Petrak, Dr. Christiane Döll, Bernadett Glosch, Laura Gouverneur, Wilfried Probst, Mathias Stiehl, Evelyne Wickop, Rigobert Zimpfer | Umweltamt der Landeshauptstadt Wiesbaden

## Klimaschutz in der Landeshauptstadt Wiesbaden – Grundsätze, beispielhafte Maßnahmen und Erfolge

[© Umweltamt Wiesbaden]

### 20-20-20 – Der Klimaschutz-Maßstab für Wiesbaden

Der 10. Mai 2007 war ein entscheidendes Datum für den Klimaschutz in Wiesbaden. An diesem Tag beschloss die Stadtverordnetenversammlung die sogenannten 20-20-20-Ziele. Diese sind seither Grundlage und Maßstab aller Anstrengungen zum Klimaschutz in der Landeshauptstadt: Bis zum Jahr 2020 soll der Gesamtenergieverbrauch im Stadtgebiet um 20% bezogen auf das Jahr 1990 reduziert und der Anteil Erneuerbarer Energien am Gesamtenergieverbrauch auf 20% gesteigert werden.

„20-20-20" sind die drei übergeordneten Zahlen und ambitionierten Ziele. Wie aber soll die Umsetzung erfolgen, wie der Weg zu den Zielen beschritten werden? Hier setzt die Landeshauptstadt auf ein klares, strukturiertes Vorgehen. Dreh- und Angelpunkt des konkreten Klimaschutzgeschehens, der einzelnen praktischen und praktizierten Schritte und Maßnahmen, ist das integrierte Klimaschutzkonzept[1]. Es wurde 2014 mit hoher Bürgerbeteiligung entwickelt.

Klimaschutz hat in Wiesbaden eine ehrgeizig formulierte Zukunft, aber auch schon eine lange Geschichte. So ist die Stadt bereits seit 1995 Mitglied des „Klima-Bündnis" der europäischen Städte. Damit hat sich die Landeshauptstadt verpflichtet, „durch Informationen, Angebote und Entscheidungen erhebliche Reduktionen im $CO_2$-Ausstoß zu vollziehen". Seit August 2010 nimmt Wiesbaden an der Kampagne „Hessen aktiv: Die Klima-Kommunen" teil. Die damit verbundene Selbstverpflichtung steht für den festen Willen der Landeshauptstadt, den Energieverbrauch in öffentlichen Einrichtungen zu verringern und den Einsatz Erneuerbarer Energien zu verstärken.

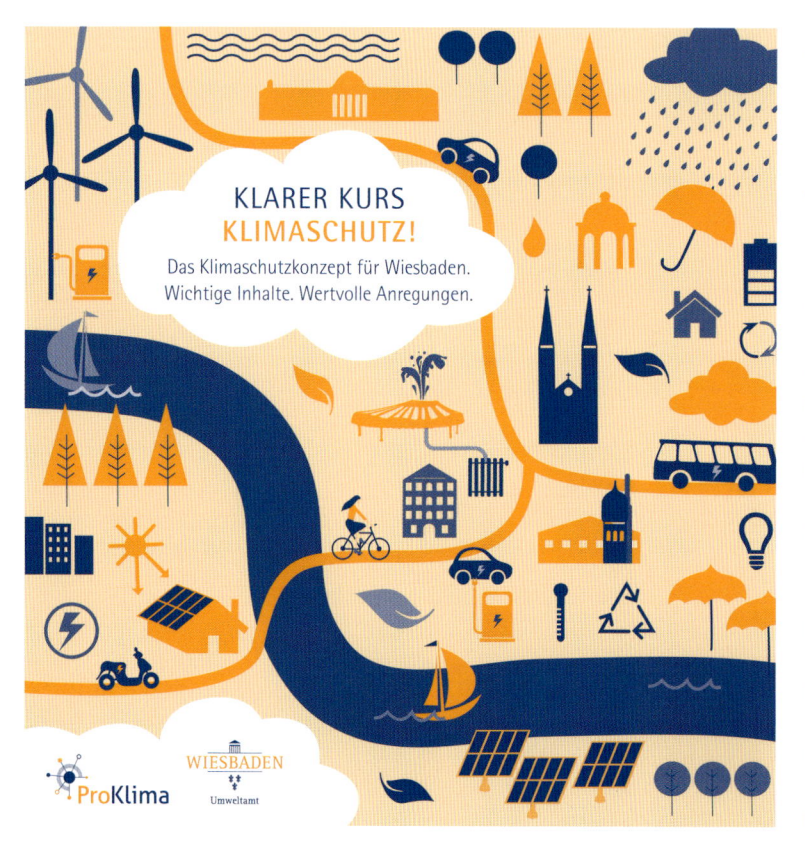

### Integriertes Klimaschutzkonzept – der Masterplan für die Klimaschutz-Zukunft

225 Seiten stark, liefert das sorgfältig und unter Einbeziehung zahlreicher Akteure in einem aufwändigen Prozess erarbeitete Klimaschutzkonzept für die Stadt Wiesbaden einen umfangreichen Maßnahmenkatalog. Übersicht in die äußerst komplexe Thematik bringt die Aufteilung der insgesamt 89 Einzelmaßnahmen in sieben relevante Themenfelder:

- Öffentlichkeitsarbeit, Aktivierung & Beteiligung
- Übergeordnete und strategische Maßnahmen
- Energieeinsparung und -effizienz
- Quartiers- und Stadtentwicklung
- Stromerzeugung aus Erneuerbaren Energien

- Nachhaltige Wärmeversorgung

- Mobilität

Übergreifende Berührungspunkte und Schnittmengen zwischen einzelnen Themenfeldern sind prädestiniert und werden gerne identifiziert und genutzt, um daraus zahlreiche Synergien zu entwickeln.

Überhaupt wird Klimaschutz in Wiesbaden als Querschnittsaufgabe verstanden und praktiziert – als ein Thema, das nicht von oben herab, sondern nur im Miteinander, im intensiven Dialog auch mit der Bevölkerung, gelingen kann. Das Umweltamt Wiesbaden führt nicht nur eigene Klimaschutzprojekte durch. Es hat auch die Federführung für die Initiierung und Koordination der städtischen Maßnahmen. Auf die Maßnahmen des Umweltamtes sollen sich die hier geschilderten Beispiele und Schilderungen der Anstrengungen für den Klimaschutz konzentrieren. Darüber hinaus „passiert" selbstverständlich noch viel mehr Klimaschutz in der Stadt, sei es durch städtische Unternehmen wie die ESWE Versorgungs AG, die ESWE Verkehrsgesellschaft mbH, die GWW Wiesbadener Wohnbaugesellschaft mbH, durch NGOs oder vielfältiges bürgerschaftliches Engagement.

### Klimaschutzmanagerin sucht als „Kümmerin" den Austausch mit allen Beteiligten

Seit einem Jahr hat der Klimaschutz in Wiesbaden ein „Gesicht". Die erste Klimaschutzmanagerin der Landeshauptstadt soll als personifizierte „Einladung zum Klimaschutz" wahrgenommen und verstanden werden. Eine ihrer wichtigsten Aufgaben ist es, die passenden Antworten auf die Frage zu finden: Was fängt die Stadt mit dem 225 Seiten starken Klimaschutzkonzept an? Ihre Stelle ist ausdrücklich angelegt als die einer „Kümmerin", die vor allem im aktiven Austausch steht mit all jenen, die Klimaschutz tagtäglich praktizieren können: den Bewohnern, den Beschäftigten, den Unternehmen und den Engagierten der Stadt. Ganz grundsätzlich versteht sich das Umweltamt beim Thema Klimaschutz als „Ansprech-Partner" und nimmt dabei beide Wortbestandteile ernst. Es ist auf vielfältigen Wegen ansprechbar, unter anderem auch im zentral in der Innenstadt gelegenen Umweltladen, und es will im Grundsätzlichen wie auch besonders im Konkreten Partner sein. Unterstützt wird es dabei von der Klimaschutzagentur Wiesbaden e.V. (KSA).

Auf Einladung des Klimabündnisses nahm Wiesbadens Klimaschutzmanagerin als eine von weltweit 13 Kommunen-Botschafterinnen an der Weltklimakonferenz COP23 teil. Dabei tauschte sie sich mit Akteuren über die Rolle der Städte und Kommunen bei der Bekämpfung des Klimawandels aus und diskutierte die Erwartungen der jungen Generation zum Klimaschutz mit der Hessischen Umweltministerin Priska Hinz und anderen.

### Breites Spektrum an Maßnahmen

Das Spektrum der Maßnahmen des Umweltamtes reicht von Beratungs- und Informationsangeboten zu den Möglichkeiten der Energieeinsparung und des Einsatzes Erneuerbarer Energien, über Förderprogramme beispielsweise zum energieeffizienten Sanieren bis hin zu quartiersbezogenen Lösungsansätzen. Aus allen Bereichen sollen im Folgenden exemplarisch detaillierte Schilderungen erfolgen, und zwar mit Fokus auf die einzelnen Aspekte
- Information, Beratung und Aktivierung,
- Förderung und Anreize bieten,
- Kooperationen und Netzwerke,
- Mit guten Beispielen voran.

### Vorbildfunktion und Glaubwürdigkeit – das Selbstverständnis des Umweltamtes

Das Umweltamt versteht Anstrengungen zum Klimaschutz stets als ein Thema, das nach außen wirken muss, zugleich aber von der Stadt selbst und insbesondere vom Umweltamt buchstäblich verinnerlicht sein muss – also auch nach innen gerichtete Aktivitäten und Maßnahmen umfasst. Ein Beispiel ist das auf Firmen ausgerichtete Umweltberatungsprogramm ÖKOPROFIT, das in Wiesbaden einerseits vom Umweltamt initiiert, koordiniert und vorangetrieben wird. Andererseits ist das Umweltamt aber auch selbst Teilneh-

Mit Konzept und klarem Kurs

[© Umweltamt Wiesbaden]

mer des Programms und lässt sich – selbstverständlich von externen Fachleuten – zertifizieren. Auch die Einrichtung einer ämterübergreifenden Arbeitsgruppe zum Klimaschutz signalisiert die Überzeugung, dass das, was nach außen in die Stadt hinein kommuniziert wird, auch von der Stadt selbst praktiziert werden muss. So wird das Umweltamt über seinen „Expertenstatus" hinaus seinem Vorbildcharakter mit einer besonders hohen Glaubwürdigkeit gerecht.

### Klimaschutz am Puls der Zeit

Klimaschutz ist für das Wiesbadener Umweltamt ein Thema, das sehr dynamisch behandelt wird. Das bedeutet, dass immer wieder überlegt und hinterfragt wird, wie festgelegte Ziele zeitgemäß und zielgruppengerecht erreicht werden können. Dazu gehört eine passende und zielführende Ansprache ganz unterschiedlicher Zielgruppen und damit die Nutzung unterschiedlichster Kommunikationswege ebenso wie die Entwicklung, manchmal sogar die Erfindung, verschiedener, mitunter neuartiger und innovativer Veranstaltungsformate und Projekte. Die Verantwortlichen haben keine Scheu vor Visionen und auch nicht vor Kooperationen. Immer wieder kommt es zu fruchtbaren Partnerschaften.

## Information, Beratung & Aktivierung

BürgerInnen tun und nutzen nur das, was sie kennen und wissen. In diesem Sinne sucht die Landeshauptstadt Wiesbaden ganz unterschiedliche Wege und Ansprachen, um mit den Menschen der Stadt rund um die Themen Klimaschutz, nachhaltige Entwicklung und Transformation in Kontakt und auch zum aktiven Austausch zu kommen. Die verschiedensten Kanäle und Formate werden genutzt, um zu informieren und zu inspirieren und um mit höchst unterschiedlichen Zielgruppen in den Dialog zu treten.

### Der niederschwellige Einstieg

Tipps zum energiebewussten Verhalten, Orientierung und Hilfestellung bei der Auswahl vielfältiger Fördermöglichkeiten, Hinweise auf weiterführende Beratungsangebote und fachkundige AnsprechpartnerInnen – die kostenfreie **Energie-Erstberatung** im Umweltladen Wiesbaden ist der niederschwellige Einstieg in eine komplexe Thematik mit großem Informationsbedarf und vielen Informationslücken. Und sie wird sehr gut angenommen: Seit dem Start 2016 bis September 2017 haben rund 200 individuelle Energieberatungen stattgefunden. Das Angebot bietet die Wiesbadener Klimaschutzagentur e.V. im Auftrag des Umweltamtes im zentral gelegenen Umweltladen.

Inhaltliche Schwerpunkte sind energieeffizientes Bauen und Sanieren (Wärmeschutz, Heizung und Warmwasserbereitung), Einsatz Erneuerbarer Energien bei der Strom- und Wärmeerzeugung und Stromeinsparung. Die qualifizierten Berater der Klimaschutzagentur verschaffen sich einen ersten Überblick über den energetischen Zustand des entsprechenden Wohnhauses. Sie gehen auf spezifische Fragen ein, erläutern geeignete Maßnahmen zur Senkung des Energieverbrauchs und geben Hinweise zu Investitionskosten, Wirtschaftlichkeit und den jeweils geeigneten Förderprogrammen.

Unsere Erfahrung zeigt: Das kostenfreie und niedrigschwellige Angebot senkt die Kontakt-Hemmschwelle, steigert die Beratungsbereitschaft und beseitigt Informationsdefizite. Die Wiesbadener Energie-Erstberatung schließt bei Ratsuchenden die Lücke bei der Umsetzung von

Bundes- und Landesinitiativen und der Kommunikation von Förderprogrammen. Über eine verstärkte Kooperation mit der Verbraucherzentrale Hessen sollen die Beratungsaktivitäten noch besser gebündelt werden.

**Der konkrete Anreiz**

Vorhandenes Potenzial besser auszuschöpfen und der Sonnenenergienutzung zu einer breiten Anwendung zu verhelfen, war das Ziel der **Solarstromkampagne – Mein Haus kann´s**, die von Juni bis August 2017 lief. Rund 35.000 Gebäude in Wiesbaden sind für die Errichtung einer Solaranlage geeignet, mit einer Gesamtfläche von über 2,2 Millionen Quadratmeter. Sie bieten Potenzial für einen Ertrag von rund 290.000 Megawattstunden Strom, oder eine Einsparung von 180.000 Tonnen $CO_2$, im Jahr. Tatsächlich sind in Wiesbaden aber nur 2,5% der laut Solarkataster möglichen Anlagen realisiert. Im Fokus der Ansprache standen Eigentümer von Ein- und Zweifamilienhäusern, weil die Potenziale hinsichtlich der Flächen, aber auch der Realisierungschancen besonders geeignet sind.

Als Ergänzung zu zahlreichen bereits initiierten Projekten zur Förderung der Solarenergie boten Umweltamt und Klimaschutzagentur in Kooperation mit ESWE Versorgung unter dem Motto „Mein Haus kann´s" spezielle anbieterneutrale Beratungsangebote, eine begleitende Ausstellung im Umweltladen und vielfältige Aktionsveranstaltungen an. Als zusätzlichen Anreiz verloste die Stadt zehnmal eine 1.000 Euro Prämie an Hauseigentümer, die sich während des dreimonatigen Kampagnenzeitraumes zum Bau einer Solaranlage verpflichteten. Über 30 Wiesbadener Eigenheimbesitzerinnen und -besitzer machten diesen Schritt und beauftragten den Bau einer eigenen Solaranlage, für die durchschnittlich 8.000 Euro aufgebracht werden müssen.

Auch ansonsten fiel eine erste Bilanz außerordentlich positiv aus. Über 200 Beratungsgespräche fanden im dreimonatigen Kampagnenzeitraum statt, Über 400 Solarinteressierte nutzten die Möglichkeit, telefonisch oder im persönlichen Gespräch im Umweltladen eine qualifizierte Einschätzung der möglichen Stromerträge für das eigene Dach zu erhalten, für 50 Interessierte gab es eine kostenlose Vor-Ort Beratung im eigenen Zuhause. Neben dem Willen, einen aktiven Beitrag zum Klimaschutz zu leisten, überzeugte die HausbesitzerInnen der Autarkiegedanke und die Tatsache, dass drastisch gesunkene Anlagenpreise sowie die aktuelle Zinssituation den Betrieb einer Anlage auch finanziell interessant machen.

[© Umweltamt Wiesbaden]

**Die einladende Motivation**

Elektromobilität kann einen großen Beitrag zum Klimaschutz leisten, werden doch rund 20 Prozent der Treibhausgasemissionen in Deutschland durch Kraftfahrzeuge verursacht. Die **Ausstellung „Elektromobilität erFahren"** im Umweltladen informierte darüber, wie man mit Elektrofahrzeugen klimafreundlich und dynamisch, ohne Lärm und Abgase, unterwegs ist. Elektrofahrräder, Elektroroller, Segways und Elektroautos wurden nicht nur gezeigt, sondern

Mit Konzept und klarem Kurs

konnten auch bei Probefahrten selbst ausprobiert werden. Auch eine Elektrofahrrad-Fahrschule wurde angeboten. Flankiert wurde die Ausstellung von einer informativen Bannerserie zu Themen wie Ladeinfrastruktur, Reichweiten, Förderungen sowie einem Vortrag und Beratungsnachmittagen. Die eigens erstellte Bannerserie bietet das Umweltamt anderen Kommunen zum Entleihen an.

### Der inspirierende Austausch

Mit zeitgemäßen, mitunter unkonventionellen Veranstaltungsreihen und Formaten wie dem **Nachhaltigkeitsdialog** oder dem **Changemaker Slam** sucht und findet die Landeshauptstadt Wiesbaden aktiv den Kontakt und den Austausch besonders mit Zielgruppen, die über herkömmliche Kommunikationswege eher nicht erreicht werden. Der zweimal jährlich stattfindende Nachhaltigkeitsdialog fragt und diskutiert, was die Stadt, aber auch jeder Einzelne, zu einer nachhaltigen Entwicklung beitragen kann. Auf Impulsreferate von Experten zum jeweiligen Schwerpunktthema folgt eine offene, moderierte Podiumsdiskussion mit Oberbürgermeister Sven Gerich und Umwelt- und Verkehrsdezernent Andreas Kowol. Themen und Referenten waren zum Beispiel der gefragte Autor Dr. Tilman Santarius (Chancen und Risiken der Digitalisierung für den Ressourcen- und Klimaschutz), Mobilitätsexperte Martin Randelhoff (Stadt in Bewegung) oder der Architekt, Autor und Filmemacher Van Bo Le-Mentzel (Die 100-Euro-Wohnung – Ideen für eine demokratischere Wohnkultur).

Mit dem „Heimathafen" wurde ein passender Veranstaltungsort und Partner für den Nachhaltigkeitsdialog, aber auch für den Changemaker Slam gefunden. Der Slam wurde vom Umweltamt, angelehnt an die Idee des Poetry- oder Science-Slam, entwickelt: Ausgewählte Öko-Unternehmer, Social Entrepreneure und Engagierte präsentierten im Wettstreit um die Publikumsgunst in sechsminütigen unterhaltsam-gehaltvollen Kurzvorträgen innovative Ideen für eine klima-/ökologische und soziale Transformation. Das Format richtete sich in erster Linie an junge, gut gebildete Menschen der „Generation Y". Die umfangreiche Bekanntmachung und Bewerbung des neuen Veranstaltungsformats über diverse Online-Kanäle, Pressearbeit und Werbepostkarten zeigte Wirkung. Rund 120 Besucherinnen und Besucher füllten den Raum bis auf den letzten Platz und nahmen die Ideen und Projekte begeistert auf. Ziele wie Inspiration und Motivation für einen gesellschaftlichen Wandel, Ausbau eines Projekt-Netzwerks sowie Würdigung des sozialen und ökologischen Engagements konnten erreicht werden. Weitere Reichweite für den inspirierenden Abend, der im Rahmen der Ausstellung „Bilder der Zukunft – wie wollen wir leben?" stattfand, brachte im Nachgang ein Kurzfilm der Veranstaltung. Rund 1500 Mal wurde er auf YouTube aufgerufen. Auch für andere Kommunen kann das Format (einfach durchzuführen, überschaubare finanzielle Mittel und personelle Ressourcen, beacht-

[© Umweltamt Wiesbaden]

liche Außenwirkung) interessant sein, möglichst eingebettet in weitere Maßnahmen für eine zukunftsfähige Stadt und mit einem geeigneten und zielgruppenspezifischen Partner an der Seite.

### Die anschauliche Hilfestellung

Rund 25 Prozent der Wiesbadener Gebäude stehen unter Denkmalschutz. Gebäude, die vor 1918 gebaut wurden, verursachen rund 28 Prozent der $CO_2$-Emissionen im Wohngebäudebereich. Um ihre ambitionierten Klimaschutzziele zu erreichen, setzt die Stadt auch im Bereich der energetischen Sanierung von Gebäuden an. Mit dem vom Umweltamt herausgegebenen **Leitfaden „Energetisches Sanieren denkmalgeschützter Gebäude in Wiesbaden"**[2] und einem **Online-Sanierungsrechner** regt und leitet die Landeshauptstadt Wiesbaden dazu an, historische Wohngebäude energetisch fit zu machen. Weil die Wärmeverluste bei diesen besonders groß sind, sind Energieeinsparungen von 30 Prozent und mehr möglich. Allerdings erfordert eine Sanierung maßgeschneiderte Lösungen, die die schützenswerten Fassaden und Bauteile – und damit das kulturelle Erbe Wiesbadens – erhalten und zugleich energetisch ertüchtigen. Der Leitfaden beschreibt reich bebildert und detailliert die verschiedenen Möglichkeiten der Sanierung der Gebäudehülle, der Anlagentechnik bis hin zu Maßnahmen, die sich durch Eigenleistungen oder mit geringen Investitionen umsetzen lassen. Betrachtet werden die drei wichtigsten in Wiesbaden vorkommenden Gebäudetypen: Blockrandbebauung, Villen und Fachwerkhäuser. Die Pub-

Mit Konzept und klarem Kurs

[© Umweltamt Wiesbaden]

...likation stellt auch bereits umgesetzte Sanierungsbeispiele vor und informiert über Beratungsstellen und die finanzielle Förderung. Der interaktiver Online-Sanierungsrechner ermittelt und veranschaulicht, wie hoch der Energieverbrauch eines Gebäudes ist, welche Energie- und $CO_2$-Einsparungen nach Durchführung von ausgewählten Maßnahmen zu erwarten sind und welche Kosten bei einer möglichen Sanierung auf den Eigentümer zukommen.

## Förderung und Anreize

### Gezielt Anreize schaffen

Mit dem **Programm "Energieeffizient Sanieren"** fördert die Landeshauptstadt Investitionen zur Wärmedämmung, zur Heizungsoptimierung und zur solaren Wärmenutzung. Bis zu 2.000 Euro Zuschuss können private Haus- und Wohnungseigentümer und Mieter erhalten für Einzelmaßnahmen zum Wärmeschutz, zur Heizungserneuerung und Heizungsoptimierung sowie den Einbau solarthermischer Anlagen. Unterstützt werden auch Teilmaßnahmen, etwa Wärmedämmung von Teilflächen, oder Kleinmaßnahmen wie der Austausch undichter Hauseingangstüren und Rollladenkästen oder der Austausch von Heizkörper-Thermostatventilen. Die Förderung bezieht sich auf bestehende Wohngebäude sowie einzelne Eigentums- und Mietwohnungen bis einschließlich Baujahr 2008. Mit einem Fördervolumen von rund 600.000 Euro wurden bislang insgesamt über 2,8 Millionen Kilowattstunden elektrischer Strom und Wärme – und damit 700.000 Kilogramm $CO_2$ – eingespart. Sowohl die Stadt als auch der städtische Energieversorger ESWE tragen durch die Förderung der energetischen Sanierung im Allgemeinen und auch im Bereich der denkmalgeschützten Gebäude zur Erhöhung der regionalen Wertschöpfung und zur Erreichung der Klimaschutzziele wesentlich bei.

### Engagement sichtbar machen

Herausragendes Engagement und beispielhafte Leistungen im Natur- und Umweltschutz zeichnet der **Wiesbadener Umweltpreis** aus, von dem zugleich eine Signalwirkung für weitere Aktivitäten zum Schutz von Klima und Umwelt ausgehen soll. Der offen ausgeschriebene Wettbewerb mit einem Preisgeld in Höhe von 3.000 Euro wird seit dem entsprechenden Beschluss der Stadtverordnetenversammlung im Jahr 2009 alle zwei Jahre vergeben. Bewerben können sich Einzelpersonen, aber auch Institutionen, Vereine und Gruppen sowie Organisationen und Verbände, Schulen und Kindergärten oder Unternehmen. Gefragt sind Projekte, die sich auszeichnen durch positive Umweltauswirkungen bzw. -entlastungen, durch einen Beitrag zur nachhaltigen Entwicklung und einen innovativen Ansatz mit Vorbildcharakter. Eine Jury unter dem Vorsitz des Um-

[© Umweltamt Wiesbaden]

weltdezernenten ermittelt den oder die Preisträger, zuletzt etwa die Macherin der Recyclingtasche „Lilybag" oder das nachhaltige Unternehmen „Das Eis".

## Kooperation & Netzwerke

Wirksamer Klimaschutz funktioniert, so die Überzeugung in Wiesbaden, nicht im stillen Kämmerlein, sondern nur im stetigen, vielfältigen und permanenten Austausch. Deshalb werden zahlreiche Kooperationen angestoßen und Netzwerke genutzt und ausgebaut.

Mit Konzept und klarem Kurs

### ÖKOPROFIT – Gemeinsam mit der Wiesbadener Wirtschaft für den Klimaschutz

Im Jahr 2000 hat Wiesbaden als erste Stadt in Hessen, und als dritte in Deutschland, ÖKOPROFIT eingeführt. Was damals mit wenigen Unternehmen als Kooperationsprojekt zwischen Kommune und Wirtschaft startete, entwickelte sich zu einer bis heute andauernden – und weiter wachsenden - Erfolgsgeschichte. Heute ist ÖKOPROFIT Wiesbaden Hauptinstrument des nachhaltigen Wirtschaftens und effektiver Baustein zur $CO_2$-Reduzierung im gewerblichen Bereich. Die Teilnehmerzahl ist stetig gestiegen. 113 Unternehmen und Einrichtungen aus unterschiedlichsten Branchen und Bereichen haben in zwölf Programmrunden an dem Beratungs- und Netzwerkprojekt erfolgreich teilgenommen.

**Betriebskosten senken und die Umwelt schonen**: Im Laufe eines Durchgangs spüren die Teilnehmer Verbesserungsmaßnahmen in den Bereichen Energie, Wasser, Abfall, Mobilität und nachhaltige Beschaffung auf, die beides möglich machen. Die Auszeichnung „Wiesbadener ÖKOPROFIT-Profit" bildet den erfolgreichen Abschluss.

[© Umweltamt Wiesbaden]

Bisher rund 330 Auszeichnungen belegen Kontinuität, dauerhaftes Interesse und zahlreiche Neuzertifizierungen. Manche Unternehmen sind seit Anfang an dabei, das Netzwerk wurde stetig ausgebaut und auch thematisch weiterentwickelt. Die beachtlichen Zahlen kommen nicht von ungefähr: ÖKOPROFIT kommt an, weil es praxisnah und flexibel ist und **für Unternehmen einen Mehrwert darstellt** als Gruppenprojekt und Plattform für kontinuierlichen Verbesserungsprozess inklusive Austausch, Rechts-Update und dem „Dranbleiben" an neuen Entwicklungen. Hinzu kommen positive Effekte bei Außendarstellung und Image und natürlich der Bilanzierung.

ÖKOPROFIT selbst ist keine statische, sondern eine äußerst dynamische Angelegenheit und dabei stets am Puls der Entwicklungen. So wurde als Innovation 2015/16 erstmals ÖKOPROFIT-Energie durchgeführt, ein Zusatzangebot für Betriebe mit Fokus auf Energieeffizienz, -management und -audit. Der ÖKOPROFIT-Club als Fortsetzungsprogramm und dauerhaftes Netzwerk bereits ausgezeichneter Betriebe mit derzeit 30 Unternehmen ist seit 2015 anerkanntes Energieeffizienz-Netzwerk von Bundesregierung und Wirtschaft und zeigt so auch überregional Flagge. Begleitet wird ÖKOPROFIT von kontinuierlicher und vielfältiger Öffentlichkeitsarbeit und Kommunikation – von Flyer und Homepage und quer durch die Stadt transportierter Buswerbung bis zur Auszeichnungsbroschüre mit Darstellung der Unternehmen, Maßnahmen und Ergebnisse. Kooperationen, Vernetzung und Austausch reichen über die Stadt selbst und das Rhein-Main-Gebiet hinaus bis hin zu bundesweiten Aktivitäten.

### KLIMPRAX Wiesbaden/Mainz – Stadtklima in der kommunalen Praxis

Mit den temperaturbedingten Folgen des Klimawandels beschäftigt sich das Projekt **KLIMPRAX** ("Klimawandel in der Praxis"). Im Fokus stehen stadtklimatische Belange in kommunalen Planungsprozessen und mögliche Maßnahmen zur Anpassung an die Folgen des Klimawandels. Umweltexperten und Stadtplaner der Landeshauptstädte Wiesbaden und Mainz arbeiten dabei unter Federführung des Hessischen Landesamtes für Naturschutz, Umwelt und Geologie/ Fachzentrum Klimawandel zusammen. Weitere Partner sind das Landesamt für Umwelt des Landes Rheinland-Pfalz, das Rheinland-Pfalz Kompetenzzentrum für Klimawandelfolgen sowie der Deutsche Wetterdienst (DWD).

Am Beispiel der Modellkommunen Wiesbaden und Mainz wurden das Verwaltungshandeln und die Planungspraxis zum Stadtklima untersucht und daraus Handlungsempfehlungen in Form eines **Handlungsleitfadens für Kommunen** abgeleitet. Die Ergebnisse sind auf der Internetseite des Fachzentrums Klimawandel veröffentlicht (http://www.hlnug.de/index.php?id=10236).

Der Deutsche Wetterdienst hat im Rahmen des Projekts eine „**Modellbasierte Analyse des Stadtklimas als Grundlage für die Klimaanpassung am Beispiel von Wiesbaden und Mainz**" durchgeführt (DWD-Bericht 249).

Diese beschreibt für beide Städte das gegenwärtige und prognostiziert das zukünftige Klima: signifikante Zunahme der Sommertage, der heißen Tage und der Tropennächte bis ins Jahr 2060. Die Erwärmung wird sich in den bebauten Bereichen stärker bemerkbar machen als in zusammenhängenden Gebieten ohne Bebauung. In bereits bestehenden belasteten Gebieten der Städte und Stadtteile dürfte es zu stärkeren Erwärmungen kommen als im Umland. Während die Zunahme der Tropennächte in den bebauten Lagen und entlang des Rheins am höchsten ist, nehmen sie in den waldfreien und unbebauten Bereichen der Täler am geringsten zu. Die Funktion dieser Leitbahnen für die Zufuhr kühlerer Luft in die überhitzen Bereiche wird in Zukunft also noch wichtiger werden.

Darauf aufbauend, werden Verschneidungen mit demographischen und sozio-ökonomischen Parametern durchgeführt. Ziel ist es, Betroffenheiten – mit besonderem Blick auf die menschliche Gesundheit - zu identifizieren und Handlungsbedarfe gegenüber den künftig noch häufiger auftretenden städtischen Überwärmungen sowie eingeschränkten nächtlichen Abkühlungen und Luftaustauschprozessen zu präzisieren.

### Kompetenzen bündeln, Erfahrungen austauschen – Ämterübergreifend die Klimaschutzziele erreichen

Optimale Kooperation zwischen unterschiedlichen Teams und Ämtern trägt essenziell zum nachhaltigen Erfolg der Stadtverwaltung bei - auch beim Thema Klimaschutz. Nur gut funktionierende fachübergreifende Arbeitsstrukturen werden der Querschnittsaufgabe Klimaschutz gerecht.

Auch wenn das Aufgabengebiet im Umweltamt angesiedelt ist, ist kommunaler Klimaschutz eine gesamtstädtische Herausforderung. Die für die Koordination zuständige Verwaltungseinheit kann den einzelnen Ressorts die Verantwortung für die Umsetzung konkreter Maßnahmen in ihren Handlungsfeldern ebenso wenig abnehmen wie eine Klimaschutzmanagerin, deren Aufgabe die Initiierung und Koordinierung der Umsetzung des Klimaschutzkonzeptes ist. Beide müssen jedoch vorhandene Schnittstellen und Synergien innerhalb der Verwaltungsstrukturen identifizieren und bestehendes Fachwissen bündeln.

Die „**Einrichtung einer ämterübergreifenden Arbeitsgruppe**" zur Begleitung der Umsetzung des Klimaschutzkonzeptes auf städtischer Verwaltungsebene ist eine der wichtigsten Maßnah-

[© Umweltamt Wiesbaden]

Mit Konzept und klarem Kurs

[© Umweltamt Wiesbaden]

men des Wiesbadener Klimaschutzkonzeptes. Mehr als zehn verschiedene Ämter folgten der Einladung zu den Sitzungen der „Task Force Klimaschutz". Über die Sinnhaftigkeit des ämterübergreifenden Vorgehens herrscht Konsens: Das Vertrauen in die gebündelte Kompetenz ist groß, getreu der Erkenntnis: "Das Gesamtergebnis gemeinsamer Arbeit hängt in den meisten Fällen nicht von der Aufsummierung der Erfolge Einzelner ab, sondern von einem guten Zusammenwirken der Dezernate, Ämter, Abteilungen und ihren Mitarbeiterinnen und Mitarbeitern."

### Veranstaltungen in Kooperation mit Akteuren

Das Thema Klimaschutz ist in Wiesbaden auch bei Veranstaltungen präsent. Das Umweltamt ist immer offen, thematisch passende Events zu unterstützen, als Partner zu begleiten oder auch als Mitveranstalter oder Ausrichter aufzutreten. Beispiele waren und sind das **Verkehrswendefest** oder die Ausrichtung der jährlichen **"WWF Earth Hour"**. Im Sommer 2017 feierte das **Erste Wiesbadener Umweltfestival** als ganz neues Format erfolgreich Premiere. Den Impuls zu der Veranstaltung, die das Umweltamt finanziell und organisatorisch unterstützte, lieferte eine aktuelle Studie zum bürgerschaftlichen Engagement. Diese ergab, dass WiesbadenerInnen sich besonders gerne im Bereich Umweltschutz engagieren wollen – es aber nur im vergleichsweise geringen Maße tatsächlich tun. Das Umweltfestival sollte den zahlreichen Vereinen, Initiativen und Einrichtungen Gelegenheit geben, sich zu präsentieren, im zeitgemäßen und einladenden Kontext eines informativen, inspirierenden und fröhlichen Festivals mit umfangreichem Rahmen- und Bühnenprogramm. Mit 1100 Gästen an zwei Tagen wurde die erhoffte Besucherzahl trotz ungünstiger Wetterverhältnisse sogar übertroffen.

WWF Earth Hour 2017 am Schlachthof Wiesbaden [© Umweltamt Wiesbaden]

## Mit guten Beispielen voran: Projekte des Umweltamtes

Um ihre Klimaschutzziele zu erreichen, realisiert die Landeshauptstadt Wiesbaden unter Ägide des Umweltamtes eine Vielzahl von Maßnahmen. Unterstützt wird sie dabei von der Klimaschutzagentur Wiesbaden e.V. (KSA). Grundsätzlich basieren die Aktivitäten der Stadt auf den drei Säulen Energieeffizienz, Energieeinsparung und Ausbau Erneuerbarer Energien.

### Ganzheitliche Förderung der Elektromobilität

„Umweltfreundliche Mobilität" ist per Beschluss der Stadtverordnetenversammlung erklärtes Ziel der Landeshauptstadt. Innerhalb des Klimaschutzkonzeptes, dessen Umsetzung von der Stadtverordnetenversammlung 2015 beschlossen wurde, wurden erste Maßnahmen für eine nachhaltige Mobilität in Wiesbaden benannt. Dazu zählt explizit die Förderung von Elektromobilität.

Die Aufgabe der Koordinierung von Projekten zur Elektromobilität ist im Umweltamt mit seinen fachlichen und organisatorischen Verknüpfungen (Klimaschutz, Erneuerbare Energien, Lärmminderungs- und Luftreinhalteplanung) angesiedelt.

Mit knapp 25% hat der Verkehr erheblichen Anteil an den Gesamtemissionen der Landeshauptstadt Wiesbaden (2.886.300 t $CO_2$ in 2013). Während bei den Großemittenten Haushalte und Wirtschaft Emissionsrückgänge um 5% zu verzeichnen sind (1990-2013), sind die $CO_2$-Emissionen im Verkehr sogar deutlich gestiegen. Bei rund 280.000 Einwohnern verfügt Wiesbaden über mehr als 155.000 Kraftfahrzeuge (ca. 135.000 Pkw). Hinzu kommen erhebliche Pendlerbewegungen (70.000 EinpendlerInnen, 45.000 AuspendlerInnen, Stand Juni 2015).

Mit der Erstellung eines Elektromobilitätskonzeptes[3] für den Individualverkehr will die Landeshauptstadt Wiesbaden einen Beitrag zu der Zielsetzung der Bundesregierung, der Erreichung von einer Million Elektroautos in Deutschland in 2020, leisten.

Mit der Studie werden unter der Federführung des Umweltamtes insbesondere folgende Ziele verfolgt:

- Leistung eines Beitrages zu den Klimaschutzzielen der Landeshauptstadt Wiesbaden

- Minderung der Lärm- und Schadstoffemissionen, insbesondere der $NO_2$-Emissionen

- Umdenken der Wiesbadener Bürgerschaft in Richtung nachhaltige Mobilität

- Bedarfsgerechter Ausbau der Ladeinfrastruktur

- Entwicklung von positiven Anreizen zur Nutzung von Elektromobilität

Im Elektromobilitätskonzept sollen die aktuellen technischen Möglichkeiten und die zukünftigen Entwicklungen Berücksichtigung finden.

[© stockWERK - Fotolia]

### Nachhaltige Wärmeversorgung

Der Ausbau des Fernwärmenetzes wird in Wiesbaden entschlossen vorangetrieben. Die Anstrengungen lohnen sich: Als Alternative zu Heizöl und Erdgas spart Fernwärme aus effizienter und umweltschonender Kraft-Wärme-Kopplung oder regenerativen Energien herkömmliche Brennstoffe und reduziert so die $CO_2$-Emissionen. 2014 betrug der Anteil der erneuerbaren Energien in der Wärmebereitstellung in Wiesbaden 11%. Altholz und feste Biomasse liefern dabei mit 9% den größten Anteil. Aber auch auf den ersten Blick geringe Prozentzahlen der übrigen Wärmequellen wie Deponie- und Klärgas (1,1%), Bioerdgas (0,6%), Umweltwärme und Geothermie (0,2%) und Sonnenkollektoren und Thermalwasser (0,1%) sind wichtige Bausteine auf dem Weg zum Klimaschutz-Ziel – manche davon zudem noch mit erheblichen Ausbaupotenzial.

Mit Konzept und klarem Kurs

### Bürgersolaranlage „Mein Solar Wiesbaden"

Seit 2010 konnten Bürgerinnen und Bürger Teilhaber an der Mein Solar Wiesbaden GmbH & Co. KG werden und sich mit Anteilen von 500 bis 5.000 Euro an Solarstromanlagen beteiligen. Mit dem Bürgerbeteiligungsmodell hat die Landeshauptstadt Wiesbaden eine einfache und sichere Möglichkeit geboten, sich aktiv am Ausbau der Erneuerbaren Energien in der eigenen Region zu beteiligen, Miteigentümer an Solarstromanlagen zu werden und dabei auch noch eine Rendite zu erzielen. Insgesamt verfügen die neun auf Dachflächen errichteten Photovoltaikanlagen über eine Leistung von 700 Kilowatt Peak (kWp). Jährlich können 665.000 Kilowattstunden (kWh) an umweltfreundlichem Strom erzeugt werden. Das entspricht dem Stromverbrauch von rund 220 Zwei-Personenhaushalten. Insgesamt 109 Bürgerinnen und Bürger sind Gesellschafter der Mein Solar Wiesbaden.

### Nahwärmeinseln - Energetische Nutzung des Wiesbadener Thermalwassers

Das Wiesbadener Thermalwasser ist eine regenerative Energiequelle, die europaweit einzigartig und vor allem unerschöpflich ist. Etwa zwei Millionen Liter heißes Mineralwasser sprudeln tagtäglich aus den Thermalquellen. Das Wasser steigt in der Innenstadt mit rund 67 °C Quelltemperatur aus 2.000 Metern Tiefe an die Oberfläche. Die gespeicherte Wärme lässt sich hervorragend zur Beheizung von Wohnungen und Gebäuden nutzen.

„Nahwärmeinsel Kleine Schwalbacher Straße" - hinter diesem eher nüchternen Begriff verbirgt sich ein Pilotprojekt, das seit 2007 von der Landeshauptstadt Wiesbaden - Umweltamt - gemeinsam mit der ESWE Versorgungs AG realisiert wird. Private und gewerbliche Kunden können in der Wiesbadener Innenstadt eine mit Thermalwasser betriebene Nahwärmeversorgung kostengünstig und weitgehend $CO_2$-neutral zur Gebäudebeheizung und Warmwasserbereitung nutzen. Die Nahwärmeinsel des Umweltamtes wurde auf drei Ausbauphasen geplant. Das Herzstück bilden aktuell zwei Wärmetauscher aus Titan, über die dem stark mineralhaltigen Thermalwasser Wärme entzogen wird. In der ersten Phase wurde die Nahwärmeinsel mit einer Leistung von 625 Kilowatt errichtet, in der zweiten mit 1250 Kilowatt. Seit 2014 sind die Gebäude der Kleinen Schwalbacher Straße und der Mauritiusgalerie mit einer Leistung von etwa 910 Kilowatt angeschlossen. Weitere Kunden sollen künftig gewonnen und die Leistung der Anlage sukzessive auf die dritte Ausbauphase mit 1.875 Kilowatt ausgebaut werden. Wenn die volle Leistung realisiert ist, können künftig jährlich etwa 850 Tonnen Kohlendioxid-Emissionen vermieden werden.

### Klimaschutzquartier Alt-Biebrich

Das „1. Wiesbadener Klimaschutz-Quartier" wurde geschaffen, um in der Praxis zu schauen, wie energetische Stadtsanierung funktionieren kann. Ziel in "Alt-Biebrich" war die Entwicklung und der Anschub umfassender Sanierungsmaßnahmen zur Steigerung der Gebäudeenergieeffizi-

Wärmetauscher der Nahwärmeinsel Kleine Schwalbacher Straße
[© Umweltamt Wiesbaden]

enz. Dazu gehörten Lösungen für Wärmeversorgung, Energieeinsparung, -speicherung und -gewinnung. Berücksichtigt wurden städtebauliche, denkmalpflegerische, baukulturelle, wohnungswirtschaftliche und soziale Aspekte des Viertels beim Aufzeigen, welche technischen und wirtschaftlichen Energieeinsparpotenziale bestehen. Auf diese Weise können konkrete Maßnahmen bei Sanierungen entwickelt und umgesetzt werden. Neu ist, dass „klassische" städtebauliche Sanierungs- und Entwicklungsprozess mit den Aufgaben des Klimaschutzes verknüpft werden. Das Konzept, das auf weitere Quartierte übertragen werden kann, richtet sich nicht nur an die Stadtverwaltung. Neben der entscheidenden Einbindung der Quartiersbewohner selbst sind auch Betriebe, Verkehrsteilnehmer, Hausbesitzer und viele andere angesprochen und aufgefordert, die Umsetzung von Maßnahmen in ihrem Einflussbereich in Angriff zu nehmen.

## Anmerkung

[1] Gefördert vom Bundesumweltministerium im Rahmen der Nationalen Klimaschutzinitiative (NKI)

[2] Gefördert durch den ESWE Innovations- und Klimaschutzfonds

[3] Gefördert vom Bundesministerium für Verkehr und digitale Infrastruktur (BMVI)

**WIESBADEN**

**Landeshauptstadt Wiesbaden**
Der Magistrat
Umweltamt
Dr. Jutta-Maria Braun
Gustav-Stresemann-Ring 15
65189 Wiesbaden
Umweltamt@wiebaden.de
www.wiesbaden.de/umwelt

# Die lokale Klimaschutzkonferenz Offenbach am Main – von 2009 bis heute

Dorothee Rolfsmeyer | Stadt Offenbach - Amt für Umwelt, Energie und Klimaschutz

## Idee und Planung

Beteiligung und Multiplikatoren erreichen ist eine der wichtigsten Maßnahmen im Klimaschutz. Die Strategie der Stadt Offenbach am Main zielt deshalb darauf ab, durch die Menschen den Klimaschutz in den Vordergrund zu rücken. Da Haushaltsmittel nicht im Überfluss da sind, muss vieles mit Kreativität wettgemacht werden. Schon der Auftakt zur Erstellung des Integrierten Klimaschutzkonzeptes der Stadt Offenbach im Jahr 2009 erfolgte durch eine breit angelegte Beteiligung von Fachleuten aus u.a. Stadtverwaltung, lokaler Wirtschaft, Bildung, Medien, Kultur, Umweltschutz, Wissenschaft, Verwaltung und Politik.

In die Weiterentwicklung des Konzeptes konnte so die gesellschaftliche Wahrnehmung des Themas Klimaschutz einfließen und der öffentliche Diskurs angeregt werden. Darüber hinaus wurde die Konferenz als übergeordnete Klimaschutzmaßnahme als dauerhafte Institution in das Klimaschutzkonzept aufgenommen und erfolgt seitdem jährlich. Geplant und umgesetzt werden die Konferenzen vom Amt für Umwelt, Energie und Klimaschutz mit jährlich wechselnden Themenschwerpunkten, z.T. mit Kooperationspartnern.

## Die Konferenzen und ihre Themen

Bei der **ersten lokalen Klimaschutzkonferenz** am **18.9.2009** waren die Teilnehmerinnen und Teilnehmer aufgefordert, bei der Entwicklung des Integrierten Klimaschutzkonzepts mitzumachen. Über 80 Personen beteiligten sich in vier parallelen moderierten Workshops. Sie steuerten teils realistische, teils visionäre Ideen bei. Thematisch ging es um energetische Gebäudesanierung, Energieeffizienz, Mobilität sowie persönliche Verhaltensweisen. Eingeladen waren relevante Akteure aus den Bereichen Politik, Wirtschaft, Stadtverwaltung aber auch interessierte Bürgerinnen und Bürger waren willkommen.

Bei der **zweiten lokalen Klimaschutzkonferenz** im Deutschen Wetterdienst am **24.9.2010** war das Integrierte Klimaschutzkonzept bereits erstellt und verabschiedet. Wichtig war es daher nun, Ideen zur Umsetzung der im Konzept enthaltenen Maßnahmen zu diskutieren und dafür engagierte Mitstreiterinnen und Mitstreiter zu finden. Zielgruppe war wiederum eine breit aufgestellte Gruppe aus Politik, Wirtschaft und Verwaltung sowie engagierten Bürgerinnen und Bürger der Stadt Offenbach.

Kernelement der Konferenz waren die Gespräche im Klimacafé in Anlehnung an die Methode des World-Cafés. Die Fragestellung lautete, welche weiteren Ideen es zu den Klimaschutzprojekten gibt und wie diese unterstützt und konkret umgesetzt werden könnten. Dabei setzen sich die Beteiligten in kleinen, informellen Gesprächsrunden mit maximal acht Personen und jeweils einer Moderatorin oder einem Moderator an runden Cafétischen zusammen und schrieben ihre Ideen auf die Tischdecke. Das Klimacafé löste Begeisterung und angeregte Diskussionen aus, vollgeschriebene Tischdecken waren die Folge. Heraus kamen neben vielfältigen Anregungen zu den Themen Energie und Klimaschutz vor allem Ideen für eine Klimaschutzkampagne. Folgende Themen und Ergebnisse ergaben sich aus den Diskussionsrunden:

**Bild 1**
Plenum und Workshop der 1. Klimaschutzkonferenz 2009 in Offenbach
[© Stadt Offenbach, Amt für Umwelt, Energie und Klimaschutz]

M. J. Worms, F. J. Radermacher (Hrsg.), *Klimaneutralität – Hessen 5 Jahre weiter*,
DOI 10.1007/978-3-658-20606-2_27, © Springer Fachmedien Wiesbaden 2018

Gebäude und Energie: Hier war eine zentrale Anregung, dass Informationen zur Gebäudesanierung „aus einer Hand" von einer unabhängigen Organisation (wie z.B. der Stadt) leicht zugänglich gemacht werden sollen. Mit der neu geschaffenen Stelle einer Energieberaterin wurde das Amt für Umwelt, Energie und Klimaschutz diesem Anspruch gerecht, seit 2010 werden Energieberatungen von Haus zu Haus durchgeführt. Seit 2013 gibt es zudem das Angebot „Baubegleitung Hand in Hand" (s.a. vierte Konferenz 2012).

Mobilität: Hier kam die Anregung an die Stadt, Gelegenheiten zum Ausprobieren von verschiedenen Mobilitätsformen anzubieten. Dies und eine Imagekampagne sollen auf unterhaltsame Art Möglichkeiten zur Verhaltensänderung aufzeigen. Die Stadt Offenbach nahm diese Anregungen auf und führte z.B. eine Mobilitätstagung durch, zeigte eine Roadshow Elektromobilität und setzt als eine der ersten Maßnahmen aus dem Feld Mobilität das schulische Mobilitätsmanagement mit Schülern und Eltern um.

Übergreifende Themen: Wer Klimaschutz vermarkten will, muss glaubwürdig sein und die positiven Aspekte des Klimaschutzes hervorheben („Klimaschutz muss Spaß machen"), gleichzeitig sollte der Vorteil des Klimaschützens vermittelt werden. Die Stadt Offenbach hat im Nachgang zur Konferenz eine Kampagne für den Klimaschutz begonnen, die diese Aspekte mit einbezieht.

Die **dritte lokale Klimaschutzkonferenz** am **22.11.2011** entwickelte sich durch die Teilnahme der Schulleitung der Leibnizschule Offenbach an der zweiten Konferenz. Gemeinsam gestalteten die Schule und das Amt für Umwelt, Energie und Klimaschutz eine Klimaschutzkonferenz für und mit Schüler(n). 200 Schülerinnen und Schüler der Jahrgangsstufe 10 mussten die Konferenz thematisch und organisatorisch vorbereiten. Um möglichst alle Schülerinnen und Schüler der Jahrgangsstufe zu beteiligen, wurde in den Kursen Erdkunde, Politik und Wirtschaft das erste Quartal des Schuljahres 2011/12 dem Klimaschutz gewidmet und in Arbeitsgruppen zu 4 Handlungsfeldern wurden insgesamt 20 Projekte entwickelt.

Diese Projekte wurden bei der Konferenz in 20 Stuhlkreisen den eingeladenen Fachgästen präsentiert und mit diesen diskutiert. Dabei wurden die Projekte durch die Gäste kritisch hinterfragt, wertgeschätzt und Unterstützung bei der Durchführung einiger Projekte zugesagt. Einige Projekte konnten gleich im Anschluss an die Konferenz umgesetzt werden (z.B. Sammelstelle für Alt-Handys auf dem Schulgelände), andere Projekte wurden von Schüler-AGs nach und nach umgesetzt (z.B. klimafreundliche selbstgestaltete Abi-T-Shirts). Aber nicht nur die Ausarbeitung von Projekten lag in Schülerhand, das Organisationsteam mit 10 Schülerinnen und Schülern sorgte in Zusammenarbeit mit zwei Fachreferenten des Umweltamtes auch für den reibungslosen Ablauf der Konferenz. Ein Medienteam drehte einen Film zum Einstieg in die Handlungsfelder und fotografierte und filmte während der Konferenz.

Die **vierte lokale Klimaschutzkonferenz** bot am **12.11.2012** im Rathaus Offenbach ein **Forum für den Erfahrungsaustausch zwischen Architekten, Energieberatern und Handwerkern** und war somit als Fachveranstaltung konzi-

**Bild 2**
Diskussion im Klimacafé am Thementisch Mobilität [© Stadt Offenbach, Amt für Umwelt, Energie und Klimaschutz]

**Bild 3**
Schüler der Leibnizschule bei der dritten Klimaschutzkonferenz 2011 [© Stadt Offenbach, Amt für Umwelt, Energie und Klimaschutz]

piert. Dabei war die Veranstaltung der Auftakt zur Umsetzung zweier Maßnahmen aus dem Klimaschutzkonzept: zum einen das namensgebende Forum, zum anderen die Maßnahme „Qualitätssicherung in der Gebäudesanierung". Ziel dieser Maßnahme ist es, ein transparentes und praktikables Beratungsangebot für Hausbesitzer zu erarbeiten, das eine Qualitätssicherung bei energetischen Gebäudesanierungen gewährleistet. So soll die Qualität der ausgeführten Sanierungsvorhaben im privaten Bereich erhöht und somit das enorme Energieeinsparpotenzial im Gebäudebestand weiter erschlossen werden. Eingeladen wurden Architekten, Handwerker, Energieberater und Bauingenieure aus der Region mit dem Ziel, Akteure für die Weiterarbeit an dem Thema zu finden. Das Engagement und Interesse der Teilnehmer war so tragfähig, dass sich daraus seit 2013 ein festes Netzwerk etabliert hat, welches ein abgestimmtes Beratungsangebot mit entsprechender Öffentlichkeitsarbeit ausgearbeitet hat und sich bis Mitte 2015 in regelmäßigen Abständen mehrmals im Jahr trifft, um sich über Fachthemen auszutauschen.

Schülerinnen und Schüler der dritten Jahrgangsstufe einer städtischen Grundschule waren die Zielgruppe der **fünften Klimaschutzkonferenz** am **28.1.2014**. Ziel der Klimakonferenz zum Thema „Radfahren" war es, das multimodale Mobilitätsverhalten zu fördern, bestehende Hindernisse im Gespräch mit Eltern und Kindern sichtbar zu machen und gemeinsam durch positive Erfahrungen das Selbstlernen zu unterstützen. Durch spielerische Aktivitäten konnten Schüler und Eltern gemeinsam Erfahrungen zum Thema Mobilität und gesunder Schulweg machen, Ängste und Unsicherheiten abbauen und sogar schon Übungen für die in der 4. Klasse abzulegende Radverkehrsprüfung absolvieren.

Mit der Unterstützung von insgesamt 20 Lehrerinnen und Lehrern sowie Eltern wurden 7 Stationen mit unterschiedlichen Themen ausprobiert: So ging es um Verkehrsregeln, sichere und weniger sichere Wege zur Schule, motorische Fähigkeiten der Kinder und um Gefahren durch „unsichtbare" Kleidung.

Die **sechste Klimaschutzkonferenz** am **18.09.2014** sprach die breite Öffentlichkeit an. Die 75 Teilnehmerinnen und Teilnehmer bestanden aus einer bunten Mischung von Schülern, Lehrern, Rentnern, Politikern und weiteren Personen. Alle begaben sich nach einem fachlichen Input von Dr. Fritz Reusswig vom Potsdam Institut für Klimafolgenforschung in ein Klimacafé, in welchem sie sich zu ihren Klimaschutzaktivitäten austauschten und voneinander lernten. Am Ende der Konferenz wurde gefragt, welche neuen Klimaschutzvorhaben die Teilnehmer für den Alltag mitnehmen und vor allem, wer sich nach der Konferenz als *Klimapate* einbringen möchte. Dazu meldeten sich 29 motivierte Personen, aus denen sich inzwischen eine öffentlich präsente Klimapaten-Gruppe mit aktuell 41 Mitgliedern entwickelt hat. Mit professionell gestalteten Druckmedien (Broschüre, Visitenkarten und Plakatserie) sowie persönlicher Teilnahme an Veranstaltungen (z.B. Infostände bei Festen) zeigen die Mitglieder ihr Engagement in der Öffentlichkeit und stehen mit ihrem Namen und Gesicht für den Klimaschutz in Offenbach.

Die **siebte Klimaschutzkonferenz** am **22.09.2015** widmete sich erstmals dem Thema Klimaanpassung und lud unter dem Titel „Herausforderung Klimawandel – wie gestalten wir unsere Stadt zukunftssicher" lokale und regionale Fachleute sowie betroffene Akteure ins Offenbacher Klingspor-Museum ein. Im Gegensatz zur vorhergehenden Konferenz war diese eher als Fachkonferenz geplant mit Vorträgen am Vormittag und Workshops nachmittags. Vier Referenten boten einen vielfältigen Einblick in die Herangehensweisen verschiedener Kommunen (u.a. Frankfurt am Main, Bottrop, Stuttgart) und zeigten vorhandene Problemstellungen sowie Lö-

**Bild 4**
Geschicklichkeitsübung bei der fünften Klimaschutzkonferenz für Grundschüler/innen
[© Stadt Offenbach, Amt für Umwelt, Energie und Klimaschutz]

sungsmöglichkeiten für kommunale Anpassungsstrategien auf. Da die Stadt Offenbach im Jahr 2016 mit der Erstellung einer eigenen Klimaanpassungsstrategie begonnen hat, bildete die lokale Klimaschutzkonferenz somit erneut einen strategischen Auftakt für ein neues Thema und konnte zur Verankerung des Themas im kommunalpolitischen Raum beitragen sowie neue Partner zur Umsetzung gewinnen.

Die **achte Klimaschutzkonferenz** am **23.09.2016** stand unter dem Motto „Biodiversität und Klimawandel" und setzte sich insbesondere mit den Folgen des Klimawandels in der Stadt und den umgebenden Ökosystemen sowie den Auswirkungen von Klimaanpassungsmaßnahmen auf die Artenvielfalt auseinander. Die Veranstaltung fand im angenehmen Ambiente des Konferenzbereichs beim Deutschen Wetterdienst (DWD) Offenbach statt, der die Konferenz sowohl fachlich als auch technisch unterstützte. Neben Fachvorträgen aus der Wissenschaft, der urbanen Planung und der kommunalen Praxis gab es Diskussionsgelegenheiten und zum Abschluss eine Podiumsdiskussion.

Hintergrund der Themenauswahl war einerseits der Beschluss der hessischen Landesregierung vom 01.02.2016, die Hessische Biodiversitätsstrategie weiter zu entwickeln, was in der Umsetzung kommunale Maßnahmen erfordern wird. Andererseits die Klimaanpassungsstrategie für die Stadt Offenbach, die als Folge der Klimaschutzkonferenz 2015 ganz aktuell vom Amt für Umwelt, Energie und Klimaschutz in Kooperation mit einem Fachbüro unter Beteiligung vieler städtischer Akteure erarbeitet wurde. Neben der Umsetzung dieser beiden Strategien stehen für die nächsten Jahre auch Maßnahmen zur Umsetzung der Europäischen Wasserrahmenrichtlinie sowie stadtplanerische Maßnahmen (z.B. der Masterplan der Stadt Offenbach) an. Der Klimawandel mit seinen Auswirkungen auf das Leben in der Stadt, aber auch auf den Naturhaushalt, ist eine der zentralen Herausforderungen unserer Zeit, der interdisziplinär begegnet werden muss. Die rund fünfzig Teilnehmer spürten gemeinsam mit den kundigen Referenten der Frage nach, wie es in Offenbach im Rahmen der rasanten Zukunftsentwicklung gelingen kann, Biodiversität und Klimaschutz zusammen zu bringen und gemeinsam Synergien zu schöpfen.

**Bild 5**
Klimapatenbroschüre und Klimapaten in Aktion [© Stadt Offenbach, Amt für Umwelt, Energie und Klimaschutz]

**Bild 6**
Vom Klimaschutz zur Klimaanpassung [© Stadt Offenbach, Amt für Umwelt, Energie und Klimaschutz]

**Bild 7**
TeilnehmerInnen diskutieren synergetische Maßnahmen [© Stadt Offenbach, Amt für Umwelt, Energie und Klimaschutz]

**Bild 8**
Martin Hormann von der staatlichen Vogelschutzwarte Hessen, Rheinland-Pfalz und Saarland [© Stadt Offenbach, Amt für Umwelt, Energie und Klimaschutz]

Die **neunte Klimaschutzkonferenz** am **28.08.2017** widmete sich dem Thema „Klimaschutz und Naturschutz". Klimaschutz wird von vielen Städten inzwischen als Pflichtaufgabe zur Sicherstellung von zukunftsfähigen, gesunden Lebensverhältnissen wahrgenommen. Einige Klimaschutzmaßnahmen besitzen jedoch Konfliktpotenzial mit Belangen des Naturschutzes, was bislang oft erst spät - manchmal zu spät - erkannt wird. Dabei lassen sich mögliche Probleme durch eine frühzeitige Berücksichtigung der Naturschutzanforderungen meist einfach in den Griff bekommen.

Wie das klappt und was dafür erforderlich ist, haben 8 Experten aus verschiedenen Themengebieten berichtet. Es ging dabei zum Beispiel um Dachbegrünung und die Begrünung wärmegedämmter Fassaden, energieeffiziente Straßenbeleuchtung und auch energetische Dach- und Fassadensanierung und deren Mehrwert für Klimaanpassung und Biodiversität bzw. Arten- und Naturschutz.

**Stadt Offenbach am Main**
Amt für Umwelt, Energie und Klimaschutz
umweltamt@offenbach.de
www.offenbach.de/klimaschutz

Tel: 069/8065 2557

# Die Haus-zu-Haus Beratung – Kostenlose Energieberatung mit Thermografie (2010-2017)

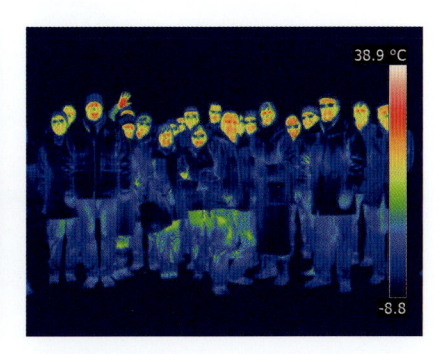

Christine Schneider | Stadt Offenbach -- Amt für Umwelt, Energie und Klimaschutz

## Idee und Planung

Die Stadt Offenbach hat zur Reduktion des Energieverbrauches und des $CO_2$-Ausstoßes in der Stadt ein Klimaschutzkonzept entwickelt, welches 2010 von den Stadtverordneten beschlossen wurde und ein Maßnahmenpaket von 66 Klimaschutzmaßnahmen enthält. Mit diesen Maßnahmen will die Stadt Offenbach ihr Ziel, die $CO_2$-Emissionen alle 5 Jahre um 10% zu senken, erreichen. Eine der Maßnahmen ist die aufsuchende Energieberatung für Ein- und Zweifamilienhäuser.

In jedem Winter wird in einem Stadtgebiet, das eine große Anzahl von Ein- und Zweifamilienhäusern mit Baujahr vor 1977 aufweist, die Haus-zu-Haus Beratung durchgeführt. Von 2010-2017 wurden inzwischen sieben Stadtgebiete beraten, ein achtes Stadtgebiet ist für den Winter 2017-2018 in Umsetzung. Je nach Beratungsgebiet lag die Anzahl der ausgewählten Häuser zwischen 470-1000.

## Ziele der Haus-zu-Haus Beratung

- Flächendeckende Information über Energieeinsparmaßnahmen für Ein- und Zweifamilienhäuser
- energetische Sanierung der Häuser wird zum Gesprächsthema in der Nachbarschaft
- Nachbarn treffen sich zu gemeinsamen Beratungsterminen
- Kleine und große Energieeinsparmaßnahmen werden umgesetzt
- Verdoppelung der Sanierungsrate

## Durchführung der Haus-zu-Haus Beratung

Im Herbst 2010 wurde das Konzept der Haus-zu-Haus Beratung mit Thermografie entwickelt, das seitdem mit Ergänzungen und Anpassung an das jeweilige Stadtgebiet durchgeführt wurde.

Zu Beginn erhalten die HausbesitzerInnen des Beratungsgebietes ein Anschreiben, mit dem sie zur Haus-zu-Haus Beratung eingeladen werden. Bei einer Auftaktveranstaltung im Stadtgebiet wird ausführlich über die Aktion informiert und es werden Fragen zur Haus-zu-Haus Beratung werden beantwortet. Bei dem anschließenden Thermografiespaziergang können sich die HausbesitzerInnen selber einen Eindruck über die Arbeitsweise des Energieberaters mit der Thermografiekamera verschaffen. Anschließend wird von jedem Haus in dem Beratungsgebiet mit Einverständnis der Besitzer eine Thermografieaufnahme erstellt. Diese werden an die Eigentümer verschickt.

Bei einer zweiten Veranstaltung zeigt das Amt für Umwelt, Energie und Klimaschutz per Beispielhaus aus dem Beratungsgebiet die Möglichkeiten einer energetischen Sanierung und deren Nutzen auf. Ausgehend von dem Ist-Zustand des Gebäudes werden die Energieeinsparungen durch Dämmung der Bauteile (Außenwand, Dach, Kellerdecke), den Austausch von Fenstern, Haustür oder Heizungsanlage berechnet. Förderprogramme werden vorgestellt. Zur weiteren Energieberatung direkt in den Häusern wird eingeladen.

Unabhängig von der Veranstaltung werden die HausbesitzerInnen in einem zweiten Anschreiben darüber informiert, in welcher Woche die EnergieberaterInnen durch ihre Straße gehen und die Vor-Ort-Beratung anbieten. Eine telefonische Terminvereinbarung ist möglich.

Die Haus-zu-Haus Beratung ist für die HausbesitzerInnen freiwillig und kostenlos. Die Planung und die Durchführung erfolgt durch das Amt für Umwelt, Energie und Klimaschutz, somit ist die Stadtverwaltung neutraler und unabhängiger Ansprechpartner für die HausbesitzerInnen.

**Bild 1–3**
Beispiel Thermografie eines Doppelhauses; Teilnehmer des Thermografiespazierganges
[© Stadt Offenbach, Amt für Umwelt, Energie und Klimaschutz]

**Bild 4**
Energieberatung vor Ort
[© Stadt Offenbach, Amt für Umwelt, Energie und Klimaschutz]

**Bild 5**
Informationsveranstaltung in Offenbach-Bürgel 2015 [© Stadt Offenbach, Amt für Umwelt, Energie und Klimaschutz]

**Haus-zu-Haus Beratung 2010-2017 Gesprächsdauer**
- 4 % Mieter
- 19 % Kein Interesse
- 26 % 5-10 Minuten
- 19 % 15 - 20 Minuten
- 32 % 30 Minuten und länger

Diese werden zur Mitarbeit eingeladen, in dem sie z.B. ihre Unterlagen zur Beratung bereithalten.

Zwischen Mitte Februar und März gehen die EnergieberaterInnen von Haus zu Haus durch die Straßen des Beratungsgebietes und bieten ein Energieberatungsgespräch an. Die Energieberatung in den Häusern geht speziell auf die Fragen der HausbesitzerInnen ein. Das Thermografiebild wird erläutert, gemeinsam geht man vom Keller bis zum Dach durch das Gebäude. Die Energieberater geben dabei eine erste Einschätzung des Energieverbrauches, der einzelnen Bauteile und der Heizung- und Warmwasserbereitung. Den Hauseigentümern wird ein Weg aufgezeigt, wie eine energetisch und wirtschaftlich sinnvolle Sanierung über die nächsten Jahre erfolgen kann. Außerdem wird die Nutzung von erneuerbaren Energien angesprochen und erläutert, welche Fördermittel in Frage kommen, wie die Förderanträge gestellt werden und welche weiteren Unterstützungsangebote es bei Sanierungsvorhaben gibt. Ein zweiter kostenloser Termin ist für die konkrete Planung eines Sanierungsvorhabens ebenfalls möglich.

### Ergebnisse der Haus-zu-Haus Beratung

Durch die Haus-zu-Haus Beratung wurden in den letzten 7 Jahren mehr als 2000 HausbesitzerInnen erreicht, das entspricht 42% der angeschriebenen HausbesitzerInnen. Ca. ein Drittel der Gespräche dauerte länger als 30 Minuten. Energiesparen und Energetische Sanierung wurden zum Thema im Stadtteil. Gespräche unter den Nachbarn finden statt. „Lass uns mal die Aufnahmen vergleichen." „War der Energieberater schon bei Dir?" „Wie hoch sind denn Deine Heizkosten?" Manche Nachbarn haben die Energieberatung auch gemeinsam in Anspruch genommen oder wollen sich für eine gemeinsame Dämmung der Außenwände zusammenschließen.

Ziel der Haus-zu-Haus Beratung ist es, die Hausbesitzer zu motivieren, ihre Häuser energetisch zu sanieren. Anhand der Thermografieaufnahmen werden Schwachstellen der Gebäude für die HausbesitzerInnen erkennbar. Durch die Energieberater werden die Schwachstellen erläutert und mögliche Sanierungsvorschläge gemacht. Die Hausbesitzer erhalten außerdem gezielt Informationsmaterial über Förderungen von Maßnahmen, Umsetzung von Einzelmaßnahmen oder Sanierungen zum KfW-Effizienzhaus. Eine weitere Begleitung und Unterstützung bei der Planung und Ausführung der Sanierungsarbeiten wird

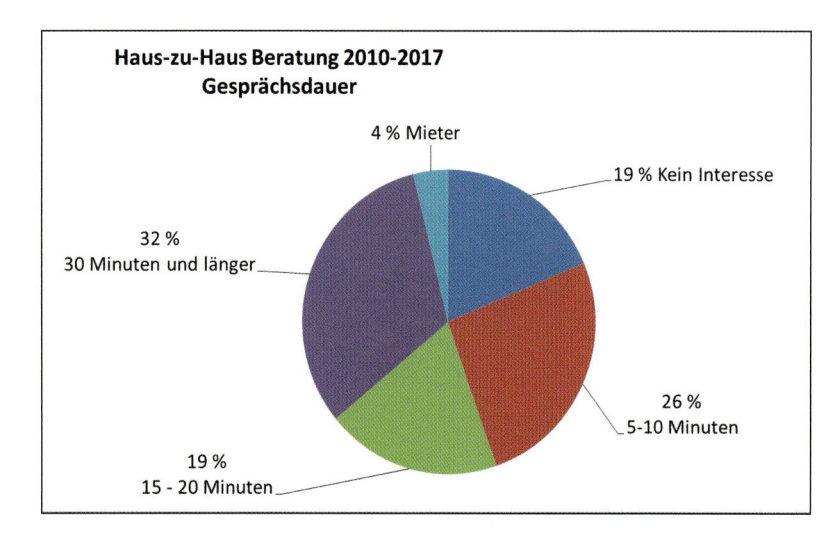

**Haus-zu-Haus Beratung 2010-2017
geplante Sanierungen**

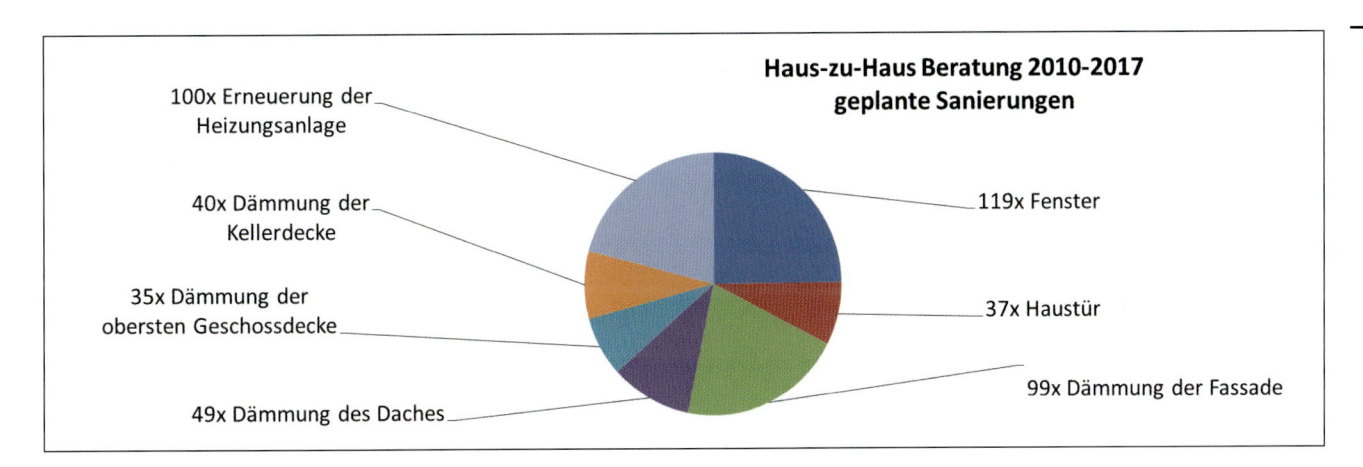

- 100x Erneuerung der Heizungsanlage
- 40x Dämmung der Kellerdecke
- 35x Dämmung der obersten Geschossdecke
- 49x Dämmung des Daches
- 119x Fenster
- 37x Haustür
- 99x Dämmung der Fassade

angeboten. Die Hemmschwelle, eine energetische Sanierung am eigenen Haus zu beginnen, wird dadurch gesenkt. Folgende Sanierungs-Interessen wurden von den HausbesitzerInnen bei der Beratung genannt.

### Praxisbeispiel Sanierung Wohnhaus Humboldtstraße Offenbach

Bei Herrn P. stießen die Energieberater im Rahmen der Haus-zu-Haus Beratung auf offene Türen und Ohren. Herr P. hatte konkrete Vorstellungen, wie er sein Haus für die nächsten 20 Jahre verändern und ertüchtigen möchte. Die Fenster sollen ausgetauscht, die Außenwände und das Dach sollen gedämmt werden. Bei dem Vor-Ort-Gespräch informierte die Projektleiterin der Stadt (Frau Schneider) gemeinsam mit einem von der Stadt Offenbach beauftragten Energieberater Herrn P. über Wärmeschutz und Schallschutz der Bauteile und schickte Herrn P. Unterlagen zur Förderung von Einzelmaßnahmen durch die KfW-Förderbank sowie Informationen zum Nachbarschaftsrecht zu.

Mit den Informationen aus dem Energieberatungsgespräch holte Herr P. mehrere Angebote von Handwerkern ein und beauftragte einen Energieberater des Netzwerks Baubegleitung in Offenbach: Hand in Hand, ebenfalls eine Maßnahme des Klimaschutzkonzeptes der Stadt Offenbach, mit der Antragsstellung zur Förderung der Sanierung durch die KfW. Während der Bauarbeiten kamen Frau Schneider und der Energieberater zu einem gemeinsamen Termin auf der Baustelle, um insbesondere die Dämmarbeiten an Außenwand und Dach zu überprüfen und vorhandene Fragen zu besprechen.

**Bild 6+7**
Beratung und Sanierung Wohnhaus Humboldtstraße, Offenbach
[© Stadt Offenbach, Amt für Umwelt, Energie und Klimaschutz]

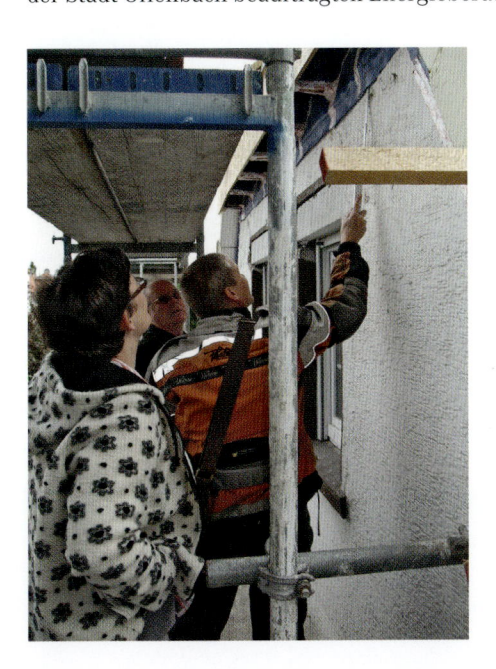

Die Haus-zu-Haus Beratung – Kostenlose Energieberatung mit Thermografie (2010-2017)

**Bild 8**
Banner Stadtteilkampagne [© Stadt Offenbach, Amt für Umwelt, Energie und Klimaschutz]

**Bild 9**
Beratungsgebiete der Jahre 2010–2017
[© Stadt Offenbach, Amt für Umwelt, Energie und Klimaschutz]

Inzwischen sind die Bauarbeiten fertiggestellt. Das persönliche Fazit des Bauherrn zur Haus-zu-Haus Beratung: „Durch die kostenlose Energieberatung habe ich eine wichtige Hilfestellung bei der Sanierung meines Hauses erhalten."

### Weiterentwicklung zur Stadtteilkampagne

Die Haus-zu-Haus Beratung wird seit 2010 ständig weiter entwickelt mit dem Ziel, kostenlose Energieberatung für weitere Zielgruppen anzubieten. Mit dem Projekt „Kostenlose Energieeffizienzberatung für Unternehmen" gehen seit 2013 EnergieberaterInnen auch durch die Gewerbegebiete in Offenbach und beraten Firmen und Unternehmen. Im Winter 2014/15 erfolgte eine Zusammenführung beider Projekte im Stadtteil Bieber. Ergänzt wurden diese Beratungsangebote durch Vor-Ort-Beratungen für weitere Zielgruppen wie MieterInnen, BesitzerInnen von Mehrfamilienhäusern, Wohneigentümer, Kirchen und Vereine, so dass für jeden Bewohner des Stadtteiles eine Beratung angeboten werden konnte. Diese erweiterte Stadtteilberatung wurde in den folgenden Wintern in den Stadtteilen Bürgel und Rumpenheim angeboten.

### Fazit

Durch die Haus-zu-Haus Beratung werden mehr als 40% der HausbesitzerInnen im Beratungsgebiet erreicht. Insgesamt 6% der HausbesitzerInnen geben an, zeitnah eine oder mehrere Sanierungsmaßnahmen durchzuführen. Bei regelmäßigen Fragebogenaktionen bewertet die überwiegende Mehrheit der HausbesitzerInnen die Haus-zu-Haus Beratung positiv.

Für den Erfolg gibt es folgende Gründe:

- aufsuchende Energieberatung

- das Interesse wird durch eine Thermografieaufnahme geweckt, gleichzeitig dient die TG-Aufnahme als Gesprächseinstieg für die Energieberater

- das Amt für Umwelt, Energie und Klimaschutz der Stadt Offenbach ist Ansprechpartner für alle Fragen

- eine Informationsveranstaltung findet direkt im Beratungsgebiet statt

- die Hausbesitzer werden angeschrieben und zur Mitarbeit eingeladen

- die Energieberatung ist kostenlos, unverbindlich und Produkt-neutral

Die Haus-zu-Haus Beratung wurde 2012 beim Wettbewerb Kommunaler Klimaschutz ausgezeichnet.

**Bild 10**
Wettbewerb Kommunaler Klimaschutz 2012
[© DifU]

**Stadt Offenbach am Main**
Amt für Umwelt, Energie und Klimaschutz
umweltamt@offenbach.de
www.offenbach.de/klimaschutz

Tel: 069/8065 2557

Die Stadt Offenbach ist schon seit vielen Jahren mit der Herausforderung des Klimaschutzes beschäftigt. Bereits 1998 hat Offenbach mit dem Beitritt zum Klima-Bündnis, einem Städtenetzwerk für den Klimaschutz, Ziele zur $CO_2$ Reduktion aufgestellt. Regelmäßig werden seitdem mit der Energie- und

$CO_2$- Bilanz und dem Integrierten Klimaschutzkonzept Maßnahmen umgesetzt und weiterentwickelt, um die Klimaschutz-Ziele zu erreichen. Dabei geht es vor allen Dingen darum, in unserem Alltags- und Wirtschaftsleben weniger Energie zu verbrauchen und damit weniger Kohlendioxid in die Atmosphäre auszustoßen. Zahlreiche Veranstaltungen und Aktionen des Amtes für Umwelt, Energie und Klimaschutz haben zum Ziel die Menschen in unserer Stadt zu diesem Thema zu informieren und sie zu einem klimafreundlichen Handeln zu bringen.

Seit 2010 werden vielfältige Informationsangebote unter dem Dach der Klima.Schutz.Aktion angeboten, die zum Mitmachen und Nachmachen motivieren. Um der großen Schnittmenge gerecht zu werden, die dieses Thema betrifft, reicht die Bandbreite der Aktionen über die Energieberatung von Wohngebäuden und Firmen, zur Mobilitätsberatung in Schulen und Kitas und Förderung des Radverkehrs hin zu Informationsangeboten zu den Themen Konsum und Ernährung.

Trotz aller Bemühungen die Erwärmung der Erdoberfläche zu begrenzen, spüren wir bereits jetzt Änderungen in unserem Klima. Es häufen sich extreme Wetterereignisse wie Hitzeperioden oder Starkniederschläge und Prognosen zeigen auf, dass sich diese Klimaveränderungen noch verstärken werden. Damit Schäden in der Stadt minimiert werden und Ursachen erkannt und verändert werden können, gibt es das Konzept zur Anpassung an den Klimawandel in Offenbach mit einer Gesamtstrategie. In einem Arbeitsprozess mit vielen Beteiligten aus Politik, Wirtschaft, Stadtverwaltung und den Bürgern wurden klimabedingte Konflikte in Offenbach identifiziert und bewertet. Ein Maßnahmenkatalog zeigt notwendige Handlungen auf, damit gewährleistet wird, dass Gefahren durch extreme Wetterereignisse abgewehrt werden können.

# Maßnahmen der Stadt Ortenberg zur Energieeinsparung

Pia Heidenreich-Herrmann | Stadtverwaltung Ortenberg – Bauamt

**Eckdaten zur Stadt Ortenberg:**

Ortenberg liegt in mitten der Natur im Wetteraukreis, eine Marathonstrecke nordöstlich von Frankfurt/Main entfernt.

Hier wohnen 9.100 Menschen verteilt in 10 Ortsteilen. Das entspricht = 164 EW/m². Zum Vergleich: Viernheim **Bevölkerung:** 32.526 (30. Juni 2009) = 672 EW / km²

Ortenberg ist eine Flächenkommune auf einer Fläche von 5.470 ha , davon sind 1.902,73 ha Waldfläche, die sich wie folgt zusammensetzen:
• Gemeindewald 795,82 ha, Staatswald 623,72 ha, Waldgesellschaften, Privatwald

Die Haushaltslage der Stadt ist seit Jahren defizitär. Jedoch ist Ortenberg keine Schutzschirmkommune.

2007 wurde als Nachfolger des verrentenden Liegenschaftsverwalters ein Architekt und Energieberater eingestellt.

Diese Personalentscheidung hat die Stadtverwaltung in Sachen Klimaschutz und Stadtentwicklung enorm nach vorne gebracht.

Gleichzeitig profitieren im Rahmen einer interkommunalen Zusammenarbeit die Nachbarkommunen und Kreisverwaltungen von der Sachkenntnis des Mitarbeiters.

Seit Juni 2013 ist die Stadt Ortenberg Mitglied von „100 Kommunen für den Klimaschutz" Land Hessen, jetzt „Die Klima-Kommune"

Neben der Unterzeichnung der Charta wurde ein Klimaschutz-Aktionsplan erstellt, der alle abgeschlossenen, laufenden und geplante Maßnahmen zum Klimaschutz und zu Klimaanpassung aufzeigt.

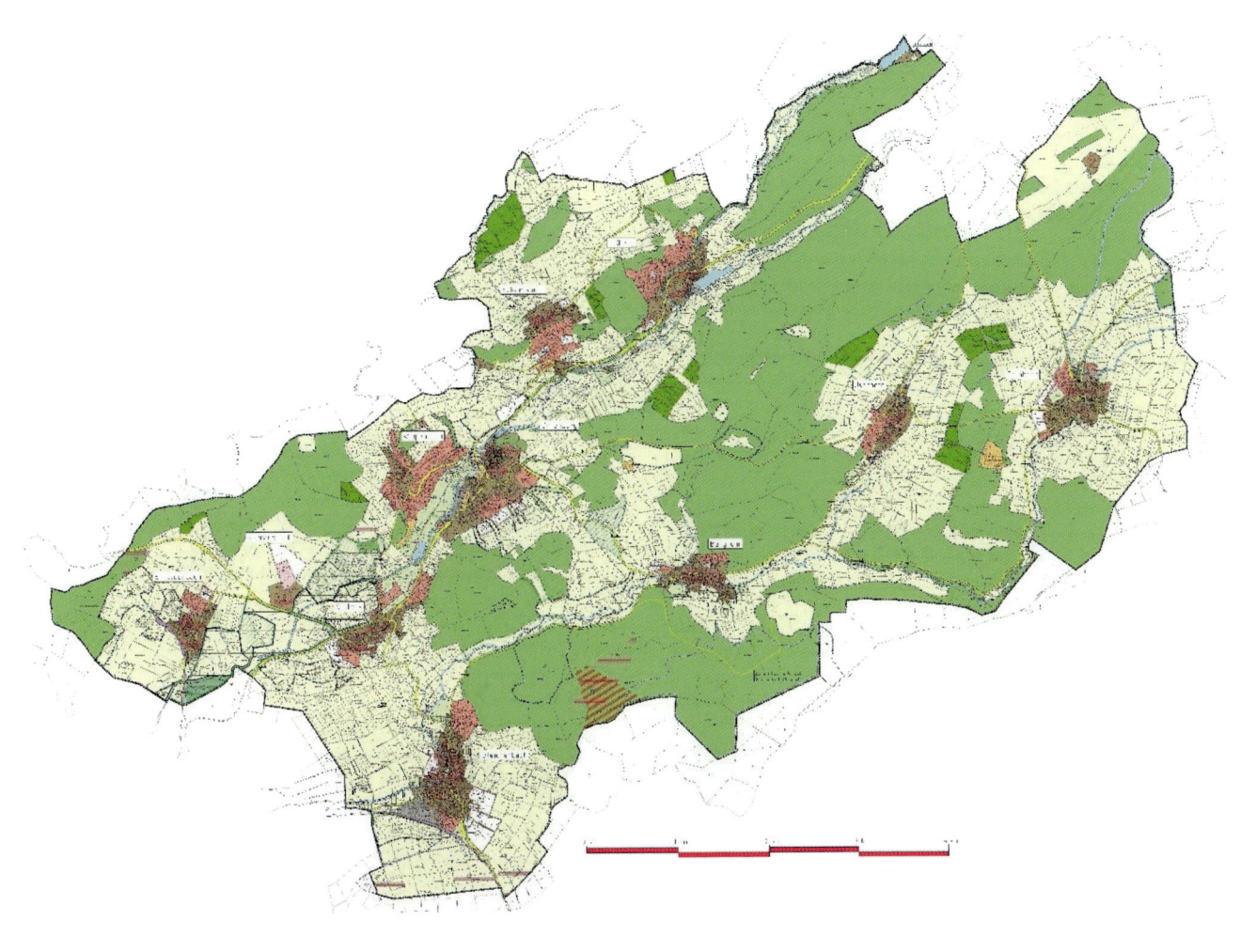

Maßnahmen der Stadt Ortenberg zur Energieeinsparung

Dieser Aktionsplan wurde in Eigenleistung ohne Unterstützung eines teuren Ingenieurbüros erstellt. Für kleine Kommunen mit wenig Geld ist das so machbar. Teure Ing. Büros zu beauftragen, war keine Option.

https://klima-kommunen.hessen-nachhaltig.de/files/Kommunen/downloads/aktionsplaene_und_klimaschutzkonzepte_von_unterzeichner-kommunen/Ortenberg%20aktiv%20-%20Aktionsplan%20Klimaschutz.pdf

### Sanierung Bürgerhaus Ortenberg[1]

Als einer der wichtigsten Projekte stand die Sanierung des Ortenberger Bürgerhauses samt baugleichem Kindergarten aus den 60-iger Jahren an. Die Schließung wegen mangelhaften Brandschutz stand kurz bevor. Hier hatte die Stadtpolitik seit Jahren nach einer Lösung in angespannter Haushaltslage gesucht.

Das Bürgerhaus wurde komplett energetisch bilanziert und die notwendigen Maßnahmenpakete definiert. Verschiedene Kosten-und Sanierungsmodelle wurden durchgerechnet. 2007 wurde das Projekt bei der Deutschen Energieagentur zum dena-Modellvorhaben „Niedrigenergiehaus im Bestand für Schulen und Nichtwohngebäude" zur Förderung angemeldet

Hier wurden zinsgünstige Kredite in Höhe 1.320.000,- € gewährt (**Zinssatz heute 0,05%**)

Fördervoraussetzung: KfW-Effizienzhaus 85 (d.h. 15% besser als Neubaustandard EnEV 2009 oder 30% besser EnEV 2007)

Es wurden weitere Zuschüsse über das Bund-Länder-Programm zur Förderung der energetischen Modernisierung sozialer Infrastruktur im Kommunen–Investitionspakt generiert.

Der Zuschussbescheid in Höhe von 484.000,- € wurde durch den Regierungspräsidenten Herrn Baron am 19.12.2009 übergeben.

Zusätzlich beteiligte sich der Wetteraukreises an der Finanzierung für den Anbau der Gymnastikhalle mit 600.000,- €.

Ein Rückbau bis auf das nackte Mauerwerk, ein Teilabriss und ein neuer Anbau waren vonnöten, um ein vielfach genutztes Bürgerhaus funktional und optisch wieder attraktiv zu machen. Durch die Teilnahme am dena-Modellvorhaben „Niedrigenergiehaus im Bestand für Schulen und Nichtwohngebäude" profitierte die Kommune von zusätzlichen Fördergeldern und konnte sowohl den jährlichen Endenergiebedarf, als auch den $CO_2$-Ausstoß drastisch senken.

Neben den zinsverbilligten Krediten mit günstige Darlehenskonditionen bei der KfW-Bank, wurden auch Zuschüsse vom Land Hessen und vom Wetteraukreis generiert. Hervorzuheben ist das jetzt aktuell zum 01.01.2018 verbesserte Förderprogramm des Landes Hessen „Kommunalrichtlinien zur Förderung der Energieeffizienz und

Nutzung erneuerbaren Energien in den Kommunen" mit möglichen Zuschüssen von 30% bis 70% je nach Effizienz Standard.

Unterstützt von Experten der dena erarbeiteten die zusätzlich ins Boot geholten Architekten von Contour aus Darmstadt und von der a5 Planung GmbH aus Bad Nauheim ein ausgeklügeltes Planungskonzept, um das in die Jahre gekommene Bürgerhaus energetisch, optisch und funktional auf ein zukunftsfähiges und nachhaltiges Fundament zu stellen.

Es wurde entschieden, das vorgelagerte Foyer abzureißen und durch einen neuen Anbau zu ersetzen, weil die Wärmebrücken des nach außen geführten Stahltragwerks nicht in den Griff zu bekommen waren, ohne dessen filigrane Anmutung zu zerstören.

Außerdem ließ sich auf diesem Weg viel besser ein barrierefreier Zugang integrieren und das Foyer quasi nahtlos in den vorgelagerten Marktplatz einbinden. Aufgrund der sich überkreuzenden Nutzungen beim Bürgersaal schien es zudem sinnvoll, die sportlichen Aktivitäten in eine separate Einfeld-Sporthalle zu verlagern, die dem Gebäudekomplex mit passivhaustauglichen Komponenten neu hinzugefügt wurde.

Die alte Dachkonstruktion verschwand hinter einer glatten Maske aus einem 16 cm dicken Wärmedämmverbundsystem und einer bis zu 30 cm dicken Dachdämmung.

Auch im Innenraum blieb von dem angestaubten Flair der 1960er-Jahre nach der weitgehenden Entkernung kaum mehr etwas übrig: Der Saal und die Bühne wurden bis auf das primäre Stahlwerk zurück- und danach wieder komplett neu aufgebaut.

Das bot die Chance, eine zeitgemäße Bühnentechnik zu integrieren - ebenso verfuhr man mit den Installationen von Elektro, Heizung, Lüftung und Sanitär.

Die Wärme erzeugt nun eine **Holzhackschnitzelanlage** mit 130 kW Leistung, befeuert aus dem Ertrag des gemeindeeigenen Waldes, der immerhin rund 800 ha umfasst. Gemeinsam mit einem Öl-Spitzenlastkessel mit 230 kW Leistung bedient die Heizanlage ein kleines, neu aufgebautes Nahwärmenetz, an das neben dem Bürgersaal einschließlich neuer Sporthalle auch das Rathaus, der angrenzende Kindergarten, das alte Feuerwehrgerätehaus und das Haus Meurer angeschlossen ist.

Die neu installierte Gebäudetechnik umfasst auch eine ausgeklügelte Gebäudeautomation, die gemäß den Förderbedingungen der dena ein genaues Monitoring zur Evaluation des Energieverbrauchs ermöglicht. **Demnach sanken nach den bisherigen Messungen und Erfahrungen der Energiebedarf für Heizung und Strom auf nahezu ein Drittel und der $CO_2$-Ausstoß um mehr als die Hälfte.** Die Energiekosten reduzierten sich ebenfalls, wenngleich der Strombedarf für Beleuchtung, Lüftung und Regelungstechnik deutlich anstieg – hier sieht man im Bauamt durch eine optimierte Steuerung aber noch ein gewisses Einsparpotenzial.

Umbauter Raum:
7.124 m³ vor Sanierung
11.728 m³ nach der Sanierung und Anbau

Bruttogeschossfläche:
2.201 m² vor der Sanierung
2.796 m² nach Sanierung und Anbau

U-Werte [W/m²K]
vor Sanierung:
- Holzfenster, einfachverglast 4,6
- Außenwände, 36,5 cm Kalksandstein 1,86
- Dachflächen, z. T. Holzbalkenflachdächer mit 4 cm Korkdämmung und Bitumenabdichtung 0,47
- ungedämmte Stahlbeton-Bodenplatte mit Estrich und PVC-Belag 1,98

nach Sanierung:
- Aluminiumfenster, zweifache Wärmeschutzverglasung 1,3
- Außenwände, 36,5 cm Kalksandstein + 16 cm Dämmung 0,20
- Dachfläche auf vorh. Konstruktionen neu gedämmt, Dämmstoffdicken überwiegend 30 cm, stellenweise 18 bzw. 22 cm 0,11
- neu aufgebaute Stahlbeton-Bodenplatte mit 6 cm Dämmung 0,35 neuer Anbau Gymnastikhalle:
- Außenwände 36,5 cm Kalksandstein und 26 cm Wärmedämmung (WLG 035) 0,13
- Fenster 1,3

- Flachdach aus Stahlbeton und 30 cm Wärmedämmung (WLG 035) 0,11
- Stahlbeton-Bodenplatte mit 10 + 6 cm Wärmedämmung (WLG 035) 0,20

Projektbeteiligte:
Bauherr:
Magistrat der Stadt Ortenberg, 63683 Ortenberg
und
Kreisausschuss
des Wetteraukreises, 61169 Friedberg
Architekten:
LP 5-9 a5 Planung GmbH, 61231 Bad Nauheim, www.a-5.org
LP 1-4 Contour Architekten, 64295 Darmstadt, www.contour-architekten.de
Statik:
Ingenieurbüro Kleer und Deisinger GbR, 63683 Ortenberg
Bauleitung HLS:
Gebäudetechnische Planungen Benedikt Förster,35580 Wetzlar
Bauleitung Elektro: Ing.-Arbeitskreis Gerhard F. Stefan, 61169 Friedberg
Brandschutz: BIC Brandschutz, 56414 Obererbach
Hackschnitzelheizung: ovag Energie AG, 35410 Hungen, www.ovag.de

Bauzeit: Januar 2011 bis Oktober 2012
Baukosten (KG 300+400):

- Bürgerhaus 4 Mio. € (inkl. Ausstattung, Außenanlagen und Nebenkosten: 5,67 Mio. €)

- Anbau Gymnastikhalle 0,92 Mio. € (inkl. Ausstattung, Außenanlagen und Nebenkosten: 1,27 Mio. €)

### Energetischer Standard:

KfW-Effizienzhaus 85 für das Bürgerhaus und annähernd Passivhaus-Standard für den Anbau Gymnastikhalle

Vergleichswerte:

| | Vor Sanierung berechnet | Vor Sanierung gemessen | Anforderung Effizienzhaus 85 | Nach Sanierung berechnet | 2013 gemessen |
|---|---|---|---|---|---|
| Jahres Primärenergiebedarf $Q_p''$ | 569,70 kWh/m²a | 381,64 kWh/m²a | 232,80 kWh/m²a | 63,40 kWh/m²a | 215,03 kWh/m²a |
| Transmissionswärmeverlust $H_t$ | 1,385 W/m²K | 1,385 W/m²K | 0,298 W/m²K | 0,298 W/m²K | 0,298 W/m²K |
| Jahres Endenergiebedarf (inkl. Elektrischer Strom) | 494,97 kWh/m²a | 299,86 kWh/m²a | 232,80 kWh/m²K | 219,30 kWh/m²a | 111,71 kWh/m²a |

### Wirtschaftlichkeit und $CO^2$ Einsparung: Energieverbrauch jährlich vor der Sanierung gemessen

Wärmeenergie 60.000 Liter Heizöl = 600.000 kWh
Kosten bei 0,80 € je Liter Öl oder 0,080 € je kWh = 48.000,- €

Beleuchtung 60.000 kWh Stromverbrauch
Kosten bei 0,27 € je kWh = 16.200,- €

### Energieverbrauch 2013 nach der Sanierung gemessen

Wärmeenergie 140.050,00 kWh ( hier 12% Heizöl und 88% Hackschnitzel )
Kosten bei 0,06 € je kWh = 8.400,- €
Beleuchtung und Lüftungsanlagen 129.570,00 kWh Stromverbrauch
Kosten bei 0,27 € je kWh = 34.983,90 €
Hier ist das Einsparpotential mit Hilfe des Gebäudemanagements noch auszuschöpfen.

**$CO_2$ Belastung vor der Sanierung (aus gemessenen Werten)**
178,2 to aus Heizöl + 41,34 to aus Strom = 219,54 to

**CO₂ Belastung nach der Sanierung (aus gemessenen Werten)**
4,07 to aus Holz+ 4,99 to aus Heizöl+ 89,27 to aus Strom = 98,332 to

**Einsparung 121,20 to CO₂/Jahr**

Fotos vor der Sanierung

Alte Ölkesselanlage
[Foto: Stadtverwaltung]

Alte Heizverteilung
[Foto: Stadtverwaltung]

Bürgerhaus Eingangsfassade mit altem Anbau Foyer und alte Dachkonstruktion

Bürgerhaus vor der Sanierung, hier Betonringanker und massive Kalksandsteinwände nicht gedämmt sichtbar
[Foto: Stadtverwaltung]

Fotos nach der Sanierung

Neu gestalteter Saal
[Fotograf: Markus Hintzen]

Neues Foyer [Fotograf: Markus Hintzen]

Maßnahmen der Stadt Ortenberg zur Energieeinsparung

Neue Eingangsfassade und neues Foyer [Fotograf: Markus Hintzen]

Kalk-Sandsteinfassade und Betonringanker wurden mit Außendämmung versehen [Fotograf: Markus Hintzen]

Neuer Eingang [Fotograf: Markus Hintzen]

Ehemalige Geräteräume sind heute zu einem modernen abtrennbaren Gastraum umgebaut [Fotograf: Markus Hintzen]

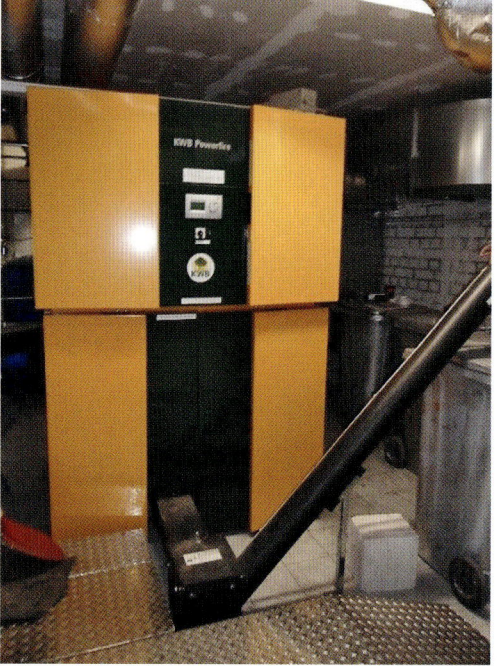

Neue Holzhackschnitzelanlage für die Wärmeversorgung Bürgerhaus und Fernwärmenetz [Fotograf: Markus Hintzen]

### Austausch LED Straßenbeleuchtung

Die Stadt Ortenberg hat in den neuen Lichtlieferverträgen zur Straßenbeleuchtung mit dem kommunalen Energieversorger OVAG den Austausch der Leuchtmittel durch energie-effiziente LED Beleuchtung verankert.

Voraussetzung ist die Wirtschaftlichkeit der Umsetzung.

Mit Hilfe von Förderprogrammen des Bundesministerium für Umwelt, Naturschutz und Reaktorsicherheit und der fortgeschrittenen Technik hat sich diese Voraussetzung erfüllt.

Im Rahmen des Projektes der OVAG-LED-Initiative erfolgte von Nov. 2012 bis Juli 2015 die Umrüstung von **52.000 bisher noch mit konventionellen Leuchten bestückten Lichtpunkten** auf hocheffiziente und umweltfreundliche LED-Leuchten.

Die Straßenbeleuchtung aller 10 Ortsteile der Stadt Ortenberg wurde auf Grund ihrer Initialzündung als 1.Kommune der Landkreise Wetterau, Gießen und Vogelsberg mit den LED Leuchten ausgestattet.

**Dies ist das größte Projekt der LED Aufrüstung in der gesamten Bundesrepublik!**

**Einsparungen pro Jahr**

Kosteneinsparungen 30.500,-€/Jahr
$CO_2$ Einsparungen 234 to/Jahr
Energieeinsparung 376.361 kWh/Jahr

**E-Mobilität Förderprojekt des BMVI**

23 % der $CO_2$ Emissionen pro Kopf entfallen auf dem Bereich Mobilität.

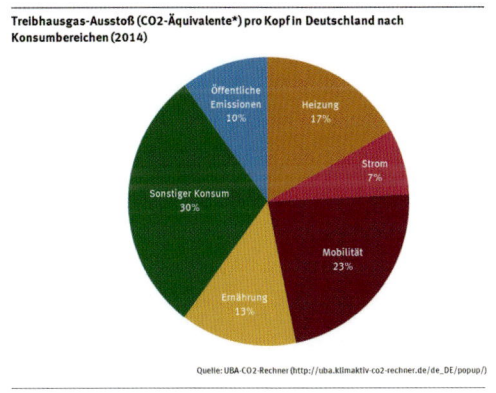

Treibhausgas-Ausstoß (CO2-Äquivalente*) pro Kopf in Deutschland nach Konsumbereichen (2014)

- Öffentliche Emissionen 10%
- Heizung 17%
- Strom 7%
- Mobilität 23%
- Ernährung 13%
- Sonstiger Konsum 30%

Quelle: UBA-CO2-Rechner (http://uba.klimaktiv-co2-rechner.de/de_DE/popup/)

* Emissionen anderer Treibhausgase als Kohlendioxid ($CO_2$) werden zur besseren Vergleichbarkeit entsprechend ihrem globalen Erwärmungspotenzial in $CO_2$-Äquivalente umgerechnet ($CO_2$ = 1).

Hier setzt das seit Dez. 2016 laufende Förderprojekt des BMVI an.

„Strukturelle Einbindung von Elektromobilität in den bestehenden Strukturen unserer Stadt, wie die Entwicklung der Bürgergenossenschaft"

Ausgangslage ist hier die derzeitige Mobilitätssituation im ländlichen Raum. Es herrscht hier eine Pendlerquote von 80% der Erwerbstätigen, u.a. in Richtung Rhein-Main Metropole (ca. 60 km entfernt).
Freizeitangebote, überregionale Einkaufsangebote (z.B. Möbelhäuser etc.) sind mehr als 30 km entfernt. Bahnhöfe sind nicht vorhanden, Busverbindungen nicht attraktiv. Für Haushalte im ländlichen Raum ist deshalb das Betreiben und Unterhalten von 2 oder mehr Autos die Regel. Jährliche Fahrleistungen pro PKW von 15.000 km bis 20.000 km sind keine Seltenheit.

Laut Statistik (Monitoringbericht des Wetteraukreises 2011) existieren in Ortenberg je 1.000 Einwohner 744 Fahrzeuge. In anderen Nachbarkommunen liegt diese Quote bei 805 Fahrzeuge je 1.000 Einwohner. Dies erzeugt für die Haushalte im ländlichen Raum enorme Zusatzkosten.

Hier setzt die Mobiliätsstudie an, für die das Büro EcoLibro http://www.ecolibro.de gewonnen werden konnte:

Das Mobilitätsverhalten der Bürger wurde im August 2017 im Rahmen einer Haushaltsbefragung (3500 Haushalte) und Bürgerversammlung ermittelt, um so eine Grundlage zur Bedarfsermittlung von Mobilitätsformen zu erhalten.

Als Ergebnis könnte zum Beispiel ein Carsharingsystem mit Elektrofahrzeugen entstehen, welches von Bürgern und mit Bürgern betrieben wird. Das Zweitauto könnte abgeschafft werden.

Dieses Potential der Bürgerinitiative ist zum Beispiel im Ortsteil Bergheim vorhanden, in der sich eine Energiegenossenschaft gegründet hat, die ihr Dorf mit Fernwärme auf Basis von Holzhackschnitzel versorgt.

Diese Genossenschaft betreibt gleichzeitig auch eine Fotovoltaikanlage auf ca. 800 m² Dachfläche, ideal, um hier Elektroautos mit regenerativer Energie zu laden.

Hier ist es Aufgabe der Stadtverwaltung, unterstützend tätig zu werden und Initiativen zu fördern. Damit aber Initiativen aus der Bevölkerung entstehen können, muss das Wissen um die Möglichkeiten der Elektromobilität oder eines Carsharing vermittelt werden.

Deshalb wurde im Vorfeld zur Fragebogenaktion im Mai 2017 der 1. Elektro-Mobilitätstag der Stadt Ortenberg veranstaltet.

Gleichzeitig möchte die Stadtverwaltung eine Vorbildfunktion einnehmen und untersuchen lassen, welche sinnvollen Möglichkeiten sich ergeben, Bauhoffahrzeuge, Poolfahrzeuge oder Mitarbeiterfahrzeuge durch Elektrofahrzeuge, auch mit Mehrfachnutzung, zu ersetzen.

Die bisherigen Analysen der Fahrtenbücher ergaben bei Durchführung einer optimierten Pool Nutzung eine durchschnittliche Einsparung von ca. 30% der Fahrzeuge, die für öffentliches Carsharing zur Verfügung stehen könnten.

Hier will die Stadtverwaltung eine Initialzündung für den Einsatz von Elektromobilität leisten.

Maßnahmen der Stadt Ortenberg zur Energieeinsparung

## 1. Multimodaler Elektromobilitätstag in Ortenberg

**Sonntag, 7. Mai 2017**
**10:00 bis 16:00 Uhr**
Bürgerhaus Ortenberg,
Wilhelm- Leuschner-Str. 4

Der Tag steht im Zusammenhang mit der Erarbeitung eines Mobilitätskonzepts mit Schwerpunkt Elektromobilität für die Stadt Ortenberg, gefördert durch das Bundesministerium für Verkehr und digitale Infrastruktur BMVI.

### JobMOBILEETY-Analyse
81% der Mitarbeiterwohnorte in Zweiradentfernung

| Entfernung (km) | Anzahl Mitarbeiter (Pkw Entfernung) | Anzahl Mitarbeiter (Pedelec Entfernung) | Mitarbeiter kumuliert (Pkw Entfernung) | | Mitarbeiter kumuliert (Pedelec Entfernung) | |
|---|---|---|---|---|---|---|
| 0-2 | 9 | 8 | 9 | 29% | 8 | 26% |
| 2-5 | 6 | 8 | 15 | 48% | 16 | 52% |
| 5-10 | 8 | 8 | 23 | 74% | 24 | 77% |
| 10-15 | 2 | - | 25 | 81% | - | - |
| 15-20 | 1 | - | 26 | 84% | - | - |
| 20-30 | 3 | - | 29 | 94% | - | - |
| 30-40 | 0 | - | 29 | 94% | - | - |
| 40-50 | 2 | - | 31 | 100% | - | - |
| 50-80 | 0 | - | 31 | 100% | - | - |
| >80 | 0 | - | 31 | 100% | - | - |

Als Effekt könnten sich bei erfolgreicher Umsetzung auch die kleinen Unternehmen in Ortenberg für Elektromobilität interessieren und von den gewonnenen Erkenntnissen profitieren und ergänzend im Gesamtkonzept mitwirken.

Hierzu wurden die Mobilitätsdaten der Verwaltungsmitarbeiter, der Fuhrpark der Stadtverwaltung, der Fa. Betz und der Fa. Stahlrohrmaste Pfeiffer durch die Fa. EcoLibro http://www.ecolibro.de analysiert. Es hat sich hier u.a. herausgestellt, dass 81% der Mitarbeiter mit einem E-Pedelec bequem zur Arbeit kommen könnten.

Weiterhin haben sich Ortenberger Familien mit mehr als 2 PKW bereit erklärt, in einem Zeitraum von 6 Wochen Fahrtenbücher zu führen.

Es wurden 22 Fahrtenbücher und 855 Fahrten ausgewertet. Ein Ergebnis ist u.a., dass 26% der Fahrten mit dem Pedelec und 97% der Fahrten mit einem E-PKW möglich sind.

Da die untersuchten PKWs durchschnittlich nur 4 Stunden pro Tag unterwegs waren, stellen diese Zeit-Potentiale für ein Carsharing dar.

Am Beispiel eines ausgewerteten Fuhrparks einer Ortenberg Familie wurde auch festgestellt, dass bei Abschaffung von einem der 2 PKWs und stattdessen Nutzung eines Carsharing Autos fast 3.000,- € jährlich eingespart werden können. Diese Finanzmittel würden nicht mehr in die Mobilität investiert werden, sondern in anderer Weise den regionalen Wirtschaftskreisläufen zu Gute kommen.

Diese Effekte der Kosteneinsparungen sind ebenfalls auf den Fuhrpark der Firmen und der Verwaltung übertragbar.

Die Gesamtauswertungen aller untersuchten PKWs der Stadtverwaltung und Firmen sowie Privatpersonen ergeben, dass von 30 PKW nur 15-17 PKW bei optimaler Pool-Nutzung notwendig wären.

Diese freiwerdenden Potentiale können zur Kosteneinsparung und als Carsharing-Pool genutzt werden.

Im Oktober 2017 wurden die Ergebnisse in einem Strategieworkshop vorgestellt und Ansätze zur Erstellung des Mobilitätskonzeptes erarbeitet.

### CO₂ Reduzierung durch E-Mobilität möglich

Laut Statistik (Monitoringbericht des Wetteraukreises 2011) existieren in Ortenberg je 1.000 Einwohner 744 Fahrzeuge. In anderen Nachbarkommunen liegt diese Quote bei 805 Fahrzeuge je 1.000 Einwohner..

Das heißt, dass in allen Ortsteilen zusammengerechnet 6.770 Pkw vorhanden sind. Das bedeutet je Haushalt 1,93 PKW.

Ein Mittelklasseauto erzeugt 150 g CO₂/km Person (Quelle: www.co2-emissionen-vergleichen.de ), bei Abschaffung von 1% der PKW (also 67 PKW) und unter der Annahme, dass diese Fahrten in Zukunft je Auto 10.000 km / Jahr durch Elektroautos im Carsharing erledigt würden, könnten 100,5 to CO₂/Jahr einspart werden.

Neben diesen Klimaeffekten wird die regionale Wertschöpfung gesteigert, da durch die Kosteneinsparungen für Mobilitätskosten Mittel für andere Ausgaben frei werden.

Die noch zu bearbeiteten Eckpunkte zum Mobilitätskonzept sind noch im Detail festzulegen.

Das Mobilitätskonzept soll Mitte 2018 vorliegen. Dann soll unter Nutzung von Förderprogrammen mit der Umsetzung begonnen werden.

### Nahmobilität Rad- und Fußwege

Da das Mobilitätskonzept einen multimodalen Ansatz verfolgt (E-Bike, Lastfahrräder, ÖPNV etc.) wurde parallel eine wissenschaftliche Untersuchung zur Nahmobilität (Rad-und Fußwege) erarbeitet, und zwar bestehend aus Bestandsanalyse, Mängelerfassung, Maßnahmenkataloge.

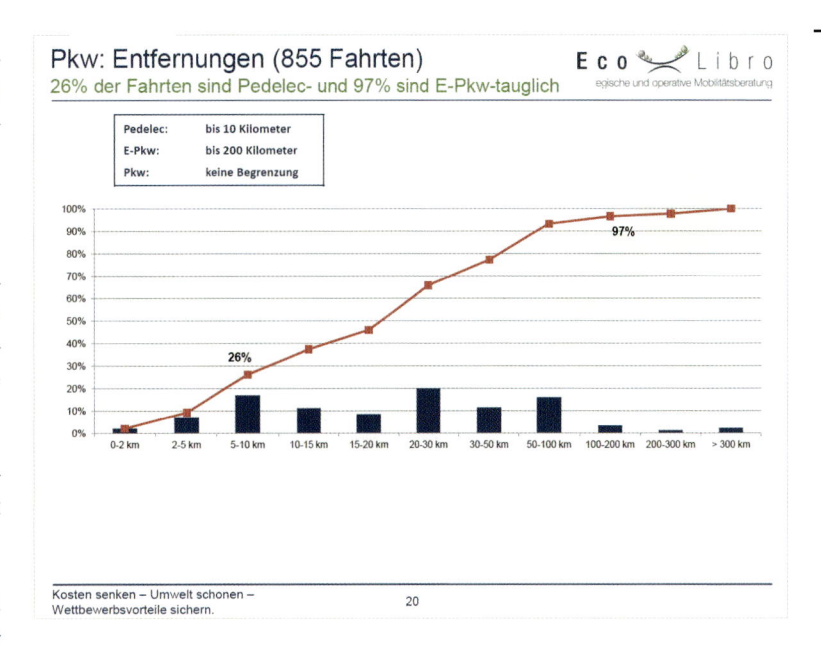

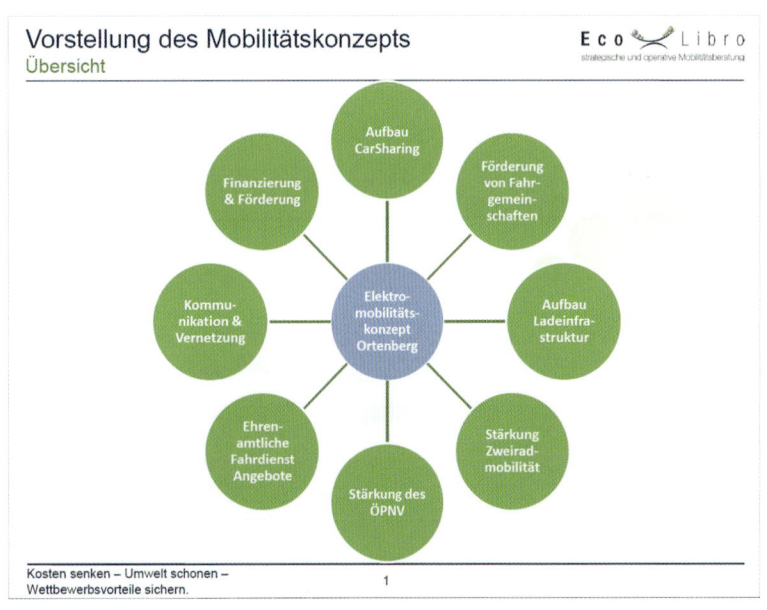

Dieses Studie ist Grundlage für den Ausbau von Rad- und Fußwegen, um die Attraktivität der Nutzung alternativer Mobilitätsformen zu steigern und die physische Mobilität der Menschen wieder in den Mittelpunkt der Infrastrukturmaßnahmen zu stellen.

Maßnahmen der Stadt Ortenberg zur Energieeinsparung

**Bericht**

**Untersuchung zur Stärkung der Nahmobilität**

In den Kommunen Glauburg, Ortenberg und Ranstadt

November 2016

LK Argus Kassel GmbH

www.LK-argus.de

Die Stadt Ortenberg ist Gründungsmitglied der AGNH Arbeitsgemeinschaft Nahmobilität Hessen

https://www.mobileshessen2020.de/Nahmobilitaet

### Übersicht der Klimaschutzprojekte und bisher erzielte $CO_2$ Einsparung

Durch umgesetzten Klimaschutzprojekte wurden insgesamt 10.522,28 to $CO_2$ / Jahr eingespart. Das ist eine Reduzierung des $CO_2$ Ausstoßes von rund 80% bezogen auf die hier aufgeführten abgeschlossenen Projekte.

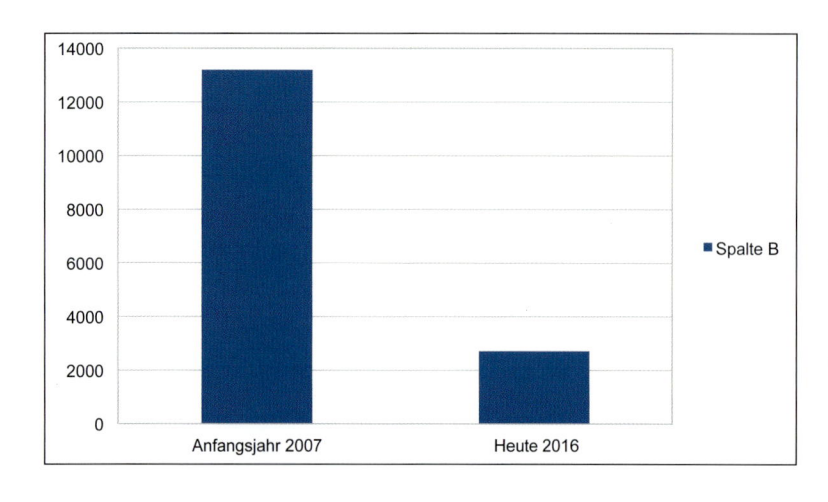

| | abgeschlossene Projekte |
|---|---|
| 1 | Neubau Feuerwehrhaus Selters: hier wurden 3 Dorffeuerwehren in einem gemeinsamen Haus integriert (Effekt in Form von Ressourceneinsparung und hochklassiger Ausstattung!), Wärmeerzeugung mit Holzpellet und Solar |
| 2 | Energetische Sanierung Kindergarten am Bürgerhaus in Niedrigenergiehausstandard EnEV85 |
| 3 | Energetische Sanierung Dorfgemeinschaftshaus Burghalle Lissberg Wärmeerzeugung durch Wärmepumpe |
| 4 | Energetische Sanierung Bürgerhaus Ortenberg zu einem DENA Modellvorhaben EnEV 85 |
| 5 | Stadtverwaltung Ersatz Ölkessel durch Holzhackschnitzel - Fernwärme aus dem sanierten Bürgerhaus |
| 6 | Erweiterung Dorfzentrum Bleichenbach – Wärmeerzeugung durch eine Holzpelletsanlage, die gleichzeitig als Ersatz der alten Wärmeerzeuger benachbarter öffentlichen Gebäude dient. |
| 7 | Energetische Sanierung der Gebäudehülle Wohnhaus Eckartsborn WDVS und Fenster |
| 8 | Energetische Sanierung Kindergarten Bleichenbach |
| 9 | Energetische Sanierung Feuerwehrhaus Lissberg Wärmeerzeugung durch Wärmepumpe |
| 10 | Energiedorf Bergheim, Energiegenossenschaft Fernwärme mit Holzhackschnitzel |
| 11 | Fotovoltaikanlagen auf Dächern städtischer Liegenschaften |
| 12 | Umrüstung der kompletten Straßenbeleuchtung auf LED-Technik |
| 13 | Wissenschaftliche Untersuchung zur Nahmobilität (Rad-und Fußwege), Bestandsanalyse, Maßnahmenkataloge |
| 14 | Umbau der stillgelegten Bahntrasse zum Vulkanradweg |

| | zurzeit in Bearbeitung |
|---|---|
| 1 | Mobilitätskonzept E-Mobil |
| 2 | Energie aus Wildpflanzen, als Alternative zum Maisanbau |
| 3 | Austausch alter Ölkessel der Dorfgemeinschaftshäuser Usenborn, Lissberg, Selters ,Effolderbach durch Holzpelletkessel |
| 4 | Energetische Sanierung Dorfgemeinschaftshaus „Alte Schule" Effolderbach, u.a. Dachdämmung, neue Fenster |

| | zurzeit in Bearbeitung |
|---|---|
| 5 | LED Beleuchtung Marktplatz |
| 6 | LED Bürobeleuchtung Stadtverwaltung |
| 7 | Kommunales Energiemanagement der Liegenschaften |
| 8 | Schaffung sicherer Radwege, Nahmobilität |
| 9 | Installation von E-Ladestationen für E-Bikes |
| 9 | Umnutzung ehemaliges Vereinsheim Selters zum NABU Info- und Mitmachzentrum, u.a. energetische Sanierung des Vereinsgebäudes und Umgestaltung des ehemaligen Sportplatzes zu einer Naturausstellung als Lern- und Informationsbereich zu den aktuellen Natur-und Umweltschutzthemen |
| 10 | Forschungsprojekt mit der THM Friedberg Elektro Mobilität für Nutzfahrzeuge des Bauhofes der Stadt Ortenberg |

| | geplante Projekte |
|---|---|
| 1 | Großer Vergnügungsmarkt "Kalter Markt". Planen und Konzipieren einer nachhaltige Organisation der Großveranstaltung mit bis zu 300.000 Besucher zu den Themen Mobilität, Ernährung und Energieeffizienz |
| 2 | Bühnenbeleuchtung durch LED ersetzen (Konzept liegt vor) |
| 3 | Wohnmobilstellplatz klimaneutral neu erstellen, in einem ehemaligen Steinbruch |
| 4 | Bauhof: Heckenmanagement und Nutzung des Pflegeschnitts in einer Hackschnitzelanlage |
| 5 | PV Anlage Konversionsfläche Gelnhaar |
| 6 | Klimaanpassung: Grundlagenermittlung und Planung einer dezentrale Wasserrückhaltung |
| 7 | Klimaanpassung: LIFE und Wetterauer Hutungen, Schäferei zur Bewahrung der Biodiversität |
| 8 | Klimaanpassung: Wanderschäferei |
| 9 | Klimaanpassung: Natura 2000 |
| 10 | Mühlbach, Stromerzeugung durch Wasserkraft |
| 11 | Klimaanpassung: Saisonbepflanzung Blühmischungen im Stadtgebiet |
| 12 | Klimaanpassung und Biodiversität: Schaffen von Wildäsflächen für seltene Waldtiere |

### Zukünftige Aufgaben im Klimaschutz

In der Studie „Naturkapital Ökosystemleistungen" werden die drei wichtigsten negativen Treiber der Umweltentwicklung ländlicher Räume identifiziert:

(1) die hohe Flächeninanspruchnahme für Siedlungs- und Verkehrszwecke, (2) die Einträge von Nährstoffen aus der Landwirtschaft in Gewässer (einschließlich der Nord- und Ostsee) und naturnahe Lebensräume sowie (3) der Verlust artenreichen Grünlandes.

Für alle drei Phänomene gilt, dass der Problemdruck zwar seit Langem erkannt ist, es aber an der Umsetzung bestehender Ziele mangelt bzw. Defizite in der instrumentellen Ausgestaltung zu beklagen sind.

Nach Informationen durch das Hessische Landesamt für Natur, Umwelt und Geologie HLNUG ist die hessische Landesfläche zu über 40 % mit Wald bestanden, weitere 40 % werden landwirtschaftlich genutzt.

**In einer gemeinsamen Pressemitteilung des BMUB mit dem Bundesamt für Naturschutz am 31.Mai 2017** wird unter dem Titel:

Rote Liste 2017: Wiesen und Weiden in Gefahr; Entspannung dagegen für Küsten und Gewässer folgende Informationen verbreitet:

*Die neue Rote Liste gefährdeter Biotoptypen zeigt ein durchwachsenes Bild vom Zustand der Natur in Deutschland: Für knapp zwei Drittel der 863 in Deutschland vorkommenden Biotoptypen besteht demnach eine angespannte Gefährdungslage. Besonders dramatisch ist die Entwicklung beim Offenland, vor allem den Wiesen und Weiden. Positive Entwicklungen gab es dagegen bei Küsten-Biotopen sowie an vielen Flüssen und Bächen. Zu den größten Gefährdern der Biotoptypen zählt nach wie vor die intensiv betriebene Landwirtschaft. Die Rote Liste wurde heute vom Bundesumweltministerium und dem Bundesamt für Naturschutz vorgestellt.*
.................
*Nach wie vor sind knapp zwei Drittel der in Deutschland vorkommenden Biotope gefährdet - wenn auch in unterschiedlichem Maße. Besonders dramatisch ist die Situation beim Grünland. Hier hat sich die Situation seit der letzten Fassung der Roten Liste von 2006 noch einmal deutlich ver-*

Maßnahmen der Stadt Ortenberg zur Energieeinsparung

schlechtert. Aber auch bei vielen anderen Biotoptypen der Kulturlandschaft, wie etwa Streuobstwiesen, hat sich die Lage verschlechtert.

Seit dem letzten Bericht sind 10 Jahre vergangen! Innerhalb von 10 Jahren hat sich die Situation deutlich verschlechtert. Mit Blick auf den Klimawandel und die daraus resultierenden Aufgaben besteht hier massiver Handlungsbedarf.

Als Flächenkommune liegt der Schwerpunkt der Aufgaben genau deshalb im Bereich Nachhaltigkeit der Naturbereiche, der Landschaftspflege, der Erhaltung der Biodiversität und der Ressourcenbeschaffung für die Metropolregionen, zum Beispiel der Bereitstellung von Trinkwasser, Bioenergie etc. **In Hessen werden 95 % des Trinkwassers aus Grundwasser** gewonnen. Grundwasser entsteht überwiegend aus Niederschlag.

Die finanzielle Ausstattung aus dem Finanzausgleich berücksichtigt diese notwendigen Ökosystem-Leistungen nicht. Die Mittelzuweisungen orientieren sich vielmehr an der Anzahl der Einwohner. Eigene Einnahmen sollen aus Grundsteuer und Gewerbesteuer erzielt werden. Gewerbesteuer aus dem Gewinn des Staatswaldes landet nicht in der Stadtkasse.

So werden durch diese Steuerungselemente die Aktivitäten der kleinen Kommunen eher in Richtung Ausweisung von Neubaugebieten und Gewerbegebiete gelenkt.

Dies sind für die Aufgaben zum Klimaschutz kontraproduktive Instrumente, die geändert werden müssten.

Die Hessische Biodiversitätsstrategie, sowie das Umweltgutachten (SRU Sachverständigenrat Umwelt) Bund weist auf diese Fehlanreize der Kommunen, nämlich die Ausweisung neuer Flächen für Wohnen und Gewerbe zur Erzielung neuer Steuereinnahmen hin!!

Das EU Ziel bis 2050, nämlich keine neue Netto-Flächenversiegelung, kann so nicht erreicht werden.

Auch der Klimaschutzplan 2050 des Bundes weist als Ziel im Handlungsfeld Landnutzung eine Neu-Versiegelung von max 30ha /Tag aus. In 2002 wurden 69ha/Tag versiegelt!! Dies ist nicht gleich zu setzen mit dem Verlust von Mutterboden.

**Maßnahme der Stadt Ortenberg „Ortsinnenentwicklung"**

Durch Ortsinnenentwicklung wird der Flächenversiegelung entgegengewirkt. Auch hier läuft zurzeit ein Forschungsprojekt, gefördert durch das Bundesministerium für Bildung und Forschung BMBF.

Das Thema Innenentwicklung wird aktuell in der LAEDER-Region Wetterau/Oberhessen intensiv im Forschungsvorhaben „Kommune innovativ. Ortsinnenentwicklung" bearbeitet. Unter Innenentwicklung versteht man sowohl das Neubauen, Umbauen und Sanieren im Bestand, als auch die Steigerung der Attraktivität der Ortskerne. Die drei Stadtteile Hoch-Weisel (Butzbach), Gelnhaar (Ortenberg) und Ulfa (Nidda) beschäftigen sich konkret damit, wie eine Förderung der Innenentwicklung bei ihnen aussehen könnte.

www.dorf-und-du.de

Klimaschutz und Klimaanpassung sind leider keine Pflichtaufgabe. Investitionen in diesem Bereich werden von der Kommunalaufsicht regelmäßig gerügt.

Knapp 40 % der Mittel des EU Haushalts entfallen auf den Bereich der Agrarpolitik. Die Bemühungen zur Erhaltung der biologischen Vielfalt sowie zur Bereitstellung von Ökosystemleistungen können mit einer **Umverteilung bestehender Finanzierungsmittel** im Rahmen der GAP in Europa erheblich verbessert werden. Rund 70 % der EU-Agrarausgaben gehen als flächengebundene

Foto Hessentag 2016 Jahrestreffen 100 Kommunen für den Klimaschutz Podiumsdiskussion Moderatorin, Herr Bolze, Pia Heidenreich-Herrmann (Stadt Ortenberg), Ministerin Priska Hinz, Herr Madry

Direktzahlungen an die Landwirte und dienen primär deren Einkommensstützung.

## Trotzdem hat sich die Stadt Ortenberg dem Klimaschutz verpflichtet.

So werden in Zukunft auch weiterhin öffentliche Immobilien energetisch saniert, Ölkesselanlagen gegen regenerative Wärmeerzeuger ausgetauscht. Außergewöhnlich hohe Energieverbräuche durch das Führen eines Energiemanagements aufgedeckt und die Ursachen beseitigt, Maßnahmen zur Klimaanpassung umgesetzt. Z.B. Wasserrückhaltungsmaßnahmen, um Schäden durch Starkregenereignisse zu vermeiden, Wildpflanzen statt Monokulturen auf den Äckern zur Energiegewinnung und Vermeidung von Bodenerosionen, Maßnahmen zum Katastrophenschutz und Schutz kritischer Infrastrukturen, Minimierung von Flächenversiegelungen.

### Anmerkung

[1] Textauszüge aus der Energieberaterzeitschrift GEB Ausgabe 10 Jahr 2014, Autor Claudia Siegele.

**Pia Heidenreich-Herrmann**
Stadtverwaltung Ortenberg
Bauamt
Lauterbacher Str. 2

63683 Ortenberg
Tel.: 06046 8000 29
Fax: 06046 8000 5529
eMail: p.heidenreich@Ortenberg.net
Homepage: www.ortenberg.net

### Bild

Informationsveranstaltungen und Ausstellungen zu verschiedenen Themen des Klima- und Umweltschutzes runden die Aktivitäten der Stadt Ortenberg ab.

# Energy Efficiency in the Building Sector in Croatia

Irena Križ Šelendić | Ministry of Construction and Physical Planning

**Image 1**
Ulrich Benterbusch Project manager from German Federal Ministry of Economy and Energy and Danijel Zamboki Assistant Minister from MCPP Croatia at Kick-Off meeting on 23 May 2017 in Zagreb [© Ministry of Construction and Physical Planning, Zagreb, Croatia]

In the Republic of Croatia, the Ministry of Construction and Physical Planning (MCPP) is the most important representative in policy-making and devising of measures by which the set objectives are achieved in terms of energy savings in buildings, $CO_2$ emission reduction and the herewith connected positive effects of increased construction activities. The Ministry passes legislation, strategies and programmes, governing thereby the long-term integral renovation of the overall building stock: family houses, multi-apartment buildings, commercial non-residential buildings and public sector buildings.

In its capacity of competent institution, MCPP participated under the EU IPA 2012 Twinning light project "Strengthening capacities for energy efficiency in building sector in Croatia" (CRO nZEB), an instrument of institutional cooperation between the public administration of the Republic of Croatia as the beneficiary state, and institutions of the Federal Republic of Germany as Member State. In particular, the Hessian Ministry of Finance was also involved. The aim of the project under the pre-accession assistance for EU candidate countries was providing assistance to the Republic of Croatia and transfer of expertise in the application and implementation of the *acquis*.

Twinning partners were the Federal Ministry of Economy and Energy of the Federal Republic of Germany - BMWi (project manager from the service providing state: Ulrich Benterbusch) and the Ministry of Construction and Physical Planning of the Republic of Croatia (project manager from the beneficiary state: Irena Križ Šelendić), with the Ministry of Construction and Physical Planning and APN (Agency for Transactions and Mediation in Immovable Properties). being the main beneficiary institutions.

The overall objective of this Twinning light project has been to support the Republic of Croatia in achieving the goals of the Europe 2020 Strategy, more specifically: reduction of greenhouse gas emissions by 20%, increase of energy efficiency and energy from renewable sources by 20% as compared to 1990. Furthermore, the purpose of the project has been to strengthen capacities for energy efficiency in the buildings sector in the Republic of Croatia and to lay the foundations for increasing the number of nearly zero-energy buildings (nZEB).

The project encompassed three main components: COMPONENT A with activities regarding Updating of key policy recommendations, COMPONENT B which included Recommendations for updating the nZEB Plan and an indicative roadmap for implementing the NZEB Plan in Croatia, and finally COMPONENT C with activities regarding strengthening capacities of MCPP, the APN and other stakeholders at the national level.

### The project lasted from May to December 2017.

The KICK-OFF meeting was held on 23 May 2017 in the hall of the Croatian Academy of Sciences and Arts in Zagreb, and attended by high representatives of the states participating in this project and by relevant representatives of public institutions, regional energy agencies, representatives of citizens and the media.

On 24 May 2017, a roundtable was held on defining key obstacles to nZEB Plan implementation. The roundtable was attended by 30 stakeholders, representatives of faculties, state and public institutions, as well as by various experts from the field of energy efficient construction. The roundtable was aimed at drawing, in communication between MCPP and other stakeholders and experts from the field of economy and science, a common conclusion, and at identifying a plan which would result in the fulfilment of objectives of the nZEB standard.

The roundtable was opened by Mr Hans-Ulrich Hartwig from the Hessian Ministry of Finance, on behalf of the Federal Ministry for Economic Affairs and Energy of the Republic of Germany. Professor Ljubomir Miščević from the Faculty of Architecture in Zagreb represented the host insti-

**Image 2**
Steering Committee meeting on July 5th 2017 at MCPP Zagreb [© Ministry of Construction and Physical Planning, Zagreb, Croatia]

**Image 3**
The Croation delegation at German Federal Ministry of Economy and Energy [© Ministry of Construction and Physical Planning, Zagreb, Croatia]

tution in which the roundtable was held, and the meeting was moderated by Snježana Turalija, Executive Director of Croatia Green Building Council and member of WGBC Board of Directors.

The meeting was addressed by the project managers, Ulrich Benterbusch on behalf of the Member State and Irena Križ Šelendić on behalf of the beneficiary country. The purpose of the roundtable was to discuss, with a wide range of participants, further steps related to the fulfilment of goals under the nZEB standard. Through constructive dialogue among all stakeholders, examples of best practice were presented at the roundtable, current conditions and obstacles were identified, as well as possible development of nZEB construction was considered.

Presentations were held by Ms Roberta Đuroković Jagodić, Sector for Energy Efficiency in the Buildings Sector, MCPP, on the topic of nZEB in Croatia, Prof. Ljubomir Miščević, University of Zagreb, Faculty of Architecture on the topic of implementation of good practice in Croatia, and Olaf Böttcher, commissioner for energy in federal buildings, Federal Institute for Research on Building, Urban Affairs and Spatial Development (BBSR), on the topic of nZEB in Germany.

The organisation of similar roundtables and workshops was proposed, as well as the establishment of a „Croatian nZEB network", that is, „stakeholder dialogue" aimed at further promotion of this topic.

Since April 2017, experts from Germany, Lithuania and Cyprus paid on-site visits to the MCPP Sector for Energy Efficiency in the Buildings Sector, performing specific tasks and analysing Croatian documents and regulations relating to increase in the number of nearly zero-energy buildings (nZEB). During project duration we received visits of about 20 experts, namely from the Federal Ministry of Economy and Energy of the Federal Republic of Germany (BMWi), the German Federal Office for Building and Regional Planning / u sklopu kojeg je Federal Institute for Research on Building, Urban Affairs and Spatial Development, the German Energy Agency, the Hessian Ministry of Finance, the Ministry of Energy of the Republic of Cyprus, Kaunas University of Technology of the Republic of Lithuania.

In August 2017, seven experts from Germany, Lithuania and Cyprus were on a concurrent visit to the Sector for Energy Efficiency in the Buil-

**Image 4**
Croatian Delegation at the University Fulda from left to right: N.N., N.N., N.N., Marijana Butković Golub, Roberta Đuroković Jagodić, Guido Brennert, Irena Križ Šelendić, Karmen Domitrović Matasić, Karoline Proell, giz, N.N [© Ministry of Construction and Physical Planning, Zagreb, Croatia]

**Image 5**
Croation Delegation in Wiesbaden, from left to right: Wolfgang Hasper (Passive House Institute Darmstadt), Karmen Domitrović Matasić, Irena Križ Šelendić, Marijana Butković Golub, Roberta Đuroković Jagodić, Hans-Ulrich Hartwig [© Ministry of Construction and Physical Planning, Zagreb, Croatia]

**Image 6**
Closing Conference from left to right: Irena Križ Šelendić, Predrag Štromar, Ulrich Benterbusch [© Ministry of Construction and Physical Planning, Zagreb, Croatia]

dings Sector, where they continued to work on parts of the programme determined in advance (simulation of various technical variants, comparative analyses of the nZEB plan, and devising guidelines for further implementation of the nZEB plan in the Republic of Croatia). At an initiative by Assistant Minister Maja-Marija Nahod, a joint workshop was organised for foreign and Croatian experts from the field of nZEB construction. After the working part, the guests were taken on a professionally guided sight-seeing tour of the city centre of Zagreb, which has become an increasingly famous Central European capital (European best destination in the last three Advent seasons, as voted at the European Best Destinations portal).

Furthermore, under the project, a Croatian delegation consisting of representatives of the Sector for Energy Efficiency in the Buildings Sector that were involved in the IPA Project visited the Republic of Germany.

The study visit was organised, in line with the Project guidelines, by representatives of the Republic of Germany.

The Croatian delegation visited relevant German institutions in the field of construction, the passive house and nZEB standard of building, and energy efficiency in the buildings sector. According to the programme by German partners, an expert tour was organised of relevant buildings in the cities of Berlin, Fulda, Frankfurt, Wiesbaden and Darmstadt. Here the Hessian Ministry of Finance was involved.

In Berlin, they visited the competent ministries (Federal Ministry of Economy and Energy, Federal Ministry for Environment, Nature Conservation, Building and Nuclear Safety, where a tour of the renovated and extended buildings of the Ministry was organised), the Federal Institute for Research on Building, Urban Affairs and Spatial Development , which organised an expert tour of the Efficiency House Plus with support for electric mobility. Also the first climate-neutral building of public authorities was visited (a building using energy from renewable sources, e.g., solar panels, groundwater, covering in this way its annual energy demand in full since 2013, when the building was built).

In the Federal Land Hessen, a visit to the University in Fulda was organised, with its building complying with the nZEB energy standard.

In Frankfurt, a visit to a multi apartment building with 78 apartments was organised, which was built according to the passive house standard and with its own energy generation for electric car fuelling located on the ground floor, which is used for car sharing.

In Wiesbaden, the capital of Hessen, the building extension of the Ministry of Finance was presented, also built according to the passive house standard, and representatives of the Passive House Institute organised a visit to a row family house, also built according to the passive house standard.

The project closing ceremony was held on 22 September 2017 at the premises of the European Commission Representation in the Republic of Croatia.

Republic of Croatia
MINISTRY OF CONSTRUCTION AND PHYSICAL PLANNING

**Irena Criž Šelendić, M.C.E**
Head of Sector for energy efficiency in buildings
Directorate for construction and energy efficiency
in the building sector
Ministry of Construction and Physical Planning
Republike Austrije 20
10 000 Zagreb, CROATIA

Phone: 00385 1 3782 184
Cell: 00385 91 2877 251
e-mail: irena.kriz.selendic@mgipu.hr

# Energieeffizienz im kroatischen Bausektor

Irena Criž Šelendić | Ministerium für Bauwesen und Raumplanung

Das Ministerium für Bauwesen und Regionalplanung (MCPP) zählt in Kroatien zu den wichtigsten Vertretern wenn es um die Entwicklung politischer Strategien und Maßnahmen geht, mit denen Energieeinsparungen im Gebäudesektor, eine Reduzierung von $CO_2$-Emissionen ebenso wie damit einhergehende positive Effekte im Zuge einer erhöhten Bautätigkeit erreicht werden sollen. Langfristig strebt das kroatische Bauministerium durch gesetzliche Vorschriften, Strategien und Programme eine vollständige Sanierung des allgemeinen kroatischen Gebäudebestands - darunter Einfamilienhäuser, Mehrfamilienhäuser sowie gewerblich und öffentlich genutzte Nichtwohngebäude - an.

Als zuständige Behörde nahm das kroatische Bauministerium im Rahmen des EU Programmes IPA 2012 an einem Partnerschaftsprojekt zur Stärkung der Kapazitäten für energieeffizientes Bauen in Kroatien (CRO nZEB) teil. Dieses sog. Twinning Light Projekt fand im Rahmen der behördlichen Zusammenarbeit zwischen der Verwaltung der Republik Kroatien als Empfängerstaat und Behörden der Bundesrepublik Deutschland als Mitgliedsstaat statt. Beteiligt war insbesondere das Hessische Ministerium der Finanzen. Ziel des Projekts bestand zum einen in der Unterstützung Kroatiens im Rahmen der Heranführungshilfe **für EU-Beitrittskandidaten sowie zum anderen aus einem Wissens- und Know-how-Transfer betreffend die Anwendung und Implementierung des gültigen** EU-Rechts.

Behördenpartner des Projekts waren das Bundesministerium für Wirtschaft und Energie (BMWi) (Projektleiter: Ulrich Benterbusch) und des kroatische Ministerium für Bauwesen und physikalische Planung (Projektleiterin: Irena Criž **Šelendić**). Die zentralen Empfängerinstitutionen waren hierbei das Ministerium für Bauwesen und physikalische Planung (MCPP) und die Immobilienagentur der kroatischen Regierung (APN).

Die übergeordnete Zielsetzung dieses Partnerschaftsprojekts war es, die Republik Kroatien in der Erreichung der Ziele der „Strategie Europa 2020" der EU-Kommission zu erreichen, d. h. 20 % weniger Treibhausgasemissionen, Erhöhung der Energieeffizienz um 20 % und 20 % Energie aus erneuerbaren Quellen, jeweils verglichen mit 1990. Darüber hinaus besteht die Zielsetzung darin, die Kapazitäten für energieeffizientes Bauen in Kroatien zu stärken und eine Basis für den Bau von Niedrigstenergiegebäuden (nZEB) zu schaffen.

Das Projekt setzt sich aus drei wesentlichen Komponenten zusammen: Zur Komponente 1 zählen Aktivitäten im Zusammenhang mit der Aktualisierung von Politikempfehlungen. Komponente 2 beinhaltet Empfehlungen für eine Aktualisierung des nZEB-Plans und einen vorläufigen Fahrplan für dessen Umsetzung in Kroatien. Die dritte Komponente umfasst Aktivitäten zur Stärkung der Kapazitäten des kroatischen Bauministeriums (MCPP), der Immobilienagentur der kroatischen Regierung (APN) und anderen Stakeholdern auf der nationalen Ebene. Die Projektlaufzeit dauerte vom Mai bis Dezember 2017.

Die Kick-off-Veranstaltung fand am 23. Mai 2017 in der Kroatischen Akademie der Wissenschaften und Künste in Zagreb statt. Anwesend waren hochrangige Vertreter der am Projekt beteiligten Staaten, relevante Vertreter öffentlicher Institutionen, regionaler Energieagenturen sowie Vertreter aus der Bevölkerung und der Medien.

Am 24. Mai 2017 fand ein Roundtable-Gespräch statt, in dem die zentralen Schwierigkeiten zur Implementierung des nZEB-Plans herausgearbeitet werden sollten. Anwesend waren neben 30 Akteuren, Vertretern wissenschaftlicher Fakultäten, staatlicher und öffentlicher Institutionen auch mehrere Experten aus dem Bereich energieeffizientes Bauen. Ziel des Roundtables war es, in Abstimmung zwischen dem kroatischen Ministerium für Bauwesen und Regionalplanung und weiterer Akteure sowie Experten aus Wirtschaft und Wissenschaft, zu einem gemeinsamen Ergebnis zu kommen sowie die Planung zur Erfüllung der Vorgaben des nZEB -Standards.

Hans-Ulrich Hartwig eröffnete die Sitzung im Auftrag des Bundesministerium für Wirtschaft und Energie (BMWi). Professor Ljubomir Miščević von der Universität Zagreb vertrat die gastgebende Institution, in der das Treffen stattfand, und die Moderation übernahm Snježana Turalija, Executive Director Green Building Council von Kroatien (CGBC) und Vorstandsmitglied der Dachorganisation World Green Building Council (WGBC).

Es referierten die Projektleiter Ulrich Benterbusch für die Bundesrepublik und Irena Križ Šelendić für Kroatien. Ziel des Roundtables war es, weitere Schritte auf dem Weg zur Erfüllung von Zielen nach dem nZEB-Standard vor einem breiten Teilnehmerkreis zu erörtern. Hier wurden im Rahmen eines konstruktiven Diskurses mit allen Beteiligten *Best Practice* Beispiele vorgestellt, die aktuelle Situation und Schwierigkeiten aufgezeigt, ebenso wie die mögliche Entwicklung im Bausektor nach dem nZEB-Standard erörtert.

Es folgten Vorträge von Roberta Đuroković Jagodić, Referat für Energieeffizienz im Gebäudesektor im kroatischen Bauministerium zum nZEB-Standard in Kroatien und von Olaf Böttcher, dem Energiebeauftragten für Bundesbaumaßnahmen im Bundesinstitut für Bau-, Stadt- und Raumforschung (BBSR) zum nZEB-Standard in Deutschland. Professor Ljubomir Miščević von der Fakultät für Architektur der Universität Zagreb referierte über die Implementierung von *Good Practice* in Kroatien.

Um dieses Thema weiter zu befördern wurde die Organisation ähnlicher Roundtable-Gespräche und Workshops, ebenso wie die Einrichtung eines „kroatischen nZEB Netzwerks" – im Sinne eines „Dialogs mit den Stakeholdern" – vorgeschlagen.

Ab April 2017 besuchten Fachleute aus Deutschland, Litauen und Zypern das Referat für Energieeffizienz im Gebäudesektor im kroatischen Bauministerium. Dabei wurden im Hinblick auf eine Erhöhung der Zahl der Niedrigstenergiegebäude (nZEB) in Kroatien spezifische Aufgaben erfüllt sowie entsprechende Dokumente und Vorschriften analysiert.

Im Laufe der Projektdauer reisten ca. 20 Experten nach Kroatien, großteils aus dem Bundesministerium für Wirtschaft und Energie

(BMWi), dem Bundesamt für Bauwesen und Raumordnung (BBR), dem Bundesinstitut für Bau-, Stadt- und Raumforschung (BBSR), der Deutschen Energie-Agentur, dem Hessischen Ministerium der Finanzen, des Energieministeriums der Republik Zypern sowie der Technischen Universität Kaunas in Litauen.

Im August 2017 besuchten sieben Fachleute aus Deutschland, Litauen und Zypern gleichzeitig das Referat für Energieeffizienz im Gebäudesektor. Gemeinsam setzten sie die Arbeit an Teilen des zuvor vereinbarten Programms fort: Simulation von verschiedenen technischen Möglichkeiten, Vergleichsanalyse des kroatischen nZEB-Plans, Vorschläge zur Erstellung eines vorläufigen Fahrplans für die Implementierung des nZEB-Plans in Kroatien. Auf Initiative von Maja-Marija Nahod, *Assistant Minister* im kroatischen Bauministerium, fand ein gemeinsamer Workshop für ausländische und kroatische Experten zum Bauen nach nZEB-Standard statt. Nach dem offiziellen Teil erkundeten die Gäste die Altstadt von Zagreb mit einem Stadtführer, um sich von der wachsenden touristischen Qualität dieser mitteleuropäischen Hauptstadt zu überzeugen. So wurde beispielsweise der Weihnachtsmarkt in Zagreb vom Onlineportal „*European Best Destinations*" zum dritten Mal in Folge zum besten Weihnachtsmarkt Europas gekürt.

Anfang September begab sich dann eine kroatische Delegation aus am Partnerschaftsprojekt beteiligten Vertreterinnen des Referats für Energieeffizienz im Gebäudesektor auf Studienreise nach Deutschland, die gemäß den Projektrichtlinien von den deutschen Vertretern organisiert worden war.

Die Delegation aus Kroatien besuchte relevante deutsche Institutionen bzw. Behörden im Bereich Bau, Passivhausstandard, nZEB-Standard und Energieeffizienz von Gebäuden. Die deutschen Partner organisierten zudem ein Fachbesichtigungsprogramm zu relevanten Gebäuden in Berlin, Fulda, Frankfurt, Wiesbaden und Darmstadt.

In Berlin besuchte die Gruppe die beteiligten Bundesministerien - das Bundesministerium für Wirtschaft und Energie (BMWi) und das Bundesministerium für Umwelt, Naturschutz, Bau und Reaktorsicherheit (BMUB), dort wurde auch das sanierte und erweiterte Ministeriumsgebäude besichtigt. Das Bundesinstitut für Bau-, Stadt- und Raumforschung (BBSR) organisierte eine Besichtigung des "Effizienzhaus Plus mit Elektromobilität". Außerdem besuchten die Expertinnen das erste klimaneutrale öffentliche Gebäude einer Behörde. Dieses nutzt Energie aus erneuerbaren Quellen, z. B. Solarzellen, Grundwasser, und deckt so seinen kompletten jährlichen Energiebedarf seit dem Jahr der Fertigstellung (2013).

In Hessen besichtigte die Gruppe an der Hochschule Fulda ein Gebäude mit einem nahezu ähnlichen Energiestandard wie nZEB.

In Frankfurt stand für die Delegation eine Besichtigung des "Aktiv-Stadthauses" auf dem Programm: ein Geschosswohnungsgebäude mit 78 Mietwohneinheiten, das im Passivhaus-Standard errichtet wurde und das sogar Energie erzeugt für (die im Carsharing nutzbaren) Elektroautos im Erdgeschoss.

In der Landeshauptstadt Wiesbaden folgte eine Präsentation und Besichtigung des Erweiterungsgebäudes des Hessischen Ministeriums der Finanzen, das ebenfalls im Passivhaus-Standard errichtet wurde. Das Passivhaus Institut Darmstadt lud die Teilnehmerinnen zu einer Besichtigung eines Reiheneinfamilienhauses/Wohnkomplexes im Passivhaus-Standard ein.

Die Abschlussveranstaltung des Projekts fand am 22. September 2017 in der Vertretung der Europäischen Kommission in Zagreb statt.

Zu den Rednern zählten Predrag Štromar, der kroatische Vizepremier und Bauminister, Maja-Marija Nahod, *Assistant Minister* für Bau und Physische Planung im kroatischen Bauministerium und Andreas Oliver Krauß, Leiter des Wirtschaftsreferats der Deutschen Botschaft in Zagreb.

# Teil 3

# Klimaneutralitätsaktivitäten der Netzwerkpartner/innen $CO_2$-neutrale Landesverwaltung

# Das „Lernnetzwerk" – ein Team aus starken Partnern

Hans-Ulrich Hartwig | Hessisches Ministerium der Finanzen

## Das „Lernnetzwerk" – ein Team aus starken Partnern

Das Ziel „Klimaneutrale Landesverwaltung Hessen" fokussiert zunächst vom Verantwortungsbereich her auf die Landesverwaltung Hessen. Viele Aktivitäten sind im Kontext Landesverwaltung seit dem Beginn des Projekts vor jetzt fast zehn Jahren initiiert worden. Inzwischen ist das Projekt zu einer dauerhaften Aufgabe geworden.

Die Verantwortlichen hatten aber von Anfang an auch die Zielsetzung, Partner, insbesondere aus der Wirtschaft, aber auch aus der Zivilgesellschaft in die Aktivitäten mit einzubeziehen. Vom Potential her sind die Möglichkeiten der $CO_2$-Einsparung und der Ausschöpfung der Idee der Neutralität natürlich in diesem Umfeld um mehrere Größenordnungen höher als das, was im Bereich der Landesverwaltung möglich ist.

Wir wussten zunächst nicht, wie gut die Resonanz sein würde und waren dann erfreut zu sehen, dass viele Partner bereit waren, sich als Mitglieder im Lernnetzwerk im besonderen Maße für Nachhaltigkeit und Klimaschutz zu engagieren. Die meisten von ihnen sind schon aktiv, wobei die Zielsetzung insbesondere die wirtschaftliche Entwicklung und die Lebensqualität der Bevölkerung in unserem Land sind.

Das Lernnetzwerk ist eine Plattform zur Förderung des konstruktiven Austauschs zu Strategien und Technologien für Klimaschutz und $CO_2$-Neutralität geworden. Es spricht diejenigen an, die in der Landesverwaltung für den Klimaschutz aktiv sind, sowie interessierte Akteure aus Kommunen, Wirtschaft, Wissenschaft und Politik.

Zum einen positioniert sich die Landesverwaltung Hessen damit als Leuchtturm und Vorbild in der interessierten Öffentlichkeit. Zum anderen trägt es dazu bei, beispielsweise die Energiebeauftragten und weitere Mitarbeiterinnen und Mitarbeiter der Landesverwaltung für die Gestaltung einer $CO_2$-neutralen Landesverwaltung bis 2030 zu motivieren.

Die Mitglieder treffen sich zweimal jährlich zu einem Informationsaustausch. Dabei werden in wechselnden Veranstaltungsformaten technische und organisatorische Lösungen sowie Innovationen aus energie- und klimaschutzrelevanten Themenbereichen behandelt und Best-Practice-Beispiele vorgestellt und diskutiert. Das Lernnetzwerk trägt damit zum Kompetenzaufbau der Beteiligten bei und wird zum Erfahrungsaustausch genutzt.

Zur Verbreitung von Wissen dient auch das seit 2016 erscheinende elektronische Magazin, **KLIMA***ZIN*, das gemeinsam mit den Netzpartnerinnen und -partnern gestaltet wird. Ein weiteres Format der Wissensvermittlung erfolgt in Form von Case Studies.

Das Lernnetzwerk ist als offene Kooperation angelegt. Interessierte Unternehmen und Institutionen können dem Lernnetzwerk mit der Unterzeichnung einer Netzwerk-Charta beitreten. Heute umfasst das Netzwerk 68 Mitglieder. Die Mitglieder erklären sich bereit, gemeinsam mit der Landesregierung den Klimaschutz zu stärken und mit der Unterzeichnung der Charta eine Vereinbarung zu schließen zur:

**Bild 1**
Netzwerktreffen am 16. November 2017 im HMdF [Foto: © HMdF]

Das „Lernnetzwerk" – ein Team aus starken Partnern

**Bild 2**
Erweiterung des Lernnetzwerks durch neue Mitglieder: Namen von links nach rechts: 1. Reihe: Fr. Helmke, Fr. Tax, Fr. Scarpellini, Fr. Wiese; 2. Reihe: Hr. Hafner, Hr. Damm, Hr. St. Worms [Foto: © S. Stroh, HMdF]

- Mitwirkung und Weiterentwicklung eines Netzwerks zur Bündelung von Kompetenzen bezüglich Nachhaltigkeit, insbesondere im Bereich Klimaschutz.

- Beteiligung an einer Kommunikationsplattform zu Strategien und dem Einsatz neuer Technologien und Instrumente im Bereich $CO_2$-Neutralität.

  - Bereitstellung von Informationen über Aktivitäten im Bereich $CO_2$-Neutralität, insbesondere für die Mitarbeiterinnen und Mitarbeiter der Landesverwaltung Hessen durch Informationsveranstaltungen und/oder Ortsbegehungen

- Mitwirkung bei der Entwicklung neuer Aktivitäten, um das gemeinsame Ziel des Lernnetzwerkes zu erreichen.

Das Lernnetzwerk hat in den letzten Jahren viele Aktivitäten entfaltet. Auf Workshops wurden die Teilnehmenden über Nachhaltigkeitsstrategien der beteiligten Unternehmen, die Realisierung konkreter Bauprojekte und Möglichkeiten zur Mitarbeitermotivation informiert. Exkursionen zu Partnerunternehmen und das Studium vorbildlicher Anlagen alternativer Energiegewinnung, der $CO_2$-neutralen Produktion und auch der Logistik wurden wahrgenommen.

Mitglieder des Lernnetzwerks haben die Energiesparwettbewerbe „Energie Cup Hessen" begleitet und unterstützt. Für viele hessische Beschäftigte war die Teilnahme am „Energie Cup Hessen" die erste intensive Auseinandersetzung mit Fragen über Energie- und Wassereinsparung. Um deren Motivation zu fördern und einen fachlichen Austausch zu ermöglichen, fanden für die Energieteams regelmäßig Veranstaltungen mit verschiedenen Themenschwerpunkten bei den Netzwerkpartnern statt.

Workshops informierten die Teilnehmenden beispielsweise über Nachhaltigkeitsstrategien der unterschiedlichen Unternehmen, die Realisierung konkreter Bauprojekte und Möglichkeiten zur Mitarbeitermotivation. Auf zahlreichen Exkursionen konnten vorbildhafte Anlagen der alternativen Energiegewinnung, der $CO_2$-neutralen Produktion und Einsatzmöglichkeiten der Elektromobilität erlebt werden. Die Beschäftigten erhielten dabei die Möglichkeit, in den Austausch mit externen Fachleuten zu treten und neue Perspektiven auf das Thema $CO_2$-Neutralität zu gewinnen.

Auch über das Ende der Energiesparwettbewerbe hinaus sind die Mitglieder des Lernnetzwerkes aktiv geblieben. Sie entwickeln Kompetenzen bezüglich Nachhaltigkeit und Klimaschutz und unterstützen so das Land Hessen in seinem Bemühen bis 2030 eine klimaneutral arbeitende Verwaltung zu erreichen.

# Das Lernnetzwerk

## Ein starkes Bündnis für den Klimaschutz

HESSEN
Lernen und Handeln für unsere Zukunft

..................................................................................................
Unternehmen/Institution/Kommune

## Präambel

Der Klimawandel ist eine große Herausforderung der Gegenwart. Im Rahmen der Nachhaltigkeitsstrategie Hessen wollen wir aktiv werden, um die Lebens- und Wirtschaftsgrundlagen, sowie die Lebensqualität nachhaltig zu sichern.
Das Land Hessen hat sich zum Ziel gesetzt, Potentiale zur Energieeinsparung und zur Steigerung der Energieeffizienz auszuschöpfen und die Nutzung erneuerbarer Energien voranzubringen, um die Emissionen von Treibhausgasen insgesamt zu reduzieren.

## Charta

Als Unterzeichner/in dieser Charta erklären wir uns bereit, dieses Ziel zu unterstützen und uns aktiv für den Klimaschutz einzusetzen. Als Mitglieder des Lernnetzwerks „$CO_2$-neutrale Landesverwaltung" unterstützen wir den konstruktiven Austausch zu Strategien und Einsatz von Technologien auf dem Weg zur $CO_2$-Neutralität. Als Partner der Hessischen Landesverwaltung werden wir das Lernnetzwerk durch aktives Engagement unterstützen, insbesondere durch:

- Mitwirkung und Weiterentwicklung eines Netzwerks zur Bündelung von Kompetenzen bezüglich Nachhaltigkeit, insbesondere im Bereich Klimaschutz.
- Beteiligung an einer Kommunikationsplattform zu Strategien und dem Einsatz neuer Technologien und Instrumente im Bereich $CO_2$-Neutralität.
    1. Bereitstellung von Informationen über Aktivitäten im Bereich $CO_2$-Neutralität insbesondere für die Mitarbeiter/innen der Landesverwaltung Hessen durch Informationsveranstaltungen und/oder Ortsbegehungen.
- Mitwirkung bei der Entwicklung neuer Aktivitäten, um das gemeinsame Ziel des Lernnetzwerks zu erreichen.

Unsere Rolle als Partner/in der Hessischen Landesverwaltung im Rahmen der Nachhaltigkeitsstrategie können wir aktiv bei unserer Kommunikation im Bereich Nachhaltigkeit nutzen. Hierbei werden wir den engen Kontakt zum Hessischen Ministerium der Finanzen suchen.

Wir bleiben solange Mitglied des Lernnetzwerks, wie wir unserer Selbstverpflichtung nachkommen.

..................................................                    ..................................................
Ort, Datum                                                             Vertretung Unternehmen/Institution/Kommune

..................................................                    ..................................................
Ort, Datum                                                             Dr. Thomas Schäfer, Hessischer Minister der Finanzen

Das „Lernnetzwerk" – ein Team aus starken Partnern

## Die Partner im Lernnetzwerk

Architektenkammer Hessen, Wiesbaden

B. & S. U. Beratungs- und Service-Gesellschaft Umwelt mbH, Berlin

BASE & PEAK, Hofheim/Taunus

Biodiversität und Klima Forschungszentrum, Frankfurt am Main

BNP Paribas, Frankfurt am Main

Bosch Rexroth AG, Lohr am Main

BRITA GmbH, Taunusstein

Bürger AG für nachhaltiges Wirtschaften FrankfurtRheinMain, Frankfurt

Carus GmbH & Co. KG, Marburg

cdw-Stiftungsverbund gGmbH, Kassel

Clear Light GmbH, Groß-Bieberau

Deutsche Amphibolin-Werke von Robert Murjahn Stiftung & Co. KG, Ober-Ramstadt

Deutsche Bahn AG, Berlin

Deutsche Bank AG, Frankfurt am Main

Deutsche Post DHL Group, Frankfurt am Main

Deutsche Umwelthilfe e.V., Berlin

Energieversorgung Offenbach AG, Offenbach

ENTEGA AG, Darmstadt

ESWE Versorgungs AG, Wiesbaden

European Business School, Wiesbaden

First Climate Markets AG, Bad Vilbel

Forest Carbon Group AG, Darmstadt

Forschungsinstitut für anwendungsorientierte Wissensverarbeitung/n (FAW/n), Ulm

Forum für Verantwortung, Stiftung, Nonnweiler

Fraport AG, Frankfurt am Main

Hessen Agentur GmbH, Wiesbaden

Hessischer Handwerkstag, Wiesbaden

HIS-Institut für Hochschulentwicklung e. V., Hannover

Hochschule Fulda, Fulda

House of Energy – (HoE) e.V., Kassel

Das „Lernnetzwerk" – ein Team aus starken Partnern

House of clean energy, Flörsheim-Wicker

IKEA Deutschland, Hofheim-Wallau

Infraserv GmbH & Co. Höchst KG, Frankfurt am Main

Ingenieurkammer Hessen
Ingenieur-Akademie Hessen GmbH, Wiesbaden

Institut Wohnen und Umwelt, Darmstadt

JEAN MÜLLER GmbH
Elektrotechnische Fabrik, Eltville am Rhein

Jugendherberge Marburg, Marburg/Lahn

Justus-Liebig-Universität Gießen, Gießen

Kilb Entsorgung GmbH, Kelkheim (Taunus)

Klimahaus-Bremerhaven, Bremerhaven

Landessportbund Hessen e.V., Frankfurt am Main

Mainova AG, Frankfurt am Main

MMD Automobile GmbH, Rüsselsheim

Naturefund e.V., Wiesbaden

Passivhaus Institut, Darmstadt

Philipps-Universität Marburg, Marburg

Piepenbrock Unternehmensgruppe GmbH + Co. KG, Osnabrück

Pricewaterhouse Copers AG, Frankfurt am Main

Provadis Hochschule, Frankfurt am Main

Regionalrat der Region Dnipropetrovsk
Regional Council Dnipropetrovsk, Dnipropetrovsk (Ukraine)

Rhein-Main Deponie GmbH, Flörsheim-Wicker

right.based on science UG, Frankfurt am Main

SAP Deutschland AG & Co. KG, Walldorf

Siemens AG, Frankfurt am Main

SMA Solar Technology AG, Niestetal

Springer Vieweg | Springer Fachmedien Wiesbaden GmbH, Wiesbaden

Stadt Frankfurt, Frankfurt am Main

Stadt Rüsselsheim, Rüsselsheim

Stadt Wiesbaden (Landeshauptstadt), Wiesbaden

Das „Lernnetzwerk" – ein Team aus starken Partnern

Städtische Werke Kassel AG, Kassel

Team für Technik GmbH, Karlsruhe

Technische Hochschule Mittelhesssen, Gießen

TÜV Technische Überwachung Hessen GmbH, Darmstadt

TU Darmstadt Energy Center, Darmstadt

Universität Kassel, Kassel

Unternehmensgruppe Nassauische Heimstätte/ Wohnstadt, Frankfurt am Main

Viessmann Werke GmbH & Co. KG, Allendorf (Eder)

# Bahnfahren ist Klimaschutz

Jens Langer | Deutsche Bahn AG | DB Umwelt
Karina Kaestner | DB Vertrieb GmbH

Seit einigen Jahren genießt das Thema Umwelt- und Klimaschutz einen hohen Stellenwert: Unternehmen, deren Strategie neue Umweltgrundsätze festschreibt, Parteien, in deren Wahlprogrammen der Raum für umweltfreundliche Lösungen zunehmend wächst und ein Trend in der Bevölkerung hin zu fair gehandelten und nachhaltig produzierten Produkten. Was wie ein Einstieg in das $CO_2$-freie Zeitalter scheint, ist für die Deutsche Bahn längst eine Selbstverständlichkeit. Denn: Klima- und Umweltschutz sind Teil der DNA bei der DB. Und das schon seit über 100 Jahren. Damals fuhr der erste Zug mit Strom aus einem Wasserkraftwerk. Heute bringt der komplette Fernverkehr der Deutschen Bahn seine rund 140 Millionen Reisenden mit 100 Prozent Ökostrom zum Ziel.

Das ist grün – und dabei längst noch nicht alles. Seit Jahren macht sich die DB für einen nachhaltigen Naturschutz stark und sorgt mit innovativen Maßnahmen für weniger Lärm im Schienenverkehr. Keine Frage: Die Deutsche Bahn versteht Umweltschutz als eine 360-Grad-Aufgabe. Deshalb ist sie vor allem im Klima- und Lärmschutz, aber auch bei Fragen rund um den Erhalt des Artenschutzes, seit Jahren aktiv.

## $CO_2$-Ausstoß bis 2030 mehr als halbieren

Auch deswegen steht fest: Der Schienenverkehr ist ein entscheidender Teil der Lösung für mehr Klimaschutz. Kein anderes Verkehrsmittel fährt umweltfreundlicher und energieeffizienter. Der Kampf gegen den Klimawandel kann nur erfolgreich sein, wenn sowohl mehr Menschen mit der Bahn fahren als auch mehr Güter mit ihr transportiert werden. So können Treibhausgase im Straßen- und Luftverkehr effektiv eingespart werden.

Bis 2030 will die DB den spezifischen $CO_2$-Ausstoß gegenüber 2006 mehr als halbieren. Bis zum Jahr 2050 will der Konzern weltweit komplett $CO_2$-frei sein, so das erklärte Klimaschutzziel. Dafür hebt die Bahn den Anteil der erneuerbaren Energien am deutschen DB-Bahnstrommix bis 2030 auf 70 Prozent an. Im Jahr 2017 waren es bereits 44 Prozent. Die Deutsche Bahn gilt damit mit Abstand als das klimafreundlichste Mobilitätsunternehmen – nicht nur in Deutschland.

## Zehn Prozent weniger Energieverbrauch

Um das Ziel zu erreichen, setzt die DB auf eine Vielzahl grüner Projekte. So wird beispielsweise der Energieverbrauch der Fahrzeuge kontinuierlich optimiert. Im Schienenverkehr werden alte Fahrzeuge gegen moderne Züge ausgetauscht. So fährt der neue ICE 4 beispielsweise energieeffizienter als seine Vorgänger.

Sämtliche modernen elektrischen Triebzüge und Lokomotiven sind außerdem mit einer Drehstromtechnik ausgerüstet, die die Bewegungsenergie des Zuges beim Bremsen in Strom umwandelt und zurück in die Oberleitung speist. Zuletzt konnten durch die Bremsenergierückspeisung knapp 1.245 Gigawattstunden Strom eingespart werden. Das ist der Jahresverbrauch von rund 380.000 Vier-Personen-Haushalten.

---

### bahn.business-Kunden erhalten Umweltbescheinigungen

Nachhaltigkeit und umweltbewusstes Handeln sind für eine wachsende Zahl von Unternehmen ein wichtiger Teil der Unternehmenskultur. Daher fahren bahn.business Geschäftskunden schon seit 2013 $CO_2$-frei in Fernverkehrszügen. Sie erhalten dazu mindestens einmal jährlich kostenfreie Umweltreports und -bilanzen, die detaillierte Auskunft darüber geben, welche Menge an Kohlendioxid ($CO_2$), Stickstoffoxid und Feinstaub während ihrer Geschäftsreisen im DB Fernverkehr eingespart wurde. Vergleichsbasis ist der Ausstoß, der auf denselben Strecken mit einem PKW verursacht worden wäre. Unternehmen können die Daten für ihren eigenen Umweltbericht und das Marketing nutzen, um sich als nachhaltig zu positionieren. Die enthaltenen Daten werden vom TÜV SÜD überprüft. Seit 2016 kompensiert die DB zusätzlich für alle Geschäftskunden die sogenannten indirekten Emissionen, die bei der Produktion des Ökostroms entstehen. Hierfür unterstützt sie gemeinsam mit der Klimaschutzorganisation „atmosfair" unter anderem Umweltprojekte in Entwicklungsländern, um einen Beitrag für die weltweite $CO_2$-Bilanz zu leisten.

Energieeffizient geht es auch beim Personal zu. Lokführer werden regelmäßig in energieeffizienter Fahrweise geschult. So lassen sich bis zu zehn Prozent Energie pro Strecke einsparen. Allein auf der Hin- und Rückfahrt von Hamburg nach München kann ein ICE-Lokführer rund 7.000 Kilowattstunden Strom einsparen – so viel wie zwei vierköpfige Familien im Jahr verbrauchen.

### 50 Prozent weniger Lärm bis 2020

Trotz effizienten Fahrens sorgen die Fahrzeuge auf den Schienen in der Regel für Lärm. Deshalb arbeitet die Deutsche Bahn regelmäßig daran, die Lautstärke der Züge zu reduzieren. Bis 2020 soll der Schienenverkehrslärm halbiert werden. Einen entscheidenden Anteil am Erfolg daran hat auch die Umrüstung der Güterwagen auf Flüsterbremsen, die dank einer speziellen Sohle das Aufrauen der Räder verhindern und somit weniger Lärm erzeugen. Ende 2017 waren bereits über 40.000 Güterwagen von DB Cargo mit Flüsterbremsen unterwegs, 2020 wird es die gesamte Flotte sein. Zudem investiert die DB gemeinsam mit dem Bund jährlich rund 100 Millionen Euro in Lärmschutzmaßnahmen an den Strecken. Bis Ende 2017 waren bereits gut 1.700 Kilometer lärmsaniert – etwa durch den Bau von Schallschutzwänden oder den Einbau von Schallschutzfenstern in Wohnungen.

### 2017: 4.600 Projekte im Artenschutz

Die Lärmsanierung am Schienennetz kommt aber nicht nur den Anwohnern zu gute. Von den Maßnahmen profitieren auch dort angesiedelte Tiere. Zwar lässt sich der Eingriff in die Natur nicht immer vermeiden. Mit Ausgleichsflächen schafft die Deutsche Bahn aber gleichzeitig neuen Lebensraum. Auch Umsiedlungen, vor allem bedrohter Tier- und Pflanzenarten, werden deshalb durchgeführt. Allein 2017 hat die DB rund 4.600 Artenschutzmaßnahmen umgesetzt und dabei bis zu 140 Millionen Euro investiert.

**Bild 1**
Über 100 grüne Projekte der Deutschen Bahn
[© DB AG/Faruk Hosseini]

**Wildpferde und Wasserbüffel in Hessen**

So helfen im hessischen Büdingen beispielsweise Wasserbüffel dabei, ein ehemaliges Militärgelände in ein Sumpfgebiet zu verwandeln. Sechs Büffel beweiden seit 2014 die Fläche, die aufgrund ihrer Feuchtigkeit ideale Lebensbedingungen für die Tiere bietet. Dabei schaffen sie wertvolle Biotopstrukturen, denn durch die Trittspuren der schweren Tiere entstehen neue Kleingewässerstrukturen, in denen sich wiederum viele – auch bedrohte – Tierarten ansiedeln. In Hanau und Babenhausen sind Wildpferde in der Landschaftspflege tätig. Sie weiden auf insgesamt 158 Hektar Fläche und helfen dort, Flächen frei zu halten, die das Zuhause vieler verschiedener Tier- und Pflanzenarten sind.

Eine weitere Fläche findet sich im Elmar Wald in Osthessen. Dort haben Bahnarbeiter bereits vor 100 Jahren an den Böschungen der Bahnstrecke zwischen Hanau und Fulda den Grundstein für den Wald gelegt. Seit circa 40 Jahren wurde dieses Waldstück seiner natürlichen Entwicklung überlassen. Mittlerweile ist der Wald ein wichtiger Lebensraum.

**Das ist grün.**

Ob Wasserbüffel, Flüsterbremse oder Ökostrom im Fernverkehr: Die Deutsche Bahn packt Ökonomie und Ökologie gemeinsam an. Nicht zuletzt deshalb zeigt die DB unter dem Motto „Das ist grün." die Vielzahl der grünen Projekte bei der Bahn. Zu finden sind die grünen Projekte übrigens auf deutschebahn.com/gruen.

So geht umweltfreundliche Zukunft. Das ist grün.

**Deutsche Bahn AG**
DB Umwelt
Potsdamer Platz 2
10785 Berlin

Tel. +49 30 297-60611
Email db-umwelt@deutschebahn.com
Web http://www.www.deutschebahn.com/gruen

# Innovation in der urbanen Logistik: Elektromobilität bei Deutsche Post DHL Group

Birgit Hensel | Deutsche Post DHL Group

Die Zeiten, in denen ökologisches Handeln in der Wirtschaft als Kostentreiber und Wachstumshemmnis betrachtet wurde, sind vorbei. Längst gelten Umwelt- und Klimaschutzbewusstsein als Wettbewerbsvorteil und Innovationsmotor – insbesondere in kraftstoff- und emissionsintensiven Wirtschaftszweigen wie der Logistik- und Transportindustrie. Dabei spielt sicherlich eine Rolle, dass mit vielen ökologisch sinnvollen Investitionen auch wirtschaftliche Effizienzsteigerungen verbunden sind. Es liegt aber auch daran, dass es technologischer Innovationen bedarf, um die Logistik nachhaltiger zu machen, sodass die Branche unweigerlich zum Vorreiter für andere Wirtschaftszweige wird. Ein Musterbeispiel dafür ist der Bereich der Elektromobilität. Deutsche Post DHL Group hat schon vor Jahren die Chancen der Elektromobilität entdeckt, insbesondere in der Zustellung, und massiv in diesen Bereich investiert. Heute betreibt das Unternehmen nicht nur eine der größten Elektrofahrzeugflotten der Branche, sondern verkauft seine selbstentwickelten und selbstgebauten StreetScooter seit Kurzem sogar an andere Unternehmen. Hinter der Umweltschutzstrategie des Unternehmens steckt ein anspruchsvolles Ziel: Bis 2050 sollen alle logistikbedingten Emissionen des eigenen Geschäfts auf null reduziert werden.

Im Bereich der nachhaltigen Logistik überschneiden sich gesellschaftliche Anforderungen, wirtschaftliche Notwendigkeiten und Kundenwünsche mittlerweile in hohem Maße: Die Folgen des von Menschen gemachten Klimawandels, die fortschreitende Urbanisierung und gleichzeitig steigende Schadstoff- und Lärmbelastung der Städte sowie der Raubbau an natürlichen Ressourcen zwingen Staaten mittelfristig zum Umdenken. Gleichzeitig motivieren hohe Umweltschutzauflagen und der Kostendruck in der Logistik Unternehmen dazu, auch ihre Umwelteffizienz auf den Prüfstand zu stellen. Und nicht zuletzt treffen Kunden ihre Kaufentscheidungen vermehrt anhand ökologischer Kriterien und erwarten von Unternehmen, dass sie eine möglichst nachhaltige und dabei in höchstem Maße transparente Lieferkette anbieten.

**Bild 1**
StreetScooter an der Ladestation [© Deutsche Post DHL Group]

In diesem Spannungsfeld haben Unternehmen die Nase vorn, die bereits umfassende Umweltschutzprogramme implementiert haben und in ökologische und effizienzsteigernde Innovationen investieren. Deutsche Post DHL Group ist als führender Anbieter von Logistikdienstleistungen ein Vorreiter in Sachen Ökologie und hat das Prinzip der Nachhaltigkeit in seiner Konzernstrategie verankert. Ein wesentliches und besonders innovatives Element des konzernweiten Umweltschutzprogramms GoGreen ist die Elektromobilität, die bereits jetzt einen erheblichen Teil der konventionellen Antriebe verdrängt hat.

### Mission 2050: Auf dem Weg in die Null-Emissionen-Logistik

Am 8. März 2017 verkündete der Vorstandsvorsitzende Dr. Frank Appel in Bonn das neue Klimaschutzziel von Deutsche Post DHL Group: Bis zum Jahr 2050 will der Konzern alle logistikbezogenen Emissionen auf null reduzieren. Eine Selbstverpflichtung dieser Größenordnung ist in der Logistikbranche bislang einmalig. Im Hinblick auf das Unter-Zwei-Grad-Ziel der Vereinten Nationen und die damit verbundene Notwendigkeit, wirksame Maßnahmen für den Klimaschutz zu ergreifen, ist der Weg von Deutsche Post DHL Group aber auch für andere Unternehmen langfristig der einzig gangbare. Entsprechend kann das Null-Emissionen-Ziel des Konzerns auch als Signal an die Industrie interpretiert werden und als Beispiel dienen, dem sich andere anschließen.

Glaubwürdigkeit gewinnt Deutsche Post DHL Group unter anderem deshalb, weil dies nicht das erste Klimaschutzziel ist, das sich das Unternehmen gesetzt hat. Schon im Jahr 2008 beschloss der Konzern, die $CO_2$-Effizienz des eigenen Geschäfts, also die Höhe der Emissionen pro Tonne Fracht, pro transportiertem Brief oder Quadratmeter Lagerfläche, bis 2020 um 30 Prozent gegenüber dem Basisjahr 2007 zu verbessern. Deutsche Post DHL Group betrachtet dabei die Umweltauswirkungen ganzheitlich, in die Betrachtung flossen daher auch die Emissionen der Transportdienstleister ein. Durch eine Vielzahl aufeinander abgestimmter Maßnahmen konnte dieses Ziel bereits im Jahr 2016, also vier Jahre vor der Zeit, erreicht werden.

Der Weg in die Null-Emissionen-Logistik führt unter anderem über vier Teilziele, die bereits bis 2025 erreicht werden sollen: Bis dahin will Deutsche Post DHL Group die eigene $CO_2$-Effizienz gegenüber dem Basisjahr 2007 um 50 Prozent verbessern und die eigene Zustellung und Abholung zu mindestens 70 Prozent mit sauberen Lösungen wie Elektrofahrzeugen abwickeln. Mehr als 50 Prozent des Umsatzes soll grüne Logistiklösungen enthalten. Außerdem sollen 80 Prozent aller Mitarbeiter zu GoGreen-Experten zertifiziert und gemeinsam mit Partnern jährlich eine Million Bäume gepflanzt werden.

### Vom Logistiker zum Automobilhersteller mit dem StreetScooter

Ein wesentlicher Schlüssel zum Erreichen der genannten Ziele ist die Elektromobilität. Insbesondere im Zustellbetrieb stellen Elektrofahrzeuge schon heute eine verlässliche, emissionsfreie und leise Alternative zu konventionellen Antrieben dar. Doch bei der Suche nach geeigneten E-Fahrzeugen zeigte sich, dass der Markt in vielen Fällen noch keine idealen Lösungen für das Geschäft von Deutsche Post DHL Group anbieten konnte, die den speziellen Anforderungen in der Zustellung gewachsen waren.

**Bild 2**
Dr. Frank Appel bei der Verkündung der Mission 2050 im März 2017
[© Deutsche Post DHL Group]

In einem Gemeinschaftsprojekt mit der StreetScooter GmbH und der Rheinisch-Westfälischen Technischen Hochschule Aachen entwickelte das Unternehmen deshalb im Jahr 2012 den ersten Prototyp des StreetScooter, eines speziell auf die Bedürfnisse des Zustellbetriebs zugeschnittenen Elektrofahrzeugs. Dabei mussten unter anderem Aspekte wie die Reichweite, die mögliche Zuladung, die Anforderungen des kontinuierlichen Start-Stopp-Verkehrs in der Zustellung sowie die Ansprüche der Zustellkräfte berücksichtigt werden. Die Kooperation zwischen Forschung, Autobau und Logistik ist in dieser Form einmalig – und auch die weitere Entwicklung selbst lief unkonventionell ab: 2014 wurden 150 Vorserienmodelle produziert und in den Zustellstützpunkten im Betrieb getestet, 2015 1.000 weitere Fahrzeuge in Betrieb genommen. Dabei wurden auch die Erfahrungen der Zusteller abgefragt und ihre Anregungen in die nächsten Verbesserungsrunden aufgenommen, sodass am Ende ein Fahrzeug stand, das unter anderem schnelles Ein- und Aussteigen und ergonomisches Be- und Entladen ermöglicht. Zudem wurden in dieser Phase die Wirtschaftlichkeit und die Umweltverträglichkeit des Fahrzeugs intensiv überprüft und grundsätzliche Fragen der Ladeinfrastruktur geklärt.

2016 begann die Serienproduktion des Fahrzeugs. Inzwischen sind allein in Deutschland mehr als 5.000 Fahrzeuge in der Paket- und Briefzustellung im Einsatz. Mit den Modellen Work L und Work XL, der in Kooperation mit Ford produziert wird, werden zudem inzwischen zwei größere Varianten des Fahrzeugs produziert, die ein erhöhtes Ladevolumen bieten.

Der StreetScooter verfügt über eine Reichweite von mindestens 80 Kilometern und je nach Modell über ein Ladevolumen von 4,3, acht (Modell Work L) oder zwanzig Kubikmetern (Modell Work XL). Im Vergleich zu konventionellen Zustellfahrzeugen spart ein StreetScooter Work jährlich drei Tonnen $CO_2$ und 1.100 Liter Diesel, der StreetScooter Work L vier Tonnen $CO_2$ und 1.500 Liter Diesel und der StreetScooter Work XL sogar ca. fünf Tonnen $CO_2$ und 1.900 Liter Diesel ein. Aufgeladen wird der StreetScooter über Nacht in der Niederlassung und zu 100 Prozent mit Ökostrom.

Seit Dezember 2014 ist die StreetScooter GmbH eine hundertprozentige Tochter von Deutsche Post DHL Group. Auch unter dem Eindruck der Dieselkrise wächst die Nachfrage nach dem Elektrofahrzeug stetig, deshalb soll die Produktionskapazität ab 2018 bis auf 20.000 Fahrzeuge pro Jahr erhöht werden. Diese stehen nicht nur den Niederlassungen des Unternehmens zur Verfügung, sondern werden auch anderen Unternehmen zum Kauf angeboten. Zu den ersten Kunden zählte 2017 Deutsche See: Das Unternehmen hat 80 StreetScooter erworben, um damit frischen Fisch auszuliefern. Dazu wurde das Fahrzeug mit Kühlkoffern ausgestattet, um die empfindliche Ware frisch zu halten. Eine Photovoltaikbeschichtung auf dem Dach trägt zur Optimierung der Energienutzung bei[1].

Das Beispiel StreetScooter ist mustergültig für ein Innovationsprojekt, bei dem Nachhaltigkeit und neue Marktchancen Hand in Hand gehen: Aus dem Bedarf nach einer grünen Zustelllösung und der Identifikation einer Marktnische entstand ein völlig neues Produkt, das die eigene Ökobilanz verbessert und zudem erfolgreich vermarktet werden kann. Mit dem Schritt des Logistikunternehmens in das produzierende Gewerbe stellt sich Deutsche Post DHL Group zudem noch breiter auf und erwirbt neues Know-how.

Dass das Konzept aufgeht, belegen die Neuzulassungszahlen für das Geschäftsjahr 2016, die das Manager Magazin unter Berufung auf Daten des Kraftfahrt-Bundesamts im Januar veröffentlicht hat: Laut dem Magazin rangiert der StreetScooter bei den neuzugelassenen Elektrofahrzeugen bereits auf Platz vier[2]. Damit hat sich Deutsche Post DHL Group innerhalb kurzer Zeit zum wichtigsten Produzenten elektrischer Nutzfahrzeuge entwickelt.

**Bild 3**
Der StreetScooter Work
[© Deutsche Post DHL Group]

### Innovation auf zwei Rädern

Die Fahrradzustellung in den Städten ist eines der Markenzeichen der Deutschen Post, der Fahrradzusteller ein Aushängeschild des Unternehmens. Die Ökobilanz des Fahrrads ist ungeschlagen, es ist komplett emissionsfrei und zudem leise. Verkehrsaufkommen und Platzangebot machen es in der Regel außerdem zum schnellsten und flexibelsten Transportmittel im innerstädtischen Raum. Dass das Fahrrad ein Klassiker ist, bedeutet jedoch nicht, dass die Fahrradzustellung kein Innovationspotenzial hätte. Für Deutsche Post DHL Group gilt das Gegenteil: Gerade weil die Zustellung auf zwei Rädern ein so wichtiges Standbein ist, investiert das Unternehmen kontinuierlich in die Weiterentwicklung von Effizienz, Sicherheit und Ergonomie der Zweiräder, darunter viele mit elektrischem Hilfsmotor. Deutschlandweit ist derzeit eine Flotte von rund 10.500 E-Bikes und dreirädrigen E-Trikes sowie 14.400 konventionellen Posträdern in der Zustellung im Einsatz.

Mit dem neuen Ziel der Null-Emissionen-Logistik rückt das Fahrrad noch stärker in den Fokus der Aufmerksamkeit. Um die Zustellung (und Abholung) zu mindestens 70 Prozent mit sauberen Zustelllösungen erledigen zu können, sind Fahrräder neben dem StreetScooter ein wichtiges Transportmittel. Seine Kernkompetenz hat das Fahrrad zwar in der Briefzustellung, doch auch Päckchen und kleine Pakete müssen in der Stadt nicht in jedem Fall mit dem Auto angeliefert werden. So hat etwa DHL Express Niederlande mit dem Parcycle ein Lastenfahrrad entwickelt, das bei der Zustellung von Dokumenten und kleineren Paketen im Expressversand zum Einsatz kommt.

Dass das Parcycle in den Niederlanden entwickelt wurde, ist alles andere als ein Zufall, treffen dort doch mehrere Faktoren aufeinander, die eine Zustellung mit dem Rad besonders vorteilhaft machen: Der Fahrradverkehr ist in wohl keinem anderen Land der Erde so akzeptiert und bedeutsam – die Niederlande sind eine Nation von Fahrradfahrern und entsprechend gut ausgebaut ist die Infrastruktur. Zudem sind die Stadtzentren mit ihren oft dicht bebauten, historischen Innenstädten für den motorisierten Verkehr schlecht zugänglich. Zugleich herrscht in den Niederlanden ein ausgeprägtes ökologisches Bewusstsein, das sich unter anderem in besonders hohen Umweltschutzstandards in der kommunalen Verkehrspolitik manifestiert.

Das Parcycle verfügt über eine abschließbare Transportbox mit einem Fassungsvermögen von 140 Litern und ist dabei dennoch für die Fahrer sicher und einfach zu lenken. Nachdem das Parcycle im Rahmen des Pilotversuchs in den Niederlanden umfangreich getestet wurde, ist es inzwischen in mehreren Städten und Ländern Europas erfolgreich im Einsatz, darunter Frankfurt am Main und Darmstadt in Deutschland sowie Frankreich, Großbritannien und Italien. Ergänzt wird das Parcycle im Stadtverkehr durch das kleinere DHL City Bike, das vor allem im Kurierdienst zum Einsatz kommt. Es verfügt über ein geringeres Ladevolumen als das Parcycle, ist dafür aber noch wendiger und leichter.

### Das Containerprinzip in der Fahrradzustellung: Cubicycle und City Hub

Ebenfalls aus den Niederlanden stammt eine weitere Innovation im Bereich der Fahrradzustellung bei DHL Express: das Lastenfahrrad Cubicycle. Im März 2017 startete DHL Express in Utrecht mit dem Cubicycle ein Pilotprojekt für die umweltfreundliche Expresszustellung. Parallel lief das Pilotprojekt in Frankfurt am Main an, einer Stadt, die aufgrund ihrer baulichen und verkehrlichen Situation sowie einer hohen Nachfrage nach Kurierdienstleistungen ebenfalls besonders für den Fahrradeinsatz geeignet ist.

**Bild 4**
Der StreetScooter Work XL [© Deutsche Post DHL Group]

**Bild 5**
Das DHL CubiCycle
[© Deutsche Post DHL Group]

**Bild 6**
Klimafreundliche Zustellung: die Elektroflotte von Deutsche Post DHL Group [© Deutsche Post DHL Group]

Das Cubicycle ist ein Quadracycle, verfügt also über vier Räder. Es ist mit einem abnehmbaren und sicher verschließbaren Container ausgestattet, der ein Ladevolumen von einem Kubikmeter bietet. Bis zu 150 Kilogramm Sendungen kann ein Container aufnehmen. Trotz seiner vier Räder ist das Liegerad mit einem Wendekreis von unter sechs Metern sehr gut manövrierbar. Auch zum Verkehrshindernis wird es nicht: Das Cubicycle ist inklusive Container gerade einmal 1,56 Meter hoch und 86 Zentimeter breit, sodass es anderen Radfahrern nicht die Sicht nimmt und Straßen und Radwege problemlos befahren kann. Das Cubicycle hat einen elektrischen Hilfsantrieb, der zusammen mit dem aerodynamischen Design für hohe Geschwindigkeiten und gute Beschleunigungswerte sorgt – und mit Scheibenbremsen an allen vier Rädern kommt das Rad rasch zum Stillstand. Wie die StreetScooter wird das Cubicycle mit grünem Strom aufgeladen, sodass es über eine erstklassige Ökobilanz verfügt.

Die größte Innovation des Lastenfahrrads ist, dass damit das in der Logistik sonst nur im Mittel- und Langstreckentransport übliche Containerprinzip erstmalig auf die innerstädtische Fahrradzustellung übertragen wird. Das Cubicycle wird dazu in der Regel in Verbindung mit dem City Hub eingesetzt, einem Anhänger, auf dem bis zu vier Container auf einmal in den jeweiligen Zustellbezirk transportiert werden können. Dort abgestellt, fungiert der Anhänger anschließend als Mikro-Hub für den Cubicycle-Zusteller, der damit schnell und einfach volle Container auf- und leere abladen kann.

Durch den einfachen Austausch steigt die Effizienz in der Zustellung erheblich. Die Container lassen sich durch ihre Größe einer Europalette leicht in Transportsysteme einbinden, außerdem wird bei der Lkw-Verladung der Platz optimal genutzt.

## Fazit

Die Zukunft der Elektromobilität in der Zustellung sieht für Deutsche Post DHL Group rosig aus: Mit dem StreetScooter dominiert das Unternehmen schon kurz nach dem Start den Markt der Elektrotransporter und muss seine Produktionskapazitäten sogar erneut erhöhen, um der Nachfrage gerecht zu werden. Mit Parcycle und Cubicycle werden derzeit nach dem erfolgreichen Abschluss der Pilotversuche innovative Lastenfahrräder in mehreren europäischen Städten eingeführt. Zugleich wird in die nötige Infrastruktur investiert, von Ladestationen bis hin zu City Hubs für das Cubicycle. So trägt Deutsche Post DHL Group spürbar zu weniger Emissionen und damit zu einer besseren Luftqualität und weniger Lärm in den Städten bei. Doch die langfristige Vision ist noch größer: Das übergeordnete Ziel lautet, bis 2050 die transportbezogenen $CO_2$-Emissionen auf null zu reduzieren. Um dieses Ziel zu erreichen, ist die Elektromobilität – ob auf zwei, drei oder vier Rädern – eine wichtige Säule.

Über den ökologischen Nutzen hinaus hat die Elektromobilitätsstrategie von Deutsche Post DHL Group auch wirtschaftliche Effekte: Zum einen kommt das Unternehmen durch die nachhaltige Logistik in den Genuss von Effizienzsteigerungen und damit verbundenen Kostenvorteilen, zum anderen erhöht Deutsche Post DHL Group seine Attraktivität als Anbieter von Logistikdienstleistungen: Dank der Erfahrungen mit grüner Logistik kann das Unternehmen seinen Kunden maßgeschneiderte grüne Logistiklösungen anbieten, die immer stärker nachgefragt werden. In Summe ergeben sich daraus Wettbewerbsvorteile. Und nicht zuletzt sorgen die Innovationen auf dem Gebiet der Elektromobilität für wichtige Impulse innerhalb der Logistik- und Transportindustrie. Von der Innovationskraft und dem Knowhow des Unternehmens profitieren also Gesellschaft, Kunden, Investoren und sogar die gesamte Branche. Die Investitionen in umweltfreundliche Logistik und insbesondere in die Elektromobilität sind damit direkte Investitionen in eine grüne Zukunft für uns alle.

## Anmerkung

[1] https://www.euwid-energie.de/elektromobilitaet-dicker-fisch-geht-deutscher-post-dhl-beim-streetscooter-verkauf-ins-netz/

[2] http://www.manager-magazin.de/fotostrecke/elektroautos-die-am-meisten-zugelassenen-modelle-2016-fotostrecke-144276-7.html

## Deutsche Post DHL Group

**Deutsche Post AG**
Charles-de-Gaulle-Str. 20
53113 Bonn

Tel.: 0228/182-0
E-Mail: info@deutschepost.de
http://www.dpdhl.com/de/verantwortung/umweltschutz.html

**Deutsche Post DHL Group auf einen Blick**
Deutsche Post DHL Group ist das weltweit führende Unternehmen für Logistik und Briefkommunikation. Die Gruppe konzentriert sich darauf, in ihren Kerngeschäftsfeldern weltweit die erste Wahl für Kunden, Arbeitnehmer und Investoren zu sein. Sie verbindet Menschen, ermöglicht den globalen Handel und leistet mit verantwortungsvollem unternehmerischen Handeln, gezielten Umweltschutzmaßnahmen und Corporate Citizenship einen positiven Beitrag für die Welt.
Deutsche Post DHL Group vereint zwei starke Marken: Deutsche Post ist Europas führender Postdienstleister, während DHL in den weltweiten Wachstumsmärkten ein umfangreiches Serviceportfolio in den Bereichen internationaler Expressversand, Frachttransport, E-Commerce und Supply-Chain-Management repräsentiert.
Deutsche Post DHL Group beschäftigt rund 510,000 Mitarbeiter in über 220 Ländern und Territorien weltweit.

# Herausforderungen für die kommende Phase der Energiewende

Sascha Müller-Kraenner | Deutsche Umwelthilfe e.V.
Peter Ahmels | Deutsche Umwelthilfe e.V.
Judith Paeper | Deutsche Umwelthilfe e.V.

## Ein steiniger Weg zum Ziel

Die Energiewende in Deutschland – nachhaltig und sicher, bezahlbar und effizient muss sie sein. Bisher wurden ihre gesamtwirtschaftlichen Auswirkungen auch durchweg positiv bewertet[1]. Im ersten Drittel ihres Prozesses hat sie viel geleistet: Impulse für Wachstum und Beschäftigung gesetzt, boomende Forschung und Entwicklung ausgelöst und weltweites Ansehen als Klimapionier geschaffen.

Deutschland hat sich entschieden, die Energieversorgung von nuklear und fossil hin zu Erneuerbaren Energien umzustellen und bis zum Jahr 2050 80-95 Prozent der Treibhausgas-Emissionen im Vergleich zum Basisjahr 1990 einzusparen. Der bisherige Anteil der Erneuerbaren Energien am deutschen Strommix betrug Ende 2016 31,7 Prozent. Dieser Anstieg führte jedoch nicht zu der erhofften Reduktion der Treibhausgase. Das von der Bundesregierung gesetzte Zwischenziel von 40 Prozent $CO_2$-Reduktion bis 2020 wird laut einer aktuellen Studie des Think Thanks Agora Energiewende keinesfalls erreicht und wurde auch in den Koalitionsverhandlungen von den Parteien öffentlich begraben. Das liegt auch daran, dass die Regelungen zum Strommarkt noch nicht auf die neuen, volatilen Energien angepasst wurden. Ein Klimaschutz-Sofortprogramm würde es der Bundesregierung zumindest ermöglichen, dem 2020-Ziel näher zu kommen. Zugleich könnte durch strukturelle langfristig wirksame Maßnahmen in allen Sektoren die Grundlage zur Zielerreichung in 2030 und darüber hinaus gelegt werden. Das Pariser Klimaabkommen 2015, mit dem Ziel, die globale Erwärmung auf deutlich unter 2 °C (möglichst 1,5 °C) zu begrenzen, ist eine Entscheidung der internationalen Staatengemeinschaft und dient dem Schutz aller Menschen vor den Risiken des Klimawandels. Deutschland hat sich zu diesem Gemeinschaftsprojekt mit großer Reichweite verpflichtet und muss nun danach handeln.

## Der Ausstieg aus der konventionellen Energieerzeugung bedingt einen erhöhten Zubau an Erneuerbaren Energien

In der kommenden Phase der Energiewende stehen uns zwei große Herausforderungen bevor. Das meint einerseits die Regelung zum Ausstieg aus der Kohleverstromung, um die $CO_2$-Frachten

**Emission der von der UN-Klimarahmenkonvention abgedeckten Treibhausgase**

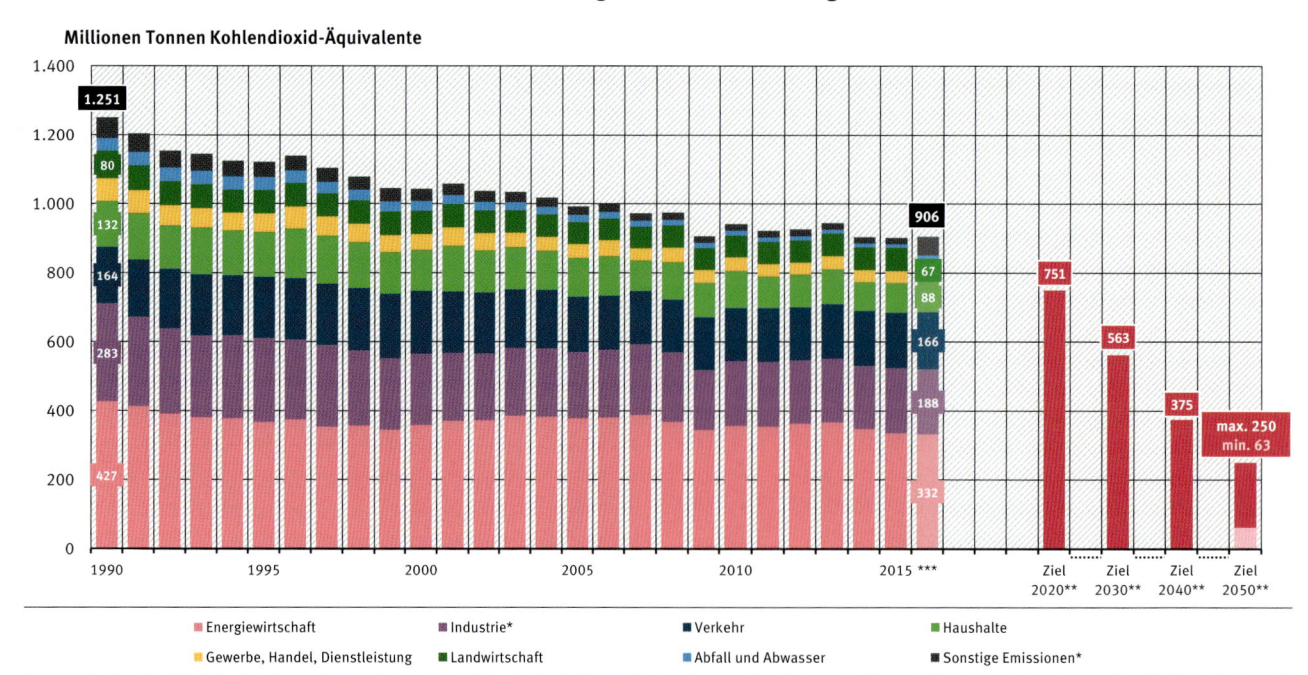

Millionen Tonnen Kohlendioxid-Äquivalente

Kategorien: Energiewirtschaft, Industrie*, Verkehr, Haushalte, Gewerbe, Handel, Dienstleistung, Landwirtschaft, Abfall und Abwasser, Sonstige Emissionen*

1990: 1.251 (Energiewirtschaft 427, Industrie 283, Verkehr 164, Haushalte 132, Sonstige 80)
2015***: 906 (Energiewirtschaft 332, Industrie 188, Verkehr 166, Haushalte 88, Sonstige 67)
Ziel 2020**: 751
Ziel 2030**: 563
Ziel 2040**: 375
Ziel 2050**: max. 250 / min. 63

Emissionen nach Kategorien der UN-Berichterstattung ohne Landnutzung, Landnutzungsänderung und Forstwirtschaft
* Industrie: Energie- und prozessbedingte Emissionen der Industrie (1.A.2 & 2);
Sonstige Emissionen: Sonstige Feuerungen (CRF 1.A.4 Restposten, 1.A.5 Militär) & Diffuse Emissionen aus Brennstoffen (1.B)
** Ziele 2020 bis 2050: Energiekonzept der Bundesregierung (2010)
*** Schätzung 2016, Emissionen aus Gewerbe, Handel & Dienstleistung in Sonstige Emissionen enthalten

Quelle: Umweltbundesamt, Nationale Inventarberichte zum Deutschen Treibhausgasinventar 1990 bis 2015 (Stand 02/2017) und Schätzung für 2016 (Stand 03/2017)

spürbar und preiswert zu senken, andererseits erfordert die Einhaltung des Pariser Klimaziels in Deutschland einen deutlich stärkeren Ausbau der Erneuerbaren Energien um mindestens 65 % bis 2030. Denn nicht nur der Stromsektor, auch die Energieverbrauchssektoren Wärme und Verkehr müssen bis 2050 treibhausgasneutral werden. Zumindest die Forderung nach einem Ausbau der Erneuerbaren Energien um 65 % bis 2030 wurde von der Politik aufgenommen und im Koalitionsvertrag verankert.

Insbesondere im Wärmesektor stecken enorme Potenziale der $CO_2$-Einsparung, da hier ca. ein Drittel der deutschen Gesamtemissionen erzeugt werden. Das Ziel eines treibhausgasneutralen Sektors kann nur mit sehr ambitionierten Energieeffizienzmaßnahmen und einer ausschließlich auf erneuerbaren Energien basierenden Wärmeversorgung erreicht werden. Dabei sollte die öffentliche Verwaltung Vorreiter sein. Das Land Hessen geht hier mit Plänen zu einer $CO_2$-neutralen Landesverwaltung bis 2030 mit gutem Beispiel voran. Solche Initiativen im öffentlichen Bereich, aber auch anwenderfreundliche Förderprogramme sowie eine ehrliche Bepreisung ökologischer Folgekosten von fossilen Heizanlagen können helfen, den momentanen Sanierungsstopp aufzulösen und den privaten Sektor zum Handeln zu motivieren. Um die Sanierungsquote auf die nötigen zwei Prozent jährlich anzuheben, sind zusätzliche finanzielle Anreize für Modernisierungen im Gebäudebestand notwendig. Daher sollte auch das seit Jahren diskutierte Gesetz zur steuerlichen Förderung von energetischen Sanierungsmaßnahmen an Wohngebäuden wieder auf die Tagesordnung gehoben und zügig verabschiedet werden. Die steuerliche Förderung verkürzt Amortisationszeiten, setzt starke steuerpsychologische Impulse und ist somit neben der Anpassung der Energiesteuer ein zentrales Instrument zur Beseitigung bestehender Hürden bei der energetischen Gebäudesanierung.

Im Jahr 2015 war der Verkehr für etwa 18 Prozent der gesamten Treibhausgas-Emissionen in Deutschland verantwortlich. Etwa 96 Prozent davon stammen aus dem Straßenverkehr. Der Erfolg bei der Umsetzung der nationalen und europäischen Klimaschutzziele hängt deshalb auch wesentlich von den Entwicklungen im Verkehrssektor ab. Vor dem Hintergrund des Pariser Klimaschutzabkommens ist ein treibhausgasneutraler Verkehr bis zum Jahr 2050 notwendig. Bis 2030 sieht der Klimaschutzplan 2050 der Bundesregierung eine Reduktion der Treibhausgas-Emissionen im Verkehr um 40-42 % gegenüber 1990 vor. Für das Erreichen dieser Reduktionsziele ist neben der drastischen Verringerung des Endenergiebedarfs durch Vermeidung und Verlagerung von Verkehrsleistungen sowie der beschleunigten Effizienzsteigerung der nahezu vollständige Verzicht auf fossile Kraftstoffe erforderlich.

### Riesige Energie-Einspar-Potenziale bei Wärme

In Deutschland gibt es ca. **18 Millionen Wohngebäude:**

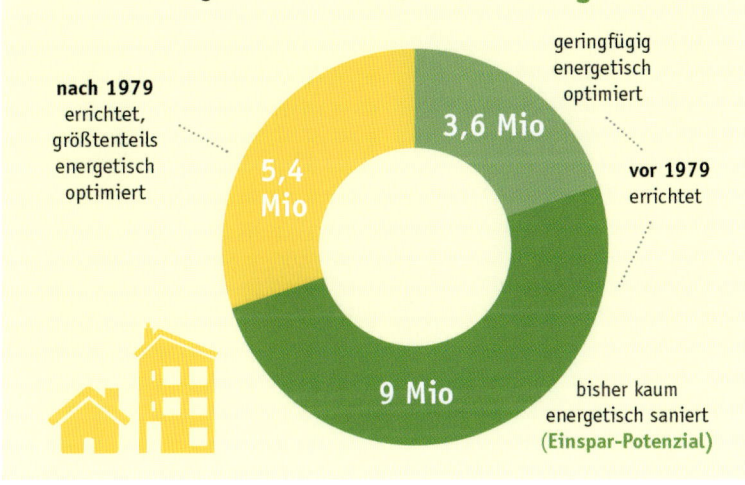

- nach 1979 errichtet, größtenteils energetisch optimiert: 5,4 Mio
- geringfügig energetisch optimiert: 3,6 Mio
- vor 1979 errichtet, bisher kaum energetisch saniert (Einspar-Potenzial): 9 Mio

Energie-Einsparpotenziale im Wärmebereich [© Deutsche Umwelthilfe]

Um die Dekarbonisierung über den Stromsektor hinaus voranzubringen, müssen sowohl der Verkehrs- als auch der Wärmesektor mittelfristig mit dem Stromsektor „gekoppelt" werden. Dies ist nur mit einem steigenden Zubau an Erneuerbaren Energien und der Reduzierung des Energieverbrauchs in allen Sektoren sinnvoll. Annahmen zum Umfang der erforderlichen zusätzlichen EE-Strombereitstellung für einen weitgehend strombasierten Wärme- und Verkehrssektor variieren stark. Eine Zusammenarbeit auf europäischer Ebene ist somit wichtiger denn je. Denn je besser die europäischen Staaten miteinander vernetzt sind, umso mehr gesicherte Leistung aus Erneuerbaren kann bereitgestellt werden. Trotzdem muss immer eine möglichst energieeffiziente Nutzung Vorrang haben. Die Energieeffizienzsteigerung und die Verringerung des Endenergieverbrauchs sind somit weitere wichtige Bausteine zur Erreichung der Klimaziele.

Aus Kostensicht haben sich die Erneuerbaren Energien, allen voran Wind und Solar, schon

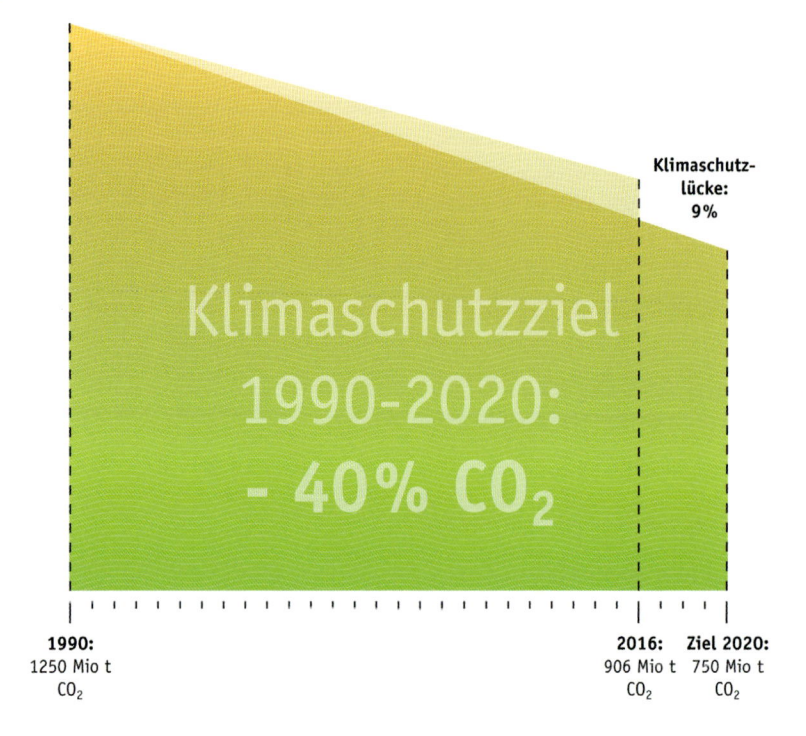

## Herausforderungen für die kommende Phase der Energiewende

**Klimaschutzziel 1990-2020: -40% $CO_2$**

Klimaschutzlücke: 9%

1990: 1250 Mio t $CO_2$
2016: 906 Mio t $CO_2$
Ziel 2020: 750 Mio t $CO_2$

### $CO_2$-Emissionen

| | aktueller Trend | nach Maßnahmen-Aktionsplan bis 2020 | nach Halbierung der Kohlekraftwerkskapazitäten bis 2020 (128 Mio t) |
|---|---|---|---|
| Ist 2016: 906 Mio t | Klimaschutzlücke: 156 Mio t | Klimaschutzlücke: 81-118 Mio t | Klimaziel 2020 erreicht! |
| Soll 2020: 750 Mio t | | | |

längst am Markt etabliert und eine enorme Kostensenkung vollzogen. Während Windkapazitäten in der letzten Ausschreibungsphase für null bis sechs Cent pro Kilowattstunde über dem Börsenstrompreis angeboten wurden, verursacht Kohlestrom in Deutschland volkswirtschaftlich Kosten von vier (Braunkohle) bis acht Euro (Steinkohle)[2]. Nur durch Ausblendung dieser Kosten können sich die fossilen Energieträger am Markt halten. In Deutschland werden sie jedoch noch immer durch direkte und indirekte staatliche Subventionen unterstützt. Das sind z.B. Investitionszuschüsse zu Kraftwerksmodernisierungen, steuerliche Vorteile bei der Stromerzeugung und auch das unentgeltliche oder verbilligte Nutzungsrecht von Ressourcen. Dies verzerrt den Wettbewerb und trägt dazu bei, die fossilen Energien noch länger am Markt zu halten – Millionen Tonnen an klimaschädlichem $CO_2$ inklusive[3].

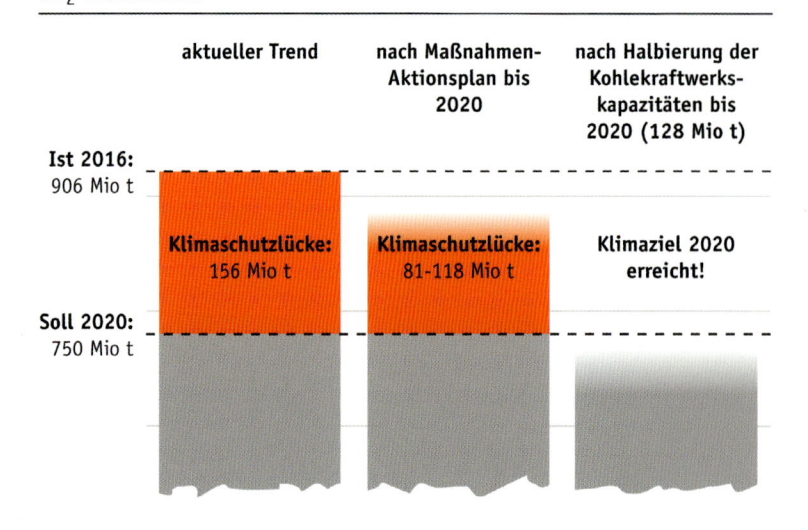

Schon jetzt steht fest, dass mit den anvisierten Maßnahmen aus dem Klimaschutzplan der Bundesregierung die bis 2020 gesetzte 40prozentige Minderung der Treibhausgase in der Realität bestenfalls zu 31 Prozent erreicht wird.[4] Auch das gegenüber der EU verbindlich zugesagte deutsche Ziel eines Anteils von 18 Prozent Erneuerbarer Energien am gesamten Endenergieverbrauch bis 2020 wird ohne Sofortmaßnahmen deutlich verfehlt. Damit gehört der „Klimaschutzvorreiter" Deutschland zu nur 5 von 28 EU-Mitgliedstaaten, die ihre Klimaschutzverpflichtung für 2020 voraussichtlich nicht einhalten werden. Hinzu kommt, dass die gleichbleibend hohe Kohleverstromung zu einem jährlich steigenden Stromexport in unsere Nachbarländer führt und in Deutschland deutlich höhere $CO_2$-Frachten beschert[5].

Dies hat auch große Auswirkungen auf den Verkehrs- und Wärmesektor. Um den schrittweisen Wechsel von fossilen Brenn- bzw. Kraftstoffen hin zu strombasierten Anwendungen zu ermöglichen, ist eine erhebliche Senkung der $CO_2$- Emissionen des verwendeten Stroms erforderlich. Durch den noch hohen Anteil von Kohlestrom im Netz ergibt sich gegenwärtig nur für wenige Anwendungen ein Klimanutzen. Zwar können durch strombetriebene Wärmepumpen im Gebäudebereich ca. 14 Millionen Tonnen $CO_2$ eingespart werden, im Verkehrsbereich kann heute mit batterieelektrischen Fahrzeugen im Pkw-Segment jedoch nur eine $CO_2$-Bilanz vergleichbar zu effizienten Benzin- oder Dieselantrieben erreicht werden. Unter den Bedingungen des heutigen Strommixes kann die batterieelektrische Mobilität somit noch keinen signifikanten Beitrag zur Reduktion der Verkehrsemissionen leisten. Mit steigender Anzahl der strombasierten Technologien, wie Wärmepumpen und Elektro-Fahrzeuge müssen zudem auch ihre Auswirkungen auf die Stromnetze näher untersucht und bei Förderprogrammen und Regulierungen mitgedacht werden. Um hohe Anteile fluktuierenden Wind- und

Solarstroms von 60 Prozent und mehr in das Energiesystem zu integrieren, wird zusätzliche Flexibilität benötigt. Stromnetz, Speicher und flexible Stromverbraucher müssen Erzeugung und Verbrauch räumlich und zeitlich ausgleichen. Smart Meter und variable Stromtarife sind für die Sektorenkopplung notwendig.

Bei stark reduzierten Kohle- und Nuklearkapazitäten, sind neben dem zusätzlich notwendigen Grünstrom auch erhöhte Gaskapazitäten gefragt, um die Versorgungssicherheit zu gewährleisten. Es ist jedoch wichtig, die Rolle von Gas im Zuge der Energiewende klar zu definieren und zu begrenzen. Gas hat zwar eine weitaus bessere Klimabilanz als Kohle, kann jedoch nur eine begrenzte Zeit seinen Beitrag am Energiemix leisten. Mit dem Ziel einer 80-95prozentigen $CO_2$-Reduktion bis 2050 muss auch Gas als Energieträger mittelfristig wieder zurückgefahren werden.

Alternativen, wie der Einsatz synthetischer Kraft- bzw. Brennstoffe, die mittels Verfahren wie Power-to-Gas und Power-to-Liquid hergestellt werden, sind aufgrund des hohen Energieaufwands der Herstellung sowie geringerer Wirkungsgrade gegenüber der direkten Nutzung von Strom erst ab Erneuerbaren Energien-Anteilen von nahezu 100 Prozent bei der Strombereitstellung ökologisch sinnvoll. Als Flexibilitäts- bzw. Speicheroption lohnen sie sich möglicherweise schon früher.

**Teilhabe und Partizipation als Voraussetzung zum Gelingen der großen Reformvorhaben**

Obwohl eine große Mehrheit der Bürger hinter dem Klimaschutz steht, ist in den letzten Jahren eine sinkende Akzeptanz gegenüber Energiewendeprojekten zu erkennen. Das Gefühl der Ungerechtigkeit breitet sich immer stärker aus. Der starke Zubau von Windkraftanlagen, die unfaire Kostenverteilung beim Bau von Stromleitungen oder auch bei der Gebäudesanierung sind Hauptgründe der Bürger, sich gegen Klimaschutzprojekte zu positionieren. Die Energiewende ist somit nicht nur eine technische und wirtschaftliche, sondern insbesondere auch eine sozialpolitische Herausforderung, die vielgestaltige politische Weichenstellungen benötigt. Sie ist auf vielfältige Weise darauf angewiesen, dass sie von einem gesamtgesellschaftlichen Engagement für den Klimaschutz getragen wird. Das betrifft den Wandel der Lebensgewohnheiten, die Bereitschaft, in Energiewendeprojekte zu investieren oder Veränderungen in der Umgebung zu tolerieren. Hierzu bedarf es der finanziellen Unterstützung der Regionen, denen der Wandel der Energiestruktur am meisten zusetzt. Gefragt ist aber auch eine Vielfalt von Ideen, um diesen tiefgreifenden Wandel zu gestalten und umzusetzen.

Bürgerenergieprojekte besitzen deshalb einen hohen Stellenwert und sind Ausdruck eines breiten bürgerschaftlichen Engagements für die Energiewende. Ihre Erhaltung und Ausweitung muss weiterhin unterstützt werden. Energiewendemanager in den Landkreisen können z.B. gezielt die Gründung von Bürgerenergieprojekten unterstützen und Menschen für die Energiewende begeistern. Neben der Vernetzung und dem Austausch zwischen den Bürgerinnen und Bürgern, lokalen Energieunternehmen und Planern, können sie Informationen zu Förderungen bereitstellen und so die lokale Energiewende mit vorantreiben. Die Bundesregierung sollte die Einstellung von Energiewendemanagern in den Landkreisen durch Zuschüsse unterstützen. Des Weiteren sollten in Planungsverfahren zu Energiewendeprojekten neben der formalen Öffentlichkeitsbeteiligung verstärkt informelle Beteiligungsverfahren zum Einsatz kommen. Dies kann zu mehr Transparenz und einer nachvollziehbaren Abwägung unterschiedlicher Interessen beitragen. Informelle Beteiligung sollte qualitative Mindeststandards und eine Moderation durch Dritte sicherstellen und durch die Einrichtung eines Beteiligungsfonds finanziell unterstützt werden.

Die Sozialverträglichkeit von Maßnahmen zum Klimaschutz ist also ein wichtiger Baustein für die Energiewende. Denn als viertgrößte Industrienation kann Deutschland entweder zeigen, dass Energiewende und Wohlstand Hand in Hand gehen können und andere Länder so zu gleichem Handeln animieren oder im Falle eines Scheiterns zur Demotivation führen kann. Die erfolgreiche Fortsetzung der Energiewende braucht somit politische Rahmenbedingungen, die Konsistenz und Planungssicherheit gewährleisten sowie den Mut und Willen sich gegen die Bedenken Einzelner für das große Ganze stark zu machen.

## Anmerkungen

[1] Diese Aussage bezieht sich auf Studien, die auch die wirtschaftlichen Verflechtungen sehen und sich nicht auf eine Aufzählung von Einzelaspekten stützen. Ulrike Lehr (GWS) in Energiewende direkt: https://www.bmwi-energiewende.de/EWD/Redaktion/Newsletter/2014/15/Meldung/kontrovers-schafft-die-energiewende-wachstum-und-jobs-in-deutschland.html

[2] Klimaretter: http://www.klimaretter.info/energie/hintergrund/22188-klimarettung-kostet-nicht-mehr-die-welt

[3] Paeper/Müller-Kraenner zu Divestment: https://blog.naturstrom.de/energiewende/divestment-keine-kohle-mehr-fuer-die-kohle/

[4] https://www.agora-energiewende.de/fileadmin/Projekte/2015/Kohlekonsens/Agora_Analyse_Klimaschutzziel_2020_07092016.pdf

[5] Bundesverband Erneuerbare Energie (BEE): Trend-Prognose und BEE-Zielszenario – Entwicklung der Erneuerbaren Energien bis 2020; Berlin, 21.04.2017

**Deutsche Umwelthilfe**

**Deutsche Umwelthilfe e.V.**
Hackescher Markt 4
10178 Berlin

Tel. 030 2400867 – 0
Fax 030 2400867 – 19
E-Mail info@duh.de

# ENTEGA – Wegbereiter der Energiewende

Daria Hassan | ENTEGA AG
Marcel Wolsing | ENTEGA AG

Die Völkergemeinschaft hat (endlich) auf den Klimawandel reagiert: Mit der Pariser Vereinbarung verpflichten sich erstmals nahezu alle Länder zum Klimaschutz. Der Vertrag gibt das Ziel vor, die durch anthropogene Treibhausgase beschleunigte Erderwärmung auf deutlich unter 2 Grad zu begrenzen. Die 195 Länder wollen sogar versuchen, unter 1,5 Grad zu bleiben. Langfristig sollen nicht mehr Treibhausgase ausgestoßen werden, als durch Senken (wie beispielsweise Wälder) wieder aufgenommen werden können. Der Vertragstext wird weltweit als starkes Signal zur Abkehr von den fossilen Energieträgern Kohle, Öl und Gas gewertet.

ENTEGA hat die Zeichen der Zeit frühzeitig erkannt und konsequent auf erneuerbare Energiequellen gesetzt. Die Bundesregierung hatte sich bereits vor Paris das Ziel gesetzt, den $CO_2$-Ausstoß bis 2050 um mindestens 80 Prozent zu reduzieren. Den für die Energiewirtschaft einschneidenden Transformationsprozess haben wir mit Weitblick und Entschlossenheit in Angriff genommen. Deutlich vor fast allen Versorgungsunternehmen – und als es den Begriff „Energiewende" noch gar nicht gab. Damit haben wir einen klaren Know-how Vorsprung erworben. Als eines der führenden deutschen Energieunternehmen will ENTEGA die Energiewende aktiv mitgestalten und den Umbau des Energiesystems zur Reduktion von $CO_2$-Emissionen unter Beibehaltung von Versorgungssicherheit und Wirtschaftlichkeit unterstützen. Wir nehmen die Herausforderungen an und werden die daraus erwachsenden Chancen für uns und die gesamte Region Rhein-Main-Neckar unternehmerisch nutzen.

**Daraus leiten sich für ENTEGA vier Handlungsfelder und grundlegende Prinzipien ab:**

- **Ein besonders hoher Anteil erneuerbarer Energien bei der Erzeugung und Lieferung**: ENTEGA macht es Privatkunden und Unternehmen einfach, einen sinnvollen Beitrag zum Klimaschutz zu leisten, der weder teuer noch kompliziert ist. Denn unsere Ökostrom-Tarife beziehen sich auf erneuerbare Energie, die $CO_2$-frei und bereits seit 2008 atomstromfrei erzeugt wird. So werden Kunden automatisch Teil einer großen Klimaschutzbewegung und treiben gemeinsam die Ziele der Energiewende voran. ENTEGA nutzt Wasserkraft, Windenergie, Biomasse und Solarenergie, um Ökostrom zu produzieren, der zertifiziert und nachhaltig ist.

- **Eine Erhöhung der Anteile erneuerbarer Energien**: Es lohnt sich, in eine nachhaltige Zukunft zu investieren. Und weil beim Klimawandel nicht der Gedanke, sondern Taten zählen, investiert ENTEGA bereits heute in Projekte, die für die Energie von morgen sorgen. Zum Beispiel in die Errichtung und den Betrieb des Offshore-Windparks Global Tech I. Der im September 2015 in Betrieb genommene Windpark wird alleine mit dem Anteil der ENTEGA rund 132.600 Haushalte in Deutschland mit erneuerbarer und grüner Energie

**Bild 1**
ENTEGA investiert in eine nachhaltige Energiezukunft [Fotografie: © Anke Luckmann]

versorgen. So können etliche Tonnen $CO_2$ eingespart werden. Und das ist nur der Anfang. Denn bisher hat ENTEGA schon über 1 Milliarde Euro in Projekte zur Gewinnung erneuerbarer Energie investiert.

- **Die bewusste Reduzierung des Rohstoff- und Energieverbrauchs:** ENTEGA steht nicht nur für Ökostrom. Seit über 150 Jahren sind wir auch ein kompetenter Partner für Energiefragen. Sowohl telefonisch, auf entega.de, als auch direkt in den ENTEGA Points können sich Kunden jederzeit und kostenlos darüber informieren, wie sie Energie und Geld sparen können. Neben der Energieberatung und unserer Ökoenergie setzen wir auch immer mehr auf Produkte und Dienstleistungen, die unseren Kunden helfen, Energie einzusparen, ohne auf Komfort zu verzichten. Zum Beispiel bieten wir für unsere Geschäftskunden ein Energiemanagement-Portal an. Es hilft Unternehmen, durch modernste Technik Stromfresser zu entlarven, Energie zu sparen und Steuern zu senken. Um Privat- und Geschäftskunden die Möglichkeit zu bieten, ihren eigenen Strom zu erzeugen, bieten wir seit kurzem auch ein besonderes Produkt: die Solaranlage zum monatlichen Fixpreis. So fallen hohe Investitionskosten weg. Und damit die Freude an der Solaranlage auch erhalten bleibt, übernehmen wir im Rahmen dieses Fixpreises auch die Wartungs- und Instandhaltungskosten für die gesamte Anlage.

- **Mehr Flexibilisierung der Systeme zur Energieversorgung:** Sich weiterzuentwickeln ist das A und O für eine grüne Zukunft. Deshalb arbeiten wir mit unseren Kunden an neuen Wegen in der Energieversorgung. So haben wir beispielsweise mit dem Reifenhersteller Pirelli einen „Quantensprung in der Energieeffizienz der Reifenproduktion" erreicht. Denn die Industriegasturbine im Werk von Pirelli wurde mit unserer Hilfe energetisch so modernisiert, dass sie nicht nur kosten- und energieeffizienter arbeitet, sie wandelt nun auch die thermische Energie der Abgase in Heizenergie um. Willkommen in der Zukunft! Durch diese Modernisierung können jährlich nicht nur enorme Kosten, sondern auch rund 5.000 Tonnen $CO_2$ eingespart werden. Dieses Projekt ist ein Musterbeispiel dafür, dass Wirtschaft und Klimaschutz kein Widerspruch sind. Sogar ganz im Gegenteil. Effizienzsteigerung wird für Unternehmen immer wichtiger, und ENTEGA findet individuelle Lösungen, um die Ziele der Energiewende zu berücksichtigen und zu integrieren. Das zeigt auch das Vorhaben der geplanten Solarsiedlung „Am Umstädter Bruch". Dort werden im Zuge eines Forschungsprojekts der ENTEGA Überschüsse von Solarenergie in einem Quartierspeicher gesichert. Während des Projektes werden die Erfahrungen im Speicherbetrieb wissenschaftlich begleitet, ausgewertet und so aufbereitet, dass sie später allen angeschlossenen Haushalten zur Verfügung gestellt werden können. So können wir Kunden an dem, was wir lernen, teilhaben lassen und ihnen dabei helfen, noch effizienter mit Energie umzugehen.

Insgesamt hat sich bei uns bereits viel getan. Und auch in Zukunft haben wir viel vor, um die Ziele der Energiewende voranzutreiben und mit gutem Beispiel voranzugehen. Für den Augenblick freuen wir uns erst mal über unser TÜV SÜD Zertifikat. Das Siegel bescheinigt, dass wir Standards konsequent erfüllen, überdurchschnittliches Engagement zeigen und aktiv auf die Ziele der Energiewende hinarbeiten. Sowohl im Hinblick auf unsere Gesamtausrichtung, als auch in Bezug auf Detailkriterien, wie die Erhöhung des Anteils erneuerbarer Energien im Gesamtenergiemix, den Rohstoff- und Energieverbrauch, Energieeffizienz und flexible Energieversorgungssysteme. Bisher wurden nur 5 von deutschlandweit 1.000 Energieunternehmen mit diesem Siegel ausgezeichnet.

### Selbstverständnis

Nachhaltigkeit ist für ENTEGA mehr als nur ein Wort – Nachhaltigkeit ist für ENTEGA eine Verpflichtung. Im Zuge der Entwicklungen in unserem gesellschaftlichen und wettbewerbspolitischen Umfeld richtet ENTEGA seit 2008 ihr gesamtes Geschäftsmodell am Prinzip der Nachhaltigkeit aus. Kern unseres Nachhaltigkeitsverständnisses ist die Einheit von wirtschaftlichem Erfolg mit ökologisch und gesellschaftlich verantwortungsvollem Handeln. Für unsere konsequente Nachhaltigkeitsstrategie sind wir 2013 mit dem renommierten Deutschen Nachhaltigkeitspreis in der Kategorie „Deutschlands nachhaltigste Zukunftsstrategie" ausgezeichnet worden.

Wir folgen dem Konzept einer modernen Daseinsvorsorge – vom Versorger hin zum Umsorger. Darauf basiert auch unsere Vision als Wegbereiter einer modernen Nachhaltigkeit in der deutschen Energiewirtschaft, aus der sich folgende Handlungsfelder ableiten:

- Wir gestalten die Herausforderungen der Energiewende für die Region nachhaltig, wirtschaftlich sinnvoll und innovativ.

- Wir entwickeln ökologisch hochwertige und preiswerte Lösungen und Services für unsere Kunden.

- Wir verstehen uns als Innovationstreiber in Sachen Ressourcenschonung und Effizienz für die Energiewirtschaft.

- Wir übernehmen als kommunales Unternehmen über unser Kerngeschäft hinaus Verantwortung gegenüber unseren Anteilseignern, unseren Beschäftigten und der Region.

Die aktuellen Entwicklungen sind für uns Herausforderung und Chance zugleich. Traditionelle Geschäftsmodelle, wie die Stromerzeugung und der regulierte Netzbereich, verlieren an Ertragskraft. Gleichzeitig eröffnen sich neue Möglichkeiten bei den erneuerbaren Energien und der Wärmeversorgung, bei der Energieeffizienz und intelligenten Anwendungen. Wir befinden uns mitten in einem historischen Umbruch und werden ihn aktiv nutzen. Unser Anspruch ist, Wegbereiter einer zukunftsorientierten Energieversorgung zu sein und den Wandel wirtschaftlich, erfolgreich und ökologisch verantwortungsvoll zu gestalten.

### Windenergie

ENTEGA hat sich das Ziel gesetzt, den Stromverbrauch seiner privaten Ökostromkunden von rund einer Terrawattstunde aus eigener oder durch selbst gemanagte regenerative Erzeugung bereitzustellen. Dabei sind wir überzeugt, dass vor allem die Stromgewinnung durch Windenergie das Potenzial hat, die Energiewende maßgeblich voranzutreiben. Als Vorreiter einer nachhaltigen Energieversorgung entwickeln, bauen und betreiben wir hierzu unsere Windparks – vorwie-

**Bild 2**
Der ENTEGA-Windpark Schlüchtern im Spessart
[Fotografie: © Martin Steffen]

gend in eigener Wertschöpfung. Neben eben einer Beteiligung am Offshore-Windpark „Global Tech I" in der Nordsee besteht unser Erzeugungsportfolio vor allem aus Onshore-Windparks in Hessen und Deutschland. Indem wir in Windparks in der Region investieren, unterstützen wir das Land Hessen in seinem Vorhaben, bis 2050 den Bedarf an Strom und Wärme möglichst vollständig aus regenerativen Energien zu decken. Der in den Windparks produzierte Strom wird direkt vor Ort ins Netz gespeist, ohne erstmal über lange Strecken transportiert zu werden. Doch auch unabhängig davon, dass wir mit dem Ausbau der Windenergie die Energiewende vor der eigenen Tür maßgeblich mit vorantreiben, ist die Energieerzeugung durch Wind sehr effektiv und basiert auf einer ausgereiften Technik. Trotz Absenkung der Einspeisevergütung stellt Windenergie aus Investitionsperspektive nach wie vor eine hinreichende Wirtschaftlichkeit mit einem beherrschbaren Risiko dar.

Bei der Umsetzung der Projekte legen wir großen Wert auf regionale Wertschöpfung und setzen dabei weitgehend auf eigene Ressourcen. ENTEGA kooperiert bei den unterschiedlichen Projektphasen verstärkt mit regional ansässigen Unternehmen und Genossenschaften, um Windparks zu entwickeln und zu betreiben. Um den Menschen vor Ort die Möglichkeit zur Partizipation an der Energiewende zu geben und zugleich die Akzeptanz für die Energiewende zu erhöhen, beschäftigen wir uns bereits seit der Inbetriebnahme unseres ersten Windparks mit dem Thema Bürgerbeteiligung. Das ist ein großes Anliegen von ENTEGA. Einnahmen aus dem Betrieb der Windenergieanlagen kommen dadurch den Menschen zugute, in deren Region der Windpark entsteht. Eine Beteiligung trägt nicht zuletzt dazu bei, dass die Akzeptanz von Windparks in der Region erhöht wird. Denn trotz vereinzelter Skepsis gegenüber Windenergie brauchen wir diese zur Umsetzung der Energiewende. Natürlich stellt der Bau eines Windrads, wie alle anderen Arten der Energiegewinnung, immer einen Eingriff in die Natur dar. Das lässt sich nie vollständig vermeiden. Allerdings minimiert ENTEGA die Auswirkungen durch eine ökologische Baubegleitung, Ausgleichsmaßnahmen und durch verschiedene naturschutzfachliche Auflagen soweit wie möglich.

Als Energieversorger müssen und wollen wir die Energiewende umsetzen. Unsere Aufgabe ist es, sorgfältig abzuwägen, was wir tun, denn Atomenergie und Kohle sind für uns keine Alternativen. Ein Ja zur Energiewende ist gleichzeitig ein Ja zu Windenergieanlagen. Sie leisten einen großen und kosteneffizienten Beitrag zur ökologischen Stromerzeugung. Deswegen stellen wir uns als ENTEGA der Verantwortung und realisieren Projekte auch in der Region.

### Produkte und Dienstleistungen

Das ENTEGA-Konzept gegen den Klimawandel gliedert sich in drei Stufen:

- **$CO_2$ vermeiden**: Der einfachste Weg, $CO_2$ zu reduzieren, ist, es gar nicht erst entstehen zu lassen. Deshalb erzeugen wir bei ENTEGA Ökostrom komplett $CO_2$-frei aus Wind- und Wasserkraft, Solarenergie und Biomasse. Das verbessert die Klimabilanz von Haushalten sowie Unternehmen und ist ein wirksames Mittel, dem Klimawandel entgegenzuwirken.

- **$CO_2$ reduzieren**: Auch mit unseren Energieeffizienzdienstleistungen lässt sich $CO_2$ vermeiden. Unsere Fachleute identifizieren Einspar- und Effizienzsteigerungspotenziale. Das schützt nicht nur das Klima, sondern hilft Privatpersonen und Firmen auch dabei, Energiekosten zu sparen.

- **$CO_2$ ausgleichen**: Für unser Ökogas kompensieren wir alle Emissionen, die bei der Förderung, Verarbeitung und Verbrennung entstehen, vollständig durch Aufforstungs- und Waldprojekte. Unser Ökogas ist also klimaneutral – das wird vom TÜV Rheinland zertifiziert. Auch bei anderen Unternehmensaktivitäten können nicht alle $CO_2$-Emissionen vermieden werden. Deshalb erstellt ENTEGA jährlich ihren individuellen $CO_2$-Fußabdruck und kompensiert diese Emissionen ebenfalls durch Investitionen in Waldschutz- und Aufforstungsprojekte. Denn Wälder gehören zu den wirkungsvollsten $CO_2$-Speichern.

Durch das stärkere Bewusstsein der Bevölkerung und die Thematisierung in der Öffentlichkeit werden Produkte, die das Energiesparen ermöglichen oder erleichtern und gleichzeitig die Energieeffizienz steigern, immer beliebter. Unsere Kunden können mit unseren Produkten und Dienstleistungen beispielsweise Heizkosten spa-

**Bild 3**
Allein 2017 hat ENTEGA mehr als 100 Ladesäulen in hessischen Kommunen errichtet [Fotografie: © Jürgen Mai]

ren (ENTEGA Wärme komplett), Ökostrom selbst erzeugen (ENTEGA Solarstrom komplett), durch Smart Home-Lösungen Energie sparen und ihr Zuhause sicher machen sowie abgasfrei elektrisch mobil unterwegs sein. Dieses können Besitzer von Elektroautos mit der ENTEGA Ladekarte ganz einfach realisieren. Für die Fuhrparks von Geschäftskunden haben wir attraktive Angebote für unsere Stromtankstellen.

Besonders nützlich für unsere Geschäftskunden ist das webbasierte ENTEGA-Energiemanagement-Portal: eine ganzheitliche Lösung zur Überwachung, Auswertung und Berichterstattung von Energiedaten und Effizienzkennzahlen, welche die Nutzer bei der Erfüllung der Anforderungen der Zertifizierungen nach DIN EN ISO 50001, DIN EN 16247-1 sowie anderer alternativer Systeme gemäß Spitzenausgleich-Effizienzsystemverordnung effizient unterstützt.

Die Energiedienstleistungsprodukte der ENTEGA Energie werden ständig weiterentwickelt und ergänzt. So stellt beispielsweise der ENTEGA-Stromspeicher seit kurzem eine Ergänzung unseres Portfolios dar.

Die umfassenden Produkte und Dienstleistungen zur Steigerung der Energieeffizienz in der technischen Gebäudeausrüstung stellen ein besonders zukunftsträchtiges Geschäftsfeld dar. ENTEGA identifiziert bei gewerblichen und privaten Kunden, Baugesellschaften und Unternehmen der öffentlichen Hand Einspar- und Effizienzpotenziale und bietet Unterstützung an, wenn Maßnahmen ergriffen werden müssen. Ergänzt werden diese durch spezifische Angebote und Dienstleistungen im Anlagenbau sowie bei der Wartung technischer Anlagen.

### Elektromobilität voranbringen

Heutzutage will jeder mobil sein. Deswegen sind auf den Straßen immer mehr Autos unterwegs. Die Folgen des wachsenden Fahrzeugaufkommens sind zunehmende $CO_2$-Emissionen sowie giftige Stickoxide und Feinstaub. Diese belasten die Umwelt und gefährden die Gesundheit der Menschen. Für Abhilfe könnten der Ausbau der Elektromobilität und ein damit verbundener Mobilitätswandel sorgen.

Bis 2020 sollen bundesweit über 1 Million Elektroautos zugelassen werden. Die Elektromobilität schreitet jedoch nur langsam voran. ENTEGA hat deshalb das auf zwei Jahre ausgelegte Forschungsprojekt „E-Mobilität in der Region" initiiert und gibt Menschen aus der Region die Möglichkeit, die Nutzung eines Elektroautos kostenlos auszuprobieren und will damit die Akzeptanz für Elektromobilität steigern. Gleichzeitig erhofft sich ENTEGA neue Erkenntnisse zu den Themen „Infrastruktur" und „Bereitschaft zur Nutzung von E-Mobilität".

Bei uns wird das Thema Elektromobilität seit Jahren vorangetrieben. Neben dem Forschungsprojekt „Elektromobilität in der Region" des ENTEGA NATURpur Instituts bietet die ENTEGA Energie den Fahrern von Elektrofahrzeugen mit dem hauseigenen Förderprogramm u. a. eine Ladekarte an, mit der diese ihr Fahrzeug europaweit an heute schon über 7.500 Säulen laden können. Weiter setzt sich ENTEGA mit dem Produkt „Stromtankstelle komplett" für den Ausbau der Ladeinfrastruktur sowohl im öffentlichen als auch im gewerblichen und privaten Bereich mit leistungsfähigen Ladesäulen und sogenannten „Wallboxen" (Wandmontage für Zuhause) ein. Auch für Unternehmen, die ihre Fahrzeugflotte auf Elektrofahrzeuge umstellen wollen, bietet ENTEGA einen Check, im Rahmen dessen ermittelt wird, welche Verbrenner sinnvoll durch E-Fahrzeuge ersetzt werden können und wie sich damit sogar Einsparpotenziale im Betrieb des Fuhrparks erzielen lassen.

Darüber hinaus stellte ENTEGA 2016 die Ergebnisse des dreijährigen Forschungsprojekts „Wheel2Wheel" vor, bei dem Elektrofahrzeuge als mobile Speicher in die regionalen Stromverteilungsnetze integriert wurden und dadurch einen wichtigen Beitrag zur Energiewende leisten können. Das Projekt wurde vom Bundesumweltministerium gefördert und konnte den Nachweis erbringen, dass Elektromobilität sogar die Versorgungssicherheit erhöhen kann.

Im Rahmen des aktuellen Projekts „Elektromobilität in Südhessen" haben wir in 2017 mehr als 100 Ladesäulen mit 200 Ladepunkten in südhessischen Kommunen errichtet. Dabei hat ENTEGA mit Unterstützung des Landes die Anzahl der öffentlich zugänglichen Ladepunkte in Hessen um fast 30 Prozent gesteigert. Weiterer Bestandteil des Projekts waren die Elektromobilitätswochen, die Kommunen auf Wunsch dazu buchen konnten. Sie erhielten dann eine Woche lang ein Elektroauto von ENTEGA für Testzwecke zur Verfügung gestellt. Die Kommunen konnten das Fahrzeug entweder im eigenen Fuhrpark einsetzen oder den Bürgerinnen und Bürgern vor Ort Testfahrten mit dem Elektroauto ermöglichen.

### ENTEGA Stiftung – Aus der Region für die Region

Als Ausdruck unserer Verantwortung für die Region und unseres Bestrebens um Nachhaltigkeit hat ENTEGA bereits 1999 die ENTEGA Stiftung gegründet. Mit der Stiftung bekräftigen wir unseren Willen, unabhängig vom Marktgeschehen Verantwortung in der Region und darüber hinaus zu übernehmen.

Die ENTEGA Stiftung will nahe an den Menschen einen Beitrag zu einer zukunftsfähigen Lebenswelt leisten. Dazu zählt auch der dauerhafte, nachhaltige Schutz der Umwelt. Insbesondere unter dem Gesichtspunkt der erneuerbaren Energieerzeugung, der Energieeffizienz sowie entsprechender innovativer Energietechnik und Energieanwendung.

Vor diesem Hintergrund hat es sich die ENTEGA Stiftung zur Aufgabe gemacht, Wissenschaft und Forschung im Hinblick auf Umwelt- und Klimaschutz zu fördern.

Ein weiterer Schwerpunkt ist die Förderung des gemeinnützigen bürgerschaftlichen Engagements, welches das Zusammenleben bereichert und identitätsstiftend für die Region ist. Dazu zählen Projekte und Veranstaltungen von Vereinen, Institutionen und Einrichtungen der Kinder-, Jugend- und Altenhilfe, Kunst und Kultur, Sport, Bildung und Erziehung sowie die Förderung des Wohlfahrtswesens.

→ www.entega-stiftung.de

### Externe Prinzipien und Gremien

Wir verpflichten uns zu Transparenz und orientieren unser Handeln und unsere Berichterstattung über die regulatorischen Vorschriften hinaus an allgemein anerkannten nationalen und internationalen Richtlinien und Standards. So sind wir Mitglied der Gold-Community der Global Reporting Initiative (GRI).

Wir leben Nachhaltigkeit konkret: Zum Beispiel ist der Großteil unseres Ökostroms für Privatkunden nach dem Initiierungsmodell von ok-power, das wir mit dem Verein EnergieVision entwickelt haben, zertifiziert. Damit verpflichten wir uns, zum Ausbau von regenerativen Anlagen beizutragen, deren zusätzlicher Nutzen den real abgesetzten Ökostrommengen zugeordnet werden kann. Dieser direkte Umweltnutzen, der durch den Bezug von Ökostrom entsteht, ist einzigartig und setzt neue Standards in der Zertifizierung von Stromtarifen. Unseren Geschäftskunden bieten wir Ökostrom aus physischer Wasserkraft an, der vom TÜV Rheinland zertifiziert ist.

Darüber hinaus verpflichten wir uns auf freiwilliger Basis dem Global Compact der Vereinten

Nationen. Wir sind freiwilliges Mitglied des CDP (Carbon Disclosure Project) und setzen damit ein deutliches Zeichen dafür, dass wir den Faktor Klimawandel und seine physischen, regulatorischen und marktbedingten Konsequenzen systematisch in unsere strategische Ausrichtung, unser Risikomanagement und in unsere Unternehmenssteuerung integriert haben.

Als Träger des Deutschen Nachhaltigkeitspreises sind wir Mitglied der Initiative N100. Darüber hinaus engagieren wir uns in zahlreichen weiteren Verbänden, die sich dem Klimaschutz und der Energiewende verpflichtet haben, und pflegen die Kommunikation mit ihnen. So sind wir zum Beispiel Mitglied im Sustainability Leadership Forum, welches vom Bundesdeutschen Arbeitskreis für Umweltbewusstes Management (B.A.U.M. e.V.) und dem Centre for Sustainability Management der Leuphana Universität Lüneburg begleitet wird.

ENTEGA ist Mitglied der Nachhaltigkeitskonferenz Hessen, dem obersten Entscheidungsgremium der Nachhaltigkeitsstrategie Hessen, und engagiert sich im Lernnetzwerk $CO_2$-neutrale Landesverwaltung Hessen.

---

**ENTEGA AG**
Marcel Wolsing
Leiter Nachhaltigkeitsmanagement
Frankfurter Straße 110
64293 Darmstadt

Telefon: 06151 701-1115
Telefax: 06151 701-1019
E-Mail: marcel.wolsing@entega.ag
Internet: www.entega.ag

**Über ENTEGA**

Wir sind einer der größten ökologischen Regionalversorger Deutschlands und befinden uns mehrheitlich im Besitz der Wissenschaftsstadt Darmstadt. Mit unseren Tochtergesellschaften sind wir in den Geschäftsfeldern Energieerzeugung, Energiehandel, Energievertrieb, Energienetze, öffentlich-rechtliche Betriebsführung und Shared Services aktiv. Wir betreiben rund 20.000 Kilometer Energie-, Kommunikations- und Wassernetze und kümmern uns mit unseren rund 2.000 Mitarbeitern um 700.000 Kunden. Wir verfolgen eine konsequente Nachhaltigkeitsstrategie, für die wir 2013 mit dem renommierten Deutschen Nachhaltigkeitspreis ausgezeichnet wurden. Unsere Vertriebstochter ENTEGA Energie ist einer der größten Anbieter von klimaneutralen Energien in Deutschland. Wir verkaufen nicht nur Ökostrom und klimaneutrales Erdgas, sondern investieren auch in den Umbau der Energieversorgung. Dabei haben wir das ambitionierte Ziel, den Bedarf unserer Ökostromprivatkunden mit selbst erzeugtem Strom abzudecken, den wir gemeinsam mit unseren Partnern in eigenen Anlagen erzeugen. In den letzten zehn Jahren haben wir rund eine Milliarde Euro investiert: in Windparks, Photovoltaik-Anlagen, hochmoderne Gaskraftwerke, aber auch in die Produktion von Biogas und in Geothermie. Der Transformationsprozess der Energiewirtschaft, weg von einer zentralen nuklearen und fossilen Erzeugung hin zu einer dezentralen Energiewelt, ist schon weit fortgeschritten. Über 85 Prozent erneuerbare Einspeisung ist bereits heute möglich. Wir als ENTEGA sind nicht nur Energiedienstleister, sondern Mitgestalter der Energiewende, Partner der Region und Lebensraummanager der Menschen.

# Voller Energie für die Zukunft

Frank Rolle | ESWE Versorgungs AG
Jürgen Vorreiter | ESWE Versorgungs AG

Der Wiesbadener Energiedienstleister ESWE Versorgung verkauft bundesweit Elektrizität und Gas. In Wiesbaden setzt er Zeichen bei Nachhaltigkeit und Klimaschutz.

### 15 erfolgreiche Jahre: Der ESWE Innovations- und Klimaschutzfonds

Beim Thema Energiewende spielt in Wiesbaden und Hessen die ESWE Versorgungs AG eine bedeutende regionale Rolle. Ein wichtiges Instrument zur Verwirklichung der Wiesbadener Klimaschutzziele: der ESWE-eigene Innovations- und Klimaschutzfonds, der seit 2002 besteht.

Das klare Ziel des Fonds: einen effizienteren und ressourcenschonenden Umgang mit Energie nahebringen und ermöglichen. Unterstützt werden Energieeinsparungen und erneuerbare Energien ebenso wie vielversprechende neue Technologien. Diese erhalten aus Mitteln des Innovations- und Klimaschutzfonds eine Anschubfinanzierung. Ein neunköpfiger Sachverständigenbeirat berät über die Förderanträge. Dieser Beirat setzt sich aus Energiefachleuten aus Politik, Forschung, Umweltverbänden und Versorgungswirtschaft zusammen und entscheidet über die gestellten Förderanträge.

„Für die ersten fünf Jahre hatten wir ein Startkapital von fünf Millionen Euro in den ESWE Innovations- und Klimaschutzfonds eingebracht", berichtet Ralf Schodlok, Vorstandsvorsitzender der ESWE Versorgungs AG. „Seitdem werden kontinuierlich Mittel aus unserem Jahresergebnis zugeführt." So wurden von 2002 bis 2017 Förderzusagen über mehr als 16,3 Millionen Euro gemacht. „Mit diesen Fondsmitteln haben wir in Wiesbaden und Umgebung rund 780 Gebäude energetisch saniert - vom Einfamilienhaus bis zur großen Schule", erklärt Dr. Ulrich Schmidt, Leiter des Sachverständigenbeirats. „Allein damit haben wir den Ausstoß des Klimagases Kohlendioxid um 28 600 Tonnen pro Jahr reduziert."

Daneben wurden weitere 125 Projekte gefördert, unter anderem Wärmepumpen, Mikro-KWK-Anlagen, Brennstoffzellen, Holzpelletkessel, Passivhäuser, Stromladesäulen für Elektroautos, das Solarkataster der Stadt Wiesbaden, Lüftungsanlagen für Schulen und die Umstellung der Straßenbeleuchtung auf besonders energiesparende LED-Leuchten.

„Förderanträge können von allen Privatpersonen, Institutionen und Unternehmen gestellt werden, sofern sie Kunde von ESWE sind und das Projekt in Wiesbaden oder der Umgebung reali-

**Bild 1**
Die ESWE Versorgungs AG hat ihren Sitz in Wiesbaden [Foto: © ESWE Versorgungs AG]

siert wird", sagt Vorstandsmitglied Jörg Höhler. „Das Besondere daran ist, dass die Projekt-Zuschüsse nicht zurückgezahlt werden müssen." Bezuschusst wird ein Vorhaben mit 10 bis 50 Prozent der Investitionssumme - je nach öffentlichem oder wissenschaftlichem Interesse. Die gleichzeitige Nutzung zusätzlicher Fördermittel, etwa von der KfW, ist möglich. Die Gesamtförderung darf allerdings 50 Prozent der Projektkosten nicht überschreiten.

Doch was ist das beste Förderprogramm ohne Beratung? Im ESWE Energie CENTER (zwei in Wiesbaden, eines in Taunusstein) helfen Experten den Kunden direkt bei ihren Anfragen. Mit Tipps und einem umfangreichen, kostenlosen Servicescheckheft unterstützt ESWE zudem Kundeninitiativen zur Verringerung ihres Energiebedarfes.

### Gas + KWK = doppelte Emissionsvermeidung[2]

Bereits seit 2012 beliefert ESWE Versorgung alle seine privaten und gewerblichen Tarifkunden mit klimaneutralem Erdgas. Zuverlässig überwacht und zertifiziert wird dieser Ausgleichsprozess durch den TÜV Rheinland.

Zur Steigerung der Energieeffizienz bei der Verwendung von Gas ist die Kraft-Wärme-Kopplung (KWK) eine interessante Variante. Durch die gleichzeitige Erzeugung von Strom und Wärme direkt vor Ort wird nicht nur der Energieinhalt des eingesetzten Gases optimal ausgenutzt, zudem entfällt der Transport der Elektrizität vom Kraftwerk über mehrere Umspanntransformatoren und die elektrischen Leitungsnetze zum Kunden. Aus diesem Grund setzt die ESWE Versorgungs AG Blockheizkraftwerke (BHKW) ein, die zum Teil mit $CO_2$-neutralem Biomethan statt Erdgas arbeiten.

ESWE betreibt eigene KWK-Anlagen im Leistungsbereich von 15 $kW_{elektr}$ mit bis zu 2 145 $kW_{elektr}$ und beteiligt sich außerdem in Zusammenarbeit mit einzelnen Kunden an Feldtests von sehr kleinen KWK-Geräten für den Privathaushalt. Ziel ist es, die Wirtschaftlichkeit und das Betriebsverhalten kennen zu lernen, da Mini-BHKW auf Grund der höheren spezifischen Anschaffungskosten nicht in jedem Fall gewinnbringend einzusetzen sind. Die Durchführung von solchen Feldtests dient auch dazu, den Überblick über die technischen Entwicklungen zu behalten und Kunden umfassend und kompetent beraten zu können.

Darüber hinaus partizipiert ESWE an der Erprobung der Power-to-gas (P2G)-Technologie. Ziel ist es, die von Windkraft- oder Photovoltaik (PV)-Anlagen erzeugte, aber nicht gleichzeitig vom Kun-

**Bild 2**
In der Leitstelle haben Mitarbeiter die Wiesbadener Energienetze rund um die Uhr im Blick [Foto: © ESWE Versorgungs AG]

**Bild 3**
Der Wärmependelspeicher in einem Heizkraftwerk gleicht Schwankungen im Wärmebedarf aus [Foto: © ESWE Versorgungs AG]

**Bild 4**
Das Biomasse-Heizkraftwerk macht aus Sperrmüll, Alt- und Restholz ökologisch Elektrizität und Fernwärme [Foto: © ESWE Versorgungs AG]

Voller Energie für die Zukunft

**Bild 5**
Um aktuelle Heiztechnik zu erproben, beteiligt ESWE Versorgung sich an Mikro-KWK-Feldtests
[Foto: © ESWE Versorgungs AG]

den benötigte elektrische Energie mit Hilfe der Elektrolyse in Gas umzuwandeln. Das so synthetisch produzierte Wasserstoffgas kann gespeichert oder dem Gasverteilungsnetz beigemischt werden. Wenn der Bedarf an elektrischer Energie die Lieferung aus Windkraft- und PV-Anlagen übersteigt, kann das Gas dann wieder zur Energiegewinnung in KWK-Anlagen eingesetzt werden. Damit relativieren sich die Verluste bei der Umwandlung von elektrischer zu gasförmiger Energie.

Die Umwandlung von Gas in Kraft trägt auch zur Energiewende im Verkehrssektor bei. Bereits 1999 eröffnete der 2009 mit ESWE verschmolzene Gaswerksverband Rheingau seine erste Gastankstelle. Seitdem hat ESWE in Kooperation mit örtlichen Betreibern zwei weitere Gastankstellen errichtet und fördert die Anschaffung eines erdgasbetriebenen Pkw unter bestimmten Voraussetzungen mit der kostenlosen Bereitstellung von 500 Kilogramm Erdgas.

### Stromerzeugung: dezentral und erneuerbar

Strom wird Retro. Waren die Anfänge der elektrischen Energieerzeugung vor über 150 Jahren lokal geprägt, erfolgte ab dem Beginn des 20. Jahrhunderts eine Zentralisierung. Doch am Ende des gleichen Jahrhunderts setzte eine Gegenbewe-

**Bild 6**
Auch Brennstoffzellen-Mikro-KWK-Anlagen werden bei der ESWE Versorgungs AG getestet
[Foto: © ESWE Versorgungs AG]

**Bild 7**
Nach intensiver Vorplanung erweitert der Wiesbadener Energiedienstleister das Fernwärmenetz auch in der Wiesbadener Innenstadt [Foto: © ESWE Versorgungs AG]

gung ein. Dezentrale Anlagen – Kraft-Wärme-Kopplung (KWK), Biomasseanlagen, Windkraft, Photovoltaik (PV) – kamen vermehrt zum Einsatz. Innovationen und die Verbesserung von Produktionsprozessen führten zu einer Kostensenkung und erschlossen immer neue Käuferschichten. Gerade kundennah errichtete PV- sowie KWK-Anlagen sorgen für eine spürbare Umverteilung bei der Belastung der Stromnetze und ein Ende dieses Trends ist nicht abzusehen.

Auch ESWE Versorgung baut seine dezentrale Stromerzeugung weiter aus. Neben eigenen und bei Kunden geförderten Photovoltaik-Anlagen, ist ESWE inzwischen unmittelbar an 10 Windparks beteiligt, zum Teil gemeinsam mit der Thüga Erneuerbaren Energien GmbH. Dabei entsprechen die ESWE-Anteile insgesamt 44 Windenergieanlagen der 3-Megawatt-Klasse. Seit 2013 dient das große Biomasse-Heizkraftwerk an der Wiesbadener Deponie zur umweltschonenden Wärme- und Stromversorgung. Zudem ist die von ESWE Versorgung gelieferte elektrische Energie seit 2007 atomstromfrei.

Mit dem von der Landeshauptstadt Wiesbaden und ESWE geschaffenen Bürgerbeteiligungsmodell „Mein Solar Wiesbaden" konnten sich Wiesbadenerinnen und Wiesbadener ohne ein eigenes geeignetes Dach und vorhandene finanzielle Mittel am Ausbau der Photovoltaiktechnologie in Wiesbaden beteiligen. Das Ende 2011 gestartete Beteiligungsprogramm war so erfolgreich, dass bereits sieben Monate später alle Gesellschaftsanteile gezeichnet waren. Seit Mitte 2012 betreibt die „Mein Solar Wiesbaden" GmbH & Co. KG neun PV-Anlagen mit insgesamt 700 kWp (entspricht ca. 665 000 kWh jährlich).

Insgesamt eignen sich in der Landeshauptstadt rund 35 000 Gebäude für die Errichtung einer Solaranlage. Das entspricht einer Fläche von mehr als 2,2 Millionen Quadratmetern: Potenzial für einen Ertrag von rund 290 000 Megawattstunden Strom pro Jahr.

Sauberer Sonnenstrom für die eigene Steckdose – auch das macht ESWE Versorgung möglich. Der Wiesbadener Energiedienstleister hat mit „daheim SOLAR" ein Produkt auf den Markt gebracht, das Photovoltaikanlage und Stromspeicher in den eigenen vier Wänden vereint. Diese Lösung erlaubt es dem Kunden, rund 65 Prozent eigenproduzierten Strom zu nutzen. Das heißt im Gegenzug, dass lediglich 35 Prozent Strom für den eigenen Verbrauch zugekauft werden müssen.

Das Prinzip von „daheim SOLAR": Während der Sonnenstunden produziert die Photovoltaikanlage auf dem Dach Strom – zu einem Zeitpunkt

**Bild 8**
In eigenen ESWE Energie CENTERN werden Kunden direkt von Experten beraten [Foto: © ESWE Versorgungs AG]

also, zu dem die meisten Bewohner bzw. Familienmitglieder nicht zu Hause sind. Dieser Strom wird in einem Akkumulator gespeichert. Kommen die Bewohner heim, steht nach Sonnenuntergang die gespeicherte Energie zur Verfügung. Ist der Verbrauch höher als die Produktion, versorgt ESWE die Kunden mit ESWE Natur STROM. So ist der Nutzer von „daheim SOLAR" jederzeit zu 100 Prozent abgesichert.

Der besondere Clou: Wird mehr Strom als benötigt erzeugt, wird dieser gegen eine Vergütung gemäß Erneuerbare-Energien-Gesetz (EEG) ins Netz eingespeist. „daheim SOLAR" schont damit nicht nur den Geldbeutel, das Produkt ist auch ein aktiver Beitrag zum Klimaschutz.

Die ESWE Versorgungs AG übernimmt Beratung, Planung sowie den zuverlässigen Service. Bei Bedarf erhalten Kunden Unterstützung durch einen fachkundigen Finanzierungspartner. Ein zertifizierter Fachbetrieb aus der Region sorgt für die fachgerechte Installation und Inbetriebnahme. Darüber hinaus besteht die Möglichkeit einer Förderung in Höhe von bis zu 2.000 EUR durch den ESWE Innovations- und Klimaschutzfonds.

### Elektromobilität als ökologische Schlüsseltechnologie

Schadstofffrei Richtung Zukunft unterwegs sein – das soll in Wiesbaden schon bald zur Selbstverständlichkeit werden. Denn die Landeshauptstadt stellt aktuell die Weichen für ein wegweisendes Elektromobilitätskonzept. Federführend ist hierbei das Umweltamt. Als starker Partner steht die ESWE Versorgungs AG zur Seite.

Das Konzept soll einen Beitrag zu den Klimaschutzzielen der Landeshauptstadt Wiesbaden leisten, die Lärm- und Schadstoffemissionen (besonders die $NO_2$-Emissionen) mindern, ein Umdenken der Wiesbadener Bürgerschaft in Richtung nachhaltige Mobilität und einen bedarfsgerechten Ausbau der Ladeinfrastruktur ermöglichen sowie positive Anreize zur Nutzung von Elektromobilität setzen.

Tatsache ist: In Wiesbaden sind mehr als 155 000 Kraftfahrzeuge gemeldet, davon sind ca. 135 000 Pkw. Neben diesem Fahrzeugbestand finden erhebliche Pendlerbewegungen statt: So sind mit Stand Juni 2015 mehr als 70 000 Pendler/-innen nach Wiesbaden eingependelt und mehr als 45 000 ausgependelt.

ESWE Versorgung setzt seit 2011 auf Elektrofahrzeuge im eigenen Fuhrpark und eröffnete im Januar des gleichen Jahres Wiesbadens erste Strom-Tankstelle.

Im Juni 2017 lud ESWE zu Wiesbadens erstem „Tag der Elektromobilität" ein. Mit dem Elektromobilitätsprodukt „ESWE Stromtank SERVICE"

**Bild 9**
ESWE setzt auf Elektromobilität und hilft mit Stromtankstellen dabei, die notwendige Infrastruktur weiter auszubauen [Foto: © ESWE Versorgungs AG]

können Firmen Stromtankstellen ohne eigene Finanzierung, Installation, Betriebsführung, Instandhaltung und Wartung errichten. Auf Wunsch übernimmt ESWE sogar die Abrechnung.

ESWE Versorgung geht mit gutem Beispiel voran: Das Unternehmen hat für den eigenen Fuhrpark eine neue Strategie entwickelt. Dabei werden Elektro- oder Hybrid-Fahrzeuge bevorzugt und alle ESWE-Standorte mit Ladeinfrastrukturen ausgestattet. Alle Mitarbeiter dürfen ihre privaten E-Fahrzeuge kostenfrei am Arbeitsort laden.

Das Umdenken bei ESWE Versorgung geht mit Energie voran!

**ESWE Versorgung**

**ESWE Versorgungs AG**
Konradinerallee 25
65189 Wiesbaden

Fon: 0611 780-0
Fax: 0611 780-2339
E-Mail: info@eswe.com

# Das Pariser Klimaschutzabkommen und die Zukunft der freiwilligen $CO_2$-Kompensation

Jochen Gassner | First Climate AG

Das Pariser Klimaschutzabkommen vom Dezember 2015 markiert einen Wendepunkt in den internationalen Klimaschutzbemühungen. Ab 2020, wenn das Abkommen das auslaufende Kyoto-Protokoll ersetzt, wird erstmals ein global gültiges, rechtsverbindliches Abkommen die internationalen Klimaschutzaktivitäten auf staatlicher Ebene bestimmen. Mindestens bis es soweit ist, wird das freiwillige Engagement von Unternehmen, der öffentlichen Verwaltung oder von Privatpersonen, das auf den etablierten marktorientierten Mechanismen zur $CO_2$-Kompensation beruht, weiterhin eine wichtige Rolle spielen. Der vorliegende Beitrag gibt einen Überblick über den aktuellen Status des Marktes für die freiwillige $CO_2$-Kompensation und geht der Frage nach, welche Rolle er zukünftig unter den Regelungen des Pariser Klimaschutzabkommens spielen wird.

### Blick zurück: Die Anfänge des Marktes für die freiwillige Klimakompensation

Der Beginn des freiwilligen Kohlenstoffmarkts reicht rund 20 Jahre zurück. In den ersten Jahren des neuen Jahrtausends begannen Unternehmen, sich für den Klimaschutz zu engagieren und ihre Treibhausgasemissionen zu kompensieren.

Das Kyoto-Protokoll wurde 1997 von der Klimarahmenkonvention der Vereinten Nationen angenommen. Es ist seit 2005 in Kraft und damit der erste völkerrechtlich verbindliche Vertrag zur Bekämpfung des Klimawandels. Für zwei Verpflichtungsperioden (2008-2012, 2013-2020) haben sich Industriestaaten (Annex B Countries) dazu verpflichtet, ihre Treibhausgasemissionen um 5,2% (2008-2012) und 18% (2013-2020) im Vergleich zu 1990 zu senken. Die Treibhausgasreduktion der Industriestaaten soll unter dem Kyoto-Protokoll in erster Linie in den Staaten selbst umgesetzt werden. Das Vertragswerk sieht aber auch die Möglichkeit vor, durch den Einsatz des flexiblen Clean Development Mechanism Emissionsreduktionen in Entwicklungs- und Schwellenländern umzusetzen. Reduktionen im Rahmen eines Kaufs der Emissionsreduktionen können durch die Industriestaaten auf deren Reduktionsziele angerechnet werden.

Damit wurde das Instrument der Klimakompensation für den verpflichtenden Kohlenstoffmarkt etabliert. Durch die klare Trennung zwischen Industrieländern mit Emissionsreduktionszielen (aber der Möglichkeit zum Ankauf von Emissionsreduktionen) und Entwicklungs- und Schwellenländern ohne Emissionsreduktionsziele (und der Möglichkeit zum Verkauf von Emissionsreduktionen) sind Käufer und Lieferanten auf dem Markt der Klimakompensation definiert. Dies gilt sowohl für den verpflichtenden als auch für den freiwilligen Kohlenstoffmarkt.

Im freiwilligen Kohlenstoffmarkt werden Emissionen von Unternehmen in Industrieländern durch den Kauf von zertifizierten Emissionsreduktionen aus Projekten in Entwicklungs- und Schwellenländern ohne Emissionsreduktionsziel unter dem Kyoto-Protokoll ausgeglichen.

Über die Jahre hat sich die Infrastruktur des Marktes für Klimakompensation in Form von z. B. Standards zur Projektzertifizierung und Registern zur Abwicklung von Zertifikatstransaktionen herausgebildet. Das Angebot an Projekttypen und Projekten ist kontinuierlich gewachsen, ebenso die Anzahl an Marktteilnehmern und Kunden. Projekte aus Entwicklungs- und Schwellenländern und die in den Projekten realisierten Emissionsreduktionen bilden bis heute die Basis für die Kompensation der Emissionen von Privatpersonen, Unternehmen und anderen Organisationen. Projekte aus Industrieländern, insbesondere solchen, die das Kyoto-Protokoll nicht ratifiziert haben (wie bspw. die USA), stellen hingegen eine Ausnahme dar.

### Status des freiwilligen Kohlenstoffmarktes

Auch wenn das Volumen an zertifizierten Emissionsreduktionen und gehandelten $CO_2$-Zertifikaten im Vergleich zum verpflichtenden Emissionshandelsmarkt klein ist, kann der Markt für freiwillige Klimakompensation heute als Erfolgsgeschichte und als zentrales Element des freiwilligen, privatwirtschaftlichen Engagements für den Klimaschutz bezeichnet werden.

Seit den Anfängen des Markts ist das Volumen der weltweit kompensierten Emissionen stark angewachsen. Dies lässt sich an der Entwicklung der im Markt gehandelten Emissionsreduktionen ablesen (Bild 1). Die wesentliche Kenngröße für den Beitrag des freiwilligen $CO_2$-Markts zum Klimaschutz ist das „stillgelegte" Volumen an $CO_2$-Zertifikaten. Auch hier zeigt sich über die vergan-

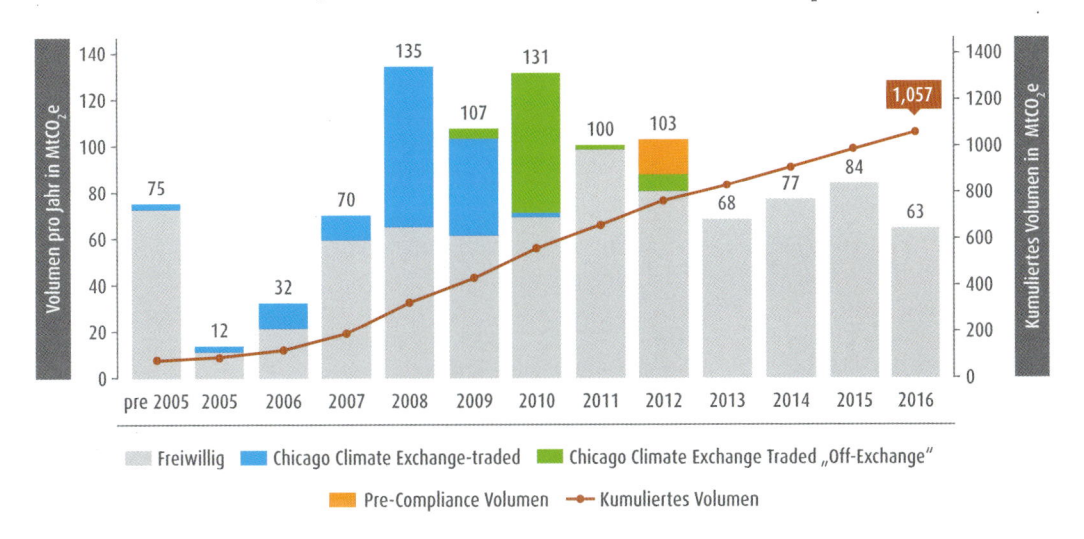

**Bild 1**
Entwicklung des Transaktionsvolumens im freiwilligen CO₂-Markt
[© Forest Trends' Ecosystem Marketplace]

genen Jahre hinweg betrachtet ein signifikanter Anstieg (Bild 2).

Zur Klimakompensation wurden in 2016 vor allem zwei Typen von Emissionsreduktionsprojekten herangezogen: Erneuerbare Energien wie Windkraft, Wasserkraft, Biomasse und Photovoltaik sowie Landnutzungs- und Forstprojekte. Bei letzteren unterscheidet man die Vermeidung von Abholzung (REDD) von Aufforstungsprojekten und solchen, die auf der Einführung nachhaltiger Forstmanagement-Methoden beruhen. Während Landnutzungs- und Forstprojekte im Rahmen des Clean Development Mechanism nicht oder nur sehr eingeschränkt umgesetzt wurden, werden sie im Rahmen der freiwilligen Klimakompensation heute stark nachgefragt und sind damit wichtige Elemente des freiwilligen Kohlenstoffmarkts. Ähnliches gilt für Projekte zur Steigerung der Energieeffizienz in Haushalten, etwa durch den Einsatz von effizienten Herden oder von Filtern zur Wasseraufbereitung. Für den verpflichtenden Emissionshandel ob des erforderlichen Entwicklungsaufwandes sowie des zumeist überschaubaren Umfangs nur eingeschränkt geeignet, stellen Projekte, die Familien in Entwicklungsländern effizienteres Kochen ermöglichen oder mit sauberem Wasser versorgen, einen am freiwilligen Kohlenstoffmarkt beliebten Projekttyp dar. Der große Nachhaltigkeitsnutzen dieser Projekte rechtfertigt deshalb die im Vergleich zu anderen Projekttypen höheren Projektentwicklungsrisiken und -kosten.

Herkunftsregionen für Projekte zur internationalen Klimakompensation (Kompensation von Emissionen mit Emissionsreduktionen aus einem anderen Land) sind vor allem Südasien, Südostasien und Ostasien, sowie Teile von Lateinamerika und Afrika. In Nordamerika und in wesentlich geringerem Ausmaß in Australien und Europa hat sich ein Angebot zur national orientierten Kompensation von Treibhausgasemissionen gebildet. Dabei werden Emissionen in bspw. den USA durch Emissionsreduktionen aus US-amerikanischen Projekten kompensiert.

Die Käufer im freiwilligen Markt sind in erster Linie privatwirtschaftliche Unternehmen mit Sitz in Nordamerika, Europa und Australien. Die-

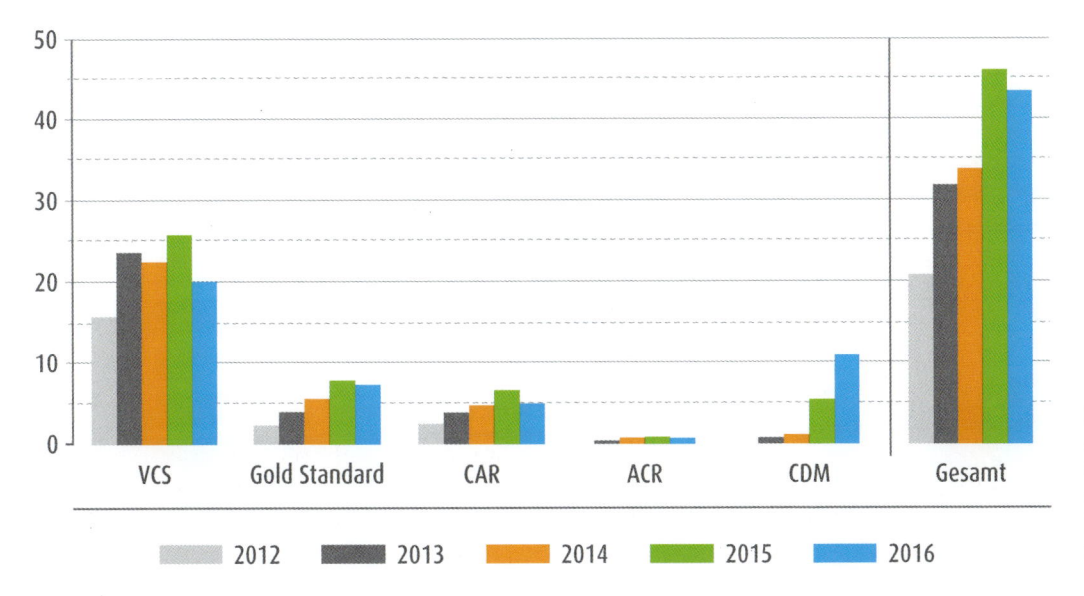

**Bild 2**
Anteile einzelner Zertifizierungsstandards an den Stilllegungen
[ICROA, eigene Berechnungen]

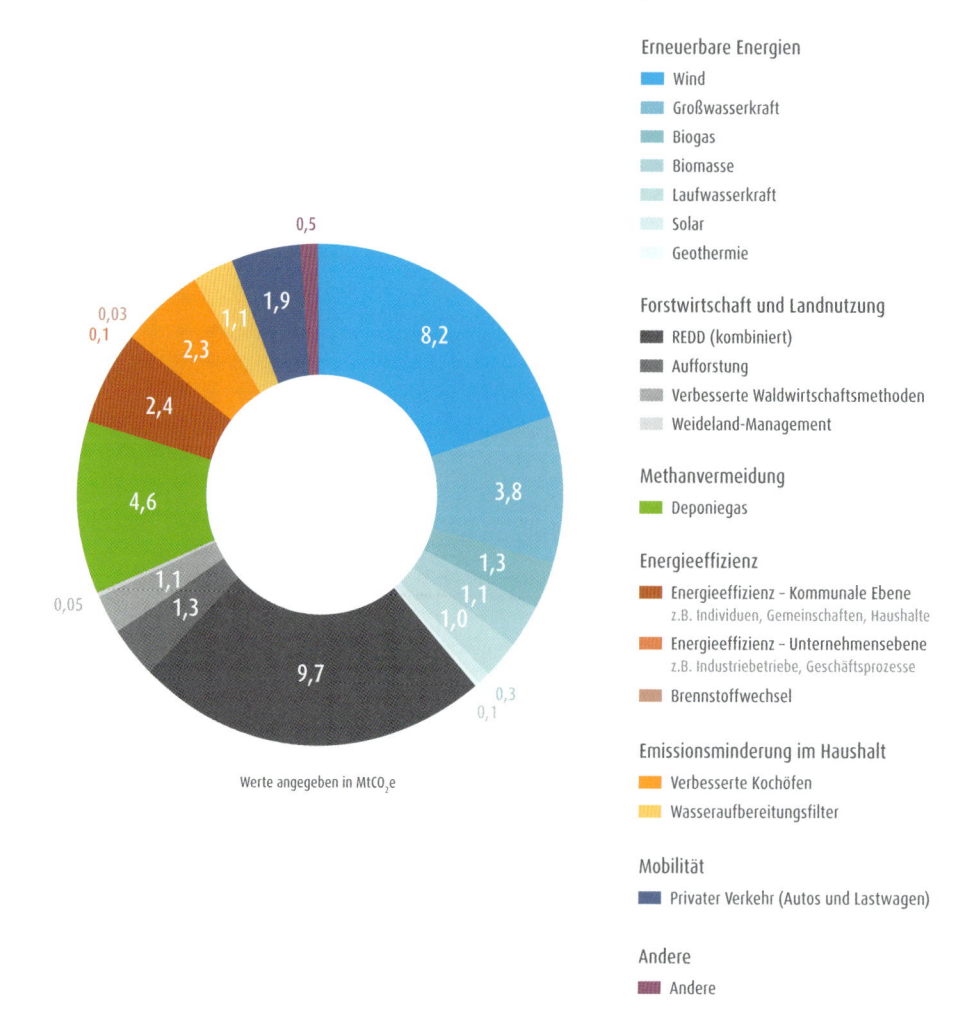

## Das Pariser Klimaschutzabkommen und die Zukunft der freiwilligen CO₂-Kompensation

**Erneuerbare Energien**
- Wind
- Großwasserkraft
- Biogas
- Biomasse
- Laufwasserkraft
- Solar
- Geothermie

**Forstwirtschaft und Landnutzung**
- REDD (kombiniert)
- Aufforstung
- Verbesserte Waldwirtschaftsmethoden
- Weideland-Management

**Methanvermeidung**
- Deponiegas

**Energieeffizienz**
- Energieeffizienz – Kommunale Ebene
  z.B. Individuen, Gemeinschaften, Haushalte
- Energieeffizienz – Unternehmensebene
  z.B. Industriebetriebe, Geschäftsprozesse
- Brennstoffwechsel

**Emissionsminderung im Haushalt**
- Verbesserte Kochöfen
- Wasseraufbereitungsfilter

**Mobilität**
- Privater Verkehr (Autos und Lastwagen)

**Andere**
- Andere

Werte angegeben in MtCO₂e

Werte im Diagramm: 0,5 · 1,9 · 1,1 · 2,3 · 0,1 · 0,03 · 2,4 · 4,6 · 0,05 · 1,1 · 1,3 · 9,7 · 0,1 · 0,3 · 1,0 · 1,1 · 1,3 · 3,8 · 8,2

**Bild 3**
Volumen gehandelter Emissionseinsparungen nach Projektarten
[© Forest Trends' Ecosystem Marketplace]

se Unternehmen kompensieren entweder Emissionen, die im Zusammenhang mit ihrer Geschäftstätigkeit stehen (z. B. aus dem Energieverbrauch für Heizen, Kühlen oder für Mobilität) oder aber Emissionen, die im direkten Zusammenhang mit ihren Produkten und Dienstleistungen stehen (klimaneutrale Logistikdienstleistungen, klimakompensiertes Erdgas etc.).

Klimakompensation wird in einer ganzen Reihe von Sektoren als Instrument des Klimaschutzes eingesetzt. Hervorzuheben sind in diesem Zusammenhang aber die Energiewirtschaft, der Transportsektor sowie die Finanzbranche. Die wichtigsten Motivationsfaktoren für Klimakompensation in den Unternehmen sind dabei der allgemeine Wunsch, Verantwortung für den Klimaschutz zu übernehmen, das Bestreben, Markenimage und Reputationsmanagement zu verbessern sowie die Absicht, sich vom Markt zu differenzieren.

### Freiwillige Initiativen des unternehmerischen Klimaschutzes

Auf der Pariser Klimaschutzkonferenz haben sich die Unterzeichnerstaaten im Dezember 2015 darauf verständigt, auf eine Begrenzung des globalen Temperaturanstiegs auf höchstens 2 °C (Zielwert 1,5 °C) im Vergleich zur globalen Durchschnittstemperatur der vorindustriellen Epoche hinzuarbeiten. Das Pariser Klimaabkommen und das 2-Grad-Ziel wirken seither als Moti-

**Bild 4**
Umfang der Offsets nach Ländern [© Forest Trends' Ecosystem Marketplace]

**Umfang der Offsets nach Ländern**
- 0 – 99.999
- 100.000 – 999.999
- 1.000.000 – 10.000.000
- > 10.000.000

|  | |
|---|---|
| Nordamerika | 10.1 MtCO₂e |
| Lateinamerika & Karibik | 5.8 MtCO₂e |
| Europa | 0.9 MtCO₂e |
| Nicht-EU Europa | 1.9 MtCO₂e |
| Asien | 21.5 MtCO₂e |
| Afrika | 5.8 MtCO₂e |
| Ozeanien | 0.6 MtCO₂e |

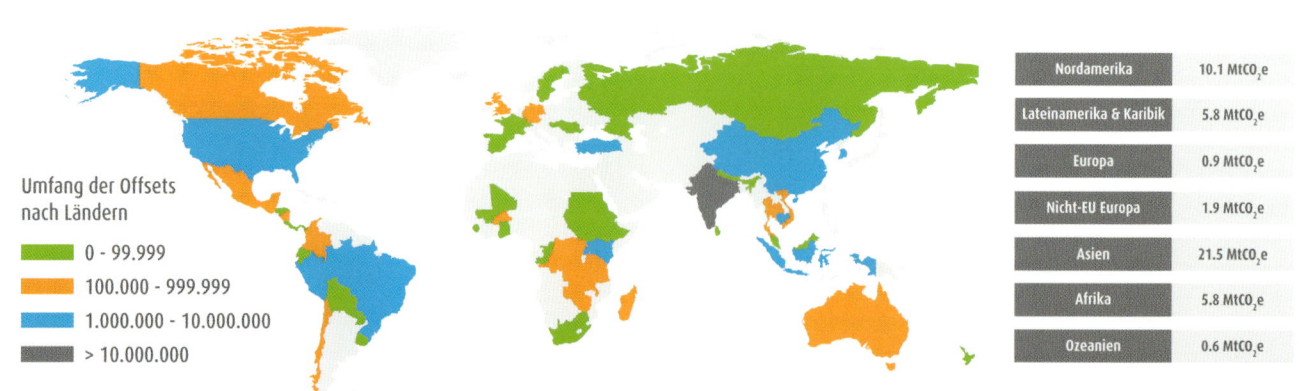

## Motive für unternehmerisches Klimaschutzengagement

|  |  |
|---|---|
| Verantwortungsbewusstsein | 33% |
| Reputation / Markenimage | 22% |
| Marktdifferenzierung | 13% |
| Arbeitnehmerengagement | 9% |
| Umweltbewusstsein | 7% |
| Pre-Compliance | 6% |
| Internalisierung von $CO_2$-Kosten | 4% |
| Risikovermeidung | 2% |
| Andere | 2% |

vationsfaktor und als Richtschnur für den unternehmerischen Klimaschutz.

Die Notwendigkeit für Klimaschutzanstrengungen des privaten Sektors ergibt sich dabei aus der Tatsache, dass die seit der Pariser Klimaschutzkonferenz von Regierungen vorgelegten nationalen Aktionspläne zur Reduktion von Treibhausgasemissionen bei weitem nicht ausreichend sind, um das 2-Grad-Ziel zu erreichen. Man spricht vom „Ambition Gap" des Klimaschutzabkommens (Bild 6).

Freiwillige Initiativen des unternehmerischen Klimaschutzes haben zum Ziel, die Ambition Gap auf dem Weg zum 2-Grad-Ziel zu verkleinern.

Beispiele für erfolgreiche Initiativen in diesem Bereich sind:

- NAZCA – Non-State Actor Zone for Climate Action

NAZCA ist eine bei der Klimarahmenkonvention der UN (United Nations Framework Convention on Climate Change – UNFCCC) angesiedelte Plattform, die Klimaschutzinitiativen von Unternehmen, Städten und Regionen erfasst und überblicksweise darstellt. NAZCA wird unter anderem von CDP, UN Global Compact und der Climate Group unterstützt. Die Plattform verzeichnete im Oktober 2017 rund 2000 Einträge von Unternehmen und mehr als 2500 Einträge von Städten und Regionen.

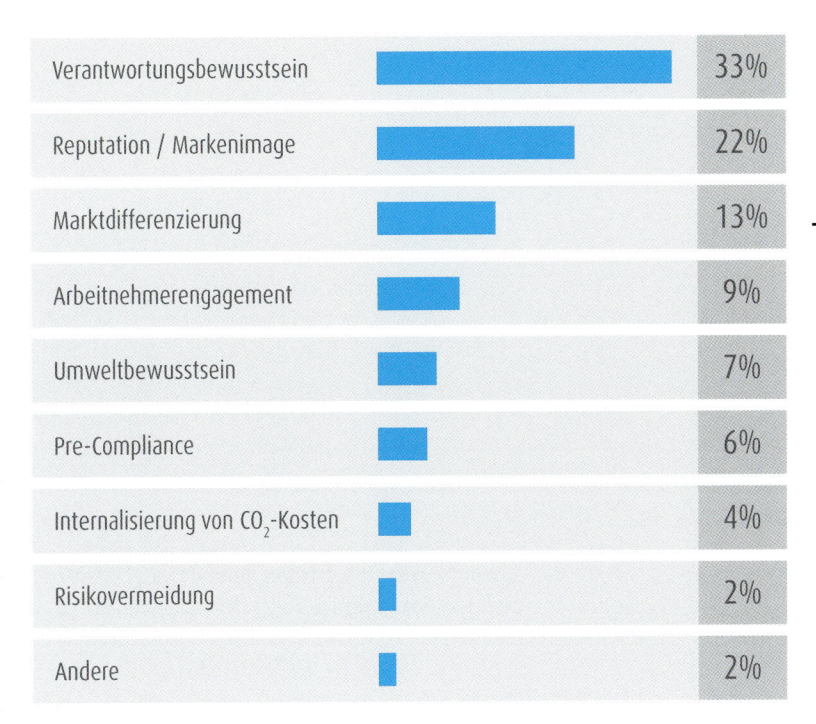

**Bild 5**
Motive für unternehmerisches Klimaschutzengagement [© ICROA]

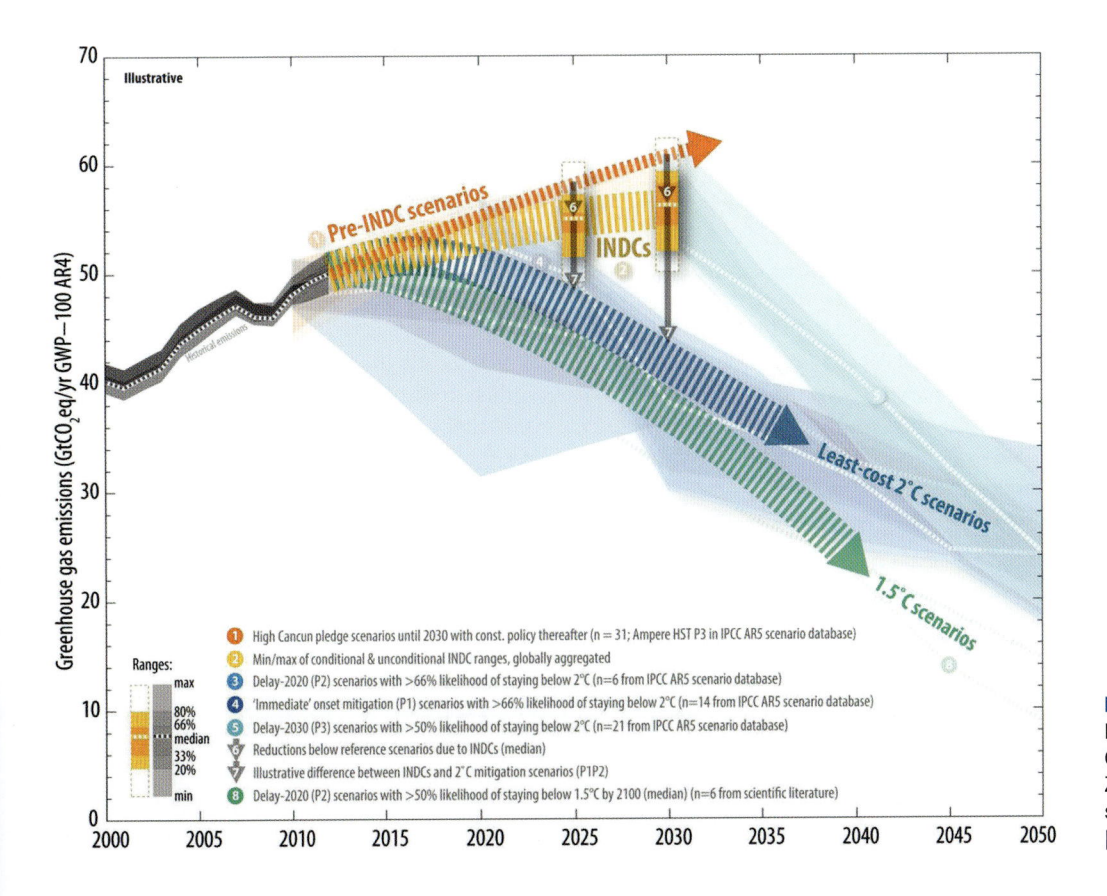

**Bild 6**
Entwicklung der globalen $CO_2$-Emissionen unter Zugrundelegung verschiedener Szenarien [© unfccc]

- Science Based Targets – die Initiative für wissenschaftsbasierte Klimaziele

Die Science Based Targets-Initiative setzt sich für die Verbreitung von wissenschaftsbasierten Klimazielen in Unternehmen ein. Wissenschaftsbasierte Ziele sind dabei Ziele, die im Einklang mit dem Stand der Wissenschaft zur Emissionsreduktion zur Erreichung des 2-Grad-Ziels stehen. Ausgangspunkt zur Zielsetzung soll dabei ein globales Emissionsbudget sein, das auf Sektoren und Unternehmen allokiert wird. Die Science Based Targets-Initiative wird unterstützt von CDP, dem World Resources Institute, UN Global Compact und dem WWF.

- RE100

Die Initiative RE100 setzt sich dafür ein, die Nachfrage nach nachhaltig erzeugter Energie im Bereich der Wirtschaft weiter zu steigern. In der Initiative, die von der non-profit Organisation Climate Group sowie von CDP unterstützt wird, schließen sich führende internationale Unternehmen zusammen, die sich dem Ziel „100% erneuerbare Energie" verschrieben haben. Sie wollen als Best-Practice-Vorbilder Überzeugungsarbeit leisten und andere Unternehmen dazu anregen, sich in gleicher Weise für den Klimaschutz zu engagieren. Die Zahl der Unterstützer der Initiative wächst beständig.

- Task Force on Climate-related Financial Disclosure

Die Task Force on Climate-related Financial Disclosure hat es sich zum Ziel gesetzt, Standards für das Berichtswesen zu Klimarisiken und -chancen zu entwickeln und zu verbreiten. Unter anderem sollen Unternehmen auch berichten, wie zukunftsfähig ihr Geschäftsmodell unter einem 2-Grad-Szenario ist.

### Das Pariser Klimaabkommen und die freiwillige Klimakompensation

Mit dem Inkrafttreten des Pariser Abkommens von 2015 wird die Unterscheidung zwischen Industrie-, Schwellen- und Entwicklungsländern beim Klimaschutz aufgebrochen. 196 Parteien (von insgesamt 197 Parteien der UNFCCC) haben sich dazu verpflichtet, ihre Treibhausgase zu mindern und sich zum 2-Grad-Ziel bekannt. Um dieses Ziel zu erreichen, haben die einzelnen Parteien der UNFCCC nationale Aktionspläne, die Nationally Determined Contributions (NDCs), verfasst und eingereicht. Bis dato (Stand Oktober 2017) haben 168 Länder das Abkommen ratifiziert und ihre NDCs an die UNFCCC übermittelt.

Allgemein gesprochen, legen die NDCs Emissionsreduktionsziele bis 2030 auf nationaler Ebene fest. Darüber hinaus definieren sie sektorspezifische Maßnahmen und Programme zur Erreichung dieser Zielvorgaben. Dabei sind die NDCs überaus heterogen und unterscheiden sich hinsichtlich der Arten von Zielen (bspw. absolutes Ziel, Intensitätsziel, Reduktion gegenüber einem Referenzszenario), der Fristen zur Zielerreichung (Jahresziele vs. Zielerreichung am Ende der Periode bis 2030), des Umfangs der Ziele und der Emissionsreduktionsaktivitäten (economy wide vs. sektorale Einschränkung).

Während die Details der Regeln für die internationalen Marktmechanismen des Pariser Klimaabkommens noch verhandelt werden und nicht vor Ende 2018 mit Klarheit über den länderübergreifenden Handel mit Emissionsreduktionen zu rechnen ist, werden schon heute auf nationaler Ebene Instrumente ($CO_2$-Steuern, nationale Emissionshandelssysteme, Kompensationsmechanismen) zur Erreichung der Emissionsreduktionsziele entwickelt und implementiert. Fest steht, wenn das Pariser Abkommen das Kyoto-Protokoll zum 1. Januar 2021 ablöst, wird dies Auswirkungen auf den Markt für die freiwillige Klimakompensation haben, die zum Teil heute schon absehbar sind:

- Länder, die unter dem Kyoto-Protokoll und auf dem freiwilligen Kohlenstoffmarkt in seiner aktuellen Ausgestaltung als Lieferanten für $CO_2$-Zertifikate agieren, werden unter dem Pariser Klimaabkommen eigene Emissionsreduktionsziele zu erreichen haben. Exportierte Emissionsreduktionen können nicht auf die Erreichung der NDCs angerechnet werden; das Ziel muss um die exportierten Emissionsreduktionen korrigiert werden (corresponding adjustment). A priori ergibt sich daraus ein Konflikt zwischen der NDC-Zielerreichung und dem Verkauf von $CO_2$-Zertifikaten. Es ist also davon auszugehen, dass Länder ihre Emissionsreduktionen prioritär zur NDC-Zielerreichung verwenden, was das Angebot an Projekten und Zertifikaten für die Klimakompensation einschränken wird.

- Viele NDCs erfassen nicht die gesamten nationalen Emissionen. Vor allem NDCs von Entwicklungsländern beschränken sich auf die Reduktion von Emissionen in bestimmten Sektoren. Damit verbleiben andere wirtschaftliche Sektoren und deren Treibhausgasemissionen außerhalb der nationalen Aktionspläne und werden für die Erreichung der nationalen Ziele unter dem Pariser Abkommen nicht herangezogen und auch nicht erfasst. Diese Sektoren stehen auch nach 2020 für die Umsetzung von Emissionsreduktionsprojekten für den Markt der freiwilligen Klimakompensation zur Verfügung.

- Ziel des Pariser Klimaabkommens ist, dass alle Länder die Gesamtheit ihrer Emissionen erfassen und im Rahmen der NDCs abbilden. Viele Entwicklungs- und Schwellenländer sind davon allerdings noch Jahre, wenn nicht gar Jahrzehnte, entfernt. Dennoch kann davon ausgegangen werden, dass perspektivisch viele Länder den Anwendungsbereich ihrer NDCs erweitern, was die Möglichkeit zur Entwicklung von Projekten für den rein freiwilligen Kompensationsmarkt über die nächsten 10-15 Jahre weiter einschränken wird. Während also bestimmte Sektoren in Entwicklungs- und Schwellenländern von Anfang an im verpflichtenden Markt erfasst sein werden, werden die Emissionsreduktionen in anderen Sektoren in den ersten Jahren nach 2020 vom freiwilligen Kohlenstoffmarkt finanziert werden und danach sukzessive in den verpflichtenden Markt übergehen.

Wie kann nun Klimakompensation unter dem Pariser Klimaabkommen umgesetzt werden?

Denkbar sind drei mögliche Modelle:

**Modell 1:** Kompensationsprojekte werden in Sektoren außerhalb der NDCs des Gastlandes umgesetzt. CO$_2$-Zertifikate werden aus dem Gastland an einen freiwilligen Käufer exportiert.

Unter diesem Modell wird der Markt für freiwillige Klimakompensation unverändert fortgeführt. Eine Anpassung des NDC-Zieles des Gastlandes ist nicht nötig, weil die Emissionsreduktionen außerhalb der NDCs umgesetzt werden.

| Kyoto Protocol | Paris Agreement |
|---|---|
| · 37 Industrieländer mit top-down Zielvereinbarungen | · Staaten geben ein bottom-up Versprechen (NDCs) an den Klimaschutz ab |
| · CDM und JI Mechanismus generieren Kohlenstoffzertifikate innerhalb der UNFCCC | · Neue Marktmechanismen werden im Pariser Abkommen in Artikel 6 verankert |
| · Zertifikate des freiwilligen Kohlenstoffmarktes werden in Schwellen- und Entwicklungsländern generiert | · Stärkere Ambitionen sind nötig, um die Ziele des Pariser Abkommens zu erfüllen |

**Modell 2:** Kompensationsprojekte werden in Sektoren innerhalb der NDCs des Gastlandes umgesetzt. CO$_2$-Zertifikate werden aus dem Gastland an einen freiwilligen Käufer exportiert.

Technisch gesehen werden damit Compliance Zertifikate zur freiwilligen Kompensation verwendet. Die NDCs des Gastlandes sind um die exportierte Menge anzupassen – das NDC-Ziel wird strikter bzw. das verfügbare Emissionsbudget des Gastlandes verringert. Durch die Anpassung wird eine Doppelzählung der Emissionsreduktion (als Beitrag zu den NDCs des Gastlandes und zur Erreichung der Klimaneutralität eines Unternehmens) vermieden. Eigentümerin der Emissionsreduktion ist das klimaneutrale Unternehmen und nicht mehr das Gastland.

**Modell 3:** Emissionsreduktionsprojekte werden in Sektoren innerhalb der NDCs des Gastlandes umgesetzt. Die Emissionsreduktionen verbleiben im Gastland und es werden keine CO$_2$-Zertifikate generiert und exportiert.

Mit diesem Modell werden die Schwierigkeiten im Zusammenhang mit Doppelzählung und Eigentum der Emissionsreduktionen vermieden. Gleichzeitig wird die bisher angewandte Klimakompensation inklusive Zertifikattransfer ersetzt durch einen „Klimafinanzierungsansatz". Unternehmen finanzieren Emissionsreduktionsprojekte und tragen damit zur Erreichung des NDC-Ziels im Gastland bei. Sie können mir ihrem Beitrag zum Klimaschutz im Gastland werben, können jedoch nicht mehr beanspruchen, klimaneutral zu sein – die Emissionsreduktion verbleibt im Eigentum des Gastlandes.

Inwieweit sich eines dieser drei Modelle in der Post-2020-Ära des Pariser Klimaschutzabkommens als das dominierende durchsetzen wird, oder ob sie zukünftig gleichberechtigt koexistieren werden, ist derzeit noch nicht absehbar. Freiwilliges Klimaschutzengagement und ein funktionierender Kohlenstoffmarkt werden unabhängig davon auch zukünftig wichtige Bestandteile eines wirksamen globalen Klimaschutzengagements sein. Gleichwohl werden sich die Marktmechanismen an die neuen Rahmenbedingungen im Spannungsfeld zwischen den verbindlichen NDCs und

### Das Beispiel CORSIA: Marktbasierte $CO_2$-Kompensation in der Luftfahrt

Neben dem Pariser Abkommen und dem Entstehen nationaler Initiativen ist aktuell ein Treibhausgas-Kompensationssystem für die Luftfahrtindustrie in Entwicklung. Ziel von CORSIA (Carbon Offsetting and Reduction Scheme for International Aviation) ist es, die globalen Treibhausgasemissionen aus internationalen Flügen, die über die Emissionen des Jahres 2020 hinausgehen, zu kompensieren. Kompensation wird dabei als Brückenlösung am Übergang zu einem weniger treibhausgasintensiven Luftverkehr (Stichwort Biofuels) gesehen (Bild 7).

Das Offsetting-System muss nun in den nächsten Jahren wirkungsvoll ausgestaltet und ab 2021 umgesetzt werden. Das Abkommen wird in drei Phasen ausgerollt und ist ab dem Jahr 2027 bindend für alle Airlines. Mehr als 65 Staaten, die ca. 80% der internationalen Flüge abdecken, haben sich bereit erklärt, zum Start in 2021 am Reduktionsmechanismus teilzunehmen. Zu den Ländern gehören China, die USA, Mexiko, Indonesien und 44 ECAC-Staaten (European Civil Aviation Conference), darunter auch Deutschland, die bereits in der ersten Phase teilnehmen werden. Am wenigsten entwickelte Länder (Least Developed Countries, LDCs, z. B. viele Afrikanische Staaten: Tansania, Bangladesch; und Small Island Developing States, z. B. Malediven oder Haiti) sind von den Regelungen ausgenommen, können sich aber freiwillig beteiligen. Ein Beitritt, aber auch ein Ausstieg sind in der freiwilligen Phase bis 2027 jährlich möglich.

CORSIA findet bei internationalen Flügen Anwendung, die zwei Teilnehmerstaaten miteinander verbinden. Dementsprechend sind jene Flugstrecken nicht vom Offsetting-System abgedeckt, bei denen einer oder beide Staaten nicht an CORSIA teilnehmen.

Die Frage, welche Arten von $CO_2$-Zertifikaten zur Kompensation im Rahmen von CORSIA zugelassen werden, ist noch offen und soll von ICAO (International Civil Aviation Organization) bis Ende 2018 geklärt werden. Auch das Zusammenspiel zwischen CORSIA und dem Paris Agreement sowie dem Markt für freiwillige Klimakompensation ist noch zu klären.

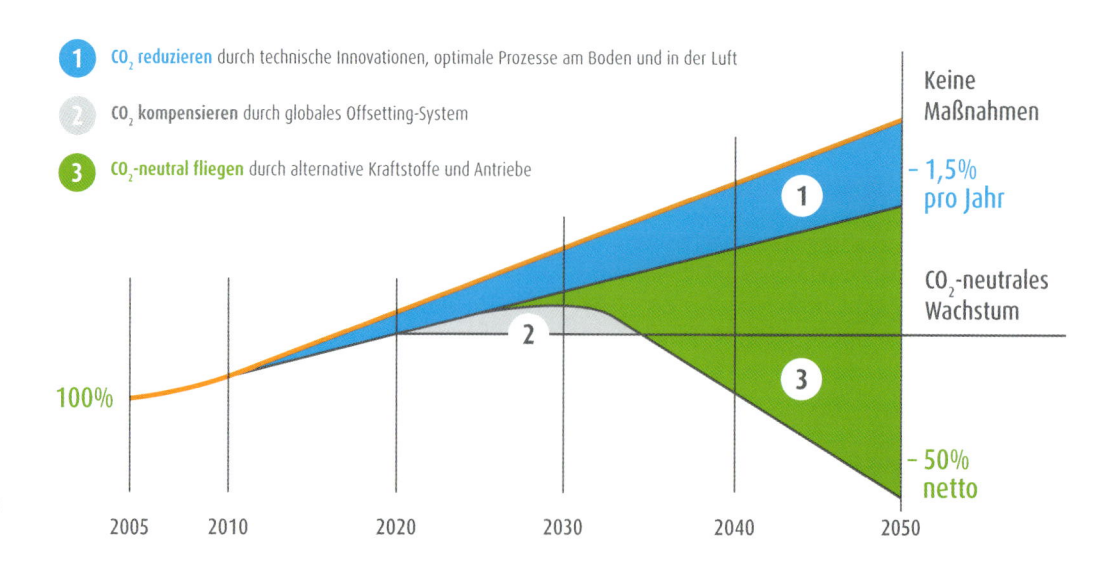

**Bild 7**
Klimaschutzplan für die Luftfahrt [ © bdl.aero]

① $CO_2$ reduzieren durch technische Innovationen, optimale Prozesse am Boden und in der Luft
② $CO_2$ kompensieren durch globales Offsetting-System
③ $CO_2$-neutral fliegen durch alternative Kraftstoffe und Antriebe

der Herausforderung der zuverlässigen Vermeidung des double counting von Emissionsreduktionen anpassen müssen. Es ist deshalb davon auszugehen, dass sich mittelfristig eine weiter ausdifferenzierte, international einheitliche Infrastruktur für das Tracking von erzielten und gehandelten Emissionsminderungen entwickeln wird. Dies wird einerseits zu einer gesteigerten Komplexität des Gesamtsystems führen und den erforderlichen Aufwand für die Marktteilnehmer erhöhen. Andererseits werden die Beiträge nicht-staatlicher Entitäten zu den internationalen Klimaschutzmaßnahmen dadurch transparenter werden und ihre Bedeutung für die Erreichung des 2-Grad-Ziels deutlicher als bisher hervortreten. In diesem Sinne liegt in den zu erwartenden Post-2020-Rahmenbedingungen auch eine große Chance für die Fortentwicklung der freiwilligen Klimakompensation.

## Glossar

### Klimakompensation

Klimakompensation ist ein Instrument des Klimaschutzes, das auf der globalen Wirkung von Emissionsminderungen beruht. Ergänzend zur Reduktion vermeidbarer Treibhausgasemissionen, werden bei der Klimakompensation lokal entstehende, unvermeidbare Treibhausgasemissionen durch Emissionsminderungen an einem anderen Ort der Erde ausgeglichen. Ein etabliertes Marktsystem ermöglicht den Handel mit und die Übertragung von Emissionsminderungen, die auf entsprechenden Zertifikaten basieren. Um im Hinblick auf den Klimaschutz einen tatsächlichen Mehrwert zu schaffen, müssen Emissionsminderungsprojekte immer zusätzlich sein, d. h. sie werden nur aufgrund der Nachfrage im Rahmen der Klimakompensation umgesetzt.

### Clean Development Mechanism

Der Clean Development Mechanism (CDM) ist einer von drei im Kyoto-Protokoll vorgesehenen Mechanismen, die von den Unterzeichner-Staaten auf freiwilliger und flexibler Basis zur Reduktion von Treibhausgas-Emissionen genutzt werden können. Auf Grundlage des CDM können in Entwicklungsländern zertifizierte Maßnahmen zur Emissionsminderung umgesetzt werden. Die erzielten Emissionseinsparungen können mithilfe markbasierter Mechanismen übertragen und dadurch für die Erreichung von Reduktionszielen in den Industrieländern genutzt werden.

### UNFCCC

Die Klimarahmenkonvention der Vereinten Nationen (engl = United Nations Framework Convention on Climate Change – UNFCCC) ist ein internationales Umweltabkommen, das darauf abzielt, die globale Erwärmung aufzuhalten und ihre Folgen zu mildern. Der Begriff wird auch für die Bezeichnung des Sekretariats verwendet, das die Umsetzung des Abkommens begleitet. Die 197 Unterzeichnerstaaten der UN-Klimarahmenkonvention kommen jährlich auf den UN-Klimakonferenzen zusammen, um über Maßnahmen im Bereich des globalen Klimaschutzes zu beraten.

### Bildquellen

Bild 1: Forest Trends' Ecosystem Marketplace: Raising Ambition – State of the Voluntary Carbon Markets 2016, http://forest-trends.org/releases/p/raising_ambition

Bild 2: ICROA, eigene Berechnung

Bild 3: Forest Trends' Ecosystem Marketplace: Unlocking Potential – State of the Voluntary Carbon Markets 2017, http://forest-trends.org/releases/p/sovcm2017#

Bild 4: Forest Trends' Ecosystem Marketplace: Raising Ambition State of the Voluntary Carbon Markets 2016

Bild 5: International Carbon Reduction and Offset Alliance (ICROA): Business Leadership on Climate Action: Drivers and Benefits of Offsetting, http://www.icroa.org/page-18185

Bild 6: United Nations Framework Convention on Climate Change (UNFCCC): Synthesis report on the aggregate effect of intended nationally determined contributions, http://unfccc.int/focus/indc_portal/items/9240.php

Bild 7: Bundesverband der deutschen Luftverkehrswirtschaft (BDL): Klimaschutzreport 2016, https://www.bdl.aero/de/veroffentlichungen/klimaschutzreport_2016/

firstclimate

**First Climate AG**
Industriestr. 10
61118 Bad Vilbel

Telefon: + 49 (0) 6101 55658-0
Telefax: + 49 (0) 6101 55658-77
E-Mail: cn-team@firstclimate.com

# Denkfabrik und Clustermanager für die ganzheitliche Energiewende und den Klimaschutz in Hessen

Peter Birkner | House of Energy - (HoE) e.V.
Ivonne Müller | House of Energy - (HoE) e.V.

Das House of Energy ist weder ein besonders energieeffizientes Gebäude, noch verbirgt sich ein spirituelles Angebot dahinter. Das »**House of Energy**« (HoE) soll die Energiewende und damit auch den Wirtschafts- und Wissenschaftsstandort Hessen voranbringen. Es ist eine Denkfabrik mit der Aufgabe, zukunftsweisende Konzepte und Forschungsprojekte zu generieren. Gleichzeitig ist es aber auch ein transdisziplinäres Netzwerk aus Politik, Wirtschaft und Wissenschaft, das diese Konzepte und Projekte unterstützt und umsetzt.

## Multiakteurs-Partnerschaft, Transparenz und Vertrauen

Das House of Energy wird von Unternehmen verschiedener Ausrichtung, Dienstleistern, Energieversorgern, Forschungseinrichtungen und der Hessischen Landesregierung getragen. Unter den Mitgliedern finden sich nicht nur die beiden Ministerien für Wirtschaft, Energie, Verkehr und Landesentwicklung (HMWEVL) sowie Wissenschaft und Kunst (HMWK), sondern auch die energietechnisch orientierten Universitäten, Hochschulen und Forschungseinrichtungen des Landes Hessen. Dazu gehören beispielsweise die Universitäten Kassel und Gießen, die technische Universität Darmstadt, die Hochschule Darmstadt, die Technische Hochschule Mittelhessen sowie das Fraunhofer Institut für Energiewirtschaft und Energiesystemtechnik und das Darmstädter Institut für Wohnen und Umwelt. Industrie und Wirtschaft sind durch Unternehmen aus den Bereichen Energieversorgung, energietechnische Betriebsmittel, Energieanwendungstechnik, Energieeffizienz, Rechenzentren und Datensicherheit vertreten. Die Aufnahme weiterer Themenfelder ist geplant. Das House of Energy bildet in dieser Konstellation einen einmaligen Forschungs- und Entwicklungsverbund, der in seiner Zielsetzung bundesweite aber auch internationale Ausstrahlung entwickeln soll.

Das House of Energy ist das fünfte und vorläufig letzte der »**Houses**« des Landes. Zu den wichtigen landespolitischen Themen Finanzen, IT, Logistik und Mobilität sowie Pharmazie hatte das Land Hessen bereits seit 2008 begonnen entsprechende Plattformen sukzessive in Public-Private-Partnership einzurichten, die jeweils als »House« bezeichnet werden. Bei dem 2015 gegründeten gemeinnützigen Verein **House of Energy** wurde der Standort Kassel nicht zufällig gewählt. Hier hat sich in den vergangenen Jahren ein innovativer und kreativer Mikrokosmos im Zusammenhang mit der Energiewende entwickelt. Sitz des HoE ist das inspirierende Gründerzentrum Science Park auf dem Campus der Universität Kassel.

Das House of Energy verfolgt eine breite Themenpalette. Es arbeitet transdisziplinär als Denkfabrik, Kompetenzzentrum, Kommunikations-, Koordinations- und Wissenstransferplattform. Der Schlüssel zum Erfolg ist die »**Triple-Helix-Struktur**« mit der Vernetzung von Wissenschaft, Wirtschaft und Politik. Alle wesentlichen Akteure des Energiesektors sind kontinuierlich und direkt in alle Entscheidungen eingebunden. So werden die unterschiedlichen Sichtweisen von vornherein angesprochen und können beim Projektdesign berücksichtigt werden. Dadurch entsteht Vertrauen. Die Energiewende ist ein hochintegrierender Prozess. Es ist entscheidend, ihn ganzheitlich und übergreifend zu verstehen. Technik muss nicht nur funktionieren, es muss auch der Bedarf aus Systemsicht gegeben sein und zur Akquisition der erforderlichen Investitionsmittel muss ein positiver Business Case möglich sein. Es ist entscheidend, dass es der ordnungspolitische Rahmen zulässt, dass aus Inventionen Innovationen werden. Schließlich ist darauf zu achten, dass auch die Akzeptanz der Technik gegeben ist.

## Initiieren, moderieren und begleiten

Eine wesentliche Aufgabe des HoE ist es, Projekte zu generieren, vor allem da, wo aktuell Impulse fehlen. Dies ist häufig bei Fragen der Systemintegration der Fall, wie beispielsweise bei Erweiterung der Stromwende zu einer Wärme- und Verkehrswende. In gemeinsamen Workshops mit Unternehmen und Wissenschaft wird der Forschungs- und Entwicklungsbedarf identifiziert, es werden Projektskizzen erstellt und Förderoptionen eruiert. Die Umsetzung der Projekte findet mit Mitgliedern und Partnern aus Industrie und Wissenschaft statt, während das House of Energy moderierend und unterstützend begleitet.

Es ist ein wichtiger Erfolg, dass das House of Energy vom Bundeswirtschaftsministerium zum hessischen Koordinator des Projekts »**C/sells – Intelligente Märkte und Netze**« benannt wurde. Mit dem Förderprogramm »**Schaufenster Intelligente Energie – Digitale Agenda für die Energiewende (SINTEG)**« fördert das Bundeswirtschaftsministerium innovative Technologien und Verfahren sowie die Digitalisierung der Energiewirtschaft. Ziel ist es, unter den Bedingungen der steigenden Anteile von Stromerzeugung aus Wind und Photovoltaik das intelligente Zusammenwirken von Erzeugung, Netzen, Verbrauch und Speicherung zu ermöglichen. In fünf großflächigen Modellregionen Deutschlands soll die Realisierbarkeit einer klimafreundlichen, sicheren und effizienten Stromversorgung demonstriert werden. C/sells umfasst die Länder Bayern, Baden-Württemberg und Hessen.

### Kommunizieren, transferieren und anwenden

Die Kommunikation stellt einen wichtigen Faktor für den Zusammenhalt der Akteure dar. Daher setzt das House of Energy in seiner Netzwerkfunktion unter anderem auf verschiedene Veranstaltungskonzepte. So wurde die »**HoE-Dialog**« Reihe ins Leben gerufen. In angenehmer Atmosphäre tauschen sich hier eine begrenzte Anzahl von hochkarätigen Experten branchenübergreifend aus und diskutieren Erfolgsfaktoren der Energiewende.

2017 wurde in Frankfurt der erste öffentliche »**HoE-Kongress**« in Zusammenarbeit mit der Messe Frankfurt durchgeführt. Mit über 200 Teilnehmern traf sich das »**Who is Who**« der hessischen Energieszene zum Thema »**Energiewende und Digitalisierung – von der Wissenschaft zum Unternehmertum**«. Die HoE-Jahrestagung in Frankfurt ist ein fester Baustein der House of Energy Kommunikationsstrategie.

Beim »Zukunftsforum Energiewende« in Kassel, das jährlich über 30 Fachforen und eine begleitende Ausstellung organisiert, ist das House of Energy als Mitveranstalter aktiv und in mehreren Foren engagiert. Bei der Organisation der Veranstaltung wird großer Wert auf umweltschonende Maßnahmen gelegt: von kostenlosen Nahverkehrstickets über Bio-Catering bis hin zu der Kompensation von unvermeidbaren $CO_2$ Emissionen. Durch die Kooperation mit atmosfair ist das Zukunftsforum klimafreundlich.

*» Die Energiewende stellt ein gigantisches Transformationsprojekt dar, das weit über den Energiebereich hinausgreift. Sie lässt sich nur erfolgreich umsetzen, wenn alle Akteure ihre Stärken bündeln und lernen, über den eigenen Tellerrand zu schauen, ist sich Prof. Dr.-Ing. Birkner, Geschäftsführer des House of Energy sicher. Kommunikation und Partizipation sind daher entscheidend für den Erfolg.«*

Im Hinblick auf Wissenstransfer und der Nachwuchsförderung schreibt das House of Energy auch Masterarbeiten aus. Mit der Fragestellung »**Wie können Investitionen von Netzbetreibern in Smart Grid Technologien durch die Regulierungsbehörde unterstützt werden?**« wird beispielsweise die Schnittstelle zwischen Technik und Rechtsrahmen analysiert.

---

**House of Energy - (HoE) e.V.**
Universitätsplatz 12
34127 Kassel

Tel.: +49 561 953 79 - 790
E-Mail: info@house-of-energy.org
Internet: http://house-of-energy.org

# Gutes Klima in der Jugendherberge Marburg

Peter Schmidt | Jugendherberge Marburg

Jugendherbergen sind gemeinnützige Einrichtungen mit einer pädagogischen Tradition seit über 100 Jahren.

Auch wenn viele Menschen bei Jugendherberge an Hagebuttentee und Kartoffelsuppe denken, war und ist gesunde Ernährung schon seit den Anfängen ein wichtiges Thema für Jugendherbergen. Hier lernten viele Kinder überhaupt erst moderne Produkte wie Müsli und Knäckebrot kennen.

Diese Tradition möchten wir mit unserem Projekt fortführen und bieten verstärkt klimafreundliches Essen an.

Mit $CO_2$-Ausstoß verbindet man Heizungen, Straßenverkehr und Energiewirtschaft. Dabei wird gerne übersehen, dass etwa 16% unseres $CO_2$-Ausstoßes durch unsere Ernährung bedingt ist und Ernährung damit mehr Einfluss auf das Klima hat als der Straßenverkehr. Das Gute daran ist, dass wir dies sofort ohne jeglichen Aufwand ändern können. Wir benötigen keine teuren Umbauten oder Modernisierungsmaßnahmen, sondern können direkt starten. Nachteile für eine konsequente Neuausrichtung haben wir zunächst keine gesehen.

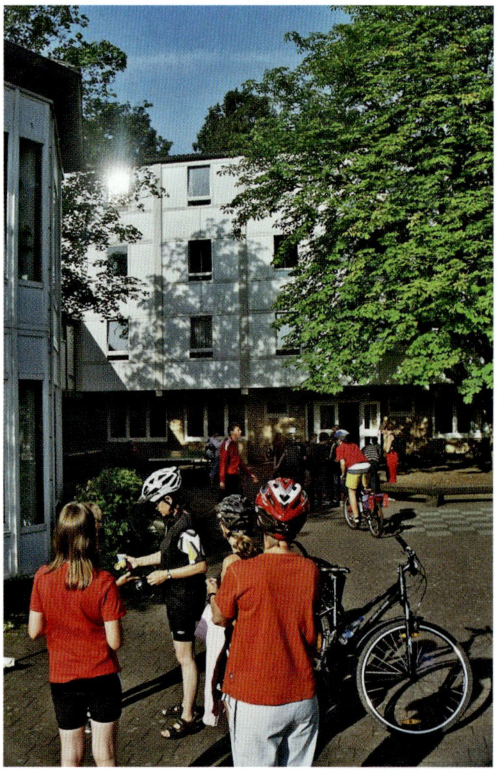

**Bild 1**
Aufbruch zur Fahrradtour in der JH Marburg [Foto: © Jugendherberge Marburg]

Daher haben wir damit begonnen, die $CO_2$- Emissionen unserer Speisen zu berechnen.

Zunächst haben wir unsere Essenskalkulation um die Kategorie „Klimaverträglichkeit" erweitert und berechnet, welchen $CO_2$-Ausstoß eine Portion „Standardessen" hat und welche Alternativen infrage kommen. Hierzu einige Beispiele.

Von den 10.000 kg $CO_2$-Emissionen, die jeder Deutsche im Jahr produziert, lassen sich etwa 1600 kg $CO_2$ unserer Ernährung zuordnen. Das sind immerhin 4,38kg täglich. Dabei bestehen extrem große Unterschiede zwischen den einzelnen Lebensmitteln. Die schlechteste Bilanz haben dabei Rindfleisch, Butter und Käse. Danach folgen Pommes und Schweinefleisch bzw. Geflügel.

Ein Mittagessen kann folgende $CO_2$- Werte in Gramm haben (inklusive Zubereitung): Schweinefrikadelle 150g TK (900g $CO_2$), Kartoffelpüree Fertigprodukt (350g) sowie Rotkohl (60g) und Salat mit Sahnedressing (100g). Als Dessert Sahnequark (400g). Eine Portion dieses Essens hat somit eine $CO_2$ Emission von 1,8kg. Ein vegetarisches Kartoffelgulasch mit frischem Gemüse und Obstsalat als Dessert dagegen kommt auf nur 500g $CO_2$.

Bei den Berechnung der Klimabilanz einzelner Lebensmittel wird man immer auf Schätzwerte zurückgreifen müssen, da jahreszeitliche und regionale Faktoren eine entscheidende Rolle spielen. Grundsätzliche Werte zu einzelnen Produkten anzugeben ist daher schwierig. So schwankt die $CO_2$-Bilanz bei Tomaten je nach Produktionsweise und Jahreszeit zwischen 265g und 9,3kg $CO_2$ je Kilogramm Ware.[1]

Arbeitet man mit Richtwerten, so merkt man schnell:

es ist möglich, mit einfachen Veränderungen, viel zu bewirken.

Hierzu muss man sich von einigen liebgewonnenen (und weniger gesunden) Ernährungsgewohnheiten verabschieden. $CO_2$-reduziertes Essen bedeutet weniger Fleisch und vor allem weni-

M. J. Worms, F. J. Radermacher (Hrsg.), *Klimaneutralität – Hessen 5 Jahre weiter*,
DOI 10.1007/978-3-658-20606-2_38, © Springer Fachmedien Wiesbaden 2018

**Bild 2**
„Klimaschutz zum Anbeißen" [Foto: © Jugendherberge Marburg]

ger Milchprodukte. Dies ist für fast alle Menschen mit Verzicht verbunden. Daher sind gute Argumente (Gesundheit, Massentierhaltung, Klimawandel, Nachhaltigkeit usw.) hier für viele eine Hilfe.

Der Trend zu Fertigprodukten in unseren Haushalten verschlechtert zudem die Klimabilanz unserer Ernährung ebenso wie die Gesundheit des Essens. Besonders bedenklich jedoch ist, dass hierdurch Geschmacksstandards gesetzt werden, gegen die es schwierig ist anzukochen. Insbesondere jugendliche Gäste greifen immer zu dem, was sie kennen und ziehen eine Fertigsuppe mit Glutamat und Instantnudeln in aller Regel einer selbst gekochten frischen Suppe vor. Nun ist es die Aufgabe jeder Kantine, Essen anzubieten, das die Gäste auch essen wollen. Will man dennoch klimafreundliches Essen anbieten, so geht dies nur in Verbindung mit intensiver Aufklärung in Form von Gesprächen, Werbetafeln, Tischkarten und ähnlichen Mitteln.

Wie bereits deutlich wurde, kann man bereits mit einem Tag klimaschonendem Kantinenessen enorme $CO_2$-Mengen einsparen. Unseren Berechnungen zufolge spart man bei 120 Gästen und Vollpension durch den Verzicht auf Milchprodukte, Fertiggerichte und Fleisch (statt dessen z.B. Nordseefisch) an einem Tag gegenüber dem Standardessen 324kg! $CO_2$. Das entspricht einer Autofahrt mit einem Smart von Marburg nach Athen, bzw. dem Energieaufwand für warmes Duschen einer Familie im Jahr.

Solche Argumente machen durchaus Lust auf Klimaschutz.

Eine völlige Umstellung des Speiseplans kann und soll aufgrund der oben beschriebenen Problematik hierbei nicht Ziel sein. Pommes und Schnitzel lassen sich eben nicht grundsätzlich vom Speiseplan entfernen. Man kann aber sehr wohl ab und zu darauf verzichten.

So konnten wir unsere Klimabilanz durch kleine verdeckte Umstellungen verbessern.

Inzwischen wird die Bolognesesoße nicht mehr aus purem Rindfleisch, sondern mit 50% Schweinefleisch zubereitet, die Sahnesoßen enthalten weniger Sahne. Tomaten im Februar gibt es nur selten und wenn am besten aus der Dose! Bei Suppen verzichten wir auf granulierte Fertigware.

Eine gute Idee ist genauso ein vegetarischer Tag pro Woche, wie er in Marburg in allen Schulen und öffentlichen Kantinen eingeführt wurde. 2012 haben wir den vegetarischen Freitag eingeführt. Auch heute noch ist die Reaktion darauf

### Indisches Möhrencurry

| | |
|---|---|
| 1400g | Karotten, geschält |
| 50ml. | Pflanzenöl |
| 2 kleine | Zwiebeln |
| 4 El. | Curry |
| 1 Tl. | Kurkuma |
| 6 El. | Kokosflocken |
| 250g | Cashjewnüsse |
| 5 mittelgroße | Bananen |
| 0,4 l | Orangensaft |
| 1200ml | Kokosmilch und Sojamilch aus dem Reformhaus |
| 200ml | Wasser |
| etwas | Gemüsebrühe, frischen Ingwer, Salz, Pfeffer und Honig zum Abschmecken |

Karotten in Stücke schneiden und in dem Öl leicht anbraten.
Zwiebel würfeln und mit den Nüssen dazugeben.
Curry und Kurkuma und Kokosflocken hinzu, Bananen schälen, zerdrücken und unterrühren.
Mit dem Orangensaft und dem Wasser aufgießen und 5 Min. kochen lassen.
Sojamilch hinzugeben und mit den restlichen Gewürzen abschmecken.
Dazu passt Naturreis, besser noch Kartoffeln.

$CO_2$ Bilanz pro Portion: 150-175g

### Pasta mit Tomatensoße aus frischen Tomaten

| | |
|---|---|
| 2,5 kg | frische saisonale Tomaten |
| 150g | Zwiebel |
| 1-2 El | Olivenöl |
| etwas | Salz, Pfeffer, Oregano, Thymian, Basilikum getrocknet |

Die frischen Tomaten waschen, in Würfel schneiden und entkernen. Die Zwiebel schälen und in kleine Würfel schneiden.
Das Olivenöl erhitzen und erst Zwiebeln darin andünsten. Die Tomaten dazu geben und mit etwas Wasser ablöschen. Dann Salz und Pfeffer dazu geben. Das Ganze etwas zugedeckt etwa 10 Min. leicht köcheln lassen, danach mit einem Pürierstab zu einer feinen Soße zerkleinern. Mit den Gewürzen abschmecken.
200g $CO_2$ pro Portion (im Vergleich Tütensoße ca. 860g) Bei Dosentomaten steigt die $CO_2$ Bilanz auf 400g $CO_2$

Die Nudeln dazu kommen auf ca. 130g pro Person

---

immer wieder erstaunlich emotional von Kritik über Bevormundung hin zu „Weiter so und mehr davon". In jedem Fall gibt der Freitag immer wieder Anlass, dass Gäste miteinander über Sinn oder Unsinn von Klimaschutz diskutieren

Trotz anfänglicher Widerstände können wir klimaschonendes und damit auch gesundes Essen einfach nur empfehlen. Probieren Sie es doch selbst einmal. Im Internet gibt es hierzu eine Vielzahl an Ideen. Auch die ersten Kochbücher sind bereits erhältlich.

Als Beispiel möchten wir Ihnen hier noch zwei vielversprechende Rezepte für je 10 Personen zum Vergleich vorstellen:

Guten Appetit!

### Anmerkung

[1] Einen guten Überblick hierzu und zur Klimabilanz einzelner Lebensmittel erhält man zum Beispiel unter http://www.klimabuendnis-koeln.de/ernaehrung.
Weitere nützliche Informationen bietet auch das Öko-Institut.

**Jugendherberge Marburg**
Jahnstr. 1, D-35037 Marburg

Tel.: 06421/234.61
Fax: 06421/121.91
E-Mail: marburg@djh-hessen.de
URL: www.marburg.jugendherberge.de

# Klimaschutz in Sportanlagen – ein schlummerndes, kaum genutztes Potenzial

Rolf Hocke | Landessportbund Hessen e.V.

Der Sport spielt in unserer Gesellschaft eine bedeutende Rolle. Mit einer stabilen Vereins- und Mitgliederzahl von rund 7.700 Vereinen und mehr als zwei Millionen Mitgliedern in Hessen hat er eine herausragende Rolle und damit auch eine besondere Verantwortung, gesellschaftliche Entwicklungen aufzugreifen und in seine Strukturen zu integrieren.

Gerade hinsichtlich eines Engagements im Kontext der global ausgerichteten Nachhaltigkeitsarbeit, die das Wohlergehen der Menschheit thematisch übergreifend fokussiert, bietet der Sport besonders günstige Voraussetzungen. Mit seinen zahllosen ehrenamtlichen Unterstützern, die eine Vorbildfunktion einnehmen und seinem wichtigen Status als gesamtgesellschaftlichem Multiplikator, kann der Sport Werte transportieren und die Welt im Kleinen bewegen! Tatsächlich bieten sich in einem Sportverein zahllose Möglichkeiten, wichtige Themen, wie beispielsweise die Integration und Inklusion oder auch den Klimaschutz und die nachhaltige Entwicklung aufzugreifen.

Prinzipiell ist der organisierte Sport gekennzeichnet durch ein hohes Maß an freiwilligem Engagement: Sei es der Wille eines Sportlers seine Freizeit für sein Training zu nutzen, sei es die Unterstützung, die Eltern erbringen, um den Sportbetrieb für ihren Nachwuchs aufrechtzuerhalten oder die ehrenamtliche Arbeit von Übungsleitern, Trainern und vielen anderen Funktionsträgern und Helfern. Dieses ausgeprägte Gemeinschaftsgefühl im Sport, das anderswo in unseren modernen Lebenszusammenhängen kaum noch auffindbar ist, bildet eine hervorragende Voraussetzung um Ideen zu transportieren und in unserer Gesellschaft dauerhaft zu verankern. Wo alle Generationen miteinander interagieren, ihre Kompetenzen einbringen, voneinander lernen und ihr Wissen multiplizieren, erscheint ein Engagement für den Klimaschutz besonders sinnvoll und lohnend.

Dabei sind es nicht selten auch die ganz kleinen Verhaltensänderungen, die summiert eine beachtliche Wirkung entfalten: Die Anfahrt mit dem Fahrrad anstatt mit dem Auto, der bewusste Umgang mit Dusch- und Spülwasser, aber auch die wirtschaftliche Kooperation von Sportvereinen mit Handwerkern oder Energieversorgern - dies alles und noch viel mehr fördert den Klimaschutz und verbessert gleichzeitig die finanzielle Situation unserer Sportvereine im Kleinen.

Was ist jedoch wenn man vom Detail, vom „Kleinen", die Sicht auf die Schwergewichte – z.B. die veraltete Sportinfrastruktur richtet. In den Sportanlagen der Republik liegt ein großes, leicht erschließbares Potenzial zur Reduzierung von schädlichen Treibhausgasen schon seit vielen Jahren fast ungenutzt brach. Dieses Potenzial hat sich auch in den vergangenen Jahren der vielfältigen Diskussionen rund um das Thema Klimaschutz nicht zum Positiven verändert, denn der Grund hierfür sind die strukturellen Gegebenheiten.

Sportanlagen sind die zentrale Ressource im Sport. Leider ist aufgrund unterschiedlicher Faktoren der Bestand der rund 230.000 Sportanlagen in Deutschland überaltert und es besteht ein milliardenschwerer Sanierungsstau. Dieser Stau hat die Potenzialnutzung bisher verhindert, birgt jedoch auch die große Chance die vorhandenen Potenziale bei anstehenden Sanierungen und Modernisierungen nutzen zu können.

„Deutschland hat neben Straßen, Brücken und Schulen auch seine Sportstätten jahrelang vernachlässigt und fährt seine Infrastruktur auf Verschleiß. Der Deutsche Olympische Sportbund (DOSB) fordert ein Bundesförderprogramm, denn ohne den Bund ist die marode Sportstätteninfrastruktur nicht zu modernisieren. ... Die (Teil-) Sperrungen von Autobahnbrücken werfen regelmäßig das Scheinwerferlicht auf ein Thema, welches eigentlich viel größer ist, denn nicht nur Straßen und Brücken sind marode, sondern auch weite Teile der baulichen Infrastruktur für die Daseinsvorsorge der Bürgerinnen und Bürger wie z.B. Versorgungsnetze, Schulgebäude und eben auch Sportstätten. Es ist erstaunlich, dass sich Deutschland mit erheblichen Versäumnissen in einem Bereich abzufinden scheint, für welchen das renommierte DIFU-Institut (Deutsches Institut für Urbanistik) gar die Charakterisierung `Leistungen zur Existenzsicherung´ verwendet: Schließungen von Schwimmbädern, Unterricht in Containern sowie unzumutbare Sanitäranlagen in Schulen gehören zum Alltag"[1].

In den vergangenen 20 Jahren wurden beim Landessportbund Hessen e.V. (LSBH) und anderen Sportfachverbänden Umwelt- und Klimaschutz-

Klimaschutz in Sportanlagen – ein schlummerndes, kaum genutztes Potenzial

managementsysteme – wie die vor 5 Jahren an dieser Stelle beschriebene Öko-Check-Beratung - für Sportanlagen aufgebaut und etabliert (3000 durchgeführte Energieberatungen in Sportanlagen in den vergangenen 20 Jahren). Die Rahmenbedingungen wurden von Grund auf untersucht, Konzepte erstellt und Programme wie beispielsweise das Programm „100 klimaaktive Sportvereine im Rahmen der Nachhaltigkeitsstrategie Hessen" durchgeführt.

Mit dem Aufbau der Öko-Check-Beratung beispielsweise verfolgt der LSBH unterschiedliche Ziele. Besonders im Fokus stand und steht bei der Beratung der ehrenamtlich geführte Vereinsvorstand. Wichtig ist, dass die „Übersetzung" der technischen Vorschriften und Regelwerke sowie die Möglichkeiten zur Anlagenoptimierung auch von Laien vor Ort verstanden und umgesetzt wer-

**Bild 1**
Musterqualitätssiegel. Das Qualitätssiegel wurde an rund 350 Vereine und 50 Kommunen übergeben. [© LSBH]

**Bild 2**
Flyer: Öko-Check im Sportverein [© LSBH]

**Bild 3**
Flyer: 6. sportinfra (Sportstättenmesse & Fachtagung - Wege zu nachhaltigen Sportstätten und Bewegungsräumen) [© LSBH]

den. Der Produktmarkt bietet mittlerweile für alle Komponenten einer Sportanlage – egal ob bei Sportfreianlagen, der Gebäudetechnik / -hülle oder dem Einsatz regenerativer Technik eine Fülle spezifischer Angebote. Wichtig ist seit dem Beginn der Beratungen, dass diese durch eigene Berater des Landessportbundes Hessen e.V. durchgeführt werden. Diese kennen die speziellen Bedarfe und Problemstellungen der Vereine und haben gegenüber Wirtschaftsunternehmen einen wichtigen Vorteil, denn sie können eine produktneutrale Beratung ohne Verkaufsabsicht durchführen, Vorteile und Nachteile problemlos benennen, Fachinformationen vermitteln, bei der Beantragung von Fördermitteln helfen und damit bei der Suche nach dem für die Anlage optimalen Weg zur Senkung der Betriebskosten behilflich sein.

Technisch ist es schon seit vielen Jahren möglich, Gebäude so zu ertüchtigen, dass kaum noch Energie benötigt wird bzw. zusätzlich durch Solarstromanlagen sogar ein rechnerischer Überschuss erzielt werden kann. Hierfür hat der Landessportbund Hessen bereits seit dem Start vor knapp 20 Jahren auch seine Förderungen an Ziele des Klimaschutzes angepasst und mit einer Sonderförderung für „Klimaschutz- und Kosteneinsparmaßnahmen im Sportverein" ein Anreizsystem eingeführt, von dem Vereine nur dann profitieren können, wenn sie auch vorab beraten werden.

Standen in den ersten Jahren die Themenfelder Wassereinsparung und die Modernisierung veralteter Heizungsanlagen im Brennpunkt, wechselte dies zwischenzeitlich zu den Themen Wärmeschutz und Heizkostenreduzierung zum heutigen Schwerpunkt der Beleuchtungsanlagenoptimierung. Im Rahmen der Sonderförderungen wurden seit dem Jahr 1998 mehr als 1.600 investive Klimaschutz- und Kosteneinsparmaßnahmen – die im Rahmen der Öko-Check-Beratungen identifiziert wurden – bewilligt.

Welche Potenziale vorhanden und wie sie erschließbar sind, ist bereits seit vielen Jahren bekannt.

Das Wissen ist vorhanden, nur bei der Umsetzung fehlt oftmals – trotz intensiver Bemühungen des Landes Hessen, des Landessportbundes Hessen

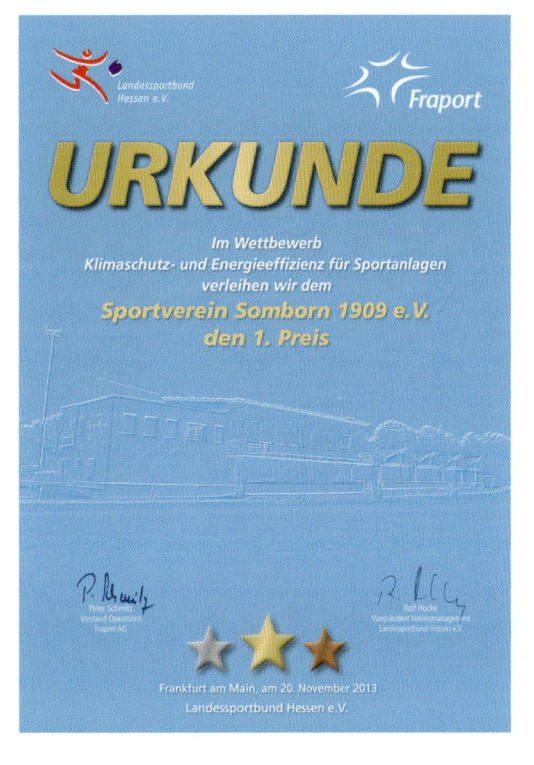

**Bild 4**
Siegerurkunde des SV Somborn 1909 e.V. beim Wettbewerb Klimaschutz- und Energieeffizienz für Sportanlagen im November 2013. [© LSBH]

**Bild 5**
Solar Arena des SV Somborn 1909 e.V. [© LSBH]

**Bild 6**
Siegelübergabe an Vereine im Rahmen der 5. sportinfra im Jahr 2014 [© LSBH]

**Bild 7**
Clubhaus MSC Schlüchtern e.V. [© LSBH]

**Bild 8**
Solaranlage der Sporthalle des TSV 1888 Bebra e. V. [© LSBH]

e.V., der meisten Landkreise und Kommunen - die notwendige Finanzausstattung, um umfangreiche Sanierungen und Modernisierungen der öffentlichen Infrastruktur umsetzen zu können.

„Wie in anderen Bereichen der Daseinsvorsorge ist es vor allem eine Aufgabe der Kommunen, Sportstätten zu sanieren bzw. zu modernisieren, zu bauen und finanziell zu fördern. Doch die Kommunen sind strukturell unterfinanziert – eine aufgabengerechte Anpassung der Finanzverfassung lässt seit Jahren auf sich warten. Schuldenbremsen mögen verfassungsrechtlich sinnvoll sein, haben sich aber zu Investitionsbremsen entwickelt. Haushaltssicherungskonzepte und die staatliche Finanzaufsicht höhlen das kommunale Selbstverwaltungsprinzip aus, zumal Sportstättenförderung als freiwillige Aufgabe abklassifiziert und damit vielerorts zur Disposition gestellt wird" [2], obwohl Sport als Staatsziel in der Verfassung des Landes Hessen verankert ist.

Das Problem des Sanierungs- und Modernisierungsstaus im Bereich der Schulen, öffentlicher Gebäude und eben auch der Sportstätten ist damit zu einer grundsätzlichen und politischen Frage geworden. Sportlich ausgedrückt ist der Zustand folgendermaßen zu beschreiben. Wir stehen auf dem Startblock – es heißt „auf die Plätze – fertig", nur das „los" kommt viel zu selten!

Alleine können wir in Hessen oder auch in anderen Bundesländern diese strukturellen Defizite nicht lösen. Es bedarf einer nationalen Allianz für Sportanlagen zur Verbesserung der Modernisierung von Deutschlands Sportinfrastruktur ohne die eine Erschließung der vorhandenen umfangreichen Klimaschutzpotenziale dieser Anlagen nicht erfolgen kann. Ohne Investitionen in die marode Infrastruktur und damit in die Erschließung vorhandener Klimaschutzpotenziale kann eine Debatte um Klimaschutzpotenziale nicht erfolgreich geführt werden.

**Zitat:**

[1] DOSB Pressemeldung 70/2017 vom 6.11.2017
[2] DOSB Pressemeldung 70/2017 vom 6.11.2017

**Landessportbund Hessen e. V.**
Geschäftsbereich Sportinfrastruktur
Otto-Fleck-Schneise 4
D-60528 Frankfurt

Tel.: 069/6789-266, Fax: 069/6789-428
E-Mail: umwelt@lsbh.de
URL: www.landessportbund-hessen.de

# Nicht alles auf eine Karte setzen: Verkehrswende technologieoffen gestalten

Constantin H. Alsheimer | Mainova AG, Frankfurt am Main

Im Zuge des Dieselskandals ist in Deutschland eine Debatte über die Zukunft des Verkehrssektors entbrannt. Klar ist, dass eine substanzielle Reduktion der verkehrsbedingten $CO_2$-Emissionen nur durch eine Abkehr von klassischen Benzin- und Dieselmotoren erreicht werden kann. Vor diesem Hintergrund gewinnt das Konzept einer Vollelektrifizierung des Straßenverkehrs zunehmend Anhänger. Doch eine voreilige Festlegung auf E-Mobilität als einzige Option für die Verkehrswende und – damit verbunden – auf eine bestimmte Art der Kopplung von Elektrizitäts- und Mobilitätssektor, ist sowohl aus Klimaschutzgründen als auch aus volkswirtschaftlichen Erwägungen problematisch.

## Kriterium Klimaschutz

Stellt man allein auf den $CO_2$-Ausstoß pro gefahrenem Kilometer ab, dann fällt die Klimabilanz von Elektroautos heute in der Regel besser aus als die vergleichbarer Modelle mit den emissionsärmsten Diesel- oder Benzinmotoren neuester Bauart. Da allerdings jedes Elektroauto eine enorme $CO_2$-Hypothek aus der Werkshalle mit auf die Straße bringt, ist bei einer Gesamtbetrachtung die ökologische Vorteilhaftigkeit des Elektroautos unter den gegenwärtigen Bedingungen in vielen Anwendungsfällen immer noch fraglich.

Laut einer Meta-Studie des *IVL Swedish Environmental Research Institute* im Auftrag des schwedischen Staats werden für die Herstellung von Lithium-Ionen-Akkus gegenwärtig rund 350 bis 650 Megajoule Energie pro kWh Akku-Speicherkapazität benötigt. Die Studie betrachtet die gesamte Herstellungskette und legt dann die nationalen Strommixe der Hauptproduktionsstandorte zugrunde. Das schwedische Institut kommt so auf Treibhausgas-Emissionen von aktuell rund 150 bis 200 Kilogramm $CO_2$-Äquivalente pro kWh Akku-Speicherkapazität.

Bezogen auf einen VW e-Golf (2014er Modell) bedeutet das: Allein bei der Erzeugung des 24,2-kWh-großen Akkus, der eine Reichweite von etwa 130 km ermöglicht, entstehen ungefähr so viele $CO_2$-Emissionen, wie das Dieselmodell VW Golf 1.6 TDI BlueMotion gemäß ADAC-Test auf 30.000 bis 40.000 km insgesamt ausstößt. Eine grundlegende Verbesserung der Klimabilanz von Elektrofahrzeugen wäre nur erreichbar, wenn der zur Herstellung und zum Betrieb der Fahrzeuge erforderliche Strom weniger $CO_2$-Emissionen verursachen würde, als dies gegenwärtig der Fall ist. Dies gilt erst recht, wenn der Trend zu höheren Akku-Ladekapazitäten anhält.[1]

Lässt sich unter ökologischen Gesichtspunkten aktuell also keine allgemeine Empfehlung für eine bestimmte Antriebsart aussprechen? Doch – und zwar für Erdgas-Autos! Sie sind die bessere Alternative. Legt man die spezifischen $CO_2$-Emissionen des deutschen Strommix von 2015 zugrunde (534 g $CO_2$ kWh), wies der gasbetriebene VW Golf 1.4 TGI Blue Motion im ADAC-Test mit 98 g $CO_2$ pro gefahrenem Kilometer praktisch denselben Wert auf wie der e-Golf (97 g $CO_2$ pro km). Zugleich aber verursacht die Herstellung von Erdgas-Autos deutlich weniger $CO_2$-Emissionen als die Herstellung vergleichbarer Elektrofahrzeuge mit ihrem Energiemehraufwand für die Produktion des Fahrzeugakkus.

Mit einer deutlichen Ausweitung des Anteils an Erdgas-Autos könnten schon heute substanzielle $CO_2$-Einsparungen im deutschen Verkehrssektor realisiert werden. Gemäß einer Studie des *EWI* ließe sich mit einem Anteil von 50 Prozent Erdgasfahrzeugen an der deutschen PKW-Flotte eine Reduktion der $CO_2$-Emissionen des PKW-Sektors um rund 20 Prozent erzielen. Außerdem könnten mit Erdgas-Autos auch die Stickoxidemissionen deutlich gesenkt werden.

## Kriterium Wirtschaftlichkeit

Die Anhänger einer Vollelektrifizierung des Verkehrssektors wenden dagegen ein, dass mit Blick auf die Treibhausgas-Reduktionsziele für 2050 nur eine vollständige Dekarbonisierung des Verkehrssektors in Frage käme. Diese vollumfängliche Dekarbonisierung aber ließe sich nur durch die vollständige Transformation des Mobilitätssektors hin zur Elektromobilität realisieren, und dafür müsse diese Transformation durch strukturpolitische staatliche Vorgaben so schnell wie möglich und unwiderruflich eingeleitet werden.

Tatsächlich aber kommen auch andere Wege für die Dekarbonisierung des Verkehrssektors in Betracht. Und es spricht einiges dafür, dass diese Alternativen volkswirtschaftlich effizienter sein könnten. Namentlich bietet die Power-to-Gas-Technologie die Möglichkeit, Wasserstoff oder auch synthetisches Methan aus Erneuerbaren-

**Bild 1**
Im urbanen Raum kann E-Mobilität ökologisch sinnvoll und wirtschaftlich sein. [Foto: © KEBA AG]

reich E-Mobilität im Ballungsraum Frankfurt/Rhein-Main. Substantielle Klimaschutzeffekte werden sich mit E-Mobilität aber nur dann erzielen lassen, wenn es gelingt, die deutsche Stromerzeugung erheblich zu dekarbonisieren. Ein Ausstieg aus der Braunkohle, die allein für 50 Prozent der $CO_2$-Emissionen des deutschen Stromsektors und für rund 20 Prozent aller deutschen $CO_2$-Emissionen verantwortlich ist, ist dafür die zentrale Voraussetzung.

Was für die große Masse des straßengebundenen Verkehrs langfristig der bessere Umsetzungspfad ist, kann heute niemand mit Sicherheit für 30 Jahre im Voraus sagen. Viel spricht für Gas – auch, dass damit jetzt schon substanzielle Treibhausgas-Einsparungen und eine erhebliche Linderung der Stickoxid-Problematik in den Innenstädten realisiert werden können. Andererseits ist mit technischen Fortschritten bei der Akku-Technologie zu rechnen, die die energetische Effizienz des Herstellungsprozesses verbessern werden.

Strom zu erzeugen. Bei einem Mobilitätssystem, das auf Power-to-Gas aufbaut, fallen zwar beim Syntheseprozess Wandlungsverluste an. Dafür entfallen aber die hohen Kosten, die – bewegt man sich im Szenario einer vollständigen Dekarbonisierung des Stromsektors – durch die zusätzlichen Erneuerbaren-Anlagen verursacht werden, die den gigantischen zusätzlichen Energiebedarf für die Akku-Produktion von Millionen Elektroautos abdecken müssten.

Außerdem kann eine Verkehrswende auf Basis der Power-to-Gas-Technologie die hohen Kosten vermeiden helfen, die bei einer Vollelektrisierung des Straßenverkehrs in Gestalt hoher zusätzlicher Infrastrukturkosten anfallen. Allein für den in Frankfurt erforderlichen Ausbau des Stromverteilnetzes würden im Falle einer Vollelektrisierung des PKW-Sektors schnell Kosten im Milliardenbereich entstehen. Hinzu kämen noch die Kosten für die Ladevorrichtungen. Eine Vollelektrifizierung des Verkehrssektors würde damit letztlich ganz Deutschland vor außerordentliche finanzielle und auch städtebauliche Herausforderungen stellen.

### Technologieoffen und wettbewerblich

Fest steht: Elektromobilität kann für bestimmte Anwendungssegmente – z.B. beim Kurzstreckenverkehr im urbanen Raum – schon bald ökologisch sinnvoll und wirtschaftlich sein. Deshalb engagiert sich Mainova bereits seit 2010 im Be-

Letztlich ist die Zweckmäßigkeit einer Vollelektrisierung des Verkehrssektors unter ökonomischen und Klimaschutzaspekten keineswegs zwingend und es besteht deshalb auch kein Bedarf, durch voreilige strukturpolitische Festlegungen auf einen bestimmten Pfad der Sektorkopplung unwiderruflich Tatsachen zu schaffen, die man einige Jahre später womöglich bitter bereut.

Bei der Verkehrswende sollte deshalb nicht alles auf eine Karte gesetzt werden. Stattdessen bedarf es eines Ordnungsrahmens, der Technologieoffenheit und Wettbewerb ermöglicht. Die effizientesten Klimaschutzlösungen sollen sich am Markt durchsetzen können. Dazu müssen die jeweiligen $CO_2$-Fußabdrücke der verschiedenen Mobilitätskonzepte diskriminierungsfrei, d.h. möglichst vollständig abgebildet werden. Eine Privilegierung von bestimmten Antriebskonzepten, sei es durch willkürliche Zwangsquoten, sei es durch sachlich nicht gerechtfertigte Gutschriften auf die Flottendurchschnittswerte für Verbrauch und $CO_2$-Ausstoß, gilt es zu vermeiden.

Auf jeden Fall darf die Möglichkeit einer Kopplung von Strom- und Verkehrssektor über die Power-to-Gas-Technologie nicht von vornherein verbaut werden. Gas und die leistungsfähige deutsche Gasinfrastruktur in Verbindung mit

Power-to-Gas sind eine wichtige Lösungsoption für die Dekarbonisierung des Verkehrssektors – auf Basis von gasbetriebenen Fahrzeugen und perspektivisch nicht zuletzt auch auf Basis von Brennstoffzellenantrieben.

**Anmerkung**

[1] Das 2017er Modell des e-Golfs besitzt mit einer Ladekapazität von 35,8 kWh einen größeren Akku als das Vorgängermodell. Diese Ladekapazität entspricht einer CO2-Hypothek von rund 5,4 bis 7,2 Tonnen CO2 – so viel, wie das 2014er Dieselmodell VW Golf 1.6 TDI BlueMotion gemäß ADAC-Test auf etwa 45.000 bis 60.000 km insgesamt ausstößt. Der Reichweitenzuwachs wird durch ein deutlich höheres Akku- und damit letztlich auch Fahrzeuggewicht erkauft. Wohl auch deshalb besitzt das 2017er Modell einen leistungsstärkeren Motor. Der Stromverbrauch liegt gemäß Herstellerangabe bei 12,7 kWh pro 100 km Laufleistung und damit gleich hoch wie der entsprechende Wert für das 2014er Modell. Diese Werte basieren jedoch auf dem gesetzlich vorgeschriebenen Testverfahren und haben mit den tatsächlichen Verbrauchswerten in der alltäglichen Praxis wenig zu tun. Der wesentlich praxisnähere Wert für das 2014er Modell aus dem ADAC-Autotest beträgt 18,2 kWh pro 100 km. Für das 2017er Modell liegt noch kein entsprechender ADAC-Autotest vor, der einen Vergleich auf Basis desselben praxisnahen Fahrprofils zur Verbrauchsermittlung zuließe. Deshalb wurde hier auf 2014er Modell zurückgegriffen.

---

**Mainova AG**
Solmsstraße 38
60623 Frankfurt

Telefon: 069 / 213 02
E-Mail: presse@mainova.de
Internet: http://www.mainova.de

**Mainova – Vorreiter der E-Mobilität**
Mainova ist auf dem Sektor E-Mobilität ein Vorreiter. Schon 2010 hat der Frankfurter Energiedienstleister in den Auf- und Ausbau einer frei zugänglichen Ladeinfrastruktur in Frankfurt und der Rhein-Main-Region investiert. Dabei hat Mainova schon früh innovative Konzepte umgesetzt und im Rahmen des bundesweit beachteten „Frankfurter Modells" einen Teil der Ladepunkte mit Parkscheinautomaten kombiniert. Insgesamt betreibt das Unternehmen derzeit 46 öffentliche Ladestationen, davon 18 in Frankfurt und 28 weitere im Umland. Dort tanken Kunden den zu 100% regenerativen Mainova-Ökostrom „Novanatur". Außerdem hat Mainova bisher weitere 136 Ladeboxen im öffentlichen, halböffentlichen und privaten Bereich überwiegend in Frankfurt errichtet.

**Die Zukunft: Ladeinfrastruktur im halböffentlichen und privaten Bereich**
„Deutschland soll zum Leitmarkt Elektromobilität werden" – so lautet die Zielsetzung der Bundesregierung. Ein Schlüssel zur Erreichung dieses Ziels liegt im Ausbau der Ladeinfrastruktur im halb-öffentlichen und privaten Bereich. Hierfür sprechen mehrere Gründe: Im halb-öffentlichen Bereich wie zum Beispiel bei Liegenschaften von Wohnungsbaugesellschaften, Supermärkten, Unternehmen oder kommunalen Liegenschaften wie Schulen oder Rathäusern, existieren bereits Parkplätze und die jeweiligen Organisationen verfügen über eine gute Handhabe, um separate Bereiche für E-Fahrzeuge zu reservieren. Im privaten Bereich ist schon seit längerem den Trend zum Prosumer zu beobachten, d.h. dass immer mehr Menschen sich gerne selbst versorgen möchten und dank der Kombination von Photovoltaik und Speichertechnologie mittlerweile in der Lage sind, bis zu 80 Prozent ihres Strombedarfs selbst zu decken. Es gibt vermutlich kein probateres Mittel gegen die Reichweitenangst als eine Ladestation in der eigenen Garage.

**Mainova erweitert Produktportfolio**
Um den Ausbau der Ladeinfrastruktur in diesen Segmenten zu ermöglichen, hat Mainova ihr Produktportfolio erweitert. Die für jeden Bedarf passende Ladestation ist in allen Produktpaketen, den so genannten Charge-Kits, inklusive. Dabei kooperiert das Unternehmen mit drei verschiedenen Her-

stellern, um optimal auf die Kundenbedürfnisse eingehen zu können. Die zusätzlichen Dienstleistungen variieren je nach Paket:

- Charge-Kit „Basic": Dabei handelt es sich um eine leistungsfähige Ladestation. Diese lädt mit 11-22 KW bis zu zehn Mal schneller als eine gewöhnliche Haushaltssteckdose, was eine durchschnittliche Ladezeit von nur einer Stunde bedeutet. Eine intelligente Steuereinheit stellt sicher, dass alle am Markt gängigen Fahrzeuge geladen werden können. Beratung und Installation der Hardware sind inklusive. Dieses Angebot richtet sich an Eigenheimbesitzer.

- Charge-Kit „Business": Hier erweitert Mainova die Produktlösung um die Angebote „Betrieb & Service" sowie „Monitoring". Flottenbetreiber, Klein- und mittelständische Unternehmen oder auch die Wohnungswirtschaft erhalten so ein Produkt, bei dem sie sich keine Gedanken um Installation, Wartung und Reparatur machen müssen. Der Kunde hat die Kontrolle über den Nutzerkreis und kann Reports zu Lademengen und Ladezeiten einsehen.

- Charge-Kit „Business-Plus": Dieses Paket richtet sich insbesondere an Parkhausbetreiber, Retailer oder Hotels. Als weiteres Element kommt das Transaktionsmanagement hinzu. So können die Kunden ihre Infrastruktur für Dritte anbieten und abrechnen. Sie haben also die Möglichkeit, mit Hilfe der Ladeinfrastruktur eigene Erlöse zu generieren.

- Charge-Kit „Public": Dabei handelt es sich um eine Lösung für den öffentlichen Bereich wie zum Beispiel Schulen oder Kommunen. Diese unterstützt Mainova zusätzlich bei der Beantragung von Fördermitteln, die vom Land bzw. der Bundesregierung bereitgestellt werden.

Zudem hat Mainova, im eigenen Namen wie auch als Dienstleister für Städte und Kommunen im Rahmen der Hessischen Landesförderung zum Aufbau von Ladeinfrastruktur für Elektrofahrzeuge bei der Hessen-Agentur über 100 neue Ladestationen in der Rhein-Main-Region beantragt bzw. die Beantragung unterstützt.

### Für eine technologieoffene Energiewende im Mobilitätssektor

Elektromobilität ist jedoch nur ein Baustein, um beim Klimaschutz im Verkehrssektor voranzukommen. Antriebskonzepte auf Basis von Gas und der leistungsfähigen deutschen Gasinfrastruktur sind in Verbindung mit der Power-to-Gas-Technologie ebenfalls eine vielversprechende Lösungsoption für die Dekarbonisierung des Verkehrssektors
Die Mainova plädiert deshalb dafür, dass auch die Verkehrswende technologieoffen gestaltet wird. Dazu passt, dass die Mainova-Beteiligung book-n-drive nun einen ersten Schritt in Richtung Wasserstofffahrzeuge unternommen hat. Beim eigenen Fuhrpark setzt die Mainova auch auf Erdgasfahrzeuge.
Alternative Verkehrsmittel und Sharing-Konzepte können ebenfalls einen Beitrag für mehr Klimaschutz leisten. So unterstützt Mainova im Rahmen der jüngsten Auflage des Klima Partner Programms den Kauf eines E-Rollers (150€), stellt jedem Mitarbeiter ein Jobticket zur Verfügung und engagiert sich schon seit Jahren für Carsharing. So ist Mainova seit 2012 an dem Unternehmen book-n-drive beteiligt, das mit 830 Fahrzeugen der größte Carsharing-Anbieter im Rhein-Main-Gebiet ist. Laut einer Studie des Bundesverbands Carsharing e.V. (BCS) ersetzt ein Auto dieses Anbieters bis zu 20 PKW. Die Zahl der book-n-drive-Kunden stieg in 2016 um über 30% auf nahezu 30.000.

### Der Mainova-Fuhrpark

Übrigens: Zahlreiche der hier beschriebenen Bausteine finden sich auch in der Gestaltung des Mainova-eigenen Fuhrparks wieder. So betreibt der Frankfurter Energiedienstleister seit 2010 für Dienstreisen einen Carpool mit rund 30 Fahrzeugen auf Basis eines Carsharing-Konzepts. Das sorgt dafür, dass die Anzahl der Fahrzeuge sukzessive reduziert werden konnte – auch das ein Schritt zu mehr Ressourceneffizienz. Drei Fahrzeuge aus diesem Carpool fahren vollelektrisch. Vier Fahrzeuge sind als Plug-in-Hybrid unterwegs. Auch der Mainova-Vorstand ist mit Hybridmodellen ausgestattet. Um den Betrieb zu gewährleisten, unterhält Mainova mittlerweile über zehn interne Ladestationen in ihren Liegenschaften in Frankfurt. Und rund 120 Mainova-Fahrzeuge laufen mit Erdgas-Antrieb.

# Passivhaus: Von Hessen aus in die Welt

Wolfgang Hasper | Passivhaus Institut, Darmstadt

Das Ziel der Hessischen Landesregierung, eine $CO_2$-neutrale Landesverwaltung anzustreben hat unmittelbare Auswirkungen auf den staatlichen Hochbau. Die im Gebäudebereich vorhandenen Potentiale für verbesserte Energieeffizienz können besonders kostengünstig erschlossen werden und führen zudem zu einem verbesserten thermischen Komfort für die Nutzer.

Daher fiel bereits im Jahr 2007 in Hessen die Entscheidung, die Passivhaus-Bauweise für Landesbauten anzuwenden. Dieser äußerst energieeffiziente Gebäudestandard wurde 1991 in Darmstadt von dem Physiker Dr. Wolfgang Feist entwickelt und ist wissenschaftlich fundiert. Mittlerweile belegen mehrere tausend Gebäude weltweit die Zuverlässigkeit und Langlebigkeit von Passivhäusern.

## Pilotprojekt des Landes Hessen in Baunatal

Der Pilotbau des Landes wurde für das *Polizeipräsidium Nordhessen* errichtet und stellt ca. 3800 m² beheizte Nutzfläche zuzüglich Garagen zur Verfügung. Ein seit der Fertigstellung 2014 über mehrere Jahre durchgeführtes Monitoring bestätigt den hohen Nutzerkomfort bei zugleich minimalem Heizbedarf. Auch weitere Energie-Anwendungen sind hier deutlich sparsamer als in vergleichbaren Gebäuden.

## Folgeprojekte blieben nicht aus

Die guten Erfahrungen mit dem Pilotprojekt in Baunatal bleiben nicht ohne Konsequenz: Es folgte die Entscheidung, den bereits länger geplanten Anbau an das Finanzministerium in Wiesbaden ebenfalls im Passivhaus-Standard zu errichten.

> Seit 2011 tagte der Hessische Energiegipfel zur regionalen Umsetzung der Energiewende und in der Folge wurde das Hessische Energiegesetz neu gefasst. Auf dieser Grundlage beschloss das Land Hessen die Richtlinie energieeffizientes Bauen und Sanieren des Landes Hessen. Danach müssen künftig alle Landesbauten eine Effizienz deutlich über der EnEV-Mindestanforderung aufweisen.

Auch bei Sanierungen kann das Passivhaus-Konzept angewendet und der Heizenergiebedarf auf ca. 1/10 des unsanierten Gebäudes reduziert werden. Für die so genannte *EnerPHit* Sanierung mit Passivhaus-Komponenten gewährt das Land Hessen zudem eine attraktive Förderung.

## Hessen in guter Gesellschaft

Auch in den benachbarten Bundesländern wird der Passivhaus-Standard als erprobter und zuverlässiger Weg zu hoch effizienten und „nahezu Nullenergie-Gebäuden" im Sinne der EU-Gebäuderichtlinie geschätzt. Unter anderem fördern der Freistaat Bayern und die Stadt München den Bau von Passivhäusern.

Auch im baden-württembergischen Heidelberg tut sich viel in Sachen Passivhaus-Standard. In der *Bahnstadt* sollen einmalmal mehr als 6.000 Menschen leben, über 3.500 Bewohner sind es derzeit schon. (Stand Mitte 2017). Ergänzt wird

**Bild 1**
2014: Hessisches Pilotprojekt in Passivhaus-Bauweise: Die Polizeidienststelle im norhesssischen Baunatal mit 3800 Quadratmetern. [LBIH, Architekt H. Mathes, © Foto: Passivhaus Institut]

**Bild 2**
2016: HMdF-Anbau Wiesbaden 3100 m² [LBIH, Architekt H. Mathes, © Foto: Passivhaus Institut]

Auch für Konversionsflächen im Stadtgebiet, die Heidelberg in Zukunft bebauen will, ist der Passivhaus-Standard vorgesehen.

> Folgeprojekte der Heidelberger Passivhaus-Siedlung gibt es ebenfalls. In China entstehen in den beiden Städten Qingdao und Gaobedian ebenfalls Passivhaus-Siedlungen, die nach Fertigstellung noch deutlich größer sein werden als die Bahnstadt.

### Sondergebäude ebenfalls energieeffizient

Gute Beispiele für hervorragende Energieeffizienz bei hoch spezialisierten Nutzungsanforderungen sind das neue *Klinikum in Frankfurt-Höchst*, das mit seinen über 600 Betten ebenfalls im Passivhaus-Standard gebaut wird. Das Sport- und Freizeitbad *Bambados* in Bamberg gilt als Leuchtturm-Projekt für Passivhaus-Sportstätten. Der Passivhaus-Standard bedeutet für diese Projekte eine deutliche Optimierung des Energieeinsatzes- und bezieht alle Verbraucher ein, auch alle elektrischen Geräte, die nicht fest mit dem Bauwerk verbunden sind.

In Schwimmbädern mit einer hochwertigen Passivhaus-Gebäudehülle kann eine höhere Luftfeuchtigkeit toleriert werden, ohne Bauschäden befürchten zu müssen. Das senkt auch den Energiebedarf für Lüftung und Beckenwasserbehei-

**Bild 3**
Verwaltungsgebäude im Passivhaus-Standard in München [Architekturwerkstatt Vallentin, © Foto: Gernot Vallentin]

das energieeffiziente Gebäudekonzept durch ein lebendige Nachbarschaft und attraktive Infrastruktur. Ein großes Bürgerzentrum mit Schule und Sporthalle ist mittlerweile fertiggestellt. Der Einzelhandel wächst, ein Einkaufszentrum wird derzeit gebaut, und auch ein Kino mit 1.800 Plätzen kommt – alles im Passivhaus-Standard. Diesen energieeffizienten Standard hat auch der Baumarkt in der Passivhaus-Siedlung umgesetzt.

Das ökologische Konzept in der *Bahnstadt* endet nicht beim Gebäudestandard. Im Verkehr werden der öffentliche Nahverkehr und Fahrradschnellwege gefördert, eine Straßenbahnlinie ist in Planung.

**Bild 4**
Die Heidelberger Bahnstadt: Auf dem Gelände des ehemaligen Güter- und Rangierbahnhofes entsteht seit einigen Jahren die derzeit größte Passivhaus-Siedlung der Welt. Wohngebäude, Kitas, Schulen, Einkaufzentren, Restaurants, Fitnesstudios, ein Kino sowie ein Baumarkt: Alle Gebäude werden im Passivhaus-Standard gebaut. [© Foto: Christian Buck]

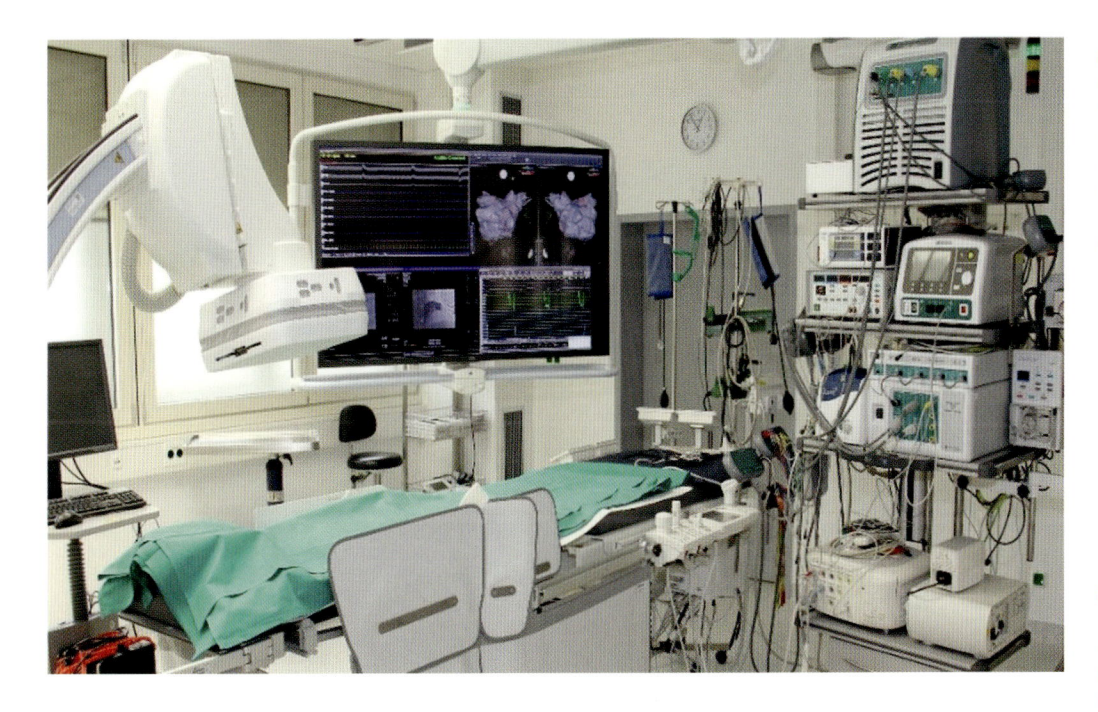

**Bild 5**
Im Bau: Neubau Klinikum Frankfurt/Höchst mit 666 Betten [Architektur: wörner traxler richter planungsgesellschaft mbh, © Foto: Klinikum Frankfurt Höchst]

**Bild 6**
Sport- und Freizeitbad Bambados, Bamberg [pbr Planungsbüro Rohling AG, © Foto: Passivhaus Institut]

zung deutlich und hat damit merklichen Einfluss auf die Betriebskosten.

### If you can make it in New York...

In New York stößt das Passivhaus-Konzept bereits länger auf großes Interesse. Durch den Klimawandel ist die Stadt ernsthaft von Überschwemmungen bedroht und entwickelt ehrgeizige Pläne zur Effizienzsteigerung der Gebäude. Eine Vielzahl von Passivhaus-Projekten ist fertig gestellt, andere sind noch im Bau. Besonders hoch hinaus will die *Cornell-Tech Universität* mit ihrem Studentenwohnheim, das 26 Geschosse für

**Bild 7**
Hochhaus Cornell Tech-Studentenwohnheim, New York City, USA [Handel Architects LLP, © Foto: Mustafa Onder]

**Bild 8**
Wohnhaus in den Rocky Mountains, Colorado, USA. Auch in diesem harschen Bergklima bietet der Passivhaus-Standard höchste Energieeffizienz verbunden mit bestem Wohnkomfort. [Architekt A. Michler, © Foto: A. Michler]

**Bild 9**
*Mohammad Bin Rashid Space Center*, Dubai 2016 [Casetta & Partners, © Foto: MBRSC/Dubai], auch für heiße Klimate ist das Passivhaus die nachhaltige Antwort

rund 350 Bewohner bietet. Eine energieeffiziente und bezahlbare Unterkunft mitten in New York, direkt am East River.

Die City of New York misst dem Bau von Passivhäusern eine zentrale Rolle in ihrer Zukunftsstrategie zu. Dies gilt für weitere Städte in Nordamerika wie etwa Portland/Oregon oder Vacouver/Brititsh Columbia, CA. Hier hat eine sehr dynamische Entwicklung begonnen.

**Bild 10**
Der *Quindao Ecopark* ist eines von vielen Passivhaus-Projekten in China. Gleichzeitig steigt die Anzahl spezieller Passivhaus-Komponenten für den chinesischen Markt. Interesse und Nachfrage am energieeffizienten Bauen sind in China sehr groß. Der Passivhaus-Standard kann in den vielen unterschiedlichen Klimaten des Landes erreicht werden. [RoA - RONGEN TRIBUS VALLENTIN GmbH & CABR Beijing, © Foto: Passivhaus Institut]

**Bild 11**
EnerPHit Sanierung eines Mehrfamilienhauses mit Passivhaus-Komponenten in Korobe, Japan. Auch für eine Sanierung sind die Passivhaus-Prinzipien erste Wahl. Dadurch ist eine Reduktion des Heizwärmebedarfs von bis zu 90 Prozent gegenüber dem unsanierten Zustand möglich. [Key Architects, © Foto: Miwa Mori]

**Bild 12**
In Hessen hat alles angefangen: 1991 errichtete der Physiker Dr. Wolfgang Feist das erste Passivhaus der Welt in Darmstadt-Kranichstein. Auch nach über 26 Jahren ist das weltweit erste Passivhaus hoch effizient in Betrieb, das bestätigen umfangreiche wissenschaftliche Untersuchungen. [Prof. Bott/Ridder/Westermeyer, © Foto: Peter Cook)

### Weiterführende Informationen

Passipedia: Nachschlagewerk zu allen Fragen rund um das Passivhaus. www.passipedia.org

Handbuch: Altbaumodernisierung mit Passivhaus-Komponenten, im Auftrag des HMUELV; download unter www.passiv.de

Monitoring Bericht Polizeipräsidium Nordhessen http://www.passiv.de/downloads/05_passivhaus_verwaltungsgebaeude_polizei.pdf

Passivhaus-Projekte weltweit http://www.passiv-hausprojekte.de

Studie Passivhaus Klinikum http://www.passiv.de/downloads/05_krankenhaus_grundlagenstudie.pdf

Monitoring Hallenbad Bambados http://www.passiv.de/downloads/05_hallenbad_bambados_monitoring_endbericht.pdf

Passivhaus Institut, Rongen Architekten: Passive Houses for different climate zones, Darmstadt, 2011

Passivhaus Institut: Passive Houses in Tropical Climates, Darmstadt, 2013

Passivhaus Institut: Passive Houses in Chinese Climates, Darmstadt, 2016

**Passivhaus Institut**
Dr. Wolfgang Feist
Rheinstr. 44/46
D-64283 Darmstadt

Tel.: 06151/82699-0
E-Mail: mail@passiv.de
URL: www.passiv.de

# Fehlende Transparenz: Versteckte Risiken der Klimaneutralität

Hannah Helmke | right. based on science UG

**Wie ein 2 °C-kompatibles Klimamanagement auf Basis Wissenschaftsbasierter Klimametriken helfen kann, die Risiken einhergehend mit Emissionen aus der Lieferkette besser zu managen.**

### Einleitung

Die wissenschaftlichen Erkenntnisse des Weltklimarats (IPCC) haben nach dem Kyoto Protokoll erstmals ambitionierte globale klimapolitische Bestrebungen geschaffen. Der Großteil der Weltgemeinschaft trägt die Ergebnisse des Pariser Klimaabkommens der COP21. Gemeinsames Ziel ist es, den Anstieg der durchschnittlichen Welttemperatur auf maximal 2 °C im Vergleich zum präindustriellen Level zu begrenzen.[1] Dieses Ziel wird nun über von Staaten selbst formulierten Emissionsminderungs- und Anpassungszielen (Nationally Determined Contributions, „NDCs") in Form von nationalen Klimaschutzplänen umgesetzt. Diese sollen ab 2020 alle fünf Jahre überprüft und fortgeschrieben werden.[2]

In Deutschland folgt die Konkretisierung der globalen Klimaziele auf Bundes- („Klimaschutzplan 2050" der Bundesregierung), Landes- (z.B. „Integrierter Klimaschutzplan Hessen 2025") und lokaler Ebene (z.B. „Masterplan Klimaschutz 100 %" der Stadt Frankfurt am Main). Die finale Umsetzung erfolgt demnach auf lokaler Ebene, steht aber in Abhängigkeit zu politischen Entscheidungen der Landes- und Bundesregierung.[3] Die Umsetzung der Klimaziele auf den verschiedenen politischen Ebenen führt zu einer hohen Varianz der Ambitionen innerhalb der nationalen Klimaziele.[4] Die weltweit von den Staaten selbst formulierten NDCs führen aktuell zu einem Anstieg der globalen Durchschnittstemperatur um 2,7 °C und können somit nicht als 2 °C-kompatibel bezeichnet werden.[5]

### Neue Transparenz – Ein wissenschaftsbasierter Benchmark als Chance

Ein erheblicher Teil des globalen Vermögens ist in fossilen Brennstoffreserven investiert und findet sich in Bilanzen wieder. Darüber hinaus gibt es viele weitere, bisher nicht explorierte Vorkommen. Permanent werden weitere fossile Rohstoffe über hohe Investitionen erschlossen, es entstehen neue Eigentumswerte. Dabei ist fraglich, ob es die klimabezogenen physikalischen und Übergangsrisiken erlauben, all diese Rohstoffe in der Zukunft auch zu verbrennen. Analysen der renommierten Carbon Tracker Initiative gehen davon aus, dass bis zu 80 % der aktuell im Markt eingepreisten fossilen Brennstoffe in einem 2 °C-Szenario wertlos sind. Diese sogenannte „Kohlenstoffblase" übt bereits jetzt enormen Druck auf Investoren und wirtschaftliche Entscheidungsträger aus und stellt eines der großen klimabedingten sozio-ökonomischen Risiken des 21. Jahrhunderts dar.[6]

Wegen der erkannten Dringlichkeit haben Akteure der Finanzmärkte und Unternehmen damit begonnen, sich weitgehend unabhängig von politischen Entscheidungen auf die Anforderungen einer <2 °C-Welt vorzubereiten. So verlangen beispielsweise erste Investorengruppen, in Frankreich gestützt auf Artikel 173 des Französischen Energiewendegesetzes, eine „neue Transparenz" im Umgang mit klimabedingten Chancen und Risiken.[7] Artikuliert wird dieses Anliegen derzeit z.B. durch das "Montréal Carbon Pledge"[8] oder die „Task Force on Climate-related Financial Disclosure"[9] (TCFD).

Die steigenden Transparenzanforderungen durch Investoren stellen Unternehmen vor neue Herausforderungen. Auch sie erkennen zunehmend die Gefahr klimabedingter Risiken und verlangen von Politik und Wissenschaft Planbarkeit, einen aussagekräftigen Benchmark für sektorale Dekarbonisierung und klare Verantwortungen im Umgang mit der Dekarbonisierung. Um aktuell Klarheit darüber zu erlangen, wie ein

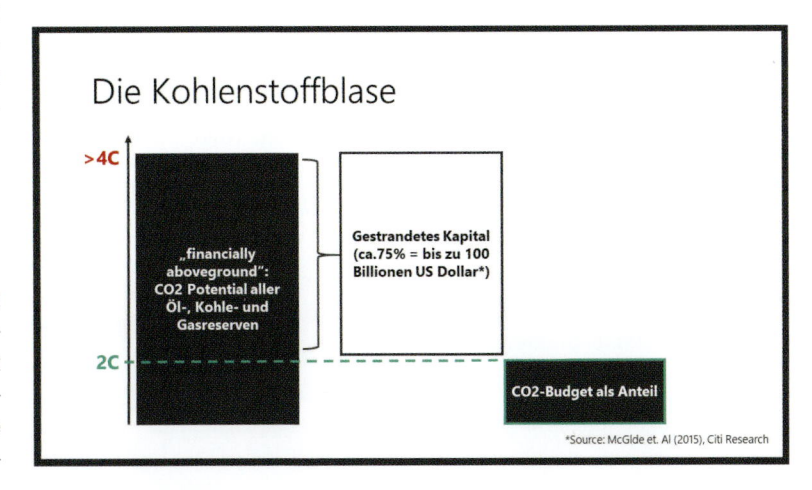

**Die Kohlenstoffblase**

>4C — „financially aboveground": CO2 Potential aller Öl-, Kohle- und Gasreserven
Gestrandetes Kapital (ca.75% = bis zu 100 Billionen US Dollar*)
2C — CO2-Budget als Anteil

*Source: McGlde et. Al (2015), Citi Research

Unternehmen neuen klimabedingten Anforderungen gegenüber aufgestellt ist, bedienen sich immer mehr Unternehmen den sogenannten „wissenschaftsbasierten Klimametriken". Diese Metriken sind, basierend auf den wissenschaftlichen Erkenntnissen des IPCC, im Stande, z.B. (i) einem Unternehmen seinen fairen Anteil am verbleibenden globalen Kohlenstoffbudget zuzuordnen und (ii) einen 2 °C-kompatiblen unternehmensspezifischen Emissionszielpfad zu ermitteln.

Wissenschaftsbasierte Klimametriken bauen ein Wissen im Unternehmen auf, welches ihm ermöglicht, klimabedingte unternehmerische Entscheidungen gezielt an die Anforderungen des Finanzmarkts anzupassen, indem regulatorischen Entwicklungen antizipiert und klimabedingte Risiken frühzeitig minimiert werden.

In einem globalisierten Wirtschaftssystem verteilen sich klimabedingte Risiken über nationale Grenzen hinweg.[10] Das Greenhouse Gas Protocol (Bilanzierungsrichtlinie für unternehmerische Treibhausgase) definiert Regeln zur Einteilung der Emissionen in drei sogenannte „Scopes". Scope 1 umfasst alle direkt selbst durch Verbrennung in eigenen Anlagen erzeugten Emissionen. Scope 2 sind solche Emissionen, die mit eingekaufter Energie (z. B. Elektrizität, Fernwärme) verbunden sind. Dies wird insbesondere in den vor- und nachgelagerten Zuliefererketten von Unternehmen deutlich. Emissionen dieser Herkunft werden als Scope 3 Emissionen bezeichnet. Scope 3 umfasst die Emissionen aus durch Dritte erbrachten Dienstleistungen und erworbenen Vorleistungen. Ein gewisses Dilemma ist, dass sie außerhalb des direkten Einflussbereichs von Unternehmen entstehen und gleichzeitig als Garant für die unternehmerische Wertschöpfung gelten.

Dieses Dilemma veranlasst immer mehr Unternehmen dazu, Transparenz in ihre Scope 3 Emissionen zu bringen und sie in ihre unternehmensspezifischen Klimaziele zu integrieren.[11]

### 2 °C-Kompatibilität vs. Klimaneutral am Beispiel Siemens

Klimaneutralität umschreibt einen Zustand, bei dem alle klimaschädlichen Gase kompensiert werden oder gar nicht erst entstehen. Diverse Unternehmen (z.B. Siemens), Städte (z.B. Kopenhagen) und Länder (z.B. England) haben sich das Ziel gesetzt, eine so verstandene Klimaneutralität zu erreichen. Oft scheint dieser Zustand nur durch das Auslagern von emissionsintensiven Herstellungsprozessen möglich, einem Verschieben der zuvor eigenen Emissionsintensität in den Scope 3. Damit entziehen sich diese Emissionen lediglich der direkten Verantwortung - das klimabedingte Risiko, welches weiterhin von ihnen ausgeht, bleibt bestehen.[12]

Eine Reduktion dieser Risiken ohne den Verlust an Wertschöpfungspotentialen ist als 2 °C-kompatibel zu verstehen. Die 2 °C-Kompatibilität umschreibt Wirtschaftlichkeit unter den Bedingungen in einer Welt, die sich aufgrund von marktwirtschaftlichen Veränderungen und starker Klimaregularien um nicht mehr als 2 °C erwärmt. Das Konzept konkretisiert den Ansatz der Klimaneutralität und bezieht sich auf wissenschaftsbasierte Erkenntnisse, womit es Verantwortung und Risiko gleichermaßen benennt.

Die erforderliche Differenzierung zwischen klimaneutral und 2 °C-kompatibel kann anhand des Beispiels von Siemens aufgezeigt werden: Der Konzern strebt eine Klimaneutralität bis 2030 an. In seinen bestehenden Klimazielen werden ausschließlich direkte (Scope 1) und indirekte (Scope 2) Emissionen ($1.738*10^3$ Tonnen CO2-Äquivalente ($CO_2$eq) in 2016) berücksichtigt. Diese machen gerade mal 9 % der gesamten Emissionen von Siemens aus. Der Scope 3 Anteil ($16.768*10^3$ Tonnen $CO_2$eq) liegt mit einem Anteil von 91 % an den Gesamtemissionen von Siemens deutlich über einem vernachlässigbaren Maße. Nutzt man nun wissenschaftsbasierte Klimakennzahlen zum Prüfen der 2 °C-Kompatibilität solcher Ziele wird deutlich, dass eine „Klimaneutralität" nicht zwangsläufig den Anforderungen des Pariser Klimaabkommens gerecht wird. Der Konzern hat 2016 erstmals seine Scope 3 Emissionen offengelegt (Scope 3 Emissionen in der Bilanz 2016 sind vierundvierzigmal höher als 2015). Diese Steigerung der Transparenz eröffnet neue Dimensionen im Umgang mit klimabedingten Risiken innerhalb der Lieferkette und ermöglicht so eine Neuausrichtung der Klimaziele im Sinne einer 2 °C-kompatiblen Wertschöpfung.[13]

„Exposure to hidden risks"

Klimaneutralität ist ein Begriff, der aus der Klimawissenschaft stammt und sich auf Emissionsquellen und -senken bezieht. Nehmen Senken genauso viele Emissionen auf, wie Quellen verursachen, besteht Klimaneutralität. Der Begriff beruht also auf einem physikalischen Verständnis des Klimaproblems. Nationale und globale Bestandsaufnahmen von Emissionen beruhen auf diesem Konzept, bei dem es letztendlich um die Summe der realen Menge an Treibhausgasen, also Scope 1 Emissionen, geht, die in die Atmosphäre gelangt und klimawirksam ist.

Auf Unternehmen ist dieses Verständnis nur beschränkt zu übertragen, denn deren Emissionsintensität sollte nicht nur aus physikalischer Perspektive, sondern auch aus Risikoperspektive gesehen werden. Dazu kann das Konzept der Wertschöpfung herangezogen werden. Auf welchen Emissionen basiert die Wertschöpfung eines Unternehmens? Welches sind die dafür entscheidenden Elemente in der Wertschöpfungskette? Sollten es Quellen von Scope 3 Emissionen sein, dann ist das Unternehmen den berühmtberüchtigten „hidden risks" ausgesetzt. Ihr Auftauchen zu antizipieren und die damit aufkommenden Herausforderungen zu managen wird mit zunehmender Heftigkeit des Klimawandels zur Aufgabe des sogar im Gesetz verankerten „Ehrbahren Kaufmanns". Die Vervollständigung der Klimaneutralität zur 2 °C-Kompatibilität durch die Integration von Scope 3 Emissionen in Klimakennzahlen und -zielen ist somit ein erster Schritt hin zur angestrebten Klimakompetenz.

**Anmerkung**

[1] United Nations 2015: „Paris Agreement", Artikel 2, Paragraph 1, http://unfccc.int/files/essential_background/convention/application/pdf/english_paris_agreement.pdf

[2] United Nations 2015: „Paris Agreement", Artikel 4, Paragraph 2, http://unfccc.int/files/essential_background/convention/application/pdf/english_paris_agreement.pdf

[3] Deutscher Bundestag 2016: „Zur Kompetenz- und Lastenverteilung zwischen Bund, Ländern und Kommunen hinsichtlich der europäischen Klima- und Energiezielen", Aktenzeichen WD 8 - 3000 - 062/16 vom 07.10.2016, S. 7, https://www.bundestag.de/blob/480032/b7046e177327b2294f37f07d196eb239/wd-8-062-16-pdf-data.pdf

[4] Rockström, J. et al. 2017: „Nature-based Solutions for Better Climate Resillience: the Need to Scale up Ambition and Action", Expert Perspective for the NDC Partnership, April 2017, http://ndcpartnership.org/sites/default/files/NDCP_Expert_Perspectives_SRC_Climate_Action_v5.pdf

[5] Climate Action Tracker 2015: „2.7 °C is not enough – we can get lower", Climate Action Tracker Update, 08.12.2015, http://climateactiontracker.org/assets/publications/briefing_papers/CAT_Temp_Update_COP21.pdf

[6] Unburnable Carbon – Are the world's financial markets carrying a carbon bubble? https://www.carbontracker.org/wp-content/uploads/2014/09/Unburnable-Carbon-Full-rev2-1.pdf

[7] Französische Regierung 2016: „Artikel 173 des französischen Gesetz zur Energiewende" https://www.legifrance.gouv.fr/eli/loi/2015/8/17/DEVX1413992L/jo#JORFARTI000031045547

[8] Principles for Responsible Investment 2017: „Montreal Pledge" http://montrealpledge.org/wp-content/uploads/2017/06/MontrealPledge_A4-Flyer-2017.pdf

[9] TCFD 2017: „Recommendations of the Task Force on Climate-related Financial Disclosure", Final Report, June 2017, https://www.fsb-tcfd.org/wp-content/uploads/2017/06/FINAL-TCFD-Report-062817.pdf

[10] Peters, G. P., et al.: „Growth in emission transfers via international trade from 1990 to 2008, Proceedings of the National Academy of Sciences", 108(21), 8903-8908, doi:10.1073/pnas.1006388108.

[11] Greenhouse Gas Protocol: „Corporate Value Chain (Scope 3) Accounting and Reporting Standard", Version 1.0, World Resources Institute & WBCSD, http://www.ghgprotocol.org/scope-3-technical-calculation-guidance

[12] Umweltbundesamt 2015: „Aktualisierte Analyse des deutschen Marktes zur freiwilligen Kompensation von Treibhausgasemissionen" Climate Change 02/2015, ISSN 1862-4359, S. 52-53 https://www.umweltbundesamt.de/sites/default/files/medien/378/publikationen/climate_change_02_2015_aktualisierte_analyse_des_deutschen_marktes.pdf

[13] Siemens 2016: „Sustainability Information 2016", Siemens AG, Berlin und München, S. 9, 27 https://www.siemens.com/investor/pool/en/investor_relations/siemens_sustainability_information2016.pdf

**Hannah Helmke**
Geschäftsführerin | right. based on science UG
Intzestraße 1
60314 Frankfurt am Main

hannah.helmke@right-basedonscience.de
+49 (0) 176 8335 2924
www.right-basedonscience.de

**Autoreninformation:**
Hannah Helmke (Jahrgang 88) hat einen B. Sc. in Psychologie und einen B. Arts in International Business. Ihren Schwerpunkt, das Wirtschaften in einer vom Klimawandel beeinflussten Welt, fand sie durch die Kombination der beiden Disziplinen. Hannah Helmke geht seit 2012 ihrer Überzeugung von der Richtigkeit des Top-Down Ansatzes im Bereich Emissionszielmanagement nach. Vor der Gründung von right. sammelte sie bereits wertvolle Erfahrungen bei der Daimler AG und bei der Deutschen Post DHL Group. Zuletzt arbeitete sie beim IT-Servicedienstleister BridgingIT GmbH, wo sie die Potentiale der Digitalisierung für das Erreichen von Nachhaltigkeitszielen untersuchte und Projektleitungserfahrungen im Einführen von Science-Based Targets als Reporting-Instrument sammelte.

# Der „Masterplan Energie" – Die Justus-Liebig-Universität Gießen geht voran

Sarah Tax | Ingenieurbüro für Energie - und Versorgungstechnik
Kai Sander | Justus-Liebig-Universität Gießen

Die Justus- Liebig-Universität Gießen (JLU) ist eine traditionsreiche Forschungsuniversität und zieht mehr als 28.000 Studierende an. Der moderne Wissenschaftsstandort verfügt über 250 Gebäude für Lehre und Forschung auf derzeit etwa 450.000 m² Netto-Raumfläche. Eine Prognose zeigt, dass die jährlichen Energiekosten von etwa 15 Millionen Euro im Jahr 2016 auf bis zu 18,5 Millionen Euro im Jahr 2020 ansteigen könnten. Neben dieser wirtschaftlichen Motivation hat eine Universität wie die JLU eine gesellschaftliche Verantwortung. Dieser Verantwortung stellen sich die handelnden Personen und erarbeiten aus diesem Grund mit dem Ingenieurbüro Team für Technik GmbH (TfT) den „Masterplan Energie". Hierbei sollen der Gebäudebestand über einen Zeitraum von drei Jahren systematisch analysiert und konkrete Maßnahmen zur Hebung der energetischen Einsparpotenziale erarbeitet werden.

Der energetische Masterplan gliedert sich in acht Arbeitspakete und orientiert sich an den Vorgaben der Nationalen Klimaschutzinitiative zur Erstellung eines Klimaschutzkonzeptes. Die ersten zwei Arbeitspakete sind bereits abgeschlossen. Das dritte bis fünfte Arbeitspaket ist derzeit in Bearbeitung.

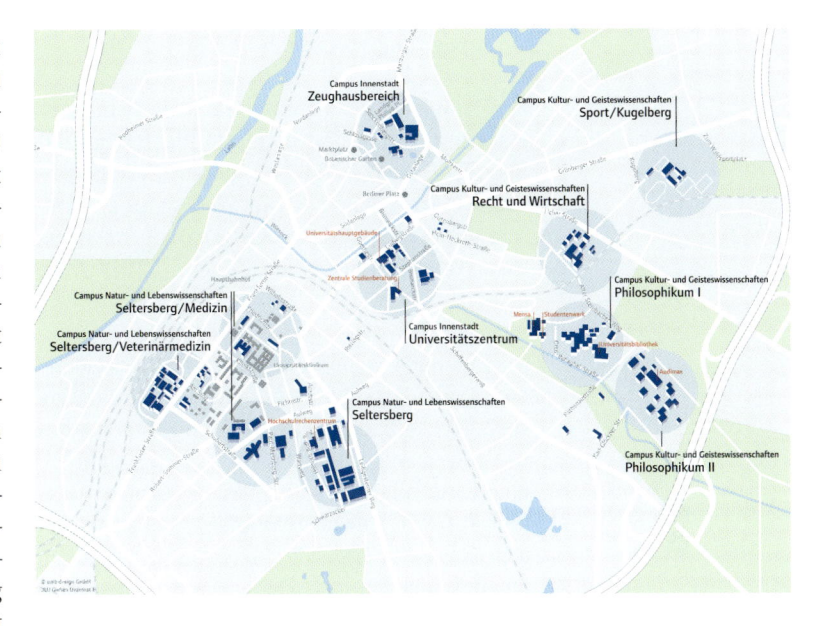

1. Erarbeitung von Zielen und Standards
2. Energie- und $CO_2$-Bilanz
3. Potenzialanalyse
4. Beteiligung der Akteure
5. Maßnahmenkatalog
6. Umsetzungskonzept
7. Controlling-Konzept
8. Kommunikationsstrategie

**Bild 1**
Campusübersicht der JLU
[© unit-Design GmbH, JLU Gießen Dezernat E]

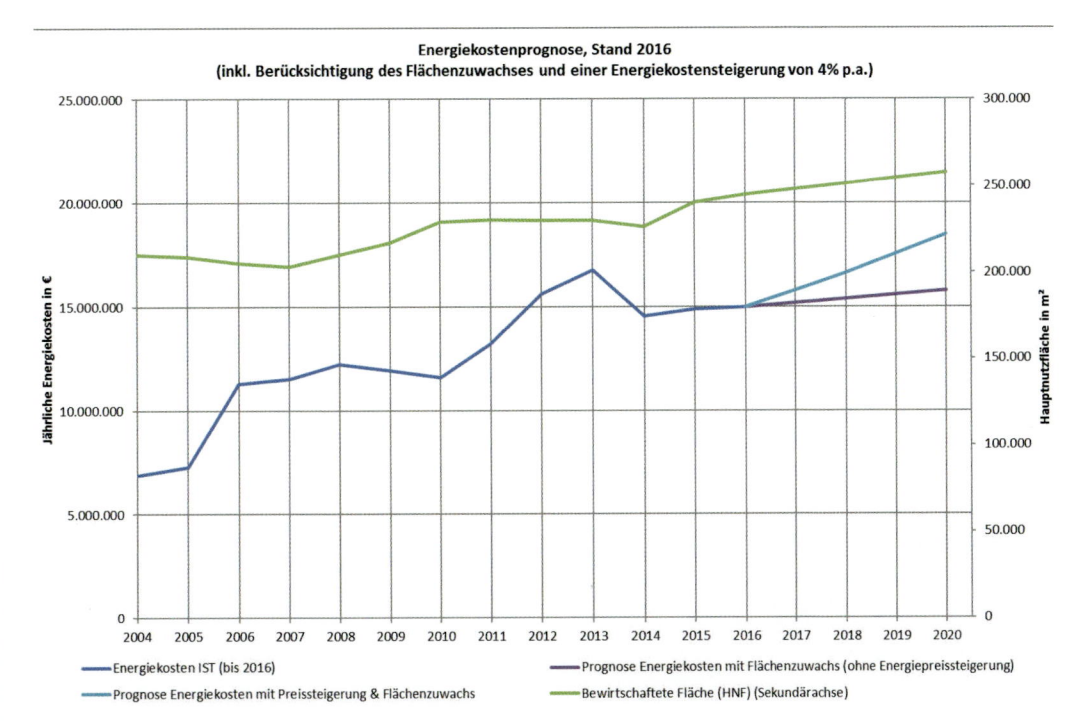

**Bild 2**
Energieprognose der JLU, Stand 2016 [© JLU]

M. J. Worms, F. J. Radermacher (Hrsg.), *Klimaneutralität – Hessen 5 Jahre weiter*,
DOI 10.1007/978-3-658-20606-2_44, © Springer Fachmedien Wiesbaden 2018

## 1. Erarbeitung von Zielen und Standards

Zur Grundsteinlegung für den „Masterplan Energie" wurden Ziele und Standards hinsichtlich der Energieeffizienz in Neubau- und Sanierungsvorhaben erarbeitet und in zwei Workshops gemeinsam mit den Beteiligten der JLU, dem Landesbetrieb Bau und Immobilien Hessen (LBIH) sowie dem TfT diskutiert.

Die Ergebnisse wurden in Form eines Leitfadens mit einer Checkliste der Anforderungen dargestellt. Der Leitfaden soll als Vorgabe für alle künftigen Neubauten und auch Sanierungsmaßnahmen verwendet und in den entsprechenden Planungsprozess integriert werden. Als Basis dient das „Hessische Modell". Konsens war, dass die Standards des Landes Hessen eingehalten werden, erweitert um universitätsspezifische Vorgaben.

Die Ziele des Kabinettsbeschlusses vom 17.5.2010 werden durch Forderungen des „Masterplanes Energie" konkretisiert:

- Systematische Abarbeitung des „Sanierungsstaus" bei den Bestandsgebäuden

- Stärkere Integration und Gewichtung technischer Aspekte in frühen Planungsphasen von Neubauprojekten

- Einbeziehung von Lebenszykluskosten in Planungsprozesse anstelle einer reinen Investitionskosten-Betrachtung

Da die Folgekosten noch stärkere Beachtung finden müssen, wird im Lebenszyklus neben den Herstellkosten auch die Höhe der zu erwartenden Nutzungskosten beurteilt, die in einem unmittelbaren Zusammenhang mit dem Gebäude stehen. Diese sind bei der Darstellung unterschiedlicher Varianten für die Systementscheidungen (HOAI Leistungsphase 2: Vorentwurf) als Wirtschaftlichkeitsberechnung darzustellen.

Die Ziele werden unter anderem durch Sollvorgaben an die Gebäudehülle, die Anlagentechnik, den Primärenergiebedarf und den Jahresheizwärmebedarf definiert. Dies verdeutlichen einige Beispiele: Bei Einsatz von Pfosten-Riegel-Fassaden sind opake Anteile hinsichtlich der U-Werte wie Außenwände zu betrachten. Bei der Sanierung von einzelnen Bauteilen von Bestandsgebäuden gilt, dass die geforderten Einzelwerte der EnEV 2009 um 50% unterschritten werden sollen. Der Jahresheizwärmebedarf ist im „Hessischen Modell" so nicht gefordert, wird aber für die Gebäude der JLU erstmalig als Grenzwert definiert. Die einzelnen Gebäude werden gemäß dem Bauwerkszuordnungskatalog des Bundes eingeteilt und mit den Vergleichswerten der „Bekanntmachung der Regeln für

**Bild 3**
Medizinisches Forschungszentrum (For-Med)- Beispiel Pfosten-Riegel-Konstruktion nach hessischem Modell – U-Wert 0,9 W/m²K [© Hans Jürgen Landes]

Energieverbrauchswerte und der Vergleichswerte im Nichtwohngebäudebestand" des BMUB verglichen. Als Kriterium wird jeweils die Unterschreitung von 30 % des genannten Referenzwertes gefordert.

Des Weiteren wird angeregt, dass bei Architektenwettbewerben für Universitätsneubauten neben der städtebaulichen, funktionellen und gestalterischen Qualität auch die Wirtschaftlichkeit, Energieeffizienz und Nachhaltigkeit als wichtige Ziele aufgenommen werden. Um diese zu erreichen, sollten bereits bei der Bearbeitung des Wettbewerbs entsprechende Fachleute hinzugezogen und die Investitions-, Betriebs- und Folgekosten geschätzt werden. Auch bei der Zusammensetzung des Preisgerichtes ist darauf zu achten, dass eine entsprechende Kompetenz vertreten ist.

Als Kriterien für die Bewertungsmatrix sollen die drei folgenden Punkte berücksichtigt werden, die bereits in einem sehr frühen Stadium abzuschätzen sind:

- Kompakte Bauweise des Gebäudes
- Anteil der Fensterflächen
- Überwiegende Nutzung lokaler, erneuerbarer Energiequellen

## 2. Energie- und $CO_2$-Bilanz

Das zweite Arbeitspaket umfasst die Energie- und $CO_2$-Bilanz für die Liegenschaften der JLU. Es wird ein transparentes, nachvollziehbares und fortschreibbares Werkzeug zur Energiebilanzierung erstellt. Die Energie- und $CO_2$-Bilanz soll zum einen dazu dienen, dass zukünftige Entwicklungen zuverlässig erkannt werden können und zum anderen sicherstellen, dass das Erreichen der energetischen Ziele nachvollzogen und dargestellt werden kann. Des Weiteren werden durch die Bildung von spezifischen Verbrauchswerten für die einzelnen Medien (Fernwärme, Strom, Fernkälte, Heizöl, Erdgas, etc.) Gebäude mit einem hohen spezifischen Verbrauchswert identifiziert.

Die energetische Bilanzierung erfolgt auf Basis von Rechnungsdaten für die bezogenen Medien der JLU aus den Jahren 2014 bis 2016. Zur Plausibilisierung der Ergebnisse wird die „$CO_2$-Bilanz 2015 der hessischen Hochschulen" vom Institut für Hochschulentwicklung HIS-HE inkl. der verwendeten Kennwerte herangezogen. Diese orientieren sich an den GEMIS-Emissionsfaktoren (Globales Emissions-Modell integrierter Systeme) des IINAS (Internationales Institut für Nachhaltigkeitsanalysen und -strategien). Hierbei wird der Ausstoß von $CO_2$-Äquivalenten inklusive Vorketten betrachtet.

Bei der Erstellung des Berichts zur „$CO_2$-Bilanz 2015 der hessischen Hochschulen" wurden für die Jahre 2014 und 2015 zunächst die vom örtlichen Energieversorger angegebenen Emissionsfaktoren zur Berechnung der $CO_2$-Emissionen für die bezogene Fernwärme angesetzt. Daraus ergab sich eine auffallend starke Reduzierung der $CO_2$-Emissionen für die JLU, die sich allerdings nicht in der Entwicklung der Verbräuche widerspiegelte. Die daraufhin veranlasste genauere Betrachtung ergab, dass der seitens des Energieversorgers angegebene Faktor für die bezogene Fernwärme offenbar nicht den bei der Berechnung im $CO_2$-Bericht angesetzten Vorgaben entsprach und damit die Vergleichbarkeit mit den anderen Energieträgern bzw. mit den anderen Hochschulen im Land Hessen nicht gegeben war. So berücksichtigt der seitens des Energieversorgers angegeben Emissionsfaktor nur die reinen $CO_2$-Emissionen (Grundlage im Bericht: $CO_2$-Äquivalente) und enthält auch keine Vorketten. Verzerrt wird das Bild außerdem durch Gutschriften, die sich durch Müllverbrennung bei der Fernwärmeerzeugung ergeben und den Faktor verringern – die jedoch nicht nachvollziehbar dargestellt werden konnten. Es wurde daher von HIS-HE in Abstimmung mit der JLU entschieden, bis auf Weiteres – d. h. so lange die Vergleichbarkeit nicht gegeben ist – den auf Basis der Daten der GEMIS-Datenbank errechneten Emissionsfaktor von 260 gCO2/kWh (unter Berücksichtigung der $CO_2$-Äquivalente) zu verwenden.

Wie in der Grafik zu erkennen ist, sinken die $CO_2$-Emissionen im Jahr 2015 nicht, sondern sie steigen im Jahr 2015 und 2016 an. Somit kommt dem energetischen Masterplan noch eine große Aufgabe zu, Maßnahmen anzustoßen, welche die $CO_2$-Emissionen der JLU in den nächsten Jahren tatsächlich reduzieren.

**Bild 4**
$CO_2$-Bilanz der JLU 2014 - 2016, Stand 2017
[© TFT]

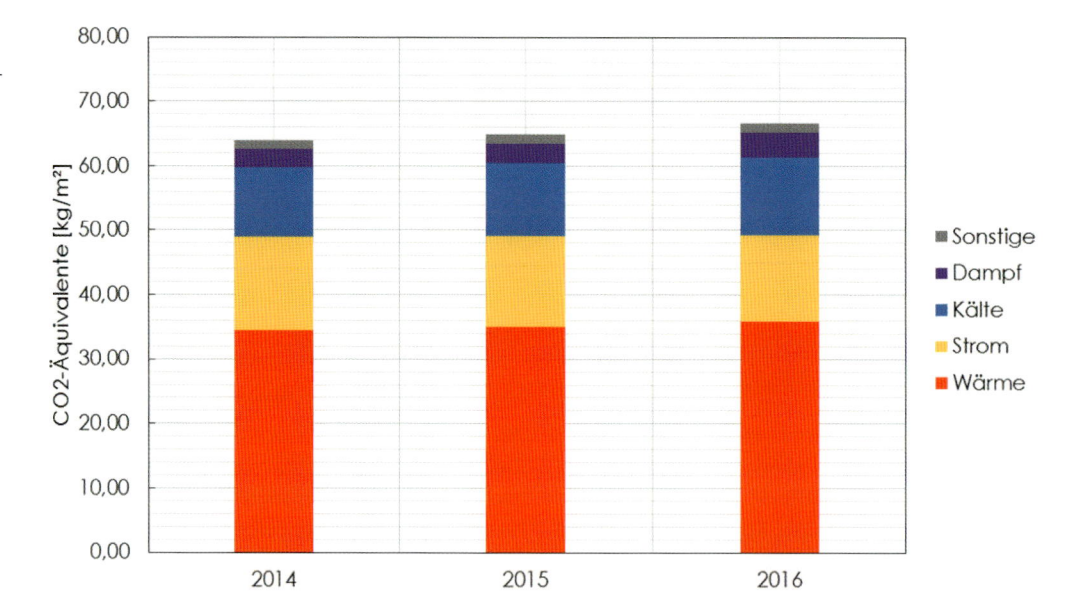

## 3. Potenzialanalyse

Im dritten Arbeitspaket wird für 20 Universitätsgebäude eine Potentialanalyse zur Aufdeckung des energetischen Einsparpotentials erstellt. Hierfür wurden gemeinsam mit allen Beteiligten nach einer Liegenschaftsbegehung Referenzgebäude ausgewählt, die in Betracht kommen sollen. Für die Handlungsfelder Gebäudehülle, Gebäudetechnik sowie Nutzung Erneuerbarer Energien werden technisch und wirtschaftlich umsetzbare Einsparpotenziale ermittelt. Jedes der 20 Gebäude wird durch eine Vor-Ort-Begehung aufgenommen, gemäß DIN V 18599 abgebildet und es werden der End- und Primärenergiebedarf sowie die $CO_2$-Emissionen berechnet.

Aufbauend auf den Berechnungen für das Bestandsgebäude werden im ersten Schritt alle technisch möglichen und sinnvollen Maßnahmen als Einzelmaßnahmen simuliert. Die Betrachtung enthält die jeweilige Energieeinsparung sowie die Investitionen mit Wirtschaftlichkeitsberechnung. Anschließend wird aus den Einzelmaßnahmen eine Gesamtvariante berechnet.

**Bild 5**
Zonierung nach der DIN V 18599 – Institutsgebäude JLU Ludwigstraße 21 [© TFT]

**Bild 6**
3D Gebäudemodell - Institutsgebäude JLU Ludwigstraße 21 [© TFT]

Zusätzlich wird aus den Einzelmaßnahmen eine Gesamtvariante sowie eine empfohlene Umsetzungsvariante gebildet, die Wirtschaftlichkeit, ökologische Aspekte und Umsetzbarkeit aus ingenieurstechnischer Sicht berücksichtigt. So können in der Umsetzungsvariante auch Maßnahmen enthalten sein, die als Einzelmaßnahme unwirtschaftlich, aber in Kombination mit anderen Maßnahmen sinnvoll und wirtschaftlich sind. Die Maßnahmen der Umsetzungsvariante werden in die Kategorien kurz-, mittel- und langfristig eingeordnet und nach der Amortisationsdauer priorisiert.

Abschließend werden für jedes der 20 Gebäude ein Referenz- und ein Effizienzszenario in Form einer Grafik dargestellt. Hier ist der prognostizierte Energieverbrauch über den Betrachtungszeitraum sowohl für den unsanierten Bestand wie auch die empfohlene Umsetzungsvariante aufgezeigt.

## 4. Beteiligung der Akteure

Die Beteiligung der Akteure hat beim „Masterplan Energie" einen hohen Stellenwert. Für eine erfolgreiche Umsetzung werden begleitend zu jedem Arbeitspaket die Akteure mit eingebunden. So können frühzeitig eine breite Akzeptanz erreicht, eventuell auftretende Hemmnisse identifiziert und Lösungen zu ihrer Überwindung entwickelt werden. Hierfür werden gemeinsame Workshops unter der Leitung des Energiemanagements und dem Ingenieurbüro TfT veran-

**Bild 7**
Foto - Institutsgebäude JLU Ludwigstraße 21 [© JLU]

staltet. Zu den relevanten Akteuren gehören unter anderem Mitarbeiter aus Verwaltung, Betrieb, Gebäudenutzer sowie dem Landesbetrieb Bau und Immobilien Hessen.

### 5. Maßnahmenkatalog

Das fünfte Arbeitspaket wird parallel mit dem dritten Arbeitspaket Potentialanalyse bearbeitet. In diesem wird ein Maßnahmenkatalog mit einer Übersicht über kurz-, mittel- und langfristig umzusetzende Energieeinsparmaßnahmen erstellt und ergänzend grafisch aufbereitet. Der Maßnahmenkatalog bildet die Grundlage für die spätere Umsetzung.

### 6. Umsetzungskonzept

Im sechsten Arbeitspaket werden Empfehlungen für Handlungsstrategien entwickelt. Diese beinhalten sinnvolle Maßnahmenpakete, die zur Erreichung der Ziele und des ermittelten Einsparpotentials führen.

### 7. Controlling-Konzept

Im siebten Arbeitspaket wird in enger Abstimmung mit der JLU ein Controlling-Konzept erarbeitet. Hierbei werden die Rahmenbedingungen für die kontinuierliche Erfassung und Auswertung der Verbräuche und $CO_2$-Emissionen dargestellt. Das Controlling-Konzept umfasst auch Regelungen für die Überprüfung der Wirksamkeit der Maßnahmen in Hinblick auf die Erreichung der Energieeinsparziele. Es werden Maßnahmen zur Kontrolle des Projektfortschritts festgelegt, Erfolgsindikatoren der Maßnahmen benannt, aber auch der Turnus der Fortschreibung der $CO_2$-Bilanz vorgegeben.

### 8. Kommunikationsstrategie

Im letzten Arbeitspakte wird eine Kommunikationsstrategie entwickelt, wie die Ergebnisse des „Masterplanes Energie" in der Öffentlichkeit bekannt gemacht werden können. Zudem wird ein Vorgehen erarbeitet, wie die Ergebnisse innerhalb der JLU verbreitet werden können und wie die aktive Mitarbeit der Studierenden und Bediensteten bei der Umsetzung der entwickelten Maßnahmen erreicht werden kann.

Für das Projektteam ergibt sich insgesamt eine herausfordernde wie spannende Aufgabe: Wie kann die JLU mit ihrem Immobilienbestand unter wirtschaftlichen und energetisch nachhaltigen Aspekten vom aktuellen, mitunter dringend sanierungsbedürftigen Stand zu einer auch aus baulicher Sicht vorbildhaften Institution werden? Hier soll nicht nur die enge Zusammenarbeit mit dem LBIH als Hebel genutzt werden, sondern ebenso die große Strahlkraft, die ein erfolgreicher Projektabschluss auch überregional mit sich brächte.

Die JLU möchte mit dem „Masterplan Energie" als Vorbild voranschreiten und die große Aufgabe der kontinuierlichen Reduzierung von $CO_2$-Emissionen in Angriff nehmen.

---

**Ingenieurbüro für Energie - und Versorgungstechnik**
Team für Technik GmbH
Röntgenstraße 8
D - 76133 Karlsruhe

Tel: 0721/603200.52
E-Mail: tax@tftgmbh.de
URL: www.tftgmbh.de

**Justus-Liebig-Universität Gießen**
Dezernat E3
Bismarckstraße 20
D - 35390 Gießen

Tel.: 0641 99-12618
Email: kai.sander@admin.uni-giessen.de
URL: www.uni-giessen.de

# Effizienzsteigernde Vernetzung an der Technischen Universität Darmstadt

Prof. Dr.-Ing Matthias Oechsner, Prof. Dr.-Ing. Jutta Hanson, Prof. Dr.-Ing. Jens Schneider, Prof. Dr.-Ing. Eberhard Abele, Martin Beck, Dr.-Ing. Philipp Schraml, Mira Conci | TU Darmstadt

Die TU Darmstadt befasst sich schon seit geraumer Zeit mit Fragen der Ressourceneffizienz und des Klimaschutzes. Das Thema hat dabei viele Facetten. Mit ihren zahlreichen Gebäuden und Anlagen, einem Blockheizkraftwerk und Photovoltaikanlagen ist die Universität sowohl Energieverbraucher, als auch Energieproduzent: Auf dem Campus Lichtwiese wird mit Kraft-Wärme-Kopplung fast 100% des eigenen Wärmebedarfs und 60-70% des Strombedarfs selbst erzeugt. Mit Fertigstellung des neuen Kältenetzes wird die TU darüber hinaus in Zukunft auch ihre eigene Kälte erzeugen und verteilen. Damit wird die benötigte Energie umweltfreundlich, effizient und wirtschaftlich zur Verfügung gestellt.

In Forschung und Lehre sind Energie und Umweltschutz schon seit langem wichtige Themen. Die große Vielfalt der Forschungsgebiete und die starke interdisziplinäre Vernetzung der Wissenschaftlerinnen und Wissenschaftler sind ein Markenzeichen der TU Darmstadt. Mehr als 30 Fachgebiete in zehn verschiedenen Fachbereichen sind sehr erfolgreich in der Energieforschung, und aktiv in der Ausbildung zukünftiger Spitzen-Fachkräfte engagiert. Dabei hat sich in den letzten Jahren neben den klassischen Ingenieurwissenschaften die interdisziplinäre Ausbildung im Masterstudiengang *Energy Science and Engineering* erfolgreich etabliert.

Im Profilbereich „Energiesysteme der Zukunft", der die wissenschaftlichen Aktivitäten bündelt und vernetzt, gibt es zahlreiche Verbundforschungsprojekte, in denen es sowohl um die Entwicklung von neuen Technologiekomponenten und Energiematerialien, als auch um die erfolgreiche Integration von Technologien in Energiesysteme geht. Zugleich werden hier auch wirtschaftliche und politische Fragestellungen bearbeitet.

Im Folgenden werden drei aktuelle Forschungsprojekte genauer vorgestellt, die sich alle mit dem Ziel der $CO_2$-Einsparung im Gebäude- und Produktionsbereich befassen. Die drei Projekte umfassen die Bereiche Universitätsgebäude, Wohngebäude und industrielle Produktion. In allen drei Bereichen sind die Anforderungen sehr unterschiedlich. Eine Gemeinsamkeit zeigt sich jedoch darin, dass durch die intelligente Vernetzung der bisher getrennten Energiesysteme die Effizienz deutlich gesteigert werden kann und damit sehr viel weniger $CO_2$ anfällt – Synergien, die bei getrennter Betrachtung und Betrieb nicht möglich wären. Zum Beispiel kann ein Wärmeüberschuss den Wärmebedarf an einer anderen Stelle decken. Auch zeitliche Fluktuationen können ausgeglichen werden – z.B. durch die Nutzung von Speichern oder durch die intelligente Steuerung verschiedener Prozesse.

## 1) Energieeffiziente Weiterentwicklung des Campus Lichtwiese

### Projekt EnEff: Stadt Campus Lichtwiese - Energetische Optimierung durch intelligente Systemvernetzung

Um den Campus der TU Darmstadt in Zukunft energieeffizienter und somit umweltfreundlicher zu betreiben, entsteht ein energetisches Gesamtkonzept, das die Sanierung der Gebäude, insbesondere der Gebäudehülle und der Gebäudetechnik, die thermische und elektrische Energieversorgung und die Regelungstechnik intelligent verknüpft.

Im Rahmen des Forschungsprojekts EnEff: Stadt Campus Lichtwiese werden wichtige Weichen zur erfolgreichen Realisierung der Energiewende auf Quartiersebene unter Berücksichtigung der lang-

**Bild 1**
Tätigkeitsbereiche und inhaltliche Verknüpfung der Projektpartner
[Quelle: © ENB]

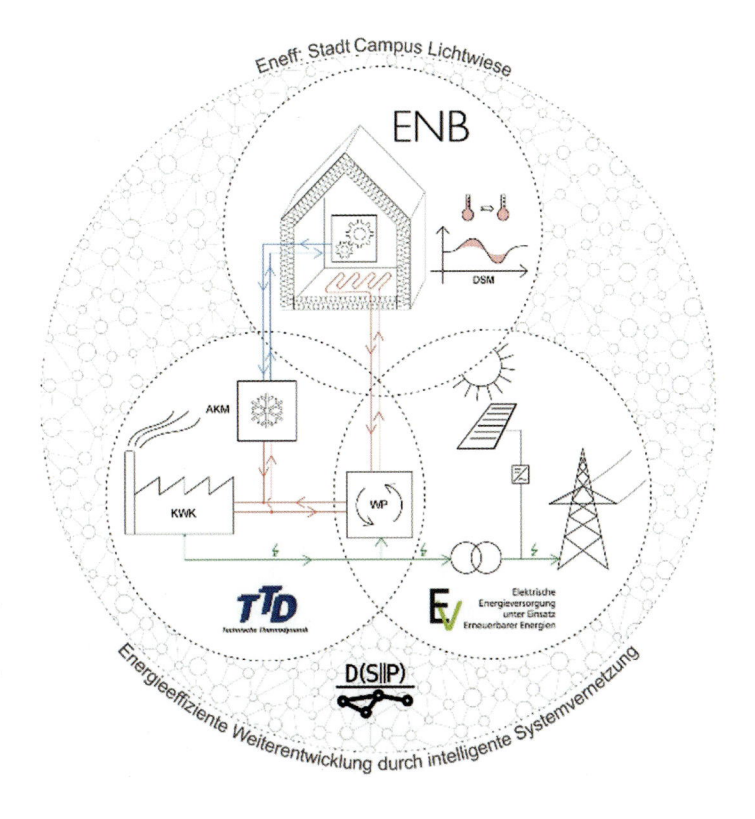

M. J. Worms, F. J. Radermacher (Hrsg.), *Klimaneutralität – Hessen 5 Jahre weiter*, DOI 10.1007/978-3-658-20606-2_45, © Springer Fachmedien Wiesbaden 2018

**Bild 2**
Energie- und Emissionsziele der TU Darmstadt [Quelle: ENB]

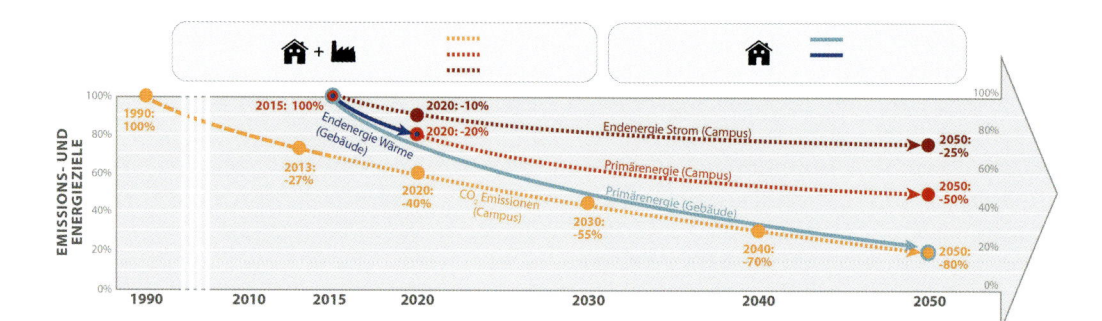

**Bild 3**
Gebäudesteckbrief, Beispiel Architekturgebäude [Quelle: ENB]

fristigen baulichen Veränderungen auf dem Universitätscampus gestellt. Innovative Technologien, insbesondere in den Bereichen Energieversorgung und dezentrale Speicherung sind dafür erforderlich.

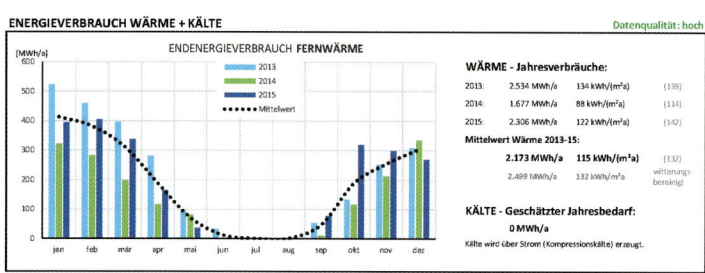

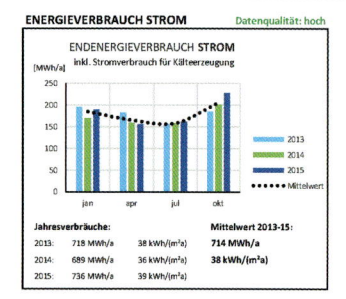

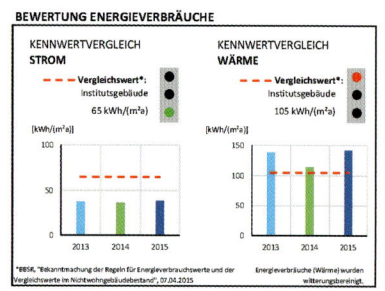

Ein interdisziplinäres Forscherteam, bestehend aus Architekten, Elektroingenieuren, Maschinenbauern und Informatikern, widmet sich den in diesem Rahmen wichtigen Fragestellungen, und arbeitet dabei eng mit den Gebäudebetreibern und der Universitätsleitung zusammen. Hierbei wird in interdisziplinärer Zusammenarbeit ein Gesamtkonzept für einen energieeffizienten Campus simultan und integrativ entwickelt. Das Projekt fungiert als Anschauungsobjekt, als Anregung zur Nachahmung und Weiterentwicklung sowie als Multiplikator. Die Ziele der einzelnen Arbeitsgruppen werden im Folgenden beschrieben:

**Campus baulich**
**Fachgebiet Entwerfen und Nachhaltiges Bauen (ENB)**

■ Bestimmung von Effizienzpotentialen auf Gebäudeebene durch die energetische Bilanzierung von baulichen und technischen Sanierungsmaßnahmen

■ Ermittlung von Jahreslastgängen durch thermische Gebäudesimulationen, Ableitung von Synergieeffekten und Flexibilisierungsmöglichkeiten auf Gebäude- und Campus-Ebene

■ Sanierungsfahrplan zur langfristigen Umsetzung der energetischen Zielsetzungen der TU Darmstadt

**Informationsinfrastruktur**
**Fachgebiet Programmierung verteilter Systeme (DSP)**

■ Ausarbeitung eines Konzeptes zur effektiven und effizienten Erfassung, Verbreitung und Verarbeitung von Daten für das Monitoring und die Einflussnahme auf existierende Konfigurationen der Energieinfrastruktur

- Entwicklung von proaktiven und reaktiven Mechanismen für die Fehlertoleranz und Sicherheit der Informationsinfrastruktur

**Campus thermisch**
**Institut für Technische Thermodynamik (TTD)**
- Ausbau des Anteils der Kraft-Wärme-Kopplung durch:
  - Thermische Speicher und Nutzung des Speicherpotentials von Fernwärmenetz und Gebäuden
  - Nutzung thermischer Energie zur Kälteerzeugung mit Absorptionskältemaschinen
- Steigerung der thermischen Energieeffizienz durch Absenkung der Netztemperaturen
  - Reduzierung der Wärmeverluste im Fernwärmenetz
  - Erhöhung des Wirkungsgrades der Blockheizkraftwerke

**Campus elektrisch**
**Fachgebiet Elektrische Energieversorgung unter Einsatz Erneuerbarer Energien (E5)**
- Optimierung der Schnittstellen zwischen elektrischen und thermischen Netzen
- Ermittlung von Potenzialen für erneuerbare Energieerzeugung
- Definition der Anforderungen an die zukünftige Netzstruktur unter Berücksichtigung technologischer Entwicklungen und infrastruktureller Veränderungen

**Teilprojekt: Kühlung des Lichtenberg-Hochleistungsrechners mit Warmwasser:**
**Eine Potentialanalyse der Abwärmenutzung**
Im Rahmen des EnEff: Campus Projektes werden Möglichkeiten zur Senkung des Energiebedarfs und der Energiekosten durch ein optimiertes Zusammenspiel der elektrischen und thermischen Energieerzeugung, der Netze und der Gebäude analysiert. Die angegliederte Studie zur Kühlung des Lichtenberg-Hochleistungsrechners mit Warmwasser untersucht, ob dieses Konzept energetisch und kostentechnisch sinnvoll ist. Dabei steht vor allem die Betrachtung der Potentiale zur Verwendung der entstehenden Abwärme im Kontext der bestehenden und zukünftigen Energieversorgung (Einspeisung in das zentrale Fernwärmenetz) am Campus im Vordergrund.

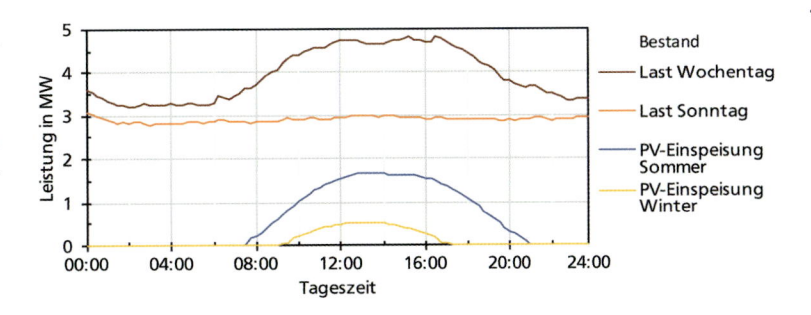

Die Ergebnisse der Studie legen dar, dass die Einbindung der Abwärme des Hochleistungsrechners in das Energiesystem der TU Darmstadt sowohl ökonomische als auch ökologische Vorteile mit sich bringt. Außerdem handelt es sich um ein Leuchtturmprojekt, das aufzeigt, dass die intelligente Verknüpfung von unterschiedlichen technischen Systemen einen entscheidenden Beitrag zur Vermeidung von $CO_2$-Emissionen leisten kann.

Die Warmwasserkühlung des Lichtenberg-Hochleistungsrechners kann ein Referenzprojekt für andere Universitäten und Forschungseinrichtungen werden, die mit ihren Hochleistungsrechnern vor ähnlichen Herausforderungen stehen.

**Beteiligte Fachgebiete der TU Darmstadt**
- Fachgebiet Elektrische Energieversorgung unter Einsatz erneuerbarer Energien (E5, Fachbereich Elektrotechnik und Informationstechnik) - Projektleitung
- Fachgebiet Entwerfen und Nachhaltiges Bauen (ENB, Fachbereich Architektur)
- Institut für Technische Thermodynamik (TTD, Fachbereich Maschinenbau)
- Fachgebiet Programmierung verteilter Systeme (DSP, Fachbereich Informatik)

**Bild 4**
PV-Potential: Sämtliche durch PV erzeugte Energie könnte auf dem Campus zeitgleich verbraucht werden [Quelle: E5]

**Bild 5**
Das Projekt hat beim Deutschen Rechenzentrumspreis 2017 in der Kategorie Ideen und Forschung rund um das Rechenzentrum den 1. Platz belegt

Effizienzsteigernde Vernetzung an der Technischen Universität Darmstadt

### Förderung

Das Projekt wird vom Bundesministerium für Wirtschaft und Energie (BMWi) im Rahmen des 6. Energieforschungsprogramms der Bundesregierung gefördert.

## 2) Siedlungsbausteine für bestehende Wohnquartiere

### Projekt SWIVT – Impulse zur Vernetzung energieeffizienter Technologien

Ein Verbundvorhaben der TU Darmstadt in Kooperation mit der Universität Stuttgart, der AKASOL GmbH, der Bauverein AG und dem lokalen Energieversorger ENTEGA AG für die innovative energetische Vollsanierung einer Bestandssiedlung, Leitung durch das Institut für Statik und Konstruktion (ISM+D) der TU Darmstadt.

### Siedlungsbausteine für bestehende Wohnquartiere – Impulse zur Vernetzung energieeffizienter Technologien

Das systemische Zusammenspiel von Gebäuden in Quartieren und die Zusammenschaltung von Energieinfrastruktur für eine effiziente Wärme- und Stromversorgung steht im Mittelpunkt der vom BMWi geförderten neuen Forschungsinitiative ENERGIEWENDEBAUEN. Im Rahmen dieser Initiative entwickelt und validiert SWIVT eine innovative Strategie für die energetische Sanierung bestehender Siedlungen durch ein integriertes System zur Erzeugung, Speicherung und Verteilung von erneuerbaren Energien vor Ort.

### Ein integrales Konzept für die Energiebilanz auf Siedlungsebene

Am Beispiel einer realen Siedlung aus den 1950er Jahren in Darmstadt wird im Vergleich zur konventionellen Sanierung die Energiebilanz um mindestens 30 % verbessert - bei geringem Ein-

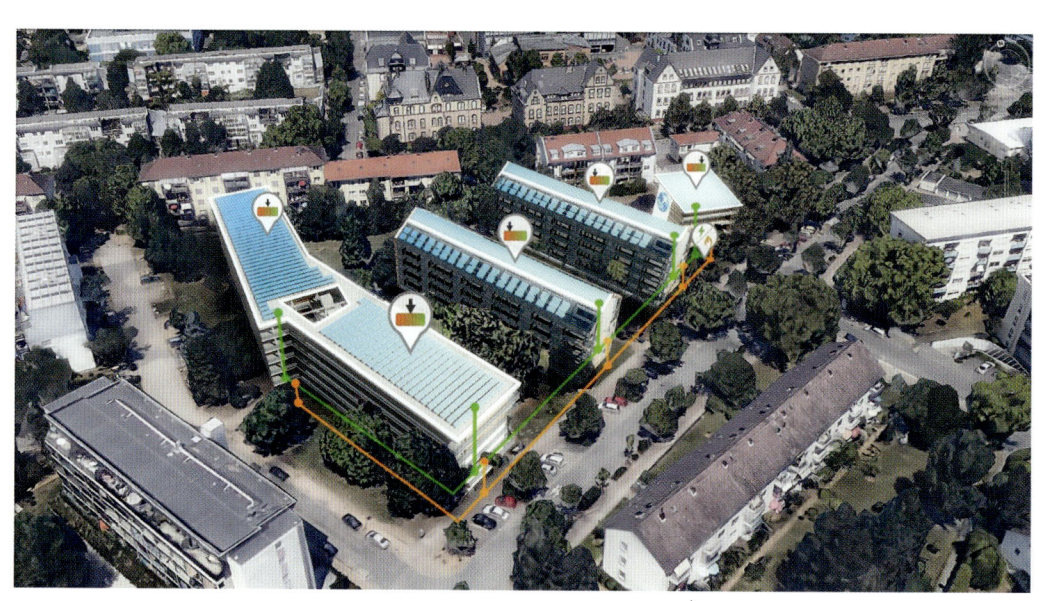

**Bild 6**
Energetisch zu sanierende Siedlung in Darmstadt [© TU Darmstadt]

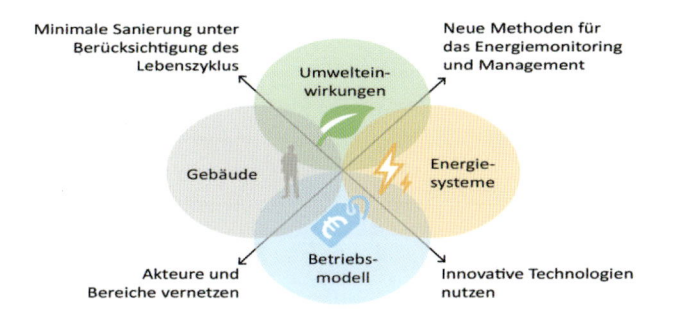

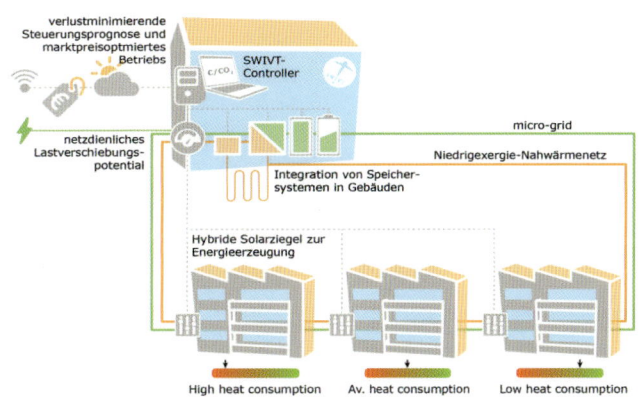

griff in den Bestand. Dies wird durch die Nutzung von Synergiepotentialen erreicht: Hierzu werden die hinsichtlich $CO_2$-Reduktion optimierten Energieversorgungssysteme der Gebäude mit hybriden Speichersystemen und einer voraussagenden Steuerung verknüpft. Um den Anteil an erneuerbarer Energien in bestehenden Netzwerken zu erhöhen, werden innovative Energiesysteme an den Gebäuden nachgerüstet. Die integrierten Speicher ermöglichen außerdem einen höheren Eigenverbrauch.

## Strategien für die Verknüpfung hybrider Netze mit hohen Anteilen an erneuerbar erzeugter Energie

Um eine Steuerstrategie für die Komponenten der thermischen und elektrischen Energieerzeugung und -speicherung zu entwickeln, werden zuerst detaillierte Simulationsmodelle einzelner Gebäude und dezentraler Energiesysteme erstellt. Mithilfe der Modelle ist es möglich, eine effiziente Kopplung unterschiedlicher Energiequellen sowie von Hoch- und Niedertemperaturkreisen in einem hybriden Netz mit geringen Verlusten und einem niedrigen Primärenergieverbrauch zu entwerfen. Schließlich werden innovative Betriebs- und Geschäftsmodelle in enger Zusammenarbeit mit neuen und bestehenden Stakeholdern entwickelt, um einen konkreten finanziellen Impuls für die Umsetzung der Siedlungsstrategie zu generieren. Dieser so entwickelte modulare Ansatz für die Bilanzierung von Gebäuden auf Siedlungsebene dient als Forschungsobjekt und als skalierbares Modell für eine nachhaltige Stadtentwicklung.

## Ein Konzept für die Optimierung und Flexibilisierung des Betriebs von Energietechnologien und -systemen in Siedlungen

Die Verbindung innovativer Technologien für die elektrische und thermische Energieerzeugung, -speicherung und -verteilung schafft Flexibilitätspotentiale, die die intelligente Steuerung des Systems ermöglichen. Durch die Nutzung von Prognosealgorithmen können effiziente und wirtschaftlich optimierte Steuerungsstrategien für einzelne Komponenten und integrierte Systeme umgesetzt werden. Die Steuerungsstrategie

**Bild 7**
Leitungsprinzipien der SWIVT-Strategie [© TU Darmstadt]

**Bild 8**
Leitkonzept für die Integration der Teilsysteme in SWIVT [© TU Darmstadt]

**Bild 9**
Gebäudekonzepte und Siedlungssanierungsstrategie für die Postsiedlung in Darmstadt. [© TU Darmstadt]

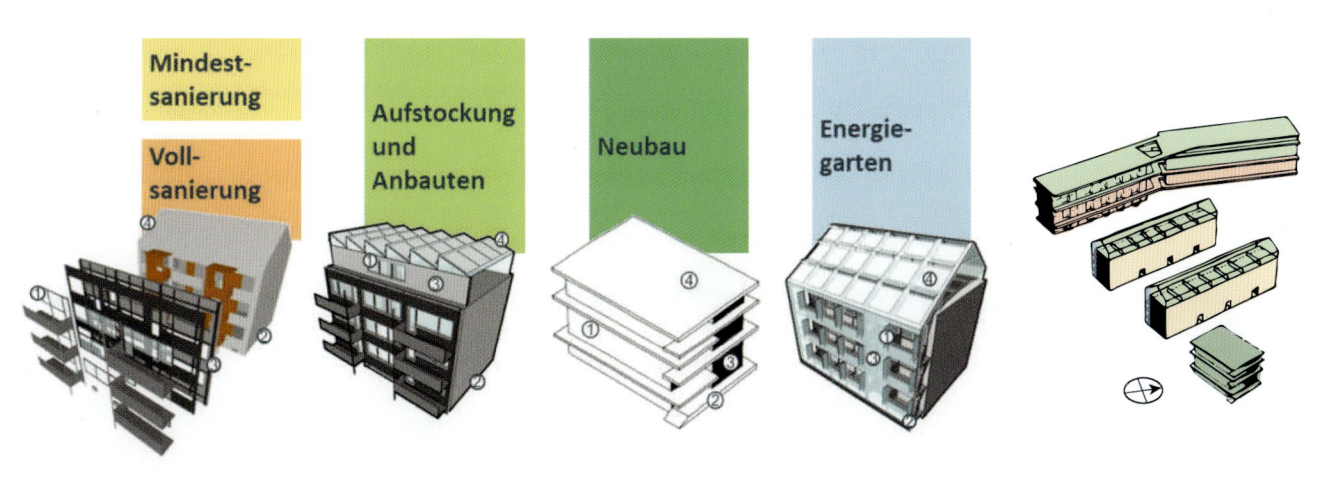

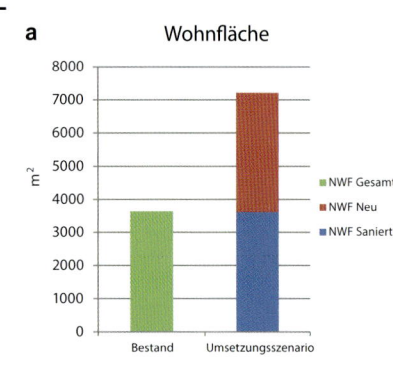

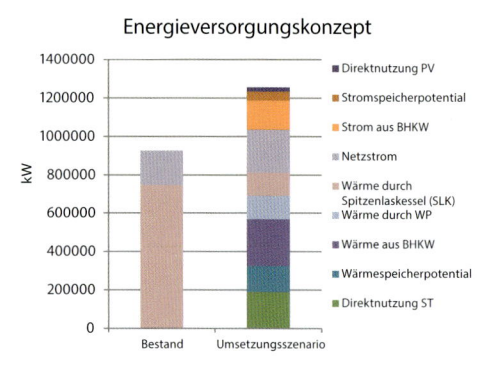

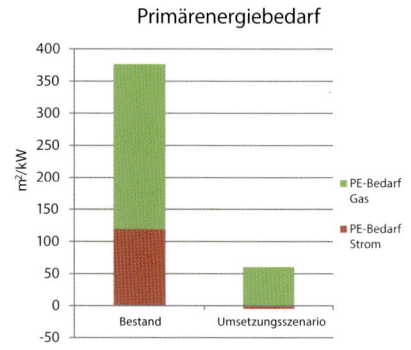

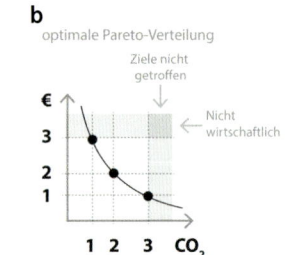

## Bild 10
a) Von links nach rechts: Wohnfläche der Siedlung vor und nach Sanierungs- und Verdichtungsmaßnahmen, ein mögliches Energieversorgungskonzept, Primärenergiebedarfsbilanz auf Siedlungsebene;
b) multikriterielles Evaluierungskonzept für Szenarien. [© TU Darmstadt]

wird in einem „SWIVT Controller" implementiert. So kann eine kosteneffiziente Planung erfolgen, die sowohl die Investitionen als auch die Wartungskosten optimiert. Eine dezentrale Energieversorgung verringert den notwendigen Ausgleichsbedarf auf höheren Netzebenen und erhöht die Widerstandsfähigkeit des Systems gegenüber einem fluktuierenden Energieangebot. Darüber hinaus kann der flexible Betrieb von Komponenten innerhalb des Energiesystems der Siedlung genutzt werden, um Netzdienstleistungen zu liefern, z.B. Regelleistung.

## Demonstratoren und Prototypen

Die im Rahmen von SWIVT gebauten Prototypen werden in einem kleinen Testfeld an der Universität Stuttgart vernetzt und im gekoppelten Betrieb validiert. Das Institut für Baustoffe (IWB) entwirft und baut ein hybrides Wärmespeichersystem bestehend aus Fluid- (Wasser-) und innovativen Phasenwechsel- (PCM)Speicherbehältern. Dieses System wird im Demonstrator mit Erdwärmekörben zur Regeneration des Bodens im Sommer und Steigerung der Effizienz einer Wärmepumpe im Winter sowie zur Einbindung von Solarkollektoren verknüpft. Hybrid-Dachziegel, entworfen von der Firma Autarq GmbH, die sowohl thermische als auch elektrische Energie aus erneuerbaren Quellen erzeugen, werden mit einem Strombatteriesystem verbunden und ebenfalls in den Demonstrator eingebaut. Das hybride elektrische Speichersystem besteht aus einem Schwungrad für kinetische Energiespeicherung und einem zusammen mit der Firma AKASOL GmbH am Institut für Mechatronische Systeme (IMS) entwickelten Lithiumionen-Batteriesystem. Das System wird an der TU Darmstadt aufgebaut, in Laborumgebung gekoppelt und im vernetzten Betrieb untersucht.

## Vernetzung von bestehenden und neuen Akteuren in einem innovativen Betreibermodell

Um die energiepolitischen Ziele zu erreichen, den deutschen Energiebedarf bis 2050 zu halbieren und den Anteil der erneuerbaren Energien am Bruttoenergieverbrauch auf 60 % zu erhöhen, spielt der Gebäudebestand eine wichtige Rolle. Fast 40 % des Primärenergieverbrauchs entfallen auf Gebäude und Quartiere, davon fast 70 % auf Wärmeerzeugung. Viele der ca. 19 Mio. Wohngebäude in Deutschland bedürfen in den nächsten Jahren einer Sanierung. Komplexe Randbedingungen für Planungs- und Zertifizierungsanforderungen, ein problematischer Umgang mit Fassadendämmung und eine geringe Kapitalrendite haben Investitionen in diesem Bereich behindert. Renovierungsprojekte befassen sich häufig mit individuellen Aspekten oder fallspezifischen Lösungen. Hocheffiziente Energietechnologien für den Bausektor sind auf dem Markt verfügbar, aber es gibt kein integrales Konzept, das diese Produkte hinsichtlich Effizienz und Wirtschaftlichkeit verknüpft. Hier greift der systemische Ansatz von SWIVT, der durch eine Gesamtstrategie Anreize für alle beteiligten Akteure schafft.

### Beteiligte Forschungseinrichtungen

### Technische Universität Darmstadt

Institut für Statik und Konstruktion (Fachbereich Bau- und Umweltingenieurwiss.)

Institut für Mechatronische Systeme im Maschinenbau (Fachbereich Maschinenbau)

| | Institut für Wasserversorgung und Grundwasserschutz, Abwassertechnik, Abfalltechnik, Industrielle Stoffkreisläufe und Raum- und Infrastrukturplanung (Fachbereich Bau- und Umweltingenieurwissenschaften) |
|---|---|
| IWAR | |
| CORPORATE FINANCE | Fachgebiet Unternehmensfinanzierung (Fachbereich Rechts- und Wirtschaftswiss.) |
| RCW | Fachgebiet Rechnungswesen, Controlling und Wirtschaftsprüfung (Fachbereich Rechts- und Wirtschaftswiss.) |

**Universität Stuttgart**

| IWB | Institut für Werkstoffe im Bauwesen |
|---|---|

**Praxispartner**

| AKASOL | **AKASOL GmbH** Hersteller hocheffizienter Lithium-Ionen Batteriesystemen |
|---|---|
| autarq | **Autarq GmbH** Hersteller hybrider Solarziegel |
| bauverein AG | **Bauverein AG** Südhessens größter Immobiliendienstleister |
| BILFINGER BAUPERFORMANCE | Bilfinger Bauperformance GmbH |
| entega | **ENTEGA AG** Führender Energieversorgungsunternehmer |

**Förderung**

Das Projekt wird vom Bundesministerium für Wirtschaft und Energie (BMWi) gefördert.

## 3) Industrielle Produktion - Energieeffizienz weiter gedacht

**Projekt ETA-Fabrik**

Die ETA-Fabrik ist ein durch das Bundesministerium für Wirtschaft und Energie (BMWi) gefördertes, vom Projektträger Jülich (PtJ) betreutes und durch das Land Hessen unterstütztes Forschungsprojekt zur ganzheitlichen Optimierung des Energiebedarfs eines Produktionsbetriebs.

Aus Forschungssicht wurden bereits verschiedene Ansätze im Bereich des energieeffizienten Bauens oder der energieeffizienten Fertigungstechnik betrachtet. Hieraus entstanden allerdings nur isolierte Optimierungen. Eine Untersuchung, die eine Vernetzung aller Hierarchiestufen einer industriellen Fertigung umfasst, gibt es derzeit nicht. Der Forschungsansatz der ETA-Fabrik beinhaltet die übergreifende Betrachtung von sog. Funktionsmodulen (Maschinenkomponenten), Funktionsbereichen (ganze Produktionsmaschinen) und Funktionsebenen (Fertigungsprozesskette, technische Gebäudeausrüstung und Gebäudehülle).

### Forschungsziele

Die Zielsetzung des Forschungsprojektes ist die Senkung des Energiebedarfs in der industriellen Fertigung. Hierfür wurde eine für die metallverarbeitende Industrie repräsentative Produktionsprozesskette, bestehend aus Zerspanungs- (Drehen, Fräsen, Bohren, Schleifen), Reinigungs- und

**Bild 11**
Prozesskette der ETA-Fabrik [© TU Darmstadt]

**Bild 12**
ETA-Fabrik von außen (oben) und innen (unten)
[© ETA-Fabrik / TU Darmstadt / Eibe Sönnecken]

einem Wärmebehandlungs-(Gasnitrier)prozess mit hoher praktischer Relevanz ausgewählt. Neben der Weiterentwicklung dieser Technologien werden auch die Interaktion mit dem Fabrikgebäude und die darin liegenden Potenziale, z.B. zur Energierückgewinnung, betrachtet. Durch das Zusammenwirken der bisher noch unabhängig voneinander agierenden Bereiche werden diese Energieeinsparpotenziale realisiert und ein Einsparungspotenzial von ca. 40% gegenüber dem derzeitigen Stand erreicht.

### Arbeitsplan

Das Forschungsprojekt ETA-Fabrik gliedert sich in acht Teilprojekte. Im Folgenden werden die inhaltlichen Schwerpunkte der Teilprojekte beschrieben.

#### 1. Virtuelle energieeffiziente Fabrik
Detaillierte Modellbildung und Simulation des elektrischen sowie thermischen Energieverbrauchs von Produktionsmaschinen auf Komponentenebene zur Evaluation von Optimierungsmaßnahmen, ohne die Notwendigkeit von Messungen.

#### 2. Ganzheitliches Energiecontrolling und effiziente Steuerung der Energieflüsse
Integration der Steuerung von Produktionseinrichtungen und der Gebäudeleittechnik zur Regelung der technischen Gebäudeausrüstung (TGA) in einer übergeordneten Energieflusssteuerung. Umfassendes, Datenbank-Cluster gestütztes Energiemonitoring in Verbindung mit einer optimalen, modellbasierten prädiktiven Regelstrategie zum effizienten Betrieb von elektrischen und thermischen Verbrauchern, Speichern und Erzeugern.

#### 3. Energieeffiziente Bauteilreinigung
Energieeffizienzsteigerung der wässrigen Bauteilreinigung durch Kreislaufführung von Abwärme, Niedrigtemperaturentfettung, zentrale Wärmebereitstellung zur Reinigungsbaderwärmung sowie Potenzialanalyse der Laserreinigung.

#### 4. Energie- und medieneffiziente Wärmebehandlung
Effiziente Nitrier-/Nitrocarburierprozesse durch Abwärmerückgewinnung bei der Prozessgasnachverbrennung und Chargenabkühlung, Energieeffizienz an Nebenaggregaten, Kennzahl geregelte Prozessführung und Wiederaufbereitung für Kreislaufführung von Prozessmedien.

#### 5. Energieeffiziente Zerspanungsprozesse
Ausrüstung der Werkzeugmaschinen mit für den Betrieb optimal ausgelegten energie- und ressourceneffizienten sowie rückspeisefähigen, drehzahlgeregelten elektrischen Maschinen im

Antriebsverband. Optimierte Prozessführung und intelligente Abschalt- und Standby-Automatik von Nebenaggregaten wie Hydraulik- und Kühlschmierstoff-Pumpen. Zudem thermische Optimierung von Motorspindeln, Nutzung von Abwärme und optimierte Rückkühlung durch Anbindung an das Kaltwassernetz mit zentraler Kälteerzeugung.

### 6. Kinetische Energiespeicher
Verlustarme hochdynamische Energiespeicherung mit Rückspeisung generatorisch erzeugter Energie zur Glättung von Lastspitzen und Reduzierung der erforderlichen Anschlussleistung, Beitrag zur Netzstabilität.

### 7. Thermische Interaktion zwischen Fabrikgebäude, Gebäudetechnik und Prozesskette
Wirtschaftliche Nutzung von Abwärme aus Industrieprozessen sowie Kraft-Wärme-Kopplung (BHKW) durch mehrstufige Wärmenetze zwischen Produktionsmaschinen, Geräten der technischen Gebäudeausrüstung, thermischen Speichertechnologien und dem Produktionsgebäude. Zentrale Kühlleistungsbereitstellung mit thermisch angetriebener Absorptionskältemaschine und freier Kühlung, Verdunstungskühlung sowie Innenraumtemperierung durch thermisch aktivierbare Gebäudeaußen- bzw. Innenhülle.

### 8. Energieeffiziente Gebäudehülle
Entwicklung innovativer, gut recycelbarer Fassadenelemente mit drei Funktionsebenen (Tragen, Dämmen, Hüllen), basierend auf ultrahochfestem Beton und Schaumbeton, die mittels Kapillarrohrmatten thermisch aktiviert werden.

#### Beteiligte Fachbereiche und Institute der TU Darmstadt

- Institut für Produktionsmanagement, Technologie und Werkzeugmaschinen (PTW) (Fachbereich Maschinenbau)

- Institut für Mechatronische Systeme im Maschinenbau (IMS) (Fachbereich Maschinenbau)

- Institut für Statik und Konstruktion (Fachbereich Bau- und Umweltingenieurwissenschaften)

- Fachgebiet Entwerfen und Baugestaltung (Fachbereich Architektur - Entwurfsplanung, Architekturbüro Dietz-Joppien - Genehmigungs- und Ausführungsplanung

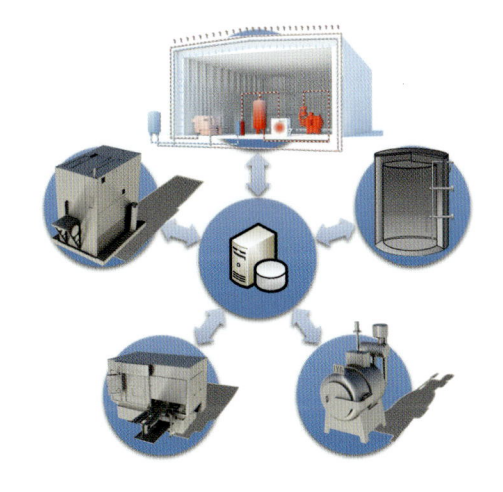

**Bild 13**
Energiecontrolling und Steuerung der Energieflüsse [© TU Darmstadt]

**Bild 14**
Energieeffiziente Bauteilreinigung [© MAFAC - E. Schwarz GmbH & Co. KG]

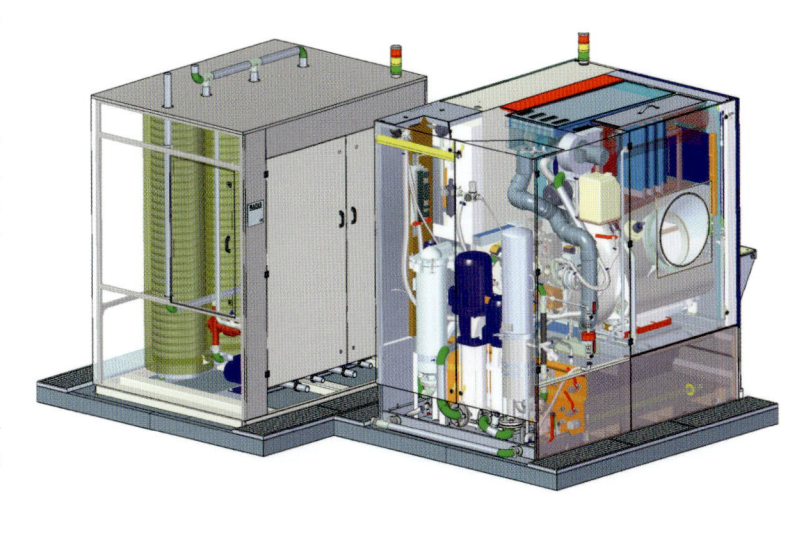

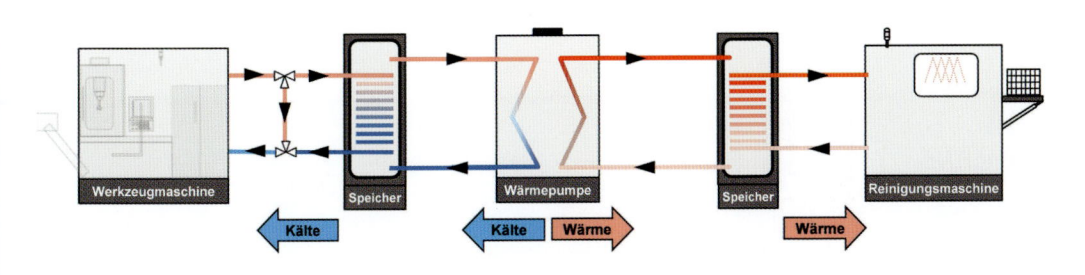

**Bild 15**
Energetische Vernetzung der verschiedenen Industrieprozesse [© TU Darmstadt]

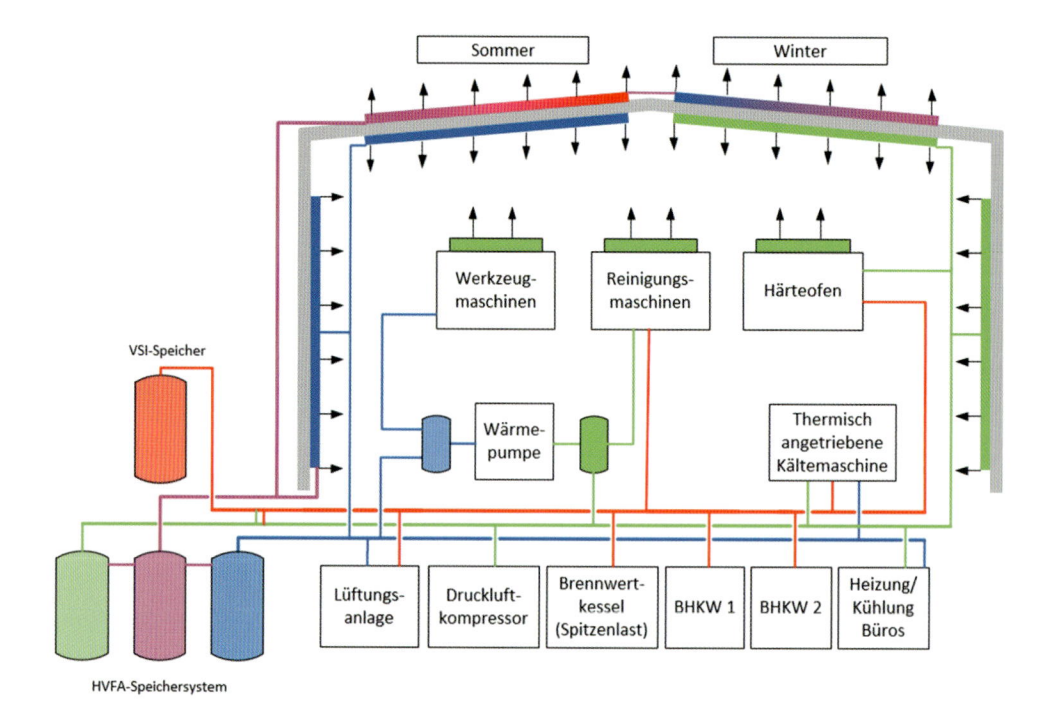

Effizienzsteigernde Vernetzung an der Technischen Universität Darmstadt

**Bild 16**
Thermische Interaktion zwischen Fabrikgebäude, Gebäudetechnik und Prozesskette [© TU Darmstadt]

**Beteiligte externe Arbeitsgruppen und Einrichtungen**

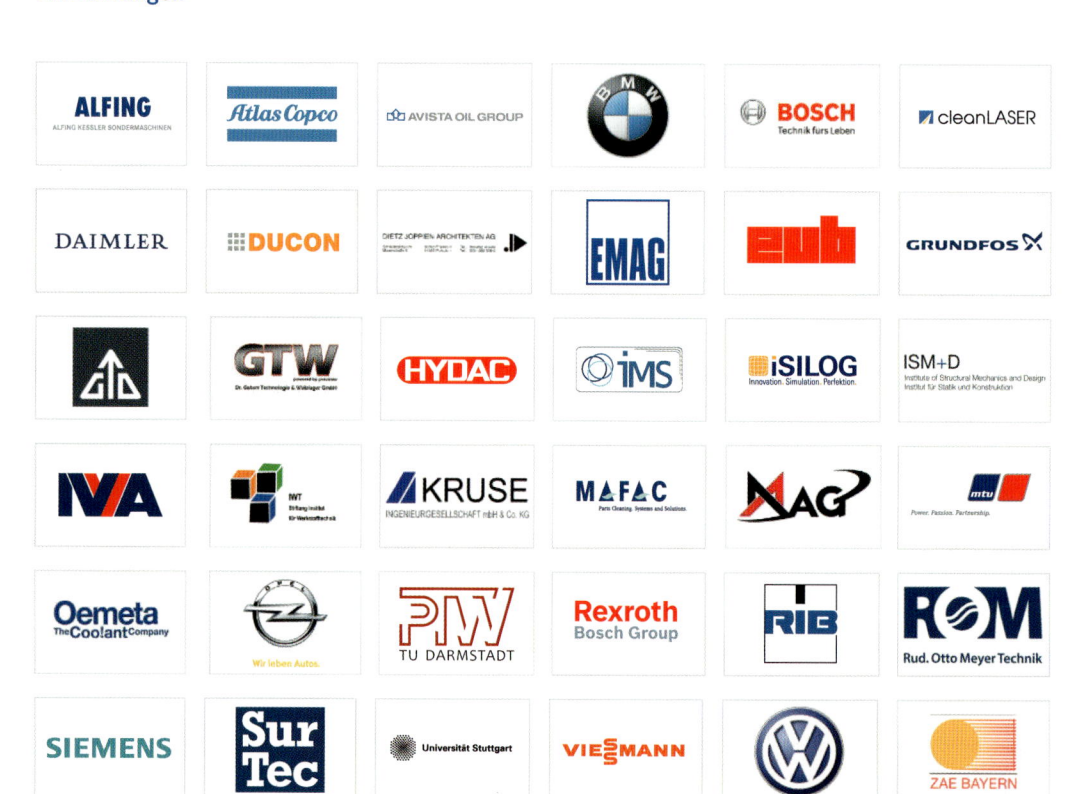

**Bild 17**
Externe Projektpartner [© TU Darmstadt]

**Förderung**
Das Projekt wird vom Bundesministerium für Wirtschaft und Energie (BMWi) gefördert.

**Kontakt**

**Profilbereich Energiesysteme der Zukunft**
www.energy.tu-darmstadt.de
Prof. Dr.-Ing. Matthias Oechsner (Sprecher)

Dr.-Ing. Sonja Laubach (Koordination)
Otto-Berndt-Str. 3
64287 Darmstadt
laubach@ese.tu-darmstadt.de
Tel. +49 6151 16 25673

**EnEff:Stadt Campus Lichtwiese**
www.intern.tu-darmstadt.de/dez_v
Prof. Dr.-Ing. Jutta Hanson
(Wissenschaftliche Leitung)

Dezernat V Grundsatzfragen Bau | Projektbüro
(Administrative Projektkoordination)

Dipl.-Ing. Johanna Schulze
Dipl.-Geol. Heike Bartenschlager
El-Lissitzky-Str. 3
64287 Darmstadt
Bartenschlager.he@pvw.tu-darmstadt.de
Schulze.jo@pvw.tu-darmstadt.de
Tel. +49 6151 16 57230

**SWIVT**
www.swivt.de
Prof. Dr.-Ing. Jens Schneider

Mira Conci, M.Sc.
Franziska-Braun-Str. 3
64287 Darmstadt
conci@ismd.tu-darmstadt.de
Tel. +49 6151 16 23013

**ETA-Fabrik**
www.eta-fabrik.tu-darmstadt.de
Prof. Dr.-Ing. Eberhard Abele

Dipl.-Wirtsch.-Ing. Martin Beck
Eugen-Kogon-Str. 4
64287 Darmstadt
beck@ptw.tu-darmstadt.de
Tel. +49 6151 16 20111

**ENERGIESYSTEME DER ZUKUNFT**

**TECHNISCHE UNIVERSITÄT DARMSTADT**

**Technische Universität Darmstadt**
Karolinenplatz 5
64289 Darmstadt

+49 6151 16-01
presse@tu-darmstadt.de

# ECO₂ – Energiekonzept für eine CO$_2$-neutrale Hochschule

Lena Wawrzinek | Technische Hochschule Mittelhessen
Joaquín Díaz | Technische Hochschule Mittelhessen

Im Zuge der Innovations- und Strukturentwicklungsförderung des Hessischen Ministeriums für Wissenschaft und Kunst mit der Förderlinie zur Steigerung der Energieeffizienz im hessischen Hochschulbereich (Energieeffizienzkonzepte) erstellt die Technische Hochschule Mittelhessen (THM) ein ganzheitliches Energiekonzept zur Reduzierung der CO$_2$-Emissionen.

An diesem Projekt sind die Fachbereiche Bauwesen sowie Maschinenbau und Energietechnik, das Zentrum für Energietechnik und Energiemanagement (ehem.THM) sowie die zentrale Abteilung Facility Management beteiligt. Der Fachbereich Bauwesen betrachtet die Bestandsgebäude in Bezug auf Gebäudehülle, Raumplanungen und mögliche Umbaumaßnahmen sowie Planung und Umsetzung von Neubauten. Der Fachbereich Maschinenbau und Energietechnik, insbesondere das Institut für Gebäudesystemtechnik und erneuerbare Energien (IGE), behandelt die Themenbereiche der Betriebsoptimierung von Gebäudetechnik sowie den Ausbau von erneuerbaren Energien an der Hochschule. Die Abteilung Facility Management (FM) steuert den Anlagenbetrieb der Hochschule, kontrolliert die Effizienz der Anlagentechnik und plant die Gebäudetechnik für Neubauten.

## Ausgangslage

Durch den rasanten Anstieg der Studierendenzahlen in den letzten Jahren von ca. 12.000 Studierenden in 2012 auf über 18.000 in 2017 und zusätzliche räumliche Anmietungen ist der Energieverbrauch der Hochschule deutlich gestiegen.

Zum Stand der Untersuchung befinden sich insgesamt 39 Liegenschaften im Eigentum der THM. Zusätzlich werden 24 Gebäude oder Gebäudeteile an verschiedenen Standorten angemietet. Hiervon sind 39 Gebäude in Gießen, 14 in Friedberg, drei in Wetzlar, zwei in Bad Hersfeld sowie jeweils eine Liegenschaft in Bad Wildungen, Biedenkopf, Frankenberg, Bad Vilbel und Limburg.

Einige Energiesparmaßnahmen wurden punktuell durchgeführt, jedoch weisen die Bestandsgebäude der THM teilweise einen sehr hohen Sanierungsstau auf und es fehlte bislang ein einheitliches Gesamtkonzept.

Aufgrund des starken Wachstums werden die Themen Energieeinsparung und Klimaschutz zunehmend bedeutender. Das Projektteam „ECO$_2$" mit Mitarbeitern der unterschiedlichen Fachbereiche und Abteilungen wurde gegründet, um gemeinsam das Ziel einer CO$_2$-neutralen Hochschule zu erreichen.

## Das Konzept

Zur Festlegung der Rahmenbedingungen des Konzeptes werden alle relevanten Akteure der THM kontaktiert und es wird deren Zusammenarbeit definiert. Der konzipierte Zeitplan stellt den Prozess zur Entwicklung des Energiekonzeptes innerhalb von drei Jahren dar.

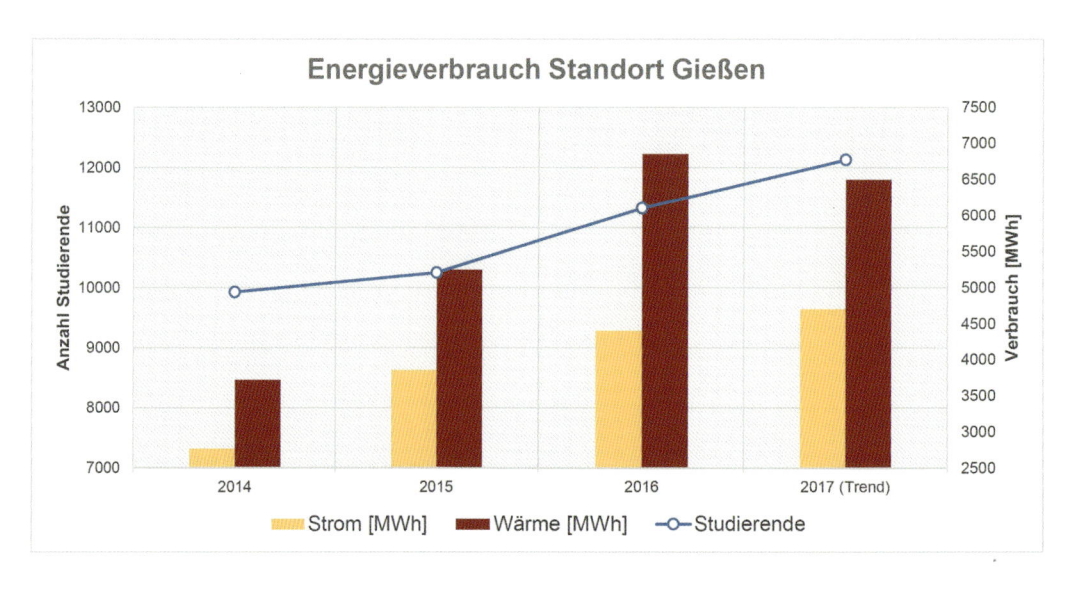

M. J. Worms, F. J. Radermacher (Hrsg.), *Klimaneutralität – Hessen 5 Jahre weiter*, DOI 10.1007/978-3-658-20606-2_46, © Springer Fachmedien Wiesbaden 2018

Nach der Einstellung von zwei wissenschaftlichen Mitarbeitern in Vollzeit in den Fachbereichen Bauwesen sowie Maschinenbau und Energietechnik startete das Projekt im Oktober 2016.

Eine detaillierte Darstellung des IST-Zustandes aller Handlungsfelder in Form eines Datenclusters wird fortlaufend erstellt. Hierbei werden vorhandene Informationen und neue Erkenntnisse zusammengeführt und für alle am Projekt Beteiligten zur Verfügung gestellt.

Nach der Datenanalyse werden diese gebäudespezifisch auf ihr Potenzial hinsichtlich Optimierungsmöglichkeiten und Einbeziehung der Nutzer untersucht.

Kernstück des Energiekonzeptes ist die Entwicklung eines Maßnahmenkatalogs, welcher von allen beteiligten Akteuren des Projektes erstellt wird. Hierbei werden die gewonnenen Erkenntnisse aus der Datenanalyse in konkrete Optimierungsvorschläge in allen Handlungsfeldern des Konzeptes übertragen.

Das Energiekonzept der Hochschule umfasst folgende Bereiche:
- **Energie**: Erzeugung, Versorgung und Verteilung von Wärme, Kälte und Elektroenergie

- **Gebäude**: Flächeneffizienz, energetische Gebäudehülle, Wasser-/Abwasserversorgung, technische Ausstattung und Anlagentechnik

- **Mobilität**: umweltfreundliche Mobilität der Beschäftigten und Studierenden, Beschaffung E-Fahrzeuge/E-Bikes

- **Abfallmanagement**: Entsorgung und Wiederverwertung, Optimierungen

- **Nutzerverhalten**: Verhalten am Arbeitsplatz, Schulungen, Informationsveranstaltungen, Energiesparwettbewerbe

Die energetische Sanierung des Gebäudes A10 und die Durchführung eines Energiesparwettbewerbs im Winter 2017/2018 sind zwei Teilprojekte des Konzepts, die im Folgenden kurz erläutert werden. Diese Maßnahmen stellen große Energieeinsparpotenziale durch Sanierungen und Optimierungen an Bestandsgebäuden sowie durch das Verhalten der Nutzer in den Gebäuden der Hochschule dar.

## 1. Teilprojekt: Energetische Sanierung Gebäude A10

Die Umsetzung von Maßnahmen zur Energieeinsparung bei Bestandsgebäuden ist einerseits vielseitig und komplex, andererseits aber auch durch einen hohen Wirkungs- und Effizienzgrad bei gleichzeitig - unter gewissen Randbedingungen - relativ geringer finanzieller Investition gekennzeichnet.

Für den Campus in Gießen wurde festgestellt, dass das Gebäude A10 sowohl den höchsten Gesamtenergieverbrauch als auch einen sehr großen flächenbezogenen Energieverbrauch aufweist. Aus diesem Grund wurden anschließend die genauen Energieströme analysiert. Das Gebäude zeichnet sich durch eine sehr inhomogene Nutzung (Labore für Physik und Chemie, Vorlesungsräume, Mensa, Pastaria, Büroräume etc.) und die daraus resultierenden unterschiedlichsten Anforderungen an die technischen Anlagen aus.

Zur deutlichen Steigerung der Energieeffizienz sollen Maßnahmen umgesetzt werden, die sich durch relativ geringen Aufwand an Zeit und Investitionskosten sowie durch eine möglichst kurze Amortisationszeit auszeichnen. Des Weiteren soll das Projekt als Grundlage für Planungen und Optimierungen weiterer Liegenschaften der THM dienen.

Folgende Einzelmaßnahmen wurden identifiziert und noch im Jahr 2017 umgesetzt:

- Installation einer Einzelraumregelung, basierend auf EnOcean-Technologie

- Isolierung der Steigstränge im Gebäude

- Nachrüstung von Energiezählern

- Anpassung der Laufzeiten der Lüftung in der Mensa

- Anpassung der Heizkurve der Regelkreise

- Bereichsweise Umstellung der Beleuchtung auf LED-Technik

- Nutzerschulungen und sog. $CO_2$-Ampeln in Hörsälen und Seminarräumen

ECO₂ – Energiekonzept für eine $CO_2$-neutrale Hochschule

Das Pilotprojekt energetische Sanierung eines Gebäudes in Mischnutzung wird mit Mitteln des Landes Hessen („Integrierter Klimaschutzplan 2025 – Innovations- und Strukturentwicklungsbudget") gefördert.

### 2. Teilprojekt: Energiesparwettbewerb

An der Hochschule wird in der Heizperiode 2017/2018 ein Energiesparwettbewerb durchgeführt. Das Bewusstsein der Mitarbeiter/-innen und Studierenden der Hochschule soll zum Thema Energieeinsparung gestärkt werden, damit ein umweltbewusstes Handeln am Arbeits- oder Studienplatz langfristig gefestigt wird.

Für den Wettbewerb wurden zehn Gebäude der Hochschule ausgewählt, die eine ähnliche Nutzerstruktur aufweisen. Die Nutzer/-innen dieser Gebäude treten gegeneinander an, indem die Energieverbräuche (Strom, Wärme und Wasser) in der Zeit vom 01.11.2017 bis zum 31.03.2018 gemessen und den Verbräuchen des Vorjahres witterungsbereinigt gegenübergestellt werden.

Durch monatliche Statistiken auf der Homepage können die Mitarbeiter/-innen und Studierenden die aktuelle Einsparung des Gebäudes und ihre Platzierung einsehen.

Die erfolgreichsten Energiesparer/-innen erhalten einen Geldpreis, der den Nutzerinnen und Nutzern des Gebäudes zugutekommen soll.

### Zusammenfassung

Dem Ziel der „$CO_2$-neutralen Landesverwaltung" folgend soll eine $CO_2$-neutrale Hochschule erreicht und somit ein Beitrag zur Klimaneutralität des Landes Hessen geleistet werden. Das Energiekonzept dient als Grundlage für zukünftige Maßnahmenplanungen, die kurz-, mittel- oder langfristig umgesetzt werden sollen, um die $CO_2$-Emissionen der Hochschule zu senken und die Energieeffizienz zu steigern.

Als öffentlich finanzierte Hochschule angewandter Wissenschaften mit einer gesellschaftlichen Verantwortung geht die THM in Hessen als positives Beispiel einer erfolgreichen Zusammenarbeit zwischen Mitarbeitern und Studierenden der Hochschule aus den Bereichen der Wissenschaft und Technik voran, um das gesetzte Ziel gemeinsam zu erreichen.

Weitere Informationen finden Sie unter: go.thm.de/eco2

**Technische Hochschule Mittelhessen**
University of Applied Sciences
Department of Architecture and Civil Engineering
Campus Giessen | Fachbereich Bauwesen

Wiesenstr. 14
D-35390 Giessen

Tel +49 641 309-0
Fax +49 641 309-2901
E-Mail: info@thm.de
Web: http://www.thm.de/

# TÜV Hessen: Verantwortung für das Klima leben

Jürgen Bruder | TÜV Technische Überwachung Hessen GmbH

Wenn es um das Einsparen von Energie geht, haben mindestens zwei Beteiligte etwas davon: Derjenige, der Energie einsetzt, spart unterm Strich meistens Geld. Dazu wird die Umwelt entlastet. So macht es auch bei TÜV Hessen Spaß, Energiefresser ausfindig zu machen und sie auf eine gesunde Diät zu setzen.

Technische Überwachung begleitet seit mehr als 150 Jahren den technischen Fortschritt. Ihr wurden viele Aufgaben übertragen, um den Staat bei der Daseinsvorsorge zu entlasten und gleichzeitig die Sicherheit von Technik zu gewährleisten. Nicht zuletzt spielt dabei der Schutz unserer Umwelt eine erhebliche Rolle.

Die Technische Überwachung ist eine „Third Party", also der unabhängige Dritte im Verhältnis von Staat und Gesellschaft sowie Herstellern und Betreibern von Technik. Diese Instanz hat sich als nützlich erwiesen und genießt daher hohes Vertrauen.

Mit seiner Kompetenz und Erfahrung ist TÜV Hessen ein exponierter Partner von Wirtschaft, öffentlicher Verwaltung, Wissenschaft und nicht zuletzt von vielen Privatpersonen. TÜV Hessen steht für die Sicherheit und Zukunftsfähigkeit von Produkten, Anlagen und Dienstleistungen und trägt dazu bei, Technik für Menschen und Lebensräume sicher zu gestalten.

In dieser besonderen Position sieht sich TÜV Hessen einer nachhaltigen Unternehmenskultur verpflichtet und übernimmt in vielfältiger Form Verantwortung für Menschen, Gesellschaft und Umwelt. TÜV Hessen lebt deshalb die Verantwortung für das Klima: Mit seinem Leistungsportfolio im Kerngeschäft und in den Arbeitsbedingungen und -abläufen im eigenen Unternehmen. Damit will TÜV Hessen der „Zukunft Gewissheit geben".

Im Folgenden wird dies am Beispiel sowohl von vier konkreten Dienstleistungen für Kunden gezeigt als auch mit Verweisen darauf, wie TÜV Hessen mit internen Maßnahmen die Verantwortung für das Klima lebt.

## Dienstleistungen

### Zertifizierungen nach DIN EN ISO 50001 – Energiemanagement

Mit der Einführung eines Energiemanagementsystems werden in einem Unternehmen alle energierelevanten Abläufe und Vorgänge analysiert und optimiert. Somit wird eine Systematik eingeführt, um die Energieströme transparenter zu machen. Darauf basierend ist es nun zielgerichtet möglich, dauerhaft und kontinuierlich Energieeinsparpotenziale zu ermitteln und zu heben, wenn möglich und betriebswirtschaftlich sinnvoll.

Dazu werden von zertifizierten Unternehmen unter anderem Aussagen beziehungsweise Festlegungen zu folgenden Themen gefordert: Energiepolitik, Analyse des Energieverbrauchs und der Energieeffizienz, Einhaltung gesetzlicher Forderungen, Energieziele und Energieprogramme, Festlegung der Organisationsstruktur und Verantwortlichkeiten, Schulung, Interne Auditierung sowie die Bewertung des Energiemanagementsystems von der obersten Leitung.

TÜV Hessen hat bisher das Energiemanagementsystem von mehr als 100, teils großen Unternehmen zertifiziert: 110 in Deutschland, 10 weitere in Italien, Rumänien, Serbien, Österreich und Frankreich. Das Zertifikat gilt für drei Jahre unter der Vorgabe jährlicher Überwachungsaudits.

### Energieaudits gemäß DIN EN 16247

Ein Energieaudit nach DIN EN 16247 untersucht und analysiert systematisch den aktuellen Energieeinsatz und -verbrauch und leitet daraus Verbesserungsvorschläge ab. Die Norm legt die Qualitätsanforderungen sowie die Vorgehensweise eines qualitativ guten Energieauditprozesses fest. In der Norm 16247-1 werden die allgemeinen Anforderungen für sämtliche Energieaudits behandelt.

Mit dem Energieaudit nach DIN EN 16247 werden die Unternehmen in die Lage versetzt:

- ihre Energieeffizienz durch die wirtschaftlich sinnvollsten Optimierungsmaßnahmen zu verbessern;

- durch den sinkenden Energieverbrauch ihre Energiekosten zu reduzieren;

- Vorteile für die Umwelt zu erreichen, indem der Ausstoß von Treibhausgasen und anderen Schadstoffen reduziert wird.

Jedes größere Unternehmen ist verpflichtet, alle vier Jahre ein Energieaudit von einem unabhängigen Auditor durchführen zu lassen. Von der Energieauditpflicht sind Unternehmen befreit, die ein Energiemanagementsystem nach DIN EN ISO 50001 oder Umweltmanagementsystem nach EMAS III eingerichtet haben.

TÜV Hessen hat mehr als 60 Energieaudits von Sommer 2015 bis Sommer 2017 durchgeführt und dabei sehr hohe Einsparpotentiale identifizieren können. Summiert kamen so über 10 Gigawattstunden Wärmeenergie, knapp 10 Gigawattstunden Strom und mehrere Tankwagen voll Kraftstoff zusammen. Dies entspricht über 8.000 Tonnen $CO_2$ pro Jahr, die durch Umsetzung der vorgeschlagenen Maßnahmen vermieden werden konnten.

Branchenübergreifend liegen die Einsparpotenziale für Strom hauptsächlich bei der Beleuchtung, bei der IT-Technik am Arbeitsplatz und in Serverräumen. Gebäudeseitig liegen die Einsparpotenziale bei der Heizungstechnik, der Lüftungs- und Klimatechnik und nicht zuletzt bei der Qualität der Gebäudehülle. Eine sehr große Rolle spielen auch die Betriebsparameter und die Regeltechnik, da hier meist mit geringen Investitionen schon Verbesserungen zu erzielen sind – mit recht hohen Einsparungen.

Die Erfahrung zeigt, dass sich das Einsparpotenzial wirtschaftlich in sinnvoll umsetzbaren Zeiträumen heben lässt; meistens mit einer Amortisationszeit, die deutlich unter fünf Jahre liegt. Zudem konnte TÜV Hessen bei den Energieaudits noch zahlreiche qualitative Empfehlungen zur Reduzierung des Energieverbrauchs geben.

### Energetische Inspektion von Klimaanlagen und Lüftungsanlagen

Die Energieeinsparverordnung sieht vor, Klimaanlagen in Gebäuden alle zehn Jahre einer energetischen Inspektion zu unterziehen. Betroffen sind alle Klimaanlagen mit einer Kälteleistung von mehr als 12 Kilowatt, unabhängig davon, ob sie die Räume direkt oder über eine Lüftungsanlage kühlen. Die energetische Inspektion macht allerdings auch für Anlagen Sinn, die keine Kühlfunktion beinhalten oder Maschinen oder Kühlräume versorgen.

TÜV Hessen führt seit 2007 Energetische Inspektionen von Klimaanlagen durch. An über 1.000 Anlagen in mehr als 300 Gebäuden wurden enorme Einsparpotentiale identifiziert.

### Zertifizierungsleistungen für freiwilligen Klimaschutz

Zahlreiche Unternehmen zeigen ihr gesellschaftliches Engagement auch mit freiwilligen Maßnahmen im Klimaschutz, etwa durch die Bestimmung ihrer Treibhausgasemissionen und die anschließende Kompensation dieser Emissionen mit Zertifikaten aus geprüften Klimaschutzprojekten. Nachdem die Menge der zu kompensierenden Emissionen ermittelt wurde, der „Carbon Footprint" ($CO_2$-Fußabdruck), sind die Kosten für den Ausgleich bei den unterschiedlichen Kompensationsanbietern festzustellen. TÜV Hessen prüft in diesem Zusammenhang sowohl die Treibhausgasbilanz als auch den Prozess der Kompensation sowie die Qualität der eingesetzten Zertifikate.

Die Anforderungen an Projekte und Treibhausgasbilanzen im Bereich Klimaneutralität hat TÜV Hessen in seinem Standard „Klimaneutralität" festgelegt. Projekte im freiwilligen Klimaschutz werden häufig von Unternehmen realisiert, die führend in ihrem Sektor sind und im Umweltschutz über die allgemeinen Anforderungen eines Umweltmanagementsystems nach ISO 14001 hinausgehen wollen.

## Interne Maßnahmen bei TÜV Hessen

### Zertifiziertes Umweltmanagementsystem nach DIN EN ISO 14001

Der Nutzen bei der Einführung und Zertifizierung eines Umweltmanagementsystems gemäß DIN EN ISO 14001 liegt in der systematischen und kontinuierlichen Verbesserung der Verhaltensweise im Kontext negativer Umweltauswirkungen. Daraus resultiert in der Regel eine Reduzierung der Kosten, zum Beispiel für die Entsorgung, Energie, Rohstoffe etc.

TÜV Hessen hat seit dem Jahr 2013 ein extern zertifiziertes Umweltmanagementsystem, das 2016 re-zertifiziert wurde. Im Zuge der Einführung des Umweltmanagementsystems wurde ein Umweltausschuss eingeführt. Dieser tagt regelmäßig und überprüft die Wirksamkeit laufender Umweltmaßnahmen anhand der gesetzten Ziele und schlägt weitere Aktionen vor. So wurden bereits etliche Maßnahmen durchgeführt und in Gang gesetzt. Hier einige Beispiele, die das Spektrum der Möglichkeiten fassbar machen:

### Carbon Footprint

Ein wesentlicher Einfluss der Geschäftsaktivitäten von TÜV Hessen auf die Umwelt resultiert aus der Bewirtschaftung der Gebäude und Prüfanlagen sowie aus der Reisetätigkeiten der Mitarbeiter. Der Verbrauch von Strom-, Heiz- und Treibstoffen wird in eine $CO_2$-Emission umgerechnet und bilanziert. TÜV Hessen konnte seinen Carbon Footprint kontinuierlich verbessern, etwa mit der Modernisierung von Gebäuden und Prüfanlagen. Darüber hinaus werden Anreize geschaffen, dass Mitarbeiter mit öffentlichen Verkehrsmitteln reisen.

Als Grundlage für ein Energiecontrolling erfolgt ein systematisches Monitoring der Strom- und Gasverbräuche. Bei Neuvergabe an Energieversorgungsunternehmen werden $CO_2$-neutrale Strom- und Gasverträge abgeschlossen.

### Reduzierung des Strombedarfs von Leuchtmitteln

Insgesamt wurden 15 TÜV Service Center (Prüfstellen) auf LED-Beleuchtung umgerüstet. Bei einer Investitionssumme von rund 140 Tausend Euro wird durch Reduzierung von Strom- und Wartungskosten mit einer Amortisationszeit von circa drei Jahren gerechnet. Durch den Einsatz moderner LED Technik wird zudem eine $CO_2$ Einsparung pro Standort von etwa 10 Tonnen pro Jahr erwartet.

Bei Neubauten wird prinzipiell LED-Beleuchtung eingesetzt. In einer Niederlassung werden derzeit sukzessive alle Büroräume auf LED-Beleuchtung umgestellt.

### Reduzierung des Energiebedarfs für Wärme und Kälte

In einer Niederlassung wurde die Heizung erneuert, was zu einer Energieeinsparung von circa 10 Prozent führte.

Zudem wurden dort im obersten Geschoss mit Konferenzräumen an den Fenstern Sonnenschutzfolien aufgebracht, wodurch im Sommer die Raumtemperaturen bis zu 4°C reduziert werden. Damit einher geht die Senkung des Energieverbrauchs für die Raumkühlung.

Insgesamt wurden 14 TÜV Service Center identifiziert, bei denen mittels ferngesteuerter Rolltore der Bedarf an Wärmeenergie durch verringerten Luftwechsel gesenkt wird.

### Reduzierung der Umweltauswirkungen von Dienstreisen und Dienstfahrten sowie Anfahrten zum Arbeitsplatz

Viele Mitarbeiter von TÜV Hessen sind im Außendienst unterwegs. Zur Optimierung der Einsatzfahrten und damit Senkung des Kraftstoffverbrauchs wird eine spezielle Dispositions-Software eingesetzt. Zudem werden im Unternehmen Hinweise für energiesparendes Fahren verbreitet.

Bei den Dienstwagen für Mitarbeiter gibt es eine $CO_2$-Obergrenze von 150 Gramm pro Kilometer. Darüber hinaus erhalten Mitarbeiter, die sich für ein Elektro- oder Hybridauto entscheiden, einen Arbeitgeberbonus für die Leasingrate.

An mehreren Standorten wurden Stromtankstellen eingerichtet, die auch von Mitarbeitern genutzt werden können.

Mitarbeiter von TÜV Hessen können ein Jobticket erhalten. So wird die Fahrt zur Arbeit mit öffentlichen Verkehrsmitteln gefördert. 55 Jobtickets wurden im Jahr 2016 bezuschusst, womit mehr als 16 Tonnen $CO_2$ eingespart wurden.

### Materialverbrauch

Der sparsame Umgang mit Papier, Wasser und Energie und das Vermeiden und Verwerten von Abfällen sind alltägliche Kernaktivitäten des betrieblichen Umweltschutzes. Die Mitarbeiter werden dazu angehalten, Abfälle konsequent zu trennen. An allen Standorten wurden dazu Behälter für Papier, Plastik und Restmüll aufgestellt. Im Einkauf gibt es zusätzlich eine neue Sparte mit „ökologischem Bürobedarf".

Bei Frischfaserpapieren für Kopierer oder Drucker wird überwiegend Material aus nachhaltiger Forstwirtschaft mit dem Siegel des Forest Stewardship Council (FSC) verwendet. Drucksachen wie Kundenmagazin und Werbeschriften werden zusätzlich klimaneutral gestellt.

Die Digitalisierung schreitet bei TÜV Hessen intensiv voran. Viele bisher manuelle, papiergebundene Prozesse sind mittlerweile auf ein elektronisches Workflow-System umgestellt, was zu weiteren Papiereinsparungen führt. Auch an der Übermittlung von Prüfberichten an Kunden auf elektronischem Weg wird intensiv gearbeitet.

### Reduzierung der Umweltauswirkungen von IT-Geräten (PC, Drucker)

2014 wurde der Bedarf an Druckern neu ermittelt und der Altbestand von Laserdruckern überwiegend bis Mitte 2017 durch 350 Tintenstrahldrucker, teils mit Kopier- und FAX-Funktion, zur Reduzierung von Druckmittel, Strombedarf und Emissionen ersetzt.

Damit die elektronischen Prozesse zur Papierersparnis nicht zu höherem Stromverbrauch in der IT führen, wurde die Klimatisierung der Serverräume bereits in den vergangenen Jahren modernisiert und auch die Servertechnik selbst auf effizienten Betrieb getrimmt.

### Neubau der Firmenzentrale – Hello Compertum

Im Herbst 2017 hat die Unternehmenszentrale in Darmstadt ihr neues Gebäude Hello Compertum bezogen.

Die Immobilie ist besonders energieeffizient ausgelegt. Ein hocheffizientes Heiz-Kühlsystem mittels Gas-Wärmetauscher und Betonkernaktivierung gehört ebenso dazu wie ein modernes LED-Lichtsystem. Zusätzlich gibt es eine signifikante Reduzierung des Trinkwasserbedarfs. Hinzu kommt die Errichtung einer Photovoltaikanlage zur Eigenstromerzeugung mit 26 Modulen. Insgesamt werden damit die Kriterien des LEED Gold-Standards, Leadership in Energy and Environmental Design, für moderne Gebäude erfüllt.

Der Standort ist optimal an die Verkehrsinfrastruktur angebunden. Er liegt in unmittelbarer Nähe des Darmstädter Hauptbahnhofs, einer Straßenbahn-Haltestelle sowie einer nahegelegenen Anbindung zum Autobahnkreuz Darmstadt.

### Unternehmensportrait

TÜV Technische Überwachung Hessen GmbH (TÜV Hessen) ist eine international tätige Dienstleistungsgesellschaft mit Sitz in Darmstadt. TÜV Hessen steht für die Sicherheit und Zukunftsfähigkeit von Produkten, Anlagen und Dienstleistungen und das sichere Miteinander von Mensch, Technik und Umwelt.
Bei technischen Prüfungen und Zertifizierungen ist TÜV Hessen Marktführer in Hessen, aber auch deutschlandweit gefragt und international erfolgreich. TÜV Hessen hat mehr als 60 Standorte in Hessen, Niederlassungen in vier weiteren Bundes-

ländern und Partnerunternehmen auf drei Kontinenten.

Als Arbeitgeber, der sich einer nachhaltigen Unternehmenskultur verpflichtet hat, übernimmt TÜV Hessen in vielfältiger Form Verantwortung für Menschen, Gesellschaft und Umwelt.

In den Geschäftsbereichen Auto Service, Industrie Service, Real Estate, Life Service, Managementsysteme und IT-Sicherheit & Datenschutz erbringen rund 1.300 Mitarbeiter über 220 TÜV®-Dienstleistungen für Unternehmen und Privatkunden.

TÜV Hessen ist eine Beteiligungsgesellschaft der TÜV SÜD AG (55 Prozent) sowie des Landes Hessen (45 Prozent). TÜV Hessen erwirtschaftete im Jahr 2017 einen Umsatz von rund 132 Millionen Euro.

**TÜV Technische Überwachung Hessen GmbH (TÜV Hessen)**
Robert-Bosch-Straße 16
64293 Darmstadt

Tel.: 06151 / 600-0
Fax: 06151 / 600-600
E-Mail: mailbox@tuevhessen.de
URL: www.tuev-hessen.de

# Energieeffizienz, Klimaschutz und Nachhaltigkeit im Wohnungsbau

Dr. Thomas Hain | Unternehmensgruppe Nassauische Heimstätte / Wohnstadt
Felix Lüter | Unternehmensgruppe Nassauische Heimstätte / Wohnstadt
Dr. Sebastian Reich | Sebastian Reich Consult GmbH, RKDS & Partners

Für die Wohnungswirtschaft gilt der vermeintliche Allgemeinplatz der Verknüpfung der sozialen, ökologischen und ökonomischen Nachhaltigkeitsaspekte jeden Tag ganz unmittelbar. Grundsätzlich bedeutet das, täglich praktikable Lösungen unter Berücksichtigung von Aspekten zu realisieren, die für die Betroffenen von besonderer Bedeutung sind. Das wesentliche Handlungsfeld der Wohnungswirtschaft ist das Wohnen und Zusammenleben in Quartieren. Das ist für Menschen existenziell und erfordert einen besonders verantwortlichen und weitsichtigen Blick auch hinsichtlich der Langlebigkeit geschaffener Strukturen.

Die Wohnungswirtschaft ist durch ihren Kernauftrag, bezahlbaren Wohnraum für breite Schichten der Bevölkerung zur Verfügung zu stellen, per se gehalten, ganzheitlich zu agieren. Dabei ist sich die Branche der gesellschaftlichen Verantwortung durchaus bewusst, denn das Geschäftsmodell befindet sich im Schnittpunkt der großen Themen der Nachhaltigkeit. Klimawandel, Technisierung, Energieeffizienz, Demografie, Migration, Umweltbelastung, Rohstoffverknappung, Urbanisierung, öffentliche Finanzen und Verschuldung bis hin zu Gesundheitsfragen sind alles akute Themen und direkt oder indirekt für die Branche relevant. Stellt man diese globalen Realitäten in einen regionalen Bezug, ergibt sich unmittelbar, dass es bezüglich der Ursachen keine wirklich fundamentalen Unterschiede zwischen global und regional gibt. Sehr unterschiedlich sind zum Teil jedoch die Konsequenzen.

### Aufgabenstellung komplexer und heterogener

Allerdings wird die Aufgabenstellung mit zunehmender Geschwindigkeit komplexer und heterogener – in sozialer Hinsicht analog zur Entwicklung der Gesellschaft, in räumlicher Hinsicht gemäß der wachsenden Disparität zwischen Verdichtungsräumen und strukturschwachen Regionen, sowie in Hinsicht auf die Integration der Zukunftsaufgaben Klimawandel und -anpassung, Klimaschutz, Ressourcenverbrauch bis hin zur gesellschaftlichen Transformation in Richtung postfossile, suffiziente Gesellschaft. Es sind die großen Herausforderungen der Gesellschaft, geprägt durch die demographische Entwicklung, den Klimawandel und den technischen Fortschritt, die die Wohnungswirtschaft auf lange Zeit prägen werden.

Daraus resultieren Zielkonflikte, die jeweils ausgetragen werden müssen. Verantwortlich zu handeln bedeutet für die Wohnungswirtschaft nicht nur die Bereitstellung von energieeffizientem Wohnraum für breite Bevölkerungsschichten, sondern auch die aktive Förderung der gesellschaftlichen Entwicklung durch die Erhöhung der Chancengleichheit benachteiligter Bevölkerungsgruppen.

In den letzten Jahren hat die Wohnungswirtschaft schon Erhebliches geleistet. Seit 1990 wurden durch die im Bundesverband der deutscher Wohnungs- und Immobilienunternehmen (GdW) organisierten Unternehmen, der ca. 37% der in Deutschland vermieteten Wohnungen in Mehrfamilienhäusern repräsentiert, gut 66% der Wohnungen im Bestand energetisch teil- bzw. umfassend modernisiert (GdW 2016, S. 49). Es konnten durch die Umstellung der Energieträger, effizientere Brennwerttechnik, Dämmung der Gebäude und einen sparsamen Energieverbrauch über 50% der $CO_2$ Emissionen eingespart werden. Das bedeutet aber auch, dass noch etwas mehr als ein Drittel des betroffenen Bestandes angegangen werden muss, aber nun in einem kürzeren Zeitraum und unter steigenden energetischen und qualitativen Anforderungen, mit entsprechend steigenden Kosten.

### Die Wohnungswirtschaft und der Pariser Klimavertrag

Am 12.12.2015 hat sich die Weltgemeinschaft bei der UN Klimakonferenz COP21 (Convention on Climate Change, 21st Conference of the Parties) von Paris auf ein völkerrechtlich verbindliches Abkommen zum Klimaschutz geeinigt. Aus dem Abkommen zum Klimaschutz lassen sich Verpflichtungen und Kurskorrekturen für die Wohnungswirtschaft / Stadtentwicklung in Deutschland ableiten. Das ambitionierte Ziel der Begrenzung der Erwärmung auf deutlich unter 2 °C und Anstrengungen, eine Begrenzung auf 1,5 °C zu erreichen sowie das Ziel einer globalen Dekarbonisierung bis zur Mitte des Jahrhunderts haben direkte und indirekte Auswirkungen auf den Neubau und den Gebäudebestand. Denn dem Gebäudebereich kommt bei der Erreichung dieser Ziele eine Schlüsselfunktion zu, da auf diesen

Bereich rund 35 Prozent des Endenergieverbrauchs in Deutschland und rund ein Drittel der Treibhausgasemissionen entfallen. Dazu hat sich die Bundesregierung das ambitionierte Ziel gesetzt, bis zum Jahr 2050 einen nahezu klimaneutralen Gebäudebestand zu erreichen.

Die Ziele der Bundesregierung sind derzeit:

- Schrittweise Absenkung der $CO_2$- bzw. Treibhausgasemissionen bis zum Jahr 2050 um 80 % bis 95 % (bezogen auf 1990). Für die Jahre 2020, 2030 und 2040 gelten Zwischenziele für die Emissionsreduktion von 40 %, 55 % und 70 %, wobei sich abzeichnet, dass das Ziel für 2020 verfehlt werden wird.

- Verminderung des nicht-erneuerbaren Primärenergieverbrauchs für Heizung und Warmwasserbereitung um 80 % bis 2050 gegenüber 2008.

Berechnungen zeigen, dass der von der Bundesregierung genannte Zielwert für einen 2050 zu erreichenden „nahezu klimaneutralen Gebäudebestand", nämlich die Minderung des Primärenergiebedarfs um 80 %, im Wohngebäudesektor in etwa einem flächenbezogenen Durchschnittswert von 27 kWh/m²a für den Primärenergiebedarf entspricht (Diefenbach, N., Loga, T. Stein B., 2016, S. 5) - bei einem durchschnittlichen Energieverbrauchskennwert von ca. 145 kWh/m²a[1] - 180 kWh/m²a[2], je nach Quelle als Ausgangswert. Dies korrespondiert nach Modellrechnungen ungefähr mit den Anforderungen, die im Mittel an den Primärenergiebedarf eines KfW-Effizienzhauses 40 gestellt werden.

### EU-Standard Niedrigstenergiegebäude

Nach der EU-Richtlinie 2010/31/EU vom 19. Mai 2010 über die Gesamtenergieeffizienz von Gebäuden sind ab dem Jahr 2019 alle Neubauten der öffentlichen Hand und ab dem Jahr 2021 alle Neubauten als sogenanntes Niedrigstenergiegebäude zu errichten. Wie ein „nahezu klimaneutraler Gebäudebestand" 2050 aussehen sollte, wie man diesen erreichen kann und wie ein Niedrigstenergiegebäude definiert wird, ist Gegenstand der laufenden kontrovers geführten Debatte und es gilt abzuwarten, wie die Gesetzgebung dieses in Deutschland regelt. Gemäß den Vorgaben der EU-Gebäuderichtlinie sollte bis Ende 2016 eine abgestimmte, offizielle Definition eines Niedrigstenergiegebäudestandards im Sinne von technisch und wirtschaftlich machbaren Mindestanforderungen an Neubauten vorliegen, was bis heute noch nicht der Fall ist. Die EU-Gebäuderichtlinie erfordert weiterhin eine Regelung zum Niedrigstenergiestandard für Neubauten von Nichtwohngebäuden der öffentlichen Hand, die behördlich genutzt werden, bis Ende 2018 und für private Neubauten bis Ende 2020.

In letzten Sommer legte die Bundesregierung mit dem Klimaschutzplan 2050 die Leitlinien für die langfristige Klimapolitik in Deutschland fest. Leitbild war bislang die 2-Grad-Obergrenze für die globale Erderwärmung gegenüber vorindustriellem Niveau. Vor dem Hintergrund des Pariser Abkommens sollte erwartet werden, dass dieser Maßstab zukünftig auch ein 1,5-Grad Ziel berücksichtigen wird. Es ist daher nicht unwahrscheinlich, dass es mittelfristig zu einer Verstärkung der Klimaschutzanforderungen in allen Sektoren der Wirtschaft kommen wird, da die bisherigen Ziele sich auf das 2-Grad Ziel bezogen haben.

Am 3. Juli 2014 wurde die Energiewende Plattform Gebäude gegründet, in der Akteure aus der Immobilienwirtschaft, Gewerbe, Industrie, Verbraucher und die öffentliche Hand die vielfältigen Potentiale des Gebäudesektors für die Energiewende ermitteln und konkrete Maßnahmen erarbeiten. Die am 18. November 2015 vorgelegte Energieeffizienzstrategie Gebäude (ESG) fasst diese zusammen und bildet den zentralen Handlungsrahmen, um die Energiewende im Gebäudebereich weiter voran zu bringen.

Eckpunkte dieser Strategie wurden Bestandteil des Nationalen Aktionsplans Energieeffizienz (NAPE), der am 3. Dezember 2014 von der Bundesregierung beschlossen wurde. Im Vordergrund steht dabei nicht nur die energetische Op-

**Bild 1**
Über 100 Millionen Euro investiert die Unternehmensgruppe Nassauische Heimstätte/Wohnstadt jährlich in die Modernisierung und Instandhaltung Ihres Wohnungsbestandes. [Foto: © UGNHWS/Thomas Rohnke]

timierung der Gebäude - vielmehr wird die optimale Nutzung des Gebäudes oder des urbanen Raumes in den Blick genommen.

Mit dem NAPE hat die Bundesregierung ein Maßnahmenpaket auf den Weg gebracht und mit dem Aktionsprogramm Klimaschutz 2020 ein klimapolitisches Maßnahmenprogramm verabschiedet, um das Etappenziel 2020, eine Minderung der Treibhausgasemissionen um 40 Prozent gegenüber 1990, zu erreichen, von dem wir aber offensichtlich noch ein gutes Stück entfernt sind.

Die Energieeffizienzstrategie Gebäude (ESG) ist das Strategiepapier für die Energiewende im Gebäudebereich, das neben den technischen und energetischen Aspekten auch erste Ansätze ökonomischer und perspektivisch gesellschaftspolitischer Belange des Gebäudebereichs im Blick hat.

Die Klimaschutzziele der Bundesregierung werden allerdings nur erreicht, wenn umwelt- und klimafreundliches Bauen, energetische Quartiers- und Stadtentwicklung, Fragen des Wohnens und Bauens, des demografischen Wandels sowie die Energieeffizienz und der Einsatz erneuerbarer Energien im Gebäudebereich Hand in Hand gehen.

Das Ziel, einen nahezu klimaneutralen Gebäudebestand bis zum Jahr 2050 zu erreichen, ist offensichtlich ambitioniert, erscheint aber machbar. Nach dem heutigen Stand des Wissens beträgt die bestehende Lücke zum klimaneutralen Gebäudebestand bis zum Jahr 2050 rund 20 Prozent (Prognos et. al 2015, S. 32ff).

Grundsätzlich gibt es zwei Möglichkeiten, das Ziel zu erreichen: (I) die Steigerung der Energieeffizienz, um den Endenergieverbrauch zu senken und (II) die Erhöhung des Anteils erneuerbarer Energien. Diese beiden Optionen gilt es, unter wirtschaftlichen Gesichtspunkten zu optimieren.

Daher ist das Thema Energie und Energiewende ein bestimmender Aspekt der tagtäglichen Diskussion für die Wohnungswirtschaft. Dabei sind die wesentlichen Aspekte einer nachhaltigen Energieversorgung die Einsparung, die effiziente Nutzung und die regenerative Erzeugung von Energie. Das langfristige Ziel der Bundesregierung bis 2050, also die Reduktion des Primärenergieverbrauchs um mindestens 80%, kann neben der Einsparung und Bedarfssenkung nur durch die erweiterte Nutzung von erneuerbaren Energien umgesetzt werden.

Für die Wohnungswirtschaft sind hiermit allerdings eine Reihe von Fragen und Herausforderungen bis hin zu Zielkonflikten und Streitpunkten verbunden. Die Wohnungswirtschaft ist grundsätzlich prädestiniert dafür, einen wesentlichen Beitrag für die dezentrale Energieversorgung mit regenerativen Energien zu leisten. Ziele des Klimaschutzes lassen sich durch die effiziente regenerative Erzeugung von Wärme und Strom in den Quartieren mit dem sozialen Ziel einer Stabilisierung der Betriebskosten für die Mieter verbinden.

### Hemmnisse für erneuerbare Energien müssen beseitigt werden

Hürden stellen u.a. nach wie vor die steuerlichen und regulativen Hemmnisse bei der Energieerzeugung durch Wohnungsunternehmen dar. So sind Wohnungsunternehmen in der Regel von der Gewerbesteuer befreit, wenn sie ausschließlich Vermietung und Verpachtung betreiben. Die Stromerzeugung durch eine Photovoltaikanlage oder durch Kraft-Wärme-Kopplungsanlagen stellt bereits eine geringfügige gewerbliche Tätigkeit dar, die zur Versagung der Steuervergünstigung führt. Damit wird das Wohnungsunternehmen nicht nur bezüglich der Stromerzeugung gewerbesteuerpflichtig, sondern für seine gesamte Vermietungs- und Verpachtungstätigkeit. Gekoppelt mit dieser Thematik ist der Verkauf von Strom an die Mieter. Fragestellungen der Vorsteuerabzugsfähigkeit sowie energiewirtschaftliche Gebührenthemen wie Netzentgelte und EEG-Umlage sind weitere zu berücksichtigende Aspekte. Die Wohnungswirtschaft fordert, dass diese steuerlichen und regulativen Hemmnisse beseitigt werden. Hinzu kommen Themen der Versorgungs- und Vertragssicherheit beim Vertrieb von Ökostrom an die Mieter. Werden Wohnungsunternehmen zukünftig zu lokalen Energieversorgern, wenn Gebäude vermehrt zu Energieerzeugern werden? Absehbar ist, dass die Wohnungswirtschaft in diesem Feld im Wettbewerb mit den klassischen Energieversorgern steht.

Leider sind die Mieter derzeit beim Ausbau der erneuerbaren Energien die Gruppe, die bislang hiervon nicht profitiert hat, aber am stärksten belastet wurde, was zu einer signifikanten Umverteilung führt. Durch Mieterstromlösungen auf Quartiersebene können Klimaschutzziele mit wirtschaftlichen Vorteilen für die Mieter direkt verknüpft werden.

Darüber hinaus ist volkswirtschaftlich gesehen die lokal, auf der untersten Stromnetzebene, organisierte dezentrale Erzeugung, Verteilung und Nutzung von Energie die effektivste und kosteneffizienteste Lösung. Denn durch intelligente Lösungen auf dieser Ebene minimieren sich Aufwendungen für den Stromtrassenausbau und die Speicherung auf den übergeordneten Netzebenen.

Umweltschutz, Energie- und Ressourceneffizienz gehen dabei Hand in Hand. Ob lokal, regional, national, im EU-Raum und global: Umweltschutz und Ressourcenschonung sind untrennbarer Teil der unternehmerischen Verantwortung und Verpflichtung in der Wohnungswirtschaft. Denn verändern sich die klimatischen Randbedingungen während des Lebenszyklus eines Gebäudes in erheblicher Weise, kann es den Zweck, Menschen vor Witterungseinflüssen zu schützen und ein angenehmes Raumklima bereitzustellen, nicht mehr ausreichend erfüllen. Die Prävention des klimatischen Wandels ist daher sowohl wegen der damit verbundenen Mietnebenkostensteigerungen als auch wegen der Kosten für die baulichen Konsequenzen relevant. Darüber hinaus besteht Anpassungsbedarf besonders für die Zunahme von heute noch als Extremereignisse angesehenen Klimafolgen. Geänderte Anforderungen sind zum Beispiel steigender Winddruck, Starkregen, Schneelast und Hagelschlag, steigende Grundwasser- und Flusspegel, steigende Temperaturen und Trockenzeiten.

## Demografie, Wohnraumnachfrage und Regionalentwicklung

Deutschland steht offensichtlich und für alle erkennbar, die eine bezahlbare Wohnung in einer deutschen Großstadt suchen, vor großen Herausforderungen, den Bedarf an bezahlbarem Wohnraum vor allem in den Ballungsräumen zu decken. Denn die Wohnungsmärkte in Deutschland befinden sich seit einigen Jahren in einem zunehmenden Ungleichgewicht von Angebots- und Nachfrageentwicklung, einer hohen und sehr dynamischen Wohnraumnachfrage steht eine vergleichsweise hohe Trägheit des Wohnungsangebotes gegenüber (Prognos 2017). Gründe für die Nachfragesteigerung sind eine im Zeitraum von 2011 bis 2016 um 3,1 % gewachsene Bevölkerung (Statistisches Bundesamt 2017) und die Zunahme der Haushalte um 3,2% von 2011 bis 2015 durch den Rückgang der durchschnittlichen Anzahl von Personen pro Haushalt (Prognos 2017). Dazu kommt der ungebrochene Trend zum Leben in der Stadt. So verzeichnete Berlin zwischen 2008 und 2014 einen Zuwachs von 190.000 Einwohnern, München 114.000. Frankfurt am Main wuchs um 10,1 %, Darmstadt um 8,8 % und auch Offenbach am Main zählt bzgl. Zuwachs zu den Top-Ten in Deutschland (GdW 2016, S. 31).

Auf der Angebotsseite steht der wachsenden Nachfrage laut einer Studie des Pestel Instituts (2015) bereits für den Zeitraum 2009 bis 2015 ein kumuliertes Wohnungsdefizit von 800.000 Wohnungen in Deutschland gegenüber. Um dieses abzubauen, errechnet das Pestel-Institut einen mittelfristigen Neubaubedarf von rund 400.000 Wohnungen jährlich für den Zeitraum 2016 bis 2020. Dazu kommt derzeit eine Baufertigstellung von rund 200.000 Wohnungen pro Jahr, so dass die Neubautätigkeit aktuell nur etwa die Hälfte des faktischen Bedarfs deckt. Nach Pestel besteht insbesondere im Mietwohnungsbau ein signifikanter Mangel. So werden zusätzliche 140.000 neue Mietwohnungen jährlich benötigt, von denen 80.000 auf Mietsozialwohnungen und 60.000 auf bezahlbare Wohnungen in Ballungsräumen entfallen.

Der soziale Wohnungsbau stellt somit ein wichtiges Segment dar, um auch untere und mittlere Einkommensklassen mit bezahlbarem Wohnraum zu versorgen. Allerdings gibt es bundesweit immer weniger mietpreis- und/oder belegungsgebundene Sozialwohnungen. Laut GdW (2016) sank ihre Zahl von etwa 2,6 Millionen im Jahr 2002 auf schätzungsweise noch rund 1,4 Millionen Wohnungen im Jahr 2015. Dies sind inzwischen nur noch 3,4 % aller 41,4 Millionen Wohnungen in Deutschland. Bezogen auf den Mietwohnungsbestand liegt der Anteil bei knapp 6 % (GdW 2016, S.8). Bezogen auf den Geschosswohnungsbau (Wohnungen in Mehrfamilienhäusern) haben Sozialwohnungen damit einen Marktanteil von nur noch 7 % (2002: 12 %) (Pestel 2015). In den Jahren 2012 bis 2015 wurden insgesamt 156.000 Mietwohnungen gefördert. Im selben Zeitraum lief jedoch bei 297.000 Wohnungen die Belegungsbindung aus, sodass das Angebot an Sozialwohnungen trotz steigender Nachfrage weiter zurückgegangen ist (GdW 2016, S. 21).

Darüber hinaus ist es zunehmend eine gesellschaftliche Herausforderung, die Daseinsversorgung der in den ländlichen Räumen lebenden Menschen sicherzustellen. In diesen z. T. schrumpfenden Regionen gilt es, auf nachfrageseitig entspannten Märkten mit geringen Mietpreisen, Bestände sozialverträglich zu konsolidieren, was im äußersten Fall Rückbau bedeutet.

Auch in Hessen ist eine ungleiche Entwicklung mit einer wachsenden Disparität zwischen den Verdichtungsräumen und den strukturschwachen Regionen zu sehen, da sich die insgesamt alternde Bevölkerung zunehmend im Ballungsraum Rhein-Main und in prosperierenden Städten konzentriert.

Auf der einen Seite gilt es daher, in den Ballungsräumen wachsender Wohnungsknappheit bei steigenden Grundstückspreisen und geringer Flächenverfügbarkeit sozialverträglich zu begegnen. So findet Wohnungsneubau in Ballungsräumen wegen gestiegener Anforderungen an die Energieeffizienz, hoher Preise für Bauland und erheblich gestiegenen Baukosten derzeit fast ausschließlich im oberen Mietpreissegment statt. Um sozialgerechtes Wohnen auch weiterhin zu ermöglichen, müssen daher dort durch staatliche Förderung der Anstieg der Wohnkostenbelastung begrenzt und einkommensschwache Haushalte individuell unterstützt werden. Dabei muss der freifinanzierte Wohnungsneubau auch im unteren und mittleren Preissegment attraktiv sein, sonst drohen erhebliche soziale Probleme in den Quartieren, bis hin zur sozialen Segregation.

Um andererseits den sozialen Zusammenhalt in Stadtquartieren und stabile Nachbarschaften auch in schrumpfenden Regionen langfristig zu sichern, muss dort der Stadtumbau aktiv betrieben werden, denn Bevölkerungsrückgang und Leerstände dürfen nicht zu einer Verödung betroffener Städte führen.

So wird in schrumpfenden Regionen aufgrund des Verfalls der Immobilienwerte kaum noch in die Modernisierung von Bestandsimmobilien investiert, vom Neubau einmal ganz abgesehen. Damit klimagerechtes Wohnen in Zukunft auch in den schrumpfenden Regionen möglich ist, muss eine entsprechende öffentliche Förderung gewährleistet sein.

### Energieeffizienz versus Sozialverträglichkeit?

Zum demografischen Wandel, den man tagtäglich sowohl auf der Mieterseite, als auch bei der Suche nach qualifiziertem Nachwuchs spürt, kommt hinzu, dass unsere Gesellschaft vielfältiger wird – nicht zuletzt durch die weitere Zuwanderung von Menschen aus anderen Kulturkreisen. Damit gehen eine sich zunehmend ändernde Milieulandschaft und die Ausbildung unterschiedlicher Lebensstile einher, die sich je nach Lebensalter, Interessen, Ansprüchen und Möglichkeiten realisieren. Dies bedeutet auch komplexere Ansprüche und Bedürfnisse der unterschiedlichen Gruppen an das Mietangebot und verlangt ein entsprechend diversifiziertes Vorgehen.

So haben über 30% der Mieter der Unternehmensgruppe einen Migrationshintergrund und sie kommen aus über hundert Nationen. Die bewirtschafteten Siedlungen und deren Umfeld stellen zentrale Orte der niedrigschwelligen Bildungs- und Kulturvermittlung dar. Damit sind sie entscheidende Standorte, an denen in Deutschland tagtäglich Integration gelebt wird. Somit leistet die Wohnungswirtschaft einen aktiven Beitrag zur demographischen Nachhaltigkeit und zum sozialen Frieden.

Auf Quartiersebene funktional zukunftsfähige Lösungen zu realisieren, die energetisch effizient und ökologisch verträglich sind, ist nicht nur eine gewaltige finanzielle Anstrengung. In der wohnungswirtschaftlichen Praxis konkurrieren energetische Investitionen mit der Notwendigkeit, Finanzierungsmittel für laufende Instandhaltung sowie für die Aktualisierung von Ausstattungsstandards und die Modernisierung technischer Infrastruktur bereitstellen zu müssen.

Neben der kontinuierlichen Fortentwicklung und Optimierung der energetischen Modernisierungsstrategien gilt es vor allem, Rahmenbedingungen wie Gesetze und Vorschriften sowie Förderoptionen bedarfsgerecht fortzuentwickeln.

Schon vor der Pariser Klimakonferenz 2015 standen Energieeffizienzthemen oben auf der Agenda. Damit verbunden ist die Frage, wie die gesetzlichen Vorgaben in der gebauten Praxis zu ökonomisch vertretbaren Lösungen führen. Diese Diskussion ist nach Paris nicht verstummt, im Gegenteil.

Insbesondere in ohnehin gesellschaftlich fragilen Stadtquartieren, die vielerlei sozialen Spannungen ausgesetzt sind, tritt die Herausforderung eines energieeffizienten und sozialverträglichen Quartiersmanagements in den Vordergrund. Die Kosten des Neubaus oder der energetischen Modernisierung im Bestand sind von manchen Mietergruppen kaum mehr zu verkraften. Und dies, obwohl der möglichen Umlage seitens der Wohnungswirtschaft enge Grenzen gesetzt sind. So ergeben sich nicht selten zusätzliche Mieterbewegungen in den Quartieren. Denn die erhoffte Einsparung bei den Energiekosten kann die Mieterhöhung durch die Modernisierungsumlage oft nicht kompensieren. Unterbleiben die Modernisierungen, drohen Energiekosten zu steigen. Gerade für finanzschwache Haushalte stellen Nebenkostenquoten von einem Drittel der Kaltmiete und mehr bedeutende finanzielle Herausforderungen dar.

In diesem „energiegeladenen" Umfeld wird ein wichtiger Aspekt der Produktverantwortung unterschätzt: die Gesundheit der Mieter. Neben Themen des altersgerechten Wohnens, der Aktivierung zu mehr Bewegung und der Nahversorgung mit gesunden Lebensmitteln kommen auf den Vermieter in seiner Fürsorgepflicht neue Herausforderungen zu. Diese ergeben sich aus zwangsläufig abgedichteten Gebäudehüllen und dem dadurch deutlich reduzierten Luftwechsel. Die Schimmelthematik ist so alt wie die massiven bautechnischen Veränderungen an Bestandsgebäuden und stellt die „Bedienung" der Gebäude durch den Mieter auf eine harte Probe.

So beeinflusst der Klimaschutz die Investitionen in den Bestand immer stärker, was neben dem erhöhten Planungsaufwand für die Bausubstanz auch zu Aufwandsteigerungen in Bezug auf die Gebäudehülle und die Gebäudetechnik führt. Die

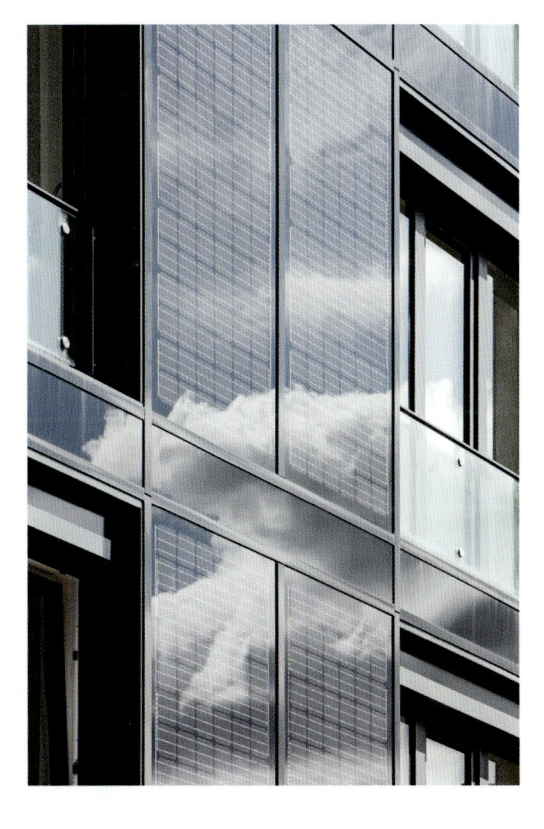

**Bild 2**
Solarfassade des Energie-HausPLUS der Nassauischen Heimstätte in Frankfurt am Main. [Foto: © UGNHWS/Constantin Meyer]

Bereitstellung von günstigem Wohnraum bei günstigen Nebenkosten stellt dabei eine komplexe Gratwanderung, wenn nicht sogar einen Zielkonflikt dar. Die Betreiberverantwortung macht es allerdings unumgänglich, die aktuell kontrovers diskutierten Themen der Wärmedämmverbundsysteme nicht nur unter wirtschaftlichen Gesichtspunkten, sondern auch unter Brandschutz- und Wohngesundheitsaspekten zu betrachten. Hermetisch abgedichtete Fassaden erfordern ein modifiziertes Nutzerverhalten. Da Verhaltensänderungen generell nur schwer zu erzielen sind, ist Schimmel eine nicht seltene Folgeerscheinung. Das ist ein oft unterschätztes Problem. Auch der Brandschutz erfordert eine sorgsame Auswahl der eingesetzten und dann über Jahrzehnte vorhandenen Baumaterialien.

### Technologische Entwicklung

Die Planung von Wohngebäuden ist immer auch die Suche nach ganzheitlichen, gestalterischen, konstruktiven und technischen Lösungen für eine Vielzahl von unterschiedlichen Anforderungen. Diese Suche ist dabei ein Abwägen zwischen verschiedenen Lösungsansätzen, ihren gegenseitigen Abhängigkeiten und Ausschlüssen. Gestiegene Ansprüche u.a. an Verfügbarkeit, Funktionalität, Komfort, Sicherheit und Kosten haben zu einer Vielzahl von Vorgaben, Normen und Gesetzen geführt, die alle im Planungsprozess berücksichtigt werden müssen. So sind die Zahl und die Qualität der Anforderungen an ein Wohngebäude in den letzten Jahren erheblich gewachsen und sie werden erwartungsgemäß weiter steigen, wobei die Innovationsgeschwindigkeit ebenfalls zunimmt.

Gleichzeitig resultiert aus der Errichtung und dem Betrieb von Gebäuden ein erheblicher Verbrauch an energetischen und stofflichen Ressourcen, einhergehend mit erheblichen Auswirkungen (Emissionen) auf unsere Umwelt. Die Schonung von Ressourcen und die Reduktion der Umweltwirkungen von Gebäuden sind daher weitere Anforderungen an die Planung, die aktuell vor allem in Pilotprojekten und bezogen auf einzelne Aspekte in einem zukünftig notwendigen Maß gelöst werden. Gegebenenfalls vorhandene Wechselwirkungen und Rebound Effekte werden häufig nicht erkannt, bzw. unterschätzt. Die globalen Herausforderungen sind, ebenso wie die notwendigen Schritte im Bauwesen (z.B. Erhöhung des Anteils erneuerbarer Energien an der Gebäudeenergieversorgung, Etablierung einer Kreislaufwirtschaft, Reduktion der Treibhausgasemissionen) gut bekannt. Des Weiteren sind die Strategien zur Erreichung der Einzelziele bekannt (energieoptimierte Gebäude, reversible Konstruktionen, Einsatz nachwachsender und rezyklierter Rohstoffe, angemessene Flächennutzung pro Person etc.). Noch fehlt es allerdings an einer breiten, im Markt verankerten Verknüpfung der verschiedenen Aspekte zu einem ganzheitlichen Herangehen in der Breite. Doch mit dem mittlerweile seit 10 Jahre bestehenden Deutschen Gütesiegel Nachhaltiges Bauen und dem 2011 für die Wohnungswirtschaft entwickelten NaWoh-Zertifikat wurden Bezugssysteme geschaffen, die auch technologisch für Fortschritt sorgen und an denen man sich vom Planungsprozess her orientieren kann. Sie machen eine Revision und Bewertung von Planung unter Aspekten des nachhaltigen Bauens möglich. Die aktive Optimierung der Planung unter ganzheitlichen Gesichtspunkten ist allerdings nach wie vor auch durch Art und Ablauf des klassischen seriellen Planungsprozesses nur schwer möglich.

Große Schritte macht hingegen die Digitalisierung im Planungsprozess, wie auch im technischen Gebäudebetrieb und in der Steuerung, Stichwort Building Information Modeling (BIM), wobei die Anwendung in Deutschland noch am Anfang steht. Trotz der zunehmenden Vernetzung und der weiteren Entwicklung der Mess- und Regeltechnik steckt zwar der Smart Home-Markt in Deutschland ebenfalls noch in den Anfängen. Es zeigt sich aber, dass Wohnungsunternehmen das Potenzial von Smart Home und Ambient Assisted Living (AAL) erkannt haben und sich proaktiv mit der Frage auseinandersetzen, wie sie diese Technologien in ihre Geschäftsmodelle integrieren können und was für Auswirkungen diese Ansätze für den Neubau, die Bestandsentwicklung und den Betrieb haben werden.

Eine Herausforderung ist, die rasante technologische Entwicklung zu verfolgen und das notwendige Know-how in den Wohnungsunternehmen wie auch bei den Ingenieuren und Planern und den umsetzenden Unternehmen aufzubauen und in die Breite zu bringen.

### Fazit

Der grundlegend prägende Parameter für die Wohnungswirtschaft ist die demographische Entwicklung. Die Prognose ist, dass wir mittelfristig in Deutschland trotz Zuwanderung wohl weniger, älter aber auch bunter werden. Die Herausforderung dabei ist: Uns von weniger, älter und bunter zu klüger, länger und inklusiver zu entwickeln. Das ist ein kultureller Prozess, der Zeit braucht, die wir aber eigentlich nicht haben, um die anstehenden Herausforderungen zu bewältigen. Beeinflusst wird dieser Prozess maßgeblich durch die technologische Entwicklung. Dabei ist die ökologische Nachhaltigkeit nicht von der sozialen Nachhaltigkeit zu trennen und beides ist untrennbar mit den wirtschaftlichen Auswirkungen verknüpft. Denn Energieeffizienz, Klimaschutz, Gesundheit, Sicherheit, soziale Gerechtigkeit, Umweltschutz und Ressourceneffizienz gehen Hand in Hand. Ob lokal oder global, ob in kleinen oder in großen Wohnungsunternehmen: die Berücksichtigung all dieser Themen bei Entscheidungen ist Teil der unternehmerischen Verantwortung.

Obwohl die Wohnungswirtschaft in vielen Bereichen bereits erhebliche Beiträge zur nachhaltigen Entwicklung leistet, steht die Branche eher am Anfang eines zum Teil tiefgreifenden Prozesses, die verschiedenen Themen der Nachhaltigkeit miteinander verschränkt, also ganzheitlich zu betrachten und die Einflüsse von Prioritätensetzungen auf die jeweiligen Geschäftsmodelle zu verstehen.

Die Bereitstellung von energieeffizientem, gesundem, generationengerechtem und bezahlbarem Wohnraum für breite Schichten der Bevölkerung in der Stadt und auf dem Land ist eine der großen Herausforderungen unserer Zeit und wird es auf absehbare Zeit auch bleiben.

## Literatur

Bauer, E. (2013): Energieeffizienz und Wirtschaftlichkeit - Investitions- und Nutzungskosten in Wohngebäuden gemeinnütziger Bauvereinigungen unter besonderer Berücksichtigung energetischer Aspekte, gvb Österreichischer Verband gemeinnütziger Bauvereinigungen, Wien, 56 S.

Dena (2012): Der dena-Gebäudereport 2012. Statistiken und Analysen zur Energieeffizienz im Gebäudebestand. Berlin 147 S.

Diefenbach, N., Loga, T. Stein B. (2016): Szenarienanalysen und Monitoringkonzepte im Hinblick auf die langfristigen Klimaschutzziele im deutschen Wohngebäudebestand - Bericht im Rahmen des europäischen Projekts EPISCOPE, Institut für Wohnen und Umwelt, Darmstadt, 68 S.

F+E (2016): Analyse des Einflusses der energetischen Standards auf die Baukosten im öffentlich geförderten Wohnungsbau in Hamburg. Forschung + Beratung für Wohnen, Immobilien und Umwelt GmbH, Hamburg, 42 S.

Klimaschutzplan 2050 der deutschen Zivilgesellschaft (2016), Klima-Allianz Deutschland, Berlin, 30 S.

Müller, Nikolas D., Pfnür Andreas (2016): Wirtschaftlichkeitsberechnungen bei verschärften energetischen Standards für Wohnungsneubauten aus den Perspektiven von Eigentümern und Mietern – Methodisches Vorgehen und Fallbeispiel. In: Andreas Pfnür (Hrsg.), Arbeitspapiere zur immobilienwirtschaftlichen Forschung und Praxis, Band Nr. 32. 98 S.

Prognos et al. (2015a): Hintergrundpapier zur Energieeffizienz-Strategie Gebäude, Prognos/ifeu- Institut für Energie- und Umweltforschung Heidelberg GmbH/IWU-Institut für Wohnen und Umwelt. Berlin/Heidelberg/Darmstadt, 2015, 132 S.

Prognos (2017): Wohnraumbedarf in Deutschland und den regionalen Wohnungsmärkten - Studie Wohnungsbautag 2017, Berlin, 40 S.

Pestel Institut (2015): Kurzfassung der Studie Modellrechnungen zur den langfristigen Kosten und Einsparungen eines Neustarts des sozialen Wohnungsbaus sowie die Einschätzung des aktuellen und mittelfristigen Wohnungsbedarfs, Hannover, 7 S.

Statisches Bundesamt (2017): Bevölkerung in Deutschland voraussichtlich auf 82,8 Millionen gestiegen, Pressemitteilung Nr. 033 vom 27.01.2017

## Anmerkung

[1] kleinere Mehrfamilienhäuser, Stand 2012, , bezogen auf die Nutzfläche, Arbeitsgemeinschaft für zeitgemäßes Bauen

[2] Medianwert: 50% liegen oberhalb, Stand 2010, bezogen auf die Wohnfläche, dena Gebäudereport 2012

Energieeffizienz, Klimaschutz und Nachhaltigkeit im Wohnungsbau

**UNTERNEHMENSGRUPPE NASSAUISCHE HEIMSTÄTTE WOHNSTADT**

**RKDS** Go. Sustain.

**Nassauische Heimstätte**
**Wohnungs- und Entwicklungsgesellschaft mbH**
Schaumainkai 47
D-60596 Frankfurt am Main

Tel.: 069 6069-0
Fax: 069 6069-300
Email: post@naheimst.de
URL: www.naheimst.de

**Wohnstadt**
**Stadtentwicklungs- und Wohnungsbaugesellschaft Hessen mbH**
Wolfsschlucht 18
D-34117 Kassel

Tel.: 0561 1001-0
Fax: 0561 1001-1200
Email: mail@wohnstadt.de
URL: www.wohnstadt.de

Thomas.Hain@naheimst.de
felix.lueter@naheimst.de

**Unternehmensgruppe Nassauische Heimstätte/Wohnstadt**

Die Unternehmensgruppe Nassauische Heimstätte/Wohnstadt mit Sitz in Frankfurt am Main und Kassel bietet seit 95 Jahren umfassende Dienstleistungen in den Bereichen Wohnen, Bauen und Entwickeln. Sie beschäftigt rund 730 Mitarbeiter. Mit rund 60.000 Mietwohnungen in 140 Städten und Gemeinden gehört sie zu den zehn führenden deutschen Wohnungsunternehmen. Der Wohnungsbestand wird aktuell von rund 260 Mitarbeitern in vier Regionalcentern betreut, die in 13 Service-Center untergliedert sind. Unter der Marke „ProjektStadt" werden Kompetenzfelder gebündelt, um nachhaltige Stadtentwicklungsaufgaben durchzuführen. Bis 2021 sind Investitionen von rund 1,5 Milliarden Euro in den Neubau von Wohnungen und den Bestand geplant. 4.900 zusätzliche Wohnungen sollen so in den nächsten fünf Jahren entstehen.

**RKDS Partners**
**Dr. Sebastian Reich**
Am Steinberg 17
D-63128 Dietzenbach

Tel.: +49 176 921 900 81
sebastian.reich@rkds-partners.com
URL: www.rkds-partners.com

**Sebastian Reich Consult GmbH – RKDS Partners**

Mit über 25 Jahre Erfahrung in der Beratung von Unternehmen, Investoren und Organisationen im technischen, umweltbezogenen und soziokulturellen Kontext gründete Dr. Sebastian Reich 2013 das Beratungsunternehmen und das Netzwerk RKDS Partners mit Experten aus der Immobilienwirtschaft, dem Finanzbereich und der Kommunikation. Fokus ist der ganzheitliche und kooperative Entwicklungsprozess und die fundierte CSR/ESG-Berichterstattung, von der ersten Datenerhebung bis zur authentischen Kommunikation der Ergebnisse. Dies umfasst die Entwicklung, Bewertung und Umsetzung von Strategien, Programmen und Maßnahmen im Rahmen der Organisationsentwicklung, dem Asset Management, bei Transaktionen und in der Projekt- und Produktentwicklungen.

# Die Unternehmensgruppe Nassauische Heimstätte / Wohnstadt als Beispiel für eine zukunftsweisende Orientierung im Wohnungsbau

Dr. Thomas Hain | Unternehmensgruppe Nassauische Heimstätte / Wohnstadt
Felix Lüter | Unternehmensgruppe Nassauische Heimstätte / Wohnstadt
Dr. Sebastian Reich | Sebastian Reich Consult GmbH, RKDS & Partners

Bekanntlich sind verpasste Chancen oft unerkannte Risiken. Umgekehrt ist gutes Risikomanagement auch eine Chance zur rechtzeitigen Erneuerung oder Anpassung an sich ändernde Bedingungen zu niedrigeren Kosten. Deshalb sollte man den Umgang mit Veränderung nicht als eine Bedrohung wahrnehmen, sondern als eine Möglichkeit, Strategien und Pläne, Produkte und Dienstleistungen zu optimieren. Im Interesse der Gesellschaft muss es dabei das Ziel sein, integrierte Lösungen im ökonomischen, ökologischen und sozialen Kontext zu entwickeln.

Die Unternehmensgruppe Nassauische Heimstätte / Wohnstadt bietet seit 95 Jahren umfassende Dienstleistungen in den Bereichen Wohnen, Bauen und Entwickeln. Sie entstand 2005, als die Nassauische Heimstätte Wohnungs- und Entwicklungsgesellschaft mbH mit Sitz in Frankfurt am Main die Anteile des Landes Hessen an der Wohnstadt Stadtentwicklungs- und Wohnungsbaugesellschaft Hessen mbH in Kassel übernahm. Durch den Zusammenschluss rückte sie mit über 720 Mitarbeitern zu einem der führenden deutschen Wohnungsunternehmen auf, das ca. 60.000 Mietwohnungen in 118 Städten und Gemeinden in Hessen bewirtschaftet.

Gegründet nach dem Ersten Weltkrieg als Wohnungsfürsorgegesellschaft zur Linderung armseliger Wohnverhältnisse und zur Befriedigung großer Wohnungsnot ist es auch heute noch die Aufgabe der Unternehmensgruppe Nassauische Heimstätte / Wohnstadt, Menschen mit Wohnraum zu versorgen, die sich nur schwer am freien Markt selbst versorgen können.

Dieser soziale Auftrag spiegelt sich in der Mieterschaft wieder, die in der Regel älter, ärmer und ethnisch vielfältiger als der bundesdeutsche Durchschnitt ist. Doch eine der Kernkompetenzen des Unternehmens war allerdings immer, unterschiedliche soziale und ethnische Gruppen integrieren zu können, von den Kriegs- und Armutsflüchtlingen über die „Gastarbeiter" bis hin zu den Menschen, die in Deutschland Asyl gefunden haben. Dabei hat sich das Geschäftsmodell im Laufe der Zeit natürlich verändert. Die Gründe dafür sind vielfältig: erhöhte Anforderungen des Kapitalmarktes, Erwartungen der Gesellschafter an eine zukunftsfähige Unternehmenspolitik und auch steigende Ansprüche von Mietern und Kunden und nicht zuletzt die steigenden Anforderungen an die gebaute Umwelt aus Sicht des Klimaschutzes. Die einen erwarten mehr Service bei niedrigen Mieten, die anderen individuelle Konzepte für eine lösungsorientierte Stadt- und Projektentwicklung und alle können erwarten, dass das Geschäftsmodell kompatibel zu den langfristigen Anforderungen des Klimaschutzabkommens von Paris ausgerichtet wird.

So geht der heutige Auftrag weit über die Ursprünge hinaus, wenn man Stadtentwicklung und Sozialmanagement in den eigenen Quartieren aktiv betreibt, die Hessische Regierung und Kommunen in Fragen des Wohnungs- und Städtebaus berät, Kommunen in den Ballungsräumen mit Wohnungsknappheit bei der Baulandentwicklung unterstützt und selbst Wohnungsbauprojekte als Bauträger entwickelt.

Die Geschäftsbereiche der Unternehmensgruppe unterscheiden sich zwar in ihren Tätigkeiten und Dienstleistungen, sind jedoch im Kern eng miteinander verbunden. Das integrierte Zusammenspiel der Kernbereiche Wohnungsbewirtschaftung, Projektentwicklung und Stadtentwicklung ist eine besondere Stärke für zukunftsfähige und nachhaltige Lösungen. Denn so werden sowohl die wohnungswirtschaftlichen Anforderungen auf der einen Seite, als auch der projekt- beziehungsweise städtebauliche Gesamtkontext auf der anderen Seite berücksichtigt. Diese Verzahnung zur Lösungsoptimierung muss in Zukunft noch weiter ausgebaut werden.

Die Sorge um Mieter mit ihren sozioökonomischen Anforderungen verlangt nach einer besonderen Servicehaltung. Das Management großer Bauprojekte ist per se jedes Mal eine Herausforderung. Und die Unterstützung von Kommunen bei der Neuerfindung ihrer urbanen Gegebenheiten ist immer von individuellen Voraussetzungen geprägt. Unter dem Stichwort der integrierten Stadt- und Stadtteilentwicklung arbeitet die Unternehmensgruppe seit Jahren an der Zukunft - mit lernenden Systemen in sich verändernden Umfeldern.

Die Klammer ist immer mehr die Zusammenführung aller Fragestellungen zur Nachhaltigkeit bei der Entwicklung von Lösungen oder zur Festlegung von Grundsätzen und Prinzipien. Denn die besten innovativen Lösungsansätze für Umweltfragen, Sozialaspekte und Themen der „Guten Unternehmensführung" entstehen im Team und im Wechselspiel der unterschiedlichen Erfahrungen.

So hat sich die Unternehmensgruppe Anfang 2014 dafür entschieden, das Thema Nachhaltigkeit strategisch und fundiert anzugehen, um ein stabiles Fundament für die weitere Unternehmensentwicklung zu legen und darüber jährlich der interessierten Öffentlichkeit gegenüber zu berichten. Man war sich sehr bewusst, dass man mit diesem Schritt am Anfang einer langfristigen Entwicklung stand.

### Unternehmensleitbild

Zu Beginn wurde unter intensiver Beteiligung der Mitarbeiter ein Unternehmensleitbild entwickelt. Dabei wurden die Themen der Nachhaltigkeit umfänglich verankert. Die Vision der Unternehmensgruppe Nassauische Heimstätte / Wohnstadt ist es, die Nummer eins rund um das Wohnen und Leben in der Mitte Deutschlands zu sein. Auf dem Leitbild aufbauend wurde dann eine Nachhaltigkeitsstrategie entwickelt. Diese basiert im Kern auf einer Wesentlichkeitsanalyse der relevanten ökonomischen, ökologischen und sozialen Nachhaltigkeitsthemen. Im Dialog mit den Hauptanspruchsgruppen Mitarbeiter, Mieter, Kreditgeber und Eigentümer wurden die vielfältigen relevanten Aspekte intensiv diskutiert und bewertet. Dabei wurden auch die relevanten Themen der Nachhaltigkeitsstrategien des Landes Hessens und des Bundes berücksichtigt.

Es wurde ein Managementsystem aufgebaut, das die für die Unternehmensgruppe wesentlichen Themen ergebnisorientiert, aktiv und unternehmensübergreifend bearbeitet und das in die Führungsstrukturen integriert ist. Im bald vierten Jahr der intensiven Beschäftigung mit der Umsetzung der Nachhaltigkeitsstrategie zeigt sich immer klarer, wie wichtig das verfolgte Vorgehen von Anbeginn war. So wurden klare Prioritäten, strukturierte Abläufe und Zuständigkeiten sowie transparente Ziele entwickelt, die systematisch umgesetzt werden. Hierdurch ergeben sich im Gesamtprozess mittelfristig deutliche Ressourceneinsparungen.

Zur weiteren Umsetzung der Nachhaltigkeitsstrategie wurden in den einzelnen als wesentlich identifizierten Themenbereichen Grundsätze in Form von Unternehmensrichtlinien erarbeitet, die eine Beschreibung des jeweiligen Themenkontextes, eine Ziel- und Zweckdefinition, Angaben zum Wirkungsbereich und den Verantwortlichkeiten, die Prinzipien und die dazugehörigen Performance-Indikatoren sowie Aussagen zur regelmäßigen Überprüfung und zur Berichterstattung enthalten.

Die Datenerfassung und das Reporting erfolgten in der Vergangenheit in vielen Einzelschritten. Daten ließen sich nicht zentral miteinander verknüpfen oder standen nicht automatisiert zur Verfügung. Es war keine Planwerteingabe möglich. Vor diesem Hintergrund wurde im Herbst 2015 das Projekt „Integrierte Planung und Berichtswesen" aufgesetzt und eine Business-Intelligence-Softwarelösung implementiert, die die verschiedensten Datenquellen verknüpft. Nach der einführenden Nutzung für das Monatsberichtswesen und die Wirtschaftsplanung wurde in einem zweiten Schritt auch das Nachhaltigkeitsberichtswesen in die zentrale Softwarelö-

**Bild 1**
Das Werterad innerhalb des Unternehmensleitbildes der Unternehmensgruppe Nassauische Heimstätte/Wohnstadt
[© UGNHWS]

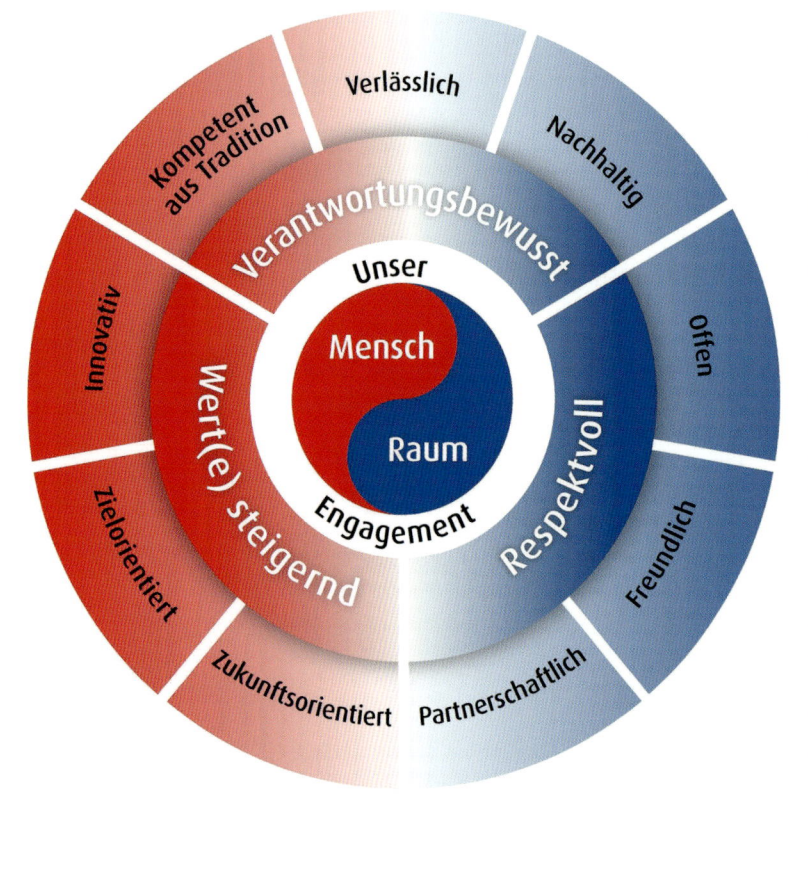

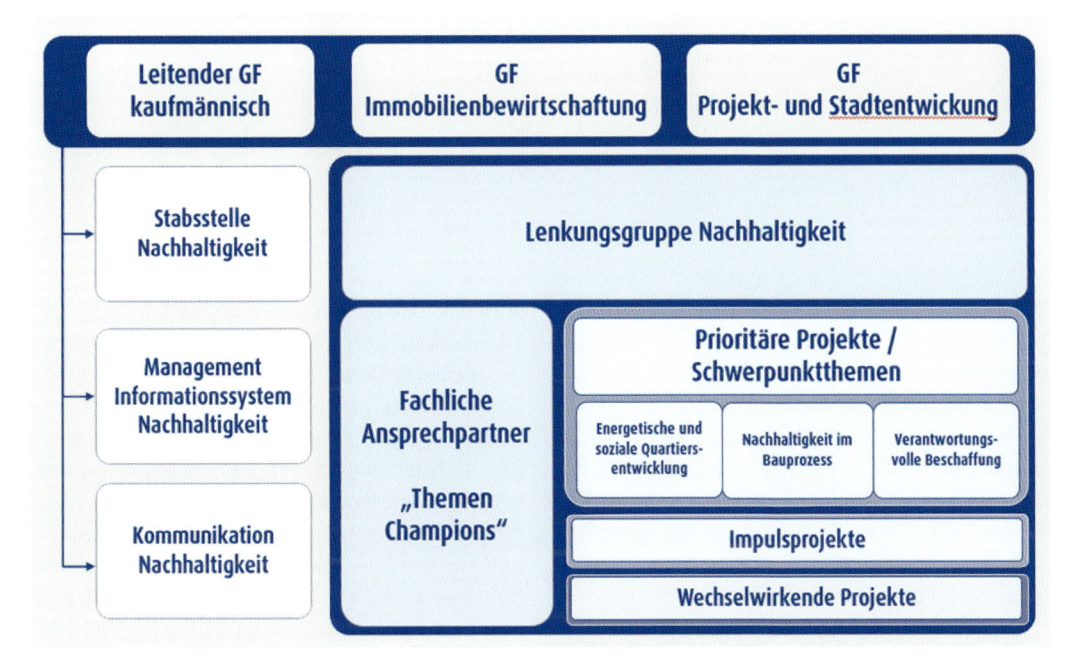

**Bild 2**
Das Nachhaltigkeitsmanagementsystem der Unternehmensgruppe strukturiert den Nachhaltigkeitsprozess.
[© UGNHWS]

sung übertragen. Es werden hierzu rund 450 Kennzahlen zu circa 170 Indikatoren verdichtet, die zentral zur Einsicht und zum aktiven, kennzahlenbasierten Management zur Verfügung stehen. Die Rückmeldungen der Anwender zeigen, dass sich die vielfältigen Auswertungsmöglichkeiten und die Bedienerfreundlichkeit bewähren.

Drei wesentliche Handlungsbereiche zur Weiterentwicklung der Unternehmensgruppe wurden auf der Basis der Ergebnisse der Bestandsaufnahme und Wesentlichkeitsanalyse identifiziert, an denen seitdem und in den nächsten Jahren intensiv gearbeitet wird: Erstens die energetische und soziale Quartiersentwicklung, zweitens die Integration von Nachhaltigkeitsaspekten in den Bauprozess und -betrieb und drittens die verantwortungsvolle Beschaffung. Für jeden der drei Handlungsbereiche wurde ein Schwerpunktprojekt im Unternehmen aufgesetzt. Hierzu werden in fachübergreifenden Arbeitsgruppen Konzepte zur Umsetzung der strategischen Ziele entwickelt. Die Umsetzung erfolgt seit 2014 sukzessive mit einer langfristigen Zielperspektive.

Im Mittelpunkt steht dabei für die Unternehmensgruppe als langfristiger Bestandshalter und als Stadt- und Projektentwickler die nachhaltige Quartiersentwicklung. Mit einer Kapitalerhöhung durch das Land Hessen und dem damit verbundenen Ziel des Neubaus von 4.900 zusätzlichen Wohnungen bis 2022 rückt auch die Schaffung von neuem Wohnraum als Schwerpunkttätigkeit in den Fokus. Ziel ist es, aktiv der Wohnungsknappheit in der Metropolregion Rhein-Main entgegen zu wirken. Eine Milliarde Euro wird die Unternehmensgruppe in den nächsten fünf Jahren in den Wohnungsneubau investieren. Dabei sollen 3.800 Mietwohnungen und 1.100 Eigentumswohnungen entstehen, davon mindestens 30 % als geförderter Wohnungsbau. Allerdings steht man auch vor der Herausforderung, für dieses Bauvolumen die entsprechenden Flächen zu finden.

### Soziale und energetische Quartiersentwicklung

Als öffentliches Wohnungsunternehmen, aber auch als Wohnungswirtschaft als Ganzes hat man die Verantwortung, nicht nur bezahlbaren sondern auch energieeffizienten, gesunden und generationengerechten Wohnraum für breite Schichten der Bevölkerung bereit zu stellen. Um dies zu gewährleisten, müssen die Wohnquartiere an zukünftige Bedürfnisse angepasst werden. Innerhalb und außerhalb bestehender Siedlungen muss neuer Wohnraum in den Ballungsgebieten geschaffen werden, und zwar im Sinne einer integrierten Stadtentwicklung. Der ländliche Raum braucht eine Perspektive, um dem grundgesetzlich verankerten Gleichheitsgrundsatz aus technischer und finanzieller Sicht sowohl in stark schrumpfende Regionen als auch in den prosperierenden Metropolregionen und Städten gerecht zu werden. Eine der wesentlichen Aufgaben stellt dabei neben dem Neubau die Entwicklung von Lösungen zur sozialen und energetischen Quartiersentwicklung im Bestand dar, denn dieser macht den weitaus größten Teil der gebauten Umwelt aus.

Mit einer konservativ gedachten Modernisierung von Einzelgebäuden durch konsequente Dämmung und Einbau effizienter Heiztechnik sind die Klimaschutzziele 2050 allein nicht erreichbar. Mit der energetischen Modernisierung der größtenteils aus den 1950er- und 1960er-Jahren stammenden Bestände verbindet die Unternehmensgruppe deshalb soziale, ökologische und ökonomische Aspekte der Quartiersentwicklung.

Unternehmensgruppe Nassauische Heimstätte/Wohnstadt: Beispiel für zukunftsweisende Orientierung im Wohnungsbau

Knapp 90% des Wohnungsbestands der Unternehmensgruppe stammt aus den Jahren vor 1980 und besteht zu einem großen Teil aus örtlich zusammenhängenden, relativ abgegrenzten Siedlungsstrukturen. Obwohl seit 1990 mehr als die Hälfte dieses Bestands bereits energetisch modernisiert wurde, bleibt es eine große Herausforderung, die Gebäude auf einen zeitgemäßen Stand zu bringen, um das Ziel eines klimaneutralen Gebäudebestands bis 2050 zu erfüllen.

Es zeigt sich, dass dieses Klimaschutzziel kaum mit der Modernisierung von Einzelgebäuden erreichbar ist und wenn, dann nur mit erhöhten Investitionsmitteln, die sich jedoch nicht durch die entsprechenden Mietsteigerungen gegenfinanzieren lassen. Hintergrund dafür ist die Tatsache, dass Mieterhöhungen, die nicht durch niedrigere Betriebskosten kompensiert werden, für das vorhandene Mieterklientel in der Regel nicht oder nur schwer verkraftbar sind. Entsprechend ist es Teil des Sozialbeitrags der Unternehmensgruppe, dass in der Regel nur ein Teil der umlagefähigen Kosten tatsächlich umgelegt werden. Somit ist es das Ziel, das zur Verfügung stehende Budget zur Bestandsentwicklung mit dem größtmöglichen Nutzen für die Mieter, für die Umwelt und für die Unternehmensgruppe einzusetzen.

Auf der Basis der langjährigen Erfahrung in der Immobilienbewirtschaftung, der Projektentwicklung und der Stadtentwicklung wurde 2015 ein fundierter Leitfaden für die energetische und soziale Quartiersentwicklung erstellt, der kontinuierlich weiterentwickelt wird. Der Bestand wird seit 2014 nach Quartieren erfasst und priorisiert.

### Beispiel Frankfurt Niederrad für ein gelungenes Quartierskonzept

Die ersten vier Pilotprojekte mit zusammen 1.438 Wohnungen wurden 2015 erfolgreich auf den Weg gebracht. Weitere vier Quartiere mit 963 Wohnungen sind seit 2016 in Bearbeitung. Im gesamten Wohnungsbestand wurden 2016 169 Quartiere abgegrenzt. Neben den in Bearbeitung befindlichen Quartiersentwicklungen sind weitere 31 priorisiert worden. Dafür wurde ein Instrumentenkoffer mit Checklisten und ein strukturierter Beurteilungsprozess entwickelt. Infrage kommende Quartiersentwicklungen werden im Hinblick auf ihr spezifisches Potenzial geprüft. Ist eine Erweiterung der Wohnfläche in Form eines ergänzenden Neubaus oder einer Gebäudeaufstockung möglich? Ist eine Mischung von verschiedenen Preissegmenten und/oder Eigentum im Quartier sinnvoll? Gibt es Möglichkeiten, verschiedene Wohnformen, z.B. für ältere Menschen, Alleinerziehende oder Menschen mit einer Beeinträchtigung, zu etablieren? Ist das Quartier für die Umsetzung eines Mobilitätskonzeptes geeignet und inwiefern kann die Biodiversität durch die Gestaltung der Außenanlagen gefördert werden?

In der Folge wird ein Energiekonzept entwickelt. Dafür werden die Voraussetzungen zur Nutzung von regenerativen Energiequellen, die Möglichkeiten einer Energieversorgung durch die Anbindung an Nah- oder Fernwärmenetze oder der Einsatz intelligenter Technologie wie Kraft-Wärme-Kopplung ermittelt. Die baulichen und anlagentechnischen Bestandteile werden auf einen energetisch optimierten Stand gebracht. Dazu gehören das Nachrüsten der Wärmedämmung, eine 3-fach-Verglasung, eine Heizung mit Brennwerttechnik, soweit keine der vorgenannten Energieversorgungen möglich sind, und eine kontrollierte Wohnungsabluft bei Badmodernisierungen als Mindeststandard. Ziel ist der Aufbau lokaler Versorgungsnetze, effizient gekoppelter Strom- und Wärmeerzeugung und die vermehrte Nutzung erneuerbarer Energien.

Obwohl zu Beginn höhere Planungskosten anfallen, hat sich gezeigt, dass sich diese durch den quartiersübergreifenden Ansatz schnell amortisieren und sich wirtschaftliche und ökologische Synergieeffekte ergeben. Voraussetzung dafür ist eine vorausschauende zeitliche Planung und die Verzahnung der baulichen Maßnahmen für eine optimierte Beschaffung.

Ein Beispiel ist die ganzheitliche Modernisierung der Adolf-Miersch-Siedlung in Frankfurt am Main, die 486 Wohnungen der Nassauischen Heimstätte aus den 1950er-Jahren umfasst. Circa 30 Millionen Euro investiert das Unternehmen in deren Modernisierung. Wärmedämmung für die Fassaden sowie Dämmung des Dachbodens und der Kellerdecken, neue Balkone und Leitungssysteme sind zentrale Elemente der umfassenden Modernisierung. Eine Steigerung des Wohnkomforts wird mit der Effizienzsteigerung und dem

Einsparen von Energie kombiniert. Eine fernablesbare Verbrauchserfassung und eine kontrollierte Wohnungslüftung gehören zum Maßnahmenportfolio.

Die Nassauische Heimstätte investierte weitere rund 7,9 Millionen Euro in Passivhausanbauten, als Ergänzungen zweier Wohnblöcke im Bestand. Mit dem Konzept der Bestandsergänzung kann der im Ballungsgebiet dringend benötigte zusätzliche Wohnraum bei gleichzeitig möglichst geringem Flächenverbrauch realisiert werden. Nach eineinhalb Jahren Bauzeit wurden im März 2017 25 attraktive, barrierearme Drei- und Vier-Zimmer-Wohnungen mit einem Mietpreis von 5,50 Euro pro Quadratmeter bezogen.

Als Teil der integrierten Entwicklungsmaßnahme wurden Freiflächen gemeinsam mit den Mietern mit nutzbaren Obst- und Nussbäumen, Beerensträuchern und Kräutern bepflanzt. Nach und nach werden dort Brombeere, Himbeere, Johannisbeere, Holunder und Heidelbeere Früchte tragen. Die Mieter können dort dann unter Anleitung Schnittlauch, Thymian, Borretsch, Lavendel, Melisse, Pfefferminze, Majoran und Rosmarin vor der eigenen Haustüre pflanzen und ernten.

Einen ökologischen Aspekt hat auch eine weitere Neuerung in der Siedlung. Die Nassauische Heimstätte bietet mit einem Carsharing-Anbieter eine attraktive Alternative zur traditionellen Nutzung des Autos an und stellt entsprechend Parkplätze für Carsharing-Angebote auf privatem Grund zur Verfügung. Im Gegenzug erhalten die Mieter Sonderkonditionen bei der Nutzung des Sharing-Systems. Darüber hinaus stärken gemeinsame Aktivitäten und haushaltsnahe Dienstleistungen die Nachbarschaft einer zunehmend älter werdenden Mieterschaft.

### Nachhaltigkeit im Bauprozess und Betrieb

Der Neubau von bezahlbarem und qualitätsvollem Wohnraum in Ballungsgebieten ist eine Herausforderung, zumal Grundstücke nur begrenzt zur Verfügung stehen, die Bodenpreise daher steigen und sich die baulichen Anforderungen hin zu einem nahezu energieneutralen Neubau im Jahr 2021 weiter verschärfen werden. Hinzu kommen potenziell steigende Baukosten, wachsende Anforderungen an qualifizierte Fachleute und begrenzte Kapazitäten auf Seiten der ausführenden Unternehmen. Das gilt auch für die Modernisierung des Wohnungsbestandes mit dem Ziel, einen klimaneutralen Bestand bis 2050 zu erreichen.

Um sich fit für die Zukunft zu machen, sind die ganzheitliche Betrachtung und die integrierte Planung im Bauprozess und im Betrieb Schlüsselthemen für die Unternehmensgruppe und eng mit den beiden anderen Schwerpunktprojekten verzahnt. Ein Quartier lässt sich nur nachhaltig entwickeln, wenn die dafür notwendigen Bauprozesse bzw. der laufende Betrieb nachhaltig ausgestaltet sind. Gleiches gilt für die verantwortliche Beschaffung. Um die Nachhaltigkeitsstrategie in den Kernbereichen zu implementieren und die Bauprozesse und den Betrieb nachhaltig auszugestalten, wurde im vierten Quartal 2015 das Schwerpunktprojekt Nachhaltigkeit im Bauprozess und Betrieb „ausgerollt". Begonnen hat das umfangreiche Projekt mit der grundlegenden Überarbeitung und Vereinheitlichung der Standardbaubeschreibungen für den Neubau und die Modernisierung zu einem übergreifenden Standard, die zum Ende 2017 abgeschlossen wurde. Damit werden verbindliche Grundlagen für alle Projektbeteiligten geschaffen und der Standardisierungsgrad in Planung, Bau, Betrieb und Beschaffung angehoben. Ziel sind konzernweit ein-

**Bild 3**
In der Adolf-Miersch-Siedlung in Frankfurt am Main hat die Nassauische Heimstätte zusammen mit den Mietern eine essbare Bepflanzung in den Freiflächen angelegt. Diese „essbare Siedlung" ist Teil der nachhaltigen Quartiersentwicklung.
[Foto: © UGNHWS/ Thomas Rohnke]

**Bild 4**
In der Frankfurter Riedbergwelle sind 160 Mietwohnungen in Passivhaus-Bauweise entstanden. Über 80 Prozent der Wohnungen sind gefördert und somit auch für den kleinen Geldbeutel erschwinglich. [Foto: © UGNHWS/Lisa Farkas]

heitliche Qualitäten und die Sicherstellung eines wiedererkennbaren unternehmensweiten Erscheinungsbildes im Bestand und im Neubau. Dafür wurden neben der technischen und wirtschaftlichen Betrachtung alle wesentlichen ökologischen und soziokulturellen Aspekte auf ihre Relevanz hin geprüft und in ihrer Bedeutung und Auswirkung gewichtet.

Darauf aufbauend wurden dann diese Aspekte auf Bauteilebene betrachtet und erste Vorschläge erarbeitet und daraufhin geprüft, inwiefern sie in die Standardbaubeschreibung integriert werden können beziehungsweise inwiefern weitergehende Betrachtungen notwendig erscheinen. Erkannt wurde in dem Prozess, dass aufgrund der jahrelangen Erfahrung die Lebenszykluskosten auf Bauteilebene schon weitgehend optimiert sind, auf Gebäudeebene allerdings weiter geprüft werden müssen, der Schallschutz durchgehend Berücksichtigung findet und die Barrierefreiheit umfassend definiert ist. Die konkrete und priorisierte Prüfung der Bauteile und Materialien unter Berücksichtigung ökologischer und sozialer Standards wird in den Folgejahren sukzessive erfolgen.

Die Errichtung und der Betrieb von Gebäuden verbrauchen in erheblichem Maße Ressourcen und Energie, Immobilien binden langfristig Kapital und werden über lange Zeiträume genutzt. Hinzu kommt der Aufwand für Rückbau und Recycling. Daher kann erst die Betrachtung über den gesamten Lebenszyklus „von der Wiege bis zur Bahre" Aufschluss über den Nutzen und die Wirkung und damit die tatsächliche Qualität eines Gebäudes geben.

Dafür müssen die unterschiedlichen wirtschaftlichen, sozialen und ökologischen Aspekte auf ihre Effizienz und Zusammenwirkung hin analysiert, bewertet und optimiert werden. Ziel ist es, Gebäude mit hoher Qualität mit möglichst geringen Auswirkungen auf die Umwelt zu optimierten Kosten zu errichten und zu betreiben.

Die Maßstäbe der Beurteilung bzw. Bewertung müssen daher die Aspekte Rohstoffgewinnung, Produktherstellung, Errichtung, Nutzung, Instandhaltung, Modernisierung, Rückbau, Recycling und Entsorgung berücksichtigen.

Um die gewonnene Expertise dann auch praktisch anzuwenden, werden bei zwei kommenden Bauprojekten jeweils eines nach dem DGNB- und eines nach dem NaWoh-Standard optimiert. Dies dient der Weiterentwicklung der Anforderungen und Prozesse zur Fortentwicklung des unternehmenseinheitlichen Standards.

Im Themenfeld energieeffizientes Bauen verfügt die Unternehmensgruppe bereits über umfangreiche Erkenntnisse aus den Passivhaus-Neubauten „Riedbergwelle" oder den Anbauten in der Adolf-Miersch-Siedlung. Auch aus der wissenschaftlich begleiteten Inbetriebnahme des „EnergieHausPLUS" auf dem Frankfurter Riedberg, einem der ersten Mehrgeschosswohnungsbauten weltweit, das mehr Energie erzeugt, als es verbraucht, gewinnt die Unternehmensgruppe Erfahrungen in Betrieb und Bewirtschaftung eines technisch innovativen und anspruchsvollen Gebäudes.

Im Jahresdurchschnitt der im Kalenderjahr 2016 durchgeführten Modernisierungen erreichte die Unternehmensgruppe einen Primärenergiebedarf von 76 kWh/m²a nach Fertigstellung der Modernisierungsmaßnahmen. Dies nähert sich dem Bundesdurchschnitt der Neubauten nach der Energieeinsparverordnung EnEV 2014 (vor dem 01.01.2016) von circa 67 kWh/m²a. Bei der Vollmodernisierung wird ein bauliches Niveau angestrebt, das ein erneutes „Anfassen" der Hülle die nächsten 30 Jahre nicht benötigt, sodass weitere Energieoptimierungen dann idealerweise nur noch lebenszyklusbedingt an der Haustechnik erfolgen. Dieser langfristige Ansatz führt aber trotz erheblicher Investitionen in die Bestände zu einem Sinken der Modernisierungsrate, da dadurch die Investitionen konzentriert werden.

Um parallel die Modernisierungsrate steigern zu können, ist allerdings finanzielle Unterstützung von außen erforderlich.

Wie das Darmstädter Institut für Wohnen und Umwelt (IWU 2016) ermittelt hat, benötigt Hessen bis 2040 rund 517.000 neue Wohnungen, davon über 80 % in Südhessen. Als Gesellschaft stehen wir vor der Herausforderung, in den Metropolregionen neuen bezahlbaren Wohnraum zu schaffen – im Spannungsfeld hoher Grundstückskosten im Rahmen einer innerstädtischen Entwicklung einerseits und den Nachteilen des Landverbrauchs auf der „Grünen Wiese" andererseits. Zudem fehlt es vor allem an baureifen Grundstücken und es mangelt vielen Kommunen an finanziellen und personellen Ressourcen für die Flächenentwicklung. Hier setzt aktuell die Bauland-Offensive des Landes Hessen an, an der die Unternehmensgruppe maßgeblich beteiligt ist. Die Initiative unterstützt Kommunen bei der Mobilisierung von Flächen für bezahlbaren Wohnraum. Insbesondere geht es um die Aktivierung der Potenziale bisher mindergenutzter oder brachgefallener Flächen. Ziel ist es, den Kommunen wirtschaftlich tragfähige Nachnutzungsstrategien aufzuzeigen, sie bei der Aufstellung einer Bauleitplanung und bei der Entwicklung und Vermarktung baureifer Grundstücke zu unterstützen, um so der Knappheit an verfügbarem Bauland entgegen zu wirken.

### Verantwortungsvolle Beschaffung

Die Unternehmensgruppe ist sich ihrer ganzheitlichen Verantwortung über die gesamte Wertschöpfungskette der betrieblichen Tätigkeit bewusst. Die verantwortungsvolle Beschaffung mit ihrer weitreichenden Auswirkung auf die vorgelagerte Lieferkette stellt einen komplexen Handlungsstrang mit weitreichenden internen Prozessveränderungen dar.

Als Unternehmen hat sich die Gruppe verpflichtet, beim Einkauf neben Wirtschaftlichkeit und Qualität insbesondere darauf zu achten, dass eine ökologische Verträglichkeit und die Sozialstandards bei der Herstellung von Produkten oder der Erbringung von Leistungen berücksichtigt werden.

Als großes deutsches Wohnungsunternehmen bestellt und beauftragt die Unternehmensgruppe Waren und Dienstleistungen in Höhe von über 350 Millionen Euro pro Jahr. Sie wird in den nächsten Jahren rund eine Milliarde Euro in den Neubau sowie weiterhin über 500 Millionen Euro in die Modernisierung und Instandhaltung des Bestandes investieren.

Damit einher geht auch eine hohe Verantwortung, denn viele der oft globalen Lieferketten sind unübersichtlich und intransparent. Die Wirkung von Produkten ist zum Teil nur unzureichend bekannt. Dies beinhaltet die Gefahr, dass Umweltbelastungen, schlechte Arbeitsbedingungen oder Korruption und Bestechung in vor- oder nachgelagerten Bereichen sich für die Unternehmensgruppe zu konkreten Geschäftsrisiken entwickeln können.

Der Bezug von Waren oder Dienstleistungen von Lieferanten, die sich nicht an Nachhaltigkeitsstandards halten, stellt grundsätzlich ein Risiko für die Leistungsfähigkeit, die Reputation und das Verhältnis zu den Anspruchsgruppen der Unternehmensgruppe dar.

Erste Schritte in Richtung eines strukturierten, verantwortungsbewussten Einkaufs hatte die Unternehmensgruppe bereits in 2015 eingeleitet. Mit zwei Pilotprojekten wurde die bisherige Praxis für die Bereiche Zentrale Dienste und Immobilienbewirtschaftung/Projektentwicklung zunächst gründlich analysiert. Daraufhin erarbeiteten die Projektteams Kriterienkataloge, die ökologische, ökonomische und sozialverträgliche Aspekte in die tägliche Praxis integrieren. In den Verantwortungsbereich der Zentralen Dienste fallen unter anderem Büromaterial, Fuhrpark und technisches Gerät. Auf diese Felder zielt auch eine mit der Landesregierung 2016 abgeschlossene Zielvereinbarung zur nachhaltigen Beschaffung ab. Um die einkaufsrelevanten Aufgaben konzernweit zu bündeln, wurde zum 1. Oktober 2016 ein zentrales Kompetenzcenter „Einkauf & Vertragsmanagement" eingerichtet und in Folge einheitliche Verhaltensgrundsätze

## BAULANDOFFENSIVE HESSEN
### EINE TOCHTER DER UNTERNEHMENSGRUPPE NASSAUISCHE HEIMSTÄTTE | WOHNSTADT

**Bild 5**
Mit der Bauland-Offensive Hessen hat die Landesregierung ein Instrument geschaffen, um dringend benötigte Baugrundstücke verfügbar zu machen.

für einkaufsbezogene Handlungen und den Umgang mit Lieferanten festgelegt.

Dabei wurden unter Einbezug aller an den Einkaufsprozessen beteiligten Bereiche ein Leitbild und eine Strategie für die Beschaffung entwickelt. Es wurden insgesamt zehn wesentliche Punkte als Handlungsmaxime definiert, die als gleichrangige, im Einklang miteinander stehende Komponenten zu verstehen und zu behandeln sind. Die Wirtschaftlichkeit ist das zentrale Element des Einkaufsleitbildes und steht für das vorrangige Ziel einer zuverlässigen und termintreuen Beschaffung.

Ein erstes Ergebnis: Die Nassauische Heimstätte stellt die Energieversorgung in den Siedlungen zielstrebig auf Ökostrom und klimaneutralisiertes Erdgas um. So bezieht die Unternehmensgruppe zu fast 100% des Allgemeinstroms für Immobilien Ökostrom. Darüber hinaus bezieht das Unternehmen in Frankfurt, Wiesbaden, Hanau, Dreieich und Langen klimaneutralisiertes Erdgas für fast 13.000 zentral beheizte Wohneinheiten.

Nachhaltiger Einkauf ist ein sehr komplexes Thema. Schon im Bereich Ökologie müssen etwa Klimaschutz, Ressourcenschonung und Recyclingfähigkeit berücksichtigt werden. Darüber hinaus sind Qualität, Versorgungssicherheit und natürlich die Kosten wichtige Kriterien, aber auch Regionalität, die Einhaltung von Regeln und Gesetzen und nicht zuletzt soziale Verträglichkeit. Zu letzterer gehören beispielsweise Mindestlöhne sowie Kunden- und Mitarbeiterzufriedenheit.

Im nächsten Schritt wird eine Konzeption entwickelt, die für das gesamte Einkaufswesen definiert, was Nachhaltigkeit im Detail bedeutet, gefolgt von der Umsetzung. Die komplette Beschaffung, vom Bleistift über Fahrzeuge bis hin zu Bauleistungen wird dann nach Warengruppen aufgeteilt. Außerdem werden auch jeweils umfassende und differenzierte Kriterienkataloge für nachhaltiges Einkaufen ausgearbeitet.

Die Herausforderung dabei ist, dass das Qualitätsmanagement trotz mehr und mehr vorhandener Produktdeklarationen und -zertifikaten nicht einfacher geworden ist, da die verschiedenen Labels zum Teil für unterschiedliche Aspekte der Nachhaltigkeit stehen und eine entsprechende Abwägung erfolgen muss.

Eine besondere Herausforderung stellt die Überprüfbarkeit dar: Während bei Produkten durch Zertifikate und Qualitätslabels bereits eine gewisse Sicherheit im ökologischen Bereich herrscht, ist die Bewertung von sozialen Standards – zum Beispiel auf einer Baustelle – schon deutlich schwieriger.

### Fazit

Dem Gesellschafterauftrag einer sicheren und sozial verantwortbaren Wohnungsversorgung der breiten Schichten der Bevölkerung kommt in Zeiten eines einerseits weiter steigenden Bedarfs in den Ballungsgebieten und andererseits begrenztem Angebot mit entsprechendem Mietpreisanstieg eine besondere Bedeutung zu. Die Herausforderungen, denen wir in diesem Zusammenhang begegnen, sind vielfältig und komplex. Sie ergeben sich im Wesentlichen aus den Folgen des demografischen und wirtschaftsstrukturellen Wandels, des Klimawandels, des Rückgangs der Biodiversität und der gesellschaftlichen beziehungsweise sozialen Veränderungen in unseren Städten.

Darauf hat sich die Unternehmensgruppe mit ihrer Strategie eingestellt und nimmt damit eine Vorreiterrolle ein. Mit den in den drei wesentlichen Handlungsbereichen „Soziale und energetische Quartiersentwicklung", „Nachhaltigkeit im Bauprozess" und „Verantwortliche Beschaffung" gebündelten Maßnahmen wurden die Grundlagen für eine nachhaltige Unternehmensentwicklung gelegt, die es weiter zu verfolgen gilt.

Herausfordernd ist dabei, das erforderliche Know-how zu entwickeln bzw. vorzuhalten und die entsprechenden unternehmerischen Kennzahlen zu ermitteln. Denn was man nicht misst, kann man auch nicht lenken .Der regelmäßige und kontinuierliche Dialog mit allen Anspruchsgruppen und vor allem mit den Mitarbeitern, um diese auf dem Weg mitzunehmen, ist die Grundlage dafür, die wesentlichen Aspekte vorrangig zu bearbeiten.

### Literatur

IWU (2016): Der Wohnraumbedarf in Hessen nach ausgewählten Zielgruppen und Wohnformen. Darmstadt, 52 S.

**Nassauische Heimstätte**
**Wohnungs- und Entwicklungsgesellschaft mbH**
Schaumainkai 47
D-60596 Frankfurt am Main

Tel.: 069 6069-0
Fax: 069 6069-300
Email: post@naheimst.de
URL: www.naheimst.de

**Wohnstadt**
**Stadtentwicklungs- und Wohnungsbau-**
**gesellschaft Hessen mbH**
Wolfsschlucht 18
D-34117 Kassel

Tel.: 0561 1001-0
Fax: 0561 1001-1200
Email: mail@wohnstadt.de
URL: www.wohnstadt.de

Thomas.Hain@naheimst.de
felix.lueter@naheimst.de

**RKDS Partners**
**Dr. Sebastian Reich**
Am Steinberg 17
D-63128 Dietzenbach

Tel.: +49 176 921 900 81
sebastian.reich@rkds-partners.com
URL: www.rkds-partners.com

**Unternehmensgruppe Nassauische Heimstätte/Wohnstadt**

Die Unternehmensgruppe Nassauische Heimstätte/Wohnstadt mit Sitz in Frankfurt am Main und Kassel bietet seit 95 Jahren umfassende Dienstleistungen in den Bereichen Wohnen, Bauen und Entwickeln. Sie beschäftigt rund 730 Mitarbeiter. Mit rund 60.000 Mietwohnungen in 140 Städten und Gemeinden gehört sie zu den zehn führenden deutschen Wohnungsunternehmen. Der Wohnungsbestand wird aktuell von rund 260 Mitarbeitern in vier Regionalcentern betreut, die in 13 Service-Center untergliedert sind. Unter der Marke „ProjektStadt" werden Kompetenzfelder gebündelt, um nachhaltige Stadtentwicklungsaufgaben durchzuführen. Bis 2021 sind Investitionen von rund 1,5 Milliarden Euro in den Neubau von Wohnungen und den Bestand geplant. 4.900 zusätzliche Wohnungen sollen so in den nächsten fünf Jahren entstehen.

**Sebastian Reich Consult GmbH – RKDS Partners**

Mit über 25 Jahre Erfahrung in der Beratung von Unternehmen, Investoren und Organisationen im technischen, umweltbezogenen und soziokulturellen Kontext gründete Dr. Sebastian Reich 2013 das Beratungsunternehmen und das Netzwerk RKDS Partners mit Experten aus der Immobilienwirtschaft, dem Finanzbereich und der Kommunikation. Fokus ist der ganzheitliche und kooperative Entwicklungsprozess und die fundierte CSR/ESG-Berichterstattung, von der ersten Datenerhebung bis zur authentischen Kommunikation der Ergebnisse. Dies umfasst die Entwicklung, Bewertung und Umsetzung von Strategien, Programmen und Maßnahmen im Rahmen der Organisationsentwicklung, dem Asset Management, bei Transaktionen und in der Projekt- und Produktentwicklungen.
RKDS hat den Strategieprozess der Unternehmensgruppe Nassauischen Heimstätte Wohnstadt seit 2014 begleitet und die Berichterstattung nach den Standards der Global Reporting Initiative realisiert.

# Reise in eine klimaschonende Zukunft – Energiewende im Wärmemarkt

Jörg Schmidt | Viessmann Werke GmbH & Co. KG

Michael Wagner | Viessmann Werke GmbH & Co. KG

Die Digitalisierung schreitet voran. Strom, Wärme und Mobilität wachsen zusammen. Hybridheizungen und neue Formen der Energiespeicherung werden zum Gelingen der Energiewende einen wesentlichen Beitrag leisten.

Die Energiewende und die Digitalisierung gelten als die größten technischen Herausforderungen der Gegenwart. Beide sind eng miteinander verbunden, denn für das Gelingen der Energiewende ist die Digitalisierung eine unabdingbare Voraussetzung. Die Digitalisierung hilft nicht nur die Effizienz von Energiesystemen zu steigern, sondern ermöglicht auch deren Vernetzung und damit die Sektorkopplung von Wärme, Strom und Mobilität. Damit wird Strom zum dominanten Energieträger.

## Von der bedarfsgerechten Erzeugung zum erzeugungsabhängigen Verbrauch

Um die Volatilität der regenerativen Energieträger ausgleichen zu können, muss die Stromversorgung sich wandeln – von der bedarfsgesteuerten Erzeugung hin zum erzeugungsabhängigen Verbrauch. Dafür sind sowohl kommunikationsfähige Stromnetze erforderlich (Smart Grids), als auch intelligente vernetzte Systeme auf der Seite der Nutzer, die in Zukunft nicht nur als Verbraucher, sondern auch als dezentrale Energieerzeuger aktiv am Energiemarkt teilnehmen können.

## Digitalisierung im Wärmemarkt – Heizungen werden update-fähig

Was bedeutet die Digitalisierung der Heizung in der Praxis: Der Handwerker kann durch einfache Plug-and-Play-Funktion die neu installierte Heizungsanlage über WLAN mit dem Internet verbinden. So wird der Anlagenbetreiber in die Lage versetzt, jederzeit Temperaturen oder individuelle Heizzeiten mit dem Smartphone einzustellen, auch wenn er im Urlaub oder auf Reisen ist. Auf der anderen Seite erhält der Fachhandwerker die Möglichkeit, auf die Daten zuzugreifen und zum Beispiel Wartungsfristen abzulesen oder Fehler zu erkennen, bevor es zu Komforteinbußen für den Kunden kommt. Am Ende dieser Entwicklung werden Wärmeerzeuger update-fähig sein: Der Hersteller spielt die neue Software über das Internet auf die Geräte.

Dabei verliert die Hardware an Bedeutung. Anstelle von Wärmeerzeugern tritt die Erhöhung von Komfort und Sicherheit in den Vordergrund sowie die effiziente Energienutzung und ggf. -erzeugung im Smart Home. Bis zur Mitte des Jahrhunderts wird der Energiebedarf im Wesentlichen durch die volatilen Energiequellen Wind und Sonne gedeckt werden. Das bedeutet grundlegende Veränderungen: Die Energieeffizienz muss noch erheblich gesteigert, die Verbrauchssektoren müssen gekoppelt, und nicht zuletzt

**Bild 1**
Mit der ViCare-App kann die Heizung gesteuert werden. [Foto: © Viessmann Werke GmbH & Co. KG]

müssen Übertragungs- und Verteilnetze sowie Speicherkapazitäten ausgebaut werden.

### 80 Prozent der erneuerbaren Energien werden langfristig volatil sein

Sollen die politischen Ziele – unter anderem 80 Prozent Stromerzeugung aus erneuerbaren Energien im Jahre 2050 – erreicht werden, bedeutet das, dass der Kraftwerkspark, Wind und Sonne eingerechnet, etwa das Fünffache der Leistung bereitzustellen hat, die maximal benötigt wird. Mit dem Effekt, dass die größte Zahl der (fossilen) Reservekraftwerke die meiste Zeit ungenutzt bleibt und dennoch hohe Kosten verursacht. Deshalb werden Technologien benötigt, die – wenn Wind und Sonne kräftig liefern – den überschüssigen Strom nutzbar machen können, aber nicht dazu beitragen, dass für die kälteste Winternacht ohne Wind noch in großer Zahl Kraftwerke bereitgehalten werden müssen. Die technischen Lösungen für dieses Problem sind vorhanden. Sie bedeuten in letzter Konsequenz, dass der Wärmemarkt im neuen Energiesystem derjenige Sektor sein wird, der die Energiewende zum Erfolg bringt.

Eine der Arbeitshypothesen, mit denen die Techniker diesem Problem zu Leibe rückten, war die (zur Realität gewordene) Prognose, dass Strom aus Wind und Sonne billiger ist als Strom aus nicht erneuerbaren Energieträgern. Die zweite Prämisse: Der fossile, klimaschädliches $CO_2$ ausstoßende Kraftwerkspark muss verkleinert, erneuerbare Energien müssen in immer größerem Umfang genutzt werden. Die Antwort lautet: hocheffiziente Technik im Heizungskeller – ob als Wärmepumpe, Pelletkessel oder Brennwertgerät – am besten kombiniert mit Solarthermie zur Einkopplung erneuerbarer Energie.

### Sektorkopplung mit Power-to-Heat und Power-to-Gas

Doch je weiter der Ausbau erneuerbarer Energieerzeuger voranschreitet, umso mehr muss es darum gehen, überschüssigen Strom unabhängig vom Zeitpunkt und vom Ort seiner Erzeugung zu nutzen. Der Wärmemarkt ist für diese Aufgabe bestens geeignet.

Schnellstmöglich müssen zunächst die Effizienzpotenziale im Gebäudebestand durch Sanierung der ineffizienten, alten Wärmeerzeuger und Wärmeübertragungssysteme sowie durch thermische Sanierung der Gebäude gehoben werden. Weitere wesentliche Potenziale zur Senkung der Treibhausgasemissionen können durch die Nutzung erneuerbaren Stroms für Heizzwecke erschlossen werden. Damit werden der Strom- und der Wärmesektor miteinander gekoppelt. Der Strom kann in Elektrowärmepumpen und – im

**Bild 2**
Werden Wärmepumpen wie die Vitocal 300-A mit erneuerbarem Strom betrieben, ist die Wärmeversorgung des Hauses $CO_2$-neutral. [Foto: © Viessmann Werke GmbH & Co. KG]

Sinne optimaler Effizienz begrenzt – über Elektro-Direkt-Heizer unmittelbar zur Wärmeerzeugung genutzt werden (Power-to-Heat).

Eine weitere Möglichkeit der Kopplung von Strom- und Wärmesektor besteht darin, elektrische Energie aus überschüssigem erneuerbarem Strom bei fehlendem Wärmebedarf im Sommer über Elektrolyse in Wasserstoff und nachfolgend zu Methan umzuwandeln (Power-to-Gas) und im Erdgasnetz zu speichern. Diese Energie steht dann zum Heizen, zur Erzeugung von Prozesswärme, zur Nutzung in Erdgasfahrzeugen und als Chemie-Rohstoff zur Verfügung.

Die Volatilität der erneuerbaren Energien wird zwangsläufig dazu führen, dass Strom zu manchen Zeiten teurer, zu anderen besonders billig angeboten wird. Es ist damit zu rechnen, dass dieser Effekt irgendwann auch bei den Verbrauchern ankommt. Dann kann man sich auch vorstellen, dass Akkus, die mit preiswertem Strom aus dem Netz aufgeladen werden, ihn wieder abgeben, wenn er teuer ist. Die Preise für Lithium-Ionen-Zellen sinken kräftig.

Die Heizungstechnik bietet unterdessen weitere und vielversprechendere Lösungen, überschüssigen Strom zu speichern. Eine Berechnung hat gezeigt: Wenn allein die in deutschen Heizungskellern vorhandenen Warmwasserspeicher mit einem Elektroheizstab ausgerüstet würden, könnte man 10 Gigawattstunden Energie pro Tag unterbringen – das entspricht dem Jahresverbrauch eines mittleren Industriebetriebes. Dies bestätigt das immense Potenzial zur flexiblen Stromnutzung, das im Wärmemarkt steckt. Diese und ähnliche Formen der Umwandlung von Strom in Wärme, „Power-to-Heat" genannt, sind in der Realität angekommen – sie können auf Gebäudeebene, in Nahwärmenetzen oder in städtischen Fernwärmenetzen eingesetzt werden. Stadtwerke speichern grüne Energie nach diesem Prinzip, Passivhäuser werden um überdimensionale, -zig Meter hohe Warmwasserspeicher herumgebaut – sicher keine Standardlösung für Häuslebauer.

Das Power-to-Heat-Verfahren gleicht als Speicherinstrument in erster Linie kurzzeitige Ungleichgewichte zwischen Stromüberangebot und fehlendem Stromverbrauch auf lokaler und regionaler Ebene aus.

### Noch für viele Jahre werden wir mit Gas- und Ölheizungen leben

Eine andere, noch weiterführende Methode, die eine neue Dimension im Energiemanagement eröffnet, ist „Power-to-Gas", die Umwandlung von Strom in ein Gas, das 1:1 dem Erdgas entspricht. Dieses kann unbegrenzt ins öffentliche Netz eingespeist, über lange Perioden gespeichert und über große Entfernungen verteilt werden. Der Bedarf an Hochspannungstrassen könnte dadurch verringert werden. Das Verfahren wäre prädestiniert, besonders die saisonalen Schwankungen der regenerativen Stromerzeugung in hohem Maße auszugleichen.

**Bild 3**
Das Foto zeigt die weltweit erste Power-to-Gas-Anlage, die am Standort Allendorf (Eder) mithilfe eines mikrobiologischen Verfahrens aus überschüssigem Wind- und Sonnenstrom zunächst Wasserstoff und dann mit $CO_2$ aus einer benachbarten Biogasanlage synthetisches Methan herstellt.
[Foto: © Viessmann Werke GmbH & Co. KG]

Mit einer Pilotanlage, bei der überschüssiger Strom mittels Elektrolyse Wasserstoff erzeugt, welcher sodann zu Methan aufbereitet wird, hat Viessmann als erstes Unternehmen weltweit ein biologisches Verfahren zur Erzeugung von synthetischem Methan industriereif umgesetzt. Das $CO_2$, das für die Umwandlung des Wasserstoffs in Methan gebraucht wird, kommt aus der eigenen Biogas-Anlage. Begleitet von den lobenden Worten des hessischen Ministerpräsidenten Volker Bouffier – „Viessmann ist ein starkes Stück Hessen" – wurde die erste Power-to-Gas-Anlage dieser Art 2015 am Unternehmensstammsitz in Allendorf (Eder) eingeweiht.

Die biologische Methanisierung hat gegenüber vergleichbaren Verfahren unter anderem den Vorteil, dass sie extrem schnell reagiert. Man kann die Bakterien sozusagen schlafen legen, dann dreht man die Hähne für Wasserstoff und Biogas auf, und innerhalb von Sekunden produzieren sie einspeisefähiges Erdgas. Es gibt hohe Erwartungen in diese Technik zur langfristigen Speicherung und Nutzung von überschüssiger Wind- und Sonnenenergie.

Alle genannten Verfahren zur Entkopplung von Erzeugung und Verbrauch machen nur Sinn, wenn der verwendete Strom aus erneuerbaren Quellen kommt. Doch noch für viele Jahre werden wir mit Gas- und Ölheizungen leben. Allerdings werden sie in zunehmendem Umfang ergänzt werden durch stromgetriebene Geräte. Deutlich unterscheiden die Zukunftsplaner dabei zwischen Neubau und Sanierung. Im durch Gesetze streng geregelten Neubau nimmt der Wärmebedarf dramatisch ab. Neu errichtete Häuser müssen so gut gedämmt und belüftet sein, dass Elektrowärmepumpen – auch in Verbindung mit PV-Anlagen und hauseigenen Batteriespeichern – den geringen Wärmebedarf wirtschaftlich und weitgehend autark decken können (Nahe-Null-Energie-Haus).

## Hybride Heizsysteme – „das Energiewende-Produkt schlechthin"

Bei der Sanierung von Altbauten indes spielen traditionelle Heiztechniken weiterhin eine wichtige Rolle. Mehrere Jahrzehnte alte, ineffiziente Öl- oder Gasheizungen beheizen noch die Mehrzahl der zumeist unsanierten Bestandsgebäude.

In diesen Sanierungsfällen sind häufig Hybridgeräte, in denen Gas- oder Ölbrennwertkessel in einem System mit einer Elektrowärmepumpe kombiniert werden, eine gute Lösung. Damit können die Geräte je nach Verfügbarkeit überschüssigen erneuerbaren Strom oder speicherbare fossile Energie zur Wärmeerzeugung nutzen.

Die Wärmepumpe deckt den größten Teil der Jahresheizarbeit ab. Erst bei sehr niedrigen Außentemperaturen oder kurzzeitigem Spitzenlastbedarf schaltet sich das Öl- oder Gas- Brennwertmodul automatisch zu.

Die gleiche Aufgabe wie Elektrowärmepumpen können auch Warmwasserspeicher mit Elektro-Heizeinsätzen erfüllen, deren Wasserinhalt aufgeheizt wird, wenn viel Strom verfügbar ist. Auch die Photovoltaik-Anlage auf dem Dach kann Teil dieses Systems sein. Nur um die geringe Restwärmemenge bereitzustellen – vor allem in der bitterkalten Winternacht –, muss dann der Gas- oder Ölbrenner noch Wärme liefern. Das bedeutet, dass eine Tankfüllung womöglich für mehrere Jahre reicht und die Gasrechnung entsprechend sinkt.

Derlei Hybridgeräte, die wahlweise Öl, Gas, Wind und Sonne nutzen, sind, wie Techniker sagen, „das Energiewende-Produkt schlechthin". Sie können ihre Betriebsweise je nach Wunsch ökologisch oder ökonomisch optimieren. So kann das Wärmepumpenmodul immer dann die Heizarbeit übernehmen, wenn viel erneuerbarer Strom im Netz ist. Voraussetzung sind dynamische Tarife sowie die Übermittlung entsprechender Preissignale durch die Versorger. Über die notwendige digitale Intelligenz verfügen die Geräte bereits.

Umgekehrt könnten Energieversorger auf hybride, digital vernetzte Wärmeerzeuger jederzeit zugreifen, um die Strombewirtschaftung zu optimieren. Unterm Strich hätten Energiekonsumenten davon den Nutzen und könnten selber am Energiemarkt mitspielen. In das Zusammenspiel der Energieträger in einem Haus können auch Photovoltaik- Anlagen eingebunden sein, die dem Wunsch von Verbrauchern Rechnung tragen, mit ihrer Energieversorgung autark zu werden.

Und das rechnet sich auch noch: Hausgemachter Strom ist heute schon selbst mit Speicherung deutlich billiger als Netzstrom. Ingenieure gehen davon aus, dass die Speicherkosten weiterhin deutlich sinken werden. Damit würde der Kostenvorteil für den selbsterzeugten Strom noch einmal deutlich größer. In der Praxis heißt das für den Verbraucher: Ich baue eine PV-Dachanlage mit Stromspeicher und kann mich bis zu etwa 80 Prozent selbst mit Strom versorgen. Hybridgeräte im Heizungskeller sorgen für den täglichen und jahreszeitlichen Ausgleich des wechselnden Energieangebots. Der Wärmemarkt kann mit Abstand der größte Nutzer fluktuierender Energien sein. Denn nur hier lassen sich ohne Komfortverlust erhebliche Energiemengen verschieben.

Dass Strom und Wärme zusammenwachsen, etwa über Kraft-Wärme-Kopplung oder Wärmepumpen, ist bekannt. Ein weiterer Aspekt kommt hinzu: Auch der Verkehrssektor wird Teil des Zusammenspiels in den Energiesystemen der Zukunft. So bahnt sich ein langfristiger Wandel im Bereich der Nutzfahrzeuge an. Die immer größer werdende Flotte der Fernlaster wird nicht auf Dauer mit Benzin und Diesel angetrieben werden, der damit verbundene – das Klima gefährdende – $CO_2$-Ausstoß verbietet das. Ob oberleitungsversorgte LKW auf Autobahnen oder mit Power-to-Gas-erzeugtem synthetischem Methan betriebene Gas-LKW oder mit Wasserstoff betriebene Brennstoffzellen-LKW die zukünftige Lösung für die Nutzung erneuerbaren Stroms im Schwerlastverkehr sind, muss die Zukunft zeigen. Hauptsache, der direkt oder indirekt genutzte Strom ist grün.

### Energiemanagement über alle drei Sektoren hinweg

Nicht nur über synthetisches Methan als Antriebsenergie, sondern auch über Strom wird der Verkehrssektor zum Player in der gleichen Energie-Infrastruktur wie im Wärmemarkt. Mit Zunahme der Elektromobilität hängen erstmals alle drei Sektoren – Strom, Wärme, Mobilität – an den gleichen Energieträgern: Strom auf der einen und synthetisches Methan, erzeugt aus Überschuss-Strom, auf der anderen Seite. Über alle drei Sektoren hinweg wird man langfristig eine Optimierung der Energieträger – sprich: deren höchstmögliche Effizienz – anstreben.

Grünen Strom in den Wärmemarkt zu integrieren, so die Energiewende auf den Wärmemarkt auszudehnen und gleichzeitig durch die sinnvolle Nutzung von regenerativem Überschussstrom die Netze zu entlasten – daran arbeitet bei Viessmann das Projektteam IVES (Integriertes Verbrauchs-, Erzeugungs- und Speichersystem). Die Grundidee des Projektes lässt sich wie folgt beschreiben: Strombasierte Heizgeräte sollen so vernetzt werden, dass sie optimal auf den Zustand des Stromnetzes reagieren und in Zeiten hohen Angebots an regenerativem Strom möglichst viel Wärme produzieren.

**Bild 4**
Vitovalor ist die stromerzeugende Heizung auf Basis einer Brennstoffzelle. [Foto: © Viessmann Werke GmbH & Co. KG]

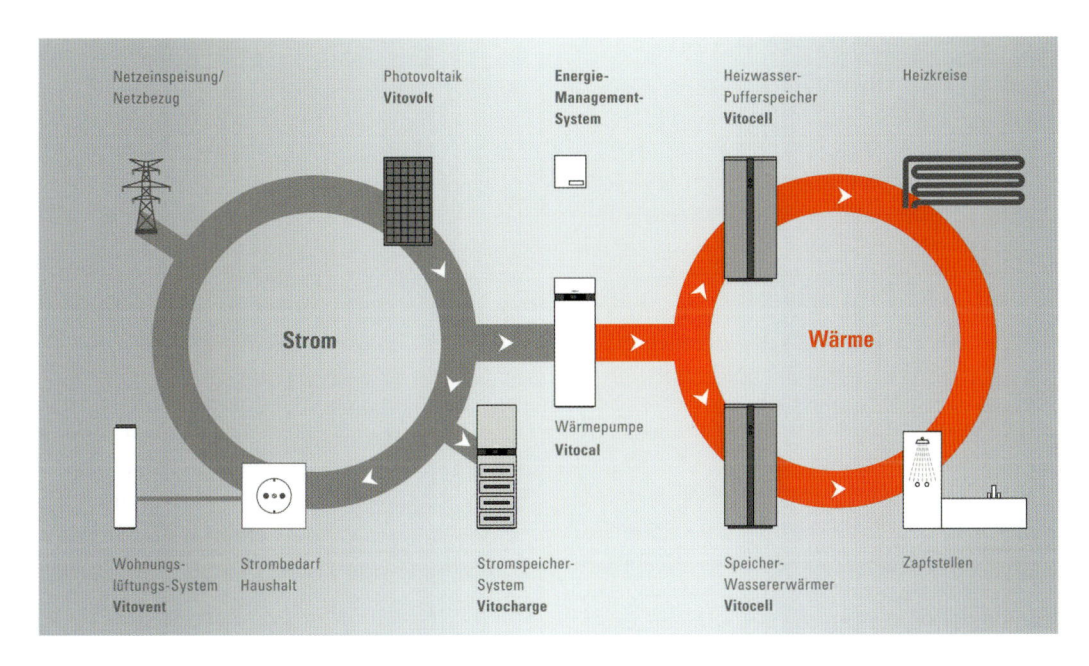

**Bild 5**
Das Schaubild zeigt die Verknüpfung von Energieverbrauchern und -erzeugern mit Viessmann Systemen. [Foto: © Viessmann Werke GmbH & Co. KG]

## Der Marktpreis entscheidet, ob Strom oder Gas die Wärme liefert

Die praktische Erprobung dieser Idee betreibt das IVES-Team zusammen mit Stadtwerken. Dabei wird getestet, wie es gelingen kann, den im Netzgebiet des Stadtwerks erzeugten erneuerbaren Strom möglichst zu jedem Zeitpunkt im eigenen Netzgebiet zu verbrauchen. Dabei werden auch Viessmann Gas-Hybrid-Wärmepumpen eingesetzt, die durch einen integrierten Energiemanager in jedem Moment entscheiden, ob Raum- und Trinkwasserwärme aus Strom oder aus Erdgas erzeugt werden soll. Die jeweils für den Kunden kostengünstigere Variante ergibt sich aus dem aktuellen Marktpreis von Gas und Strom. In einem weiteren Schritt werden Smart-Grid-Signale dazu genutzt, die Laufzeiten der Wärmepumpen zu verschieben. Dabei empfängt ein flexibler Server die Daten der Anlagen, einen zeitvariablen Stromtarif für den Folgetag sowie Wetterprognosen und generiert damit einen Fahrplan, der die Wärmepumpen vollautomatisch steuert.

Ein konkretes Beispiel für die Arbeit von IVES ist das Innovationshaus Wolfhagen, in dem Viessmann Technologie zum Einsatz kommt. In zwei Testhaushalten wird dort seit zwei Jahren jeweils ein Gas-Hybrid-Kompaktgerät betrieben – optimiert nach variablen Strompreisen der örtlichen Stadtwerke. Aufgrund der positiven Ergebnisse wurde nun ein zweites Projekt in Wolfhagen aufgelegt, bei dem Öl-Hybrid-Kompaktgeräte, ergänzt um eine Photovoltaikanlage mit Stromspeicher, zum Einsatz kommen.

So kann bei niedrigen Stromtarifen der Strom in Form von Wärme gespeichert werden. Der Wärmekomfort im Haus ist davon nicht betroffen. Visualisiert wird der Anlagenbetrieb über eine Internetseite, auf die die Hausbewohner zugreifen und so die jeweilige Betriebsweise nachvollziehen können.

Es ist klar, wohin die Reise geht: in eine kohlenstoffarme, das Klima schonende Zukunft.

---

**VIESSMANN**

**Viessmann Werke GmbH & Co. KG**
Viessmannstraße 1
35108 Allendorf (Eder)

Tel.: 06452/70-0
Fax: 06452/70-2780
E-Mail: info@viessmann.com
URL: www.viessmann.de

### Die Viessmann Group
Allendorf (Eder) – Die Viessmann Group ist einer der international führenden Hersteller von Heiz-, Industrie- und Kühlsystemen. Das 1917 gegründete Familienunternehmen beschäftigt 12.100 Mitarbeiter, der Gruppenumsatz beträgt 2,37 Milliarden Euro.
Mit 23 Produktionsgesellschaften in 12 Ländern, mit Vertriebsgesellschaften und Vertretungen in 74 Ländern sowie weltweit 120 Verkaufsniederlassungen ist Viessmann international ausgerichtet. 55 Prozent des Umsatzes entfallen auf das Ausland.

### Gelebte Nachhaltigkeit
Als Familienunternehmen legt Viessmann besonderen Wert auf verantwortungsvolles und langfristig angelegtes Handeln, die Nachhaltigkeit ist bereits in den Unternehmensgrundsätzen fest verankert. Gelebte Nachhaltigkeit bedeutet für Viessmann, Ökonomie, Ökologie und soziale Verantwortung im ganzen Unternehmen in Einklang zu bringen, sodass die heutigen Bedürfnisse befriedigt werden, ohne die Lebensgrundlagen kommender Generationen zu beeinträchtigen.
Als Umweltpionier und technologischer Schrittmacher der Heizungsbranche liefert Viessmann schon seit Jahrzehnten besonders schadstoffarme und energieeffiziente Heizsysteme für Öl und Gas sowie Solarsysteme, Holzfeuerungsanlagen und Wärmepumpen. Viele Viessmann Entwicklungen gelten als Meilensteine der Heiztechnik.

### Das Viessmann Komplettangebot
Das Viessmann Komplettangebot bietet individuelle Lösungen mit effizienten Systemen und Leistungen von 1 bis 120.000 Kilowatt für alle Anwendungsbereiche und alle Energieträger. Dazu gehören wandhängende Brennwertgeräte von 1,9 bis 150 kW und bodenstehende Brennwertsysteme von 1,9 bis 6.000 kW sowie Blockheizkraftwerke (BHKW) von 0,75 bis 530 kWel bzw. von 1,0 bis 660 kWth.
Das Angebot an regenerativen Energiesystemen umfasst thermische Solaranlagen mit Flach- und Vakuum-Röhrenkollektoren zur Trinkwassererwärmung, Heizungsunterstützung und zur Prozesswärmeerzeugung, Biomassekessel von 2,4 kW bis 50 MW für Scheitholz, Hackschnitzel und Holzpellets, Wärmepumpen von 1,7 bis 2.000 kW zur Nutzung von Wärme aus dem Erdreich, dem Grundwasser oder der Umgebungsluft sowie Photovoltaiksysteme.
Auch für Nahwärmenetze und Bioenergiedörfer bietet Viessmann alles aus einer Hand – von ersten Machbarkeitsstudien und Detailplanungen über die Lieferung aller benötigten Komponenten wie Wärmeerzeuger, Blockheizkraftwerke, Erdwärmeleitungen und Wohnungsübergabestationen bis hin zu Bau und Inbetriebnahme.
Mit einem umfassenden Produktsortiment an temperaturkontrollierten Räumen, leistungsstarken Kühlzellen und -aggregaten, Kältelösungen für den Lebensmitteleinzelhandel sowie Zubehör und Dienstleistungen deckt die Viessmann Group den Bereich Kältetechnik ab.

### Lückenloses Dienstleistungsangebot
Zum Komplettangebot hält Viessmann eine umfassende Palette an flankierenden Dienstleistungen bereit.
So bietet die Viessmann Akademie Heizungsbauern, Planern, Architekten, Wohnungsbaugesellschaften, Schornsteinfegern, technischen Bildungseinrichtungen und auch den eigenen Mitarbeitern ein umfassendes Schulungs- und Weiterbildungsprogramm. Damit trägt das Unternehmen dem steigenden Qualifizierungsbedarf der Marktpartner Rechnung, der aus dem Strukturwandel im Wärmemarkt hin zu Effizienztechnologien und regenerativen Energiesystemen sowie der damit verbundenen Ausweitung des technologischen Spektrums resultiert. Weltweit nehmen jährlich 92.000 Fachleute an den Fortbildungsveranstaltungen der Viessmann Akademie teil.
Das Viessmann Dienstleistungsangebot umfasst darüber hinaus die Hilfestellung durch den Technischen Dienst, ein bedarfsgerechtes Softwareangebot, die Unterstützung durch Werbung und Verkaufsförderung sowie ein bedienungsfreundliches Informations- und Bestellsystem, das rund um die Uhr per Internet zur Verfügung steht.

Anhang

**Nachwort
Autorenverzeichnis**

# Nachwort/Danksagung

Nach dem Abschluss aller Arbeiten dieses Buchprojektes „Klimaneutralität – Hessen 5 Jahre weiter" möchte ich als der verantwortliche Projektleiter im Hessischen Ministerium der Finanzen allen Beteiligten herzlich danken, die zum erfolgreichen Gelingen dieses ambitionierten Publikationsvorhabens beigetragen haben. Es dokumentiert die weitgespannten Aktivitäten und das Innovationspotenzial einer Landesregierung im Bereich des Klimaschutzes, der zu den zentralen Herausforderungen unserer Zeit und für die nachfolgenden Generationen gehört. Mein erster Dank gilt deshalb Herrn Staatssekretär Rainer Baake, Mitglied des Nachhaltigkeitsbeirats der Hessischen Landesregierung, der mit seiner Idee die Hessische Landesverwaltung $CO_2$-neutral zu stellen den Grundstein zur Entstehung des Projekts legte und Herrn Professor Dr. Töpfer, der die Schirmherrschaft für dieses Buch übernommen hat und damit die Brisanz des Themas unterstreicht.

Die erste Anregung, das Projekt „$CO_2$-neutrale Landesverwaltung" in seiner ganzen Bandbreite in einem Buchprojekt vorzustellen, geht auf den Stabsstellenleiter des Projekts, Herrn Hans-Ulrich Hartwig, zurück. Als zuständigem Referatsleiter gebührt ihm daher mein weiterer Dank für die Konzeption und Durchführung dieses Vorhabens. Herzlichen Dank auch an die Mitglieder des Steuerungsgremiums des Projekts, das auch die nun vorliegende zweite Auflage erneut tatkräftig unterstützt hat. Die von ihnen beigesteuerten Fachbeiträge des Bandes liefern insgesamt ein umfangreiches Bild von der Umsetzung unserer landesweiten Strategie, die auf eine $CO_2$-neutrale Landesverwaltung bis 2030 zielt. Neben den strategischen Ansätzen geht es dabei auch um die wissenschaftliche Einordnung und konkretes Verwaltungshandeln. Mein Dank gilt Frau Kornelia Helbig für die umsichtige und kompetente Redaktion der teilweise sehr unterschiedlichen Textbeiträge und für die Korrekturarbeiten. Erwähnen möchte ich außerdem Frau Susanne Stroh, die das Projekt überaus engagiert im Rahmen der Öffentlichkeitsarbeit begleitet.

Mit Herrn Professor Dr. Dr. Dr. h.c. Franz Josef Radermacher, seit 1987 Ordinarius für Datenbanken und Künstliche Intelligenz an der Universität Ulm sowie Leiter des Forschungsinstituts für anwendungsorientierte Wissensverarbeitung/n (FAW/n) in Ulm konnten wir einen international ausgewiesenen Fachmann als Co-Herausgeber auch für die Neuauflage gewinnen, der dieses Projekt von Anfang an mit Begeisterung und Erfahrung konstruktiv begleitet hat. Ihm verdankt der vorliegende Band nicht nur fachliche Beiträge, sondern auch zahlreiche Impulse, Anregungen und inhaltliche Vorschläge, die ganz entscheidend zum Gelingen beitrugen. Für die stets angenehme und konstruktive Zusammenarbeit sei ihm daher herzlich gedankt, ebenso auf der inhaltlichen Seite Beschäftigten des FAW/n aus seinem wissenschaftlichen Umfeld. Mein Dank gilt auch Herrn Michael Gerth (FAW/n), der uns in allen Phasen des Entstehungsprozesses dieses Publikationsvorhaben nachhaltig unterstützt hat, und für eine rasche Abklärung inhaltlicher und technischer Fragen hilfreich zur Seite stand.

Ein herzliches Dankeschön geht ebenso an alle Autorinnen und Autoren, besonders des Lernnetzwerkes, die mit ihren fachlichen Beiträgen an diesem Buch mitgearbeitet haben. Erst diese verschiedenen Perspektiven ergeben ein abgerundetes Bild des aktuellen Standes, verweisen aber auch auf zukünftige Entwicklungen. Die Autorinnen und Autoren sind dabei für den Inhalt ihrer Beiträge selbst verantwortlich.

Wir haben mit dem Verlag Springer Fachmedien Wiesbaden GmbH einen hervorragenden Partner für unser Vorhaben der Neuauflage unseres Klimaneutralitäts-Bandes gefunden. Mein abschließender Dank gilt hier insbesondere Herrn Dipl.-Ing. Ralf Harms für die angenehme Zusammenarbeit und die stets kompetente verlegerische Betreuung dieses Buchprojekts, das auf eine gute Resonanz in der Fachwelt, aber auch bei einem breiteren Publikum hoffen lässt.

Wiesbaden, im Juni 2018

Elmar Damm

# Autorenverzeichnis

Prof. Dr.-Ing. **Eberhard Abele**, Institutsleiter des Institut für Produktionsmanagement, Technologie und Werkzeugmaschinen an der TU Darmstadt, Darmstadt

Dr. **Peter Ahmels**, Leiter Energie und Klimaschutz, Deutsche Umwelthilfe e.V., Berlin

Dr. **Constantin H. Alsheimer**, Vorsitzender des Vorstands der Mainova AG, Frankfurt am Main

**Martin Beck**, Gruppe Umweltgerechte Produktion an der TU Darmstadt, Darmstadt

Prof. Dr.-Ing. **Peter Birkner**, Geschäftsführer House of Energy – (HoE) e.V., Kassel

**Volker Bouffier**, Ministerpräsident des Landes Hessen, Hessische Staatskanzlei, Wiesbaden

Dr.-Ing. **Sebastian Breker**, Leiter Asset Management, EnergieNetz Mitte GmbH, Kassel

**Jürgen Bruder**, CSO, Prokurist, Bereichsleiter Vertrieb & Kommunikation, TÜV Technische Überwachung Hessen GmbH (TÜV Hessen), Darmstadt

Dr. **Christoph Brüssel**, Mitglied des Vorstands Senat der Wirtschaft Deutschland e.V., Bonn, Lehrbeauftragter Institut für Politikwissenschaften und Soziologie der Universität Bonn, Bonn

**Mira Conci**, TU Darmstadt, Darmstadt

**Elmar Damm**, Abteilungsleiter Staatsvermögens- u. -schuldenverwaltung, Kommunaler Finanzausgleich, Bau- und Immobilienmanagement, Hessisches Ministerium der Finanzen (HMdF), Projektleiter $CO_2$-neutrale Landesverwaltung, Wiesbaden

Dr. **Christiane Döll**, Leiterin Produktbereich Luft / Lärm, Umweltamt der Landeshauptstadt Wiesbaden, Wiesbaden

**Peter Eichler**, Bereichsleiter Grundsatzangelegenheiten Landesbetrieb Bau und Immobilien Hessen (LBIH) Zentrale, Wiesbaden

**Georg Engel**, Fachbereichsleiter Grundsatzangelegenheiten – Projektaufgaben, Landesbetrieb Bau und Immobilien Hessen (LBIH) Zentrale, Wiesbaden

**Wiebke Fiebig**, Referatsleiterin des Energiereferats der Stadt Frankfurt am Main, Frankfurt am Main

**Felix Finkbeiner und Freunde von der Plant-for-the-Planet Kinder- und Jugendbewegung**, Tutzing am Starnberger See

Dr. **Jochen Gassner**, Vorstand First Climate Markets AG, Mitglied des Exekutivkomitee der International Carbon Reduction and Offset Alliance (ICROA)

**Axel Gedaschko**, ehem. Wirtschaftssenator und Präses der Behörde für Wirtschaft und Arbeit in der Freien und Hansestadt Hamburg, Präsident des GdW – Bundesverband der deutschen Wohnungs- und Immobilienunternehmen, Berlin

**Bernadett Glosch**, Leiterin Produktbereich Klimaschutz / Klimaanpassung, Umweltamt der Landeshauptstadt Wiesbaden, Wiesbaden

**Laura Gouverneur**, Klimaschutzmanagerin, Umweltamt der Landeshauptstadt Wiesbaden, Wiesbaden

**Thies Grothe**, Abteilungsleiter Grundsatzfragen der Immobilienwirtschaft des ZIA (Zentraler Immobilien Ausschuss e.V.), Berlin

Dr. **Thomas Hain**, leitender Geschäftsführer, Unternehmensgruppe Nassauische Heimstätte / Wohnstadt, Frankfurt am Main

Prof. Dr.-Ing. **Jutta Hanson**, Fachgebiet Elektrische Energieversorgung unter Einsatz erneuerbarer Energien an der TU Darmstadt, Darmstadt

**Hans-Ulrich Hartwig**, Referatsleiter Staatliches Bauverfahren, Bauangelegenheiten des Bundes und der Gaststreitkräfte, Energieeffizientes Bauen, Stabstellenleiter $CO_2$-neutrale Landesverwaltung, Hessisches Ministerium der Finanzen (HMdF), Wiesbaden

**Wolfgang Hasper**, Passivhaus Institut Dr. Wolfgang Feist, Darmstadt

**Daria Hassan**, Referentin Nachhaltigkeitskommunikation ENTEGA AG, Darmstadt

**Pia Heidenreich-Herrmann**, Energie und Architektur, Bauverwaltung Stadt Ortenberg, Ortenberg

**Hannah Helmke**, Geschätsführerin, right. based on science UG, Frankfurt am Main

**Birgit Hensel**, Abteilungsleiterin Shared Value | GoGreen, Deutsche Post DHL Group, Bonn

Prof. Dr. **Estelle L. A. Herlyn**, Wiss. Leiterin des KompetenzCentrums für nachhaltige Entwicklung, FOM Hochschule für Oekonomie & Management, Düsseldorf, Vorstandsmitglied des Forums Ökologisch-Soziale Marktwirtschaft (FÖS), stv. Kuratoriumsvorsitzende der Stiftung Senat der Wirtschaft, Düsseldorf

Dr. **Christian Hey**, Leiter der Abteilung IV Klimaschutz, nachhaltige Stadtentwicklung, biologische Vielfalt, Hessisches Ministerium für Umwelt, Klimaschutz, Landwirtschaft und Verbraucherschutz (HMUKLV), Wiesbaden

**Priska Hinz**, Staatsministerin Hessisches Ministerium für Umwelt, Klimaschutz, Landwirtschaft und Verbraucherschutz (HMUKLV), Wiesbaden

**Rolf Hocke**, Vizepräsident Vereinsmanagement beim Landessportbund Hessen e.V., Wabern

**Julia Hofmann**, Projektleiterin im Fachbereich Public Private Partnership (PPP) im Hochbau beim Landesbetrieb Bau und Immobilien Hessen (LBIH), Frankfurt a.M.

Prof. Dr. **Luise Hölscher**, ehem. Staatssekretärin im Hessischen Ministerium der Finanzen, Wiesbaden und ehem. Vize-Präsidentin bei EBWE (Europäische Bank für Wiederaufbau und Entwicklung), London, Senior Advisor bei der Boston Consulting Group, Bereich Public Sector, Frankfurt

**Karina Kaestner**, Leiterin Vertrieb Business Partner, DB Vertrieb GmbH, Frankfurt am Main

**Lena Keul**, Leiterin Referat IV.2 Klimaschutz, Klimawandel der Abteilung IV Klimaschutz, nachhaltige Stadtentwicklung, biologische Vielfalt, Hessisches Ministerium für Umwelt, Klimaschutz, Landwirtschaft und Verbraucherschutz (HMUKLV), Wiesbaden

**Bettina Klump-Bickert**, Leiterin Nachhaltigkeitsmanagement DAW (Deutsche Amphibolin-Werke von Robert Murjahn), Ober-Ramstadt

**Irena Križ Šelendić**, Bereichsleiterin für Energieeffizienz in Gebäuden, Direktion für Bauwesen und Energieeffizienz im Gebäudebereich, Ministerium für Bauwesen und Raumplanung, Zagreb (Kroatien)

**Jens Langer**, Leiter Umweltgrundsätze, -kommunikation und -IT, Deutsche Bahn AG, DB Umwelt, Berlin

**Friederike Lindauer**, Fachbereichsleiterin Public Private Partnership (PPP) im Hochbau beim Landesbetrieb Bau und Immobilien Hessen (LBIH) Zentrale, Wiesbaden

Dipl.-Ing. **Mathias Linder**, Abteilungsleiter Energiemanagement im Amt für Bau und Immobilien der Stadt Frankfurt a.M., Frankfurt am Main

**Felix Lüter**, Nachhaltigkeitsbeauftragter, Unternehmensgruppe Nassauische Heimstätte / Wohnstadt, Frankfurt am Main

Dr. **Gerd Müller**, Bundesminister für wirtschaftliche Zusammenarbeit und Entwicklung, Berlin

**Ivonne Müller**, Bereich Marketing, House of Energy – (HoE) e.V., Kassel

**Sascha Müller-Kraenner**, Bundesgeschäftsführer Deutsche Umwelthilfe e.V., Berlin

Prof. Dr.-Ing. **Matthias Oechsner**, Sprecher des Profilbereich Energiesysteme der Zukunft an der TU Darmstadt, Darmstadt

**Judith Paeper**, Referentin des Bundesgeschäftsführers Sascha Müller-Kraenner, Deutsche Umwelthilfe e.V., Berlin

**Roland Petrak**, Leiter Produktbereich Umweltberatung und -information, Umweltamt der Landeshauptstadt Wiesbaden, Wiesbaden

Autorenverzeichnis

Thomas Platte, Direktor Landesbetrieb Bau und Immobilien Hessen (LBIH), Wiesbaden

Wilfried Probst, Produktbereich Landschaftsplanung, Umweltamt der Landeshauptstadt Wiesbaden, Wiesbaden

Prof. Dr. Dr. Dr. h.c. Franz Josef Radermacher, emer. Professor für Informatik an der Universität Ulm, Mitglied des Club of Rome, Vizepräsident des Ökosozialen Forum Europa, Präsident des Senats der Wirtschaft e. V., Leiter des Forschungsinstituts für anwendungsorientierte Wissensverarbeitung/n, Ulm

Dr. Sebastian Reich, Geschäftsführer Sebastian Reich Consult GmbH, Geschäftsführender Gesellschafter RKDS & Partners, Frankfurt am Main

Dorothee Rolfsmeyer, Fachreferentin Klimaschutz und Biodiversität, Magistrat der Stadt Offenbach, Amt für Umwelt, Energie und Klimaschutz, Offenbach am Main

Frank Rolle, Unternehmenssprecher, Leiter Unternehmenskommunikation ESWE Versorgungs AG, Wiesbaden

Kai Sander, Projektleiter Energetischer Masterplan und Mitarbeiter im Energiemanagement, Justus-Liebig-Universität Gießen, Gießen

Dr. Thomas Schäfer, Staatsminister des Hessischen Ministerium der Finanzen, Bevollmächtigter für E-Government und Informationstechnologie in der Landesverwaltung (CIO), Wiesbaden

Jörg Schmidt, Leiter Öffentlichkeitsarbeit, Viessmann Werke GmbH & Co. KG, Allendorf/Eder

Peter Schmidt, Leiter der Jugendherberge Marburg, Marburg/Lahn

Christine Schneider, Fachreferentin Umwelt und Energie, Magistrat der Stadt Offenbach, Amt für Umwelt, Energie und Klimaschutz, Offenbach am Main

Prof. Dr.-Ing. Jens Schneider, Professor für Statik an der TU Darmstadt, Darmstadt

Philipp Schraml, Gruppenleiter Umweltgerechte Produktion an der TU Darmstadt, Darmstadt

Astrid Schülke, Manager CSR Deutschland, BNP Paribas, Frankfurt am Main

Dr. Bernd Schuster, Referat V.1 „Mobilität, Logistik, Binnenschifffahrt", Abteilung Mobilität, Luftverkehr, Eisenbahnwesen, Leiter des Fachzentrums „Nachhaltige Urbane Mobilität des Landes Hessen", Hessisches Ministerium für Wirtschaft, Energie, Verkehr und Landesentwicklung (HMWEVL), Wiesbaden

Ralf Schwarzer, Leiter Referat I.10 „Analyse, Revision, Beratung und Service der internen Dienstleister, Beschaffungswesen" der Zentralabteilung, Hessisches Ministerium der Finanzen (HMdF), Wiesbaden

Rebecca Stecker, Referat IV.2 Klimaschutz, Klimawandel der Abteilung IV Klimaschutz, nachhaltige Stadtentwicklung, biologische Vielfalt, Hessisches Ministerium für Umwelt, Klimaschutz, Landwirtschaft und Verbraucherschutz (HMUKLV), Wiesbaden

Mathias Stiehl, Produktbereich Klimaschutz / Klimaanpassung, Umweltamt der Landeshauptstadt Wiesbaden, Wiesbaden

Sarah Tax, Niederlassungsleiterin Büro Karlsruhe, Team für Technik GmbH, Ingenieurbüro für Energie- und Versorgungstechnik, Karlsruhe

Marlehn Thieme, Vorsitzende des RNE, Rat für Nachhaltige Entwicklung, in Berlin und des ZDF-Fernsehrates in Mainz, Mitglied des Rates der Evangelischen Kirche in Deutschland, Aufsichtsratsvorsitzende der Bank für Kirche und Diakonie eG - KD-Bank, Berlin

Prof. Dr. Dr. h. c. mult. Klaus Töpfer, Bundesminister a. D., Exekutivdirektor des Umweltprogramms der Vereinten Nationen (UNEP) und Unter-Generalsekretär der Vereinten Nationen 1998 - 2006, Mitglied und zeitweise Stellvertretender Vorsitzender im Rat für Nachhaltige Entwicklung 2001 - 2010, Vizepräsident der Welthungerhilfe, Vorsitz der „Ethikkommission für eine sichere Energieversorgung" der Bundesregierung, Mitglied im Präsidium der Deutschen Gesellschaft für die Vereinten Nationen, Mitglied im Kuratorium der Deutschen Stiftung Weltbevölkerung (DSW), Vorsitzender des deutschen Teils des UN-Netzwerks Sustainable Development

Solutions Network, ehem. Exekutivdirektor des Institute for Advanced Sustainability Studies (IASS), Gründungsmitglied von TMG Think Tank für Sustainability, Berlin

**Jürgen Vorreiter**, Erneuerbare Energien und Energieeffizienz ESWE Versorgungs AG, Wiesbaden

**Michael Wagner**, Stellvertretender Leiter Öffentlichkeitsarbeit Viessmann Werke GmbH & Co. KG, Allendorf/Eder

**Lena Wawrzinek**, Dozentin für Bauinformatik und Nachhaltiges Bauen an der Technischen Hochschule Mittelhessen, Gießen

**Evelyne Wickop**, Produktbereich Umweltmanagement, Umweltamt der Landeshauptstadt Wiesbaden, Wiesbaden

**Klaus Wiegandt**, ehem. Vorstandssprecher Metro AG, Vorsitzender Forum für Verantwortung, Seeheim-Jugenheim

**Marcel Wolsing**, Leiter Nachhaltigkeitsmanagement ENTEGA AG, Darmstadt

Dr. **Martin Josef Worms**, Staatssekretär Hessisches Ministerium der Finanzen, Wiesbaden

**Rigobert Zimpfer**, Geschäftsführer Klimaschutzagentur Wiesbaden e.V., Wiesbaden

**Thomas Zinnöcker**, Vizepräsident des ZIA (Zentraler Immobilien Ausschuss e.V.), Berlin, Mitglied des ZIA-Nachhaltigkeitsrats, Vorstandsvorsitzender der ICG (Institut für Corporate Governance in der deutschen Immobilienwirtschaft, CEO (Chief Executive Officer) der ista international GmbH, Essen